# 南京農業大學
## NANJING AGRICULTURAL UNIVERSITY

年鉴

南京农业大学档案馆 编

2018

中国农业出版社
农村读物出版社
北 京

4月12日，教育部党组任命陈利根为中共南京农业大学委员会书记。

9月8日，南京农业大学新校区正式奠基。

　　5月5日，农业农村部部长韩长赋来到南京农业大学，先后走访考察了作物遗传与种质创新国家重点实验室、植物保护学院、国家信息农业工程技术中心、国家肉品质量安全控制工程技术研究中心。学校党委书记陈利根、校长周光宏等陪同调研。

陈发棣教授团队研究项目"菊花优异种质创制与新品种培育"获国家科学技术发明奖二等奖。

张绍铃教授团队研究项目"梨优质早、中熟新品种选育与高效育种技术创新"获国家科学技术进步奖二等奖。

周明国教授团队研究项目"创制杀菌剂氰烯菌酯选择性新靶标的发现及产业化应用"获国家科学技术进步奖二等奖。

5月30日，学校召开南京农业大学第八届学术委员会成立大会暨第一次全体委员会议。

12月29日，学校召开一流本科教育推进会，陈利根书记作《吹响一流本科教育的集结号——着力培养"大为大德大爱"的接力者》主旨报告，周光宏校长对强化本科教学中心地位、做好一流本科教育提出具体要求，2019年1月2日《新华日报》整版刊登相关报道。

"本研衔接、寓教于研"培养作物科学拔尖创新型学术人才的研究与实践、以三大能力为核心的农业经济管理拔尖创新人才培养体系的探索与实践、基于差异化发展的农科类本科人才分类培养模式的构建与实践3项成果获国家级教学成果奖二等奖。

4月27日，南京农业大学第四届研究生教育工作会议召开。

6月20日，学校在大学生活动中心举行了师德大讲堂启动仪式暨第一讲活动。校党委书记陈利根和校长周光宏共同为师德大讲堂标志揭牌。

9月10日，学校在体育中心隆重举行庆祝第34个教师节盛典。

12月12日，园艺学院陈素梅教授"南京农业大学观赏茶学专业教师党支部书记工作室"入选教育部100个全国首批高校"双带头人"教师党支部书记工作室。

盖钧镒院士获得"2012—2017年度中国种业十大杰出人物"荣誉称号。

沈其荣教授获得第六届中华农业英才奖。

朱晶教授当选十三届全国人大代表。

"'用金牌、助招牌、创品牌'，铸就精准脱贫持久内生动力"项目入选教育部第三届直属高校精准扶贫精准脱贫十大典型项目。这是学校连续第二届入选，是对学校依托自身科技优势，积极参与国家扶贫攻坚战的又一次重要肯定。

万建民院士团队创造性地运用自私基因模型揭示了水稻的杂种不育现象，6月8日，国际顶级学术杂志 Science 在线发表了这一突破性成果。

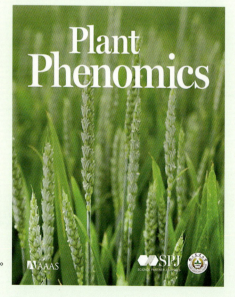

与 Science 合作创办英文期刊 Plant Phenomics。

5月26日，学校举办首届钟山国际青年学者论坛。

10月28日，2018年GCHERA世界农业奖颁奖典礼在学校举行。西非加纳共和国加纳大学的埃里克·丹夸教授和美国俄亥俄州立大学的拉坦·莱尔教授共同获奖。发展中国家的科学家首次获奖，体现了世界农业奖的全球视野和人类情怀。

学校2005级西藏籍校友小索顿在首届中国农民丰收节盛典上，荣获2018年度"全国十佳农民"殊荣。

10月29日，学校NAU-CHINA团队在2018年国际基因工程机械设计大赛第三次蝉联金牌。

10月31日至11月3日，在2018年"创青春"全国大学生创业大赛中，学校参赛团队获3项金奖、1项银奖，取得历史最好成绩，金奖总数并列全国高校第八位。

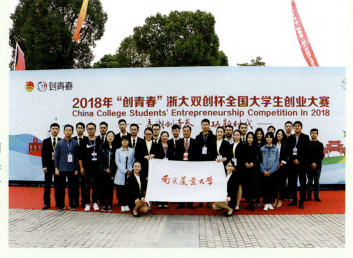

10月20日，学校举办首届"校友返校日"活动。

11月8日，瑞华慈善基金会向学校捐献1 000万元助学基金。

# 《南京农业大学年鉴 2018》编辑部

# 编 辑 说 明

《南京农业大学年鉴 2018》全面系统地反映 2018 年南京农业大学事业发展及重大活动的基本情况，包括学校教学、科研和社会服务等方面的内容，为南京农业大学的教职员工提供学校的基本文献、基本数据、科研成果和最新工作经验，是兄弟院校和社会各界了解南京农业大学的窗口。《南京农业大学年鉴》每年出版一期。

一、《南京农业大学年鉴 2018》力求真实、客观、全面地记载南京农业大学年度历史进程和重大事项。

二、年鉴分学校综述、重要文献、2018 年大事记、机构与干部、党的建设、发展规划与学科建设、人事人才与离退休工作、人才培养、科学研究与社会服务、对外合作与交流、发展委员会、办学条件与公共服务、学术委员会和学院栏目。年鉴的内容表述有专文、条目、图片、附录等形式，以条目为主。

三、本书内容为学校在 2018 年 1 月 1 日至 2018 年 12 月 31 日间发生的重大事件、重要活动及各个领域的新进展、新成果、新信息，依实际情况，部分内容在时间上可能有前后延伸。

四、《南京农业大学年鉴 2018》所刊内容由各单位确定的专人撰稿，经本单位负责人审定，并于文后署名。

《南京农业大学年鉴 2018》编辑部

# 目 录

# 八、人才培养

# 十二、办学条件与公共服务 …………………………………………………… (399)

# 一、学校综述

## ［南京农业大学简介］

南京农业大学坐落于钟灵毓秀、虎踞龙蟠的古都南京，是一所以农业和生命科学为优势和特色，农、理、经、管、工、文、法学多学科协调发展的教育部直属全国重点大学，是国家"211 工程"重点建设大学、"985 优势学科创新平台"和"双一流"一流学科建设高校。现任校党委书记陈利根教授，校长周光宏教授。

南京农业大学前身可溯源至 1902 年三江师范学堂农学博物科和 1914 年私立金陵大学农科。1952 年，全国高校院系调整，以金陵大学农学院和南京大学农学院原国立中央大学农学院为主体，以及浙江大学农学院部分系科，合并成立南京农学院。1963 年，被确定为全国两所重点农业高校之一。1972 年学校搬迁至扬州，与苏北农学院合并成立江苏农学院。1979 年迁回南京，恢复南京农学院。1984 年更名为南京农业大学。2000 年由农业部独立建制划转教育部。

学校设有农学院、工学院、植物保护学院、资源与环境科学学院、园艺学院、动物科技学院（含无锡渔业学院）、动物医学院、食品科技学院、经济管理学院、公共管理学院、人文与社会发展学院、生命科学学院、理学院、信息科技学院、外国语学院、金融学院、草业学院、马克思主义学院、体育部 20 个学院（部）。设有 62 个本科专业、30 个硕士授权一级学科、15 种专业学位授予权、17 个博士授权一级学科和 15 个博士后流动站。现有全日制本科生 17 000 余人，研究生 11 000 余人。教职员工 2 700 余人，其中，中国工程院院士 2 人、"长江学者"、国家杰出青年科学基金获得者 28 人次，国家级教学名师 3 人，全国优秀教师、模范教师、教育系统先进工作者 5 人，入选国家其他各类人才工程和人才计划 140 余人次；拥有国家和省级教学团队 6 个、教育部创新团队 3 个。

学校的人才培养涵盖了本科生教育、研究生教育、留学生教育、继续教育及干部培训等层次，建有"国家大学生文化素质教育基地""国家理科基础科学研究与教学人才培养基地""国家生命科学与技术人才培养基地"，以及植物生产、动物科学类、农业生物学虚拟仿真国家级实验教学中心，是首批通过全国高校本科教学工作优秀评价的大学之一，2000 年获教育部批准建立研究生院，2014 年首批入选了国家卓越农林人才培养计划。

学校拥有作物学、农业资源与环境、植物保护和兽医学 4 个一级学科国家重点学科，蔬菜学、农业经济管理和土地资源管理 3 个二级学科国家重点学科，以及食品科学国家重点培育学科。第四轮全国一级学科评估结果中，作物学、农业资源与环境、植物保护、农林经济管理 4 个学科获评 A＋，公共管理、食品科学与工程、园艺学 3 个学科获评 A 类。有 8 个学科进入江苏高校优势学科建设工程。农业科学、植物与动物科学、环境生态学、生物与生物化学、工程学、微生物学、分子生物与遗传学 7 个学科领域进入 ESI 学科排名全球前 1%，其中农业科学、植物与动物科学 2 个学科已经进入前 1‰，跻身世界顶尖学科行列。

学校建有作物遗传与种质创新国家重点实验室、国家肉品质量安全控制工程技术研究中心、国家信息农业工程技术中心、国家大豆改良中心、国家有机类肥料工程技术研究中心、农村土地资源利用与整治国家地方联合工程研究中心、绿色农药创制与应用技术国家地方联合工程研究中心等 66 个国家及部省级科研平台。"十二五"以来，学校科研经费超 26 亿元，获得国家及部省级科技成果奖 100 余项，其中作为第一完成单位获得国家科学技术奖 8 项。学校凭借雄厚的科研实力，主动服务社会、服务"三农"，创造了巨大的经济效益和社会效益，多次被评为国家科教兴农先进单位。

学校国际交流日趋活跃，国际化程度不断提高，先后与 30 多个国家和地区的 150 多所境外高水平大学、研究机构保持着学生联合培养、学术交流和科研合作关系。与美国加利福尼亚大学戴维斯分校、英国雷丁大学、澳大利亚西澳大学、新西兰梅西大学等世界知名高校开展了"交流访学""本科双学位""本硕双学位"等数十个学生联合培养项目。学校建有"中美食品安全与质量联合研究中心""南京农业大学-康奈尔大学国际技术转移中心""猪链球菌病诊断国际参考实验室"等多个国际合作平台。2007 年成为教育部"接受中国政府奖学金来华留学生院校"。2008 年成为全国首批"教育援外基地"。2012 年获批建设全球首个农业特色孔子学院。学校倡议发起设立了"世界农业奖"，并连续 5 届分别向来自康奈尔大学、波恩大学、加利福尼亚大学戴维斯分校、阿尔伯塔大学、比利时根特大学的获奖者颁发奖项。2014 年，与美国加利福尼亚大学戴维斯分校（UC Davis）签署协议共建"全球健康联合研究中心"（One Health Center），获科学技术部批准援建"中-肯作物分子生物学联合实验室"，获外交部、教育部联合批准成立"中国-东盟教育培训中心"。

学校校区总面积 9 平方公里，建筑面积 74 万平方米，资产总值 35 亿元。图书资料收藏量 235 万册（部），拥有外文期刊 1 万余种和中文电子图书 500 余万种。学校教学科研和生活设施配套齐全，校园环境优美。

在百余年办学历程中，学校秉承以"诚朴勤仁"为核心的南农精神，始终坚持"育人为本、德育为先、弘扬学术、服务社会"的办学理念，先后培养造就了包括 54 位院士在内的 20 余万名优秀人才。

展望未来，作为近现代中国高等农业教育的拓荒者，南京农业大学将以立德树人为根本，深入实施人才强校战略，以学科建设为主线、教育质量为生命、科技创新为动力、服务社会为己任、文化传承为使命，朝着世界一流农业大学目标迈进！

注：资料截至 2018 年 12 月。

（撰稿：吴　玥　审稿：袁家明　审核：张　丽）

# [南京农业大学 2018 年党政工作要点]

## 中共南京农业大学委员会
## 2017—2018 学年第二学期工作要点

本学期党委工作的指导思想和总体要求：全面贯彻党的十九大精神，以习近平新时代中国特色社会主义思想为指导，不断加强和改进学校党的建设，深入推进全面从严治党。坚定实施"1235"发展战略，按照"三步走"规划部署，全力推进"双一流"建设，全面深化综合改革，着力提升学校核心竞争力和国际影响力，切实加快世界一流农业大学建设步伐。

### 一、全面贯彻党的教育方针，牢牢把握高等教育发展机遇

**1. 深入学习贯彻习近平新时代中国特色社会主义思想和党的十九大精神**  将持续推进学习宣传作为首要政治任务，切实做到学懂弄通做实。建设学习党的十九大精神"名师示范课堂"，将重大理论创新全面融入课程。努力构建全员思想政治教育大格局，深入开展宣讲对谈活动与处级干部轮训工作。组织开展"牢记使命，书写人生华章"主题党、团日活动，坚定党员师生理想信念。

**2. 全力推进"双一流"建设**  全面推进"双一流"建设方案实施，加强学科建设的顶层设计与战略规划，健全与完善"双一流"建设支撑体系。起草"双一流"建设资金管理办法与一流学科建设绩效评估办法。认真总结分析第四轮全国一级学科评估结果，努力培育一流学科建设新增长点。加强省优势学科、"十三五"省重点学科建设，推进交叉融合，完善学科建设管理机制。

**3. 扎实推进"十三五"发展规划与综合改革方案实施**  对应学校"十三五"发展规划，坚持目标导向与问题导向相结合，按计划推进重点项目实施。逐一梳理综合改革方案实施进展，对照工作进度表，督促落实改革任务。继续推进人事制度改革试点工作，及时总结经验，为全校范围改革做好充分准备。尽快启动新校区建设，加快白马教学科研基地建设速度。

### 二、不断加强和改进学校党的建设，切实提高党建与思想政治工作科学化水平

**4. 深入贯彻《全面深化新时代教师队伍建设改革的意见》**  全面推进教师思想政治工作的开展，切实加强教师党支部和党员队伍建设，紧扣立德树人这一根本任务，不断完善师德师风制度建设。以师德养成教育为核心，将其贯穿教师职业生涯全过程，并作为骨干教师、学科带头人、学科领军人物和优秀教师团队培育的重要内容。

**5. 加强和改进宣传思想工作**  始终坚持社会主义办学方向，深入贯彻全国高校思想政治工作会议、中央 31 号文件精神，切实落实《高校思想政治工作质量提升工程实施纲要》。

继续巩固深化"两学一做"学习教育成果。完善校、院两级党委中心组学习制度和学习方式。结合改革开放40周年等重要纪念日开展主题宣传教育活动。

**6. 强化领导班子和干部队伍建设**　深化干部选拔任用和管理制度改革，研究出台中层干部选拔任用实施办法，完善干部选拔任用程序，积极探索民主推荐新机制。加强中层后备干部队伍建设，为干部换届聘任做好前期储备。从严从实推动干部监督管理常态化，全面实施干部选拔任用工作全程纪实。

**7. 巩固和加强党的基层组织建设**　制订学校党的组织生活实施细则，完善学校党建工作考核制度和指标体系。继续实施书记项目支持计划，试点建设一批基层党组织书记工作室，实施教师党支部书记"双带头人"培育工程。全面推行基层党支部规范化建设。扎实推进党校培训工作，完善"入党教育培训管理系统"。加强老龄组织和校院两级关心下一代工作委员会（以下简称关工委）建设。

**8. 加强党对意识形态工作的领导和思政课建设**　认真贯彻省委落实党委（党组）网络意识形态工作责任制要求，切实履行党委意识形态工作的主体责任，坚决防范和抵制意识形态渗透。做好马克思主义学院高水平师资引进与青年人才培养，拓展学科发展空间。深化思政课程改革，推进课程群建设，创新教育教学方式方法。

**9. 加强大学文化建设**　挖掘学校历史宝贵资源，开展第二期"大师名家口述史"采编工作。组织校园文化精品建设项目立项。做好学校形象宣传片更新制作，完成校园网页英文版设计、制作。

### 三、坚持全面从严治党，持之以恒正风肃纪

**10. 深化全面从严治党**　始终把党的政治建设摆在首位，进一步落实"两个责任"，强化"党政同责"和"一岗双责"。紧盯"四风"问题新动向，严肃追究表态多调门高、行动少落实差等行为。落实党风廉政建设责任制，推动落实《中国共产党党务公开条例（试行）》。加强廉政风险防控长效机制建设，严把重点领域和关键环节防控关口。加强和改进对干部人事工作，以及对基建、维修工程管理和招投标管理工作的监督。

**11. 加强审计和招投标工作**　完善审计工作流程与制度体系，组织好专项经费审计、领导干部经济责任审计，以及独立财务机构收支、科研项目经费、基本建设和维修工程审计等。完善招投标制度体系，优化招标程序，推进"互联网＋政府采购"实施模式。完善招标采购综合管理平台、专家库与供应商库建设等。

### 四、全力推进"双一流"建设，切实加快世界一流农业大学建设步伐

**12. 整体推进人才培养的供给侧改革**　组织研制《南农教改——面向2035行动计划》，完善"卓越农林人才教育培养计划"。启动2019版人才培养方案修订工作。认真组织国家级教学成果奖申报。加强专业内涵建设，推进现代信息技术与教学管理深度融合。扎实推进学生工作"四大工程"与"三全育人"格局构建，切实做好思想引领、创新创业与心理健康教育，完善招生就业和少数民族学生事务管理。做好继续教育和大学体育工作。

**13. 提升研究生和留学生培养质量**　积极推进研究生培养模式改革，优化博士研究生培养环节，改进直博生培养机制，推进专业学位研究生教育综合改革，加大国际联合培养和创新文化建设力度。做好学位授权点自我评估与动态调整工作。完善来华留学生招生录取制度，优化生源结构，扩大招生规模，启动来华留学质量认证工作，完善英文课程与专业体系

建设。组织实施好各类援外人力资源培训项目。

**14. 加强师资队伍建设** 精准引进高端领军人才、学术团队和青年拔尖人才，探索特区人才建设模式。适时启动钟山学术骨干和第四批钟山学术新秀遴选。加强青年教师招聘，完善博士后管理办法，完成职称评聘与岗位分级。优化绩效与薪酬管理办法，稳步推进社会保障体系过渡。

**15. 提升科技创新能力** 深入推进科技工作"五大工程"。做好国家重大科技基础设施、第二个国家重点实验室、新兴交叉学科研究中心与国际联合研究中心等重大平台的培育、筹建与建设工作。做好国家自然科学基金、省部级科研人才（团队）项目与国家重点研发计划申报。做好重大成果的战略布局与摸底培育。落实人才培养规划与创新群体培育方案。

**16. 增强社会服务能力** 深入贯彻实施乡村振兴战略意见，完善具有南农特色的服务"三农"工作体系。推进科技成果展示交易平台、技术转移中心与分中心建设。扎实推进产业扶贫精准落地。加强智库建设，为地方社会发展和保障粮食安全提供决策咨询。

**17. 深化国际交流与合作** 设立"国际合作能力提升计划"等国际合作专项，提升学科国际合作能力。加快推进"亚洲农业研究中心"等国际合作平台建设与联合学院共建。优化校际合作的全球布局，拓展与海外高水平大学和"一带一路"沿线国家高校与科研机构的交流合作。加强孔子学院、教育援外基地与平台建设。

**18. 做好服务保障工作** 强化预算管理，加强经费统筹。梳理完善财务制度规定，实施公务卡结算业务。有序推进各类基建工程实施，提高办学资源使用效率。推进后勤社会化、家属区物业社会化及基础设施改造。加强校属企业国有资产监管，按计划完成所属企业清理规范工作。提升文献资源与网络资源信息化建设水平。加强实验室安全管理、物资管理和环保设施建设。做好年鉴编写。改善医疗条件。

## 五、凝聚改革共识，多方助力学校和谐发展

**19. 加强发展委员会工作** 召开 2018 年校友代表大会，推动部分地区校友会建立与换届，筹建中国台湾校友会和日本校友会。优化基金项目管理，科学筹措募捐资源，探索资金保值增值渠道，推进成立南农校友股权投资基金和基金管理公司。

**20. 加强统一战线工作** 贯彻落实全国统战部长会议精神。强化民主党派组织建设，统筹协调各民主党派平衡发展。进一步加强与各民主党派的协商，充分听取意见和建议。加强统战工作信息化建设与条件建设。

**21. 发挥工会作用** 做好教职工代表大会（以下简称教代会）和工会委员会的换届工作，进一步完善二级教代会制度，推进学校民主管理，做好教代会提案办理工作。深入开展创建模范职工之家活动，不断丰富教职工文化生活。

**22. 做好共青团工作** 纵深推进共青团改革攻坚，强化理想信念教育，巩固创新基层团组织建设。持续深化第二课堂专业化建设，统筹做好创新创业、社会实践、志愿服务工作，健全学生权益维护机制，丰富青年精神文化生活。

**23. 维护校园安全稳定** 密切关注信息动态，做好信息搜集、研判与报送。进一步完善突发事件处置预案，落实安全责任制。推进警校联动，开展安全教育，加强消防、危险化学品等重点领域的安全管理与隐患排查。

（党委办公室提供）

# 中共南京农业大学委员会
# 2018—2019 学年第一学期工作要点

本学期党委工作的指导思想和总体要求：深入学习贯彻习近平新时代中国特色社会主义思想和党的十九大精神，不断加强和改进学校党的建设，深入推进全面从严治党，始终坚持立德树人根本任务。全力推进"双一流"建设与新校区建设，扎实做好"十三五"发展规划实施，不断深化综合改革，着力提升办学综合实力，努力写好教育"奋进之笔"，切实加快世界一流农业大学建设步伐。

## 一、全面贯彻党的教育方针，牢牢把握高等教育发展机遇

**1. 深入学习贯彻习近平新时代中国特色社会主义思想和党的十九大精神**　认真抓好校院两级党委中心组学习，通过专题报告会、学习座谈会、研讨会等形式，进一步学习宣传贯彻党的十九大精神和习近平总书记系列重要讲话精神，贯彻落实全国教育大会任务部署。开展"不忘初心、牢记使命"主题教育，以处级及以上领导干部为对象，以进一步加强领导班子思想政治素质建设为重点，加强思想作风建设，坚定党员干部理想信念。

**2. 加快推进"双一流"建设**　组织好"双一流"建设中期评估工作，根据教育部要求，对照学校建设方案，全面检查学校整体以及建设学科的推进落实情况。研究制定"双一流"建设动态监测和评价机制。启动省优势学科三期建设，编制省优势学科三期建设项目任务书，做好省重点学科中期检查工作。

**3. 加快推进新校区建设**　尽快做好新校区征地拆迁及交付工作。精心组织新校区基础设施、智慧校园、能源等专项规划，高质量做好一期建设项目单体设计。积极参与新校区建设全过程监督。启动教师和人才公寓建设的前期工作。举行新校区奠基仪式。

**4. 扎实做好"十三五"发展规划中期检查与综合改革方案推进落实**　结合教育部"十三五"规划中期检查要求，对照学校"十三五"发展规划，以目标、问题为导向，聚焦主要任务和关键指标，全面客观地评估各项规划进展实施情况。系统疏理综合改革任务落实情况，调整、改进并优化工作内容与进度安排。加快推进白马教学科研基地建设速度。

## 二、不断加强党建与思想政治工作，牢牢把握高校意识形态工作的领导权和话语权

**5. 加强和改进宣传思想工作**　深入贯彻全国高校思想政治工作会议、中央 31 号文件精神，组织召开全校党建与思政工作会议，形成全员全过程全方位育人格局。以《全面深化新时代教师队伍建设改革的意见》为指导，着力推进师德师风建设，举办第二期"师德大讲堂"，举行第 34 个教师节庆典活动。扎实推进党校各项培训工作。结合改革开放 40 周年、党的十一届三中全会召开 40 周年、复校 40 周年等重要纪念日开展宣传教育活动。

**6. 强化领导班子和干部队伍建设**　修订中层干部考核工作实施办法，做好院级领导班子和中层干部任期届满考核工作。开展新一轮中层干部换届聘任工作，加大干部轮岗交流和任期制规定的执行力度，进一步优化干部队伍结构，全面提升班子合力与干部素质。贯彻新

时代党的组织路线，深化干部选拔任用和管理制度改革，树立正确用人导向，规范选人用人程序，从严管理监督干部。继续做好援挂扶干部的服务工作。

**7. 巩固和加强党的基层组织建设** 做好学校第十二次党员代表大会（以下简称党代会）前期筹备工作。制定发布《学生党建工作标准》《学院党组织工作标准》《二级党组织委员会议事规则》。实施基层党组织"对标争先"建设计划，抓好"书记项目"培育和"一院一品"党建工作品牌创建。建立党员记实管理、党员活动日制度，健全基层党支部工作经常性督查指导机制。开展教师党支部"双带头人"培育工程。修订二级党组织书记抓基层党建述职评议考核制度和指标体系，并组织开展评议考核。做好教师党支部书记专题培训与组织员集中培训。

**8. 加强党对意识形态工作的领导和思政课建设** 认真履行党委意识形态工作的主体责任，落实好二级党组织意识形态工作责任制，牢牢掌握意识形态工作领导权、话语权，坚决防范和抵制意识形态渗透。加强思政师资队伍建设，做好马克思主义学院高水平师资引进与青年人才培养。拓展学科发展空间，深化课程改革，创新教育教学方式方法。

**9. 加强大学文化建设** 充分挖掘学校历史宝贵资源，讲好南农故事，进一步凝练以"诚朴勤仁"为核心的南农精神。完成"大师名家口述史"采编、印刷工作。开展老教师教案、科研日志实物展。完成校园文化图书编辑、出版。做好各类文化项目成果报送与校园文化产品开发。做好学校英文网站设计、制作，推进二级单位英文网站页面建设上线。发挥中华农业文明博物馆、校友馆等历史文化资源的教育功能。

### 三、坚持全面从严治党，深入推进党风廉政建设

**10. 深化全面从严治党** 始终以党的政治建设为统领，不断提高政治站位。总结上半年巡察（试点）工作经验，扩大巡察覆盖面，持续推进校内巡察工作。加强纪律建设与法纪教育，有效运用"四种形态"，在纠正"四风"上持续发力。加强廉政风险防控，加大对权力运行过程的监督，完善内部控制，加强对重点领域和关键环节岗位干部的约谈教育。加强和改进对干部人事以及基建、维修工程管理和招投标管理工作的监督检查。做好信访举报工作。

**11. 加强审计和招投标工作** 完善审计工作制度体系，做好领导干部经济责任、预算执行与决算、自然科学类经费项目、重大基建工程项目工程管理以及大型仪器设备管理使用等各类审计工作。完善招投标制度化建设，出台《南京农业大学快速采购管理实施细则》，推进"互联网＋政府采购"实施模式。完善招标采购综合管理平台以及评标专家库和供应商库建设等。

### 四、抢抓"双一流"建设机遇，切实加快世界一流农业大学建设步伐

**12. 深化教育教学改革** 认真贯彻落实全国高校本科教育工作会议精神，始终坚持"以本为本"，推进"四个回归"，切实把本科教育放在核心地位、基础地位与前沿地位。深入实施卓越农林人才培养计划，推广应用"本研衔接，寓教于研"拔尖创新型人才培养模式，探索完善复合应用型人才培养。继续做好 2019 版人才培养方案修订工作。不断加强专业内涵、基层教学组织、教材以及教学资源与条件建设等。进一步完善本科专业大类设置方案。开展第二届钟山教学名师评选。深入实施学生工作"四大工程"，研制"三全育人"工作实施意

见，完善"五育一导"载体建设。切实做好创新创业与心理健康教育，抓好招生就业、评奖资助和少数民族学生事务管理。做好继续教育和大学体育工作。

**13. 提升研究生和留学生培养质量**　启动新一轮研究生培养方案修订工作。创新博士研究生培养模式，深化专业学位教育综合改革，切实提高培养过程管理质量。推进研究生教育国际化，实现自然科学类博士研究生出国经历全覆盖。强化课程教学管理，加强教学评价机制建设。完成学位授权点自我评估和学位授权点动态调整。完善留学生招生录取制度，做好来华留学质量认证工作，提高来华留学教育质量。拓展、优化校际学生互访项目与长短期赴境外学习交流项目。完善国际交流基金资助考核标准。

**14. 加强师资队伍建设**　积极推进并及时总结人事制度改革试点工作，加快研制人事制度改革配套的相关实施细则。切实做好高端领军人才、学术团队和青年拔尖人才的引进与培养。修订钟山学者计划实施意见，启动钟山学术新秀的遴选。加大教师招聘力度，组织新一轮专业技术人员岗位分级工作。优化绩效考核与薪酬管理办法，完成养老保险改革申报和基数确定工作。

**15. 提升科技创新能力**　深入推进国家重大科技基础设施、第二个国家重点实验室、前沿科学中心、动物消化道营养国际联合研究中心、国际合作联合实验室等重大平台的培育、筹建与建设工作。做好研究基金立项情况分析、重点研发计划申报、重大项目实施，加快军民融合工作进程。做好 2019 年度国家科技奖励的申报遴选与组织推荐。推进国际专利申报工作。正式上线《植物表型组学》期刊。

**16. 增强社会服务能力**　全力服务乡村振兴战略，完善"双线共推"推广模式和"两地一站一体"大学农技推广服务方式。筹建"长三角乡村振兴战略研究院"。做好基地准入退出，规范基地运行管理。进一步加强技术转移中心与各分中心建设。扎实推进扶贫开发与产业扶贫工作。加强智库建设。

**17. 深化国际交流与合作**　不断优化校际合作的全球布局，重点拓展与"一带一路"沿线国家高校和科研机构的交流与合作，加快推动联合学院共建工作。实施"国际合作能力提增计划"。做好"111 计划"的管理、遴选、申报与验收评估工作。做好第六届 GCHERA 世界农业奖颁奖典礼的筹备与组织工作。加强孔子学院、教育援外项目、基地与平台建设。

**18. 做好服务保障工作**　加强预算经费统筹管理，全面实施政府会计制度。推动财务管理信息化建设，做好制度管理与内部控制建设。全力推进各类基建工程实施、新建工程申报和重点工程项目闭合工作。加快后勤信息化建设，加强社会企业监管。做好公房调配、资产管理与后勤保障工作。加强对所属企业国有资产监管，推进和完善现代企业制度。完成系列业务数据采集系统专项建设，提升文献资源保障与学科服务水平。加强实验室安全管理、物资管理和环保设施建设。做好年鉴编印出版。优化医疗保障服务。

## 五、凝聚多方力量与改革共识，助推学校和谐发展

**19. 加强发展委员会工作**　组织好首个"校友返校日"活动。完善校友大数据，推动陕西、湖北等地校友会建立与换届。加强基金会资金运作的管理与监督，努力实现资金增值。筹备成立校友股权投资基金和投资管理有限公司。

**20. 加强统一战线工作**　扎实做好中共中央统战部、教育部以及江苏省关于加强新形势下高校统一战线自查自纠工作。切实发挥好学校作为江苏省统战工作协作片牵头单位作用。

强化民主党派组织建设，统筹协调各民主党派平衡发展。进一步紧密与各民主党派的沟通协商，加强统战工作信息化与条件建设。

**21. 发挥工会作用**　做好教代会和工会委员会的换届工作。加强对二级教代会工作的指导和监督，深化和推进学校民主政治建设。做好教代会提案的答复反馈与检查督促工作。充分发挥桥梁纽带作用，不断丰富教职工文化生活。

**22. 做好共青团工作**　纵深推进共青团改革攻坚，巩固创新基层组织建设。持续深化第二课堂专业化建设，统筹推进思想引领、创新创业、社会实践、志愿服务工作。加强专兼职团学干部队伍建设与学生组织指导。不断丰富青年精神文化生活。

**23. 做好老龄工作**　认真落实党和国家有关老龄工作的方针、政策，切实加强老龄组织和校院两级关工委建设。不断健全服务与管理工作机制，全面落实离退休老同志政治生活待遇。充分发挥离退休老同志在学校各项事业发展中的重要作用。

**24. 维护校园安全稳定**　密切关注信息动态，做好信息搜集、研判与报送。落实安全责任制，进一步完善突发事件处置预案，做好消防、危险化学品等重点领域隐患的排查与整改。继续推进警校联动，强化校园技防建设。做好保密工作。

（党委办公室提供）

# 南京农业大学
# 2017—2018 学年第二学期行政工作要点

## 一、教学与人才培养

**1. 本科教学**　深化人才培养模式改革，启动 2019 版人才培养方案修订，推进卓越农林人才培养计划。组织国家级教学成果奖申报。加强教学团队及教师教学能力建设，设置"教师教学能力提升"系列课程，推进"卓越教学"课堂教改项目。加强专业内涵建设，做好环境工程、食品工程、信息科学与信息系统等专业认证工作，参与教育部农业类专业认证标准制定。完善通识教育核心课程体系，加强在线开放课程建设。大力推进创新创业教育。加强实践教学基地建设，推进产教融合协同育人。

**2. 研究生教育**　召开第四届研究生教育工作会议，做好"双一流"背景下研究生教育改革的顶层设计。积极推进研究生培养模式改革，优化博士研究生培养环节，改进直博生培养机制，深化专业学位研究生教育综合改革，推进研究生实践示范基地建设。完善学位论文质量监督保障体系，修订优秀学位论文评选与奖励办法。做好学位授权点建设与自我评估。落实研究生导师立德树人职责，加强导师队伍建设。

**3. 留学生教育和继续教育**　完善来华留学生招生录取制度，优化生源结构，扩大招生规模，执行世界银行"可持续农业与农业商务管理卓越中心"项目留学生培养计划。启动来华留学质量认证工作，进一步加强英语授课专业及课程建设。面向"一带一路"发展中国家，组织实施好各类援外人力资源培训项目。做好成人教育、第二学历和"专接本"的招生宣传工作，加强教学质量监控。围绕"乡村振兴"，挖掘培训资源，打造具有南农特色的培训品牌。

**4. 招生就业**　规范开展各层次各类型招生录取工作。创新招生宣传方式，加强对学科、专业的宣传，强化学院主体作用，推进生源中学共建。完善推荐免试研究生工作方案。拓展高层次就业市场，提高就业质量。加强大学生生涯发展教育，做好就业群体分类指导。推进牌楼创业实践中心运营，启动大学生创业种子基金评选，强化双创导师队伍建设，做好大学生创业成果的宣传推介。

**5. 学生素质教育**　加强学生思想政治教育，创新活动形式和载体，在学生中培育和践行社会主义核心价值观。继续加强学风建设，提升本科生升学率。做好家庭困难学生认定工作，实现精准帮扶和资助育人。完善心理健康教育体系。做好大学体育工作，强化体育精神育人功能。鼓励学生参加各类课外科技活动，组织学生广泛参与社会实践和志愿服务，使学生在实践中锻炼成长。

## 二、科学研究与服务社会

**1. 科研平台建设**　积极培育作物表型组学研究国家重大科技基础设施。筹建第二个国家重点实验室。探索新兴交叉学科研究中心建设机制，推进国际联合研究中心等平台运行。

启动转基因试验基地建设。

**2. 项目管理与成果申报** 密切跟踪国家自然科学基金、社会科学基金及各类人才项目的申报与评审动态。加强国家重点研发计划的申报以及"种业自主创新工程"等国家重大项目预研。主动适应国家科技奖励制度改革的新形势,做好重大成果的培育和申报工作。制订知识产权管理办法,规范知识产权管理。完善科技成果奖励办法,加大高水平标志性成果的奖励力度,加强代表性成果的科普宣传。

**3. 产学研合作与服务社会** 主动服务乡村振兴战略。推进技术转移中心实体化运行和科技成果展示交易平台建设,促进成果转化。落实两部委《关于深入推进高等院校和农业科研单位开展农业技术推广服务的意见》,优化农技推广项目及成果管理,完善新农村服务基地管理评价机制,加快推进泰州研究院、和县研究院等基地建设。制订扶贫开发工作实施方案,推进精准扶贫。加强智库建设,继续编写发布《江苏新农村发展系列报告》和《江苏农村发展决策要参》。

### 三、人事与人才工作

**1. 高水平师资队伍建设** 贯彻落实《关于全面深化新时代教师队伍建设改革的意见》,加快建设高素质创新型教师队伍。精准引进高端领军人才和青年拔尖人才。加强青年教师招聘力度,完善师资博士后管理办法,扩大师资博士后规模。适时启动钟山学术骨干和第四批钟山学术新秀遴选工作。

**2. 人事管理** 总结人事制度改革试点经验,进一步优化完善实施方案,积极稳妥推进全校范围的改革。做好岗位分级和职称评聘工作。制订绩效工资方案并组织实施。规范编制外用工管理。完成各类人员养老保险基数的编报、学校与教职工养老保险费结算工作。

### 四、"两校区一园区"建设

**1. 新校区建设** 与地方政府签署新校区建设和农场土地收储合作协议。进一步完善新校区总体规划,推进规划审批。配合地方政府完成征地拆迁工作,完成新校区一期用地预审和土地征转工作。开展单体设计和专项规划,全面完成项目开工前报批报建手续。

**2. 卫岗校区基本建设** 完成第三实验楼建设一期工程,6月交付使用,全力推进二期主体工程建设。完成卫岗校区智能温室建设并投入使用。推进白马基地作物学公共实验中心立项工作。加强30万元以上维修工程规范报建和项目管理工作。

**3. 白马基地建设** 启动高标准试验田三期、西区实验田水系贯通等新建工程。组织学院加快入驻白马基地,做好已入驻科研平台和本科实践教学的服务保障工作。配合政府加快推进白马基地剩余土地的征用拆迁。完成白马基地修建性规划修编报批工作。

### 五、"双一流"建设与综合改革

**1. "双一流"建设** 实施学校一流学科建设,制订"双一流"建设资金管理办法和一流学科建设绩效评估办法。做好第四轮全国一级学科评估结果总结分析。做好省优势学科二期项目考核验收及三期项目申报工作。

**2. 综合改革** 继续推进综合改革,跟踪改革项目进展,按工作进度完成各项改革任务。继续做好"十三五"规划目标与综合改革任务的深度融合,按计划推进重点项目实施。及时总结改革阶段性成果。

## 六、现代大学制度建设

**1. 学校规章制度"立改废"工作**　根据《南京农业大学规章制度管理办法》和《南京农业大学规章制度清理工作方案》，继续推进规章制度的梳理和汇编工作，建立健全依法办学制度体系。

**2. 发展委员会工作**　召开 2018 年校友代表大会。建立陕西、湖北、辽宁校友分会，完成四川、安徽、河北及江苏徐州等地校友分会换届，筹建台湾地区校友会和日本校友会。完善校友信息服务管理系统，推进校友企业家平台建设，为校友联络和资源共享提供更好的服务。科学设计筹资募捐项目，调动学院筹资和校友募捐积极性，成立南农校友股权投资基金和南农校友投资管理有限公司。加强校友馆建设，拓展校友馆育人功能。

**3. 学术委员会工作**　做好第七届学术委员会换届工作。按期召开学术委员会工作会议。修订《南京农业大学学术规范（试行）》《南京农业大学学术不端行为处理办法（试行）》，规范学术行为，惩治学术不端。

**4. 教代会工作**　认真做好教代会提案办理工作，及时反馈提案落实情况，保障教职工知情权、参与权、监督权。做好教代会和工会委员会换届工作。进一步完善二级教代会制度建设，提升二级教代会质量，积极发挥教职工参政议政作用。

## 七、国际合作与信息化工作

**1. 国际合作**　设立"国际合作能力提升计划"等国际合作专项，加大"111 基地"建设及聘专工作力度，提升学科国际合作能力。加快与美国密歇根州立大学共建联合学院工作，推进"亚洲农业研究中心"等国际合作平台的建设与实体化运行。拓展学生国际交流项目，完善资助体系及相关推进机制，扩大师生国际交流规模与效益。布局"一带一路"及农业"走出去"对外合作工作，发起成立"非洲孔子学院农业职业技术培训联盟"，谋划和推动"南农-非洲学院"建设工作。

**2. 信息化建设**　完成教师综合绩效考核及业务数据采集系统建设，为人事制度改革提供信息化支撑。建设学校科研数据中心与学者库，为"双一流"建设提供数据支持。加强信息化建设项目扎口管理，规范立项评审与项目建设。

## 八、财经工作

**1. 财务管理**　强化预算管理，编制下达 2018 年校内预算，做好预算执行工作，实施预算执行绩效报告制度和财务量化评价报告制度。实施网上自动报账，建立校园统一支付平台，实现各类缴费的线上支付，提高服务效率。试行公务卡结算业务。加强科研经费的全过程、精细化管理。修订预算管理、收费管理、现金管理、会计档案管理等规章制度，提高财务工作规范性。

**2. 招投标与审计工作**　制订快速采购管理实施细则，建立电商直采平台，提高采购效率。完善招标采购综合管理平台，加强评标专家库和供应商库动态调整，进一步提升招标服务质量。完善审计工作制度，修订科研经费审计办法、优势学科建设工程跟踪审计工作方案，严格执行内部审计相关规定，对重点领域进行全面审计，强化审计监督管理职能。

## 九、公共服务与后勤保障

**1. 图书与档案工作** 开展第十届读书月活动，不断优化阅读推广服务体系。开展文献保障情况分析评估，提供高效文献传递服务，提高文献资源保障和服务水平。完成学籍档案、基建档案数字化工作，完善成绩自动翻译系统，积极申报江苏省五星级档案馆。继续做好办学史料的征集整理工作。完成2017年学校年鉴编印出版工作。

**2. 后勤保障** 加强公房资源调配，做好部分学院搬迁和相关接龙工作。配合政府加快推进雨污分流工程，完成全部管道建设和路面整体恢复。开发资产综合利用平台，提高资产管理信息化水平。完成青石村家属区危旧房改造。完成家属区基础设施改造，进一步推进家属区物业社会化。继续推进卫岗校区物业管理社会化，做好服务管理监督，改善后勤基础服务设施，提高保障能力。完成学校公务用车改革。建设智慧医院，增加医疗服务项目，提高医疗服务水平。

**3. 校办产业** 加强对经营性国有资产监管，进一步清理规范校办企业。以专利技术入股方式完成对"南方粳稻研究开发有限公司"注资，积极推进学校各类科技成果转化。

**4. 平安校园建设** 完善实验室安全与环保管理、设备物资采购管理等规章制度，加强实验室危险废弃物处置，开展实验技术人员和安全管理人员专项培训，提升实验室安全管理水平。启动实验楼宇环保设施一期建设。加强消防、食品、特种设备等重点领域的安全管理，强化责任落实。继续推进警校联动，加强学生安全教育，增强突发事件应急处置能力。加强校园各类车辆管理。

（校长办公室提供）

# 南京农业大学
# 2018—2019 学年第一学期行政工作要点

## 一、新校区建设

积极主动联系地方政府，加快新校区征地拆迁及交付，早日完成一期建设征地手续和土地转用工作。精心组织新校区基础设施、智慧校园、能源等专项规划，广泛听取各方面建设性意见和建议，高质量做好新校区一期建设项目单体设计。组建监督审计工作组，参与新校区建设全过程监督。严格按照有关法律法规，精心组织有关招标与合同签订工作，防范各类风险，积极稳妥推进新校区建设。全面做好新校区一期建设各项报批手续和开工准备。启动教师和人才公寓建设的前期工作。举行新校区奠基仪式。

## 二、教学与人才培养

**1. 本科教学** 贯彻落实教育部新时代全国高等学校本科教育工作会议精神，努力建设中国特色、世界水平的一流本科教育。开展 2019 版人才培养方案修订工作，推广应用"本研衔接，寓教于研"拔尖创新型人才培养模式，探索完善复合应用型人才培养模式，培养适应乡村振兴和生态文明建设需要的卓越人才。加强江苏高校品牌专业和校级品牌专业建设，完成国家级精品在线开放课程的认定申报。完善教学管理与教学评价和基层教学组织建设，开展第二届钟山教学名师评选活动。完善创新创业教育方案，发挥各级各类实验教学中心作用，积极推进课外大学生实践创新活动。加强实践教学基地建设与规范化管理，提升产教融合协同育人能力。强化考风考纪与教学管理。探索科学有效的教学满意度评价方法。

**2. 研究生教育** 启动新一轮研究生培养方案修订，制订专业学位教育综合改革方案，做好农业硕士专业学位调整后的各领域课程设置与培养工作。强化研究生课程教学管理，加强教学评价机制建设。继续推进研究生教育国际化，扩大研究生海外交流访学规模。深入实施江苏省博士研究生培养模式改革项目，提升博士研究生的科研创新能力。加强研究生学籍管理。做好学位授权点自我评估与动态调整。

**3. 留学生教育和继续教育** 以开展来华留学质量认证工作为契机，推进高层次国际研究生学科专业与全英文课程体系建设，加强留学生教育管理，完善招生录取制度，提升留学生培养质量。主动适应高等学历继续教育改革的新形势，加强专业和课程建设，完善教学质量监控，保持招生规模稳定，提高学历继续教育质量。

**4. 招生就业** 做好 2018 年招生工作总结，进一步完善本科专业大类设置方案，进一步优化招生宣传策略。积极开拓就业市场，组织 2019 届毕业生大型供需洽谈会及各级各类校园招聘专场，提高大学生就业质量。启用牌楼大学生创业实践指导中心，为学生创业实践搭建平台。

**5. 学生教育** 进一步贯彻落实《高校思想政治工作质量提升工程实施纲要》，深入实施学生工作"四大工程"，制订"三全育人"工作实施意见，完善"五育一导"载体建设，加强辅导员及班主任队伍建设。推进学生资助精准化，加强体育教育和心理健康教育，推进思想政治工作、素质教育和安全教育进社区。

### 三、科学研究与服务社会

**1. 科研平台建设** 加快推进作物表型组学研究重大科技基础设施建设。筹建农业生物互作国家重点实验室。培育前沿科学中心、国际联合实验室等科研平台。推进营养与健康交叉学科研究中心建设。加强各类协同创新中心建设。制订校级科研机构的运行管理办法。

**2. 项目管理与成果申报** 做好国家重点研发计划等各类重大科研项目申报工作，加强重大项目的一体化实施及过程管理。开展交叉学科基础前沿研究及长期基础性科研工作。做好 2019 年度国家科技奖励的申报遴选及组织推荐。实施知识产权管理办法，推进国际专利申报。启动科技奖励管理办法的修订工作。

**3. 产学研合作与服务社会** 推进科技成果展示平台、技术转移中心和校企合作平台建设，强化成果宣传。服务乡村振兴战略，筹建长三角乡村振兴战略研究院。制订"两地一站一体"农技推广服务模式实施计划，完善"双线共推"工作体系。扎实推进扶贫开发工作。规范服务基地管理，发挥人才培养功能。继续组织编写发布《江苏新农村发展系列报告（2018）》和《江苏农村发展决策要参》。

### 四、人事与人才工作

**1. 高水平师资队伍建设** 加大师资和人才队伍建设力度，重点做好各类国家级人才项目的申报和高端领军人才的引进工作。修订钟山学者计划实施意见，制定钟山学者计划学术骨干遴选条件，启动第四批钟山学术新秀的遴选工作。

**2. 人事管理** 进一步推进人事制度改革。组织实施新一轮专业技术人员岗位分级评审工作。探索科学高效的考核方法。完成全校人员养老保险改革申报和基数确定工作。

### 五、学校基础建设

**1. 卫岗校区基本建设** 做好第三实验楼一期工程的交付使用，全力推进二期工程建设，争取年底主体工程封顶。完成卫岗校区高标准智能温室建设。做好卫岗校区重点工程项目闭合工作。

**2. 白马基地建设** 完成高标准实验田修建工程（三期）、生态护坡工程、简易农机库建设等。继续开展标准实验田土壤改良。大力推进植物生产综合实验中心、作物表型组学研发中心立项及建设用地办证工作。提升管理水平，为科研项目进驻和本科生实践教学提供更加优质的服务保障工作。

### 六、"双一流"建设与综合改革

**1. "双一流"建设** 做好"双一流"建设中期评估工作，制订"双一流"建设动态监测和评价办法，完善激励和约束机制，提高资源配置效率。启动省优势学科三期建设。加强"双一流"建设经费统筹。

**2. 综合改革** 进一步推进综合改革，系统梳理综合改革任务落实情况，结合学校发展面临的新形势新任务，适当调整和改进工作内容及进度安排。开展"十三五"规划中期检查。

## 七、现代大学制度建设

**1. 发展委员会工作** 完成陕西、湖北等校友会组建和部分地方校友会换届，启动"校友返校日"活动，增进校友与学校联系。加强与各类潜在捐赠单位的联络，进一步扩大捐赠规模。筹备成立南农校友股权投资基金及投资管理公司，完善基金运作增值机制。

**2. 学术委员会工作** 按期召开学术委员会工作会议，做好学术委员会的专门委员会、学术分委员会的换届工作。发挥学术委员会作用，对学校学术发展中的重大问题开展调研。

**3. 教代会工作** 做好教代会和工会委员会的换届工作，加强对二级教代会工作的指导和监督，发挥工会组织的桥梁纽带作用，提高教职工参与民主管理、民主监督的积极性。

## 八、国际合作与信息化工作

**1. 国际合作** 实施"国际合作能力提增计划"，提升国际合作水平，服务"双一流"建设。优化"一带一路"及农业"走出去"国际交流与合作整体布局，加强相关研究队伍和平台整合建设。举办2018年世界农业奖颁奖典礼及国际高等农业教育研讨会，启动非洲孔子学院农业职业技术培训联盟首期境外培训项目。进一步开发学生联合培养和寒暑假短期访学项目，加强师生出国（境）派出管理和服务工作。完成南京农业大学-密歇根州立大学联合学院申报筹备工作，做好答辩立项准备。

**2. 信息化建设** 完成教师综合绩效考核系统及教务、科研等业务数据采集系统专项建设，加强教学、科研和管理等信息资源建设与系统集成。开展科研成果数据中心与学者库建设需求调研。筹建南京农业大学知识产权信息服务中心。做好网络信息安全工作。

## 九、财经工作

**1. 财务管理** 编制2019年预算计划，构建项目支出预算管理新模式。实施政府会计制度。做好财务信息系统完善与升级，建立虚拟校园卡，推动财政票据电子化管理。推进新科研经费管理制度的实施，实现科研经费的全过程、精细化管理。修订预算管理、收入管理、差旅费管理、会议及培训费管理等相关规章制度，出台"双一流"专项资金管理制度，提高财务工作规范化水平。

**2. 招投标与审计工作** 制订快速采购工作细则，提高采购效率。实施"互联网＋政府采购"模式，完善招标采购综合管理平台。加强招投标工作规范化标准化建设。强化审计监督管理职能，对重点领域进行全面审计。启动审计工作信息化建设。

## 十、公共服务与后勤保障

**1. 图书与档案工作** 推进阅读推广服务内涵及平台建设，优化阅读服务。完成卫岗图书馆总书库布局调整。实施读者主导的图书荐购新模式，开展文献资源建设与利用情况的分析评估，提升文献资源保障与学科服务水平。完成2017年学校年鉴编印出版工作。做好江浦农场及中国农业遗产研究室档案接收、整理工作，发挥中华农业文明博物馆、校友馆等历史文化资源的教育功能。

**2. 后勤保障** 执行新的资产管理办法，加快新资产管理软件建设，确保资产使用效率和安全。加强卫岗校区用电调配、水质监管工作，确保卫岗及牌楼校区的用电用水安全。完成家属区物业社会化基础条件改善及维修基金划转工作。推进后勤服务信息化，完成食堂"明厨亮灶"工程，实现各食堂、办公区域门禁监控全面覆盖，建设饮食服务中心公众服务平台，完成原料供应链系统升级。做好服务管理监督，改善后勤基础服务设施。修订餐饮、物业等相关管理规定，加强对社会企业的监管。借助社会医疗资源建立联合诊疗机制，建设智慧化医院，提高医疗服务水平。

**3. 校办产业** 加强国有经营性资产监管，理清产权和责任关系，进一步清理规范校办企业。积极推进学校各类科技成果转化，组建学科型研发孵化基地。

**4. 平安校园建设** 完善实验室安全与环保管理，对各类安全隐患进行全面整治，着力加强危险化学品的安全管理，强化责任落实。创新安全教育新模式，重点加强新生入学期间的安全教育宣传。开展全校范围内消防安全检查。推进警校联动，加强学校治安管理。加强校园交通秩序管理和各类车辆出入管理。做好校园监控中心升级改造和消防可视化平台扩容，提升校园技防能力。

（校长办公室提供）

# [南京农业大学 2018 年工作总结]

2018 年，学校党委与行政深入学习贯彻习近平新时代中国特色社会主义思想和党的十九大精神，坚决执行党中央决策部署和教育部党组、江苏省委决议决定，全面贯彻落实全国教育大会精神，不断加强党委对学校工作的全面领导。始终坚持立德树人根本任务，全力推进"双一流"建设，扎实做好"十三五"发展规划与综合改革方案实施，切实加快世界一流农业大学建设步伐。

## 一、全面贯彻习近平新时代中国特色社会主义思想，不断提高办学治校的科学化水平

### （一）牢牢把握社会主义办学方向

学校召开党委常委会、中心组学习会和党务工作例会，专题组织学习全国教育大会、全国组织工作会议精神和习近平总书记在庆祝改革开放 40 周年等大会上的重要讲话精神。开展全体中层干部、党支部书记集中培训。利用校报、校园网、新媒体等宣传阵地，强化舆论引导与氛围营造，引领全校师生树牢"四个意识"，坚定"四个自信"，做到"两个维护"。

### （二）切实加强党委对学校工作的全面领导

坚持并完善党委领导下的校长负责制。坚持立德树人根本任务，扎根中国大地办大学，切实培养德智体美劳全面发展的社会主义建设者和接班人。坚持民主集中制原则，严格落实党委常委会、校长办公会等六大议事规则决策制度。着力推进学习型、廉洁型班子建设，强化"一岗双责"意识，增强班子成员的常委意识、党建意识、规矩意识和规则意识。以"关键少数"带动"基础多数"，切实把好学校建设发展的政治方向。

### （三）"双一流"建设开启新征程

深入落实《关于高等学校加快"双一流"建设的指导意见》，全面提升学校学科综合竞争力和国际影响力。在《美国新闻与世界报道》"全球最佳农业科学大学"排名中列第九位，进入 QS 世界大学"农业与林业"学科前 50，"世界大学科研论文质量评比"农业领域排名前 50，跻身软科世界大学学术排名 400 强。

新校区建设取得重大进展。新校区总体规划正式获批，一期单体建设获教育部正式立项，一期土地通过自然资源部预审，有序推进江浦农场拆迁安置，与江北新区开展全面战略合作，共建新校区，隆重举行新校区奠基仪式。世界一流农业大学建设展开新篇章。

## 二、抢抓"双一流"建设机遇，切实加快世界一流农业大学建设步伐

### （一）人才培养质量持续提升

招生就业质量稳步提升。全年录取本科生 4 268 人、硕士生 2 828 人、博士生 558 人，

各层次生源质量均稳步提高。加强就业创业指导与服务，全年来校招聘用人单位1 620家，本科生就业率96.68%、升学率39.75%；研究生就业率95.04%。

继续深化本科教育教学改革。召开一流本科教育推进会。开展2019版本科专业人才培养方案修订，开展大类招生专业分流。获国家级教学成果奖二等奖3项。推进品牌专业建设，组织开展国际认证。22门课程获国家、江苏省精品在线开放课程认定，12部教材入选江苏省高等学校重点教材。实施"卓越教学"课堂教改实践，入选教育部首批国家虚拟仿真实验教学项目1项和"新工科"研究与实践项目3项。18位专家入选教育部高等学校教学指导委员会。

不断健全研究生教育质量保障体系。深化博士生培养体系和专业学位研究生教育综合改革。资助博士生学科前沿专题讲座课程，开展创新技能培训。推进研究生教育国际化，97人入选公派项目。举办第四届研究生教育工作会议。完善导师遴选，开展学位授权点自我评估和调整。全年授予博士学位408人，授予硕士学位2 168人。获省优秀博士论文7篇。

素质教育成效显著。不断加强学风建设与第二课堂专业化建设，统筹推进思想引领、创新创业、社会实践、志愿服务、大学体育和心理健康等工作。2018年，学生团队在国际基因工程机械设计大赛、"创青春"全国大学生创新创业大赛、第19届省运动会等一系列国际国内比赛中获得佳绩。

积极发展留学生教育。顺利通过来华留学质量认证，完善学校国际留学生管理规定。全年招收各类留学生1 252人。推进全英文授课专业建设，新立项本、研全英文课程26门，留学生教育质量进一步提高。

继续教育社会效益和经济效益显著。录取继续教育新生6 030人、第二学历和专接本学生819人。举办各类专题培训班133个，培训人次再创新高。

**（二）师资队伍建设稳步推进**

创新引才方式，召开首届钟山国际青年学者论坛。全年引进国家特聘专家、"长江学者"等高层次人才22人，引进4名外国专家和2个外国科研团队，招聘教师95人、师资博士后36人。周光宏教授当选国际食品科学院和美国食品工程院院士，沈其荣教授获第六届中华农业英才奖，入选科学技术部领军人才、中组部青年拔尖人才等各类人才项目38人次。

有序推进人事制度改革，制订教学、科研、公共和推广服务等工作量核算办法，完善博士后"非升即走"制度；完成2018年专业技术职务评聘工作，聘任正高36人、副高57人；完成专业技术岗位晋级聘用工作，聘任教授二级岗12人、三级岗29人。提升薪酬待遇，提高绩效奖励、住房补贴、租金补贴和基本养老金等。积极推进养老保险改革。

**（三）学科建设水平显著提升**

完成"双一流"建设资金校内分配测算与专项资金项目申报。开展第四轮学科评估结果分析。完成8个省高校优势学科考核验收，并全部获第三期立项建设。完成省"十三五"重点学科中期检查工作。组织开展学校"十三五"规划中期检查。

**（四）科技创新与服务社会能力不断增强**

年度到位科研经费9.25亿元，其中纵向经费7.69亿元、横向经费1.56亿元。3项成果获国家科学技术奖二等奖；获批国家重点研发计划项目 2 项、社会科学基金重大项目 2 项、自然科学基金项目 192 项；发表 SCI 论文 1 773 篇、SSCI 论文 40 篇；获省（部）级奖励 10 项，获授权专利、品种权、软件著作权 300 余件；与 Science 合作创办英文期刊《植物表型组学》。

作物表型组学研究重大科技基础设施列入教育部和江苏省共建计划。启动第二个国家重点实验室（作物免疫学）培育建设。现代作物生产协同创新中心获省部共建；获批农业部重点实验室建设项目 1 项，10 个省部级重点实验室、工程研究中心分别顺利通过绩效考核与验收评估。

致力服务国家乡村振兴战略。成立社会合作处，第二次入选教育部精准扶贫精准脱贫十大典型项目，并在教育部教育扶贫论坛上作大会交流。不断优化"双线共推"推广模式和"两地一站一体"大学农技推广服务方式。发布《江苏新农村发展报告 2017》。全年共签订各类横向合作项目 415 项，合同金额超 2 亿元。

### （五）国际交流合作持续深化

响应"一带一路"倡议，启动"国际合作能力提增计划"。举办"2018 世界农业奖颁奖典礼暨'一带一路'农业科教合作论坛"。与美国密歇根州立大学共建联合学院顺利通过教育部专家评议，顺利启动"亚洲农业研究中心"第二批合作研究项目。新增引智基地 1 项，新签和续签校际合作协议 29 个，完成聘专项目 116 项，聘专经费 1 000 余万元。

鼓励师生出国研修访学，全年出国（境）访问交流教师 465 人次、学生 838 人。孔子学院影响力不断提升。

### （六）办学条件与服务保障水平进一步提高

学校财务状况总体运行良好。全年各项收入 22.09 亿元、支出 23.71 亿元。做好预算编制改革，强化绩效管理，推进政府会计制度实施。不断完善财务管理制度体系，正式启用公务卡结算管理。

全年完成基建总投资 8 974 万元，在建工程 8 项，维修改造 31 项。牌楼大学生实践与创业指导中心、第三实验楼一期陆续交付使用，二期工程有序推进，卫岗智能温室施工完毕。白马教学科研基地工程建设进展顺利，新进课题组 14 个，新承担各类科研项目 34 项。作物表型组学研发中心、植物生产综合实验中心获教育部立项，核准建设总经费 2.11 亿元，其中，计划支持经费 1.5 亿元。

网络信息化建设有序推进。建成网上办事大厅和今日校园移动应用平台，完成教师绩效考核信息系统构建。新增数据库 18 个，成立学校知识产权信息服务中心。加强档案信息化建设，完成年鉴编写。

后勤保障能力不断增强。全年新增固定资产 1.47 亿元，固定资产总额达到 26.99 亿元。做好公房调配、资产管理与雨污分流建设工作。实施公务用车制度改革。完成"明厨亮灶"工程，完善社会化监管体系，推进后勤信息化建设。推进智慧医院建设，引进优质医疗资源，提升医疗服务水平。

加强对经营性资产监管，积极推进校办企业体制改革，提高企业规范化建设。

加强安全生产管理。开展实验室安全教育，建立安全责任体系，健全实验室安全常态化检查与整治整改制度，改进危废处置方法。强化信息管控，组织安全生产宣传、消防和应急救护演练，持续推进警校联动，切实保障校园安全。

### 三、不断加强党建和思想政治工作，牢牢把握高校意识形态工作的领导权和话语权

#### （一）不断加强与改进宣传思想工作

加强党委对意识形态工作的领导。成立学校意识形态工作领导小组与宗教工作领导小组，建立意识形态工作联席会制度，制订意识形态工作责任制任务分解方案和阵地建设管理办法，签订"意识形态工作责任书"。加强意识形态领域监管，将其纳入党委巡察重点。

深入推进"两学一做"学习教育常态化制度化。组织全校领导干部开展党的十九大专题学习培训。通过阅读原文、集中培训、线上学习等形式，确保学深悟透。不断推进常态化制度化建设，实施基层党组织"对标争先"建设计划，1个基层党委入选"全国党建工作标杆院系"。建立党员管理记实机制，发放党员活动证。

健全思想政治教育体制机制。构建思想政治教育大格局，制订全面推进"三全育人"工作实施方案，工学院获批教育部首批"三全育人"试点单位。完成学校思想政治工作有关问题专项调研报告。深入推进党校教育培训改革创新。结合纪念改革开放40周年、复校40年等契机，开展理想信念教育和爱国主义教育。

加强师德师风建设。举办首届教师节盛典，开设师德大讲堂。成立教师思想政治工作领导小组和师德建设与监督委员会。印发学校进一步加强和改进教师思想政治工作、教师职业道德规范、建立健全师德建设长效机制等实施意见。开展"最美教师"和"教书育人楷模"评选。建立师德考察和监督机制，实行师德"一票否决制"。

加强马克思主义学院建设。马克思主义理论学科获得硕士学位一级授权。深化思政课教学改革，举办"新时代·新思政"高端论坛暨全国农林院校思政课教学研究会年会。

#### （二）牢牢巩固和加强基层党组织与干部队伍建设

加强基层党组织标准化建设。召开七一表彰大会。制定学校基层党建工作标准及党组织书记抓党建工作述职评议考核办法，开展党组织书记述职评议考核；实施教师党支部书记"双带头人"培育工程，制定实施意见；完成基层党建"书记项目"立项；开辟党支部书记工作室，1个教师党支部入选全国首批高校"双带头人"教师党支部书记工作室项目。

深化党政干部管理制度改革。完成中层干部任期考核并开展新一轮换届聘任。修订完善处级干部选拔任用实施办法，优化选聘标准，拓宽民主选拔渠道，建立干部选拔任用工作责任追究机制与能上能下机制。新增3个正处级机构，增设14个处级岗位，新选拔任用正处级干部23人，退出领导岗位正处级干部10人，轮岗交流17人。严格落实干部个人有关事项报告制度，累计核查45人次，取消考察对象资格1人，诫勉3人，批评教育5人。规范领导干部兼职和因公（私）出国（境）管理。

规范党员教育管理。不断完善入党教育培养体系，印发《发展党员培训体系实施办法》，全年累计发展师生党员955人。建立健全党员干部教育分类培训体系，全年选派20名处级及以上领导干部和10名教师党支部书记参加教育部、江苏省等培训项目。规范党费收缴、

使用和管理，增强困难党员、对口帮扶地区的帮扶力度。

### （三）创新文化传播载体和文化育人形式

打造校园文化精品。开展校园文化精品项目建设，创作话剧《金善宝》、舞台剧《校友馆的思索》、校园歌曲《启程》等文化作品；继续推进大师名家口述史编撰工作，完成"南农记忆"部分教授访谈录，书写大学与大地的史诗。

讲好南农故事。深耕新闻报道的农业"土壤"，开展科普宣传，开设"秾华 40 年"栏目，完成学校英文网站改版。全年，共受到新华社、中央电视台、《中国教育报》等中央媒体报道 126 次。

### （四）凝聚多方力量与改革共识

积极推进学校民主管理。召开第五届教职工代表大会第十二次会议，听取学校相关工作报告，征集提案 16 件，并逐一组织协调督办。充分发挥桥梁纽带作用，不断丰富教职工文化生活，认真做好走访慰问与送温暖工作。

统战工作继续加强。发挥好省统战工作协作片牵头单位作用；完成上级关于加强新形势下高校统一战线自查自纠工作。紧密与各民主党派的沟通协商。新发展民主党派成员 23 人，提交议案、建议和社情民意 18 项。

全面推进党的群团改革。回归共青团思想引领的主责主业，助力高素质人才培养。强化自身建设，提升基层团组织活力。健全"校院班"三级联动体系、团干部分层分类培养体系，打造有温度的、青年身边的共青团。

广泛凝聚校友力量。组织开展首届校友返校日系列活动，召开 2018 年校友代表大会；新建台湾校友分会等 7 个地方、行业校友组织，完成上海、广东等 5 地校友会理事会换届；新签捐赠协议 23 项，总计 2 230 万元，基金会资产总额突破亿元。

切实发挥离退休老同志作用。成立离退休工作处，健全服务与管理工作机制，全面落实离退休老同志政治生活待遇；完善离退休党建工作机制，加强活动中心文化阵地建设；搭建老有所为平台，推进老龄工作和校院两级关心下一代工作整体上升。

## 四、坚持全面从严治党，深入推进党风廉政建设

### （一）着力推动全面从严治党向纵深发展

建立健全全面从严治党主体责任体系。常委会专题研究部署全面从严治党工作，召开全校全面从严治党工作会议，签订落实全面从严治党主体责任书。全面开展学校党委巡察工作。出台学校贯彻落实中央八项规定精神的实施细则。开展新任处级干部廉政谈话与党风廉政教育。

严肃监督执纪问责。开展督导检查，加强重点领域监督。规范信访举报工作，全年共办理信访 35 件，处置问题线索 37 条，立案审查 3 件；约谈函询 31 人次，发送纪检监察建议书 2 份；给予组织处理 1 人、党纪处分 1 人、政纪处分 2 人。

### （二）切实加强审计和招投标工作

加强和完善审计制度与工作流程建设，认真开展重点领域和重点环节审计。全年完成各

类审计项目 346 项，累计 11.09 亿元，核减建设资金 1 669.77 万元。完善招投标规章制度，明确规范标准，建成信息化管理平台，完成各类招标 420 余项，总计 2.67 亿元。

在总结成绩的同时，我们也清醒地看到，学校工作与"双一流"建设的目标要求相比，与师生、校友的热切期盼相比，还存在一定差距：

一是支撑"双一流"建设，具有国际影响力的领军人才与创新团队培养及引进的力度亟须加强，特别是院士还未取得突破；二是学科建设的持续发力不够，ESI 学科新增长点培育有待加强；三是国家重大科技基础建设设施尚未突出重围，科技创新与重大科技成果产出能力仍需加强；四是服务国家乡村振兴战略的能力有待加强，还缺乏全国布局、经典案例、贡献评价的谋划与设计；五是"十三五"发展规划与综合改革方案实施的成绩、进展、不足，还缺乏精准、动态的考量；六是党委对学校工作全面领导的体制机制尚不健全，尤其是基层党组织的思想认识和组织抓力还不够；七是对新校区建设进程中，以及建成后如何发挥作用可能存在的问题，考虑、设计的还不全面。

在新的一年里，学校将团结带领广大师生员工，紧紧围绕世界一流农业大学建设目标，重点做好以下 10 个方面的工作：

一是深入贯彻落实习近平新时代中国特色社会主义思想和党的十九大精神，切实加强党委对学校工作的全面领导，全力培养德智体美劳全面发展的社会主义建设者和接班人。

二是组织并召开好学校第十二次党代会，开启南农事业建设发展新篇章。

三是加快"双一流"建设进程，发挥"一流学科"对世界一流农业大学建设的带动与加速作用。

四是不断深化教育教学改革，明晰一流人才培养路径，着力构建南农特色高水平人才培养体系。

五是加强师资队伍建设的顶层设计，集全校之力，加大高层次人才引进与培养力度，力争取得院士突破。

六是完善思想政治教育大格局，加强"思政课程"和"课程思政"工作，发挥师德师风在育人中的重要作用。

七是持续加强国际交流与合作，多渠道争取国际优质办学资源，提升学科国际合作能力。

八是有效推进"十三五"发展规划与综合改革方案落实落细。

九是不断深化全面从严治党，持续推进党委巡察工作，层层压实"两个责任"。

十是争取新校区早日开工建设，超前做好校区功能与配套设施的规划、设计与建设准备。

（党委办公室、校长办公室提供）

# ［南京农业大学国内外排名］

国际排名：《美国新闻与世界报道》（U. S. News）公布的"全球最佳农业科学大学"（Best Global Universities for Agricultural Sciences）排名中，南京农业大学居第 9 位；在其公布的"全球最佳大学排名"中，南京农业大学位列全球排名第 723 位，在中国内地大学中列第 51 位。英国《泰晤士高等教育》（THE）世界大学排行榜公布的世界大学排名中，南京农业大学位列 601～800 名之间，在入选的中国内地大学中排名第 35 位。QS 世界大学学科排名中，学校在"农业与林业"中列第 47 位。上海软科 2018 年世界大学学术排名中，南京农业大学排名提升至 301～400 位。台湾大学公布的世界大学科研论文质量评比结果（NTU Ranking）南京农业大学位列世界排名 501～550 名之间，在农业领域的世界总体排名从 2017 年的 52 位上升到 36 位，其中农学学科排名第 10 位，植物与动物科学学科排名第 21 位。

国内排名：南京农业大学位列中国管理科学研究院大学排行榜第 43 位，在中国科学评价研究中心（RCCSE）、武汉大学中国教育质量评价中心（ECCEQ）和中国科教评价网（www. nseac. com）联合发布的中国大学本科院校综合竞争力总排行榜中位列第 59 位，在中国校友会中国大学排名中位列第 47 位，软科中国最好大学排名第 71 位。

（撰稿：辛　闻　审稿：李占华　审核：张　丽）

# [教职工和学生情况]

### 教 职 工 情 况

| 在职总计（人） | 专任教师 | | | 行政人员（人） | 教辅人员（人） | 工勤人员（人） | 科研机构人员（人） | 校办企业职工（人） | 其他附设机构人员（人） | 离退休人员（人） |
|---|---|---|---|---|---|---|---|---|---|---|
| | 小计（人） | 博士生导师（人） | 硕士生导师（人） | | | | | | | |
| 2 738 | 1 682 | 520 | 1 123 | 513 | 230 | 118 | 116 | 0 | 79 | 1 732 |

### 专 任 教 师

| 职称 | 小计（人） | 博士（人） | 硕士（人） | 本科（人） | 本科以下（人） | 29岁及以下（人） | 30～39岁（人） | 40～49岁（人） | 50～59岁（人） | 60岁及以上（人） |
|---|---|---|---|---|---|---|---|---|---|---|
| 教授 | 478 | 460 | 18 | 0 | 0 | 0 | 72 | 176 | 196 | 34 |
| 副教授 | 571 | 417 | 115 | 39 | 0 | 4 | 260 | 188 | 119 | 0 |
| 讲师 | 579 | 340 | 175 | 64 | 0 | 71 | 356 | 118 | 34 | 0 |
| 助教 | 54 | 0 | 36 | 18 | 0 | 45 | 6 | 3 | 0 | 0 |
| 无职称 | 0 | 0 | 0 | 0 | 0 | 0 | 0 | 0 | 0 | 0 |
| 合计 | 1 682 | 1 217 | 344 | 121 | 0 | 120 | 694 | 485 | 349 | 34 |

### 学 生 规 模

| 类别 | 毕业生（人） | 招生数（人） | 人数（人） | 一年级(2018)（人） | 二年级(2017)（人） | 三年级(2016)（人） | 四、五年级(2015、2014)（人） |
|---|---|---|---|---|---|---|---|
| 博士研究生（＋专业学位） | 383 | 536（＋12） | 2 022（＋14） | 536 | 477 | 911 | 98 |
| 硕士研究生（＋专业学位） | 1 982（＋185） | 2 440（＋361） | 6 952（＋2 000） | 2 440 | 2 571 | 1 941 | |
| 普通本科 | 4 159 | 4 289 | 17 278 | 4 309 | 4 285 | 4 222 | 4 462 |
| 成教本科 | 2 819 | 2 866 | 8 746 | 2 866 | 2 343 | 2 165 | 1 372 |
| 成教专科 | 2 853 | 4 212 | 12 874 | 4 212 | 5 361 | 3 301 | |
| 留学生 | 94 | 94 | 371 | 94 | 140 | 33 | 104 |
| 总　计 | 12 290（＋185） | 14 437（＋373） | 48 243（＋2 014） | 14 457 | 15 177 | 12 573 | 6 036 |

### 学 科 建 设

| 学院 | 20个 | 博士后流动站 | 15个 | 国家重点学科（一级） | 4个 | 省、部重点学科（一级） | 15个 |
|---|---|---|---|---|---|---|---|
| | | 中国工程院院士 | 1人 | 国家重点学科（二级） | 3个 | 省、部重点学科（二级） | 0个 |
| | | "千人计划"入选者 | 8人 | 国家重点（培育）学科 | 1个 | | |
| | | "青年千人计划"入选者 | 6人 | | | | |

（续）

### 学 科 建 设

| 本科专业 | 62 个 | 博士学位授权点 | 一级学科 | 17 个 | 国家重点实验室 | 1 个 | 省、部级研究院（所、中心）、实验室 | 79 个 |
|---|---|---|---|---|---|---|---|---|
| | | | 二级学科 | 0 个 | 国家工程研究中心 | 5 个 | | |
| 专科专业 | 55 个（继续教育学院） | 硕士学位授权点 | 一级学科 | 30 个 | 国家工程技术研究中心 | 2 个 | | |
| | | | 二级学科 | 3 个 | | | | |

### 资 产 情 况

| 产权占地面积 | 560.31 万平方米 | 学校建筑面积 | 64.49 万平方米 | 固定资产总值 | 25.95 亿元 |
|---|---|---|---|---|---|
| 绿化面积 | 94.95 万平方米 | 教学及辅助用房 | 32.96 万平方米 | 教学、科研仪器设备资产 | 12.18 亿元 |
| 运动场地面积 | 6.61 万平方米 | 办公用房 | 3.55 万平方米 | 教室 | 290 间 |
| 教学用计算机 | 9 269 台 | 生活用房 | 27.98 万平方米 | 一般图书 | 260.1 万册 |
| 多媒体教室 | 259 间 | 教工住宅 | 0 万平方米 | 电子图书 | 338.54 万册 |

注：截止时间为 2018 年 9 月。

（撰稿：蒋淑贞　审稿：袁家明　审核：张　丽）

# 二、重要文献

## 在南京农业大学全校教师干部大会上的讲话

陈利根

（2018 年 4 月 12 日）

尊敬的朱部长，各位领导、各位老师、同志们：

大家好！

在离开南京农业大学三年后，今天又重新回到这片熟悉的土地，回到自己魂牵梦萦的校园。此时此刻，我的内心十分激动，并充满感恩！南京农业大学是我的母校，是教育我、培养我的地方。我从 1982 年开始在这里求学、工作，三十多年里，母校的很多领导、老师、同事，都曾给予过我无私的帮助和热情的支持。我热爱这片土地，热爱这里的人，并身为其中的一分子而感到自豪。

刚才，教育部朱部长宣布了部党组对我的任命，并对学校工作提出了殷切希望，我深感使命光荣、责任重大！在此，我衷心感谢教育部党组对我的信任和培养，衷心感谢江苏省委对我的关心和支持，将如此神圣而重要的责任托付于我；衷心感谢全校师生对我的支持，给予我再次为母校服务的机会。我一定将不辜负教育部党组和江苏省委的重托，以及全校师生的厚爱，牢记使命、勇于担当、夙夜在公、勤勉工作，与周光宏校长一起，团结带领全校师生砥砺奋进，努力向历史、向组织、向全体师生和广大校友交出一份合格的答卷。

南京农业大学是一所充满活力、奋发有为的大学。百余年来，学校始终以服务国家农业现代化为己任，坚持大学所肩负的使命和社会责任，艰苦奋斗、求实创新，形成了"诚朴勤仁"的精神品格，取得了骄人的办学成就，为国家和区域经济社会发展作出了积极贡献。近年来，在教育部的正确领导下，在江苏省委、省政府的大力支持下，全校师生紧紧瞄准建设世界一流农业大学的宏伟目标，齐心协力推动学校各项事业快速发展，呈现出蒸蒸日上的发展势头。从国内外各类大学评价来看，南农屡有惊人表现。在去年教育部公布的第四轮学科评估中，南农 7 个学科获评 A 类学科，其中 4 个学科获评 A＋，数量位居全国高校前列。这些成绩的取得，凝聚了历任领导班子的大量心血、凝聚了几代南农人的辛勤汗水。在此，我要向所有为学校建设发展作出积极贡献的老领导、老同志、现任领导班子、全体师生员工和广大海内外校友表示崇高的敬意！

今天是我工作的新起点。在今后的工作中，我将以"懂教育的政治家和讲政治的教育家"标准严格要求自己，认真履责、恪尽职守，把刚才朱部长的讲话精神和各位领导的要求，落实到学校的各项工作中，为推动学校新发展贡献全部力量。

### 一、始终坚持把好方向、树正导向

把好方向，就是要始终坚持社会主义办学方向。我们应以习近平新时代中国特色社会主义思想为指导，坚持高等教育为人民服务、为中国共产党治国理政服务、为巩固和发展中国特色社会主义制度服务、为改革开放和社会主义现代化建设服务，将学校发展同国家发展、民族复兴紧密联系起来，坚持立德树人根本任务，聚焦国家重大战略需求，把握高等教育发展规律，借鉴世界先进办学经验，扎根中国大地办世界一流农业大学。树正导向，就是要以社会主义核心价值观为导向，着力培育一流的大学文化，始终保持奋发有为的精神状态和风清气正的办学环境，以"正导向"激发"正能量"，汇聚起南农人干事创业的强大力量。

### 二、始终坚持党要管党、从严治党

党风决定校风、党风影响学风。管党治党是学校党委的职责所在，也是党委书记的第一责任。作为党委书记，我一定会坚持和完善党委领导下的校长负责制，积极支持校长依法独立负责地行使职权；加强党对学校工作的全面领导，加强领导班子建设，认真执行民主集中制，科学决策、民主决策、依法决策，凝聚改革共识、汇聚发展合力，坚定不移地推动学校事业又好又快发展；一定会坚持正确的选人用人导向，坚持德才兼备、以德为先，坚持五湖四海、任人唯贤，坚持事业为上、公道正派，营造良好的校园风气和政治生态；一定会像爱护眼睛一样爱护班子团结，像珍惜生命一样珍惜班子团结，形成心往一处想、劲往一处使的强大合力，为学校发展提供坚强的思想保证和组织保证。

### 三、始终坚持以人为本、服务师生

集众人智、聚众人力，则大事成、百业兴。坚持以人为本，就是要坚持办学以人才为本。办一流大学、建一流学科，关键在于人才。我们要以识才的慧眼、爱才的诚意、用才的胆识、容才的雅量、聚才的良方，汇聚海内外的优秀人才，形成人人渴望成才、人人尽展其才的良好局面。坚持以人为本，就是要坚持教育以育人为本。办一流大学、建一流学科，重点在于培养一流人才。我们要牢牢把握高校人才培养的核心使命，以培养社会主义合格建设者和可靠接班人为目标，关爱学生成长，努力为学生成长成才创造更好条件、提供更好平台。作为党委书记，我一定深入师生，虚心向广大师生学习，坚持问计于师生、问需于师生，坚定一流发展大决心，开拓一流发展大视野，形成一流发展大格局。

### 四、始终坚持清正廉洁、以身作则

高校是教书育人的阵地和道德风尚的高地。作为高校的党员干部，更应该坚持清正廉洁。我一定会在工作中严格要求自己，始终牢记"两个务必"，认真践行"三严三实"，坚持立党为公、执政为民，认真落实党风廉政建设责任制，自觉遵守廉洁从政各项规定，堂堂正正做人，清清白白做事；一定会秉公办事、秉公用权，把权力用在为师生员工谋利益上，用在推动学校事业改革发展上；一定会持之以恒正风肃纪，严格执行中央八项规定精神，坚决反对"四风"，不断加强干部队伍的作风建设。让每一位南农的师生员工都有自豪感、荣誉感、获得感和幸福感。同时，我也一定会积极听取各方面意见建议，自觉接受广大师生员工的监督。

各位领导、各位老师、同志们，我们正处于一个伟大的新时代，这是一个奋斗的时代，幸福都是奋斗出来的。习近平总书记讲，"山再高，往上攀，总能登顶；路再长，走下去，定能到达"。让我们在习近平新时代中国特色社会主义思想和党的十九大精神指引下，牢牢把握学校发展定位，加强顶层设计和系统谋划，主动对接和服务"一带一路"、长江经济带、精准扶贫、脱贫攻坚和乡村振兴等国家重大战略，将方方面面的力量凝聚起来，扛起南京农业大学的社会责任。站在新的起点上，我将和班子成员、全体师生一道，加快推进"双一流"建设步伐，在人才培养、新校区建设、学科建设、师资队伍建设、教育国际化以及全校教职工利益进一步改善和保障等事关学校长远发展的关键点上，持续发力、披荆斩棘、锐意进取、勇于创新，打造发展新动能、拼出一片新天地，抓牢"接力棒"、跑好"接力赛"，以"功成不必在我"的境界和"撸起袖子加油干"的闯劲，贡献我们的力量！

老师们、同志们，让我们携起手来、共同努力，按照习近平总书记的要求，乘着新时代的浩荡东风，加满油，把稳舵，鼓足劲，让南京农业大学这艘航船继续劈波斩浪、扬帆远航，胜利驶向充满希望的明天！

谢谢大家！

# 用师德挺起世界一流农业大学的脊梁

陈利根

（2018 年 6 月 20 日）

各位老师、同志们：

大家下午好！

俗话说"百事择好日"，今天就是这样一个好日子，是学校召开毕业典礼的日子，也是师德大讲堂启动的日子。上午，我参加了 2018 届本科生毕业典礼暨学位授予仪式，感触良多。在毕业典礼上，我看到了一个个毕业生神采飞扬的精神面貌，看到了一个个饱读诗书、博闻强识的莘莘学子，看到了他们对母校的留恋、对老师的感恩和对未来的向往。

可以说，是教师给了他们向上的标尺，是教师为他们播撒下知识的种子，更是教师的辛勤耕耘和精心浇灌，才有了今天桃李的绚丽和硕果的飘香。借此机会，我要代表学校党委，向在座所有为南农辛勤工作，奋战在教学、科研、管理一线的教师们表示衷心的感谢！同时，也向刚刚加入南农这个大家庭的新教师表示热烈的祝贺！

今天，还是我回学校后第一次与这么多老师坐在一起深入交流。看到你们，我不禁想起了 32 年前，也就是 1986 年，我开启了在南农的教师生涯。从成为教师的第一天起，我就不断问自己，什么是老师？怎样才能做一个好老师？我想这是每一位教师入职之始都会思考的问题，也是每一位优秀教师用一生去摸索、实践与总结的重要课题。

5 月 2 日，习近平总书记在北京大学座谈会上指出，大学是立德树人、培养人才的地方，要办出中国特色世界一流大学，须做好 3 项基础性工作，其中非常重要的一项就是建设高素质教师队伍。那么，如何理解高素质？《礼记·学记》中说"为人师者，必先正其身，方能教书育人，此乃师德之本也"，为师者，应以德为先。因此，评价教师队伍素质的第一标准就是师德师风。

党的十八大以来，国家、社会和学校进一步加强师德师风建设。这是学校第一次以"师德"为题开坛设讲，我希望它能成为教师践行师德的好形式，成为汇聚师德正能量的好载体，成为引领师德新风尚的好平台。

党委教师工作部邀请我来给大家作第一讲，我思考良久，综合考虑多方面内容，决定以"用师德挺起世界一流农业大学的脊梁"作为今天报告的主题。鲁迅说："中国的脊梁是埋头苦干的人、拼命硬干的人、为民请命的人、舍身求法的人。"那么，世界一流农业大学的脊梁是什么？是教师，是一流的教师队伍。那教师的脊梁又是什么呢？是师德，是传承中华优秀传统文化、秉承时代气息与创新特征、契合国家民族发展需要的高尚师德。

下面，我将围绕师德和世界一流农业大学的建设，从三个方面和大家交流：

第一，说一说师德的内涵和发展。

第二，讲一讲当前我国高校师德存在的主要问题。

第三，谈一谈以高尚师德铸就一流教师，挺起世界一流农业大学的脊梁。

# 一、师德的内涵和发展

## （一）师德发展的体系特征

师德是教师职业道德的简称，要深刻理解师德的内涵，首先要弄清楚道德、职业道德和教师职业道德三个概念及内在联系。

**1. 道德是立人之本**　"道"和"德"，这两个字在中国古代很早就有了。

"道"是"导"的本字。道的金文＝ ✦（行，四通的大 ✦ 路）＋ ✦（首，代表观察、思考、选择）＋ ✦（止，行走），表示在叉路口帮助迷路者领路。后引申为途径、方法、规律，再后来引申为人们必须普遍遵循的行为法则和规范等。

"德"字是个会意字。从甲骨文形体来看，它的左边是"彳"，在古文字中多表示"行走"之义；右边是一只眼睛，眼睛上面有一条垂直线，表示眼睛要看正；二者相合就是"行得要

德字的演变过程图

正，看得要直"。"德"字金文的形体与甲骨文的形体基本相似，只是在右边的眼睛下加了"一颗心"，这时的人们又给"德"字的含义加了一条标准，即除了"行正、目正"外，还要"心正"。"德"后引申为要顺应自然和人类客观需要去做事。

"道"与"德"在先秦的一些著作中开始联用，合成一词。首次把"道"和"德"联系起来作为一个概念使用的，要算荀况。他在《劝学》篇说："故学至乎礼而止矣，夫是之谓道德之极。"意思是说，如果做任何事情都能按"礼"的规定，就达到了道德的最高境界。道德就是要从"物之道"引出"人之得"，要将道"内得于己，外施于人"。所以，道德双修的本质就是一种人生的哲学。

道德是一种社会意识形态，是人们共同生活及其行为的规范和准则。道德是做人做事和成人成事的底线，它要求我们、帮助我们，并在生活中自觉地约束着我们。假如没有道德或失去道德，人类就很难是美好的，就和动物世界没有了实质的区别。我们说，是道德的驱使，建立了人类的和谐社会；是道德的要求，才有了社会群众团体组织；是道德的体现，使人们自尊自重自爱；是道德的鞭策，营造了人与人的生活空间。一个不懂得道德和没有道德的人是可怕的，道德虽不是生活必需品，但它对人的修养和身心健康有着不可替代的作用。

习近平总书记说："国无德不兴，人无德不立。"道德是"兴国"之策，也是"立人"的根本，国家兴旺发达须以美德懿行为安身立命之根，个人的成长须以道德修养为修德齐家之本。"道德当身，不以物惑"，如果我们自身道德高尚，就不会轻易被诱惑所吸引。这世界上只有两样东西是值得我们深深景仰的，一个是我们头上的灿烂星空，另一个是我们内心的崇高道德法则。

**2. 职业道德是从业之根**　职业道德是人们在职业活动中必须遵循的道德要求和行为准则。它是随着社会分工的发展，出现相对固定的职业集团时产生的，是社会道德的重要组成部分，受到社会道德的影响和制约。不同的职业不但要求人们具备特定的知识和技能，还规定人们在工作中应该做什么、不应该做什么。

《中华人民共和国职业分类大典》（2015 版）将我国职业分为 8 个大类 75 个中类 434 个小类 1 481 个职业。对于不同职业有着不同的职业道德。中国古代将"政者，正也。子帅以正，孰敢不正？"看作官员之德；把"智、信、仁、勇、严"称为兵家将之德；将"医乃仁术"视为医者之德。《中华人民共和国公民道德建设实施纲要》对我国现阶段各行各业普遍适用的职业道德提出了明确要求，即：爱岗敬业、诚实守信、办事公道、服务群众、奉献社会。

在 2017 年度"感动中国"人物评选中，我们看到了种得桃李满天下的卢永根院士、消防英雄杨科璋、倚天报国的刘锐以及人民的樵夫廖俊波等，他们身份不同、职业不同，但为什么可以感动中国、温暖社会？那是因为他们用自己的故事，表达着对事业的热爱、对祖国的忠诚，以锐意进取、率先垂范的优秀品格，与时俱进、敢为人先的精神状态，以及热情饱满、兢兢业业的工作投入，代表并诠释着职业道德的内涵实质。

**3. 师德是社会道德的标杆**　师德是教师的职业道德，是教师在从事教育劳动中所遵循的行为准则和必备的道德品质，是社会职业道德的有机组成部分，更是教师行业特殊的道德要求。它从道义上规定了教师在教育劳动过程中以什么样的思想、感情、态度和作风去待人接物、做好工作。

教育的本质不仅是知识的传授、智慧的启迪，更是心与心的交流、情与情的互动，教书育人、为人师表的职业特点，决定了道德在教育中的力量和作用。"道之所存，师之所存也"，千百年来，道德表现一直是教师的基本形象与根本要求。

在百余年中国高等教育发展史上，西南联合大学（以下简称西南联大）曾书写过熠熠闪光的一页。西南联大在颠沛流离中创建，在日寇飞机轰炸的间隙中上课，以极简陋的仪器设备从事研究工作，在短短的八九年中取得了非凡的成就，其独特魅力不仅在于培养了一大批杰出人才，还在于其为世人所景仰的师德力量。那个时候，国运凋敝，民不聊生，生活十分困难，教授们大都无力养家。当教育部门发给他们"特别办公费"时，吴有训、冯友兰、罗常培、陈岱孙、汤用彤等 25 位著名教授毅然拒绝，为的是与其他师生"同尝甘苦，共体艰危"。这样的事例还有很多很多，西南联大被称为世界教育史上的奇观，因为它实现了传统教育体制和先进教育理念的结合，弘扬并传承了中国优良传统师德，彰显出教师的血性、风骨、责任和担当，他们的高尚师德正是支撑中华民族的精神力量。

当今社会，也涌现出不少师德高尚的优秀教师，堪称时代楷模。李保国、黄大年、郑德荣，他们用高尚师德诠释着鞠躬尽瘁死而后已，从他们日复一日的坚守、年复一年的努力中，我们明白了为什么说教师是"人类灵魂的工程师"，也更深刻地认识到，要做好"灵魂工程师"，师德是关键。

俗话说："医德如何，十日之间分生死；官德如何，十年之间见治乱；师德如何，百年之间判盛衰"。师德较之其他职业道德有着更高的要求，这是由教师职业的特殊性决定的。"师道从人道来，人道须从师道传"，教师在传播人类文明、启迪人类智慧、塑造人类灵魂、弘扬民族精神方面发挥着极其重要的、不可替代的作用，教师是社会主义事业建设者和接班人的培育者，是青年学生成长的引路人。教师的思想政治素质和职业道德水平，决定了青年一代的价值取向，进而也决定了整个社会的价值取向和国家的前途、民族的未来。纵观人类道德史，师德总是处在各个历史时期社会道德的最高水准，是社会公德的标杆，是引领社会文明进步的指明灯和风向标。

### （二）师德发展的历史纵深

先秦时期我国文化繁荣，出现了"百家争鸣"的局面，各种学派应运而生。他们聚徒讲学，教育史上具有划时代意义的私学由此兴起，专职教师开始出现，教师职业道德由此产生，并随着历史发展，不断被完善和赋予新的时代内涵。

孔丘一生从事教育事业，在师德教育中建立了一系列教育原则。要求教师在教育态度上，要有"学而不厌，诲人不倦"的良好品德；在教育方法上，主张"因材施教"，对受教育者要"视其所以，观其所由，察其所安"；在道德修养上，强调以身作则，为人师表，做到"其身正，不令而行"。孔丘还要求教师自身要博学多识，"多闻，择其善者而从之，多见而识之"。他所开创的教师职业道德规范为历代不断继承和丰富。

孟轲一生热心教育工作，认为"得天下英才而教育之"是人生中一大乐事。他主张教师应严格要求受教育者，对学生循循善诱，要求教师要以身作则，做到"贤者以其昭昭，使人昭昭"，先正己再正人。

荀况要求教师要"积善成德，而神明自得，圣心备焉"，要在道德修养上坚持努力，日积月累地提高，特别强调师德修养的实践作用，即"知之不若行之，学至行之而止矣"。

韩愈不仅提出"师者，所以传道授业解惑也"，还提出"是故弟子不必不如师，师不必贤于弟子"，要求教师应培养学生超越性的特质，甘为人梯，等等。

以上主张，在如今的师德教育中也是值得借鉴和汲取的，这些道德格言已经永存于民族的道德宝库和民族精神之中，世代相传。

近代以来，著名教育家蔡元培也极为重视教育工作。他曾说："什么是师范？范就是模范，为人的榜样。"他不仅要求教师为人师表，而且他本人也时时处处作出表率，为后世树立了光辉的师德榜样，也丰富了师德的内涵。

五四运动后，马克思主义在中国传播，开辟了教育文化发展的新纪元，中国教师职业道德的发展也进入了一个新阶段。教育家陶行知先生被誉为"人之模范"，他甘愿抛弃教授之位，放弃舒适安逸的城市生活，到贫穷落后的农村创办"乡村教育"，并为自己定下了师德的标准，即："健康的体魄，农民的身手，科学的头脑，艺术的兴味，改造的精神"。他一生"以身立教"，以教育实践，树立起高尚师德的典范。

新中国成立以来，党和国家一直十分重视师德建设。毛泽东强调，教师要坚持又红又专的教育标准，教育出德、智、体等全面发展的优秀人才。邓小平认为，教师应该"勤勤恳恳为社会主义教育事业服务"，强调"教师要成为学生的朋友"，力争做到"教学相长"，要具有严谨笃学、敬业爱生的职业道德。习近平提出的"有理想信念、有道德情操、有扎实学识、有仁爱之心"以及"坚持教书和育人相统一，坚持言传和身教相统一，坚持潜心问道和关注社会相统一，坚持学术自由和学术规范相统一"，是新时代师德理论的新凝练。

### （三）师德发展的现实规范

法律和道德是约束教师正确从教的两条准绳。为强化依法治教，我国颁布的《教师法》《义务教育法》《教育法》等法律法规都对教师的品行要求作出了规定，约束了教师从业行为的基本"底线"。

另外，对教师提出较高的、广泛的职业操守要求的，就是教师职业道德规范。师德规范指引着教师职业道德的习惯养成，并作为教师自律和外界他律的重要标尺。

2011年12月30日，教育部、中国教科文卫体工会全国委员会联合发文，颁布了《高等学校教师职业道德规范》。从"爱国守法""敬业爱生""教书育人""严谨治学""服务社会""为人师表"六个方面对高校教师职业责任、道德原则及职业行为提出了要求，要求教师要严格要求自己，坚守高尚情操，发扬奉献精神，做人类文明和知识的传播者和创造者。

2014年，针对暴露出来的高校教师师德突出问题，教育部制订了《关于建立健全高校师德建设长效机制的意见》，首次划出被称为"红七条"的师德禁行行为，要求教师不得有损害国家利益、损害学生和学校合法权益的行为；不得在教育教学活动中有违背党的路线方针政策的言行；不得在科研工作中弄虚作假、抄袭剽窃、篡改侵吞他人学术成果、违规使用科研经费以及滥用学术资源和学术影响；不得有影响正常教育教学工作的兼职兼薪行为；不得在招生、考试、学生推优、保研等工作中徇私舞弊；不得索要或收受学生及家长的礼品、礼金、有价证券、支付凭证等财物；不得对学生实施性骚扰或与学生发生不正当关系；以及其他违反高校教师职业道德的行为。

不论是《高等学校教师职业道德规范》，还是"红七条"的出台，都是为了对师德正本清源，筑牢师德底线，引导教师恪守师德，做有理想信念、有道德情操、有扎实学识、有仁爱之心的"四有"好教师。

## 二、当前我国高校师德存在的主要问题

长久以来，高校教师爱岗敬业、为人师表的形象深入人心，涌现出了许许多多深受学生喜爱和社会赞誉的师德楷模。他们用真诚的心去感化学生，用真诚的爱去引导学生；他们严于律己、勤于奉献，以教书育人为己任，为社会主义事业培养了一大批建设者和接班人。

与此同时，我们也应当看到，在社会经济环境和多元价值观等各种因素的冲击下，部分教师的思想意识、理想信念和价值观念受到了不同程度的影响，进而改变了其职业道德和教育态度，出现了一些有违教师职业道德的负面事件。例如，北京一大学教授通过非法手段套取科研经费576万余元被判刑11年半；厦门一大学博士生导师猥亵诱奸女学生被开除党籍、撤销教师资格；云南一大学教授课堂上宣扬法轮功邪教歪理邪说、抹黑中国共产党被开除党籍并拘留，等等。这些负面事件严重损害了教师声誉，刺痛了公众神经，造成了负面影响，它们产生的根源就在于师德的缺失。

我大概梳理了一下，当前高校师德存在的问题主要表现在以下四个方面：

### （一）思想政治观念薄弱，理想信念不坚定

当前，国际上围绕发展模式和价值观的竞争日益凸显，意识形态领域渗透与反渗透的斗争尖锐复杂。西方一些势力虽然不得不承认中国的经济成就，但从来没有也不可能认可中国的政治制度。作为当今最大的社会主义国家，我们将长期面对西方遏制、促变的压力，而意识形态渗透是西方国家对我国推行西化、分化战略的主要手段。国内，随着改革开放的深入和社会主义市场经济的发展，人们价值观也日趋多元化，主流虽是积极向上健康的，但消极颓废有害的东西也是存在的，社会思潮五花八门。

不知从何时起，说中国坏话、骂社会成为大学课堂的时尚，有的教师逢课必讲"瞧瞧人家国外"，有的教师案例教学，负面的例子全是中国。当今的中国大学课堂，我认为主要有

三类问题：一是缺乏理论认同。有的教师用戏谑的方式讲思想理论课，各种所谓历史"隐私"，动辄把实践中的具体问题归结为理论的失败。二是缺乏政治认同。通过传递肤浅的"留学感"，追捧西方"三权分立"，片面夸大社会公平、社会管理等问题，把发展中的问题视为政治基因缺陷。三是缺乏情感认同。有的教师把自己生活中的不如意变成课堂上的牢骚，把"我就是不入党"视为个性，把网络上的灰色段子当做观点论据。当得到质问时，有的教师甚至认为：我的课堂我做主，这是学术自由。

事实真的如此吗？答案是否定的。大学课堂从某种程度上说，是意识形态前沿的关键领域，是培养社会主义建设者和接班人的地方。教师言行稍有不慎就可能在学生心中产生不良影响，甚至扭曲大学生的世界观、人生观、价值观。教育是一个民族最伟大的生存原则，是一切社会里把恶的数量减少、把善的数量增加的唯一手段。教师传授给学生的，不只是知识，更有情绪、情感和情怀。教师在讲授知识，也在传播思想；在研究当下的中国，也在影响未来的中国；在讲台上散发着学识和修养的魅力，也在潜移默化中匡正整个社会的公序良俗。

### （二）敬业精神弱化，职业认同感降低

市场经济快速发展的同时，也不可避免地引发了社会责任意识缺失和社会道德危机，造成了个别高校教师敬业精神的缺失。我们必须承认，大部分高校教师的收入相对于企业来说并不算高，但工作和生活压力却比较大。普通教师特别是青年教师容易出现心浮气躁、急功近利、职业倦怠的现象，不少青年教师将教育工作作为一种谋生的手段，难以静下心来真正钻研教学与科研业务。一些校园事件中的失范行为以及教育产业化暴露出的各种问题，累积起社会对教师形象的评价，一定程度上加剧了人们对教师社会定位、身份认同上的认知偏离。一些怀抱教育理想的教师对职业尊严失去信心，缺少认同感。

上课敷衍、以教谋私、钱分交易；为发文章、报课题、评职称拉关系走后门；甚至随便调课、停课或不经学校允许找人代课等。这些行为都严重影响了学校正常的教学秩序，影响了育人效果。"为什么我们的学校总是培养不出杰出人才？"在"钱学森之问"面前，高校管理者和教师恐怕还要进行自我拷问。

古人云："艺痴者技必良，书痴者文必工"。敬业是教师执教的前提，如果一个人不喜欢自己的本职工作，就不能全身心地投入，也就不能做出成就来。没有敬业之心，就不会有敬业之道，也无法担当起人类灵魂工程师的重任。高尚的师德有利于增强教师对教育事业的认同感和责任感，保持强烈而持久的教育兴趣和工作热情，以积极乐观的态度履行教书育人的职责。

### （三）学术腐败滋生，急功近利思想盛行

学术腐败并不是一个新鲜的话题，大学在大部分人的心目中是不曾被玷污的"象牙塔"，然而，现在却不断有各种抄袭、剽窃以及学术造假行为见诸报端。一些教师不遵守科学道德，或利用自己的学术地位从事不道德甚至非法的牟利活动，体现在低水平重复、粗制滥造、泡沫学术、抄袭剽窃、违规使用科研经费等；甚至一些教师把自己手中的权力当成谋取私利、维护既得利益的工具，瓜分、掠夺学术资源，把学术职位当成官场职位，进行对自己有利的利益再分配。例如，北京某高校教授、博士生导师王某在自己的书里抄袭国外著作内

容达十万多字，被免除相关职务和博导资格；西安某高校教授李某申报国家科技进步奖造假，被撤销奖项并解聘；北京某大学教授、中国科学院院士李某，利用职务便利以虚假发票和事项套取科研经费 2 000 余万元，被捕入狱。

大学，被视为社会文明的最后堡垒，被寄托以道德典范和职业底线的维护者。学术不端行为的肆虐，令大学失色。学术规范失常、学术道德滑坡、学术腐败现象滋生是急功近利浮躁心理在学术界的必然反映。在一种普遍的浮躁和焦虑的社会心态中，还会有多少人能够耐得住几十年的寂寞，去从事一项未见名利收益的事业？还会有多少人能够心平气和地以寂寞耕耘者的姿态踏踏实实做学问？可以说，学术腐败不仅破坏学术研究的规则，腐蚀学术队伍，阻碍学术大师的产生，而且还会遏制一个民族思维能力和思想水平的提高。

### （四）育人意识淡薄，师生关系异化

习近平总书记在全国高校思想政治工作会议上指出：要坚持把立德树人作为中心环节，把思想政治工作贯穿教育教学全过程，实现全程育人、全方位育人。去年 12 月，教育部出台了《高校思想政治工作质量提升工程实施纲要》，提出要充分发挥课程、科研、实践、文化、网络、心理、管理、服务、资助、组织等方面工作的育人功能，挖掘育人要素，完善育人机制，构建"十大"育人体系。

高校育人的主体是教师，但近年来，不少教师只教书轻育人，让本应是亦师亦友、教学相长的师生关系变得"一言难尽"。教师和学生处好关系，学生考试取得高分，教师评价得到优秀，于是"互相讨好是心照不宣的秘密"；有的学生为了获得更多资源和机会，帮教师做家务、拿快递，甚至接送孩子，于是学生认为"师生关系是种利益交换"；教师上课，学生吃早饭、玩手机、睡觉，下课老师拎包就走，考试学生得高分，选课时老师深受欢迎，于是"互不为难是双方相处的墨守规则"；更为严重的是，个别教师，尤其是研究生导师，仗着对学生的"生杀大权"，对学生提出不合理甚至违法的要求。

某音乐学院七旬教授接受女考生性贿赂，某航空航天大学"长江学者"陈某被举报曾对多名女学生性骚扰及性侵，被取消其教师资格、研究生导师资格，撤销"长江学者"称号；某理工大学导师王某被举报，对研究生陶某长期精神压迫，让陶某叫他爸爸、给他买饭、打扫卫生，甚至阻止其深造，导致陶某跳楼自杀。这类现象对高校的名誉造成极其恶劣的影响，极大地恶化了大众对高校教师这一群体的观感，社会上甚至出现以"叫兽"来代替"教授"等各种恶意戏谑的词语。高校丑闻的"老鼠屎"效应，使本来作为知识分子、承担为国家育人育才重任的大学教师斯文扫地、声誉尽毁。

师生关系应当是一种彼此尊重、彼此信任、彼此合作的学术关系和师生情谊。理想的大学，有赖于良好的师生关系；而良好的师生关系，也应在理想的大学中不断滋养，始终焕发生机，与学校的发展相得益彰。

### 三、以高尚师德铸就一流教师队伍，挺起世界一流农业大学的脊梁

长期以来，我们的教师为学校建设与发展作出了巨大的贡献，我们很欣喜和自豪地看到近年来学校建设与发展中所取得的突出成绩。

一是学校总体发展方面，2011 年，学校提出了"1235"发展战略，确立了建设世界一流农业大学的发展目标。在第十一次党代会上，描绘了学校中长期发展蓝图，提出了"三步

走"发展路径。2017 年，学校首次进入软科世界大学学术排名前 500 位，进入 U. S. News "全球最佳农业科学大学"前十，综合实力不断增强。

二是学科建设方面，从国际评价来看，2011 年，学校进入 ESI 前 1‰的学科数为 3 个，2017 年，我们前 1‰学科数为 7 个、前 1‰学科数为 2 个；从国内评价来看，在第一轮学科评估中，我们还没有排名第一或获评 A＋的学科，在第二轮、第三轮评估中，我们都有一个，分别是农林经济管理、农业资源与环境，在第四轮学科评估中，我们有 4 个。可以说，是我们的教师助推了学校从中国一流迈向世界一流的快速发展。

三是科技创新方面，2011 年，学校到位科研经费为 3.3 亿元，年发表 SCI 论文是 621 篇；到 2017 年，到位科研经费增长到 8.1 亿元，年发表 SCI 论文为 1 670 篇，科研经费和论文数量增长近 3 倍。这是学校快速发展的直接体现，更是全体教师夜以继日努力工作的结果。在这里，我要代表学校向所有为南农建设发展作出重要贡献的教师们表示衷心的感谢。

一直以来，学校十分重视教师队伍建设，实施了"钟山学者计划"、师资博士后制度和"三三制"招聘制度，通过赴海外宣讲、举办首届钟山国际青年学者论坛等多种形式，大力加强人才引进力度。不断深化人事制度改革，制订了《南京农业大学人事制度改革指导意见》等。在待遇方面，2010 年工资福利支出为 3.1 亿元，2018 年计划支出为 8.7 亿元。也许我们教师的收入相对一些兄弟高校还有差距，但是这也是我们学校的痛，更是我们将进一步下大力气不断改善的问题。

各位老师，你们是学校建设与发展的承载者、贡献者和主力军。建设世界一流农业大学，必须依靠一流的师资队伍。2015 年 10 月，国务院印发了《统筹推进世界一流大学和一流学科建设总体方案》。在建设任务中，第一条就是建设一流师资队伍，通过加强师德师风建设，培养和造就一支有理想信念、有道德情操、有扎实学识、有仁爱之心的优秀教师队伍。可见，建设"双一流"，师德师风很重要；建设"双一流"，一支具有高尚师德的教师队伍必不可少。

刚刚我所谈的目前各高校教师队伍中所存在的一些问题，其实在我校也有这样或那样的体现。从学校纪委反馈的信息来看，前些年，信访举报的内容还是以干部违纪、违规为主，但近些年，反映教师的师德问题陆续出现，并呈逐年增多的现象。例如，有反映导师学术指导不足，让学生承担其他过多事务工作的问题；有反映导师向学生推销相关企业产品的问题；有反映学生发表论文，导师给研究工作无贡献人员署名的问题；有反映导师向研究生收取论文答辩费用的问题，等等。

建设世界一流农业大学，教师的科技创新能力、学术水平、社会影响很重要，但更不能丢掉教书育人的本质、不能脱离培养社会主义建设者与接班人的根本任务，必须要具备西南联大时期教师的责任和担当，以师德建设为依托，为世界一流农业大学建设扬帆、助力、起航。

下面，立足学校发展实际，结合习近平总书记的"四有"教师标准，我认为，世界一流农业大学的教师必须具备以下 9 种师德素质：

第一，要有浓厚的家国情怀。家国情怀是中国优秀传统文化的基本内涵之一。习近平总书记在对西安交通大学西迁老教授来信作出的重要批示中强调，知识分子要传承弘扬爱国奋斗精神的时代价值，家国情怀是每一名教师的初心本原。作为教师，就是要坚持国家至上、民族至上、人民至上，始终胸怀大局，心有大我；就是要坚守正道、追求真理，做到党让我们去哪里，我们背上行囊就去哪里，哪里有事业，哪里有爱，哪里就有家，始终与党和国家事业发展同向同行；就是要涵养心忧天下的情怀，树立经时济世的志向，以家国情怀关注社会现实，以爱国精神教育青年学生。

百余年来，南农人始终秉承"诚朴勤仁"的南农精神，书写着家国情怀的华丽篇章。

1937年，全面抗战爆发，日本侵略军即将进逼南京。10月，中央大学发布迁校公告，并组织全校西迁。为了保护当时在亚洲堪称首屈一指的畜牧家禽品种，中央大学农学院教师、畜牧场场长王酉亭毅然放弃了去往重庆的珍贵船票，与畜牧场的职工一起把教学科研和畜禽改良的稀缺动物品种护送到重庆。炮火纷飞的战争时期，这支长达四百米的队伍，不仅要面临每天近千斤\*的粮草问题，还要时时防备饿狼偷袭、山匪抢劫和日军空袭。耗时一年、跨越半个中国、行程约四千多里\*，这支坚韧不拔的"动物大军"终于顺利抵达。这就是南农历史上的"西迁精神"。

中国现代小麦科学主要奠基人、南京农学院原院长金善宝，1931年在康奈尔大学留学期间参加一次晚宴时，一位美国学生指着盘里的残羹对他说："把这些剩饭拿去吃吧，你们中国人不是正在饿肚子吗？"面对挑衅，金善宝怒不可遏，心中暗暗发誓："我一定要让每个同胞吃饱肚子，让每一个中国人有尊严地活着！"回国后，他更加潜心致力于小麦研究，取得了一定成绩，并培养了许多农业优秀人才。金善宝一直心系祖国，关心抗日消息。1938年，为了纪念全面抗战一周年，他献金100元慰劳八路军前方战士，那时的100元可是相当值钱的；1939年，延安开展大规模生产自救运动，他又将自己多年来选育的小麦优良品种，用纸袋一袋一袋装好，并附上详细的品种说明书，亲自送到八路军办事处，托人转送到延安。金善宝始终心系国家、心系学校。1977年，为了学校更好地发展，致信邓小平同志申请复校；1979年，在邓小平同志的关怀和支持下，中共中央给农林部、江苏省委发出"关于南京农学院复校的电报指示"，后南京农学院迁回卫岗。

南京农学院复校后首任院长、中国"青霉素之父"樊庆笙，当看到盘尼西林能挽救成千上万伤员生命的时候，他便毅然决然地冒着生命危险、突破日军层层封锁、飞越驼峰航线，带着三支菌种和研制盘尼西林所需的仪器设备回国。就是这三支菌种，使战乱的中国成为世界上率先制造盘尼西林的七个国家之一，挽救了大批中国人民的生命。

陈裕光、邹秉文、金善宝、樊庆笙等一代代科学家，始终怀揣"报国兴农"的理想，投身农业发展，挥洒青春力量，为中国的农业教育、农业现代化建设作出了巨大卓越的贡献，为中国人实现"碗装自己粮"的梦想不断奋斗。

这种情怀，令人动容，在今天的南农人身上，这样的精神血液仍然在流淌。例如，动物科技学院朱伟云教授，20世纪90年代初毕业于阿伯丁大学，正值青春年华，拥有英国绿卡和丰厚的待遇。但当祖国召唤的时候，她放弃一切，坚定地选择回国。实验室条件简陋、科研经费匮乏，有时连试管、烧杯都没有，她甚至带着学生去医院捡废弃瓶子当发酵瓶。20年中，朱伟云成长为国家"973"项目首席科学家，所带研究团队从无到有，从影响全国到走向世界，她为中国的消化道微生物研究搭起了国际舞台。这体现的是当代南农人的情怀。

第二，要有坚定的理想信念。习近平总书记指出，一个优秀的教师，应该是"经师"和"人师"的统一，既要精于"授业""解惑"，更要以"传道"为己任。世界一流大学首先是

---

　　\*　斤、里为非法定计量单位。1斤＝500克，1里＝500米。

有中国特色的一流大学，只有在追求一流大学共性的道路上保持我们的个性，才不会迷失自己办学的方向。

盖钧镒院士曾说："只要每天早上中国人自己的碗里装的是自己的豆腐，中国人的杯子里盛的是自己的豆浆，我的坚持就有意义。"盖院士将一甲子的岁月献给了一粒小小的直径不到 1 厘米的大豆。搜集、整理大豆种质资源 1.5 万余份，创新大豆群体和特异种质 2 万余份，主持参与研究了 20 多个大豆新品种，在长江中下游推广种植 3 000 多万亩\*实现产业化，平均亩产提高 10％。前几天，盖钧镒院士由于腰腿部不适，不能长时间走路，但盖老师还坐着轮椅辗转北京、吉林、宁夏参加国家"十三五"良种攻关、重点研发计划研讨，关心、关注中国农业的发展。不能胜寸心，安能胜苍穹？择一事终一生，足矣。这就是我们盖钧镒院士！

2017 年，学校创作完成了《北大荒七君子》话剧，并进行了公演。重塑了 1957 年，时年 22 岁农学系学生吕士恒等 34 名毕业生，上书教育部申请建设北大荒的请愿场景；回顾了吕士恒等 7 位南农学子献身北大荒、建设大粮仓，努力克服极端的自然环境，将万亩荒地开垦成千里沃野的光辉岁月。在 2012 年学校 110 周年校庆的时候，吕士恒回校时说："我们的志向就是把北大荒变成祖国粮仓，一直干下去，献完青春献终生，献完终生献子孙。"这就是理想和信念的力量。

一位优秀的教师可以影响并激励着一代代学子。因此，大家不能片面地认为，思想政治教育工作是"两课"教师和辅导员的事，学校各门课程都具有思想育人的功能，所有教师都负有思想育人的职责。大家要以高度负责的态度，率先垂范、言传身教，以良好的思想、道德、品质和人格，给大学生以潜移默化的影响。要把思想政治教育融入大学生专业学习的各个环节，渗透到教学、科研和社会服务的各个方面。要在传授专业知识的过程中加强思想政治教育，使学生在学习科学文化知识的过程中，自觉加强思想道德修养，提高政治觉悟。要坚持学术研究无禁区、课堂讲授有纪律，既做学生专业的教授者，又做学生思想的引路人。

我们的教师要明确意识到肩负的国家使命和社会责任，严肃认真地对待自己的职责，自觉把党的教育方针贯彻到教学管理工作的全过程。要以习近平新时代中国特色社会主义思想为指引，把牢理想信念的"方向盘"、筑稳思想理论的"压舱石"，主动成为中国特色社会主义共同理想和中华民族伟大复兴中国梦的积极传播者，帮助青年学生筑梦、追梦、圆梦，激发青年在为人民利益的不懈奋斗中，书写人生华章的理想和志向。

第三，要有高尚的道德情操。"师者，人之模范也。"高尚的道德情操应该是世界一流大学教师的自觉追求，一流大学的教师也必须将道德视为对自己的最低要求，教师的职业特性决定了教师必须是道德高尚的人群。要当好一名大学教师，首先应该是道德上的合格者，做到以德施教、以德立身。老师是学生道德修养的镜子，不仅要有一定的知识储备，有较高的学术造诣，更应该以自己高尚的道德情操感染学生、教化学生，把正确的道德观传授给学生。

我校农业经济管理专业多年来始终排名全国前列，这是南农响当当的拳头学科。在这其中，作为全国农业经济管理领域的领军人钟甫宁教授，对学科的建设、学院的发展作出了巨大贡献。钟甫宁教授从 1968 年下乡插队到 1978 年考入江苏农学院农业经济系，从 1989 年

---

\* 亩为非法定计量单位。1 亩＝1/15 公顷。

学成回国到 2015 年被评为"江苏社科名家",一直关注、倾心于中国农村经济发展的现实,致力于农业经济理论研究、学科建设和人才培养,还牵头设立了支持学校农林经济管理学科发展的"盛泉恒元"基金 500 万元。可以说,钟老师为学科、为南农倾注了太多的心血,多年来,不为名利所累,儒雅淡泊,良好的道德修养令人倾倒、为我们所尊敬,值得我们所有南农人向之学习。

我校外教蒂姆·杰克先生从小喜欢中国,12 岁时,一次偶然的机会看到了巍巍钟山、美丽的中山陵,了解到了中国,于是与南农结下了不解之缘。他先后于 1989—1991 年及 1996—1997 年,两次被聘为我校的外国文教专家,与学生建立了良好的感情,讲授外语文化课程,还发动美国的家人和好友搜集大量音像制品和教学案例,向学生们展示了世界文化。他热爱中国文化,对我校感情深厚,2014 年,因患癌症在临别之际还情系南农、思念着南农。这就是一位国际友人、一位南农外教的高尚情操。

各位老师!"学为人师,行为世范"。师德需要教育培养,更需要教师自我修养。一个有道德情操的好教师,要在自我修养的不断提升中实现道德追求。道德情操是成长为一个好教师的先决条件。广大教师只有以培育和践行社会主义核心价值观为己任、以立德树人为目标,才能为实现中华民族伟大复兴之梦培养有德之才。我希望每一个有道德、有情操的教师,都能以"要成才,先成人"为指引,不断提高道德修养,不断提升人格品质,做品格、品行、品位优良的"大先生"。

第四,要有执着的敬业精神。"敬业"是教师对职业的认同与向往。作为高校教师,不应该将教师职业作为"谋生"的"饭碗",而应该视为一生的事业。敬业就是对学术负责、对学生负责、对自己的学术声望负责,是对教育的负责,更是对国家和民族的负责。世界一流大学一定有一流的科研产出、一流的科研团队,也有一流的敬业精神。只有这样才能做到潜心向学,才能耐得住寂寞,才能创造出一流的学术成果。

我们的老校长刘大钧院士,当年和同事们在恶劣的科研环境中,一次又一次地重复着辐射育种试验。从 1961 年开始,到 1975 年高产小麦"宁麦 3 号"正式定名,他为此花费了整整 14 年的时间,可谓是"十年磨一剑"。"宁麦 3 号"最终为长江中下游地区粮食的增产和农民的增收作出了重大贡献。刘大钧先生为小麦育种奉献了自己的一生,甚至在退休后,仍然保持早早上班的习惯,一如既往地关心弟子们的学业和生活,关心每个课题组的进展。这种"一生只为麦穗忙"的敬业精神,激励着无数后学。

今年 5 月以来,我们的教师连续发表高水平文章。邹建文教授团队和胡水金教授团队在生态学领域顶级期刊 *Ecology Letters* 上先后发表重要论文。这些振奋人心的成绩,离不开我们教师持之以恒的努力,他们是真正践行教师敬业的精神楷模。

敬业就要求我们教师要将育人作为自己的理想追求,集中精力做好人才培养、科学研究、社会服务,不断提升自己的业务水平和执教能力。敬业还要求我们,要踏实勤奋、严谨治学。认认真真地做学问,扎扎实实地搞研究,对学术负责、对学生负责、对教育负责、对国家和民族负责。

第五,要有强烈的创新意识。近年来,习近平总书记对加强科技创新在多次会议上进行了全面阐述。他强调:科学技术越来越成为推动经济社会发展的主要力量,创新驱动是大势所趋,重大科技创新成果是国之重器、国之利器,必须牢牢掌握在自己手上,必须依靠自力更生、自主创新,实施创新驱动发展战略,建设创新型国家,为实现"两个一百年"奋斗目标提供强大科技支撑，是时代赋予我国广大科技工作者的历史使命。

2014 年，万建民院士的课题组在 *Nature* 上发表了高水平论文。4 年后，他们又在 *Science* 上发表了突破性成果。他们被笑称为水稻的"送子观音"、"杂种不育"的男科医生，玩笑的背后，是杂种不育这个困扰了水稻研究多年的难题，团队运用极强的科研想象力和创新精神，在杂种优势利用的科学难题上挑战经典，首次用"自私基因"模型揭示了水稻的杂种不育现象，阐明了自私基因在维持植物基因组的稳定性、促进新物种的形成中的分子机制。这就是创新的力量！

王源超团队，这支被国外同行称为"Army"的团队，近年来在作物疫病研究方面取得了一系列原创性成果，在 *Science*、*Current Biology* 和 *The Plant Cell* 等国际著名刊物发表论文 130 多篇。近 5 年的作物疫病领域发表在影响因子 10 以上学术杂志的 18 篇论文中，他们贡献了 5 篇。他们最近发现的病原菌攻击植物的全新机制"诱饵模式"，作为该领域最具有代表性的成果之一在国际顶级杂志 *Science* 上发表。他们从零开始到取得国际领先学术地位，除了坚持和传承，更重要的是多年躬耕学术前沿的精神。这支团队 2011 年入选"江苏省高校科技创新团队"，2015 年入选了"科学技术部重点领域创新团队"，2016 年入选"农业部杰出人才创新团队"，2017 年入选"国家自然科学基金委员会创新研究群体"。

"宁远车队"，这支南农学生眼中的梦之队，是工学院一群喜爱车辆工程专业、热爱赛车的学生组建的。从 2011 年到 2014 年间，他们完成了从模仿到自主设计的艰难过程。2016 年，他们带着自行设计研发的"宁远六号"参加全国大学生方程式汽车大赛，获得直线加速第六名、八字绕环第九名、燃油效率测试冠军的好成绩，捧回 FSC 奖杯。知识创新是建设一流大学的关键，培养出具有创新意识和创新能力的学生是大学教育的核心，也是民族进步的灵魂和国家兴旺发达的不竭动力。

当前，我国科技事业正处于从量的积累向质的飞跃、点的突破向系统能力提升的重要时期。因此，我们必须紧紧抓住新一轮科技革命和产业变革的发展机遇，切实找准当前科技发展的历史方位、存在问题，准确把握国家科技发展的现实需要与战略需求，以南农自身为视角、以问题为导向，不断深化改革创新，切实谋取一条世界一流农业大学建设与发展的快速路径。在这一过程中，每一位教师应主动做创新的承载者、实践者、奋斗者与引领者。

第六，要有广阔的国际视野。在国家"双一流"建设方案中明确提出，要聚集世界优秀人才，加快培养和引进一批活跃在国际学术前沿、满足国家重大战略需求的一流科学家、学科领军人物和创新团队；要全面提升学生的国际视野；要重点建设一批国内领先、国际一流的优势学科和领域，争做国际学术前沿并行者乃至领跑者，等等。可见，国际视野在建设"双一流"的过程中至关重要、不可或缺。

5 月 28 日，习近平总书记出席两院院士大会并发表重要讲话。他强调，中国要强盛、要复兴，就一定要大力发展科学技术，努力成为世界主要科学中心和创新高地。这指出了我们的发展定位必须具备国际思维。6 月 10 日，在上海合作组织成员国元首理事会第十八次会议上，习近平总书记提出了"构建更加紧密的命运共同体""为推动各国携手建设人类命运共同体奏出时代强音"。这就是全球视野与大国胸襟。

登东山而小鲁，登泰山而小天下。建设世界一流农业大学，就是要放在世界的视角去审视、评价我们的发展水平。在学校"十三五"发展规划中，我们提出要以培养解决全球和人类生存与发展问题的领军人才为重任，这就是学校的国际定位；倡议并设立世界农业奖，这是学校靓丽的国际名片；建立全球第一个农业孔子学院，体现了我们的国际自信；一系列发表在 *Nature*、*Science* 的高水平研究论文，代表着我们的国际影响；园艺学院陈劲枫，农学院邢邯、李刚华等教授在非洲土地上开展合作项目研究，这就是我们的国际担当。

在国际食品与农业企业管理协会组织的国际学生案例竞赛中，经济管理学院三次派队参加，取得了冠军、第四名、本科组亚军等优异战绩。在国际 IGEM 大赛上，我校自 2014 年参加比赛以来，连续获得优异成绩，2014 年、2015 年获得大赛银奖，2016 年、2017 年连续捧回金奖奖杯。这说明我们培养的学生也是具有国际视野的，并完全可以代表着世界的先进水平。

今后，我们要在国际舞台上发出更强声音、树立更好的国际印象，教师的全球视野必不可少。

第七，要有博大的仁爱之心。孟子曰："爱人者，人恒爱之；敬人者，人恒敬之。"教育是一门"仁而爱人"的事业，爱是教育的灵魂，没有爱就没有教育。高尔基说："谁爱孩子，孩子就爱谁。只有爱孩子的人，他才可以教育孩子。"教育风格可以各显身手，但爱是永恒的主题。爱心是学生打开知识之门、启迪心智的开始，爱心能够滋润学生美丽的心灵之花。

孙颔，中央大学农业经济系 1948 年毕业校友，原江苏省政协主席、党组书记。他将135 万元人民币作为种子基金捐献给学校，将平生藏书和著作赠给学校图书馆。他用实际行动支持着国家教育事业和科学研究的发展，鼓励着学校教师积极投身中国"三农"事业。这体现了孙颔先生的高尚品格和对母校的关爱之情。

工学院 92 届毕业校友段哲，在求精集团设立南农大教学实习与就业基地，并设立求精奖（教）学基金。工学院 97 届毕业校友赵丕强设立了康洁斯特奖学金和旸谷创新奖励基金对品学兼优的研究生和本科生进行奖励，鼓励后辈的南农学子奋发图强。这些既是我们教师传递爱的开花，又是校友对母校反哺爱的结果。

姜小三，一名普通的资源与环境科学学院教师，从接到援疆任务到上报名单，他只有短短 5 个小时的时间考虑去留。他说："我是父亲、丈夫、儿子，但我更是一名共产党员。"援疆三年，父亲两次重病手术他没能陪在身边，却像家长一样陪在生病学生身边不分昼夜照看；儿子高考奔赴考场他没能陪在身边，却为了学院的建设发展四处奔走；他甚至因为工作繁忙耽误了撰写论文，延误了个人职称评审；耽误了因风沙使眼睛受到感染的治疗，落下了慢性结膜炎的顽疾。他用爱和行动诠释了南农教师的责任与担当，学生都亲切地喊他"达达"（维语中爸爸的意思）。离开新疆之际，师生们挥泪告别，学生们还献上集体写的一封公开信——《三年，感谢您的到来》。大爱无疆，这就是我们南农教师的大爱。

同时，我们的许多教师，在退休后还依然关心着学校的建设与发展、关心着我们的学生。教务处蒋宝庆老师多次与我交流学校的本科人才培养，对学生的社会实践论文、毕业论文、大学生创新计划等工作提出了许多好的建议。农学院黄丕生老师退休后一直关心水稻栽培研究。校工会贾翠芳老师，退休后一直参与关工委工作，关心青年学生的成长，等等。像这样的退休教师还有很多，在他们身上诠释着对学校、对学生的爱，可以是一生。

有爱才有责任。作为教师，我们最大的光荣莫过于桃李满天下。当你进入退休之年时，当你进入耄耋之年时，当你走在全国各地，甚至世界各地时，看到那么多有成就的学生时，遇到那么多热情的学生来看望你时，那时的幸福感、满足感、成就感，就是你博大仁爱之心最好的回报。昨天你们是学生，今天你们是教师，接受爱并传递爱。我相信，大家一定会成为受学生喜爱的人、受社会尊重的人！

第八，要有渊博的知识储备。前苏联著名教育家苏霍姆林斯基指出："教师所知道的东西，就应当比他在课堂上要讲的东西多十倍、多二十倍，以便能够灵活地掌握教材，到了课堂上，才能从大量的事实中挑选出最重要的来讲。"在当今信息社会中，学生接受信息、接受知识渠道较多，不再满足于传统的课堂教学。作为一名大学教师，除了具备扎实的专业知识外，还要广泛涉猎，拥有广博的通用知识和宽阔的胸怀视野。过去我们讲，学生想要一碗水，教师要有一桶水；"水之积也不厚，则其负大舟也无力"。现在来看，一桶水已经不能满足学生的需求，在信息化共享程度较高的社会中，教师应有一池水。在现代社会中，学生可以原谅教师的严厉刻板，但不能原谅教师的学识浅薄。如果教师在教学中知识储备不丰富、视野不开阔，在教学过程中必然捉襟见肘，更谈不上游刃有余。

我们学校有很多的教师学富五车、通文达艺。例如，以前，理学院戴崇表老师、徐凤君老师，他们将授课当做艺术，华丽、工整的板书让学生感觉数学的学习不再枯燥，而是一种享受，是艺术与知识的洗礼。现在，理学院的王环宇老师，精心设计教学环节，把京剧带入高数课堂，通过唱京剧给学生"提神"，改变了高数课枯燥无味的状况，课堂效果非常好，学生选课得靠秒刷。在授课过程中，我们就应该有这种设计，将文化、艺术嵌入我们的课堂，我们的教学才会更有效果、更有吸引力。

各位老师，在现代科学技术日新月异、突飞猛进的今天，要想成为博学的人，除了精通本学科及相关学科领域的知识理论以及前沿动态及发展方向外，还要具备起码的社会科学和人文知识，懂教育教学规律，尽量拓宽知识面，具备交叉学科的综合运用能力，努力使自己成为通才。大学中，学识渊博、学术造诣高深的名师本身就是一张名片，是一种可以感染学生的无形力量，能够对学生的教育起到"润物细无声"的效果。

第九，要有服务社会的担当。作为农大教师，我们的科学研究一定要既能"顶天"又能"立地"。"顶天"，就是做基础研究时，要处在国际国内前沿；"立地"，就是研究成果要满足国家的需求，为区域经济作出实实在在的贡献。

当前，党的十九大胜利召开，中国特色社会主义进入新时代，国家提出了科教兴国、创新驱动、乡村振兴、"一带一路"等一系列重大战略部署，广大教师要"把课题选在'三农'大地，把论文写在田间地头"；要响应国家号召，带着问题深入"三农"一线，在服务中做科研，在田野里找项目，推动科研成果向生产实践转化。

"什么能赚钱，看看教授示范田；什么能致富，看看典型示范户。"20世纪80年代，我校就开始以"大篷车"作为科技载体把科技送到农村、送到田头，直接向农民传播农业科学知识和科学思想及科学技术。30多年来，"科技大篷车"的足迹遍及江苏、江西、安徽、湖北、四川等20多个省份、100多个县市、1000多个乡村，行程百万公里，帮助许多农村建立起支柱和主导产业，实现了良好的经济效益和社会效益。"南农大让我们的路子越走越宽，越走越有'钱途'！"这就是当地百姓对我们社会服务工作评价的写照。

2010年，一支由山东省单县7个乡镇55名农民组成的腰鼓队，自发租乘大巴车，给学校送来一面"丰收不忘感恩情"的锦旗，感谢沈其荣教授为他们解决了山药重茬病害的难题，实现了农民大幅增收。

施雪钢，2012年起挂职麻江高枧村第一书记，让学校的"金菊花"盛开到扶贫一线，盛开到麻江乡亲的心海。产业发展之初，他带着三十几个婆婆阿姨亲自下地，促成当地菊花产业从无变有到加速发展，为村集体经济直接增收 16 万元，带动乡村旅游为百姓间接增收 30 万元，让南农的菊花产业在脱贫攻坚、美丽乡村建设、乡村旅游发展等方面全面发力。这就是青春躬行者的担当！

上周，我刚和贵州省麻江县委王书记交流了我们学校的定点扶贫工作，在助力扶贫攻坚上，我们的教师很好地发挥了专业优势和社会担当，取得了一系列成效。自 2012 年我校开展对口帮扶工作以来，先后有 5 位校领导 8 次赴麻江指导对口帮扶工作，从产业扶贫、科技扶贫、教育扶贫等多方面助力麻江县脱贫攻坚任务，投入各项帮扶经费 400 余万元，重点对接扶持红蒜、锌硒米、菊花等多个产业，推广新品种 150 余个、新技术 20 余项。2017 年，在菊花产业帮扶方面，取得了非常可观的经济和社会"双效益"。

目前，学校新农村发展研究院服务体系不断完善，大学农技推广的政策建议获时任全国政协主席俞正声批示，精准扶贫项目入选部属高校"十大典型"项目。希望大家能很好地利用这些平台，真正走出校门，积极参与社会实践，自觉承担社会责任，主动提供专业服务，将论文写在祖国的每一寸土地，让每一位国人的饭碗都装满南农粮食、品尝南农味道。

同志们！

"三寸粉笔，三尺讲台系国运；一颗丹心，一生秉烛铸民魂。"

新时代呼唤新担当，新时代需要新作为。我们要牢固树立信念之基，从科学理论中汲取营养，把"四个意识"融入血液、铸入灵魂，树立正确的事业观和政绩观，撸起袖子加油干，努力提升能力素质，把学习当做习惯和责任，培养专业能力，弘扬专业精神，不断弥补知识空白、能力弱项和经验盲区，练就干事创业真本领。切实担当起国家、时代和学校赋予你们的神圣职责和历史使命，做一个理想信念坚定、道德情操高尚、本领扎实过硬的教育家、思想家和科学家，用高尚师德挺起世界一流农业大学的铮铮脊梁。

在这里，我要再次代表学校党委，向大家长期以来为南农建设发展所作出的巨大贡献表示感谢。同时，我要说的是，一周前，学校新校区代建框架协议正式签订，三年后，学校办学空间紧张的问题将彻底解决，到那时，卫岗校区位处钟山脚下、下马坊旁，人杰地灵；江北校区旁临新区的芯片之城、基因之城和金融中心，位处绿水湾湿地，前临长江、背靠老山，地域极佳。南农将矗立于长江南北，全局联动、双向发力、跨越前行。宏伟的蓝图已经展开，每一位南农教师都是美丽画卷的书写者与绘制者。是南农跨时代发展的见证者与建设者。让我们一起，加满油、铆足劲，披荆斩棘、锐意进取，乘着新时代的浩荡东风，为世界一流农业大学建设再立新功、再创辉煌。

最后，祝大家身体健康、工作顺利、阖家幸福！

谢谢大家！

# 以校史为鉴，向世界一流阔步前行

陈利根

（2018 年 8 月 29 日）

同志们：

大家好！

经历了一个繁忙的假期，新学期工作即将开始。为什么说是繁忙的？虽然是假期，可我们绝大部分的教师依然工作在科研一线，辛苦耕耘；依然投身在新校区建设，只争朝夕；依然坚守在管理岗位。

这个假期里，丁校长带领科学研究院的同志们一直协调沟通重点实验室、表型平台、国家基金项目等工作，今年国家基金项目申报量、资助量都创新高就是最好的体现；学生工作处圆满完成招生录取任务；教务处一直忙于国家教学成果的申报工作；计财处的同志一直繁忙于日常报销与各类专项审计，做了大量的工作；发展委员会奔波于各地校友的沟通联系，多方筹措捐赠资金；基本建设处、白马教学科研基地建设办公室、资产管理与后勤保障处、后勤集团公司的同志也是一直忙于各类基建项目的建设，以及台风、暴雨后校园的垃圾清理和环境保洁，等等，都很辛苦。当然，有些方面也需要教师与管理人员多沟通、相互体谅、相互理解。

这个假期大家加班加点，忍住了高温、耐住了酷晒、迎接了暴雨、看过了台风，不计报酬、任劳任怨地服务着学校的建设与发展。在这里，我要代表学校党委与行政向大家的繁忙表示歉意，更要向大家的付出表示衷心的感谢！学校的发展没有假日，世界一流农业大学的建设也一刻都不能停歇。

为了做好新学期报告，假期里我也反复地思考，做了一些功课，专门请发展规划与学科建设处的罗英姿处长做了大量的调研与准备工作，请人才工作领导小组办公室包平、科学研究院姜东以及教务处、国际合作与交流处、研究生院、发展委员会等多部门提供了大量的一手资料，认真梳理了学校发展所面临的形势与问题，深入分析了我们下一步工作的目标路径、关键任务与重点环节。下面，我想用"以校史为鉴，向世界一流阔步前行"为题，和大家做一个交流。主要包括三个部分：

一是抚今追昔，牢记南农历史的辉煌与荣光。

二是劈波斩浪，勇担学校建设发展的重任与挑战。

三是耕耘不辍，全力推进世界一流农业大学建设。

## 一、抚今追昔，牢记南农历史的辉煌与荣光

胡适曾经说过："民国三年以后的中国农业教育和科研中心就是在南京。"南农开创了我国现代农业四年制本科教育的先河，是中国近现代高等农业教育的先驱，我们曾经站在中国

高等农业教育的最顶端。

第一，从南农的前身来看。三江师范学堂是在清朝闭关锁国、积弱积贫的背景下，坚持"中学为体、西学为用"的办学方针应运而生的，是当时实施新教育后规模最大、设计最新的一所师范学堂，是对中国高等教育事业贡献巨大、分支最多、追根溯源名校最多的学府。

金陵大学是康奈尔大学的姊妹大学，素有"江东之雄""钟山之英"之称，享誉海内外，为中国现代大学教育的建立与发展、现代科学技术的引进、新的人才培养模式的开创、优秀人才的输送都作出了突出贡献，在中国近代教育史上具有重要影响，农林学科更是堪称中国之先驱。

中央大学是中华民国时期中国最高学府，也是中华民国国立大学中系科设置最齐全、规模最大的大学。1948年，在普林斯顿大学的世界大学排名中，中央大学已超过日本东京帝国大学（现东京大学），居亚洲第一。其对中华民族的复兴与发展、对中国高等教育的建设与改革，作出了不可磨灭的历史贡献。

我们说，英雄不问出处。但从学校的起源来看，正是因为出身不凡，我们就必须与一流为伴。这是传承、是使命，更是责任！

第二，从顶尖的学术影响来看。百年积淀，洗尽铅华。作为中国农业科研和教育的重镇，南京农业大学在任何历史时期，都瞄准着学术、学科的最前沿，一大批学术大家始终站在农业科研的巅峰，一系列学术思想奠定了中国农业科学的发展方向，一大批学科代表着国内乃至国际的最先进水平。

陈裕光、邹秉文、金善宝、冯泽芳、罗清生、过探先、樊庆笙等一大批学术巨匠，扛起了南农的旗帜、奠定了南农的地位、树起了南农的骄傲、赢得了南农的荣耀！

我们是中国高等农业教育的主要奠基人，是中国近现代高等农业教育的先驱者，是中国现代农业教育体系的开创者，还是中国科学社、中国农学会、中国杂草研究会、中国畜牧兽医学会、中国农业遗产研究室等的创始者。率先确立了教学、科研、推广三者相辅相成的大学体系；率先创办了植物遗传育种、农业微生物学、杂草学、昆虫学及农业经济学等众多专业；率先编写了《作物育种学总论》《植物学》《家畜传染病学》《实用生物统计法》等一大批基础性教材，对培养我国第一代现代农学家起到不可或缺的重要作用，为我国高等农业教育事业奠定了坚实的根基。

我们是中国农业科学研究的重要创始人，开创了棉花育种学、现代兽医学、土壤农化科学、植物数量遗传学、农业工程学等研究领域；创建了第一个生物研究所、第一个植物检疫机构；创办了第一个近代学术刊物（《科学》月刊）；制订了中国放射病第一个药物预防方案，等等。大大拓展了现代农业科学研究的广度和深度，解决了大量的农业研究与生产实际问题。

我们研发了一批达到或领先国际水平的成果。1975年，程遐年、陈若篪课题组成立并开始立项研究我国稻褐飞虱的远距离迁飞规律和预测预报，获江苏省首届科学大会奖、国家科技进步奖一等奖，达国际先进水平；1978年，张孝羲团队首次证实并探明了稻纵卷叶螟的迁飞特征及迁飞路径，填补了稻纵卷叶螟为本源性害虫的历史记载空白；1984年，杜念兴课题组在国内率先发现新的兔病毒病，并将该病的病原命名为兔出血症病毒，这是第一次由中国人来命名的动物病毒。

这就是我们的学术地位！

第三，从杰出的人才培养来看。在百余年办学历程中，南农共培养了包括 54 位院士在内的 40 余万名优秀人才，培养了一大批科学研究的拓荒者、农业教育的奠基者、科技推广的率先者和垦荒拓宇的耕耘者。

一是我们培养了一大批对教学、科研领域产生重要引领作用的学术大师。以钱崇澍、秉志、陈焕镛、戴芳澜、陈祯、胡先骕、张景钺、胡经甫、杨惟义等为代表的一批植物学家、动物学家、昆虫学家，都是奠基人、开拓者或创始人。他们在中国植物分类学、真菌学、植物病理学、植物形态学、植物生态学、原生动物学、鱼类分类学、林学、昆虫学等领域产生了重大的影响。中国第一个生物系、第一个生物学研究机构、第一个植物生态学专门组、中国南方第一个植物标本室等，都是由我校校友所创建；中国第一本大学植物学、生物学教科书，新中国成立后植物学史上的第一部学术专著，第一部《中国重要医学动物鉴定手册》也是由我们校友所编写。他们为国家高等农业教育事业培养了大批人才，对经济社会发展作出了重要贡献。

以钱崇澍（曾在金陵大学、东南大学等校任教）老先生为例，他是第一位用拉丁文为植物命名和分类发表文献的中国人，是第一位发表植物生理学、植物生态学和地植物学论文的教授，是最早提出中国植被分类与分布的学者。

二是我们培养了一大批对高等教育、农业行业领域作出巨大贡献的建设者。以陈焕镛、胡经甫、戴芳澜、李继侗、俞大绂、秦仁昌、戴松恩、盛彤笙、庄巧生、任继周等院士为代表的一批教育学家、科学家，或曾担任北京农业大学、中正大学、西北农学院、内蒙古大学、甘肃农业大学等高校的重要领导职务，或在国务院学位委员会、中国农业科学院、中国农学会、中国动物学会、中国植物学会等机构身担要职。他们的足迹遍布全国农业教育、农业生产、农业经济、检验检疫、医疗卫生等各个领域，推动了中国农业高等教育和农业研究的发展。

三是我们培养了一大批一生扎根边疆、建设边疆、守护边疆的奉献者。"北大荒七君子"的事迹为我们所熟知，吕士恒等 7 位南农学子献身北大荒、建设大粮仓，努力克服极端的自然环境，将万亩荒地开垦成千里沃野，将青春燃烧在北大荒，激励着一代代南农学子。

在我校 1965 年毕业的 60 位农学专业学生中，21 人响应国家"到边疆去、到基层去、到最艰苦的地方去"的号召，赶赴新疆、西藏、黑龙江、内蒙古等地，贡献了自己的一生。这其中，原新疆生产建设兵团副司令华士先生尤为突出。华士先生出生于鱼米之乡江苏无锡，毕业后义无反顾地奔赴新疆，在到达乌鲁木齐后，遭遇发水等恶劣气候条件，又赶了一个多星期的路，才到达靠近塔里木附近的新疆生产建设兵团三十二团。当地条件十分艰苦，华士住地窝子、睡稻草席、忍受着饥饿（一天只有三个窝窝头），就这样从连队到团干部、后任农二师副师长、农七师政委，为保证边疆的棉花生产与安全稳定作出贡献。在农七师期间，华士还代表国家赴索马里援助，经历了索马里动荡。在战乱中，他带领援助队员、帮助大使馆工作人员，经历九死一生，终于安全撤到公海，顺利回到祖国。在回国后，任新疆生产建设兵团副司令。华老先生的这种献身边疆的奉献精神和舍身忘己的爱国情怀，值得我们所有南农人敬仰与学习。

像这样的例子还有很多，原西藏人大常委会副主任周春来，原新疆人大常委会副主任、新疆八一农学院院长许鹏，分别从技术员和教师做起，将一辈子献在了西域、献给了边疆。

第四，从突出的社会贡献来看。南农人始终情系家国天下、心系民生疾苦，与国家、民族同甘苦、共命运，以推动国家的农业科技、农业教育事业的发展，解决国家粮食安全问题，实现农业增产、增效，服务地方与区域经济社会发展为己任，牢牢地守护着农业这一国家命脉。

一是选育了解决粮食生产问题的重要品种。金善宝先生培育出的"南大 2419"小麦品种，缩短了春小麦新品种的选育时间，在全国年推广总面积达 6 000 万亩以上，养活了数以亿计的中国人，截至目前是我国推广面积最大、范围最广、时间最长的小麦良种。该成果获 1978 年全国第一次科学大会奖。

盖钧镒院士搜集、整理大豆种质资源 1.5 万余份，创新大豆群体和特异种质 2 万余份，主持参与研究了 20 多个大豆新品种，在长江中下游推广种植 3 000 多万亩，平均亩产提高 10%，创造了上亿元的经济效益。

陆作楣教授提出杂交稻"三系七圃法"原种生产技术，建立了三系品种的众数选择，构建了稳定、优良、协调的三系群体，保证了杂交稻种子的高纯度、高质量，自 1980 年至 1991 年间，在全国 13 个省（自治区、直辖市）推广应用 2.63 亿亩，创经济效益 31.2 亿元。

二是攻克了人畜重大疾病疫病的难题。樊庆笙先生是率先进行青霉素菌种选育及发酵条件研究工作的专家之一，为中国大量生产青霉素药品作出了重要的贡献。在战火纷飞、满目疮痍的华夏大地上拯救了无数生命，中国也成为世界上率先制造出盘尼西林的 7 个国家之一。

抗日战争后期，毛宗良教授对治疟良药野生植物"鸡骨常山"进行了解剖研究，并对含药量最多的部位进行提炼精制，为加快治疟药物的生产、缓解抗日军民疟疾之苦作出了很大贡献。

1951 年，郑庚教授通过与国际代表团合作，证实了美帝国主义在朝鲜战场上使用"炭疽杆菌"作为细菌武器的可耻罪行，一定程度上挽救了众多中国军人的生命，为抗美援朝的胜利结束提供了基础保障。

三是解决了区域民众需求的亟须问题。从 20 世纪 50 年代起，李鸿渐教授利用杂交优势，选育出了"南京大萝卜"等新品种。"抗美援越"期间，一个个炮弹似的大萝卜被源源不断地运往前线，为解决前线战士吃菜问题发挥了重要作用。

在 20 世纪 60 年代初的三年严重困难时期，国内遍地饥荒，韩正康教授经过研究探索，解决了当时猪饲料极端短缺、养猪生产濒临崩溃的现实问题。

20 世纪 50 年代中期至 80 年代初，曹寿椿教授团队历时 23 年，成功选育和推广了小白菜新品种"矮杂 1、2、3 号"，占南京市新品种的 2/3，解决了南方地区"三天不吃青，两眼冒金星"的问题，累计推广面积超 70 万亩，增收节支近 7 000 万元，产生了巨大的经济效益和社会效益。

2005 年，陆承平教授研制出的猪链球菌 2 型疫苗，为控制猪链球菌病疫情的暴发和流行作出了重要贡献。疫苗在四川、江苏等地推广使用 16.1 万头份，新增利润 2 156 万元，新增税收 841 万元，间接经济效益达 15.2 亿元。

除此以外，我们还解决了 20 世纪 50 年代的猪"喘气病"和 60 年代的鸭"大头瘟"；开辟了棉花杂种优势利用新途径；发现了三色依蝇蛆对猪体的危害；合成了饲料添加剂抗球虫新药等。

第五，从百年的南农精神来看。有人会问"诚朴勤仁"的南农精神来自于哪里？我想说，南农的精神就在百余年来南农人的事迹里、行动里和故事里。自办学之初，不论是官绅子弟、农民儿女、工人子女、海外归侨，抱着共同的人生理想与志向，相聚在一起，开启了精彩的人生。是在民生多艰时，不停止；在内忧外患时，不屈服；在国运多舛时，不低头；在十年浩劫时，不放弃的坚定与执着。

一是科学报国、矢志不渝的爱国情怀。抗战时期，中国"青霉素之父"樊庆笙冒着生命危险、突破日军层层封锁、飞越驼峰航线，带着三支菌种和研制盘尼西林所需的仪器设备回到祖国怀抱；新中国成立前章之汶、刘崧生、杨惟义，新中国成立后马育华、陈俊愉、尤子平、史瑞和等一大批科学家放弃国外的优渥条件和挽留，毅然回国，为我国高等农业教育与科技事业的发展作出了重要贡献。

原金陵大学农学院院长章之汶曾说："我是中国人，要为中国人民做点事情。"在担任联合国粮农组织远东办事处顾问的时候，他说："这不是我个人的荣誉，中国人能在世界组织中有一席位置，这是中国人民的骄傲。"

就是这样的爱国精神，撑起了南农人"科学救国"的雄心壮志，书写了家国情怀的华丽篇章！

二是勇于创新、永攀高峰的科学追求。中国动物遗传学创始人陈桢（曾任东南大学生物系教授）坚持创新，他用中国所特有的金鱼进行遗传学研究，证明了鱼类研究史上第一个典型的"不完全显性遗传"实例，震动了生物界。

植物分类学家秦仁昌（曾任云南大学生物系主任）不畏艰辛，广泛调查和采集蕨类植物，对当时全世界1万多种的"水龙骨科"进行了开创性的研究，建立了新的蕨类植物分类系统，解决了当时蕨类植物学难度最大的课题，被称为"秦仁昌系统"。

农业机械专家蒋亦元（现任东北农业大学教授）执着探索，潜心研究35年，创造出割前脱粒水稻收获机器系统，突破了国际公认难题，取得"国际首创国际先进"的成果。

执着创新、坚持不懈、奔驰不息，成就了南农人的高才博学，也成就了百年南农的科学追求。

三是鞠躬尽瘁、公而忘私的奉献精神。"择一事、终一生"是许多南农人的真实写照。

裴保义教授在重病住院期间，依然没有放弃手头工作，甚至在临终前几小时，还与研究生讨论论文选题的问题，并将全部藏书赠给南京农学院土化系。

植物病理学奠基人俞大绂［曾任北京农业大学（现为中国农业大学）校长］院士年逾古稀，一眼失明，仍然每天风雨无阻地去实验室投入赤霉菌的遗传变异研究工作。

曾德超（现任中国农业大学教授）老先生在90多岁的高龄时，仍致力于自己所提出的新型持续农耕工程技术的开发。

李扬汉先生，在其81岁高龄时仍承担农学专业植物学部分的教学任务。

农学院钱维朴教授，曾任江苏省政协常委，一直勤勤恳恳、孜孜不倦，始终倾心于小麦栽培研究。1981年，在江苏省提出开发苏北的号召后，63岁的钱教授毅然带队，与黄丕生等教师一起到沭阳，参与黄淮海低产改良攻关，一待就是8年，实现了稻麦吨产，其中小麦产量较当地产量翻了一番，获江苏省科技进步奖一等奖，还获得省劳动模范、苏北开发有功人员等表彰。同时，钱维朴教授还培养了自然资源部曹卫星副部长等一批杰出人才，为小麦栽培的教育科研事业奉献了一生。

皓首穷经，孜孜不倦，这就是南农人的坚持和情怀！

现在，这种精神在我们离退休教师的身上仍然清晰可见，他们在退休后还依然关心着学校的建设与发展、关心着学生的教育与培养。教务处蒋宝庆老师多次与我交流学校的本科人才培养；农学院陈佩度老师依然骑着自行车忙碌在家与实验室的两点一线；路季梅老师关心学校的建设还专门写信给我；顾焕章、江汉湖、盛炳成、曹光辛、贾翠芳、许厚祯、陈翔高等老同志，依然尽心尽力关心下一代工作的方方面面；后勤集团杨国桥老师退休后依然忙碌于学校日常的零星维修和维修工程的监督管理，像这样的例子还有很多很多。

因此，当我们看到一个个年过花甲、古稀、耄耋之年的老先生忙碌在校园里，也许他们的行动不再矫健、身影不再挺拔，但请献上我们的敬意，因为他们是南农的建设者、贡献者，并为南农奋斗了一生。

同志们！

"明镜所以照形，古事所以知今。"今天，我们回顾历史，不是为了从成功中寻求慰藉，更不是为了躺在功劳簿上、为回避今天面临的困难和问题寻找借口，而是为了总结经验、把握规律，增强建设世界一流农业大学的勇气和力量。

在此，我提议，让我们以热烈的掌声向我们的前辈们、向虽然退休却依然关心学校建设与发展的教师们致以崇高的敬意和衷心的感谢！

## 二、劈波斩浪，勇担学校建设发展的重任与挑战

站在历史的跨度来看，可以说我们经历了"量"的巨变。从三江师范学堂 1904 年招收两年制农科学生 46 人，到目前全日制学生近 2.6 万人；从 1952 年独立建院时的 6 个系 7 个专业，到现在拥有 19 个学院（部）62 个本科专业；从金陵大学农科成立时提出"农科教"三结合的办学理念，到如今"世界一流、中国特色、南农品质"的发展定位，百年南农以每一个坚实而稳重的脚步，书写了中国农业高等教育的辉煌篇章，为民族强盛和文化繁荣作出了卓越的贡献。但我们也要清醒地认识到，如果站在建设世界一流农业大学的发展定位上看，我们距离"质"变还有不少的距离，还有很多的困难要去克服，还有很多的高山需要跨越。

第一，为什么要建世界一流大学？世界一流大学是知识传承和人才培养的摇篮，是科学和技术发展的重要力量，是文化和思想最主要的源泉，是一个国家能否始终处于领先地位或者实现跨越式发展的关键因素。

许多国家都将建设世界一流大学作为国家战略，出台了一系列促进世界一流大学建设的政策和措施。而在世界科技进步日新月异的今天，我们国家对高等教育的需要也比以往任何时候都更加迫切，对科学知识和卓越人才的渴求比以往任何时候都更加强烈。

正如大家所知道的，上半年开始，中美贸易摩擦不断，特朗普政府突然对我国中兴通讯股份有限公司实施制裁。一个小小的芯片，就可以扼制百万亿元级别的电子产业，折射出了我国的缺"芯"之痛，更折射出核心技术的重要地位。

美国针对中国发动贸易战，就是不准中国产业升级，阻滞中国的现代化，遏制中华民族复兴。我们在愤怒的同时，也必须认识到，美国肆无忌惮的霸权，源自它对高技术产业核心技术和科学前沿的控制与占领。中国要想崛起，就必须提升 GDP 的科技含量和创新含量，必须进一步提高创新能力，把核心关键技术牢牢掌握在自己手中。

习近平总书记在两院院士大会上指出，科学技术从来没有像今天这样深刻影响着国家前途命运，从来没有像今天这样深刻影响着人民生活福祉。同时，他还强调，中国要强盛、要复兴，就一定要大力发展科学技术，努力成为世界主要科学中心和创新高地。我国广大科技工作者要把握大势、抢占先机，直面问题、迎难而上，瞄准世界科技前沿，引领科技发展方向，肩负起历史赋予的重任，勇做新时代科技创新的排头兵，努力建设世界科技强国。

2015 年 10 月，国务院印发了《统筹推进世界一流大学和一流学科建设总体方案》。2017 年 1 月，教育部、财政部、国家发展改革委联合发布了《统筹推进世界一流大学和一流学科建设实施办法》，这是中国高等教育发展史上又一个里程碑式的战略举措。习近平总书记在党的十九大报告中提出"加快一流大学和一流学科建设，实现高等教育内涵式发展"，更是指明了我国高等教育当前和今后相当长一个时期的发展理念和重点任务。

国家对新时代高等教育提出了希望、明确了方向、规划了航程，作为一所具有悠久辉煌历史的百年老校，作为一所充满生机活力的"一流学科"建设高校，南京农业大学该如何在新的时代焕发出新的光彩，如何引领中国高等农业教育创造新的辉煌，如何成为世界一流农业大学的一面旗帜，都是摆在我们每一个南农人面前的问题，也是我们每一个人的责任和担当。这就需要我们把握时代脉搏，紧抓历史机遇，趁势而上，求索进取，走出一条独具南农特色的世界一流农业大学建设之路。

第二，什么是世界一流大学？美国国际高等教育专家、波士顿学院终身教授菲利普·阿特巴赫曾这样描述世界一流大学："谁都想要世界一流大学，每个国家都觉得不能没有世界一流大学。但问题是，既没人知道什么是世界一流大学，也没人知道要怎样做才能成为世界一流大学。"但是，有 5 项要素是世界一流大学所必须要具备的：

一是要具备世界顶尖的学科。一流大学，一流在什么地方，最终都是在学科上体现的。世界一流大学并非所有学科都是世界一流，但必须要有多个世界一流的顶尖学科。

从软科世界大学学术排名前 20 高校进入 ESI 百分之一至万分之一的学科数可以发现，平均每所大学有 21.2 个学科进入 ESI 学科前百分之一，10.8 个学科进入 ESI 学科前千分之一，1.2 个学科进入 ESI 学科前万分之一。

从 U. S. News（《美国新闻与世界报道》）全球最佳农业科学大学排名前 20 高校 ESI 学科数来看，平均每所大学有 16.1 个学科进入 ESI 学科前百分之一，5.5 个学科进入 ESI 学科前千分之一，0.75 个学科进入 ESI 学科前万分之一。

我想这两组数据，让我们认识了学科建设的重要，明确了建设世界一流的努力方向。

二是要拥有世界级的师资队伍。教师是一所学校的灵魂，是建设世界一流农业大学的脊梁。因此，学术领军人才是一流大学最关键的战略资源。

世界上 75% 的诺贝尔奖获得者、60% 在 *Nature* 和 *Science* 刊物上发有论文的第一作者，均来自全球排名前 20 位的著名研究型大学；而世界一流大学的学者同时也具有较高的国际话语权，SCI、SSCI 期刊的主编中，超过八成来自世界百强大学。

因此，我们要建设世界一流农业大学，就必须将南农变为一流人才的荟萃之地，变为世界公认学术权威与作出开创性贡献学者的集聚地。

三是要创造领先的学术成就。世界一流大学一定是占据世界领先的学术地位，一定是培养出大量原创性的、能够推动科学技术发展的基础理论，能够推动形成新的产业链、促进经济社会发展的核心技术和专利，能够推动人类文明、社会发展和世界和平的一流成果，并成为科学史上的里程碑。

软科世界大学学术排名数据显示，目前世界百强大学每年校均发表 SCI/SSCI 论文在 4 200 篇以上，远超一般研究型大学；每 5 年在全球顶尖期刊 *Nature* 和 *Science* 上发表近 60 篇论文，占全球大学发表数的 75%；获诺贝尔科学奖项占到全球大学获奖数的 94%。而另有数据也表明，足以影响我们人类生产生活方式的重大科研成果，有 70% 产生于世界一流的研究型大学。

这就是我们科研工作所要努力达到的参照指标。

四是要培养卓越的创新人才。人才培养是大学永恒的主题。世界一流大学无不重视人才培养，尤其是本科生培养。从这些大学里，走出了一批批的青年才俊、一代代的未来力量，包括众多国家领袖、商界精英以及各领域的行业翘楚。

据软科统计，近 30 年来，世界百强大学共培养出 5 000 余位高被引科学家，占全球的近 2/3。

五是要建立一流有效的管理体制。一流的大学管理一定是：具备坚定有力的学校战略愿景，具有追求成功和卓越的哲学理念，有不断反省的文化、有组织学习的氛围，要用一流的决策、制度和运行机制，有效地激活学校的科研学术、教育教学等各个环节。

同时，在建设一流的过程中，还离不开大学的灵魂。世界一流大学一定是有灵魂的大学，一定有深沉而远大的抱负，有自己的价值信仰和使命感，并让抱负、信仰和使命促使其自我塑造、拔节生长，激励其不断探索、勇于前行，实现其包容并蓄、守望传承。

最后，我要强调的是，我所说的世界一流大学，必须具备一个重要前提，那就是中国特色。习近平总书记说："世界一流大学都是在服务自己国家发展中成长起来的，我们是在发展中的社会主义中国办大学，必须立足中国国情、传承中华文明、服务中国发展；必须毫不动摇地坚持走自己的高等教育道路；必须坚持为人民服务，为中国共产党治国理政服务，为巩固和发展中国特色社会主义制度服务，为改革开放和社会主义现代化建设服务，进而向世界提交中国模式、中国方案，贡献中国智慧。"

长期以来，我校一直践行着"将论文写在中国大地上"的理念。同时，结合总书记的讲话精神，我们要进一步思考两个问题：一是现在的根扎得深不深，二是怎样扎得再深一些。要努力体现优势特色，提升发展水平，真正唱响南农好声音、中国好声音、世界好声音！

第三，我们距离世界一流还有多远？建设世界一流大学是一个从追赶到比肩、从比肩到引领，并不断追求卓越的过程。这就要求我们"必须知道自己是谁，是从哪里来的，要到哪里去，想明白了、想对了，就要坚定不移朝着目标前进"。我们必须以习近平新时代中国特色社会主义思想为指导，科学选择建设路径，把"雄心壮志"与"脚踏实地"结合起来，将"忧患意识"与"拼搏精神"贯穿始终，做好长期艰苦努力的准备，适应新时代、谱写新篇章。

自 2011 年学校党委十届十三次全委（扩大）会议正式提出了"1235"发展战略，2014 年学校第十一次党代会确立"三步走"的发展规划以来，在全校师生的共同努力下，学校事业不断取得新的成就，综合办学实力迈上了新的台阶。

一是学校综合排名稳步提升。2017 年，学校首次进入 U. S. News（《美国新闻与世界报道》）全球最佳农业科学大学前十，在 QS 农林领域排名中位列世界第 47 位；世界大学科研论文质量评比农业领域排名中，我校从 2010 年的第 230 位上升到 2017 年的第 52 位；在刚刚发布的 2018 年软科世界大学学术排名中，我校继去年首次跻身该排名榜世界 500 强之后，再次入榜，并闯进 400 强。

二是一批学科正从"中国一流"逐步走向"世界一流"。一方面，我校农业科学、植物学与动物学进入 ESI 前 1‰，分别位列第 22 位、第 88 位，ESI 前 1％学科数达到 7 个；另一方面，学校入选"双一流"一流学科建设高校，并在第四轮一级学科评估中取得 4 个 A＋、7 个 A 的优异成绩。

三是一系列高水平科研成果脱颖而出。学校在作物遗传育种、作物疫病等领域取得了重要突破，一批成果在 Science、Nature 等顶级期刊发表，两次入选中国高等学校十大科技进展，棉花基因组测序、梨基因组测序领先全球，牵头建设作物表型组学研究重大科技基础设施，实现了从跟跑、并跑，到局部领跑。

四是一粒粒科技转化的种子生根发芽。一直以来，我校科研工作既问鼎前沿，又立足民生，很多研究成果都扎扎实实地长了田间地头。

周光宏校长及其团队研发出的冷却肉品质控制、低温肉制品质量控制、传统肉制品质量控制等关键技术，解决了我国肉类产业面临的重要科学技术难题，在国内数十家企业得到转化应用。

万建民院士及其团队成功选育出 10 个适应不同生态区的早中晚熟系列抗条纹叶枯病高产优质新品种，让长江流域 5 000 多万亩粳稻自此摆脱水稻"癌魔"侵扰。

沈其荣教授及其团队将农业废弃物转化成能克服土壤连作生物障碍的微生物有机肥，解决了病死畜禽处理的难题。

陈发棣教授团队"菊花产业链创新项目"，仅去年湖熟菊花基地的秋季菊花展，就带动周边村民增收 4 000 多万元。

张绍铃教授团队研究出的"梨树液体授粉技术"让新疆、甘肃等地区梨园亩产量翻了一番……

2017 年，新农村发展研究院办公室陈巍院长，通过对长期以来农业科技推广模式的探索与梳理，提出了基于高校的新型链条式农技推广模式，撰写的政策建议获时任全国政协主席俞正声批示，并获农业部韩长赋部长的高度肯定，进而作为农业院所体制机制创新典型，进行了广泛宣传与推广。精准扶贫项目入选部属高校"十大典型"项目。

五是一幅幅南农画卷展现在世界面前。我校倡导设立了"世界农业奖"，建立了全球首个农业特色的"孔子学院"，设立了我国唯一建在高校的世界动物卫生组织参考实验室。2017 年，我校教育援非和孔子学院工作再次得到国务院领导肯定。与美国密歇根州立大学共建联合学院的工作也在加快推进之中。

这些成绩的取得是教育部和省委、省政府正确领导的结果，更是广大师生员工齐心协力、艰苦努力的结果。在此，我代表学校，向全校师生员工和离退休老同志，向所有长期关心、支持学校改革发展的各级领导和各界朋友，表示崇高敬意和衷心感谢！

相信，在看到学校取得成绩时，大家是喜悦的。但是，如果从学校建设与发展的全局来看，发展的过程有起有伏、结果喜忧参半。

首先，是谈起伏。1952 年南京农学院成立之时，学校有农学、植物保护、土壤农化、畜牧兽医、农业经济、农业机械化 6 个系，发展到今天，从这 6 个系中成长出来了 4 个 A＋学科。可以说，我们基本保持住了传统学科的优势，但每一个学科的建设过程都并非一蹴而就。这其中有顺境，也有逆境，有突飞猛进，也有坎坷曲折。20世纪90年代初期，受社会大环境的影响，具有农业背景的院系、学科均面临着这样那样的困难，但我们没有退缩。有些学科抓住了机遇，趁势而上，加速了前进的步伐；也有些学科发展进程延缓，让人着急。纵观几个A＋学科的成长历程，我总结出以下几个重要因素：

一是要在传承中发展。作物学和农业资源与环境是国家"双一流"建设一流学科，在第四轮学科评估中均获评A＋。在两个学科的发展过程中，我们可以清晰地看到，传承在破解发展瓶颈、登顶学术高峰过程中所发挥的重要作用。

无论是从邹秉文、冯泽芳、金善宝，到马育华、李扬汉、刘大钧、盖钧镒，再到曹卫星、万建民、马正强、姜东、朱艳；还是从黄瑞采、史瑞和，到沈其荣、潘根兴，再到徐国华、邹建文，推动了不同年代学科的建设与发展，人才梯队建设合理，始终占据着学术领域的制高点。

在两院师生的共同努力下，新世纪以来，全校共获得国家科技奖励16项，这两个学科就贡献了10项；2017年，农学院和资源与环境科学学院的纵向科研经费占到全校的36％以上。在 Science、Nature 发表了一系列高水平研究论文，转让了宁粳系列新品种、生物有机肥制造技术及加工工艺等一大批研究成果，农业贡献显著、社会影响巨大。

希望这两个学科再接再厉，早日实现从中国一流迈向世界一流、世界顶尖的建设目标。

二是在创新中发展。植保学科在前三轮学科评估中一直排名第三，第四轮学科评估跃为第一，实现了跨越式的发展。而回看植保的发展历程，我认为，关键的就是对创新持之以恒的追求。

从魏景超、方中达到陆家云、郑小波，再到王源超、吴益东、张正光、窦道龙等，一批青年杰出人才始终不忘对创新的追求，入选了国家自然科学基金委员会创新研究群体(2017)、科学技术部重点领域创新团队，并在 Science 发表了多篇高水平研究论文，并受了国外同行"Army"的赞誉。

希望植保学科把创新的精神继续发扬下去，一定要在下一轮"双一流"建设中，进入一流学科建设的行列。

三是在坚守中发展。我校农经学科是中国农业经济学科的发源地，在经历第三轮学科评估的"滑铁卢"后，再次回到了A＋的行列。这与一代代农经人的坚守是离不开的。

刘崧生、顾焕章、钟甫宁、朱晶四代学科带头人在坚守中交替，在全国堪称佳话。朱晶、樊胜根等在著名国际研究机构中担任一系列重要职位，被国际同行赞誉为"南农军团"。

希望，下一步农经学科在坚守中再创辉煌，把A＋保持下去，早日进入国家一流学科建设行列。

四是在困境中发展。我校兽医学科是我国成立最早的兽医学科之一，是兽医学科评议组和兽医专业学位召集人单位，曾拥有罗清生、郑庚、祝寿康等众多学术先贤。在第一轮、第二轮学科评估中位列全国第二，但在第三轮、第四轮学科评估中出现了急速下滑。究其原因，是学科梯队出现了问题。

在这个方面，学校着急，相信动物医学院的领导、教师更着急，希望动物医学院能以更大的魄力、更强的决心，尽快破除当前困境，再续辉煌，早日回归中国一流的行列。

同时，我也希望食品科学与工程、公共管理、园艺学、畜牧学、农业工程等学科能快马加鞭，早日进入中国一流的行列，并努力向世界一流攀登。

老师们、同志们！

我们面临的竞争压力在增大，学科优势、人才优势、区域优势、空间优势都受到同类院校及江苏院校的挑战，随时可能在重新洗牌中出局、重新排队中落后。曾经的领先，不等于明天的领先；一时的领先，不等于永远的领先。面对"十三五"发展的形势和"双一流"建设的要求，学校不进则退、慢进亦退的压力仍然并将长期存在，希望大家始终保持不认输、不服输、不抛弃、不放弃的精神与韧劲，始终怀着傲骨与傲气，牢记曾经的荣光与辉煌，扛起时代的责任与担当，找准关键环节，确保精准发力，向中国一流迈进、向世界一流出发。

其次，是谈不足。发展的动力来自横向比较的差距。就我校与世界一流大学相比，差距甚远，与国内同类院校相比，当前，中国农业大学在前头、华中农业大学在紧逼、西北农林科技大学在腾飞。总体上说，南农在发展、在前进，但发展后劲不乐观、前进指标不靠前。

一是国际学术影响力存在差距。目前，学校在农业学科领域的世界排名尚可，但在THE（《泰晤士高等教育》）、U. S. News（《美国新闻与世界报道》）等世界大学排行榜中均排在 600 名之外，与学校提出的"到 2030 年，力争进入世界大学 500 强"的目标还存在不小的距离。

我校 ESI 前 1‰学科有 7 个，与华中农业大学持平，仅比西北农林科技大学多 1 个。除农业科学、植物与动物科学外，我校 ESI 上榜其他相关涉农学科的排名与世界一流农业大学相比还存在着很大差距，在分子生物与遗传学、工程学、微生物学等学科领域仍有很大的提升空间。

在科研成果及其影响力方面，无论是高被引科学家数量、高被引论文数量、高被引论文所占比例，还是国际合作论文数量、国际合作论文比例、篇均被引用次数，我校均与世界一流涉农高校有较大差距；与浙江大学、中国农业大学、华中农业大学、西北农林科技大学等国内涉农高校相比，国际合作论文数量、国际合作论文比例均最低，高被引科学家数量、篇均被引用次数、高被引论文所占比例仅高于西北农林科技大学。

二是学科建设有喜有忧。近年来，我校学科建设发展迅速，学校在世界农科领域的影响力快速提升，但问题和不足也同样存在。一方面，学科发展特别是传统优势学科发展不平衡不充分，高原学科较少，高峰学科储备不足，文、理、工等学科门类较弱，部分学科发展缓慢甚至停滞不前。优势学科多集中在农业学科以及与农业密切相关的食品、农经、农业工程等，基础性支撑性学科点力量弱小。另一方面，作为以农业与生命科学为优势特色的研究型大学，我校要建设世界一流农业大学，缺少高水平的生物学支撑，是难以为继的。第四轮学科评估中，我校有 7 个学科进入 A 类，但主要集中在农学和管理学中的传统优势学科，缺乏新的学科增长点。传统优势学科中也只有植物相关学科，没有动物相关学科，成为明显短板。

比较 4 所教育部直属农业大学第四轮学科评估参评学科，南农排名前 70%的学科数量少，人文、理学门类为零，工学门类也最低，我校参评学科数及占一级学位授权点比例、前70%学科数及占一级学位授权点比例、B＋学科数都最低，A 类学科数占一级学位授权点比例仅高于西北农林科技大学，优势学科的广度与其他大学有明显的差距。

从参评结果来看，浙江大学涉农学科和中国农业大学各有 6 个 A＋学科，我校有 4 个A＋学科，华中农业大学有 3 个 A＋学科；在 A 类学科数方面，浙江大学涉农学科有 12 个，中国农业大学有 9 个，我校有 7 个，华中农业大学有 7 个，西北农林科技大学有 1 个；在有潜力进入 A 类的 B＋学科数方面，中国农业大学有 5 个，我校有 2 个，华中农业大学有 5

个，西北农林科技大学有 12 个。由此可见，我校在优势学科的厚度和发展潜力方面有较大的差距。

因此，我校必须围绕发展目标，强化优势和特色，着力构建与世界一流农业大学相匹配的学科体系。

从 4 所教育部直属农业大学入选一流建设学科情况来看，华中农业大学有 5 个，远远超过我校。

华中农业大学自 20 世纪 80 年代以来，围绕学科发展前沿，依托传统优势农科、理农结合培植发展生命科学，通过交叉培植、整合集成、发展巩固、带动提升，运用生物技术改造传统农科，运用生物医学改造生物学，运用信息技术发展现代农科，不断培育学科新的生长点，形成了学科优势明显、新兴与传统学科交叉融合的发展格局。可以说，华中农业大学学科建设的理念和方式颇有亮点，值得我们学习和借鉴。

三是领军人才体量不足。从 4 所教育部直属农业高校高端学者和创新群体的比较来看，我校高层次人才队伍的规模和层次与我校的学术地位不相称。目前，中国农业大学有院士 12 人，华中农业大学有 4 人，西北农林科技大学有 3 人，而我校只有 2 人，其中盖院士已经年过八十，万建民院士也处于双线作战的情况，学校亟待在院士申报上有突破；"长江学者"、国家杰出青年科学基金及"青年千人"项目等与中国农业大学、华中农业大学仍存在差距。

四是科研项目与成果数量不尽如人意。近年来，我校承担国家重点研发计划的课题数和经费数均低于中国农业大学和华中农业大学。2017 年开始，牵头课题的量和经费大幅下降，今后可能连参与的机会都很少。究其原因，一是一些教师存在着小富即安的思想，只希望通过参加课题拿点经费；二是我校领军人才严重不足，相关领域话语权不强，牵头组织重大项目困难。因此，无论是项目牵头申报能力的潜力，还是牵头的积极性和意愿，都急需挖掘和提高。

"十二五"期间，我校自然科学领域获奖数远高于华中农业大学和西北农林科技大学，近几年正在被赶超；在国家自然科学奖上，我校这 4 年未取得突破。可喜的是，今年，我校陈发棣教授团队研究项目"菊花优异种质创制与新品种培育"、张绍铃教授团队研究项目"梨优质早、中熟新品种选育与高效育种技术创新"、周明国教授团队研究项目"杀菌剂氰烯菌酯新靶标的发现及其产业化应用"先后通过国家技术发明奖两轮答辩、国家科技进步奖初评及评审委员会评审。在这里，我要代表学校向他们作出的突出贡献表示感谢和祝贺！"十三五"剩余的时间不多了，我们还要继续努力。

此外，我校社科重大项目和重大成果都严重不足，这与我校人文社科地位相比极其不相称。

五是人才培养质量有待提升。本科毕业生国内外深造率是衡量高校人才培养质量的重要参考。我校 2017 届升学出国率为 38.56%，在 85 所公布 2017 届本科生深造率的一流学科建设高校中仅排第 29 位。而一流大学建设高校 2017 届本科生的平均深造率为 50.4%，更是远高于我校。

从江苏省内看，我校毕业生的就业率和升学出国率也都不容乐观。总体就业率排在在宁"211"高校倒数第二，全省"211"高校第九位，"双一流"建设高校第 12 位；升学出国率排在第六位。

4 所教育部直属农业大学中，我校毕业生的就业数据也存在差距。虽然本科生就业率排名第一，但总就业率排名、研究生就业排名仍然靠后，升学出国率更是垫底。

在艾瑞深《2018 中国大学教学质量评价报告》中，我校培养出的院士校友、杰出政要校友人数虽在全国农业院校中排名第二，但在全国总排名并不靠前；亿万富豪校友仅有 2 人，还低于内蒙古农业大学、湖南农业大学、安徽农业大学；校友捐赠数更是排在全国高校百名开外。

前不久，为庆祝北京大学 120 周年校庆，北京大学校友捐赠母校的款项超过 10 亿元，而耶鲁大学、哈佛大学等名校每年都有上亿美元的校友捐款。

大北农集团董事长、总经理邵根伙博士，本科就读于浙江农业大学，研究生就读于中国农业大学。大北农集团捐资中国农业大学 2.6 亿元、浙江大学 4.5 亿元，捐资我们是 2 000 万元。这既折射出邵根伙博士对于中国农业的情怀，更反映了对母校浓浓的感情与深深的牵挂。

因此，校友的成长关系着学校的社会地位，也影响着学校的发展。我们对人才培养质量的衡量，不能只看眼前，要具有宏观视野，要向前看 20 年，看 20 年前毕业校友现在的发展情况与社会影响；要向后看 20 年，看未来人才培养的方向与需求。只有这样，才能真正地提高学校人才培养质量。

最后，是找症结。学校要实现进一步快速发展，就必须要深入思考阻碍发展的主要问题和原因是什么，能够解决问题和引领发展的关键抓手是什么，从而在具体实践中择善而从，不断完善发展策略，优化发展道路。

一是惯习束缚。随着学校的快速发展，一些既有的制度安排、思维模式等已经很难应对新情况、解决新问题，甚至一些因循守旧、安于现状的惯习已严重影响了学校的发展，亟须改革来出实招、破难题、建机制。因此，我们必须"跳出农业看南农、跳出江苏看南农、跳出中国看南农"，打破惯性、僵化、保守，鼓励思考、探索、创新，清除制约发展的观念束缚和体制障碍。

如在争取资源方面，我们的思想还有些封闭，虽然做了一些工作，但还远远不够。以唐仲英基金为例，自 1998 年起，唐仲英先后在国内 21 所知名高校设立"唐仲英德育奖学金"，很荣幸我们是 21 所高校之一。同时，有 17 所高校都获得了金额不等的资助项目。其中，上海交通大学、苏州大学捐赠额超过 1 亿元，南京大学、东南大学、南京中医药大学超过 2 000 万元，捐赠西北农林科技大学育种基金、种质资源库、作物育种研究所总计也超过 2 000 万元，而我们却只有每年 50 万元的德育奖学金。

二是空间瓶颈。多年来，我校办学空间紧张，尤其是教学科研实验室、学生宿舍及体育活动空间紧缺问题尤为严重。捉襟见肘的办学空间极大限制了学校引进人才的步伐。宁波大学校长沈满洪测算过，引进一个院士，算上院士团队、安排实验室等，就意味着 4 000 平方米的需求。

改善基本办学条件，一直是学校深入考虑努力推进的重要工作之一。苦于无多余建设用地，且用地建设审批的复杂性，学校新校区建设的进程一度较为缓慢，与日益增加的教学科研需求仍有显著差距。

2012 年，学校白马基地正式开建，目前江北新校区的建设也已步入正轨，制约南农发展的空间问题，有望在不久的将来彻底解决。

三是人才制约。在"双一流"建设进程中，打造水平高、结构优的师资队伍是关键。近年来，学校深化人事制度改革，在高水平师资队伍的引进与培养方面，做了大量的工作，取得了一定的成绩，但还仍然不够，我校高层次人才队伍规模和层次不足的问题也极大地限制了学校的发展。

从 2012—2018 年学校新增教师数可以看出，这几年引进人才的力度有所下降，并且自2001 年以来就没有新增院士。

如何实现高层次人才数量的倍增，如何进一步激发教职工的积极性，提升干部队伍的谋划力、决策力和执行力，增强全校教职工的责任感、使命感和紧迫感，是我们需要思考的重中之重。

老师们、同志们！

知不足而自反，知困而自强。南农的发展等不起、慢不得，没有任何可懈怠和放松的理由。我们必须认真面对、高度重视上述不足和问题，更重要的是要以此为依据，有的放矢，迎难而上，进一步增强责任感、使命感、紧迫感，以更大的决心和勇气全面推进学校改革发展。

### 三、耕耘不辍，全力推进世界一流农业大学建设

进入 21 世纪以来，全球科技创新进入空前密集活跃的时期，全球创新版图、全球经济结构正处于重构与重塑阶段，新一轮科技革命和产业变革正在加速演进。党的十九大报告明确了新时代中国特色社会主义发展"两个阶段"的战略安排，提出了科教兴国、创新驱动、乡村振兴等七大战略部署，同时指出要优先发展农业农村、优先发展教育事业；2018 年中央 1 号文件强调要把中国人的饭碗牢牢端在自己手中，要培养造就一支懂农业、爱农村、爱农民的"三农"工作队伍。

同时，世界高等教育发生深刻变革，形成了一个普遍的共识：质量是高等教育发展的生命线。我国高等教育也进入了努力从高等教育大国向高等教育强国转变的新阶段。当前，国家对新时代中国高等教育的改革与发展，赋予了新的遵循、新的认识、新的路径、新的计划、新的举措、新的布局和新的理念。

这些，都为我校的发展提供了新的机遇，也带来了更大的挑战。

因此，必须着重做好以下几项工作：

第一，要切实提高政治站位。政治建设是一个永恒课题，是党的建设的"灵魂"和"根基"。政治建设抓好了，政治方向、政治立场、政治大局把握住了，党的政治能力提高了，党的建设就铸了魂、扎了根。

一是全体党员领导干部要坚定政治立场。要旗帜鲜明讲政治，紧密团结在以习近平同志为核心的党中央周围，在大是大非问题上保持头脑清醒、态度坚决。要把党性融入血脉里、把党魂熔铸在精神中，及时校准思想之标、调正行为之舵、绷紧作风之弦，不做"老好人"，不搞"两面派"；要破除"屁股指挥脑袋"的本位主义，站在党执政兴国、学校建设发展的高度上，想问题、作决策、办事情，做到心中有底、脑中有策、手上有招；要"不忘初心、牢记使命"，牢固树立"以生为本"的发展思想，始终保持与师生群众想在一起、干在一起的政治本色。

二是全体教师要加强自身建设。要切实增强做好思想政治工作的使命感、责任感、紧迫感。要始终坚持党的领导，牢牢把握党对高校意识形态工作的领导权和话语权，更好地承担

起学生健康成长指导者和引路人的责任；要以"四个坚持不懈"为根本遵循，牢牢把握社会主义办学方向，把思想政治教育贯穿教书育人全过程。

三是要引导广大青年学生树立共产主义远大理想。要帮助学生坚定马克思主义信念，积极践行社会主义核心价值观，不断追求更高的目标，实现更好的人生；要培养其艰苦奋斗的作风和昂扬向上的精神状态，在时代和社会发展进步中汲取营养，努力成为有理想、有道德、有文化、有纪律的社会主义新人。

第二，要切实加快推进江北新校区建设进程。1931年，梅贻琦出任清华大学校长，在就职典礼上讲了一句经典的话："所谓大学者，非谓有大楼之谓也，有大师之谓也。"一度大学建设若强调人才之重要，必冠冕堂皇引之；若再谈大楼之谓，便似乎矮了三分，底气严重不足。

但是，我认为，在高等教育发展的今天，"大师"与"大楼"的建设同等重要，二者相互依存、相得益彰、缺一不可。

一方面，从高校发展的"纵线"上看，"大楼"建设不可或缺。在梅贻琦提出大师之谓、大楼之谓时，清华大学也正是充分发挥了"大楼"的优势，延揽了很多"大师"。自20世纪90年代末至21世纪初，许多高校也正是受益于办学空间的急速扩张，而迎来了快速的发展。

另一方面，从高校发展的"横线"上看，"大楼"建设严重制约着"大师"的建设。空间已成为高校引人、留人的关键影响因子，成为人才择校的重要参考因素。

可喜的是，我们的新校区建设取得了一些阶段性进展。

2015年6月，在江北新区选址2500亩启动新校区建设。

2016年12月，教育部批复新校区建设。

2018年4月，与江北新区签订共建南农新校区协议。6月，正式签订新校区代建框架协议。7月，新校区总体规划获南京市批复。刚刚，一期单体项目也正式获教育部立项批复。9月8日，我们将举行新校区建设奠基仪式。

在这里，我要为戴校长、为新校区指挥部和所有关心、参与、献计新校区建设的教师们、校友们点赞，也代表学校衷心地感谢你们！此处大家应该给点热烈的掌声。

可以说，目前我校推动的新校区建设，虽然已错过校区建设的最佳黄金时期，也依然面临着诸多的问题和困难，但毫不夸张地说，我们的新校区建设就是南农发展的生命线，就是下一轮"双一流"建设争先竞位的关键，关系着南农能否续写百年辉煌，甚至兴衰成败。在这一点上，我们面临的是一场只许胜不许败的攻坚战，也是破釜沉舟的关键一战。

自4月我回学校以来，多次到教育部、江苏省和南京市沟通新校区建设事宜，一刻不敢停歇、丝毫不敢大意。我想说，新校区建设是时代赋予我们这一届领导班子和全体师生的重要历史使命，是注定被校史所记载的大事件。我们每一个人都是这一历史的书写者，必须心往一块想、力往一块使，团结一致地、不遗余力地、只争朝夕地、没有最快只有更快地推动新校区建设。同志们！让我们共同书写属于我们这一代的辉煌业绩与历史荣光！

第三，要不断提高人才培养质量。习近平总书记说："只有培养出一流人才的高校，才能够成为世界一流大学。办好我国高校，办出世界一流大学，必须牢牢抓住全面提高人才培养能力这个核心点。"这就要求我们进一步落实立德树人根本任务，围绕"双一流"建设和农业农村现代化、乡村振兴等国家重大战略部署，为民族复兴造就一大批堪当大任、敢于创新、勇于实践的高素质专业人才。

一是要始终坚持本科教学的核心地位。十多年前，世界一流大学通过自省，纷纷开始"回归"本科教育。可以说，一流本科、一流专业、一流人才，是我们建设一流大学的根和本。6月，教育部全国高等学校本科教育工作会议强调，高教大计，本科为本；本科不牢，地动山摇。

本科教育是纲举目张的教育，是培养一流人才最重要的基础，我们只有因时而进、因势而新，把本科教育放在人才培养的核心地位、教育教学的基础地位和新时代教育发展的前沿地位，把建设一流本科、做强一流专业、培养一流人才这个旗帜高高举起，才能够走得更快、飞得更高。

二是要扎实推进"四个回归"。认真贯彻落实陈宝生部长在全国高等学校本科教育工作会议上的讲话精神。回归常识，就是要围绕学生刻苦读书来办教育，引导学生求真学问、练真本领；回归本分，就是要引导教师热爱教学、倾心教学、研究教学，潜心教书育人；回归初心，就是要坚持正确政治方向，促进专业知识教育与思想政治教育相结合，用知识体系教、价值体系育、创新体系做，倾心培养建设者和接班人；回归梦想，就是要推动办学理念创新、组织创新、管理创新和制度创新，倾力实现教育报国、教育强国梦。

三是要不断深化教育教学改革。有了"指南针"，我们也要积极谋划"施工图"，将提升我校人才培养工作落到实处。

我们要不断深化教育教学改革，充分释放师生的学习热情和创造潜力。既要全面贯彻党的教育方针，把立德树人的成效作为检验学校一切工作的根本标准，把马克思主义作为中国特色社会主义大学的"鲜亮底色"，将思想政治之"盐"溶入学校教育之"汤"，促进专业知识教育与思想政治教育相融合；又要着力提升专业建设水平，推进课程内容更新，推动课堂革命，建好质量文化；还要培养学生追求卓越的意识，围绕激发学生学习兴趣和潜能深化教学改革，全面提高学生的社会责任感、创新精神和实践能力，交给学生打开未来之门的"金钥匙"。

俞敬忠从泗阳县棉花原种场农技员，一步步成长为全国人大代表、省人大常委会副主任；赵振东、程顺和分别从祖国最艰苦的边陲农场和江苏里下河地区农业科学研究所最基层成长为中国工程院院士。

我们要让我们的学生知道，只要你胸怀追求卓越的志向，无论你现在身处何方，坚持下去，就一定会取得成功。

四是要真正用心关爱学生成长。沈其荣教授曾说："没有爱就没有教育，没有责任就办不好教育。对学生要爱得深沉、爱得真切、爱得全面。"我们要想办成世界一流大学，必须要对育人有这样一种深厚的感情和强烈的责任感。

农经系的主要创建人刘庆云先生，在1945年学生运动中，积极保护和营救被国民政府所追捕的爱国学生，亲自为增加教育经费和提高学生伙食标准而奔走呼吁。还在他的能力范围内，一次次专程到用人单位推荐学生就业。很多学生在他的帮助和举贤之下顺利走上工作岗位，发挥专业才能，为国家的农业经济作出了应有的贡献。

学生就是我们的孩子，教师要关心，管理与服务人员也要关心，要让学生在学校的每一个地方都能感受到家的温暖。只有这样，学生也才能更爱学校。

第四，切实加强高水平师资队伍建设。百年树人，师资为本。我校要建设世界一流农业大学，离不开一批引领学科发展、满足国家重大战略需求的学术大师和领军人才，离不开一大批具有创新精神和创新能力的优秀中青年学术骨干，离不开潜心耕耘三尺讲台的教学名师，也离不开默默无闻但给予学校发展巨大支持的各类管理、服务和后勤保障人员。

一是要加强对一流科学家、学科领军人才和创新团队的引进力度。我们要有"萧何月下追韩信""刘备三顾茅庐请孔明"的人才引进意识，大力实施高水平人才延揽计划，充分发挥学校、学院在引才方面的合力，扎扎实实地引来一批有爱国情怀、有真才实干、有南农情结、有兴农志向的人才，真正为我所用，切实服务学校发展。

5月底，学校举办了首届钟山国际青年学者论坛，向全世界表达了南农广纳贤才的诚意和决心。各个学院也在发挥各自的主观能动性招贤纳士，但效果不一，究其原因，最重要的就是实施力度的不同。有些学院高度重视，书记院长亲自挂帅，想尽一切办法，拿出满满诚意；而有些学院只是副手负责，甚至只是走走过场、摆摆样子，两者一对比，高下立判。要壮大领军人才队伍，打造顶尖创新团队，我们就必须下大决心、花大力气，千方百计、千言万语、千山万水地引进高层次人才，真正做到"求贤若渴""爱才如命"。

二是要高度重视和关心本校高水平人才的培养。百余年来的办学，南农造就和培养了很多杰出英才。他们求学于斯、成长于斯，也工作于斯、生活于斯，对学校怀有朴素而深厚的情感，在各自的岗位上任劳任怨、坚守奉献。与一些引进人才相比，他们毫不逊色，甚至更加优秀，为南农的建设与发展作出了巨大贡献。如果说引进人才是一种"输血"，我们绝对不能忽视学校本身的"造血"功能，在学校人才队伍建设过程中，要将这些人与引进人才放在同等地位、同样重视、同样对待，打造具有南农特色的人才队伍建设品牌。

三是要做好高水平人才队伍建设的中长期规划。要加强两院院士、"千人计划"专家、"长江学者"和国家杰出青年科学基金获得者等高层次领军人才的培养，要集全校之力对相关申报教师给予最大的支持。

四是要进一步深化人事制度改革，提高师资队伍建设的整体水平与人才效能。要建平台、造氛围，引导和激励各学院与广大教师结合自身实际，大胆创新、扎实工作，重实绩、轻身份，重贡献、轻资历，奖勤罚懒、鼓励先进，将不敢担当没有原则的"好好先生"、占着位子不作为的"南郭先生"、当一天和尚撞一天钟的"撞钟先生"等坚决排除出去，鼓励一批真正干事创业的勇于担当者、奋勇争先者、务实有为者，切实增强人才竞争力，提高人才使用效能，为学校凝聚和打造一批师德高尚、业务精湛、结构合理、充满活力的创新团队、优秀群体。

第五，要着力增强科技创新能力。科研是强校之基。提升科学研究水平是世界一流大学和一流学科建设的核心任务之一，尤其是要提升高水平科学研究能力和科技创新能力。为此，我们要构建特色鲜明、适度综合、面向未来的学科体系，多出成果，出大成果，不断提高学校的科技竞争实力和创新水平。

一是瞄准世界科技前沿。我们要始终站在科学与技术创新的国际前沿，聚焦创新链的前端，鼓励开展基础性、前沿性、探索性创新研究，积极争取重大项目，精心培育一流成果，增强学校的原始创新能力，提升学科水平和国际影响力。

二是面向国家重大战略和行业需求。习近平总书记2014年5月在河南考察农业时指出，农业生产根本在耕地，命脉在水利，出路在科技，动力在政策。那么，南农的科学研究如何才能成为农业发展的出路？我们能够拿出什么成果来服务乡村振兴、新农村建设、种业自主创新、粮食安全等国家战略？这是我们每一个南农人需要去思考和践行的。

做顶天立地的研究，做服务"三农"的研究，为经济社会发展提供重要的科技支撑和引领，这既是国家和人民的期冀，更应该是南农人融入血液的行动自觉。我们要进一步凝练学科研究方向，促进学科链与产业链的对接，推动科研精准发力。

三是要立足我校优势与特色。作为一所农业院校，我校农业与生命科学的优势与特色非常明显。我们在科研中一定要注重强化自身的优势与特色，聚焦重点领域，以点带面，重点推进。尤其是在推动科技创新平台建设过程中，要最大限度地实现科技资源优化与集聚优势。就比如：资环学科确立了农业高校资环学科的特色，将生物科学技术运用到资环研究当中，在此基础上不断建立了学科优势。

同时也要依托优势特色学科，着眼于学科补强布新工作，推动学科深度交叉与融合，布局新兴交叉学科，形成新的学科增长点。

四是要激发科研人员的创新活力。农业科研的周期长，很多重大成果的取得需要我们几十年甚至是几代人的持续付出，急不得、假不得、虚不得。我们要从政策上、机制上、待遇上努力给科研人员"松绑"，营造潜心治学的良好学术氛围，全面激发科研人员的科技创新活力，让每一位教师都能够静心下来踏踏实实地开展科研工作。

第六，要深入推进社会服务。食为政首，农为邦本。学校要紧紧抓住乡村振兴战略这一重要机遇，积极探索领跑乡村振兴的南农模式，积累领跑全球农业科技服务的中国经验。

一是要在实现乡村振兴战略中先人一步。南农有服务社会的优良传统，从"赶大集""科技大篷车""百名教授科教兴百村"，到"两地一站一体""双线共推"农业科技服务模式，南农一直是引领全国农业科技服务的排头兵和佼佼者。面对新时代新任务，我们要把握新机遇、形成新理念、明确新目标，率先建立乡村振兴的示范点，引领全国乡村振兴战略的发展，让南农的示范点成为乡村振兴的"小岗村""华西村"。

二是要不断创新科技服务模式。"明者因时而变，知者随事而制。"面对经济发展新常态，农业供给侧结构性调整进入新阶段，大量新兴农业经营主体不断涌现。新农村发展研究院办公室、科学研究院等相关职能部门进行了大量卓有成效的探索，"双线共推"等新模式产生了非常好的经济效益和社会影响。可以说，每一次农技推广模式改变都伴随着经济的发展与理念的转变，每一个阶段新模式的实施都是对过去服务模式的继承、创新与探索。做好农业服务，我们还面临很多问题，如多学科交叉融合不够、科教体系协同困难、农技服务工作评价不完善等，希望相关部门认真考虑，集中力量创造出更多农技推广服务的"南农品牌"。

三是拓展学校服务的视野格局。学校多年来一直"立足江苏、服务全国"，虽然取得了许多成就，但与"世界一流农业大学"的发展目标和学校的国际学术地位相比，显然不够符合。近年来，学校不仅与国内省份开展深入合作，更将视野放眼国际，共同发起成立中美大学农业推广联盟，并派出专家到非洲等地推广水稻精确栽培等先进农业技术，为世界农业发展提供中国智慧和中国方案。所以，我想，我们是时候、也有必要提高定位，以更大的格局和更高的姿态，"立足中国、服务世界"。

"心中为念农桑苦，耳里如闻饥冻声"是心系民生的高尚情怀。我们常说，科学研究既要"顶天"，也要"立地"。我非常认同李顺鹏教授的观点："知识只有造福人类才有价值，只有将自己的研究和国计民生结合在一起，我们的科研才有生命力，也才有可持续性。"希望有一天，让中国的每一寸土地都有南农教授的足迹，让中国的每一个省、每一个县都种上南农的种子，让每一位国人的餐桌上都有南农的味道！

第七，要全面快速推进国际化进程。习近平总书记说："历史告诉我们，关起门来搞建设不会成功，开放发展才是正途。"建设世界一流大学必须拥有一流的国际化。

瓦格宁根大学在办学理念中写道："为整个人类提供健康食品和健康人居环境"，师资队伍百分之百地有国际化的学习或研究经历，学校有接近 45% 的学生是国际学生，教师承担的课题大多是欧盟或者其他国际性课题，科研成果大量应用在为跨国企业服务。在国际化方面的突出成绩，为这所学生总数不到 1 万人的农业大学在全球范围内赢得极高的声誉。

现阶段，我们要从成功中找经验、从困境中找出路，围绕优化国际合作伙伴的全球布局，提升现有合作层次与水平，开拓高水平、实质性的国际合作。

一是要加强国际科研合作平台建设。一流大学一定要有国际一流的科研平台。我们要牵头组建面向粮食安全、气候变化等亚洲和全球热点问题的高水平、跨学科多边国际合作平台，由"参与者"向"领导者"转变；要通过合作项目、引智项目等，加大国外优质资源引进力度，实现"技术输出"与"资源引进"有效结合；要与国际一流大学和科研机构开展实质性的合作，推动国家级国际合作联合实验室的建设，并且进行实体化运行；要鼓励和支持教师多参与、多承担国际科研项目，多担任国际一流学术期刊的职务，多在国际学术会议上发声，提高我们的话语权和影响力。

同时，各学院、各学科也要根据自身特点和优势，主动发挥作用、争取资源，构建国际合作的新范式。

二是要加强国际交流项目建设。我们要围绕服务教育援外、"一带一路"倡议，在非洲、南美、中东等地区的发展中国家，拓展合作高校和科研机构，如非洲农业研究中心、农业特色孔子学院、中国-东盟教育培训中心等。我们还要重视与国际农商磋商组织（CGIAR）、地区性机构（欧盟、中国-东盟）等国际组织和机构的交流，争取更多的资源与支持，让南农的标识出现在世界地图的更多地方。

三是要促进学生国际交流。一方面，我们鼓励学生"走出去"，通过加强与国外高水平顶尖大学的合作，开展高水平人才联合培养。在金陵大学时期，我国在欧美留学农业的学生全国约为 256 人，而金陵大学农学院毕业生有 120 多人，几乎占了半数。但目前，我们的学生赴外交流工作还不是特别理想。

因此，除了学校的交流项目，各学院还要充分发挥学科建设、品牌专业建设、科研合作等自身优势，争取一切机会把优秀的本科生送到国外交流，提升国际视野，像农学院的康奈尔、戴维斯项目，食品院的雷丁大学项目，经管院的普渡大学项目，等等，做得就都很好，大家要多向他们学习。

另外，是"引进来"。要争取扩大来华留学生规模，提高国际生的比例，吸引不同国家、不同肤色的学生学在南农，让南农变成"世界村"。

第八，要切实发挥离退休老同志作用。"家有一老，如有一宝"。可以说，在南农百余年的办学历程中，离退休老同志既是历史的见证人，更是改革发展的奠基人、开拓者。许多老同志在离开工作岗位后，仍然发挥自身特长和优势，殚精竭虑、终生奋斗，为南农事业发展与社会进步作出了巨大贡献。

一是要发挥好离退休老同志的政治优势、经验优势、威望优势以及资源优势。"莫道桑榆晚，为霞尚满天"，希望广大离退休老同志秉承光荣历史，永葆先进思想和健康体魄，继续发挥专业与技术特长，将宝贵的人生阅历与丰富的社会经验传授于新时代的南农人。我们也要主动多听取老同志的意见，不断汇聚学校建设发展的正能量，共同携手把学校建设得更加美好。

二是要以老同志"一生择一事"的敬业精神、专注精神、"工匠"精神与奉献精神，激励激发广大教职员工更强的创新精神、进取精神、工作动力与实干魄力。要通过学习宣传老同志们的案例与事迹，激发我们建设发展的决心与动力。要学习他们对待事业的高度责任心与执着追求力，数十年如一日地倾心付出与竭力坚持，壮心不已、献身科学的崇高思想境界，进而鼓舞我们继续永葆初心、砥砺前行，再创新的辉煌！

三是要做好离退休老同志的服务保障工作。要"情"字当先，各学院、各单位的老年工作要做到日常交流走心，政策解读细心，听取意见耐心，解决问题实心，关心关爱贴心。不断健全服务与管理工作机制，全面落实离休老干部政治生活待遇，积极开展适合老同志身心健康的各类活动。

第九，要切实发挥民主党派作用。长期以来，党外人士为学校建设与发展作出了大量的贡献。从过去来看，金善宝、梁希、盛诚桂、刘书楷、程顺和、应廉耕等都是我校党外人士的杰出代表；从当下来看，学校专业教师中党外人士占比、副高以上职称比例均接近50%，其中，"长江学者""杰青"获得者11人。他们在我校人才队伍中占有重要位置，是推进学校发展不可或缺的重要力量。

一是要进一步发挥党外人才优势在学校教学科研管理中的重要作用。要在干事创业、成就事业中不断增强政治认同、思想认同、情感认同，传承发扬教学名师在教书育人中的经验与威望，切实发挥学科带头人在科学研究中的专长与优势，充分利用管理干部在行政服务中的特色与定位，立足岗位作贡献，积极投身教学科研和管理工作最前沿，奋发有为，为实现我校高等教育事业又好又快发展作贡献。

二是要发挥各民主党派在学校决策决议中建言献策的重要作用。长期以来，学校各民主党派在世界一流农业大学建设、"双一流"建设方案制订、"十三五"发展规划和综合改革方案实施的过程中，提出了许多宝贵意见。举办了"世界一流农业人才培养论坛""双一流学科建设与南京农业大学发展论坛""师资队伍建设论坛""大学国际化发展论坛""人事制度改革论坛"等活动，对推动学校发展作出了重要贡献。希望各民主党派在这方面能够发挥更大的作用，为学校科学决策提供更多、更好、更全面的意见和建议。

三是要发挥民主党派在争取办学资源与条件上的重要作用。当前，南农的建设与发展还面临着一些外部制约，亟须各级人大代表、政协委员，通过提交各类提案议案，发出南农声音，表明南农立场，扩大南农影响，为学校争取政府与社会的更大支持而摇旗呐喊、奔走呼号，进而营造更舒适、更方便、更优美的工作环境。

1949年，梁希教授作为民主人士在参加了中央人民政府筹备会议时提议成立林垦部，获得周恩来总理首肯并提名其担任部长。1979年，金善宝给邓小平写信，提议南农迁回卫岗办学，经国家批复，最终南京农学院在原校址恢复建制。

四是构建大统战格局，凝聚大发展合力。要加强和改进党的领导，积极构建大统战工作格局。一方面，党委统战部门要发挥重要作用；同时，各二级单位党委、党委书记要提高统战意识，熟悉统战规律，把统战工作放在党委工作的重要位置，进一步做好民主党派各方面服务工作，形成统战工作的强大合力。

最后，要始终坚持以人为本，花大力气切实提高南农教师的幸福指数。

一是要同步加快教师和人才公寓建设。教师和人才公寓建设是"大楼"建设，也是新校区建设的一部分。但是，我还是要单独来谈，因为它和教学科研区的建设同等重要，甚至更重要。

我们要建设世界一流农业大学，依靠的是我们的广大教师，依靠的是大家爱校如家的情结、夜以继日的努力、默默的奉献与无私的耕耘，长期以来正是我们全体师生高尚的情操、崇高的品德支撑着学校的建设与发展。但只谈奉献是不够的，还必须增强大家实实在在的幸福感，要让大家在切身的感受中，为身为南农人而骄傲、而自豪！只有这样，才能激发教师在学校建设发展过程中，发挥更强大、更持久的动力。

自 20 世纪 90 年代末，受国家政策和没有新校区的影响，我们教师的住房条件一直未有明显的改善。作为党委书记，我深感内疚与歉意。但这种内疚与歉意，也是我不遗余力推动教师和人才公寓建设的动力与决心。要发展，就必须解决教师的经济焦虑，解决老师的后顾之忧，要让大家在舒适的环境中，平心静气做学问，进而走向学术大师的最高峰。因此，新校区的建设，必须要把公寓建设好！

二是要不断提高教师收入水平。这方面，学校将努力实现教职工绩效工资的逐年递增，充分利用学校各种资源，在合理合法的前提下，不断增强学校经济实力，切实提高教职工工资待遇，让南农的教师更骄傲！更自豪！更有尊严！

同志们！

耕读传家，血脉相连。百余年来，一代代"南农人"前赴后继，在爱国情怀的实践中传承和发扬着"诚朴勤仁"的南农精神。有人说："南农人扎在农民堆里，绝对难以分辨。"的确，流淌在血液里的那份对土地的深情、对农业的忠诚、对人民的体恤，让南农人甘愿为农民和农业辛勤付出，不求任何回报。这就是南农人的精神气质。

"积力之所举，则无不胜也；众智之所为，则无不成也。"当前，南农正面临着高等教育快速发展的重要机遇，同样也必须面对制约我校改革发展的重大瓶颈。"逆水行舟，不进则退"，那些容易的、皆大欢喜的改革已经完成了，好吃的肉都吃掉了，剩下的都是难啃的硬骨头。这就要求我们胆子要更大、步子要更稳。要有逢山开路、遇水架桥的雄心与气魄，勇往直前，一代又一代人接力干下去。

同志们！

历史在召唤、时代在召唤！我们肩负着父辈的重托、肩负着师生的期盼，壮阔蓝图已经绘制，冲锋号角已经吹响，让我们一起劈波斩浪、扬帆远航，向世界一流农业大学的建设目标阔步前行，再现南农辉煌，再谱时代华章！

谢谢大家！

下面我来简要部署一下本学期的重点工作：

一是深入学习贯彻习近平新时代中国特色社会主义思想和党的十九大精神。切实加强党员干部与师生的思想作风建设，坚定理想信念。

二是加快推进新校区建设以及教师和人才公寓建设。

三是加快推进"双一流"建设。做好"双一流"建设中期评估与省优势学科工作。

四是扎实做好"十三五"发展规划中期检查与综合改革方案推进落实。

五是强化领导班子和干部队伍建设。做好院级领导班子和中层干部任期届满考核工作。开展新一轮中层干部换届聘任工作。

六是巩固和加强党的基层组织建设，做好学校第十二次党代会前期筹备工作。

七是深化全面从严治党，总结上半年巡察（试点）工作经验，扩大巡察覆盖面，持续推进校内巡察工作。

八是深化教育教学改革，认真贯彻落实全国高校本科教育工作会议精神。

九是加强师资队伍建设，积极推进人事制度改革，做好高端领军人才、学术团队和青年拔尖人才的引进与培养。

十是提升科技创新能力，深入推进国家重大科技基础设施、第二个国家重点实验室建设，做好研究基金立项情况分析、重点研发计划申报、重大项目实施等。

同时，本学期还要做好世界农业奖颁奖、联合学院共建、产业扶贫等相关工作，具体内容请各学院、各单位对照党委与行政工作要点会后深入学习、贯彻落实。

谢谢大家！

# 吹响一流本科教育的集结号

## ——着力培养"大为大德大爱"的接力者

陈利根

（2018 年 12 月 29 日）

尊敬的各位老师、亲爱的同学们：

大家下午好！

今天，是 2018 年的最后一个工作日。在这个特殊的日子里，我们相聚在一起，隆重召开南京农业大学一流本科教育推进会。首先，我谨代表学校向大会的成功举办表示热烈的祝贺！提前向所有长期奋战在本科教育一线的全体教师、教育管理工作者、同学们致以新年的问候！衷心祝愿大家新年快乐、学习进步、事业有成、身体健康、阖家幸福！

今年上半年，学校召开了第四届研究生教育工作会议。下半年，又聚焦本科教育，由董维春副校长、刘营军副书记牵头，经教务处等相关部门精心筹备，现在大会隆重开幕。这是改革开放以来，全校规模最大的一次本科教育会议，目的就是贯彻落实党和国家对新时代高等教育提出的新要求，贯彻落实全国教育大会精神和新时代全国高等学校本科教育工作会议精神，分析和研判高等教育改革的新形势，总结学校本科教育所面临的新问题，探索加快一流本科教育的新路径，擂动跨年的战鼓，吹响奋斗的号角！

习近平总书记说："教育是民族振兴、社会进步的重要基石；是国之大计、党之大计。"高等教育是一个国家的发展水平和发展潜力的重要标志，而本科教育是根、是本，在高等教育中具有十分重要的战略地位。

从世界高等教育发展趋势来看，一流大学普遍将本科教育放在学校建设与发展的重要战略地位，作为本质要求、主要特征与第一要务，并不懈追求。自世界大学之母——意大利博洛尼亚大学诞生，在近千年的时间里，大学的根本任务始终是人才培养。美国提出回归本科教育，斯坦福大学、哈佛大学先后启动本科教育的各项改革举措。英国教育部发布《高等教育白皮书》，将提升本科教学质量作为重要内容。纵览世界现代大学发展，我们会发现，越是顶尖的大学，越是重视本科教育。

2015 年，国务院印发了《统筹推进世界一流大学和一流学科建设总体方案》。在各高校"双一流"建设路线图中，无不将人才培养、本科教育作为建设的奠基石、基本功和重中之重。作为高等农业教育的重镇，我们在建设"双一流"的进程中，必须顺势而动，顺流而行，回归本心，修好本科教育"必修课"，守住立校之本，夯实强校之基！

展开南农的历史画卷，是引领顶尖的历史，是厚植情怀的历史，是追求卓越的历史，是不忘初心的历史，是一代代南农人坚守与坚持、无私与奉献、砥砺奋进与开拓创新的历史。

追其根源，离不开一代代南农人的艰苦奋斗，离不开广大校友的风雨同舟，离不开社会各界的殷殷关爱。在这里，我要代表学校，向所有为南农建设作出卓越贡献的师生员工，向所有关心支持学校发展的广大校友和各界朋友，表示衷心的感谢！

下面，我想和同志们一起探讨三个方面的内容，即一流本科教育的根本遵循、光辉历程与建设路径。

## 一、牢牢把握建设"一流本科教育"的根本遵循

当前，党和国家高度重视高等教育。习近平总书记说："我们对高等教育的需要比以往任何时候都更加迫切，对科学知识和卓越人才的渴求比以往任何时候都更加强烈。"

2018年，是我国高等教育发展史上具有里程碑意义的一年。

一是党中央召开了在中国特色社会主义进入新时代、全面建成小康社会进入决胜阶段大背景下的第一次全国教育大会，充分体现了以习近平同志为核心的党中央对教育工作的高度重视。

会上，习近平总书记发表重要讲话，站在新时代党和国家事业发展全局的高度，深刻总结了党的十八大以来我国教育事业改革发展取得的显著成就，深入分析了教育工作面临的新形势新任务，科学回答了关系我国教育现代化的重大问题，对当前和今后一个时期教育工作作出重大部署。

大会明确了，坚持中国特色社会主义教育发展道路，培养德智体美劳全面发展的社会主义建设者和接班人这一根本任务。

提出了，要凝聚人心、完善人格、开发人力、培育人才、造福人民的工作目标。

阐述了，要坚持党对教育事业的全面领导，坚持把立德树人作为根本任务，坚持优先发展教育事业，坚持社会主义办学方向，坚持扎根中国大地办教育，坚持以人民为中心发展教育，坚持深化教育改革创新，坚持把服务中华民族伟大复兴作为教育的重要使命，坚持把教师队伍建设作为基础工作的任务部署。

强调了，要在坚定理想信念上下功夫，在厚植爱国主义情怀上下功夫，在加强品德修养上下功夫，在增长知识见识上下功夫，在培养奋斗精神上下功夫，在增强综合素质上下功夫的工作要求。

指出了，要深化教育体制改革，健全立德树人落实机制，扭转不科学的教学评价导向，坚决克服唯分数、唯升学、唯文凭、唯论文、唯帽子的顽瘴痼疾，从根本上解决教育评价指挥棒问题。

可以说，本次全国教育大会的召开在我国教育发展史上具有划时代的重要意义，为我们扎根大地办大学，加快推进"双一流"建设，不断提高高等教育能力与水平，指明了前进方向，提供了根本遵循。

二是召开了中国改革开放40年来的第一次全国高等学校本科教育工作会议，吹响了建设高水平本科教育的集结号，作出了全面提高人才培养能力的总动员，开启了高水平人才培养体系建设的新征程。

会议指出，高教大计、本科为本，本科不牢、地动山摇。明确了，本科教育是大学的根和本，在高等教育中具有重要战略地位。强调了，要坚持"以本为本"，把本科教育放在人才培养的核心地位、教育教学的基础地位、新时代教育发展的前沿地位。

会议提出要推进"四个回归",把人才培养的质量和效果作为检验一切工作的根本标准,即:第一,回归常识,要围绕学生刻苦读书来办教育,引导学生求真学问、练真本领;第二,回归本分,要引导教师热爱教学、倾心教学、研究教学、潜心教书育人;第三,回归初心,要坚持正确政治方向,促进专业知识教育与思想政治相结合,倾心培养建设者和接班人;第四,回归梦想,要推动办学理念创新、组织创新、管理创新和制度创新,倾力实现教育报国、教育强国梦。

应该说,本次大会的召开,为我校进一步深化本科教育的内涵发展、创新发展,实现从跟跑、并跑到领跑的"变轨超车",创建南农理念、南农方法和南农模式具有重要的指导意义。

三是习近平总书记在北京大学师生座谈会上对全国高校教师和学生提出了殷殷教诲。

习近平总书记强调,要把立德树人的成效作为检验学校一切工作的根本标准,真正做到以文化人、以德育人,不断提高学生思想水平、政治觉悟、道德品质、文化素养,做到明大德、守公德、严私德,要把立德树人内化到大学建设和管理各领域、各方面、各环节,做到以树人为核心、以立德为根本。

讲话指出,教师队伍素质直接决定着大学办学能力和水平,要建设一支政治素质过硬、业务能力精湛、育人水平高超,有理想信念、有道德情操、有扎实学识、有仁爱之心的高素质教师队伍。

提出,青年要具有执着的信念、优良的品德、丰富的知识、过硬的本领。要爱国,忠于祖国、忠于人民;要励志,立鸿鹄志,做奋斗者;要求真,求真学问,练真本领;要力行,知行合一,做实干家。

总书记的讲话内涵丰富、思想深邃、情真意切、语重心长,赋予了教师与学生灵魂和力量,描绘了中华民族伟大复兴在奋斗中梦想成真的美好愿景与努力方向。

老师们、同学们!

教育决定着人类的今天,也决定着人类的未来。我们对本科教育工作的付出和心血,终将决定着中国乃至世界农业现代化建设的明天和命运,是全国人民的获得感、幸福感和安全感的重要源泉!

教育面对星辰大海,南农肩负使命担当。在优先发展教育、优先发展农业的新时代,我们必须勇担历史使命,牢牢抓住加快建设高水平本科教育、全面提高人才培养质量的发力点,紧跟新时代的号令枪,一棒接着一棒跑,不忘初心、牢记使命,不辜负党和国家的期盼和嘱托!

## 二、守望传承重视"一流本科教育"的光辉历程

百年南农就是一部大学与大地的史诗。在建设一流、追求一流,寻找标杆、思求借鉴的今天,驻足回首,你会发现,从建校伊始,我们就站在中国高等教育的最顶端。

第一,南农是中国一流高等农业教育的发源地。

一是具有一流的办学影响。风雨砥砺,岁月如歌。南农开创了我国近现代四年制农业本科教育的先河,是中国高等农业教育的先驱。从前身来看,金陵大学以农、林学科闻名世界。1928年,在美国教育界的ABC评鉴分类时,是中国唯一的A类大学,毕业生可直接进入美国大学的研究生院。中央大学是整个民国时期唯一一所拥有《大学组织法》规定的全部

8 个学院的大学,享有"民国最高学府"的赞誉。在美国普林斯顿大学 1948 年评比的世界大学排名中居亚洲第一,世界前五十。我们可以自豪地说,这两个第一,奠定了当时的顶尖地位,更代表了一流水平。

二是具有一流的办学理念。亚里士多德曾说:"事业是理念和实践的生动统一。"理念引领着一流、塑造着一流,也决定着一流。

坚持以国为本。无论是三江师范学堂所坚持的"中学为体、西学为用",或是陈裕光提出的"金陵大学虽是教会大学,但它首先是中国人的学校,必须以中国文化为主体"等,无不决定着办学的方向。

坚持全面育人。邹秉文、过探先等中国科学社创始人,提出"欲富强其国,先制造科学家""造就农业领袖人才及研究专家"是传授知识与技能;陈裕光提出的"教与育并重,把陶养学生品格放在极其重要的地位"是塑造品德与心性。这二者,大学育人缺一不可。

坚持理念创新。邹秉文、金善宝率先提出"教学、科研和推广"的"三一制",就是起源于美国的先进理念,彻底改变了过去农业教育单纯注重教学的模式,将教学与研究、推广紧密结合,创造了高等农业教育走出"象牙塔"践行现代大学社会责任的成功范例。

可以说,正是百余年的坚守,才有了一流的发展。这些理念至今始终为我们所尊崇,与我们所坚持的"牢牢把握社会主义办学方向""立德树人""三全育人"等紧紧相连。

三是具有一流的师资水平。梅贻琦先生说,所谓大学,非有大楼之谓也,有大师之谓也。

正是因为我们拥有一流的先生,才有了一流的教育。胡适先生曾说:"金陵大学农学院与中央大学农学院,初期的领袖人物都是美国几个著名的农学院出身的现代农学者。他们都能实行新式教学方法,用活的材料教学生,用中国农业的当前困难问题来做研究。"

简单说来,邹秉文、过探先、沈宗瀚、冯泽芳、金善宝、秉志均曾求学于康奈尔大学,胡先骕求学于哈佛大学,邹树文求学于伊利诺伊大学,罗清生求学于堪萨斯州立大学,蔡无忌求学于法国阿尔福兽医学校,梁希求学于日本东京大学,等等。正是这些大先生,这些植物学、动物学、作物学、昆虫学、兽医学等领域的奠基人、开拓者或创始人,才铸就了我们一流的教育。

四是具有一流的教学资源。首先,我们教学使用的是当时世界最先进的原版教材。20世纪 20 年代初,金陵大学农科就受到评价,"所授功课均系按照美国农科大学程度,当无躐等降格之弊"。

其次,教学内容根植于最先进的科技成果。研制国内第一支青霉素,选育长江中下游当家小麦品种"中大 2419",提出"水稻长江起源说",最早引入草原科学与法国梧桐,最早发现"活化石"水杉,实现橡胶北移,参与联合国粮农组织(FAO)与中国科学社、中央农业实验所的创建,建立中国第一个生物系,等等,一系列鲜活的科学探索与实践素材,极大丰富了教学的内容,提升了教学质量与水平。

同时,校园学术氛围浓厚。中国科学社迁址南高师后,既吸引了大批留美学生"孔雀东南飞",更汇聚了诸多顶尖科学家,被誉为"中国现代科学大本营""中国自然科学的发祥地"。就连胡适先生都感叹:"如果不是蔡元培先生和我有约在先,我一定会到南高师执教。"可以说,中国科学社在江苏的 12 个寒暑,对我校一流的人才培养起到了重要的影响与作用。

五是具有一流的人才培养。学校者,造就人才之地,治天下之本也。在百余年办学历程中，我们共培养了包括 50 余位院士在内的 30 余万名优秀人才，培养了一大批科学研究的拓荒者、农业教育的奠基者、科技推广的率先者和垦荒拓宇的耕耘者。

从数据来看，1936—1948 年间，金陵大学农学院和中央大学农学院共招收研究生 65 名，占当时全国 128 名农科研究生的一半。

从毕业生的贡献与分布来看，很多人成为中国教育和科技事业发展的中坚力量，大批人才被抽调到北大、清华、复旦、中山等大学，以及中国科学院、中国农业科学院、中国农学会、中国动物学会、中国植物学会等机构担任要职，扛起了中国高等农业教育和农业研究发展的时代重任与使命担当。

鉴往而知来，思源而致远。历史中的熠熠生辉，再现着南农曾经的闪光岁月，深深根植在我们每一个南农人的记忆之中。我们为此而骄傲，更为学校历届党政领导、硕学清望、师生校友励精图治、自强不息、砥砺奋进、勇攀高峰的精神所振奋鼓舞。这些都是我们打造新时代一流本科教育的坚实基础和珍贵资源，更是我们继往开来的强大动力！

在此，我提议，让我们以热烈的掌声向我们的前辈们致以崇高的敬意和衷心的感谢！

第二，南农是厚植家国情怀的广袤沃土。南农自诞生之日起就始终与祖国的发展紧相连，与民族的崛起共命运。如果说 1952 年前的南农，书写了中国高等教育的顶尖和一流，那么，自新中国成立以来，南农便将"根"深深地扎在了祖国的每一寸土地。

一是授人以大地的情感。"为什么我的眼里常含泪水？因为我对这土地爱得深沉……"

李扬汉先生将其一生献给了祖国大地、献给了中国杂草事业。为了考察农田杂草，他每天都工作 10 小时以上，年逾古稀时，仍带领课题组成员与研究生赴川、陕、甘、新等 13 个省（自治区），历时 9 年主编完成了《中国杂草志》。创建了中国第一个杂草标本室，开创了外来检疫性杂草检验与防治的先河，守住了国门，有效阻止了毒麦、菟丝子等有害杂草的入侵。他熟悉每一个学生、了解学生的家庭情况，与学生一起打"八段锦"。在 90 岁高龄时，他还经常在紫藤树下吹箫曲、桃李廊前说大地，用生命感怀着对中国农业与杂草事业的追求，用真情传递着对大地的眷恋。

不论是"一生为了豆满仓"的盖钧镒院士，还是"终身只为麦穗忙"的刘大钧院士，我们的大先生们躬耕大地的情怀，影响并激励着一代代南农学子。

二是深掘出大地的潜力。我们知道杂交水稻的研究，奠定了袁隆平"世界杂交水稻之父"的地位。但是请大家要记住，我校的陆作楣教授也为杂交水稻事业作出了不可磨灭的贡献，正是他所提出杂交稻"三系七圃法"的原种生产技术，才攻克了杂交水稻大面积制种的难题。"三系七圃法"技术获得国家教委科技进步奖一等奖，陆作楣教授受到江泽民同志的亲切接见。

青霉素的故事，大家都已熟知。同时，樊庆笙先生的"紫云英北移"同样书写着"人定胜天"的奇迹。紫云英是重要的绿肥作物，对 20 世纪 60 年代"沤改旱"有关键作用，但紫云英仅生长在长江以南，正是樊庆笙提出用接种根瘤菌的方法改善紫云英的耐寒能力，推翻了紫云英"不能过长江"的论断，使成片的紫云英不仅越过长江、跨过黄河，一直挺进关中地区，直达西安。这项成果获得 1978 年全国第一次科学大会奖。

南农人就这样扛着担子、俯下身子，一点点地挖掘大地给予我们的珍贵宝藏，诠释着以"诚朴勤仁"为核心的南农精神。

三是滋养了大地的品质。在半个世纪前的中国版图上，以"北大荒七君子"为代表的一批南农学子，主动奔赴边疆，在一片原始、贫瘠、荒凉的土地上，战天荒、建粮仓、守边疆，为解决国民温饱、守护国家安全作出重大贡献。

彭加木是广东人，他从中央大学农化系毕业后，在中国科学院上海生物化学研究所（现中国科学院生物化学与细胞生物学研究所）工作，却放弃优渥的条件和出国的机会，先后15次深入新疆考察、3次进入罗布泊，在中国近代史上第一次解开了罗布泊的奥秘。1980年，他在罗布泊考察中失踪。在他之前，考察罗布泊的都是外国人，他在给郭沫若的信中说："我志愿到边疆去，这是夙愿。我具有从荒野中踏出一条道路的勇气！我要为祖国和人民夺回对罗布泊的发言权。"

第三，南农是培养卓越人才的浩渺星空。出身名门、世纪脉传，百余年的风雨和砥砺，掩不住血脉里的追求卓越，压不弯脊梁里的争创一流！

一是从起步艰辛到跨越发展。1979年1月，中共中央办公厅发出了《关于南京农学院复校问题》的电报指示，学校本科教育工作在解放思想的旗帜下，迎来了恢复、调整、重建、改革的春天。1985年，中共中央作出《关于教育体制改革的决定》，开启了我校扩大办学规模的新征程。

从1980年招收本科生340人，到1993年扩招至1 640人，到1999年的2 200人，再到现在的4 500余人，从2 000名左右的在校学生到3万余人的办学体量。从复校伊始的6个系9个专业，到现在的19个学院、62个本科专业。南农人牢记育人使命，勇担兴农重任，积极发挥师资和学科优势，向全国乃至世界亮出了"南农名片"，讲好了"南农故事"，彰显了"南农影响"。

二是从规模扩张到内涵提升。南农在办学规模扩张的同时，不断加强内涵建设，深化教学改革，全面实施"高等学校本科教学质量与教育改革工程"，实现人才培养质量的不断提升。

复校后，恢复学分制，充分调动了学生学习的主动性和教师教学的竞争意识，有效拓展了新生学科和边缘学科的课程领域。

自1996年，学校通过农业部组织的"211工程"部门预审开始，在从单科性大学到多科性大学、从研究型大学到世界一流农业大学建设的进程中，逐步建立教学过程监控体系，实行教学督导制、自由选课制、"三文"制、教学"十查制"等一系列教学改革，构建了拔尖创新型和复合应用型的分类培养体系。同时，李扬汉主编的《植物学》、陆承平的《兽医微生物学》、顾焕章的《农业技术经济学》、曲福田的《资源与环境经济学》等一批名师大家编写的经典教材，都在全国农林高校广泛使用。1999年，盖钧镒院士在编写第三版《试验统计方法》教材的前言中写道："编者特别怀念本书的第一、二版主编马育华教授，本书凝练了马育华教授数十年从事试验统计教学工作的结晶，是全体编写组人员共同努力的结果。"正是这种代代传承，让我们的教材始终走在农业和生命科学教学前沿，极大地提高了本科人才培养质量。

1994年，国家教委和农业部组织的全国农业院校本科教学状态评估调查，我校综合评定质量位列部属院校第二位。1999年、2007年，顺利通过教育部组织的本科教学工作优秀评估。2016年，我校顺利通过教育部本科教学工作审核评估。

在第十一次党代会上，学校提出了"世界眼光、中国情怀、南农品质"的育人理念，开启了追求卓越的新征程。

三是以大师之大谋大学之大。1978 年，邓小平同志在全国科学大会上郑重宣布："知识分子是工人阶级的一部分。"党和国家领导人的肯定和重托，释放了广大教师心灵深处的信念和活力，焕发出新的奋进力量。

复校以来，学校确立"依靠教师办学"的指导思想，明确了教师在办学中的地位与作用，坚持育人为立校之本、教师为强校之源，不断提高教师待遇，改进教师职称评审制度，加强青年教师培养，推进教学团队建设，造就了一支有爱国情怀、有真才实干、有南农情结、有兴农志向的师资队伍。

一流的大学要办一流的教育，必须依靠一流的师资队伍。沈其荣、强胜、王恬教授被评为"国家级教学名师"，侯喜林、韩召军教授先后被评为"全国模范教师"，郑小波团队、沈其荣团队、胡锋团队等被评为"国家级教学团队"。他们始终耕耘在本科教育一线，为我校人才培养工作起到了重要的引领与示范作用。

2012 年，学校实施"钟山学者"计划，加强对高端学者、杰出中青年学者和优秀青年学者的培育。2016 年，启动"钟山教学名师"计划，架构了一支道德水平高、业务能力好、创新精神强、年龄和学缘结构更趋合理的教师队伍。

今年 9 月 10 日，学校隆重举行教师节盛典和荣休仪式，优秀的教师代表从幕后走向台前，桃李满园的老教师光荣退休，格外的庄严郑重，就是要大力弘扬尊师重教的社会风尚，激发全校教师潜心育人的不懈动力。

在这里，我要向你们的无私致敬、向奉献致敬、向敬业致敬、向坚守致敬，是你们的灵魂影响灵魂，是你们的卓越引领了卓越，是你们的大江大海激起了学生的浪花朵朵，是你们的智慧之光点亮了学生的星辰闪烁。

谢谢你们！

## 三、不忘初心，培养有"大为大德大爱"的接力者

习近平总书记在讲话中多次强调，高校"培养什么人、怎样培养人和为谁培养人"这一根本问题，是我们加强本科教育工作的根本遵循。

第一，要把"一流本科教育"作为学校建设的根本。

从国家层面来看，一流本科教育是高等教育强国建设，提高和保证高等教育质量的立本强基工程，是"双一流"建设的重要基础、本质特征与核心任务。

从学校层面来看，一流本科教育是一流大学办学声誉和品牌的重要载体，既是一流大学存在的逻辑起点，也是一流大学的基础和特征。

从个人发展来看，本科生涯是一个人思想观念、价值取向、精神风貌的成型期，是未来成长发展的基础阶段，也是对母校感情最深刻、最诚挚、最持久的形成期。

据统计，2018 年，我校企业名人奖学累计有 68 项，其中超过八成是由校友牵头设立，为学校的人才培养作出巨大贡献。由此可见，我们对于本科生的教育，不能只看眼前，而要向前看 20 年，看毕业生的发展现状；向后看 20 年，思考我们对人才培养的预判走向。

加强一流本科教育，不能只停留在嘴上说说、报告谈谈，而是要真正改变"重学科轻专业""重科研轻教学"的思维定式，必须以更高的站位、更广的视角、更科学的体系、更深邃的探究去思考、去设计、去谋划；必须牢固树立一流本科教育是学校发展根本的理念，彻底把"世界眼光、中国情怀、南农品质"的育人理念与"六个下功夫"紧密结合起来，真正

探索一条符合国家战略需求、契合南农发展实际的一流本科教育发展之路。

一是要清晰"培养什么人"。就是要以本科教育为核心、为起点，着力培养解决全球和人类生存与健康问题的卓越领导者，即具有"重农固本、耕读传家"情结与血脉的"大为"之人。

今年4月，某大学1名在读博士研究生因不满民众在迪士尼乐园乱丢垃圾，在微博上与网友互怼，污言秽语，侮辱国家、仇视国人，引起民愤。虽然这只是个例，但也折射出我们的教育还没有真正解决"培养什么人"的问题。

我们要培养万建民院士这种能发 *Nature*、*Science*，能攻克农业科学界水稻杂种不育难题，发挥杂交优势，改良稻米品质，研制肾病病人专用大米的世界顶尖科学家。

要培养沈其荣和张孟臣、张海洋、周雪平、李培武等为中国农业科技创新和乡村振兴作出巨大贡献的科学家。12月12日，农业农村部公布了第六届中华农业英才奖获奖名单，共10人。其中，5位南农人共同入选，占总人数的一半，这是南农的骄傲。我们就是要培养科学精神的弘扬者、科技创新的引领者、先进生产力的开拓者、社会主义核心价值观的践行者，能引领支撑乡村全面振兴，加快推进农业农村现代化的杰出科学家。

同时，还要培养"珍妮布劳格小麦女性青年科学家奖"获得者刘唯真，这种具备推动世界农业发展潜在领导力的杰出青年。

二是要懂得"怎样培养人"。就是要以"立德树人"为根本任务，着力培养坚定"四个自信"，具有爱国主义精神，能求真悟道明理，敢于担当、不懈奋斗、勇于创新，即拥有"怀瑾握瑜、砥行立名"品行与抱负的"大德"之人。

习近平总书记说："教师要时刻铭记教书育人的使命，甘当人梯，甘当铺路石，以人格魅力引导学生心灵，以学术造诣开启学生的智慧之门。"前不久，教育部召开了全国师德师风建设工作视频会议，充分肯定了师德建设的巨大成就，并分析了师德师风建设中存在的七类问题。

可以肯定地说，没有崇高师德的教师，就不能培养高尚品德的学生。

生命科学学院鲍依群教授2008年从新加坡来校任教，罹患重病期间，坚持教学科研工作，甚至刚下手术台，就即刻投入到文章的修改、实验增补工作中。当回忆起这段经历时，她说："教书育人是教师的本分，虽然身体不适，但实验室的建设和学生们的学业不能耽误，咬咬牙也就过去了。"这就是我们南农教授的高尚品质。

这样的例子还有很多，我们要发挥师德在"立德树人"中的重要作用，就必须树立"学高身正"的优秀典范。教师在育人过程中，更要注重课堂思政的建设，将个人不懈追求、默默奉献、致力创新的感悟与思考，传递给学生，并引领其成长。

三是要坚定"为谁培养人"。习近平总书记在全国教育大会上强调："要培养一代又一代拥护中国共产党领导和我国社会主义制度、立志为中国特色社会主义奋斗终身的有用人才。"即拥有"学之大者、为国为民"胸怀与气魄的"大爱"之人。

钟甫宁教授1989年从加拿大曼尼托巴大学获得博士学位以后，回国时，同行很多同学都选择到北京的政府机关工作。但他心中坚持两个信念：一是希望能安心做学术研究，二是想帮更多的年轻人做研究。师从刘崧生先生的求学经历，让他感受到南农坚持宁缺毋滥、坚守学术底线、执着朴实求学、一片真情育才的精神，所以坚决回到母校工作。可以说，是传承让南农学子有了根，我们一定要把这种精神保持下去、传递下去，播种在每个学生的心中。

刘兵，农学院副教授，2007级农学强化班学生，保送研究生师从朱艳和曹卫星教授，赴美国佛罗里达大学联合培养，以第一作者发表5篇影响因子9以上的高质量文章，其中2篇分别入选ESI热点论文和高被引论文。回校任教时，他说："是母校近10年的培养，让我时刻牢记要用自己所学来解决中国农业问题，当前国家的农业信息化和现代化面临巨大挑战，因此，我一定要回到母校工作。"

这样例子还有很多，如动物科技学院朱伟云教授、园艺学院吴巨友教授等。我们培养学生就是要培养这种无论在哪都不忘根、不忘本，都始终心系祖国、情系母校的人。

第二，要切实助推教学与科研"双轮驱动"。我们知道，科研一流并不代表教学一流，师资一流也不意味着学生一流。教学与科研之间不是此消彼长、自相矛盾，而是两相耦合、相得益彰。科研是教学的"源头活水"，教学是科研的"隐形动力"，在争创一流的过程中，只有促进科研与教学之间双轮驱动，才能迸发出"一加一大于二"的强劲动力。

一是要用一流的师资支撑一流的人才培养。我们常说："平庸的教师在说教，合格的教师在解惑，优秀的教师在示范，卓越的教师在启迪。""最好本科"教育不再是以教师为中心的教育，而是以学生为中心、以探究为中心的教育。

从金善宝到蔡旭、鲍文奎、庄巧生，从刘崧生到顾焕章、钟甫宁、朱晶的脉络，我们会看到大师对于人才培养的特殊重要性。

目前，为本科生上课的教授比例占所有教授的78%，教授讲课比例占所有课程门次的20%，"长江学者""杰青"等高水平师资的授课比例还不高。这在一定程度上，限制了人才培养的视野。

要创新教授育人形式。80多岁的盖钧镒院士为学生开设"豆蔻讲堂"，60多岁的陈佩度教授担任本科生班主任，实施教授任班级导师、课题组游学等举措，都是教授育人的创新模式，要在全校推广、借鉴与应用。

要让"青椒"挑起大梁。青年教授骨干是最具创新意识、改造课堂能力，也是最容易与青年学生"打成一片"的群体，他们的成长经历、成长过程，会激起学生共鸣，引领学生借鉴。因此，要不断提高育人的职业操守和授课的工匠精神，着力打造自己的"技艺"，提高授课水平。

要能引凤东南飞。依托一流学科，我们引来了国家特聘专家赵方杰教授、"外专千人"专家路易斯团队；依托作物遗传与种质创新国家重点实验室、国家信息农业工程技术中心，我们引来了国家特聘专家陈增建、赵云德、张舒群和齐家国教授；依托学术特区，我们引来了法国弗雷德团队和日本二宫团队；依托钟山海外学者论坛，15位青年杰出人才来校任教，为历年最多。我们要发动一切可以利用的资源、平台、载体的引凤力量，不断壮大学校的师资队伍，为人才培养打下雄厚的师资基础。

二是要将最新农业动态与科技成果融入教学素材。2008年，云南省暴发了大面积的马铃薯晚疫病。受农业部委托，植物保护学院王源超教授到当地考察。在云南省寻甸回族彝族自治县，王源超站到一处山头上，田里的景象让他惊呆了，"就像大火烧焦过的一样惨不忍睹"。

回到课堂，王源超将从一片又一片枯焦染病的山头所拍的照片放给学生看，将危害的程度、损失的数据讲给学生听。他感慨"结合实践讲出来的东西，自己心里有底气，学生听得也很入神"。

与此同时，他将染病的薯块带回了实验室，从这里发现了病原菌的"苗头"，并在全球率先发现了疫霉菌在攻击植物的早期如何破坏植物的免疫系统，续写出一段又一段"作物大战病原菌"精彩的科研故事。

从这个案例启示我们，只有站在农业生产第一线，才能激发学生学习的浓厚兴趣；只有将最新的学术前沿融入课程，才能讲出一流的"金课"。

三是要将一流的科研资源应用于本科教学，并通过教育把我们最好的本科生留在南农。早在 1996 年，我校就开始了培养"作物科学拔尖创新人才"的探索。在试点改革的农学院和植物保护学院，5 个国家级教学科研平台和近 20 个省部级科研平台全部面向本科生和研究生开放。

今年，我校摘得的 3 项国家级教学成果奖，就是对本研衔接、寓教于研、分类培养育人模式的概括体现。

风物长宜放眼量。通过教学与科研的双轮驱动，一方面，提高了本科生的培养质量；另一方面，更留住了学校科技创新的星星之火，为一流科研的建设播下了希望的种子，留下了未来引领科技创新的"中坚力量"。

第三，要大力引入本科教育的源头活水。传道授业细雕琢，春风化雨育俊彦。我们要实现"三全"育人，就需要构建开放、兼容、多元的育人体系，积极拓展与汇聚各方资源，广泛引入本科教育的源头活水。

一是要用南农精神滋养学生。教育贵于熏习，风气重在浸染。我们要在传承中，不断挖掘南农精神的生命力，让"诚朴勤仁"在新时代不断彰显新活力，引领更多的青年学生谦虚其心、远大其志、踏实其行。

要讲好南农故事。不断编排《北大荒七君子》《校史馆的思索》等一批原创话剧、舞台剧、校园歌曲，从历史的视角去回望、去思考，引领学生在感悟不懈追求、励精图治、勤勉创业和耕耘收获的过程中，情系家国天下、心系苍生农本。同时，要用南农女排的顽强拼搏、传统武术的重德尚义、舞龙舞狮的自强崇礼，引领学生形成团结奋进、争勇向前、永攀高峰的精神品质。

要勇做南农先锋。通过开展"钟山学子之星""我的青春故事"等活动，选树一批可亲、可敬、可学的典范，以学生带动学生，以优秀孕育优秀。

要点活南农元素。通过绘编校园植物图谱，赋予校史墙、桃李廊、报春亭以文化生命，让校园的一草一木都见精神、一砖一瓦都显情怀。

有位学生曾感叹："坐在宿舍的书桌旁，看到图书馆的灯光，我知道，那里有南京农业大学的精神，有我的未来。"我想，这是对教育工作最好的评价。

二是要用行万里路来磨砺学生。我们要"读万卷书"，也要"行万里路"，要让学生在实践中感悟所学、体验农情、检验真理。

21 年的爱心特教站、20 年的中山义务讲解、19 年的保护母亲河、近 10 年的虎凤蝶守护，不仅锻炼了学生，还成就了大学生们的斑斓梦想。

农技推广、科普宣传、帮扶支教、挂职锻炼等一系列的社会实践活动，让学子们留下了坚实的成长脚印，把个人梦想汇入时代洪流，把人生理想融入国家和民族的事业中。

三是要用国际视野提升学生。培养学生的国际化水平，影响着一流的本科教育，更决定了毕业生的全球胜任力。

在金陵大学时期，我国在欧美留学农业的学生全国约计256人，而金陵大学农学院毕业生有120多人，几乎占了半数。这代表着我们曾经的地位和水平。

今年10月，我校与美国密歇根州立大学共建的联合学院通过教育部答辩。这填补了我国农业高校与国外高水平大学合作办学的空白和短板。除此之外，农学院的康奈尔、戴维斯项目，食品科技学院的雷丁大学项目，经济管理学院的普渡大学项目，生命科学学院的马来西亚项目，公共管理学院的剑桥大学项目等也对本科生的国际化培养，发挥了很好的作用与影响。但客观来说，与一流本科教育的需求相比，我们做得还不够，还有很大的提升空间，希望有关部门与学院一起努力。

四是要用校友力量引领学生。以优秀校友的事迹感染和激发更多校园正能量。

前不久，2018年度"全国十佳农民"获得者、我校西藏籍校友小索顿回到母校与学弟学妹们分享青稞的故事。作为高素质农民的代表，他"敢于有梦、勇于追梦、勤于圆梦"的精神，打动了很多在校学生。

从南农到康奈尔再到耶鲁，陈希用12年对理想的坚守，成长为耶鲁大学经济管理类专业屈指可数的中国教师之一。他对母校的深情跨过了时空的距离，他说："在我的人生征程中，首先要感谢我的母校南农，是母校的培育使我可以激扬梦想。不管身在何处，都希望能够为母校尽一己之力。"他的成长故事一定会激励更多学生为梦想勤敏砺学、持之以恒。

国际食物政策研究所所长樊胜根，发展中国家科学院院士张林秀、黄季焜等学术大师，以及天津天士力集团董事长闫希军、中国牧工商集团董事长薛廷伍、广东澳华集团董事长王平川等企业家校友，他们务实勤奋的作风、善于开拓的精神和共有的南农符号，是我校学子最好的青春榜样。

第四，要合力攻克本科教育的桎梏难题。"雄关漫道真如铁，而今迈步从头越"。

一是要破解教学理念落后的难题。习近平总书记在北京大学考察时强调，办好中国的世界一流大学，必须有中国特色。世界上不会有第二个哈佛、牛津，中国也不会有第二个清华、北大。那么，如何让南农能独树一帜、引领前沿？

没有先进的理念不行！从国际上看，耶鲁大学崇尚自由教育，麻省理工学院注重实用知识，哈佛大学重视学习方式和解决问题的能力培养等，这些都是我们的借鉴。

"世界眼光、中国情怀、南农品质"的理念很好，落地生根是关键。必须找准世界一流人才的标尺，必须聚焦乡村振兴战略需求，必须展现南农特征、彰显南农品质、闪亮南农名片。

这是一项系统工作，要加强顶层设计，发动全体教师，形成全校合力。

二是要破解教学方法陈旧的难题。要破解"一言堂"的课堂灌输模式，改善教学方法单一等问题，就要做精教学方法之"盐"，做鲜教学内容之"汤"，做强教师队伍之"厨"，推进教育教学改革，使得本科教育"既叫好又叫座"，专业教学"既好喝又有营养"。

马克思主义学院的姜萍副教授、信息科技学院杨波教授一起利用课堂互动教学系统，将互联网、云平台及个人智能终端与课堂的深度融合，让传统的思政课变成更鲜活、拼"手快"的有趣课堂；理学院的王环宇老师，将京剧和数学结合，既给学生"提了神"，又给课堂"加了分"；外国语学院的霍雨佳老师，提倡分组研讨模式、鼓励学生自主探索、搭建平台互相交流，在今年全国高校外语教学大赛全国总决赛中，获得本科商务英语专业组特等奖

（第一名）。这些都为我们的课堂教学提供了"新鲜食材"，是一流本科教学的重要借鉴。

在我听课的过程中，确实还发现有的教师随意调课，学生听课积极性不高、缺乏互动的情况。这也许不是偶然现象，必须加以重视和改进。要想尽一切办法，让学生主动地"坐到前排来、把头抬起来、提出问题来"。

三是要破解生源质量不高的难题。近几年，有关评价机构统计数据显示，我们生源排全国 100 多名，却输出了人才培养质量排名 60 位左右的毕业生。这从一个侧面，体现了我们本科教育的高质量。

我们可以算一算，如果我们的生源质量再好一些，那么我们的教学质量又会如何呢？盖钧镒院士为我校和天一中学共建的生态园题词，为"生态教室"题写寄语；万建民院士，2002 年到兴化中学作报告，开场几句话就引起学生热烈掌声，当年，兴化中学就有 9 位学生被我校录取；侯喜林教授到衡水中学开展科普讲座，将园艺科学带进学生生活，把南农记在学生心里；徐朗莱教授，70 岁还到海门中学宣讲，等等。试想如果在座的每一位专家、每一位教师都能重视、参与招生的话，我们的生源质量必将大幅提升。

四是要破解管理育人弱化的难题。"好的思想政治工作应该像盐，但不能光吃盐，最好的方式是将盐溶解到各种食物中自然而然吸收"，习近平总书记这一语言平实、思想深刻的比喻，为开展"三全育人"提供了重要遵循。

对于高校来说，构建"三全育人"大格局，光靠教师教书育人是不够的，更要注重发动党政管理干部、图书馆、校医院、保卫处、后勤部门等所有育人主体，只有通过营造全方位的育人氛围，才能让育人无时不在、无处不在，融入活动、融入生活、融入学生自主学习的方方面面。

学校饮食中心打饭阿姨传递给学生的是爱；环卫师傅顶着烈日、耐着雨雪的工作传递给学生的是责；校园保安、门卫，挺拔的身影传递给学生的是坚；管理部门为学生办理事务的教师传递给学生的是暖，等等。要全员做好学生的教育、管理与服务工作，全力营造良好的学习环境，保障学生的安全与健康成长。

前段时间，当工学院的一名学生突发水痘时，宿舍管理员金玉芹老师不仅及时帮助解决住宿问题，还自掏腰包，主动承担起学生日常的饮食起居，每日准备可口适宜饭菜，陪伴学生度过漫漫长夜。这样的言行，会不会影响学生，会不会教育学生，教育是大学的责任，每一位教师职工都有教育的职责，也许分工不同，但你做了、付出了，就一定会有效果，一定会获得尊重，一定会感受到育人的快乐！

五是破解学校空间制约的难题。我们要建设更多的翻转课堂、智慧教室，进行小班化教学，没有条件，实施起来确实很难，处处掣肘。但这一个问题，即将得到彻底解决。

2016 年底，学校新校区建设正式获教育部立项，总占地 2 500 亩，相当于再造 3 个卫岗校园。今年 4 月，正式与南京市江北新区签订全面战略合作暨共建南农大新校区协议，由地方政府提供 70 余亿元，负责学校新校区整体基础设施和一期的楼宇建设，总占地 890 亩，建筑面积 73 万平方米；7 月，获南京市总体规划批复；8 月，获教育部单体项目批复；9 月，新校区正式奠基，进入建设快车道；同时，为了进一步改善职工的住房条件，学校还决心同步规划建设 360 亩教师公寓区。我们可以自信地说，当新校区建成、家属区投用之时，就是南京农业大学以崭新的形象矗立在全社会面前之际。

到那时，卫岗校区位处钟山脚下、下马坊旁人杰地灵；江北校区旁临新区的芯片之城、基因之城和金融中心，位处绿水湾湿地，前临长江、背靠老山，地域极佳。南京农业大学将矗立于长江南北，全局联动、双向发力、跨越前行。宏伟的蓝图已经展开，每一位南农教师都是美丽画卷的书写者与绘制者，是南农跨时代发展的见证者与建设者，我们一定能书写属于我们这一代的历史与荣光！

同志们！

今天，我们吹响一流本科教育的集结号，更是吹响向世界一流农业大学迈进的冲锋号。

习近平总书记在庆祝改革开放 40 周年大会上指出："伟大梦想不是等得来、喊得来的，而是拼出来、干出来的。"在加强一流本科教育、推进"双一流"建设的征程中，每一个南农人都是参与者、建设者、贡献者与担当者，必须以坚定不摇的决心，一往无前的魄力，时不我待、只争朝夕的干劲，积极投身到世界一流农业大学建设的伟大征程。

"问鼎一流、心系家国、追求卓越、不忘初心"是南农人的传承血脉，我们必须拾起百年辉煌的自豪与自信，必须扛起国家与民族的使命担当，必须以"大情怀、大抱负、大视野、大格局"的精神品质，在争创一流、追求卓越的过程中，共同实现世界一流的伟大梦想。

同志们！

每一次的再回首，都是为了更好地再出发！当新年的曙光即将照亮，愿每一个南农人都眼中有方向、心中有阳光、胸中有丘壑、脚下有力量，向南农更好的明天出发！

谢谢大家！

# 在南京农业大学第四届研究生教育工作会议上的讲话

周光宏

（2018年4月27日）

各位领导、老师们、同志们：

刚才，我们集中表彰了为学校研究生教育事业作出贡献的单位和个人，他们中有代表南农研究生培养最高水平、作出突出贡献的博士学位获得者，有奋斗在研究生教育一线、辛勤工作的师生员工。在此，我谨代表学校，向获得表彰的单位和个人，表示热烈的祝贺！也借此机会，向长期工作在研究生教育战线上的广大教师、导师、管理工作者表示亲切的问候！向长期支持和帮助我校各项事业发展的各级领导、兄弟单位、广大校友和社会各界表示崇高的敬意！

董维春副校长代表学校，作了《以世界一流为目标　以创新驱动为导向》的工作报告，报告对我校十年来在学位与研究生教育方面开展的工作进行了全面回顾和总结，提出了未来一段时期内学校学位与研究生教育的发展规划和展望，我完全赞同。下面，就加强研究生教育工作，我谈几点意见。

## 一、吸引优质生源

生源是限制我校人才培养质量进一步提升的关键因素之一，我之前用"割韭菜"来比喻我们的优质生源在一茬一茬流失。如果说，在本科招生上，我们面对的是全国的考生和家长，吸引优秀生源的工作难度非常大，但是在研究生招生方面，我们的工作对象范围要小得多，如果不能把自己培养的优秀学生留下来读研，提高生源质量从何谈起。拿推荐免试为例，每年学校有650个本科生推免名额，2014年推免留校的学生近500人，占推免总数的3/4；到今年只有160人，仅占1/4（表1）。主要原因是2015年国家推免政策发生了变化，学生有了更多选择外校的机会。但是，我们自己培养的优秀本科生持续不断流失，反映出我们在应对这种下滑局面上措施不力。

**表1　近5年推荐免试总体数据**

单位：人

| 年　份 | 总名额 | 推免留校人数 | 接收外校生人数 | 总接收人数 |
|---|---|---|---|---|
| 2018 | 665 | 160 | 226 | 386 |
| 2017 | 658 | 183 | 225 | 408 |
| 2016 | 654 | 233 | 204 | 437 |
| 2015 | 656 | 306 | 110 | 416 |
| 2014 | 658 | 499 | 8 | 507 |

生源质量是人才培养的生命线，提高生源质量不仅仅是研究生院的事情，更应该是学院、学科和导师开展研究生培养最重要的工作。推免工作涉及学生工作处（本科招生简章基地班有50%～60%推免的承诺）、教务处、研究生院和各个学院，相关部门要针对这个问题，拿出具体的措施。各个学院要加强宣传和引导，近年来，各个学院针对提升学生考研率做了很多有效的工作，下一步要针对如何留住优秀本科生做更细致的工作，精准定位。我们学科评估取得了那么好的成绩，4个A+、7个A类，这些都是国内最好的学科，吸引不了国内最好的学生，至少要把我们自己的好学生留住。此外，在研究生招生政策、调剂政策上要围绕吸引优秀生源做有效的调整。

## 二、加强导师队伍建设

今年初，教育部印发了《关于全面落实研究生导师立德树人职责的意见》，强调导师是研究生培养第一责任人。研究生培养质量的高低，关键看导师水平的高低。目前，我校现有博士生导师512人、硕士生导师732人。我们导师队伍能否适应新时代研究生教育的新要求，能否适应本次会议提出的"世界一流，创新驱动"的研究生教育发展需要？现实中，我们有相当一批导师在科研项目和科研产出上，达不到培养合格研究生的要求。当然，我们也鼓励研究生自主选题开展科研创新。但是在实践中，基于科研项目的研究生培养更有助于激发学生从事科学研究的主动性，避免盲目性，也有利于将人才培养与国家需求相结合。特别是自然科学的研究，更加需要项目经费的支持。因此，我们要围绕建立与科研项目紧密结合的招生培养联动机制，来加强导师队伍建设。

一方面在增量上，要不断完善导师遴选标准。2011年，学校根据研究生培养结构的变化，适时构建了学术型和专业型导师分类遴选制度；2014年，为促进优秀青年教师成长，我们出台政策允许优秀的副教授可以申请博士生导师；2017年，学校进一步提高了导师增列的量化标准，目的就是通过遴选一批学术水平高、学术活跃的导师，来调整优化导师结构。另一方面在存量上，不断完善导师评价机制。取消导师终身制，对导师招生时的年龄作出规定；实行年度导师招生资格审核制度；对培养质量出现问题的导师限招、停招。特别是近年来，我们严格执行导师招生资格审核，每年都有一批科研项目和科研产出达不到学校规定要求的导师被暂停招生资格。去年，有25名博士生导师（11人因年龄、14人因科研产出）、100多名硕士生导师被限制招生（8人因年龄、17人因科研经费、80人因科研产出）。今年，采用了自主申请招生审核的方式。要让有条件、有能力的导师来指导培养研究生，这也是一种对学生负责任的态度。

## 三、注重科研与培养相结合

我曾经说过，研究生是做出来的，不是读出来的，要做科研。对于研究生而言，科研育人是更为有效的育人方式，这也是中央加强高校思想政治工作意见提出的要求。只有科研做得好的导师，才能培养出好的学生。这次我们表彰的优秀研究生教师，都是学校科研工作的中坚力量。科研工作与研究生培养是相辅相成、互相促进的。我非常赞成学术委员会主任沈其荣教授在研究生入学典礼上提出的观点："科研是为了培养人才，而不仅仅是为了完成课题"，不能把研究生作为廉价的劳动力，立德树人是研究生导师的首要职责。

提高研究生科研能力，还要加强研究生实验技能培训。研究生院与生命科学学院每年举办博士生创新技能培训班，得到广大研究生的欢迎。这种好的做法要继续坚持，扩大受众范围。目前，学校那么多的高精尖仪器设备，要发挥好它们的功能，不能只靠专职的实验技术人员，广大的研究生也要参与其中。提高研究生科研能力，还要加强研究生学术交流，开拓学生的视野。在这方面，直博生国际学术交流项目、国家留学基金管理委员会联合培养项目都发挥了很好的示范作用。下一步学校将会继续加大投入，鼓励研究生开展国际学术交流活动，各个学科也要充分利用"双一流"经费、优势学科经费支持学生参与学术交流。总之，提高研究生科研创新能力，目的是更好地服务于学生的成长成才。

### 四、优化招生名额分配机制

去年我们的博士研究生招生规模 480 人，比 2011 年增加 47 人，增长 10%；硕士研究生招生规模近 2 300 人，比 2011 年增加了近 500 人，增长 24.1%（表2）。总体上，近年来学校研究生招生规模稳步增长，博士研究生规模基本稳定，增量主要在硕士研究生。与此同时，我校研究生导师规模大幅增长，2017 年博士生导师比 2011 年增长 70% 以上，全校研究生导师规模增长 50% 以上（表2）。这种不平衡的增长直接带来了招生名额紧张的现实问题，僧多粥少。

**表 2  近年来研究生招生、导师变化情况**

| 项　　目 | 硕士研究生招生 | 博士研究生招生 | 研究生合计 | 硕士生导师 | 博士生导师 | 研究生导师 |
| --- | --- | --- | --- | --- | --- | --- |
| 2011 年 | 1 848 人 | 440 人 | 2 288 人 | 508 人 | 300 人 | 808 人 |
| 2017 年 | 2 293 人 | 487 人 | 2 780 人 | 732 人 | 512 人 | 1 244 人 |
| 增长 | 24.1% | 10.7% | 21.5% | 44.1% | 70.7% | 54.0% |

近年来，学校在研究生招生名额分配上，兼顾了导师规模和绩效两个方面，其中绩效主要是参考科研经费、科研绩效、科研平台等关键性指标。目前，教育部也正在推进建立以科研为导向增加招生计划的新机制。所以，随着资源越发紧张，特别是在"内涵发展提高质量"的总体要求下，我们必须要进一步优化招生名额分配机制，提升资源配置效率，要让宝贵的研究生资源配置在更加有利于促进学校科研创新能力提升、学科建设水平提升方面，配置在更加有利于高水平师资队伍和高水平科研平台建设方面，使得研究生教育能够更好地服务于学校"双一流"建设和世界一流农业大学发展。

优化招生名额分配机制，也是我们建立合理的研究生教育成本分担机制的需要。2013 年，国家出台了完善研究生教育投入机制的意见，建立以政府投入为主、受教育者合理分担培养成本、高校多渠道筹集经费的研究生教育投入机制。前面已经提到，我校近年来的研究生规模基本保持稳定，略有增加。但是，学校在研究生教育上的投入大幅增长。2011 年，学校在研究生教育上的直接投入（包括研究生院部门经费和各类奖助学金）是 4 400 万元，当年学校总支出 10 亿元左右，研究生教育上的直接投入占到学校总支出的不到 5%。今年，学校在研究生教育上的直接预算超过 2 个亿，比 2011 年增长了近 4 倍，占到学校总支出的近 1/10。这其中既有国家大幅提高研究生奖助学金的外部原因，也有学校适应研究生培养模式改革需要，加大在学生奖助、国际交流、教学资源建设等方面投入的主动发力。要继续保持高投入，必须要建立多渠道的经费筹措机制。前几年，我们提出导师招收博士研究生缴纳培养费的政策，但是在实践过程中执行得并不好。在研究生越来越成为学校科研的主力军、科研项目主要的参与者的情况下，我们要进一步完善导师缴纳培养费的政策，通过合理的成本分担机制，多渠道筹建经费，保证我校研究生教育事业健康可持续发展。

## 五、完善质量保障体系

长期以来，学校不断完善研究生质量保障体系，这个体系有效保证了南农研究生培养的整体质量。在国家博士学位论文抽检中，2011—2016 连续 6 年无"存在问题学位论文"。在江苏省硕士学位论文抽检中，学术型硕士论文的总体优秀率一直高于全省平均优秀率，且呈逐年上升趋势。我们自然科学博士生 2017 年发表论文的平均影响因子达到 5.3，比 2008 年增加了 1 倍，对学校科研创新能力的提升发挥了重要的作用。

质量保障体系是一种普适性、达标性的保障措施，面向全部研究生，目的是保证所有学生都能够达到学校的学位授予基本要求。下一步，我们的质量保障体系要在两个方面进行完善：一是要以适应学校"双一流"建设和世界一流农业大学发展为目标，强化研究生培养关键环节的支撑作用，稳步提升质量标准和基本要求，提升学校整体学术水平。二是要不断完善鼓励拔尖优秀人才脱颖而出的体制机制，如我们设立的校长奖学金、博士学位论文创新工程项目等，在鼓励引导研究生创新方面发挥了积极的作用。我们要继续在创优扶强上做文章，要为优秀的研究生创造更好的条件和环境，让他们安心从事科研工作，作出高水平成果。要让南农的研究生教育，能够培养出更多像今天我们表彰的突出贡献博士学位获得者这样的卓越人才。

同志们，四届研究生教育工作会议面向学校不同发展阶段，提出了有针对性的发展目标和建设措施，特别是第三届研究生教育工作会议以来，我们用十年的努力，实现了研究生教育综合改革创新与质量保障的目标。本次会议提出"世界一流，创新驱动"的发展主题，适应了新时代研究生教育发展的新要求。我相信，在上级部门的正确领导下，在兄弟单位和广大校友的关心支持下，通过全校上下的共同努力，我们必将开创南京农业大学研究生教育事业新局面！

谢谢！

# 砥砺谋发展　迈向新时代
# 开启世界一流农业大学建设新征程

## ——在南京农业大学第五届教职工代表大会第十二次会议上的工作报告

周光宏

（2018 年 5 月 9 日）

各位代表、同志们：

　　现在，我代表学校党委和行政，向大会报告学校工作，请予审议。

### 一、2017 年工作回顾

　　2017 年，学校紧紧围绕世界一流农业大学建设目标，抢抓"双一流"建设机遇，扎实推进"1235"发展战略，各项事业持续快速发展。

#### （一）贯彻党的十九大精神，始终坚持社会主义办学方向

　　**1. 认真学习贯彻党的十九大精神，深刻领会习近平新时代中国特色社会主义思想**　学校召开党委常委会专题组织学习十九大报告，研究部署校院两级中心组、党支部以及师生学习十九大精神工作。邀请江苏省委宣讲团来校进行十九大精神宣讲，校领导亲自给师生上党课，利用校报、宣传栏、校园网、新媒体等宣传阵地，强化舆论引导与氛围营造，努力将十九大精神和习近平新时代中国特色社会主义思想转化为推动学校发展的具体实践。

　　**2. 始终坚持党委领导核心地位，不断完善党委领导下的校长负责制**　始终坚持把立德树人作为中心环节，把培养社会主义现代化事业的建设者和接班人作为学校的根本任务。健全六大议事规则的决策程序，完善民主集中制，推进现代大学制度建设。加强政治理论学习，构建学习型、廉洁型班子，着力提升班子成员的常委意识、身份意识、大局意识和规矩意识，办学治校科学化水平不断增强。

#### （二）深化内涵建设，加快世界一流农业大学建设步伐

　　**1. 启动"双一流"建设**　2017 年，学校进入国家"双一流"一流学科建设高校，作物学、农业资源与环境入选"双一流"建设学科。在第四轮学科评估中，7 个学科进入 A 类，其中 4 个学科获评 A＋，获 A＋的学科数位列全国高校第 11 位。植物与动物科学成为第二个 ESI 前 1‰学科，ESI 学科总数增至 7 个。编制完成基于国际国内双项指标体系的世界一流学科建设方案，完成 2018 年中央高校建设世界一流大学（学科）和特色发展引导专项资金项目申报，获批经费 8 500 万元。

**2. 人才培养质量持续提升**

（1）本科生教育。农学、植物保护专业通过国家第三级专业认证。全面启动课程（群）教学团队建设工作，设立"卓越教学"课堂教学改革实践项目，上线、出版在线开放课程和数字课程30门，获批各类重点教材与规划教材97部。获省级教学成果特等奖1项，一、二等奖6项。

（2）研究生教育。积极探索博士研究生培养模式改革，延长博士研究生基本学制。开展专业学位综合改革，建立产学研结合培养研究生模式。推进研究生教育国际化，96人入选研究生公派项目。完善导师遴选制度，优化学科点布局。全年授予博士学位433人，授予硕士学位2106人。获江苏省优秀博士学位论文10篇、优秀硕士学位论文11篇。

（3）招生就业。开展大类招生试点，全年录取本科生4274人、硕士研究生2710人、博士研究生490人。加强就业创业指导与服务，全年来校招聘用人单位1520家，年终本科生就业率97.08%、研究生就业率94.33%。

（4）素质教育。不断加强学风建设，完善第二课堂育人体系，丰富文化艺术、科技竞赛、创新创业、社会实践、大学体育和心理健康等教育形式。学生团队在"国际基因工程机械设计大赛"、第十三届全国学生运动会等一系列国际国内比赛中获得佳绩。

（5）留学生教育。全年招收各类留学生1083人，获2017年度中国政府奖学金"丝绸之路"项目和中非高校"20＋20"合作计划专项资助。积极推进全英文授课专业建设，留学生教育质量进一步提高。

（6）继续教育。录取继续教育新生7764人、第二学历和"专接本"学生645人。举办各类专题培训班112个，培训人次创历史新高。

**3. 师资队伍建设保持良好势头**　作物疫病研究团队获批国家自然科学基金创新研究群体，实现突破，盖钧镒院士获世界大豆研究大会奖"终身成就奖"。全年引进包括2位"千人计划"专家在内的高层次人才12人，招聘教师48人、师资博士后57人。新增"杰青"2人、国家"万人计划"12人，20余人次入选百千万人才工程、"青年千人"、"青年长江"、江苏省特聘教授等各类人才项目。调整二三级专业技术岗位和高级专业技术职务申报条件，完成2017年专业技术职务评聘工作，聘任正高职称34人、副高职称61人。完成科级及以下管理岗位和其他非教学科研岗位人员聘任，以及职员评聘工作。

**4. 科技创新能力进一步增强**　年度到位科研经费8.09亿元，其中纵向经费6.94亿元、横向经费1.14亿元。作物疫病团队研究成果入选"2017高校十大科技进展"。获批国家重点研发计划项目5项、国家社会科学基金重大项目1项、国家自然科学基金项目155项。发表SCI论文1670篇、SSCI论文22篇。学校以第一完成单位获省（部）级以上奖励16项，获授权专利、品种权、软件著作权等300余件。《园艺研究》被SCI收录，影响因子4.554，位居JCR园艺领域首位。作物遗传与种质创新国家重点实验室评估获优秀。成立作物表型组学交叉研究中心，推进重大科技基础设施建设。

**5. 社会服务工作成效显著**　大学农技推广的政策建议获得时任全国政协主席俞正声批示，并被农业部、教育部采纳。产业扶贫入选教育部精准扶贫十大典型项目。完善"双线共推"服务模式，发布《江苏新农村发展报告》。全年共签订技术开发、技术转让等各类合同421项，合同金额1.6亿元。

**6. 国际交流合作持续深入**　举办第五届世界农业奖颁奖典礼。与国外知名高校共建亚洲农业研究中心、动物健康与食品安全国际实验室、中美农业植物生物学研究中心。新增聘专项目110项,聘专经费992万元。新签和续签校际合作协议21个。

鼓励师生出国研修访学,全年出国(境)访问交流教师453人次、学生620人。与埃格顿大学共建可持续农业与农业商务管理卓越中心,孔子学院建设得到国家领导人肯定。

**7. 办学条件与服务保障水平进一步提高**

(1)财务工作。学校财务总体运行状况良好。全年各项收入22.29亿元、支出21.76亿元,年末累计结存12.84亿元。完善财务管理制度体系,大力推进财务信息化建设,财务工作服务保障学校发展能力进一步增强。

(2)校区与基本建设。与南京江北新区签订全面战略合作暨共建南京农业大学新校区协议,新校区建设进入快车道。全年在建工程25项,牌楼大学生创业与就业指导中心交付使用,第三实验楼一期工程即将交付,二期工程和卫岗智能温室有序推进。白马教学科研基地新建成动物实验基地、高标准试验田等11个工程项目,新增2个科研平台入驻。

(3)图书、信息化与档案工作。文献资源持续扩充,新增数据库10个,实现56万种纸本图书电子化。建成师生综合管理与服务平台,上线移动校园APP。加强档案信息化建设,完成年鉴编写。

(4)资产管理与后勤服务。后勤保障能力不断增强。全年新增固定资产1.39亿元,固定资产总额达到25.66亿元。开展卫岗校区雨污分流。推进家属区物业社会化。完成学生宿舍与教学办公楼宇物业管理社会化。提高医疗费用报销比例,改进医药费报销流程。加强经营性资产管理,清理关闭2家公司、退出1家公司,出资设立南方粳稻研究开发有限公司、南京农大认证服务有限公司。

(5)审计工作。加强和完善审计制度与工作流程建设,认真开展重点领域和重点环节审计。全年完成各类审计项目532项,累计11.72亿元,核减工程结算款1951万元。完善招投标规章制度,明确规范标准,建成信息化管理平台,完成各类招标480余项,总计2.85亿元。

(6)安全生产工作。成立实验室与设备管理处,完善实验室安全管理体制,加强危险化学品管理,规范危废品处置。组织安全生产宣传、消防和应急救护演练,排查消除安全隐患,强化警校联动,保障校园安全。

(7)改善民生工作。提高教职工薪酬待遇水平,调整校内岗位绩效标准、上下班交通费标准、退休职工基本养老金,提高老职工公积金和新职工住房补贴,全年增资总额近7800万元。积极推进养老保险社会化改革。

**(三)切实加强党建和思想政治工作,增强学校整体凝聚力**

**1. 加强改进师生思想政治教育工作** 坚持以习近平新时代中国特色社会主义思想为引领,加强党委对意识形态工作的领导,健全思想政治教育体制机制,努力提升思想政治工作科学化水平。成立党委教师工作部和学生工作领导小组,努力构建全员思想政治教育大格局。结合党的十九大召开等契机,不断加强师生理想信念教育和爱国主义教育。加强马克思主义学院建设,制订思想政治理论课教学质量年专项工作方案,不断深化思政课程改革。

深入推进"两学一做"学习教育常态化制度化建设。明确各级党组织主体责任,坚持"三会一课"制度,与省委党建工作领导小组办公室合作,开展党史党情专题教育。开展

"双抓双促"大走访大落实活动，深入基层走访调研，举办集体座谈，查摆具体问题。全面启动基层党建"书记项目"。

**2. 巩固强化基层党组织和干部队伍建设**　开展院级党组织书记抓基层党建述职评议考核。规范党费收缴、使用和管理。全年累计发展师生党员 880 人。完善校院两级党校建设，建立健全党校分层分类培训体系，加强党员干部教育培训。

从严从实干部管理与监督。改进选拔任用方式，强化党委领导和把关作用，全年累计民主推荐、公开竞聘 4 次，新选拔任用处级干部 4 人。严格落实干部个人有关事项报告制度，累计核查 16 人，5 人诫勉谈话、2 人批评教育、1 人暂缓提任。规范领导干部兼职和因公（私）出国（境）管理。

**3. 创新文化传播和文化育人方式**　打造校园文化精品。启动学校大师名家口述史工作，组织编演话剧《北大荒七君子》，创新"大师·记忆"栏目建设方式，传递南农精神。深耕外宣新闻报道的农业"土壤"，讲好南农故事。2017 年，共受新华社、中央电视台、《光明日报》、《中国教育报》等中央媒体报道 137 次，学校海外网络传播力居全国高校第 13 名。

**4. 发挥各方力量助推学校事业发展**　积极推进学校民主管理。召开第五届教职工代表大会第十一次会议，听取学校相关工作报告，征集整理提案 40 件，并逐一组织协调督办。继续加强统战工作，完成各级人大、政协换届推荐工作，1 人当选省九三副主委，新发展民主党派成员 15 人。制订学校共青团改革方案，全面加强团的建设。完善校友工作机制，广泛凝聚校友力量，新建甘肃、宁夏校友分会与部分地市级分会，完成北京、山东等 8 地分会换届。设立孙颔教育基金、刘大钧农业教育基金，签订捐赠协议 20 项，到账金额 1 406 万元。落实好老同志的政治待遇、生活待遇，充分发挥离退休老同志积极作用。

**5. 深入推进党风廉政建设**　贯彻上级党组织关于党风廉政建设的决策部署，认真落实"两个责任"，推动中央八项规定精神落地生根。组织开展违规公款购买消费高档白酒问题自查自纠工作。建立巡察工作制度、婚丧喜庆事宜申报备案制度，开展党风廉政建设责任制考核与廉政教育。严肃监督执纪问责，开展督导检查，加强重点领域监督，全年受理信访 32 件，处置问题线索 34 条，立案审查 1 件；谈话函询 11 人，初核 2 人；诫勉谈话 6 人，给予党纪处分 2 人，政纪处分 1 人。

各位代表、同志们，2017 年学校各项事业取得较快发展，办学水平与社会声誉显著提升，第四轮一级学科评估取得优异成绩，学校首次进入《美国新闻与世界报道》"全球最佳农业科学大学"前十，首次进入软科世界大学学术排名世界前 500 位。这些成绩的取得，是广大师生员工齐心协力、共同奋斗的成果。在此，我代表学校，向全校师生员工的辛勤工作表示崇高的敬意和衷心的感谢！

## 二、今后一段时期的重点工作

在总结成绩的同时，我们也清醒地看到，学校的工作与"双一流"建设的迫切要求和现实压力相比，与师生和校友的热切期盼相比，还存在不足与差距：一是培养具有国际竞争力的人才体系还需进一步完善；二是具有国际影响力的领军人才与创新团队的培养与引进力度亟须加强；三是主动适应科技体制改革方面存在不足，科技创新与重大科技成果产出能力有待进一步提高；四是科技成果转化服务乡村振兴战略的能力有待加强；五是新校区建设的推进速度还需加快；六是党风廉政建设有待持续深入，部分干部工作懈怠亟须克服。今后一段时期，我们要围绕世界一流农业大学建设目标、"双一流"建设需要与综合改革中心任务，重点做好以下几个方面的工作：

一是深入贯彻党的十九大精神，深刻学习领会习近平新时代中国特色社会主义思想，不断加强和改进学校党建与思想政治教育工作，始终坚持社会主义办学方向，牢牢把握高校意识形态工作的领导权和话语权。进一步落实"两个责任"，不断加强党风廉政建设，持之以恒抓好作风建设。

二是全面推进"双一流"建设，结合"双一流"建设推进"十三五"发展规划和综合改革方案实施，以"一流学科"建设带动并加速世界一流农业大学建设进程。

三是坚持立德树人根本任务，面向 2035 年教育现代化，系统提炼"新农科"核心思想，开展 2019 版人才培养方案修订工作，构建"本研衔接"的多样性人才培养模式。

四是贯彻落实《关于全面深化新时代教师队伍建设改革的意见》，深化人事制度改革，加快建设高素质创新型教师队伍，为一流人才培养奠定坚实基础。

五是推进重大科技基础设施建设，深化科研创新改革，促进学科交叉融合，提升基础研究水平，产出原创性成果，服务创新驱动发展战略和乡村振兴战略。

六是加快新校区建设，力争年内启动建设。结合农场土地交付，做好教学科研基地搬迁工作，充分发挥白马基地教学科研功能。对卫岗校区、新校区、浦口校区和白马教学科研基地功能定位进行科学的研究论证，提高办学资源利用效率。

各位代表、同志们，2018 年是"十三五"承上启下之年，我们要深入学习贯彻习近平新时代中国特色社会主义思想，扎根中国大地办大学，以更加坚定的自信、更加扎实的作风，团结一致、砥砺奋进，努力开启世界一流农业大学建设新征程！

谢谢！

# 在南京农业大学 2018 届本科生毕业典礼
# 暨学位授予仪式上的致辞

周光宏

（2018 年 6 月 20 日）

同学们、老师们：

大家上午好！今天，我们在这里隆重举行南京农业大学 2018 届本科生毕业典礼暨学位授予仪式。首先，我代表学校，向顺利毕业的 3 978 名同学、3 971 位学士表示衷心的祝贺！也向悉心指导你们的老师、全力支持你们的家人表示崇高的敬意！

2014 年入学 4 285 名同学，剩下的 314 名同学也在积极的努力，会在近期补上学分，在今年毕业或拿到学士学位，让我们也给他们鼓掌加油。

四年前，同学们满怀理想走进了这所享有学术盛誉的百年学府，成为一名南农人，在这里开始了你们独立的人生，经历了多彩的大学生活，走上了追逐梦想的人生旅途。四年弹指一挥间，在这 1 400 多个日日夜夜里，你们勤学善思，收获了学业的成功；你们拼搏进取，得到了能力素质的飞跃，你们将真挚的情感，献给了老师、同学，凝集成珍贵的师生情、同窗情，拥有了值得永远珍惜的朋友。你们以自己的成长成才回报了亲人的恩情和期盼。最近，这个校园里最靓丽的风景就是你们。今天，你们身着学位服，个个精神饱满、充满自信，我们为你们的成才感到自豪，为你们的成长感到欣慰。

回首你们在南京农业大学的这段青春时光，同学们一定不会忘记老师的谆谆教诲、同学之间的真情友谊，不会忘记课堂上的凝神贯注、实验室中的孜孜不倦，不会忘记运动场上的生龙活虎、校园的绿草芬芳。当然，哪怕是课堂上的睡意袭来、实验室的疲惫不堪、同学之间的激烈争辩，也可能成为你一生中美好的记忆。

在这四年里，你们与学校同奋斗、共成长，一起见证了南农的辉煌。

去年，在我国最重要的学科评估中，学校取得优异成绩。我校作物学、植物保护、农业资源与环境、农林经济管理这 4 个学科在全国一级学科评估中获得 A＋的成绩，即名列榜首。我校公共管理、食品科学与工程和园艺学也进入了 A 类。学校 A＋学科数并列全国高校第 11 位，在江苏超过南京大学，位居江苏前 2 位。全国一级学科评估是国内最具有影响力的、唯一的官方评估，你们赶上了辉煌的结果。

同时，学校在国际的大学评价上面也取得了飞跃的成绩。以世界范围内评价高校学术水平与影响力的重要指标 ESI 学科为例，这四年里，学校的 ESI 学科在农业科学、植物与动物科学、环境与生态学、生物学与生物化学的基础上，增加了工程学、微生物学和分子生物学与遗传学 3 个，也就是说，学校进入全球前 1‰ 的 ESI 学科由 4 个增加到 7 个。其中，农业科学、植物与动物科学分别在 2015 年和 2017 年进入全球前 1‰，成为世界顶级学科。能有 2 个以上学科进入全球前 1‰ 的全国高校仅有二十几所，南农是其中之一。

在这四年里，我们一起见证了南农在 *Nature*、*Science* 等国际顶级学术期刊上发表论文。南农的学术成果得到了国际的公认。

在这四年里，我们一起经历了学校本科教学评估、国家卓越农林人才培养计划，一起经历了众多国际国内专业赛事并取得优异成绩。

在这四年里，我们一起见证了学校入选国家"双一流"建设高校，经历了学校在国际著名大学排行榜的飞速提升。以 U.S. News"全球最佳农业科学大学"排名为例，你们入校时，学校排在第 36 名；今年，已上升为第九名，进入了全球前 10 名。我们可以说，南农已经成为世界上最好的农业大学之一。

在这四年里，你们见证了南京农业大学基本实现世界一流农业大学的壮举，也看到了学校将要进入世界 500 强大学的坚定步伐。在十年以内，你们可以自豪地跟你们的家人、孩子说，你们毕业于一所世界 500 强大学。

同学们，你们也即将离开校园，按惯例，校长要说点什么，也就是临别赠言。我想给大家提三点希望共勉。

一是"梦想"。人是要有梦想的，也就是我们常说的"志存高远"。苏格拉底在《理想国》中写道："世界上最快乐的事，莫过于为理想而奋斗。"希望同学们树立远大抱负，将自己的人生、把自己的理想抱负融入中华民族伟大复兴之中，把"人生梦"融入"中国梦"之中，去创造属于自己的人生辉煌。

二是"行动"。没有行动的想法都是空想，只有行动才能让梦想成为现实。大家既要有"梦想家"的情怀，更要有"实干家"的品质。"纸上得来终觉浅，绝知此事要躬行。"事业无论大小，都是靠脚踏实地、一点一滴干出来的。希望同学们今后不论学习还是工作，都要面向实际、深入实践，用实实在在的行动来实现自己的价值和理想。

三是"坚持"。坚持让平凡变伟大，不管人生目标多么宏大，只有坚持，才可能获得成功。不要害怕挫折，人类最美好的品德往往是在逆境中培养形成的，成功也往往是失败后的执着和坚持。希望同学们在事业上不懈努力、永不言败、勇往直前。

同学们，从今天开始，你们就将告别室友、同窗和老师，从南农学生成为南农校友。现在对大学有了新的定义，现代大学是由教师、学生和校友三部分组成的。所以，即使你们毕业了，作为校友，也永远是学校的一部分。在未来的岁月里，我们将期待着你们的精彩故事，分享你们每一个人的成功和幸福。

最后，祝大家前程似锦、生活幸福！常回母校看看！

谢谢！

# 在 2018 级新生开学典礼上的讲话①

周光宏

（2018 年 9 月 9 日）

同学们、老师们：

大家上午好！

昨天，学校在江北新区隆重举行新校区奠基仪式，阳光灿烂。今天隆重举行开学典礼，不仅阳光灿烂，而且晴空万里。我代表学校，热烈欢迎来自全国各地的本科生和研究生新生！代表全体教职员工对同学们以优异的成绩考上南京农业大学，表示热烈的祝贺！向为你们的成长付出心血和汗水的家人表示衷心的感谢！明天是教师节，也向你们的小学、中学老师送上最诚挚的问候和祝福！

我了解到，2018 级本科新生，大部分是"00 后"，研究生新生大多是"95 后"，你们给南京农业大学这所百年名校带来了青春和活力。从今天起，你们成了一名光荣的"南农人"，南农也将成为你们独立成长的家园。大家可能对南农都比较了解了，但是作为校长，我还要再说几句。

同学们知道中国有多少所大学吗，2 900 多所！在这 2 900 多所大学中，只有 100 多所大学是国家"211 工程"建设和"双一流"建设高校，南农是其中之一。

只有 75 所直属教育部管理，由中央政府直接拨款，也称"中央高校"，南农是其中之一。

在我国最具权威的官方评价，也就是刚结束的第四轮学科评估中，我校有 7 个学科获得 A 类。其中，作物学、农业资源与环境、植物保护、农林经济管理 4 个学科获得 A＋，公共管理、园艺学、食品科学与工程获得 A 类，学校获得 A＋学科数位列全国高校第 11 名、江苏高校前 2 名，南京大学是第三名。

在国际公认的基本科学指数方面，即 ESI 排名，我校有 2 个学科群在全球前千分之一，也就是说，成为世界顶尖学科。具有 2 个及以上世界顶尖学科的高校，中国只有 20 来所，南农是其中之一。南农的 ESI 排名在江苏高校也是名列前茅。

学校去年进入全球最佳农业科学大学排名前 10 名，在部分国际大学排行榜中，已进入世界大学 500 强。

百余年来，南京农业大学培养了近 30 万名优秀学子，既有像"北大荒七君子"一样长期扎根农业生产第一线的基层工作者，也有以 54 位院士为代表的一大批农业科学家，同时还有一大批企业精英和行政管理专家。南农不仅有一流的教学，还有一流的科研，10 年来，学校取得一系列科研成果。在产生了重大的经济效益和社会效益的同时，一批重要发现还在 *Science*、*Nature* 等国际期刊发表，在过去的一年，南农又有 3 篇论文在国际最高水平的期

---

① 根据录音整理。

刊 *Science* 上发表，学校的学术实力和国际影响日益增强。

南农拥有农、理、经、管、工、文、法等多个学科门类，农业和生命科学是学校的优势与特色，同样，我们的理学、经济学、管理学、工学、文学、法学也都很强。我们经济管理学院的学生，曾多次在相关国际联盟组织的案例竞赛中战胜欧美著名大学，勇夺桂冠；我们工学院的学生不但能造拖拉机，也能造方程式赛车，并在国内大赛屡屡获胜。

著名经济学家、前世界银行副行长林毅夫对我校评价说："南京农业大学不仅是国内最好的农业大学之一，也是国内最好的综合性大学之一。"

2011年，学校提出了建设世界一流农业大学的宏伟目标，经过7年多的努力，目标已基本达成。

去年，《美国新闻与世界报道》在其全球最佳农业科学大学排名当中，南农位列前10名。

2014年，学校提出到2030年学校要进入全球大学500强。今年8月15日，软科世界大学排名正式发布，我校已位列世界大学前400名。但这只是一个排名，在国际著名的世界大学排名中，南农已进入世界大学前600名。

我觉得你们是最幸运的一届新生，一进校学校已基本上是世界一流农业大学，毕业时有很大的希望说，我毕业于世界500强大学。同时，你们还有可能是第一批见证南农新校区建成的学生。

昨天，学校举行了新校区奠基仪式。我和许多老师、同学，一起见证了学校发展史上这一具有里程碑意义的一刻。新校区建成后，南农"两校区一园区"的宏伟蓝图将得以实现。这里是卫岗校区，背靠钟山、钟灵毓秀；新校区滨临长江、人杰地灵，是南京发展的高地，在江北新区；我们还有5 000亩的教学科研示范基地在白马。所以，南农有高山，面长江，有白马，南京农业大学将依山傍水、策马扬鞭、奔向未来！

同学们，南农辉煌的历史是一代代南农人崇尚科学、追求真理、脚踏实地所取得的，学校的未来能否取得更大的成绩，取决于在座各位能否成长为一名优秀乃至杰出的"南农人"。在这里，我提2点建议：

## 一、保持如饥似渴的学习状态

习近平总书记在与青年代表座谈时指出，"青年时光非常可贵，广大青年要如饥似渴、孜孜不倦学习。"他还说，"青年人正处在学习的黄金时期，应该把学习作为首要任务，作为一种责任、一种精神追求、一种生活方式。"

苹果的缔造者乔布斯，在斯坦福大学毕业典礼的演讲上曾提出：年轻人要 Stay Hungry, Stay Foolish。

同学们能考上南农，你们的智商都很高，和考上清华大学、北京大学的学生在智商上没有实质性差异。"人类差异最小的是智商，差异最大的是坚持"，人生成于勤，毁于惰；成于敬，毁于傲，在你们中间没有智商差异，关键是是否勤奋努力、是否谦虚好学。

现在大家动不动就上网学习，很有用，省了我们很多的时间，我们在座的老师也经常上网，也省去了我们很多的死记硬背。但网上的学习往往是碎片化的、零碎的一些知识，一个人的人格的塑造、学习习惯的养成，还需要系统地学习、需要完整地读些著作。不管是专业书之一、历史社会著作、哪怕是小说，多读几本，也有益无害。一个伟大的历史哲人曾经这样说过读书："读史使人明智，读诗使人聪慧，学习数学使人精密，物理学使人深刻，伦理学使人高尚，逻辑修辞使人善辩。"总之，知识能塑造人的性格，知识可以改变命运。

## 二、保持不耻下问的求学心态

刚才我说的是状态，如饥似渴的学习状态。下面我要说，保持不耻下问的学习心态。

科学的重大突破，往往源自于一个个追根求底的问题。"苹果为什么会落地"，让牛顿发现了万有引力定律，奠定了经典力学的基础；"水烧开了壶盖为什么会跳动"，让瓦特发现了蒸汽的力量，开启了工业革命的大门。

古往今来，因好奇而诞生的问题在科学发明和创造中具有独特的重要地位和作用，可以说它是科学发现的先导和源头。纵观科技发展史，正是发现问题使人们产生了灵感，发展了科学，并驱动着科技事业的进步。

同学们即将进入大学生活，在学业上可能会遇到很多的难题、很多的问题，这个时候要虚心向人请教，多问问为什么。大学是你们提出问题的最好时光，因为你们是学生，问什么问题都不为过，千万不要耻于发问、不敢发问。孔子被尊奉为"圣人"，仍"敏而好学，不耻下问"。"非学无以致疑，非问无以广识。"只有发现问题、提出问题，才能让你们发现自身的不足，了解知识的局限；向老师请教，在网上搜索，向书本学习，向实践学习，和同学讨论，大胆地猜测，用心地求证，这就是求学之道。

史蒂芬·霍金有句名言："无论生活如何艰难，请保持一颗好奇心。你总会找到自己的路和属于你的成功。"希望同学们敢于提问、乐于提问、勇于提问，Stay Hungry, Stay Foolish，也就是说如饥似渴地学习、不耻下问地提问，一个是状态、一个是心态。

这里边还有很多是研究生的新生。我认为，研究生主要是靠做出来的。大家如果有空晚上到学校转转，那些能出重大成果的实验室，能在 *Science*、*Nature* 等高水平期刊上发表论文的实验室，往往是灯火通明，老师和学生基本上都牺牲了大部分的节假日和周末。一个研究生没有这样的一种状态，是不可能成为一名优秀的研究生的。

同学们，今天你们正式成为一名"南农人"，你们要牢记"诚朴勤仁"的校训，志存高远、崇尚科学、勤奋学习、全面发展。你们要有世界眼光、中国情怀和南农品质，有志成为行业的领军人才。

同学们，今天你们来到南京农业大学，来到"钟山南，下马坊"，要规规矩矩地下马，认认真真地学习。

四年后，你们将会出门再上马，希望同学们带着知识、带着理想，奔跑出你们精彩的人生！

"天高任鸟飞，海阔凭鱼跃"，祝同学们和南农一起飞跃！

谢谢！

# 在南京农业大学一流本科教育推进会上的总结讲话

周光宏

（2018 年 12 月 29 日）

老师们、同志们：

今天学校隆重召开一流本科教育推进会，本次会议是学校 2018 年的收官之作，也是 2019 年先手布局，会议的重要性不言而喻。

刚才，陈利根书记作了一个精彩的报告，他从高等教育发展的宏观视角、南农百年办学的历史维度和当前学校本科教育教学实践的微观层面，深刻阐述了学校建设一流本科教育的重大意义，分析了全面振兴本科教育的发展基础，提出了进一步深化教育教学改革的理念思路，吹响了"一流本科教育"的集结号，各学院、各单位要及时组织传达学习书记的讲话精神，统一思想，凝聚共识。

刚才，第二届"钟山教学名师"介绍了教学体会，3 项国家级教学成果奖牵头人对成果进行了交流汇报，教务处对 2019 版本科人才培养方案修订工作作了说明。讲得都非常好，在此，我讲两点意见：一是对学校层面，二是对教师层面。

## 一、强化本科教学中心地位，做好一流本科教育的顶层设计

本科教学在学校是否处于中心地位，要看 3 个方面：①书记校长要想着教学，心里要装着学生，时时刻刻想着大学的本职是培养人才；②职员要想着教师，心里要装着服务，要做到尊师爱教，定位好为师生服务的职能；③教师要想着学生，心里要装着学问，要时刻想着自己的第一身份是教师，职责是教书育人。达到了这 3 个要求，大学才能形成浓郁的教学氛围，本科教学才能成为学校的中心工作。

做好本科教学，人才培养方案至关重要。我校上一版的人才培养方案是 2015 年制订的，这 3 年多来，学校经历了本科教学审核评估，农学、植保、环境工程等专业认证，第四轮一级学科评估，4 年一度的国家教学成果奖申报。这些工作都从不同的角度、不同的层面对学校近年来的本科教学工作进行了审视，为开展新一轮人才培养方案修订提供了思想观念上的准备。构建南农特色的高水平人才培养体系要重点关注以下几个方面：

一是要着力建设一流课程。结合现代互联网比较发达的形势，针对学生不同学习阶段的知识需求和发展需要，设计具有针对性的课程体系，要建设一大批精品课程，坚决淘汰一批与培养目标关联不大、为工作量而设、因人而设、内容陈旧的课程。要淘汰学生轻松过关的"水课"，要建设越来越多的"金课"。大家都知道，现在中学生负担太重，大学生负担太轻。所以，要提升大学生的学业挑战度，合理增加课程难度。

二是要着力打造品牌专业。要进一步优化专业结构，布局新兴交叉专业，加强专业认证，积极参与国际认证，通过一流学科建设带动品牌专业发展，逐步淘汰社会认可度低、就

业率低的专业。

三是要突出人才分类培养。我们要培养合格的本科人才，不代表只培养一个规格的、千篇一律的、一个模子倒出来的毕业生。因为我们是学校，不是工厂。所以，要主动适应学生个性化发展要求，既要培养科学家，也要培养技术员、工程师、企业家、艺术家和优秀的管理人才。所以，培养方案既要有规定动作，也要有自选动作，后者往往更难做，要花费更多的心血。

四是要把学校的科研优势转化为人才培养的优势，科研成果要进入本科课堂。所以，教授要给本科生上课，研究的新技术要进入本科生的实验实习，充分体现研究型大学人才培养的特征、南农的特征。同时，我们要鼓励学生追求卓越，积极报考研究生，做好本研贯通与衔接。

五是要把提升学生综合素质、德智体美劳全面发展贯穿于人才培养全过程。着力培养学生的创新精神、实践能力，推进全程全员全方位"三全育人"工作，专业知识教育、通识教育、德智体美劳教育要全面发展结合。

## 二、全面提升教学水平，建设一流教师队伍

办好一流本科教育，需要汇聚各方力量，其中，教师发挥着关键的作用。这里我对全面提升教学水平，建设一流教师队伍提4点希望。

一是要对教师职业心存敬畏。教师是人类灵魂的工程师，是人类文明的传承者，承载着传播知识、传播思想、传播真理、塑造灵魂、塑造生命、塑造新人的时代重任。一个学生遇到好老师是一辈子的幸运，可能会影响这个学生今后的人生轨迹和前途命运。教师是立教之本、兴教之源，是无比光荣的职业，作为教师，要对"三尺讲台"心存敬畏。

二是要对教学工作勤奋钻研。人才培养的中心环节是教学，课堂教学是主阵地。南农有很多讲课非常优秀的教师，他们不但学术水平高而且教学有方，如邹思湘老师的动物生物化学，沈其荣教授的土壤与肥料、强胜教授的植物与人生，包括今天表彰的两位钟山教学名师，都是把传授知识和学生兴趣结合起来，学生听他们的课是一种提升、一种享受。但是，我们也有一些教师，对教学工作投入不够，教学准备不充分，教学方式简单，满堂灌，课程枯燥乏味。这不是教学生，是误人子弟。希望广大教师以我校优秀教师为榜样，认真钻研教学，不断提高业务能力，在讲台上站得住、站得好。

三是要做好学问。大学是做学问的地方，是知识的殿堂。所谓学高为师，扎实而渊博的学识是成为好教师的基础。我们一直在倡导启发式、讨论式和研究式教学。但是，如果没有扎实的专业知识和对学科前沿的了解，教学中必然会捉襟见肘，只能照本宣科，谈不上游刃有余的引导和讨论。希望广大教师要把握好教学与科研的关系，做好学问，始终走在学术的前沿，以科研促进教学。总之，就是肚子里要有货！

四是要有规矩意识。没有规矩不成方圆，教师要立德树人，首先要立德正己，为人师表，要遵守学校教学管理的规章制度，要恪守学术规范。今年教师节，学校集中表彰了一批师德高尚、成绩突出的教师代表，充分展示了我校教师为人师表的精神风貌。希望广大教师要切实规范自己的职业行为，做有道德情操、有仁爱之心的好老师，努力当好学生健康成长的指导者和引路人。

老师们、同志们。

"十二五"以来，学校各项工作取得了显著成绩，我们提出了世界一流农业大学建设目标，以"世界一流、中国特色、南农品质"作为发展理念，以"世界眼光、中国情怀、南农品质"作为育人理念。

我们制订了大学章程，重新构建学术委员会制度，设立五大学部，南农把党委领导、校长负责、教授治学的现代大学制度落到了实处。

我们实施了"钟山学者"计划，推进综合改革，持续改善民生，南农正在建设一支一流的教职员工队伍。

我们设立了世界农业奖，创办农业特色孔子学院，推动中外联合办学，创办国际学术期刊，显著提升了南农国际影响力。

我们奋力推进"两校区一园区"工作，具有国际标准的白马教学科研基地已投入使用，新校区已经奠基，设计规划正在紧锣密鼓地推进，设计方案正在体育馆展出，请各位教师多提宝贵意见。

自学校提出建设世界一流农业大学目标以来，南农已培养了近 6 万名毕业生；获得 4 项国家教学成果奖、11 项国家级科技奖，在第四轮学科评估中获得 4 个 A＋，并列全国第 11 位；2 个学科群进入 ESI 全球前 1‰，在全国高校中居前 20 名。

在 U. S. News "全球最佳农业科学大学"排名中，学校由 2014 年的第 36 名，上升到去年的第 9 名，进入全球涉农大学前 10。也就是说，我们建设世界一流农业大学的目标已初步实现。

"幸福是奋斗出来的"，南农今天取得的一切成就都是靠我们广大教职员工努力奋斗、奋力拼搏出来的。在此，我代表学校对广大教师员工再一次表示衷心的感谢！

大学永远在追求卓越，人才培养、科学研究、服务社会、文化传承永远在路上，这次会议吹响了南京农业大学加快推进一流本科教育的集结号，我们要以习近平新时代中国特色社会主义思想为指导，深入贯彻落实全国教育大会和新时代全国高等学校本科教育工作会议精神，坚持立德树人根本任务，不断更新教育理念，继续深化教育教学改革，努力开创南京农业大学本科教育新局面。

今天是 2018 年的最后一个工作日，大家辛苦了，过几天就要迎来新年，也借此机会，向过去一年为学校建设发展作出辛勤工作的全校师生员工，表示衷心的感谢！祝大家新年快乐，身体健康！

谢谢！

# ［重要文件与规章制度］

## 学校党委发文目录清单

| 序号 | 文号 | 文件标题 | 发文时间 |
|---|---|---|---|
| 1 | 党发〔2018〕23号 | 关于转发《中共教育部党组关于陈利根同志任职的通知》的通知 | 20180427 |
| 2 | 党发〔2018〕32号 | 关于印发《南京农业大学处级干部选拔任用实施办法》的通知 | 20180601 |
| 3 | 党发〔2018〕35号 | 关于进一步加强和改进教师思想政治工作的意见 | 20180606 |
| 4 | 党发〔2018〕38号 | 关于教师党支部书记"双带头人"培育工程的实施意见 | 20180606 |
| 5 | 党发〔2018〕45号 | 关于印发《南京农业大学辅导员队伍建设规定》的通知 | 20180712 |
| 6 | 党发〔2018〕50号 | 关于印发《南京农业大学贯彻落实中央八项规定精神的实施细则》的通知 | 20180705 |
| 7 | 党发〔2018〕65号 | 关于印发《南京农业大学学院党组织工作标准》的通知 | 20180918 |
| 8 | 党发〔2018〕68号 | 关于认真学习贯彻全国教育大会精神的通知 | 20180920 |
| 9 | 党发〔2018〕83号 | 关于成立社会合作处的通知 | 20181114 |
| 10 | 党发〔2018〕91号 | 关于成立创新创业学院的通知 | 20181126 |
| 11 | 党发〔2018〕99号 | 关于印发《南京农业大学学院党政联席会议事规则》的通知 | 20181219 |
| 12 | 党发〔2018〕107号 | 关于召开中国共产党南京农业大学第十二次代表大会的决议 | 20181225 |

（撰稿：朱　珠　审稿：丁广龙　审核：戎男崖）

# 学校行政发文目录清单

| 序号 | 文号 | 文件标题 | 发文时间 |
|---|---|---|---|
| 1 | 校社科发〔2018〕17号 | 关于印发《南京农业大学人文社科校级研究机构管理办法》的通知 | 20180116 |
| 2 | 校发〔2018〕62号 | 关于印发《南京农业大学国际学生奖学金管理办法》的通知 | 20180226 |
| 3 | 校发〔2018〕78号 | 关于印发《南京农业大学教师农技推广服务工作量认定管理办法》的通知 | 20180314 |
| 4 | 校图发〔2018〕81号 | 关于印发《南京农业大学信息化项目建设管理规定》的通知 | 20180323 |
| 5 | 校外发〔2018〕108号 | 关于印发《南京农业大学国际学生管理规定》的通知 | 20180408 |
| 6 | 校财发〔2018〕130号 | 关于印发《南京农业大学经济收入管理及分配办法》的通知 | 20180419 |
| 7 | 校图发〔2018〕145号 | 关于印发《南京农业大学10万元以下信息化项目采购管理实施细则》及《南京农业大学10万元以下文献资源项目采购管理实施细则》的通知 | 20180425 |
| 8 | 校教发〔2018〕177号 | 关于印发《南京农业大学教师岗前培训规定》的通知 | 20180510 |
| 9 | 学术〔2018〕4号 | 关于印发《南京农业大学术规范（试行）》《南京农业大学学术不端行为处理办法（试行）》的通知 | 20180705 |
| 10 | 校资发〔2018〕372号 | 关于印发《南京农业大学国有资产管理办法》（2018年修订）和《南京农业大学国有资产处置管理细则》（2018年修订）的通知 | 20180720 |
| 11 | 校科发〔2018〕367号 | 关于发布《南京农业大学科技成果资产评估项目备案工作实施细则》《南京农业大学对外科研项目投标管理暂行办法》的通知 | 20180721 |
| 12 | 校教发〔2018〕436号 | 关于印发《南京农业大学大学生创新创业训练计划管理办法》的通知 | 20180906 |
| 13 | 校研发〔2018〕457号 | 关于修订《南京农业大学研究生学业奖学金管理暂行办法》的通知 | 20180920 |
| 14 | 校实发〔2018〕488号 | 关于印发《南京农业大学实验室安全管理办法》等4个文件的通知 | 20181011 |
| 15 | 校教发〔2018〕489号 | 关于印发《南京农业大学教学实验室对本科生开放管理办法》的通知 | 20181011 |
| 16 | 校教发〔2018〕499号 | 关于印发《南京农业大学"钟山教学名师"评选表彰办法（修订）》的通知 | 20181018 |
| 17 | 校学发〔2018〕508号 | 关于印发《南京农业大学新疆、西藏籍少数民族学生学业进步奖励办法》的通知 | 20181022 |
| 18 | 校财发〔2018〕522号 | 关于印发《南京农业大学招标采购供应商管理考核暂行办法》和《南京农业大学招标采购代理机构管理考核暂行办法》的通知 | 20181029 |
| 19 | 校财发〔2018〕523号 | 关于印发《南京农业大学网上竞价采购实施细则》的通知 | 20181029 |
| 20 | 校外发〔2018〕619号 | 关于印发《南京农业大学国际合作能力提增计划项目管理办法（暂行）》的通知 | 20181226 |
| 21 | 校研发〔2018〕623号 | 关于修订《南京农业大学研究生奖助体系改革实施方案解释细则》的通知 | 20181226 |
| 22 | 校研发〔2018〕625号 | 关于修订《南京农业大学校长奖学金管理办法》的通知 | 20181229 |

（撰稿：吴　玥　审稿：袁家明　审核：戎男崖）

# 三、2018 年大事记

## 1 月

19 日，爱思唯尔（Elsevier）发布了 2017 年中国高被引学者（Chinese Most Cited Researchers）榜单，学校 10 名学者入选，分布在农业与生物科学、能源、兽医学 3 个领域。

24 日，教授陈发棣领衔申报的 2018 年度高等学校学科创新引智基地——"特色园艺作物育种与品质调控研究学科创新引智基地"项目获批并予以立项。

## 2 月

1 日，南京农业大学连云港新农村发展研究院揭牌仪式在江苏省连云港市举行。

24 日，教授程遐年被中国昆虫学会授予第二届"中国昆虫学会终身成就奖"。

24 日，教授朱晶当选第十三届全国人民代表大会代表。

28 日，QS 全球教育集团发布了 2018 年 QS 世界大学学科排名，学校在"农业与林业"学科中列第 47 位，首次进入前 50。

## 3 月

3 月，教授周光宏当选美国食品工程院院士。美国食品工程院院士是国际食品界公认的最高荣誉。

20 日，院士盖钧镒获"2012—2017 年度中国种业十大杰出人物"荣誉称号。

## 4 月

12 日，教育部党组宣布陈利根任中共南京农业大学委员会委员、常委、书记。

14 日，南京农业大学、南京江北新区举行全面战略合作暨共建南京农业大学新校区签约仪式，双方在《南京江北新区管委会与南京农业大学全面战略合作暨共建南农大新校区框架协议》上签字。

## 5 月

5 月，国际食品科学院（International Academy of Food Science and Technology, IAFoST）公布院士增选结果，教授周光宏当选国际食品科学院院士（IAFoST Fellow）。

9 日，南京农业大学召开第五届教职工代表大会第十二次会议。大会由校党委书记陈利根主持。校长周光宏作学校工作报告《砥砺谋发展，迈向新时代，开启世界一流农业大学建设新征程》。副校长戴建君作《学校财务工作报告》，学术委员会副主任钟甫宁教授作《学术委员会工作报告》，党委办公室主任胡正平作《教代会提案工作报告》，新校区建设指挥部常务副总指挥夏镇波作《新校区建设进展报告》。

14 日，国务院学位委员会发布了《国务院学位委员会关于下达 2017 年审核增列的博士、硕士学位授权点名单的通知》，图书情报与档案管理获批新增为一级学科博士学位授权点。

18 日，《园艺研究》（*Horticulture Research*）入选 2018 年度中国科技期刊国际影响力提升计划 D 类项目，植物科学领域仅 *Horticulture Research* 入选。

30 日，教授张正光入选教育部 2017 年度"长江学者"特聘教授，教授宣伟、教授徐志刚入选 2017 年度"长江学者"青年学者。

# 6    月

8 日，《科学》（*Science*）在线出版刊发院士万建民团队运用自私基因模型揭示了水稻的杂种不育现象这一突破性成果。

20 日，学校举行师德大讲堂启动仪式暨第一讲活动。校党委书记陈利根作第一讲，题为《用师德挺起世界一流农业大学的脊梁》。

# 7    月

4 日，学校与 Science 举行合作创办英文期刊《植物表型组学》（*Plant Phenomics*）签约仪式。《植物表型组学》计划于 2019 年 1 月正式上线发行，是 Science 在亚太地区合作出版的第二本期刊。

29 日，南京农业大学与玄武区教育局签署共建协议，江苏省南京市玄武区孝陵卫中心小学更名为南京农业大学实验小学。

# 8    月

15 日，2018 软科世界大学学术排名正式发布，学校再次入榜并提升至 301～400 位。

29 日，学校召开新学期工作会议。会议由校长周光宏主持。校党委书记陈利根作大会报告《以校史为鉴，向世界一流阔步前行》。

# 9    月

8 日，南京农业大学新校区在国家级新区南京江北新区正式奠基。

9 日，2018 级新生开学典礼隆重举行。近 6 000 位新生及部分教职工出席了典礼。

# 10 月

10 月，"'用金牌、助招牌、创品牌'，铸就精准脱贫持久内生动力"项目入选教育部直属高校精准扶贫精准脱贫十大典型项目。

20 日，南京农业大学首届校友返校日系列活动在卫岗校区举办。来自北美、日本及全国各地毕业于不同年代的校友共 300 多人参加活动。

28 日，2018 年 GCHERA 世界农业奖颁奖典礼在南京农业大学举行。来自西非加纳共和国加纳大学的教授埃里克·意仁基·丹夸和来自美国俄亥俄州立大学的教授拉坦·莱尔共同获奖。

29 日，2018 年国际基因工程机械设计大赛（International Genetically Engineered Machine Competition）南京农业大学团队再次斩获金奖。

31 日，2018 年"创青春"全国大学生创业大赛终审决赛学校 4 支代表队获 3 项金奖、1 项银奖，金奖总数并列全国高校第八位。

科睿唯安（Clarivate Analytics）2018 年全球"高被引科学家（Highly-Cited Researchers 2018）"榜单，教授赵方杰入选跨学科领域"高被引科学家"。

# 12 月

1 日，南京农业大学智慧农业研究院正式揭牌。

2 日，第九届"外教社杯"全国高校外语教学大赛全国总决赛，外国语学院霍雨佳老师获得商务英语专业组特等奖（第一名）。

9 日，教授沈其荣获第六届中华农业英才奖。

28 日，学校以第一完成单位获 3 项教育部高等教育国家级教学成果奖二等奖："本研衔接、寓教于研"培养作物科学拔尖创新型学术人才的研究与实践（主持人：董维春）、以三大能力为核心的农业经济管理拔尖创新人才培养体系的探索与实践（主持人：朱晶）、基于差异化发展的农科类本科人才分类培养模式的构建与实践（主持人：王恬）。

29 日，召开一流本科教育推进会，书记陈利根作《吹响一流本科教育的集结号——着力培养"大为大德大爱"的接力者》的主旨报告，校长周光宏对强化本科教学中心地位、做好一流本科教育提出具体要求。

（撰稿：吴 玥 审稿：袁家明 审核：张 丽）

# 四、机构与干部

## [机构设置]

### 机 构 设 置

（截至 2018 年 12 月 31 日）

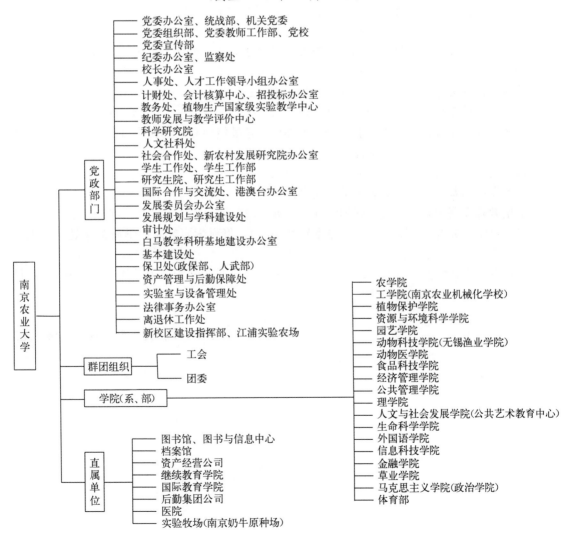

机构变动如下：

## （一）党组织

成立中共南京农业大学离退休工作处工作委员会，正处级建制（2018 年 11 月）。
成立中共南京农业大学新校区建设指挥部工作委员会，正处级建制（2018 年 11 月）。
恢复中共南京农业大学资产经营公司直属支部委员会，正处级建制（2018 年 11 月）。
成立中共南京农业大学后勤集团公司总支部委员会，正处级建制（2018 年 11 月）。
成立中共南京农业大学医院直属支部委员会，副处级建制（2018 年 11 月）。
撤销中共南京农业大学离休直属支部委员会（2018 年 11 月）。
撤销中共南京农业大学校区发展与基本建设处直属支部委员会（2018 年 11 月）。
撤销中共南京农业大学资产与后勤委员会（2018 年 11 月）。
撤销中共南京农业大学江浦实验农场工作委员会（2018 年 11 月）。

## （二）行政机构

成立教师发展与教学评价中心，正处级建制（2018 年 11 月）。
成立交叉学科建设处，副处级建制，隶属科学研究院（2018 年 11 月）。
成立社会合作处，正处级建制，与新农村发展研究院办公室一个机构、两块牌子（2018 年 11 月）。
成立法律事务办公室，正处级建制（2018 年 11 月）。
成立离退休工作处，正处级建制（2018 年 11 月）。
新校区建设指挥部与江浦实验农场合署办公，正处级建制（2018 年 11 月）。
成立创新创业学院，正处级建制（2018 年 11 月）。
恢复资产经营公司正处级建制（2018 年 11 月）。
校区发展与基本建设处更名为基本建设处（2018 年 11 月）。
撤销教师发展中心，将其职能划归教师发展与教学评价中心（2018 年 11 月）。
撤销科学研究院产学研合作处（技术转移中心），将科学研究院产学研合作处（技术转移中心）职能划归社会合作处。（2018 年 11 月）。
撤销老干部办公室，将其职能及人事处退休管理科职能划归离退休工作处（2018 年 11 月）。

（撰稿：汪瑶苊　审稿：吴　群　审核：周　复）

# ［校级党政领导］

党委书记：陈利根（2018 年 2 月任职）

党委副书记、校长：周光宏

党委副书记、纪委书记：盛邦跃

党委副书记：王春春（援藏任西藏农牧学院党委副书记、副院长）　刘营军

党委常委、副校长：胡　锋　戴建君（2018 年 11 月调离）　丁艳锋　董维春　闫祥林

副校长：陈发棣

（撰稿：汪瑨苪　审稿：吴　群　审核：周　复）

# [处级单位干部任职情况]

## 处级单位干部任职情况一览表

（2018.01.01—2018.12.31）

| 序号 | 工作部门 | 职　务 | 姓　名 |
|---|---|---|---|
| 一、党政部门 | | | |
| 1 | 党委办公室、统战部、机关党委 | 主任、部长、书记 | 孙雪峰（2018年12月起） |
| | | | 胡正平（2018年11月止） |
| | | 常务副书记、副主任 | 庄　森（2018年12月起） |
| 2 | 党委组织部、党委教师工作部、老干部办公室 | 部长、部长、主任 | 吴　群（主任至2018年11月止） |
| | | 党委组织部副部长 | 许承保 |
| | | 党委教师工作部副部长 | 郑　颖（2018年2月起） |
| | | 离休直属党支部副书记、老干部办公室副主任（党组织和机构于2018年11月撤销） | 张　鲲（2018年11月止） |
| 3 | 党委宣传部 | 常务副部长 | 刘　勇（2018年12月起） |
| | | | 全思懋（2018年11月止） |
| | | 副部长 | 石　松 |
| 4 | 纪委办公室、监察处 | 主任、处长 | 胡正平（2018年11月起） |
| | | | 尤树林（2018年11月止） |
| 5 | 校长办公室 | 主任 | 单正丰 |
| | | 副主任 | 刘　勇（2018年12月止） |
| | | 副主任 | 姚科艳（2018年12月止） |
| 6 | 人事处、人才工作领导小组办公室 | 处长、主任 | 包　平 |
| | | 副处长 | 周振雷 |
| | | 副处长 | 杨　坚 |
| 7 | 计财处、招投标办公室、会计核算中心 | 处长、招投标办公室主任 | 陈庆春（2018年12月起） |
| | | | 许　泉（2018年11月止） |
| | | 副处长、主任 | 陈庆春（2018年12月止） |
| | | 副处长 | 杨恒雷 |
| | | 招投标办公室副主任 | 胡　健 |
| 8 | 教务处、植物生产国家级实验教学中心 | 处长、主任、创新创业学院院长（兼） | 张　炜（2018年11月任创新创业学院院长） |
| | | 副处长（正处级） | 缪培仁 |
| | | 副处长、公共艺术教育中心副主任（兼） | 胡　燕 |
| | | 副处长、副主任 | 吴　震 |
| | | 副处长 | 丁晓蕾 |

（续）

| 序号 | 工作部门 | 职　务 | 姓　名 |
|------|---------|--------|--------|
| 9 | 教师发展与教学评价中心（11月成立） | 主任 | 范红结（2018年12月起） |
| 10 | 科学研究院 | 常务副院长 | 姜　东 |
| | | 副院长（正处级） | 俞建飞 |
| | | 重大项目处处长 | 陶书田 |
| | | 实验室与平台处处长 | 周国栋 |
| | | 成果与知识产权处处长 | 姜　海（2018年12月止） |
| | | 科研计划处处长 | 陈　俐（2018年2月起） |
| | | 产学研合作处（技术转移中心）处长（机构于2018年11月撤销） | 马海田（2018年11月止） |
| 11 | 人文社科处 | 处长 | 黄水清 |
| | | 副处长 | 卢　勇 |
| 12 | 社会合作处、新农村发展研究院办公室 | 处长、主任 | 陈　魏（2018年11月任社会合作处处长） |
| | | 副主任 | 李玉清 |
| 13 | 学生工作处、学生工作部 | 处长、部长、创新创业学院副院长（兼） | 刘　亮（2018年11月任创新创业学院副院长） |
| | | 副处长 | 李献斌 |
| | | 副处长 | 吴彦宁 |
| 14 | 研究生院、研究生工作部 | 常务副院长、学位办公室主任 | 吴益东（2018年12月起）侯喜林（2018年11月止） |
| | | 部长 | 侯喜林（2018年11月止） |
| | | 部长、副院长 | 姚志友（2018年12月起） |
| | | 副院长、培养处处长 | 张阿英 |
| | | 学位办公室副主任（副处级） | 李占华 |
| | | 招生办公室主任 | 於朝梅 |
| 15 | 国际合作与交流处、港澳台办公室 | 处长、主任 | 陈　杰 |
| | | 副处长、副主任 | 魏　薇 |
| 16 | 发展委员会办公室 | 主任 | 张红生 |
| | | 副主任、校友会副秘书长（兼） | 郑金伟 |
| | | 副主任 | 杨　明 |
| 17 | 发展规划与学科建设处 | 处长 | 罗英姿 |
| | | 副处长 | 周应堂 |
| 18 | 审计处 | 处长 | 顾义军 |
| | | 副处长 | 顾兴平 |

（续）

| 序号 | 工作部门 | 职　务 | 姓　名 |
|---|---|---|---|
| 19 | 白马教学科研基地建设办公室 | 主任 | 陈礼柱（2018 年 11 月起） |
| | | 副主任 | 桑玉昆（2018 年 12 月止） |
| 20 | 基本建设处 | 处长 | 桑玉昆（2018 年 12 月起） |
| | | | 钱德洲（2018 年 11 月止） |
| | | 副处长 | 倪　浩（2018 年 12 月止） |
| | | 副处长 | 赵丹丹 |
| 21 | 保卫处、政保部、人武部 | 处长、部长、部长 | 崔春红（2018 年 12 月起） |
| | | | 刘玉宝（2018 年 11 月止） |
| | | 副处长、副部长、副部长 | 何东方 |
| 22 | 资产管理与后勤保障处 | 处长 | 孙　健 |
| | | 副处长 | 周留根 |
| 23 | 实验室与设备管理处 | 处长 | 钱德洲（2018 年 11 月起） |
| | | 处长 | 陈礼柱（2018 年 11 月止） |
| 24 | 法律事务办公室（2018 年 11 月成立） | 纪委副书记、法律事务办公室主任 | 尤树林（2018 年 11 月任法律事务办公室主任） |
| 25 | 离退休工作处（2018 年 11 月成立） | 党工委书记、处长 | 梁敬东（2018 年 12 月起） |
| 26 | 新校区建设指挥部、江浦实验农场 | 常务副总指挥 | 夏镇波（2018 年 12 月起） |
| | | 党工委书记 | 倪　浩（2018 年 12 月起） |
| | | 副总指挥、场长 | 乔玉山（2018 年 11 月起） |
| | | | 刘长林（2018 年 11 月免去江浦实验农场场长） |
| | | 副场长 | 赵　宝 |
| 二、群团组织 | | | |
| 1 | 工会 | 主席 | 欧名豪 |
| | | 副主席 | 肖俊荣 |
| 2 | 团委 | 副书记、公共艺术教育中心副主任（兼） | 谭智赟 |
| 三、学院（系、部） | | | |
| 1 | 农学院 | 党委书记 | 戴廷波 |
| | | 院长 | 朱艳 |
| | | 党委副书记 | 殷美 |
| | | 副院长、作物遗传与种质创新国家重点实验室常务副主任 | 王秀娥 |
| | | 副院长 | 黄骥 |
| | | 副院长、国家信息农业工程技术中心常务副主任 | 田永超 |
| | | 副院长 | 赵晋铭 |

（续）

| 序号 | 工作部门 | 职　务 | 姓　名 |
|---|---|---|---|
| 2 | 工学院 | 党委书记 | 李昌新 |
| | | 院长、南京农业机械化学校校长 | 汪小旵 |
| | | 党委副书记、纪委书记 | 张兆同 |
| | | 副院长、南京农业机械化学校副校长 | 沈明霞 |
| | | 副院长、南京农业机械化学校副校长 | 薛金林 |
| | | 副院长、办公室主任 | 李　骅 |
| | | 纪委办公室主任、机关党总支书记、监察室主任 | 张和生 |
| | | 学生工作处处长 | 施雪钢（2018年2月起） |
| | | 教务处处长 | 丁永前 |
| | | 人事处处长 | 毛卫华 |
| | | 科技与研究生处处长 | 周　俊 |
| | | 计财处处长 | 高天武 |
| | | 总务处处长 | 李中华 |
| | | 农业机械化（交通与车辆工程）系党总支书记 | 刘　杨 |
| | | 农业机械化（交通与车辆工程）系主任 | 何瑞银 |
| | | 机械工程系党总支书记 | 刘　平 |
| | | 机械工程系主任 | 康　敏 |
| | | 电气工程系党总支书记 | 王健国 |
| | | 电气工程系主任 | 卢　伟 |
| | | 管理工程系党总支书记 | 施晓琳 |
| | | 管理工程系主任 | 李　静 |
| | | 基础课部党总支书记 | 桑运川 |
| | | 基础课部主任 | 屈　勇 |
| 3 | 植物保护学院 | 党委书记 | 邵　刚（2018年12月起） |
| | | | 吴益东（2018年11月止） |
| | | 院长 | 王源超 |
| | | 党委副书记 | 黄绍华 |
| | | 副院长 | 张正光 |
| | | 副院长 | 叶永浩 |
| 4 | 资源与环境科学学院 | 党委书记 | 全思懋（2018年11月起） |
| | | | 李辉信（2018年11月止） |
| | | 院长 | 邹建文（2018年12月起） |
| | | | 徐国华（2018年11月止） |
| | | 党委副书记 | 崔春红（2018年12月止） |
| | | 副院长 | 邹建文（2018年12月止） |
| | | 副院长 | 李　荣 |

（续）

| 序号 | 工作部门 | 职务 | 姓名 |
|---|---|---|---|
| 5 | 园艺学院 | 党委书记 | 韩 键（2018年12月起） |
| | | | 陈劲枫（2018年11月止） |
| | | 院长 | 吴巨友 |
| | | 党委副书记 | 韩 键（2018年12月止） |
| | | 副院长 | 房经贵 |
| 6 | 动物科技学院 | 党委书记 | 高 峰 |
| | | 院长 | 毛胜勇（2018年12月起） |
| | | | 刘红林（2018年11月止） |
| | | 党委副书记 | 刘志斌 |
| | | 副院长 | 毛胜勇（2018年12月止） |
| | | 副院长 | 张艳丽 |
| 7 | 动物医学院 | 党委书记 | 范红结（2018年11月止） |
| | | 院长 | 姜 平（2018年7月起） |
| | | 党委副书记（主持工作） | 周振雷（2018年12月起） |
| | | 党委副书记 | 熊富强 |
| | | 副院长 | 曹瑞兵 |
| | | 副院长 | 苗晋锋 |
| 8 | 食品科技学院 | 党委书记 | 夏镇波（2018年11月止） |
| | | | 朱筱玉（2018年12月起） |
| | | 院长 | 徐幸莲 |
| | | 党委副书记 | 朱筱玉（挂职西藏农牧学院） |
| | | 党委副书记 | 丁广龙 |
| | | 副院长、国家肉品质量安全控制工程技术研究中心常务副主任 | 李春保 |
| | | 副院长 | 辛志宏 |
| | | 副院长 | 金 鹏 |
| 9 | 经济管理学院 | 党委书记 | 姜 海（2018年12月起） |
| | | 院长 | 朱 晶 |
| | | 党委副书记 | 卢忠菊 |
| | | 副院长 | 耿献辉 |
| | | 副院长 | 林光华 |
| 10 | 公共管理学院 | 党委书记 | 郭忠兴 |
| | | 院长 | 冯淑怡（2018年11月起） |
| | | 党委副书记 | 张树峰 |
| | | 副院长 | 于 水 |

（续）

| 序号 | 工作部门 | 职　务 | 姓　名 |
|---|---|---|---|
| 11 | 理学院 | 党委书记 | 程正芳 |
| | | 院长 | 章维华 |
| | | 党委副书记 | 刘照云 |
| | | 副院长 | 吴　磊 |
| 12 | 人文与社会发展学院 | 党委书记 | 姚科艳（2018年12月起） |
| | | | 朱世桂（2018年11月止） |
| | | 院长、公共艺术教育中心主任（兼） | 姚兆余（2018年12月起） |
| | | | 杨旺生（2018年11月止） |
| | | 党委副书记 | 冯绪猛 |
| | | 副院长 | 姚兆余（2018年12月止） |
| | | 副院长 | 付坚强（2018年12月止） |
| | | 副院长 | 路　璐 |
| 13 | 生命科学学院 | 党委书记 | 赵明文 |
| | | 院长 | 蒋建东（2018年12月起） |
| | | 副院长（主持工作） | 蒋建东（2018年12月止） |
| | | 党委副书记 | 李阿特 |
| | | 副院长 | 崔　瑾 |
| 14 | 外国语学院 | 党委书记 | 石　松（2018年12月起） |
| | | | 韩纪琴（2018年11月止） |
| | | 副院长（主持工作） | 曹新宇 |
| | | 党委副书记 | 董红梅 |
| | | 副院长 | 游衣明 |
| | | 副院长（埃格顿大学孔子学院中方院长） | 李震红（2018年10月起） |
| 15 | 信息科技学院 | 党委书记 | 郑德俊（2018年12月起） |
| | | | 梁敬东（2018年11月止） |
| | | 院长 | 徐焕良（2018年12月起） |
| | | 副院长（主持工作） | 郑德俊（2018年12月止） |
| | | 党委副书记 | 白振田 |
| | | 副院长 | 徐焕良（2018年12月止） |
| | | 副院长 | 何　琳 |
| 16 | 金融学院 | 党委书记 | 刘兆磊 |
| | | 院长 | 周月书（2018年12月起） |
| | | 副院长（主持工作） | 周月书（2018年12月止） |
| | | 党委副书记 | 李日葵（挂职南通崇川区副区长） |
| | | 副院长 | 张龙耀 |

（续）

| 序号 | 工作部门 | 职　务 | 姓　名 |
|---|---|---|---|
| 17 | 草业学院 | 党总支书记 | 李俊龙 |
| | | 院长 | 郭振飞（2018 年 1 月起） |
| | | 副书记、副院长 | 高务龙 |
| | | 副院长 | 徐　彬 |
| 18 | 马克思主义学院（政治学院） | 党总支书记、院长 | 付坚强（2018 年 12 月起） |
| | | | 余林媛（2018 年 11 月止） |
| | | 党总支副书记 | 倪丹梅 |
| | | 副院长 | 姜　萍（2018 年 1 月起） |
| 19 | 体育部 | 党总支书记、主任 | 张　禾 |
| | | 党总支副书记 | 许再银 |
| | | 副主任 | 陆东东 |

四、直属单位

| 序号 | 工作部门 | 职　务 | 姓　名 |
|---|---|---|---|
| 1 | 图书馆、图书与信息中心 | 党总支书记 | 查贵庭 |
| | | 馆长、主任 | 倪　峰 |
| | | 副馆长、副主任 | 宋华明 |
| | | 副馆长、副主任 | 唐惠燕 |
| 2 | 档案馆 | 馆长 | 朱世桂（2018 年 12 月起） |
| | | | 景桂英（2018 年 12 月止） |
| | | 副馆长 | 段志萍 |
| 3 | 资产经营公司（2018 年 11 月恢复正处级建制） | 总经理 | 许　泉（2018 年 11 月起） |
| | | | 孙小伍（2018 年 11 月止） |
| | | 直属党支部副书记（主持工作） | 夏拥军（2018 年 12 月起） |
| 4 | 学术交流中心 | 董事长、总经理（无行政级别） | 郑　岚 |
| 5 | 继续教育学院 | 党总支书记、院长 | 李友生 |
| | | 党总支副书记 | 陈明远 |
| | | 副院长 | 陈如东 |
| 6 | 国际教育学院 | 院长 | 韩纪琴（2018 年 12 月起） |
| | | | 刘志民（2018 年 11 月止） |
| | | 副院长 | 李　远 |
| | | 副院长 | 童　敏 |
| 7 | 后勤集团公司 | 总经理 | 姜　岩 |
| | | 党总支书记 | 刘玉宝（2018 年 11 月起） |
| | | 副总经理 | 胡会奎 |
| | | 副总经理 | 孙仁帅 |
| 8 | 医院 | 院长 | 石晓蓉 |

# ［常设委员会（领导小组）］

**中共南京农业大学第十一届委员会**

丁艳锋　王春春　王源超　包　平　朱　艳
刘营军　闫祥林　李昌新　吴　群　汪小旵
陈利根　陈劲枫　周光宏　胡　锋　胡正平
侯喜林　夏镇波　盛邦跃　董明盛　董维春

**中共南京农业大学纪律检查委员会**

书　记：盛邦跃
副书记：尤树林
委　员（以姓氏笔画为序）：
　　　　尤树林　刘玉宝　许　泉　李辉信　张兆同　陈礼柱
　　　　欧名豪　单正丰　盛邦跃　韩纪琴　戴廷波

**南京农业大学第八届学术委员会**

主　任：沈其荣
副主任：钟甫宁　丁艳锋
委　员（以姓氏笔画为序）：
　　　　丁艳锋　万建民　马正强　王思明　王源超
　　　　方　真　冯淑怡　朱　晶　朱伟云　吴益东
　　　　沈其荣　张绍铃　陈发棣　罗英姿　赵方杰
　　　　赵茹茜　钟甫宁　姜　平　徐幸莲　徐国华
　　　　章文华　章维华　盖钧镒　董维春　强　胜

**南京农业大学第十一届学位评定委员会**

主　席：周光宏
副主席：陈发棣
委　员（以姓氏笔画为序）：
　　　　王思明　王源超　朱　艳　朱　晶　刘红林
　　　　李祥瑞　汪小旵　沈其荣　张　炜　陈发棣
　　　　欧名豪　罗英姿　周光宏　周继勇　钟甫宁
　　　　侯喜林　徐　跑　徐　翔　徐幸莲　徐国华
　　　　姬长英　黄水清　曹卫星　盛邦跃　章文华
　　　　盖钧镒　董维春　韩召军

**南京农业大学师德建设与监督委员会**

主　　任：陈利根　周光宏

副主任：盛邦跃　董维春　陈发棣

成　　员（以姓氏笔画为序）：

尤树林　包　平　全思懋　刘　亮　吴　群

张　炜　欧名豪　罗英姿　单正丰　胡正平

侯喜林　姜　东　黄水清

（撰稿：吴　玥　审稿：袁家明　审核：周　复）

# ［民主党派成员］

### 南京农业大学民主党派成员统计一览表

（截至 2018 年 12 月）

| 党派 | 民盟 | 九三 | 民进 | 农工 | 致公 | 民革 | 民建 |
|------|------|------|------|------|------|------|------|
| 人数（人） | 188 | 188 | 11 | 13 | 8 | 8 | 1 |
| 负责人 | 严火其 | 陈发棣 | 姚兆余 | 邹建文 | 刘 斐 | | |
| 总人数（人） | 417 | | | | | | |

注：2018 年，共发展民主党派成员 23 人。其中，九三 11 人，民盟 10 人，民进 1 人，农工 1 人。

（撰稿：朱 珠 审稿：丁广龙 审核：周 复）

# [学校各级人大代表、政协委员]

全国第十三届人民代表大会代表：朱　晶

江苏省第十二届人民代表大会常委：姜　东

玄武区第十八届人民代表大会代表：戴建君　朱伟云

浦口区第四届人民代表大会代表：施晓琳


江苏省政协第十二届委员会常委：陈发棣

江苏省政协第十二届委员会委员：周光宏（界别：教育界）

江苏省政协第十二届委员会委员：严火其（界别：中国民主同盟江苏省委员会）

江苏省政协第十二届委员会委员：窦道龙（界别：农业和农村界）

江苏省政协第十二届委员会委员：王思明（界别：社会科学界）

江苏省政协第十二届委员会委员：姚兆余（界别：中国民主促进会江苏省委员会）

江苏省政协第十二届委员会委员：邹建文（界别：中国农工民主党江苏省委员会）

南京市政协第十四届委员会常委：崔中利（界别：农业和农村界）

玄武区政协第十二届委员会常委：洪晓月

玄武区政协第十二届委员会委员：沈益新

浦口区政协第四届委员会委员：丁启朔

（撰稿：文习成　审稿：丁广龙　审核：周　复）

# 五、党的建设

## 组 织 建 设

【概况】党委组织部（教师工作部、党校）全面落实新时代党的建设总要求，推进基层党组织建设、干部队伍建设、教师思想政治建设。

推进"两学一做"常态化制度化，深入落实全面从严治党向基层延伸。一是加强理论学习。邀请多位党建专家开展党史党情专题辅导，校领导、各级领导干部亲自给师生上党课。通过阅读原文、集中培训、线上学习等形式，切实在学懂弄通做实上下功夫。二是开展基层党组织"对标争先"建设计划。从二级党组织和基层党支部两个层面，深入推进计划实施，1个基层党委入选"全国党建工作标杆院系"，1个研究生支部入选全国高校"百个研究生样板支部"。三是建立党员管理记实机制。向全校师生党员发放《党员活动证》，引导师生党员记录参加组织生活、交纳党费、奖惩和作用发挥情况，从严从实加强党员日常管理。四是加强典型引路。隆重召开七一表彰大会，对全校3个二级党组织、5个分党校、18个基层党支部、10个主题党日活动和176位师生党员进行了表彰；拍摄"'两学一做'——我身边的优秀共产党员"微视频4部，并在全校展播，相关作品获教育部"两学一做"支部风采展示特色作品。五是开展"亮身份，树形象"活动。师生党员在毕业典礼、迎新工作和开学典礼等重大活动中佩戴党徽，强化身份意识，树立党员形象，展示党员风采。

强化质量提升，扎实推动基层党建工作全面过硬。一是严格组织生活制度。切实抓好"三会一课"、民主生活会、组织生活会、民主评议党员、谈心谈话等组织生活制度落实，全年组织召开2次专题组织生活会。二是推进基层党建工作标准化建设。先后颁发了《南京农业大学学院党组织工作标准》《南京农业大学基层党支部工作标准》《中共南京农业大学委员会二级党组织委员会议事规则》《南京农业大学学院党政联席会议议事规则》等制度文件，进一步加强了基层党组织规范化建设。三是推动基层党建工作不断创新。全校27个二级党组织书记完成了基层党建"书记项目"，并进行新一轮立项，打造了一批示范项目、精品项目。四是健全基层党组织书记考核机制。制订《南京农业大学基层党组织书记抓党建工作述职评议考核办法》，对全校27个二级党组织书记和296名支部书记进行考核，加强监督和管理，确保书记抓党建工作落实到位。五是推进党务工作队伍能力水平不断提升。组织开展基层党务工作者培训班，进一步提升党务工作者政治理论素养和业务能力水平。六是进一步规范党费收缴、使用和管理。印发《南京农业大学党费收缴、使用和管理规定》，调整党费缴纳基数，引导全校师生党员自觉、按时、足额交纳党费；建立健全帮扶机制，校院两级共帮扶困难党员 200 余人次。

不断加强干部队伍建设，着力提升干部队伍整体素质。坚持正确的用人导向，以制度建设引领干部工作科学化和规范化。认真贯彻落实中央和教育部关于干部工作的新精神和新要求，修订完善《南京农业大学处级干部选拔任用实施办法》，进一步明确干部选拔任用程序和方式方法，完善中层干部任期制等相关规定及正常退出和能上能下机制，建立更加科学合理规范的选拔任用体系，为选好用好干部提供坚强的制度保障。

适时启动中层干部任期考核和换届聘任工作。一是精心策划组织。按照政治素质过硬、业务能力精湛的标准选配考核组，进一步完善考核指标，改进考核办法。二是客观公正考核。通过民主测评和民主评议，对全校 51 个院级领导班子（部门）和 184 位中层干部进行考核，全面了解掌握领导班子和干部任期内的现实表现和工作业绩。21 个院级领导班子（部门）和 40 位中层干部任期考核获得优秀。三是强化考核结果应用。认真研究任期考核结果，并作为新一轮中层干部换届聘任的重要参考。四是启动新一轮中层干部换届聘任。进一步优化机构和岗位设置，新成立离退休工作处、法律事务办公室等 4 个正处级机构，增设机关党委常务副书记、党委组织部副部长等 14 个处级岗位；加大干部轮岗交流和能上能下执行力度，截至 12 月 31 日，退出领导岗位的正处级干部 10 人，轮岗交流 17 人；继续完善民主推荐干部方式方法，新选拔任用正处级干部 23 人。通过调整，中层领导班子结构整体优化，干部队伍活力和整体素质显著提升。

强化干部监管，全面深化干部队伍作风建设。一是从严落实领导干部个人有关事项报告制度。全年共抽查核实 45 人次，取消考察对象资格 1 人，诫勉处理 3 人，批评教育 5 人，填报不一致率控制在 20％以内，一致率较往年有大幅提升，有效促进了干部对党忠诚、遵纪守规、廉洁从政。二是严格规范领导干部因私出国（境）管理。进一步完善中层干部出国（境）制度和证件管理系统，不断规范审批和申领程序。全年审批领导干部因私出国（境）23 人次，集中保管领导干部因私证件 207 件。

深入推进党校教育的培训改革和创新。一是推动党校规范化和制度化建设。修订并发布《党校工作暂行规定》。二是完善入党教育培养体系。印发《发展党员培训体系实施办法》，以全员全过程全方位育人为目标，线上依托"南京农业大学入党教育培训在线学习平台"，线下开展集中研讨、主题活动、党史党情等实践教学，全面实现师生在入党各环节教育培训的全程化覆盖，参训师生达到 12 000 余人。三是建立健全党员干部教育培训体系。依托中国教育干部网络学院在线学习平台进行分类培养，先后面向中层及以上干部、教师党支部书记"双带头人"、基层党务工作者开展学习贯彻党的十九大精神、全国教育大会精神等专题培训，参训人员超过 800 人次。四是认真做好党员干部调训工作。全年选派 20 名处级及以上领导干部和 10 名教师党支部书记参加教育部、江苏省等培训项目。五是注重资源共享。组织召开全国高校大学生入党教育培训工作研讨会，借鉴和分享兄弟高校党建工作先进经验，加强交流与合作，为提高教学培训质量和推进教育资源共享构建了平台。相关活动被《组织人事报》和江苏教育电视台专题报道。

（撰稿：汪璠苪　审稿：吴　群　审核：周　复）

[附录]

# 附录 1　学校各基层党组织党员分类情况统计表

（截至 2018 年 12 月 31 日）

| 序号 | 单位 | 党员人数（人） | | | | | | | 在岗职工人数（人） | 学生总数（人） | 研究生数（人） | 本科生数（人） | 党员比例（%） | | | |
| --- | --- | --- | --- | --- | --- | --- | --- | --- | --- | --- | --- | --- | --- | --- | --- | --- |
| | | 合计 | 在岗职工 | 离退休 | 学生党员 | | | 流动党员 | | | | | 在岗职工党员比例 | 学生党员比例 | 研究生党员占研究生总数比例 | 本科生党员占本科生总数比例 |
| | | | | | 总数 | 研究生 | 本科生 | | | | | | | | | |
| | 合计 | 6 473 | 2 005 | 558 | 3 892 | 2 683 | 1 209 | 18 | 3 225 | 24 766 | 7 474 | 17 292 | 62.17 | 15.72 | 35.90 | 6.92 |
| 1 | 农学院党委 | 568 | 133 | 16 | 419 | 340 | 79 | | 161 | 1 545 | 760 | 785 | 82.61 | 27.12 | 44.74 | 10.06 |
| 2 | 植物保护学院党委 | 377 | 96 | 19 | 262 | 228 | 34 | | 135 | 1 163 | 715 | 448 | 71.11 | 22.53 | 31.89 | 7.59 |
| 3 | 资源与环境科学学院党委 | 324 | 106 | 14 | 204 | 161 | 43 | | 170 | 1 518 | 750 | 768 | 62.35 | 13.44 | 21.47 | 5.60 |
| 4 | 园艺学院党委 | 477 | 103 | 17 | 357 | 294 | 63 | | 160 | 2 073 | 789 | 1 284 | 64.38 | 17.22 | 37.26 | 4.91 |
| 5 | 动物科学学院党委 | 318 | 74 | 17 | 227 | 186 | 41 | | 117 | 1 042 | 461 | 581 | 63.25 | 21.79 | 40.35 | 7.06 |
| 6 | 动物医学学院党委 | 423 | 91 | 23 | 309 | 246 | 63 | | 122 | 1 486 | 610 | 876 | 74.59 | 20.79 | 38.69 | 7.19 |
| 7 | 食品科技学院党委 | 328 | 74 | 8 | 246 | 197 | 49 | | 103 | 1 212 | 472 | 740 | 71.84 | 20.30 | 41.74 | 6.62 |
| 8 | 经济管理学院党委 | 352 | 55 | 11 | 286 | 211 | 75 | | 79 | 1 481 | 410 | 1 071 | 69.62 | 19.31 | 51.46 | 7.00 |
| 9 | 公共管理学院党委 | 298 | 66 | 5 | 227 | 172 | 55 | | 81 | 1 173 | 255 | 918 | 81.48 | 19.35 | 67.45 | 5.99 |
| 10 | 理学院党委 | 156 | 71 | 12 | 73 | 31 | 42 | | 101 | 668 | 137 | 531 | 70.30 | 10.93 | 22.63 | 7.91 |
| 11 | 人文与社会发展学院党委 | 222 | 72 | 7 | 143 | 80 | 63 | | 102 | 1 081 | 194 | 887 | 70.59 | 13.23 | 41.24 | 7.10 |
| 12 | 生命科学学院党委 | 327 | 75 | 14 | 238 | 172 | 66 | | 123 | 1 413 | 702 | 711 | 60.98 | 16.84 | 24.50 | 9.28 |
| 13 | 外国语学院党委 | 145 | 53 | 8 | 84 | 32 | 52 | | 89 | 758 | 112 | 646 | 59.55 | 11.08 | 28.57 | 8.05 |
| 14 | 信息科技学院党委 | 148 | 37 | 5 | 89 | 45 | 44 | 17 | 56 | 942 | 174 | 768 | 66.07 | 9.45 | 25.86 | 5.73 |

（续）

| 序号 | 单 位 | 党员人数（人） | | | | | | | 在岗职工人数（人） | 学生总数（人） | 研究生数（人） | 本科生数（人） | 党员比例（%） | | | |
| --- | --- | --- | --- | --- | --- | --- | --- | --- | --- | --- | --- | --- | --- | --- | --- | --- |
| | | 合计 | 在岗职工 | 离退休 | 学生党员 | | | 流动党员 | | | | | 在岗职工党员比例 | 学生党员比例 | 研究生党员占研究生总数比例 | 本科生党员占本科生总数比例 |
| | | | | | 总数 | 研究生 | 本科生 | | | | | | | | | |
| 15 | 金融学院党委 | 222 | 35 | 1 | 186 | 118 | 68 | | 42 | 1 221 | 343 | 878 | 83.33 | 15.23 | 34.40 | 7.74 |
| 16 | 工学院党委 | 865 | 282 | 107 | 476 | 115 | 360 | 1 | 442 | 5 719 | 465 | 5 254 | 63.80 | 8.31 | 24.73 | 6.83 |
| 17 | 机关党委 | 431 | 333 | 98 | | | | | 428 | | | | 77.80 | | | |
| 18 | 后勤集团党总支 | 95 | 50 | 45 | | | | | 127 | | | | 39.37 | | | |
| 19 | 草业学院党总支 | 80 | 27 | | 53 | 41 | 12 | | 37 | 234 | 88 | 146 | 72.97 | 22.65 | 46.59 | 8.22 |
| 20 | 继续教育学院党总支 | 21 | 14 | 7 | | | | | 18 | | | | 77.78 | | | |
| 21 | 图书馆党总支 | 61 | 47 | 14 | | | | | 77 | | | | 61.04 | | | |
| 22 | 马克思主义学院党总支 | 42 | 18 | 10 | 14 | 14 | 0 | | 32 | 37 | 37 | | 56.25 | 37.84 | 37.84 | |
| 23 | 体育部党总支 | 32 | 27 | 5 | | | | | 40 | | | | 67.50 | | | |
| 24 | 新校区指挥部党工委 | 63 | 20 | 43 | | | | | 70 | | | | 28.57 | | | |
| 25 | 离退休工作处党工委 | 30 | 3 | 27 | | | | | 6 | | | | 50.00 | | | |
| 26 | 实验牧场直属党支部 | 11 | | 11 | | | | | 1 | | | | 0.00 | | | |
| 27 | 资产经营公司直属党支部 | 27 | 23 | 4 | | | | | 267 | | | | 8.61 | | | |
| 28 | 医院直属党支部 | 30 | 20 | 10 | | | | | 39 | | | | 51.28 | | | |

注：1. 以上各项数字来源于 2018 年党内统计。2. 流动党员主要是已毕业组织关系尚未转出、出国学习交流等人员。

（撰稿：史文稿 审稿：吴 群 审核：周 复）

# 附录2 学校各基层党组织党支部基本情况统计表

（截至 2018 年 12 月 31 日）

| 序号 | 基层党组织 | 党支部总数 | 学生党支部数 | | | 教职工党支部数 | | 混合型党支部数 |
| --- | --- | --- | --- | --- | --- | --- | --- | --- |
| | | | 学生党支部总数 | 研究生党支部 | 本科生党支部 | 在岗职工党支部数 | 离退休党支部数 | |
| | 合计 | 369 | 204 | 131 | 73 | 135 | 26 | 4 |
| 1 | 农学院党委 | 20 | 14 | 10 | 4 | 5 | 1 | |
| 2 | 植物保护学院党委 | 18 | 12 | 11 | 1 | 5 | 1 | |
| 3 | 资源与环境科学学院党委 | 17 | 11 | 7 | 4 | 5 | 1 | |
| 4 | 园艺学院党委 | 29 | 24 | 19 | 5 | 4 | 1 | |
| 5 | 动物科技学院党委 | 16 | 10 | 7 | 3 | 4 | 1 | 1 |
| 6 | 动物医学院党委 | 18 | 13 | 11 | 2 | 4 | 1 | |
| 7 | 食品科技学院党委 | 19 | 14 | 11 | 3 | 4 | 1 | |
| 8 | 经济管理学院党委 | 22 | 17 | 11 | 6 | 4 | 1 | |
| 9 | 公共管理学院党委 | 16 | 11 | 8 | 3 | 4 | 1 | |
| 10 | 理学院党委 | 10 | 5 | 3 | 2 | 4 | 1 | |
| 11 | 人文与社会发展学院党委 | 15 | 6 | 3 | 3 | 8 | 1 | |
| 12 | 生命科学学院党委 | 17 | 10 | 6 | 4 | 5 | 1 | 1 |
| 13 | 外国语学院党委 | 11 | 4 | 2 | 2 | 6 | 1 | |
| 14 | 信息科技学院党委 | 10 | 5 | 3 | 2 | 5 | | |
| 15 | 金融学院党委 | 11 | 8 | 6 | 2 | 3 | | |
| 16 | 工学院党委 | 65 | 35 | 9 | 26 | 24 | 6 | |
| 17 | 机关党委 | 23 | | | | 22 | 1 | |
| 18 | 后勤集团党总支 | 7 | | | | 6 | 1 | |
| 19 | 草业学院党总支 | 5 | 4 | 3 | 1 | 1 | | |
| 20 | 继续教育学院党总支 | 2 | | | | 1 | 1 | |
| 21 | 图书馆党总支 | 5 | | | | 4 | 1 | |
| 22 | 马克思主义学院党总支 | 4 | 1 | 1 | | 2 | 1 | |
| 23 | 体育部党总支 | 3 | | | | 2 | 1 | |
| 24 | 新校区指挥部党工委 | 2 | | | | 1 | 1 | |
| 25 | 离退休工作处党工委 | 1 | | | | | | 1 |
| 26 | 实验牧场直属党支部 | 1 | | | | | 1 | |
| 27 | 资产经营公司直属党支部 | 1 | | | | 1 | | |
| 28 | 医院直属党支部 | 1 | | | | 1 | | |

注：以上各项数据来源于 2018 年党内统计。

（撰稿：史文韬　审稿：吴　群　审核：周　复）

# 附录 3 学校各基层党组织年度发展党员情况统计表

（截至 2018 年 12 月 31 日）

| 序号 | 基层党组织 | 总计 | 学生 | | | 在岗教职工 | 其他 |
|---|---|---|---|---|---|---|---|
| | | | 合计 | 研究生 | 本科生 | | |
| | 合计 | 955 | 944 | 214 | 730 | 11 | |
| 1 | 农学院党委 | 58 | 58 | 17 | 41 | | |
| 2 | 植物保护学院党委 | 36 | 36 | 12 | 24 | | |
| 3 | 资源与环境科学学院党委 | 54 | 53 | 17 | 36 | 1 | |
| 4 | 园艺学院党委 | 70 | 70 | 33 | 37 | | |
| 5 | 动物科技学院党委 | 36 | 36 | 12 | 24 | | |
| 6 | 动物医学院党委 | 52 | 52 | 15 | 37 | | |
| 7 | 食品科技学院党委 | 47 | 47 | 17 | 30 | | |
| 8 | 经济管理学院党委 | 53 | 52 | 7 | 45 | 1 | |
| 9 | 公共管理学院党委 | 54 | 54 | 15 | 39 | | |
| 10 | 理学院党委 | 26 | 26 | 4 | 22 | | |
| 11 | 人文与社会发展学院党委 | 46 | 45 | 7 | 38 | 1 | |
| 12 | 生命科学学院党委 | 50 | 49 | 13 | 36 | 1 | |
| 13 | 外国语学院党委 | 35 | 35 | 5 | 30 | | |
| 14 | 信息科技学院党委 | 35 | 35 | 8 | 27 | | |
| 15 | 金融学院党委 | 52 | 52 | 12 | 40 | | |
| 16 | 工学院党委 | 234 | 231 | 11 | 220 | 3 | |
| 17 | 机关党委 | 2 | | | | 2 | |
| 18 | 后勤集团党总支 | | | | | | |
| 19 | 草业学院党总支 | 10 | 10 | 6 | 4 | | |
| 20 | 继续教育学院党总支 | | | | | | |
| 21 | 图书馆党总支 | 2 | | | | 2 | |
| 22 | 马克思主义学院党总支 | 3 | 3 | 3 | | | |
| 23 | 体育部党总支 | | | | | | |
| 24 | 新校区指挥部党工委 | | | | | | |
| 25 | 离退休工作处党工委 | | | | | | |
| 26 | 实验牧场直属党支部 | | | | | | |
| 27 | 资产经营公司直属党支部 | | | | | | |
| 28 | 医院直属党支部 | | | | | | |

注：以上各项数字来源于 2018 年党内统计。

（撰稿：史文韬　审稿：吴　群　审核：周　复）

# 党风廉政建设

【概况】学校以习近平新时代中国特色社会主义思想为指导，全面贯彻党的十九大精神，聚焦监督执纪问责，推动全面从严治党向纵深发展。

推进"两个责任"深入落实。组织正处级以上干部参加教育系统全面从严治党工作视频会议，组织召开学校2018年全面从严治党工作会议，党委与领导班子成员、二级单位负责人签订落实全面从严治党主体责任责任书，纪委书记在学校党的十九大精神集中专题培训班上作《全面从严治党永远在路上》报告，推动层层压实管党治党主体责任。纪检监察部门做好中层干部任职前党风廉政意见回复工作，严把廉洁关，促进选好用好干部，防范选人用人上的不正之风和腐败问题。举行重点领域预防职务犯罪讲座，邀请专家作报告，结合典型案例，围绕建设工程、物资采购等腐败多发领域，就高校和教职员工如何预防职务犯罪提出建议和举措，全校130名干部参加讲座，取得了良好的教育效果。开展新任处级干部廉政谈话，提出廉洁自律、作风建设各项要求，进行廉政勤政教育。

协助学校党委组织开展巡察工作。党委制订试点巡察和常规巡察工作方案，召开巡察工作启动会，明确巡察工作职责和任务，成立巡察工作领导小组办公室，挂靠纪检监察部门。巡察工作领导小组办公室协调审计、财务、资产、外事等部门，对被巡察单位有关财务收支、资产处置情况，干部履行经济责任、出国出境等情况进行了梳理摸排，提前掌握存在的疑点或苗头性倾向性问题，促进提高巡察工作的针对性，保证巡察质量。

加强监督执纪工作。校纪委学习中央纪委二次全会、省纪委三次全会精神，深刻领会中央精神和上级要求，分析学校全面从严治党方面存在的问题与不足，认真谋划工作思路和举措，研究制订了《2018年纪检监察工作要点》，明确全年工作任务；提出了党风廉政建设和反腐败工作任务分解清单，推动落实。规范信访举报工作，修订了信访举报工作办法，进一步规范工作流程。把信访件办理与问题线索处置和执纪审查工作有机衔接，仔细分析、认真研判、准确界定有关问题，严格依据制度规定，采取多种措施，确保工作质量。全年共办理纪检监察信访35件，处置问题线索38件，立案审查3件。深化运用监督执纪"四种形态"，立足抓早抓小、防微杜渐，坚持依纪监督、从严执纪、违纪必究，坚持惩前毖后、治病救人。针对苗头性、倾向性问题及时进行提醒警示、批评教育。对执纪监督过程中发现的制度建设、监督管理等方面漏洞，通过发送纪检监察建议书等形式，要求相关单位整改。对违反纪律的党员、干部进行严肃查处。全年共约谈函询31人次，发送纪检监察建议书2份，给予组织处理1人，给予党纪处分2人，给予政纪处分2人。深化廉政风险防控工作，走访人事处、新农村发展研究院办公室、资产管理与后勤保障处、教务处，开展廉政风险防控督查，将各单位查找出的廉政风险点67个、制定的防控措施98条进行网上公示。在第三实验楼二期工程启动会、招投标工作培训会上宣讲廉政风险防控知识和有关纪律要求。纪检监察干部参与招标代理、评标专家抽签工作（全年295次）。召开暑期维修工程风险防控协调会。关注招生工作，对特殊类型招生方案拟订、评委抽取、面试测试进行重点监督。通过一系列举措，促进了重点领域和关键环节加强规范化管理，建立风险防控长效机制。制订《南京农业大学党员干部廉政档案管理实施办法》，真实记载、客观反映党员干部个人信息、廉洁自律、遵纪守法以及接受党纪处分、组织处理等情况，加强对党员干部特别是领导干部的动态监督管理，为领导决策、干部选拔任用以及考核评优等提供了可靠信息支撑，为准确掌握全校党风廉政建设和反腐败工作情况提供了有力保障。推进落实中央八项规定精神，紧盯节点纠"四风"。在五一、端午等重要节假日来临之前，通过微信提醒等多种形式，敲警钟、打"预防针"，对党员干部重申纪律、提出要求，推动了作风持续深入好转，防止不正之风反弹回潮。

加强纪检监察队伍建设。深入落实"三转"要求，印发《关于纪检监察组织相关人员退出部分议事协调机构的通知》，纪检监察组织退出议事协调机构 17 个，进一步聚焦主责主业，集中精力做好监督执纪问责工作。纪检监察党支部结合基层党建"书记项目"，举行了 4 次专题学习会，学习党的十九大、中央纪委二次全会、全国教育大会精神和《监督执纪工作规则（试行）》等文件。召开了"进一步解放思想，激励新时代新担当新作为"等专题组织生活会，动员"对标争先"等工作。开展了"弘扬延安精神，牢记使命，不忘初心"主题党日活动。组织纪检监察干部学习 12 起落实主体责任和监督责任不力典型案例的通报，进行警示教育。召开二级党组织纪检委员会议，部署工作、通报情况、交流心得、提出要求。组织参加教育系统纪检监察业务培训。组织开展江苏省教育纪检监察学会南农分会课题研究。通过学习教育培训和理论研究，提高了纪检监察干部的政治理论水平、党性修养、业务素质和执纪能力。

**【召开全面从严治党工作会议】** 5 月 9 日，南京农业大学 2018 年全面从严治党工作会议在学校会议中心三楼报告厅召开。会议主题是深入贯彻习近平新时代中国特色社会主义思想，全面贯彻落实党的十九大、十九届中央纪委二次全会和教育系统全面从严治党工作视频会议精神，部署学校 2018 年下一阶段全面从严治党工作。校党委书记陈利根出席会议并讲话。校长周光宏主持会议。校党委副书记、纪委书记盛邦跃作工作报告。全体在校校领导、中层干部、党风廉政监督员、校办企业负责人、专职纪检监察审计干部参加会议。陈利根代表学校党委就深入推进全面从严治党提出了要求。他指出，学校各级党组织和广大党员干部要深刻领会和准确把握全面从严治党的新形势新内涵新要求，扎实推进全面从严治党向纵深发展。盛邦跃总结了 2017 年学校党风廉政建设和反腐败工作，指出了存在的问题，对 2018 年工作进行了部署。盛邦跃强调，要把党的政治建设摆在首位，旗帜鲜明讲政治；全面加强纪律建设，持之以恒正风肃纪；开展法纪教育，加强廉政文化建设；健全制度制衡机制，强化权力的监督制约；加强纪检监察队伍建设，提高监督执纪工作水平。会上，校党委与各学院各单位党政主要负责人、各部门主要负责人签订了落实全面从严治党主体责任责任书。

**【协助学校党委组织开展巡察工作】** 学校党委积极落实教育部党组关于推进巡察工作座谈会的要求，成立了党委书记为组长，校长、党委副书记、纪委书记为副组长的党委巡察工作领导小组，研究完善校内巡察工作方案，明确"试点先行、分批推进、全面覆盖"巡察规划。5 月 21 日，学校党委面向信息科技学院、图书馆两家单位启动试点巡察。在总结试点经验的基础上，9 月 20 日起面向资源与环境科学学院、人文与社会发展学院、金融学院、继续教育学院、基本建设处 5 家单位开展常规巡察。学校党委巡察工作坚持以党章党规党纪为尺子，按照上级要求，结合学校实际，梳理细化了 6 大方面 48 个观察点，对被巡察党组织和党员领导干部在党的政治建设、思想建设（包括落实意识形态责任制、师德师风建设及思想政治教育）、组织建设、作风建设、纪律建设和全面从严治党方面情况进行监督检查。已开展的两轮巡察中，党委巡察组共召开党员干部和群众座谈会 11 场，开展个别谈话 242 人次，共发现 6 方面 21 个问题。巡察监督有力推动了有关党组织各项建设，督促领导干部发挥"关键少数"作用，增强党章党规党纪意识，坚持高标准、守住底线，带头按规矩办事、按制度用权，促进形成尊崇制度、遵守制度、捍卫制度的良好氛围，提高依规管党治党水平。

（撰稿：孙笑逸　审稿：胡正平　审核：周　复）

# 宣传思想与文化建设

【概况】学校宣传思想文化工作以全面深入学习贯彻习近平新时代中国特色社会主义思想、党的十九大精神和全国教育大会精神为主线，紧密围绕学校中心工作和综合改革的推进，积极营造健康向上的校园主流思想舆论，为学校坚定实施"1235"发展战略、推进学校"双一流"建设以及进一步提升学校核心竞争力和国际影响力提供了强有力的思想保证、精神动力、舆论支持和文化条件。

思想政治建设。结合党的十九大会议精神、全国两会会议精神、全国教育大会会议精神等专题，加强对中心组理论学习的顶层设计和形式创新。通过校报、橱窗、微信和编印全国教育大会、《中华人民共和国宪法》等学习材料，持续深入地学习贯彻习近平新时代中国特色社会主义思想。不断深化意识形态领域工作责任制，制订学校《党委（党组）意识形态工作责任制任务分解方案（修订）》《意识形态阵地建设管理办法》《关于防范和抵御校园宗教渗透的意见》等工作制度，逐步形成"学校党委统一领导，职能部门和院级党组织各负其责"的纵向到底、横向到边网格化工作责任体系。开展 2018 年党建与思想政治教育课题立项研究，推动全校思想政治工作理论研究创新发展。结合校园节庆事件，开展尊师重教、弘扬南农精神等主题宣传教育活动，汇总学校近年来涌现出的优秀师生典型，编印《给梦想一个机会——讲述南农人自己的故事》作为新生入学教育读本，创新思政育人途径与形式，收获良好效果。

文化建设。不断创新文化传播和文化育人方式，进一步提升学校文化软实力。完成南京农业大学形象宣传片、南京农业大学校歌 MV 改版制作，创作推出《南农一分钟》微视频。开展"时光微影·记忆南农"抖音视频创作大赛，挖掘、培育校园网络文化优秀作品，构建积极向上的网络文化。持续开展校园文化精品项目建设，本年度立项 19 个、资助经费 49 万元，涌现出话剧《金善宝》、舞台剧《校友馆的思索》、校园歌曲《启程》等一批反映南农精神的文化精品。继续推进"南京农业大学大师名家口述史"编撰工作，完成《南农记忆（一）——南京农业大学名师访谈录》排版修订和第二批 6 名老教授的采访、资料整理。开展《图说南农简史》《南京农业大学校园植物图谱》创作，其中《南京农业大学校园植物图谱》将于近期正式出版。开展"辉煌四十年·奋进'双一流'"纪念改革开放 40 周年暨南京农业大学复校 40 周年主题系列活动，充分展示新时代南农人拼搏奋进的精神面貌，引导和激励全校师生为开启新征程、推进世界一流农业大学建设贡献力量。

对外宣传。提升对外宣传的理念和层次，创新工作方式，深耕外宣新闻报道的南农"土壤"。科学研究成果屡获媒体聚焦，人才培养、社会服务、文化传承与创新、国际交流合作中的亮点工作也频获主流媒体的点赞与关注。围绕改革开放 40 周年、乡村振兴战略、"一带一路"倡议、一流本科教育等时代议题，把握"世界眼光、中国情怀、南农特色"的宣传主线，各级各类媒体关注并报道南农的新闻 1 300 余篇次（包含转载）。其中，在新华社、《新华每日电讯》、《中国青年报》、《中国教育报》、《半月谈》等主流媒体刊发专题通讯 126 篇（不含转载）、头版报道 17 篇。在科技线索采集方面，逐步构建起一支科普宣传员队伍，结合大课题组提前走访、大型国际学术会议提前知晓、以特色农业成果特定成熟周期等多线合一的方式，大大增强了科技线索的输入，全年围绕近 40 个重大成果、重要团队，在《科技日报》《中国科学报》《新华日报》等专业媒体发布了共计 800 余篇科技新闻（包含各类转载）。其中，《科技日报》《中国科学报》头版或专题聚焦 182 条（不包含转载）。通过塑典型、亮"名片"，进一步尝试将宏大的题材寓于人物故事中，打造出 9 年科研马拉松"磨"出 Science 成果的水稻博士余晓文（《中国青年报》）、咬得硬骨头、坐得冷板凳的水稻育种团队（《中国教育报》）、去到非洲黑土地的南农教授（《中国青年报》）、用二十年的萤火之光点亮非洲振兴之梦的农业孔子学院（江苏卫视）、将梦想筑就农田的 90 后新型农场主（《新华每日电讯》）、30 年培育致富金猪的"猪教授"（《科技日报》），以及运用科技手段让万树梨花开、穷乡变富山的"梨教授"（《中国科学报》）、藏族"青稞使者"、"壮族新农人"（中国青年网、《中国青年报》）等一批叫得响、记得起、提得到的人物典型。

对内宣传。强抓校内宣传工作，加强阵地建设，讲好"南农故事"，传递"南农思想"。一是校报以"版面设计"引领"深度内涵"的主题策划，打造校园"都市型党报雏形"，坚定在"内容为王"的基础上提升报纸"颜值"的改版方向，进一步讲好"南农故事"，既让读者感受到类似"都市报"一样的阅读体验，又能深切体会到党委机关报的高度和态度。开设"秾华 40 年"栏目，用南农发展中的典型人物故事回顾 40 年国家与学校的变迁与发展。在本年度中国高校校报好新闻评选中，学校选送 6 件作品全部获奖。此外，不断挖掘校报的"办报育人"功能，打造"立德树人"的校报阵地，在 2018 年江苏省大学生记者挑战赛上，选送的两位学生记者分别以总分第一、第二名的好成绩双双斩获大赛一等奖。二是完成学校官网主页改版工作，新闻中心围绕学校重点中心工作，加强新闻线索的分类整理、编辑审核和后期运用，全年共处理各类新闻线索 1 000 余条（篇）20 多万字，其中要闻 240 余条。在牢牢把好新闻审核质量关的基础上，通过"科普化"的语言，让科技新闻"放下身段"，协助作者和研究人员将专业性强的新闻报道进行"再加工"，改善读者的阅读体验。同时，坚持以"国际视野、需求导向、南农特色、快捷访问"为原则，完成与世界一流农业大学发展目标相匹配的英文网改版工作，做好英文网的内容维护和二级英文网更新督查工作，确保及时展示学校建设发展的最新成果，有效提升学校海外影响力，为师生提供国际交流合作桥梁。三是配合校内外重大热点事件，微信、微博新媒体工作稳步有序推进。2018 年学校官方微信平台共发行图文推送 308 篇，好友转发次数 52 296 次，总阅读量超 1.1 亿，单篇最高阅读量达 5 万以上。微博平台短新闻共发行 568 条，微博新闻阅读总数超 2.6 亿。新媒体编辑部在 2018 年着力提升新闻编辑高度，加强故事撰写深度，精细新闻图片质量，精简学生记者团队，升华新媒体新闻定位，致力打造有速度、有温度、有态度，同时具有南农特色与气质的官方新媒体平台。

（撰稿：朱　鹏　审稿：刘　勇　审核：周　复）

# ［附录］

## 新闻媒体看南农

### 南京农业大学 2018 年对外宣传报道统计表

| 序号 | 时间 | 标　题 | 媒体 | 版面 | 类型 | 级别 |
|---|---|---|---|---|---|---|
| 1 | 1-3 | 万树梨花开　穷乡变富山 | 中国科学报 | 8 | 报纸 | 国家级 |
| 3 | 1-7 | 江苏省世界语协会理事会在南农召开 | 中国社会科学网 | | 网站 | 国家级 |
| 4 | 1-9 | 构建中医药文化海外传播话语体系 | 中国社会科学报 | | 报纸 | 国家级 |
| 5 | 1-10 | 江苏校园安全报告 | 江苏教育频道 | | 电视台 | 省级 |
| 8 | 1-11 | "创新名城建设"成高校热词 | 南京日报 | A6 | 报纸 | 市级 |
| 10 | 1-13 | 一个琢磨农作物增收　一个研发河湖治污解药——南京两名巾帼获评"中国青年女科学家" | 南京日报 | A2 | 报纸 | 市级 |
| 11 | 1-13 | 厉害了！两位南京教授荣获"中国青年女科学家奖" | 紫金山新闻 | | 网站 | 市级 |
| 12 | 1-15 | 江苏省世界语协会理事会在南京农业大学召开　推动国际合作和中外人文交流 | 中国报道 | | 网站 | 国家级 |
| 13 | 1-15 | 从高校团干部到扶贫村干部——张亮亮：不忘初心　心系扶贫 | 连云港日报 | 3 | 报纸 | 市级 |
| 14 | 1-17 | "中国青年女科学家奖"颁奖——我省2人获奖，分别是"水环境保护师"和"农业预测师" | 江苏科技报 | | 报纸 | 省级 |
| 15 | 1-17 | 科学告诉你　气候变化关乎收成 | 中国科学报 | 5 | 报纸 | 国家级 |
| 17 | 1-19 | 朱艳：智慧农业"设计师" | 中国教育报 | 4 | 报纸 | 国家级 |
| 18 | 1-20 | 《江苏新农村发展报告2017》1月20日发布 | 江苏卫视 | | 电视台 | 省级 |
| 22 | 1-22 | 《江苏新农村发展报告2017》在南京农业大学发布 | 中国社会科学网 | | 网站 | 国家级 |
| 23 | 1-22 | 南京农业大学90后硕士情侣把"家"安在常熟董浜田头 | 中国报道 | | 网站 | 国家级 |
| 24 | 1-23 | 从大学团委到农村扶贫干部　一段难忘的职业生涯 | 新华网 | | 网站 | 国家级 |
| 25 | 1-23 | 畜禽养殖场粪污污水生物聚沉氧化处理新技术 | 江苏卫视 | | 电视台 | 省级 |
| 26 | 1-25 | 新委员寄语新江苏，建言新作为——南农大姚兆余教授接受《扬子晚报》采访 | 扬子晚报 | A3 | 报纸 | 省级 |
| 28 | 1-26 | 江苏8 600多个创意农业园助力精准扶贫　农村融资潜力巨大 | 新华网 | | 网站 | 国家级 |
| 29 | 1-28 | 南农教授心系猪企，冒雪赴猪场指导雪天工作 | 紫金山新闻 | | 网站 | 市级 |
| 30 | 1-29 | 雪后校园　景美人更美 | 江苏教育频道 | | 电视台 | 省级 |
| 32 | 1-30 | 南京农业大学新增"111计划"学科创新引智基地 | 华禹教育网 | | 网站 | 国家级 |
| 33 | 1-31 | 紧扣新时代"三农"工作总抓手——乡村振兴，让农民分享发展红利 | 新华日报 | 7 | 报纸 | 省级 |
| 34 | 2-2 | 专访潘根兴——创造变革的生物质炭？ | 农业环境科学 | | 网站 | 国家级 |
| 35 | 2-6 | 南京农业大学连云港新农村发展研究院揭牌 | 中国科技网 | | 网站 | 国家级 |

（续）

| 序号 | 时间 | 标　题 | 媒体 | 版面 | 类型 | 级别 |
|------|------|--------|------|------|------|------|
| 36 | 2-6 | 连云港市科协与南京农业大学召开"双百工程"座谈会 | 中国科技网 | | 网站 | 国家级 |
| 38 | 2-9 | 这位南农人不养"蛙" 接生了世界首个克隆猴 | 东方卫报 | A06 | 报纸 | 市级 |
| 39 | 2-10 | 植物如何抗病毒？南农老师又有新发现 | 现代快报 | | 报纸 | 市级 |
| 40 | 2-10 | 南农科学家找到植物体内的"一级哨兵" | 南报网 | | 网站 | 市级 |
| 41 | 2-10 | 植物大战病原菌，谁来吹响"集结号"？你所不知道的"一级哨兵"RXEG1 | 交汇点 | | 网站 | 省级 |
| 43 | 2-12 | 南京农业大学作物疫病团队揭示植物对疫病菌广谱抗性新机制 | 中国报道 | | 网站 | 国家级 |
| 44 | 2-12 | 植物大战病原菌"小哨兵"原来是RXEG1 | 科技日报 | 1 | 报纸 | 国家级 |
| 48 | 2-13 | 南农大教授研出可以吃的"黄玫瑰"，要不要来一束？ | 江苏卫视 | | 电视台 | 省级 |
| 50 | 2-14 | 一年出栏十万头 苏淮猪怎么成了致富"金猪" | 科技日报 | 7 | 报纸 | 国家级 |
| 51 | 2-15 | 南农教授培育可吃"黄玫瑰"！原来它竟是…… | 江苏卫视公共频道 | | 电视台 | 省级 |
| 52 | 2-16 | （新春走基层）30年专心培育"苏淮猪"的大学教授 | 江苏教育频道 | | 电视台 | 省级 |
| 53 | 2-21 | 南农教授春节不忘卖猪肉 | 新华日报 | 2 | 报纸 | 省级 |
| 54 | 2-21 | 40元一斤的猪肉何以被预订一空？——听"猪教授"黄瑞华讲苏淮猪的培育历程 | 新华社 | | 网站 | 国家级 |
| 55 | 2-22 | Everything's coming up roses in Jiangsu | *China Daily* | | 报纸 | 国家级 |
| 56 | 2-23 | 南农发现植物识别疫病菌关键因子——有助减少农药使用 提高作物经济社会效应 | 江苏科技报 | | 报纸 | 省级 |
| 61 | 3-1 | 南京农业大学2018年寒假资助育人工作获《人民日报》报道 | 人民日报 | | 报纸 | 国家级 |
| 62 | 3-2 | 载歌载舞＋窗花 埃格顿大学孔子学院闹元宵 | 新华社 | | 网站 | 国家级 |
| 63 | 3-2 | 南农大教授领衔翻译团队促进慰安妇史料国际化 | 凤凰网 | | 网站 | 国家级 |
| 64 | 3-4 | 南农和温氏集团联姻发力食品加工领域 | 紫金山新闻 | | 网站 | 市级 |
| 67 | 3-7 | 志愿者为老人写"生命故事书"记录"芳华" | 扬子晚报 | | 网站 | 省级 |
| 68 | 3-7 | 又到3月5日，请看"青春建功新时代"活动记者直击——用品牌照亮志愿服务之路 | 新华日报 | 13 | 报纸 | 省级 |
| 69 | 3-7 | 梨树结出"红苹果"？南农大教授十多年培育终成果 | 江苏公共频道 | | 电视台 | 省级 |
| 70 | 3-7 | 带着"三农"上两会 委员代表各有料 | 中国科学报 | 5 | 报纸 | 国家级 |
| 71 | 3-8 | 埃格顿大学孔子学院学生剪窗花庆佳节 | 南京日报 | A9 | 报纸 | 市级 |
| 72 | 3-8 | 走近高校科研"女神"：她聚焦农民增收，持续提升梨的品质 | 南京日报 | A9 | 报纸 | 市级 |
| 73 | 3-9 | 让梨树结出"红苹果"？南农大教授有高招！ | 紫金山新闻 | | 网站 | 市级 |
| 74 | 3-10 | 人大代表朱晶谈"高质量发展"：从追速度到重内涵、强民生 | 新华日报 | 8 | 报纸 | 省级 |
| 75 | 3-11 | （两会看教育）全国人大代表朱晶：乡村振兴 人才先行 | 江苏教育频道 | | 电视台 | 省级 |

（续）

| 序号 | 时间 | 标　　题 | 媒体 | 版面 | 类型 | 级别 |
|---|---|---|---|---|---|---|
| 76 | 3-11 | （聚焦两会）朱晶：乡村振兴　人才先行　农业类高校责无旁贷 | 江苏教育频道 | | 电视台 | 省级 |
| 80 | 3-12 | 乡土留人、产业扶贫、生态兴村——全国人大代表热议乡村振兴 | 新华社 | | 网站 | 国家级 |
| 81 | 3-13 | 南农大团队钻研十多年育种成功——江南梨树结出"红苹果" | 新华日报 | 14 | 报纸 | 省级 |
| 84 | 3-15 | 万建民委员：坚守最初水稻科学梦想　加快现代种业创新步伐 | 科技日报 | | 报纸 | 国家级 |
| 87 | 3-19 | 挽救零散模糊的记忆，还原跌宕起伏的人生——他们，为失智老人撰写"生命故事书" | 南京日报 | A8 | 报纸 | 市级 |
| 88 | 3-20 | 害虫防治不能仅靠打药　院士呼吁加强农作物病虫害监测预报 | 科技日报 | 3 | 报纸 | 国家级 |
| 89 | 3-21 | 中医针灸走进南京农业大学课堂"从牛开始" | 中新社 | | 网站 | 国家级 |
| 91 | 3-21 | 南农大开了一门神奇的课，给牛针灸给狗把脉 | 现代快报 | | 报纸 | 省级 |
| 92 | 3-22 | 南农大的"中兽医"课程：给牛针灸、把脉 | 凤凰网 | | 网站 | 国家级 |
| 93 | 3-22 | 全国作物商业化育种新技术培训班　在南京农业大学举办 | 中国科技网 | | 网站 | 国家级 |
| 95 | 3-22 | （聚焦三农）乡村振兴我建言　传统文化如何发"新芽" | 央视网 | | 电视台 | 国家级 |
| 96 | 3-23 | 南农大："双线共推"成就农技推广新模式 | 江苏教育报 | 头版 | 报纸 | 省级 |
| 97 | 3-24 | 农业走出去人才需求旺　外语水平过硬最受青睐 | 新华网 | | 网站 | 国家级 |
| 98 | 3-24 | 农业高校复合型毕业生供不应求　企业青睐订单式人才培养 | 中新社 | | 网站 | 国家级 |
| 100 | 3-25 | 第二届亚太植物表型国际会议在宁举行　未来农业育种有了新武器 | 新华日报 | | 报纸 | 省级 |
| 101 | 3-25 | 第二届亚太植物表型国际会议在宁举行 | 江苏公共频道 | | 电视台 | 省级 |
| 102 | 3-25 | 江苏南京：打造作物育种研究新高地 | 新华社 | | 网站 | 国家级 |
| 104 | 3-26 | 亚太专家来宁研讨"精准农业" | 南京日报 | A5 | 报纸 | 市级 |
| 105 | 3-26 | 南农大科研人员找到食品安全抗菌新机制 | 龙虎网 | | 网站 | 省级 |
| 106 | 3-26 | "猎鹰行动计划"在南农揽才 | 新华日报 | 头版 | 报纸 | 省级 |
| 107 | 3-26 | 南农大以复合型人才贯通培养为抓手　补齐涉农人才走出去短板 | 中国江苏网 | | 网站 | 省级 |
| 108 | 3-26 | 南农教授成功发现可以把致病菌"捆死"的食品蛋白纤维 | 紫金山新闻 | | 网站 | 市级 |
| 109 | 3-27 | 南农大梨工程技术研究中心开发出新系统——"计算机专家"为梨"做媒" | 江苏科技报 | A7 | 报纸 | 省级 |
| 110 | 3-28 | "测姻缘"技术为梨花女神做媒 | 中国科学报 | | 报纸 | 国家级 |

（续）

| 序号 | 时间 | 标　题 | 媒体 | 版面 | 类型 | 级别 |
|---|---|---|---|---|---|---|
| 111 | 3-28 | 农业农村部来宁猎英　复合型农业人才年薪 20 万＋ | 江苏教育频道 | | 电视台 | 省级 |
| 113 | 3-28 | 南农开建国内首个作物表型组学研究重大科技基础设施 | 龙虎网 | | 网站 | 省级 |
| 114 | 3-29 | 有前途！这些非洲青年正跟着中国专家学种地 | 新华社 | | 网站 | 国家级 |
| 116 | 3-29 | 虫儿飞千里只为浪漫旅行？——每年"春运""秋游"，流窜作案与人类抢口粮 | 科技日报 | | 报纸 | 国家级 |
| 120 | 3-30 | 南农大启动作物表型组学研究项目　让人工智能"嫁接"农业 | 南京日报 | | 报纸 | 市级 |
| 121 | 3-30 | "猎英行动计划"再起航 | 农民日报 | | 报纸 | 国家级 |
| 122 | 3-30 | 300 公里、3 200 吨！高科技绘出巨量昆虫迁移轨迹 | 新华社 | | 网站 | 国家级 |
| 123 | 4-2 | 南农大线上线下共推农技——农民可以天天"攀高校" | 新华日报 | 5 | 报纸 | 省级 |
| 124 | 4-3 | 南农大启动作物表型组学研究项目　让人工智能"嫁接"农业 | 南京日报 | | 报纸 | 市级 |
| 127 | 4-8 | 伪新茶现形记　南农教授来支招 | 江苏公共频道 | | 电视台 | 省级 |
| 128 | 4-9 | 把艾灸文化融入体育课　南农的这门特色课程火了！ | 金陵晚报 | | 报纸 | 市级 |
| 129 | 4-10 | "猎英行动计划"再起航——国际复合型人才受追捧 | 农民日报 | 4 | 报纸 | 国家级 |
| 130 | 4-10 | 你是一个合格的铲屎官吗？南农开了这节课来教你 | 现代快报 | 14 | 报纸 | 省级 |
| 133 | 4-11 | 南农教授告诉您：新茶提前上市，辨别选购大有讲究 | 江苏科技报 | | 报纸 | 省级 |
| 135 | 4-13 | 南农大工学院田径运动会开幕　挥洒青春正当时 | 新华社 | | 网站 | 国家级 |
| 136 | 4-14 | 南京农业大学自制"F1"方程式赛车 | 中国新闻网 | | 网站 | 国家级 |
| 137 | 4-15 | 南京农业大学新校区落户南京江北新区 | 江苏公共频道 | | 电视台 | 省级 |
| 139 | 4-18 | 植物可以"吃掉"病毒？南农大最新研究成果表明它也能"壮士断腕" | 交汇点 | | 网站 | 省级 |
| 140 | 4-18 | 乡村振兴　南农教授呼吁退渔还湖释放生态红利 | 江苏卫视 | | 电视台 | 省级 |
| 141 | 4-20 | 南农大最新研究成果发现植物也能"吃掉"病毒 | 新华日报 | | 报纸 | 省级 |
| 142 | 4-22 | 中加科学家发现植物吞噬病毒机制 | 新华社 | | 网站 | 国家级 |
| 143 | 4-23 | 南京农业大学学生用手语操为中国点赞 | 南京日报 | | 报纸 | 市级 |
| 146 | 4-25 | 植物：我为何能"吃掉"病毒 | 中国科学报 | 6 | 报纸 | 国家级 |
| 148 | 4-26 | 非遗"留青竹刻"艺术走进南京农业大学 | 新华社 | | 网站 | 国家级 |
| 150 | 4-27 | 减肥也能拿学分！这所学校开减肥课，名额有限…… | 中国青年报 | | 报纸 | 国家级 |
| 151 | 4-27 | 想上这门体育课，先来过个称，够重才能上 | 现代快报 | | 报纸 | 省级 |
| 152 | 4-28 | 乡村振兴的"南农智库效应"——从江苏新农村发展报告看乡村振兴的农大作为 | 农民日报 | 3 | 报纸 | 国家级 |
| 153 | 4-29 | 南京农业大学举行第四届研究生教育工作会议 | 新华社 | | 网站 | 国家级 |
| 154 | 4-29 | 大学生自创赛车队，设计组装样样通 | 梨视频 | | 网站 | 国家级 |
| 155 | 4-29 | 为乡村振兴培养高层次人才 | 江苏公共频道 | | 电视台 | 省级 |
| 156 | 5-1 | 南农大与省农科院合作　累计培养 700 名农学研究生 | 新华日报 | 3 | 报纸 | 省级 |

（续）

| 序号 | 时间 | 标　题 | 媒体 | 版面 | 类型 | 级别 |
|---|---|---|---|---|---|---|
| 157 | 5-1 | 以一流学术研究实现一流人才培养　南农大召开第四届研究生教育工作会议 | 中国江苏网 | | 网站 | 省级 |
| 158 | 5-1 | 南京农业大学"减肥课"传递健康教育理念 | 人民网 | | 网站 | 国家级 |
| 159 | 5-2 | 南农大教授非洲教种粮 | 新华日报 | 10 | 报纸 | 省级 |
| 160 | 5-3 | 从研发到田间应用，南京农业大学农技无障碍传递 | 中国网 | | 网站 | 国家级 |
| 161 | 5-3 | 微醺！会喝酒的你懂酒吗？南农大的"酒博士"带你品酒 | 现代快报 | | 报纸 | 省级 |
| 163 | 5-4 | 南农"90后"硕士小夫妻的农场梦 | 新华每日电讯 | 6 | 报纸 | 省级 |
| 164 | 5-4 | 南农大新成果解密花粉管中的神秘"对决" | 科学传播在线 | | 网站 | 国家级 |
| 165 | 5-4 | 梨树为何不愿"近亲结婚"——花粉管中暗藏梨自交不亲和性的秘密 | 科技日报 | 4 | 报纸 | 国家级 |
| 170 | 5-9 | 解密梨花粉管中的"生死对决" | 中国科学报 | 6 | 报纸 | 国家级 |
| 171 | 5-10 | 二氧化碳扮演什么角色？南农大最新研究揭开全球气候变化"算术难题" | 交汇点 | | 网站 | 省级 |
| 172 | 5-13 | 江苏高校"三走嘉年华"鼓励学生走下网络、走出宿舍、走向操场 | 交汇点 | | 网站 | 省级 |
| 173 | 5-13 | 穿越40年，高校农业科技文化节感悟"三农"魅力 | 交汇点 | | 网站 | 省级 |
| 174 | 5-13 | 中国科学家证明二氧化碳会激发次生温室效应 | 新华社 | | 网站 | 国家级 |
| 176 | 5-14 | 让中国水稻种植技术在非洲"落地生根" | 外交部网站 | | 网站 | 国家级 |
| 177 | 5-14 | 二氧化碳究竟"是正是邪"科学家算出答案 | 科技日报 | 头版 | 报纸 | 国家级 |
| 178 | 5-14 | 南农农业科技文化节展现40年"三农"变迁 | 新华社 | | 网站 | 国家级 |
| 183 | 5-17 | 南农博士辞去工作化身创业达人　只为让农户"穿着西装养鱼" | 金陵晚报 | | 报纸 | 市级 |
| 184 | 5-17 | 中外专家学者共商农牧领域"一带一路"建设创新 | 新华社 | | 网站 | 国家级 |
| 186 | 5-20 | 校厅共建：江苏国土资源智库研究基地在南农揭牌 | 新华社 | | 网站 | 国家级 |
| 187 | 5-22 | 南农学子：用视频说出毕业季最让人感动的话 | 现代快报 | | 报纸 | 省级 |
| 188 | 5-23 | 土壤学家的紫砂"陶艺" | 新华日报 | 13 | 报纸 | 省级 |
| 189 | 5-28 | 校厅共建江苏国土资源智库研究基地 | 江苏教育频道 | | 电视台 | 省级 |
| 191 | 5-29 | 南京农业大学举办首届钟山国际青年学者论坛 | 新华社 | | 网站 | 国家级 |
| 194 | 5-31 | 南农食品专家谈挑选猪肉要领——颜色浅的不一定就是注水肉 | 现代快报 | 13 | 报纸 | 省级 |
| 195 | 5-31 | 高校实验室探秘："冷却肉"到餐桌　竟有这么多关卡！ | 江苏公共频道 | | 电视台 | 省级 |
| 196 | 5-31 | 全国高校大学生入党教育培训工作研讨会举行 | 江苏教育频道 | | 电视台 | 省级 |
| 198 | 6-2 | 南京：95后毕业生校园拍摄毕业照 | 人民日报 | | 报纸 | 国家级 |
| 200 | 6-4 | 西部计划、苏北计划面试开启　南农志愿者赴新疆调研 | 江苏卫视 | | 电视台 | 省级 |
| 202 | 6-7 | 又到青梅煮酒时，南农教授教你DIY青梅酒妙招 | 现代快报 | | 报纸 | 省级 |

（续）

| 序号 | 时间 | 标　题 | 媒体 | 版面 | 类型 | 级别 |
|------|------|--------|------|------|------|------|
| 203 | 6-7 | 第二届全国高校大学生入党教育培训研讨会在南京农业大学召开 | 组织人事报社 | 9 | 报纸 | 国家级 |
| 204 | 6-7 | 让农户"穿着西装养鱼" | 南京日报 | A10 | 报纸 | 市级 |
| 205 | 6-8 | 水稻基因也"自私"？南农大最新研究揭示水稻杂种不育现象 | 交汇点 | | 网站 | 省级 |
| 206 | 6-8 | 南农大教授话青梅：将着手果梅创新品种保护 | 中国江苏网 | | 网站 | 省级 |
| 208 | 6-9 | 挑战经典！中国科学家首次揭秘水稻自私基因 | 经济日报 | 11 | 报纸 | 国家级 |
| 209 | 6-9 | 青梅怎样泡酒好喝？南农教授教你妙招 | 现代快报 | | 报纸 | 省级 |
| 211 | 6-9 | Science：南农大科研团队揭秘水稻"自私"基因 | 新华社 | | 网站 | 国家级 |
| 213 | 6-9 | 中国科学家发现杂交水稻不育是"自私基因"作梗 | 新华社 | | 网站 | 国家级 |
| 214 | 6-9 | 水稻基因也"自私"？——万建民院士科研团队用自私基因模型揭示水稻杂种不育现象 | 人民日报 | | 报纸 | 国家级 |
| 216 | 6-11 | 杨梅长了"肿瘤"还能吃吗？听听南农教授怎么说 | CCTV生活圈 | | 电视台 | 国家级 |
| 220 | 6-12 | 街头鲜切水果新鲜吗？南农教授告诉您 | 现代快报 | 头版 | 报纸 | 省级 |
| 221 | 6-13 | 我科学家率先发现水稻自私基因 | 科技日报 | 头版 | 报纸 | 国家级 |
| 222 | 6-13 | 南农院士团队破解水稻杂交不育"密码" | 新华日报 | 11 | 报纸 | 省级 |
| 223 | 6-13 | 南农大：科学研究要解社会大问题、破发展大难题 | 新华社 | | 网站 | 国家级 |
| 225 | 6-14 | 我科学家在作物中首次发现"自私基因" | 农民日报 | | 报纸 | 国家级 |
| 226 | 6-14 | 水稻自私基因首次被发现 | 中国科学报 | 头版 | 报纸 | 国家级 |
| 227 | 6-14 | （看东方）《科技日报》：我科学家率先发现水稻自私基因 | 央视网 | | 电视台 | 国家级 |
| 228 | 6-14 | 南农学子刘唯真：想用自己的微薄之力帮助到更多人 | 凤凰网 | | 网站 | 国家级 |
| 230 | 6-15 | 南农大破解秸秆焚烧处理难题　秸秆不是叫人头疼的事儿了 | 中国科学报 | 6 | 报纸 | 国家级 |
| 232 | 6-17 | 给狗狗把脉，给牛针灸？快来南农大动物医学院了解一下 | 现代快报 | 5 | 报纸 | 省级 |
| 233 | 6-19 | 南农科学家绘制梨的"族谱" | 中国科学报 | | 报纸 | 国家级 |
| 235 | 6-20 | 破解焚烧处理难题，每吨秸秆可减排 0.6 吨 $CO_2$——生物质炭，一场新的农业"绿色革命" | 新华日报 | | 报纸 | 省级 |
| 236 | 6-20 | 中国跻身国际肉类标准制定 | 中国科学报 | 6 | 报纸 | 国家级 |
| 237 | 6-21 | "无光"也能生长，光合作用不止一种 | 科技日报 | 5 | 报纸 | 国家级 |
| 238 | 6-21 | 绘制梨"族谱"发现香梨为中西"通婚"产物 | 中国科学报 | 4 | 报纸 | 国家级 |
| 240 | 6-21 | 学士服上的那一抹绿，书写南农学子的与众不同 | 现代快报 | | 报纸 | 省级 |
| 244 | 6-22 | 毕业啦 | 中国青年报 | 头版 | 报纸 | 国家级 |
| 245 | 6-22 | 南农大：用师德挺起世界一流农业大学的脊梁 | 交汇点 | | 网站 | 省级 |
| 246 | 6-22 | 师生同上一堂课　南农大以"师德"为题开坛设讲 | 新华社 | | 网站 | 国家级 |
| 249 | 6-25 | 南农大：创新安全教育模式 | 江苏教育频道 | | 电视台 | 省级 |

（续）

| 序号 | 时间 | 标　题 | 媒体 | 版面 | 类型 | 级别 |
|---|---|---|---|---|---|---|
| 250 | 6-25 | 南京农业大学"师德大讲堂"开讲 | 江苏教育频道 | | 电视台 | 省级 |
| 251 | 6-25 | 南京农业大学万建民团队：杂交水稻的"送子观音" | 中国教育报 | 7 | 报纸 | 国家级 |
| 252 | 6-27 | 哪一种"冷却肉"算上等好肉？ | 交汇点 | | 网站 | 国家级 |
| 253 | 6-27 | 南京农业大学破解秸秆处理产业化难题带动农民增收 | 新华社 | | 网站 | 国家级 |
| 254 | 6-28 | 献给改革开放40年——奋斗在"一带一路"：扎根非洲的田野守望者 | 江苏卫视 | | 电视台 | 省级 |
| 255 | 6-29 | 献给改革开放40年——奋斗在"一带一路"：扎根非洲的田野守望者 | 国家汉办网站 | | 网站 | 国家级 |
| 257 | 7-2 | 余晓文：九年找到水稻"自私的基因" | 中国青年报 | 12 | 报纸 | 国家级 |
| 258 | 7-6 | 葡萄酒你喝对了吗？快来南农的品酒大会"涨知识" | 扬子晚报网站 | | 网站 | 省级 |
| 259 | 7-7 | 看奇妙生物标本、学奇趣酿酒知识 | 现代快报 | 9 | 报纸 | 省级 |
| 260 | 7-9 | 南京农业大学与Science合作创办《植物表型组学》期刊 | 新华社 | | 网站 | 国家级 |
| 263 | 7-10 | 梨也不能近亲结婚？——我国科学家绘制的全球梨家族"族谱"给出答案 | 科技日报 | 8 | 报纸 | 国家级 |
| 264 | 7-10 | 让中国人吃得好，是我最大的幸福 | 半月谈 | | 网站 | 国家级 |
| 265 | 7-13 | 南京农业大学师生走进社区义诊宠物 | 中新网 | | 网站 | 国家级 |
| 268 | 7-17 | 南农专家社区科普人畜共患病　防寄生虫不要让爱宠下水嬉戏 | 南京日报 | A5 | 报纸 | 市级 |
| 270 | 7-19 | 南农学子把惠农利民的绿色技术带进田间 | 紫金山新闻 | | 网站 | 市级 |
| 271 | 7-18 | 南农开展乡村振兴路上养殖农户走访调研活动 | 新华社 | | 网站 | 国家级 |
| 272 | 7-19 | 南京高校"武林人"高温忙备战 | 中新社 | | 网站 | 国家级 |
| 273 | 7-19 | 南农大录取通知书：水墨风格就是我 | 荔枝新闻 | | 网站 | 省级 |
| 274 | 7-21 | 南农"武林人"三伏天备战武术锦标赛：练5小时汗水浸湿2套衣服 | 龙虎网 | | 网站 | 省级 |
| 275 | 7-24 | 法制宣传进社区　南农学生在行动 | 南京晨报 | A11 | 报纸 | 市级 |
| 276 | 7-24 | 吃饭要注意哪些？南农大学生暑假科普进社区 | 东方卫报 | A03 | 报纸 | 省级 |
| 277 | 7-26 | 揽中华文明精华　集古今农业稀珍——探秘中华农业文明博物馆 | 江苏科技报 | | 报纸 | 省级 |
| 279 | 7-28 | 南农学生设计微课　6分钟动画展示苏东坡百味人生 | 南报网 | | 网站 | 省级 |
| 281 | 7-31 | 全国最大的荷花资源圃对公众开放 | 新华社 | | 网站 | 国家级 |
| 284 | 8-1 | 南京农大校长周光宏当选国际食品科技界两院院士 | 中国科学报 | 6 | 报纸 | 国家级 |
| 286 | 8-8 | Confucius Institute in Kenya's Egerton University highlights in agriculture | 中国国际电视台 | | 电视台 | 国家级 |
| 287 | 8-10 | 南农大双线服务"三农"：专家线上教种地　校地线下建联盟 | 新华社 | | 网站 | 国家级 |
| 288 | 8-10 | 专家线上教种地　校地线下建联盟 | 中国教育报 | 头版 | 报纸 | 国家级 |

（续）

| 序号 | 时间 | 标　题 | 媒体 | 版面 | 类型 | 级别 |
|---|---|---|---|---|---|---|
| 292 | 9 - 3 | 重视农业文化遗产价值，助推乡村振兴 | 光明网 | | 网站 | 国家级 |
| 294 | 9 - 5 | 水稻栽培也有科学"营养餐" 精确定量栽培技术再创百亩方高产纪录 | 交汇点 | | 网站 | 省级 |
| 295 | 9 - 5 | 有声邮局：老师，好想对你说 | 江苏教育频道 | | 电视台 | 省级 |
| 296 | 9 - 6 | 南农大"有声邮局"教师节语音送祝福 | 人民日报 | 6 | 报纸 | 国家级 |
| 297 | 9 - 6 | 南农教授三十载研究沿海滩涂高效利用 茫茫滩涂就是他的"办公室" | 新华日报 | 9 | 报纸 | 省级 |
| 298 | 9 - 7 | 水稻栽培也有科学"营养餐"——水稻精确定量栽培技术再创百亩方高产纪录 | 新华社 | | 网站 | 国家级 |
| 299 | 9 - 8 | 饲养斑马鱼成入学后首个任务 南农花样趣味迎接2018新生 | 龙虎网 | | 网站 | 省级 |
| 301 | 9 - 8 | 南农大花样迎新：入学先做小测试，00后萌新直呼"有点难" | 现代快报 | | 报纸 | 省级 |
| 302 | 9 - 8 | 南农迎新花样多 紧贴专业特色很吸睛 | 金陵晚报 | | 报纸 | 市级 |
| 305 | 9 - 8 | 南京农业大学新校区在南京江北新区奠基：瞄准世界农业和生命科技前沿 | 交汇点 | | 网站 | 省级 |
| 306 | 9 - 8 | 南京农业大学"有声邮局"开张 传送爱的祝福 | 人民日报 | | 报纸 | 国家级 |
| 307 | 9 - 8 | 南京农业大学新校区在南京江北新区奠基 | 中新社 | | 网站 | 国家级 |
| 308 | 9 - 8 | 南京农业大学欢乐迎新生 | 南京日报 | | 报纸 | 市级 |
| 309 | 9 - 8 | 南京农业大学新校区在南京江北新区奠基 | 新华社 | | 网站 | 国家级 |
| 314 | 9 - 11 | 南京农业大学举行庆祝教师节活动 | 新华社 | | 网站 | 国家级 |
| 315 | 9 - 11 | 发扬传承奋斗精神 南京农业大学老教授为新教师佩戴校徽 | 中国江苏网 | | 网站 | 省级 |
| 316 | 9 - 12 | 水稻栽培也有科学"营养餐" | 中国科学报 | 6 | 报纸 | 国家级 |
| 317 | 9 - 12 | 水稻吃上"营养餐"，亩产最高1.2吨 | 新华日报 | 12 | 报纸 | 省级 |
| 319 | 9 - 17 | 初心不渝 百年传承 | 教育部网站 | | 网站 | 国家级 |
| 320 | 9 - 17 | 施肥少打粮多，这里的科学家种稻有绝招 | 科技日报 | 7 | 报纸 | 国家级 |
| 322 | 9 - 17 | 露浓压架葡萄熟——江苏灌南县葡萄产业"变身记" | 新华社 | | 网站 | 国家级 |
| 323 | 9 - 18 | 立德树人 敬业奉献·南京农业大学朱艳 为农业问诊把脉 教学生扎根田野 | 中央电视台新闻频道 | | 电视台 | 国家级 |
| 324 | 9 - 18 | 露浓压架葡萄熟 江苏灌南县葡萄产业"变身记" | 新华每日电讯 | 封面 | 报纸 | 国家级 |
| 326 | 9 - 19 | 8个国际肉类新标准在江苏南京开展讨论 | 新华社 | | 网站 | 国家级 |
| 327 | 9 - 22 | 农业专家创新给力 地里生金稻田传喜讯 | 新华社 | | 网站 | 国家级 |
| 328 | 9 - 23 | 丰收中国 大美南农 | 新华社 | | 网站 | 国家级 |
| 330 | 9 - 26 | 南农发现猪流行性腹泻病毒的传播新途径 | 南报网 | | 网站 | 市级 |

（续）

| 序号 | 时间 | 标　题 | 媒体 | 版面 | 类型 | 级别 |
|---|---|---|---|---|---|---|
| 331 | 9-26 | 成千上万的"偷渡客"！看看顶级"捕手"如何把好国门生物安全关 | 交汇点 | | 网站 | 省级 |
| 332 | 9-27 | 南农科学家发现猪流行性腹泻可经呼吸道传播 | 新华社 | | 网站 | 国家级 |
| 333 | 9-27 | 日均徒步10公里 带回70个草木标本 南农学生10天治理荒漠30余亩 | 南京日报 | B6 | 报纸 | 市级 |
| 334 | 9-27 | 2018年度江苏省有害生物检疫鉴定技能竞赛在宁举行 | 江苏公共频道 | | 电视台 | 省级 |
| 336 | 9-30 | 既是"设计师"又是"营养师" 科学家揭示可变剪接控制植物营养元素吸收和转运 | 交汇点 | | 网站 | 省级 |
| 337 | 9-30 | 破除"伪科普"！南京科普创作学会联合体在南京农业大学成立 | 扬子晚报 | | 报纸 | 省级 |
| 340 | 10-8 | 南农科学家首次揭示可变剪接控制植物营养元素吸收和转运 | 新华社 | | 网站 | 国家级 |
| 341 | 10-9 | 三个植物基因秘密被中国科学家破译 | 科技日报 | 3 | 报纸 | 国家级 |
| 342 | 10-10 | 可变剪接控制植物营养元素吸收和转运 | 中国科学报 | 6 | 报纸 | 国家级 |
| 343 | 10-10 | 专家线上教种地 校地线下建联盟——南京农业大学双线共推服务"三农"纪实 | 教育部网站 | | 网站 | 国家级 |
| 346 | 10-14 | 第八届中国黄瓜学术研讨会暨新品种展示观摩活动在南京举行 | 新华社 | | 网站 | 国家级 |
| 348 | 10-14 | 育种技术助力我国黄瓜产业夺世界双冠 | 科技日报 | | 网站 | 国家级 |
| 349 | 10-15 | 我国黄瓜亩产为何只有荷兰1/5 200多位专家来宁交流研讨 | 南京日报 | A3 | 报纸 | 市级 |
| 350 | 10-15 | 全国黄瓜"争霸"赛，你站娜莎还是玉龙？还有黄瓜使用激素不能吃的谣言别再传了！ | 扬子晚报 | 头版 | 报纸 | 省级 |
| 351 | 10-16 | 比照荷兰和以色列 黄瓜亩产还能增加5倍 | 交汇点 | | 网站 | 省级 |
| 352 | 10-17 | 68个新品种亮相黄瓜学术研讨会 | 中国科学报 | 6 | 报纸 | 国家级 |
| 353 | 10-19 | 农业类专场招聘会举行 | 江苏教育频道 | | 电视台 | 省级 |
| 354 | 10-20 | "农"字号招聘开场，230多家企业寻人才"归仓"——几个岗位抢一个人，农学热来了？ | 新华日报 | 3 | 报纸 | 省级 |
| 355 | 10-20 | 南农大首个校友返校日：奋斗了大半生 回家仍是少年 | 中国江苏网 | | 网站 | 省级 |
| 356 | 10-20 | 73岁南农大校友坐轮椅返校：太想见师长、同学了 | 现代快报 | | 报纸 | 省级 |
| 357 | 10-21 | 5000名毕业生应聘1.7万个岗位"农"字号企业求贤若渴 | 南京日报 | A2 | 网站 | 市级 |
| 358 | 10-21 | 南农举办首个"校友返校日"不同颜色的校徽有着不同的寓意 | 南京晨报 | A03 | 报纸 | 市级 |
| 359 | 10-22 | "农业很有奔头，眼光要看得长远"一名壮族小伙子的"新农人梦" | 中国青年报 | 6 | 报纸 | 国家级 |

（续）

| 序号 | 时间 | 标　　题 | 媒体 | 版面 | 类型 | 级别 |
|---|---|---|---|---|---|---|
| 360 | 10-23 | "南农科技"多学科协同创新推动粮食丰产 | 新华社 | | 网站 | 国家级 |
| 361 | 10-24 | 梅子酒、富硒甜瓜、新奇特胡萝卜……南农大园艺院创新创业展健康满满 | 交汇点 | | 网站 | 省级 |
| 362 | 10-24 | 第二届世界绵羊大会（WCS 2018）在宁召开 | 江苏城市频道 | | 电视台 | 省级 |
| 363 | 10-24 | 意不意外，惊不惊喜！紫色胡萝卜、白菜"黄玫瑰"、富硒性甜瓜—批创意农产品来袭！ | 江苏教育频道 | | 电视台 | 省级 |
| 364 | 10-24 | "新时代·新思政"高端论坛　在南京农业大学举行 | 江苏教育报 | 2 | 报纸 | 省级 |
| 366 | 10-25 | 有没有见过　五颜六色的胡萝卜？不同颜色口味和营养都不同 | 扬子晚报 | A14 | 报纸 | 省级 |
| 368 | 10-25 | 第十九届世界食品科技大会　我国科学家周光宏和吴永宁获选国际食品科学院院士 | 中国食品报 | | 报纸 | 国家级 |
| 370 | 10-25 | 惊艳世界！青海人在海拔 3 000 米高原培育园林小菊 | 人民网 | | 网站 | 国家级 |
| 371 | 10-26 | 病原菌能"精确制导"侵染大豆 | 科技日报 | 头版 | 报纸 | 国家级 |
| 372 | 10-26 | 南农 300 多名校友回"家" | 南报网 | | 网站 | 市级 |
| 373 | 10-27 | 多款创意农产品亮相南农大 | 南京广播电视台 | | 电视台 | 市级 |
| 374 | 10-27 | 让人大开眼界的创意农产品 | 江苏教育频道 | | 电视台 | 省级 |
| 375 | 10-28 | 在西非高原培育出高产玉米，加纳教授获 2018 世界农业奖 | 现代快报 | | 报纸 | 省级 |
| 376 | 10-28 | 2018 世界农业奖在南京揭晓：美国和加纳 2 位科学家获奖 | 中新社 | | 网站 | 国家级 |
| 378 | 10-28 | 2018GCHERA 世界农业奖在南农大揭晓：美国、加纳 2 位科学家获奖 | 新华社 | | 网站 | 国家级 |
| 379 | 10-28 | 2018GCHERA 世界农业奖新增发展中国家获奖者 | 新华社 | | 网站 | 国家级 |
| 385 | 10-29 | "一带一路"农业科教合作论坛在南农举行 | 凤凰网 | | 网站 | 国家级 |
| 388 | 10-30 | 高校学子创业初体验　校园里办起农产品大集 | 南京广播电视台 | | 电视台 | 市级 |
| 389 | 10-30 | 南京农业大学主办 2018 年"消化道分子微生态"国际研讨会 | 新华社 | | 网站 | 国家级 |
| 390 | 10-30 | "青稞使者"：创业围绕"农"字展开 | 中青在线 | | 网站 | 国家级 |
| 391 | 10-31 | 什么肉安全好吃 | 新华社 | | 网站 | 国家级 |
| 392 | 10-31 | C 位创"艺"！南农大首届创新创业成果展开幕 | 凤凰网 | | 网站 | 国家级 |
| 393 | 10-31 | 2018 世界农业奖在宁颁发 | 新华日报 | 15 | 报纸 | 省级 |
| 394 | 10-31 | 南京农业大学揭示大豆感病机制 | 中国科学报 | 6 | 报纸 | 国家级 |
| 395 | 10-31 | 王源超：从冷门项目入手带出热点团队 | 中青报 | 3 | 报纸 | 国家级 |
| 397 | 11-1 | 新模式！南农大新技术机械化助推秸秆全量还田 | 交汇点 | | 网站 | 省级 |
| 400 | 11-2 | 无人驾驶智能车、炫酷赛车、仿生机器人……一大波南农三创项目等你围观 | 扬子晚报 | | 报纸 | 省级 |

（续）

| 序号 | 时间 | 标　题 | 媒体 | 版面 | 类型 | 级别 |
|---|---|---|---|---|---|---|
| 401 | 11-2 | 南京农业大学工学院举行创意创新创业成果展　科创成果集中亮相 | 江苏教育频道 | | 电视台 | 省级 |
| 402 | 11-2 | 南京农业大学研发机械化助推秸秆全量还田技术 | 科技日报 | | 报纸 | 国家级 |
| 403 | 11-4 | 卵菌DNA精密"信号灯"被识破，南农大解析植物卵菌的DNA甲基化调控机制 | 交汇点 | | 网站 | 省级 |
| 404 | 11-6 | 南京农业大学解析植物卵菌的DNA甲基化调控机制 | 新华社 | | 网站 | 国家级 |
| 405 | 11-7 | 棉铃虫显性抗性突变被找到 | 中国科学报 | 6 | 报纸 | 国家级 |
| 407 | 11-7 | 新模式成就江苏稻麦"接力棒" | 中国科学报 | 8 | 报纸 | 国家级 |
| 408 | 11-8 | 1 000万"瑞华助学基金"落户南京农业大学 | 扬子晚报 | | 报纸 | 省级 |
| 409 | 11-8 | "瑞华助学基金"落户南京农业大学 | 江苏公共频道 | | 电视台 | 省级 |
| 411 | 11-10 | 是美食抑或艺术？南京农业大学校园美食节上演视觉盛宴 | 新华日报 | | 网站 | 省级 |
| 412 | 11-11 | 南农举办校园美食节 | 南京日报 | A4 | 报纸 | 市级 |
| 415 | 11-14 | 南京农业大学在首届全国大学生植物保护专业能力大赛中获特等奖 | 江苏省教育厅网站 | | 网站 | 省级 |
| 416 | 11-15 | 南京农业大学揭析生物钟调控代谢新方式 | 中国科学报 | | 报纸 | 国家级 |
| 417 | 11-15 | 南京农业大学"五个强化"推进师德师风建设 | 教育部网站 | | 网站 | 国家级 |
| 418 | 11-16 | 生物钟调控代谢新方式揭示 | 科技日报 | 头版 | 报纸 | 国家级 |
| 419 | 11-19 | 秸秆全量还田，现代机械大显身手 | 江苏农业科技报 | 头版 | 报纸 | 省级 |
| 420 | 11-21 | 研究破解卵菌DNA精密"信号灯" | 中国科学报 | 6 | 报纸 | 国家级 |
| 421 | 11-25 | 想学环保小妙招？来南农了解一下 | 现代快报 | | 报纸 | 省级 |
| 423 | 11-27 | 全国食品科学与工程学科大学生创新创业教育研讨会召开 | 江苏省教育厅网站 | | 网站 | 省级 |
| 424 | 11-30 | 南农学生创新"健身餐"配方　南农学生创新"健身餐"配方 | 南京日报 | B5 | 报纸 | 市级 |
| 425 | 11-30 | 机器人能采茶、喷雾、摘葡萄……这是要让农民"解放双手"的节奏吗？ | 江苏教育频道 | | 电视台 | 省级 |
| 434 | 12-7 | 南京农业大学第六届思·正杯"中国梦·乡村兴"演讲比赛成功举办 | 新华社 | | 网站 | 国家级 |
| 435 | 12-7 | 魅力思政：南京农业大学举办纪念改革开放四十周年主题演讲比赛 | 交汇点 | | 网站 | 省级 |
| 436 | 12-8 | 南京大学生纪念"一二·九"火炬长跑铭记民族史 | 中国新闻网 | | 网站 | 国家级 |
| 437 | 12-9 | 纪念"一二·九"　南京大学生火炬接力长跑 | 扬子晚报 | | 报纸 | 省级 |
| 440 | 12-10 | 南京大学生秉菊怀殇铭记历史 | 中新社 | | 网站 | 国家级 |
| 441 | 12-11 | 王恬：亲历77年高考　教育改变命运 | 网易新闻 | | 网站 | 国家级 |
| 442 | 12-11 | 南农学生：寓学于乐　玩转"金融开放日" | 南京广播电视台 | | 电视台 | 市级 |

（续）

| 序号 | 时间 | 标　题 | 媒体 | 版面 | 类型 | 级别 |
|---|---|---|---|---|---|---|
| 443 | 12-11 | 大学生发明采茶机器人　识别嫩芽精准度高达95％ | 南京日报 | A10 | 报纸 | 市级 |
| 445 | 12-16 | 江苏全省涉农专业大学生创新创业培训班12月16日开班 | 江苏卫视 | | 电视台 | 省级 |
| 446 | 12-16 | 传统家庭式小店，如何变身亿元企业？涉农大学生新型职业农民培训班在南农大开讲 | 扬子晚报 | | 报纸 | 省级 |
| 447 | 12-16 | 南农大"小雨滴"上演雨花英烈书信诵读会 | 金陵晚报 | | 报纸 | 市级 |
| 449 | 12-17 | 培养"农"字号创业者，涉农大学生新型职业农民培训班在南农大开讲 | 交汇点 | | 网站 | 省级 |
| 451 | 12-18 | 南京农业大学谈改革开放40年：耕读传家　承载使命　勇拓新路 | 交汇点 | | 网站 | 省级 |
| 455 | 12-19 | 南京农业大学党委书记陈利根谈改革开放40年来农业高校的坚守与担当 | 新华社 | | 网站 | 国家级 |
| 458 | 12-21 | 南京农业大学推进依法治校　强化内部治理能力建设 | 教育部网站 | | 网站 | 国家级 |
| 459 | 12-21 | 南京农业大学"云课堂"让研究生思政课教学"轻舞飞扬" | 新华社 | | 网站 | 国家级 |
| 460 | 12-26 | 大型工具书《中华茶通典》编撰工作进展顺利 | 江苏卫视 | | 电视台 | 省级 |
| 463 | 12-27 | 侯喜林：源于一碟小白菜的使命与坚守 | 新华社 | | 网站 | 国家级 |
| 464 | 12-27 | 南京农业大学创新加强入党教育培训工作 | 教育部网站 | | 网站 | 国家级 |
| 465 | 12-28 | 南农大"电商"扶贫，以购代捐48万年货大礼包 | 交汇点 | | 网站 | 省级 |
| 467 | 12-31 | 南农：重农固"本"培养"大为　大德　大爱"的接力者 | 新华社 | | 网站 | 国家级 |

# 师 德 师 风 建 设

【概况】党委教师工作部认真学习贯彻党的十九大精神、全国教育大会精神和习近平新时代中国特色社会主义思想，以《全面深化新时代教师队伍建设改革的意见》为指导，按照学校师德建设的总体要求，紧扣立德树人这一根本任务，切实加强全校师德师风建设，大力提升教师思想政治素质和师德涵养，努力为学校"双一流"建设造就一支高素质专业化创新型教师队伍。

加强组织领导，推动师德师风建设。2017年10月，成立党委教师工作部，与组织部合署办公，负责教师党建、思想政治教育和师德师风建设工作。2018年4月，成立教师思想政治工作领导小组，负责学校教师思想政治工作的统筹协调与督促检查。2018年5月，成立了由党政主要负责人担任组长，分管教师思想政治工作、教学、人事工作的校领导担任副组长，相关部门负责人为成员的南京农业大学师德建设与监督委员会，负责学校师德建设的总体规划和统筹协调，督促涉嫌违反师德师风行为的调查和处理。师德建设与监督委员会下设秘书处，挂靠党委教师工作部，负责师德建设与监督工作的具体实施。构建了党委统一领导、党政齐抓共管、有关部门各负其责、全校教师共同参与的领导机制和工作机制，形成校、院、系三级联动的工作格局，凝聚各有分工、相互配合的师德师风建设工作合力。

加强制度建设，建立健全师德长效机制。根据《教育部关于建立健全高校师德建设长效机制的意见》精神，在全校范围内开展教师思想政治和师德师风状况大调研，回收有效教师问卷1 825份，有效学生问卷2 264份，并研究撰写相关调查报告。制订《关于进一步加强和改进教师思想政治工作的意见》，对新时代提高教师思想政治素质和加强师德师风建设提出了新要求；修订《南京农业大学关于建立健全师德建设长效机制的实施意见》（2018年5月修订），进一步完善新时代师德建设长效机制，促进教师全面发展；根据《高校教师职业道德规范》和教育部师德"红七条"相关内容，制订《南京农业大学教师职业道德规范》，进一步规范学校教师个人品行和职业操守，加强教师职业道德建设。

加强师德教育，引导教师立德树人。在全校范围内开展师德师风的学习讨论，组织召开教师思想政治工作会议和教师座谈会，专题学习党的十九大精神和师德师风建设相关制度文件，引导广大教师以德立身、以德立学、以德施教、以德育德。创新学习教育方式。利用网络新媒体打造线上教育平台，增强教师思想政治工作针对性。建设党委教师工作部网站，开通教师工作部微信公众号，打造线上教育平台，开设"初心诵""史说·师德""师说"等多个线上学习栏目，加强教师对中国传统文化和革命文化、社会主义先进文化的教育，加深对师德历史传承的了解，增强教师教书育人责任感。开设"师德大讲堂"，校党委书记陈利根为全体中层干部、新入职教职工和新增研究生导师等500余人作第一讲，把师德师风作为建设高素质教师队伍的首要标准，让师德修养成为每位南农人的理想和追求。师德建设的相关经验做法得到了新华社、《新华日报》、交汇点、江苏教育频道等多家媒体的广泛关注。

树立师德典型，讲好南农师德故事。挖掘先进典型，弘扬育人楷模，开展"最美教师""教书育人楷模"等评选表彰活动，共评选出"教书育人楷模"15人、"最美教师"15人。通过多平台、多手段的宣传，发挥师德典型的模范带动作用。开展"最美教师"事迹网络展示，31位候选人在一周时间内共获得了61.7万多点赞、455万多访问量，获得海内外校友的极大关注，在学校和社会产生了很好的宣传和影响。拍摄展现全校教师团队和个人感人事迹的专题视频，其中《初心不渝 百年传承》在教育部新时代教师风采公益广告评选中，从1 700多部作品中脱颖而出，以全国排名第14位的成绩获优胜奖，作品在中国教育电视台等中央媒体和教育部网站上播放，宣传全校教师风采，提升教师教书育人使命感。

建立师德考察和监督机制，防止师德失范。在各院级党组织中开展师德建设长效机制贯彻落实自查工作，营造了风清气正政治生态。在"长江学者"等各级各类人才申报工作中，开展师德考察，通过档案审核、个别谈话、二级党组织鉴定等方式，全面了解候选人的思想政治和师德师风情况，实行师德"一票否决制"。全年累计考察30人次。在学校范围内迅速形成"讲师德、重师德、树师德"的氛围。设立师德师风投诉举报平台，通过开通电子邮箱、微信举报平台和线下投诉信箱等方式，建立全方位立体化师德举报途径，及时掌握师德信息动态，严树师德红线，对师德问题做到有诉必查、有查必果、有果必复。

**【举办教师节盛典，营造尊师重教文化氛围】**2018年9月10日下午，由党委教师工作部主办的南京农业大学庆祝第34个教师节盛典在体育中心隆重举行。全体校领导、受表彰教师、

2018 年退休及新入职教职工、离退休教职工代表、民主党派代表、全体中层干部、各单位教职工代表和新生代表共 3 000 余人参加。盛典上表彰了 30 名获评的"教书育人楷模"和"最美教师"。举行了老教师荣休仪式，校长逐一为 20 名荣休老教师颁发荣休证书和纪念牌，感谢他们为学校的建设与发展作出的贡献。举行了新教师入职宣誓活动，沈其荣教授、郑小波教授、徐翔教授、离休教师代表蔡宝祥教授和退休教师代表顾焕章教授，为 2018 年新入职教师代表佩戴校徽，象征着老一辈教师们将宝贵的科研成果与奋斗精神发扬和传承给新教师。52 名新入职教师举起右手面向国旗庄严宣誓。教师节盛典在广大师生中反响强烈，活动有效提升了教师的职业荣誉感和责任感。同时作为"尊师重教月"系列活动的一部分，还开展了"有声邮局"明信片祝福活动，共发出明信片 3 000 张，在广大教师中取得良好反响。以上活动得到了《人民日报》、新华社、《新华日报》、中国江苏网、江苏教育新闻等 30 多家媒体的报道，并入选江苏省教育厅网站新闻。

（撰稿：杨海峰　审稿：吴　群　审核：周　复）

## ［附录］

### 2018 年南京农业大学
### "教书育人楷模"和"最美教师"获奖名录

**一、2018 年南京农业大学"教书育人楷模"**

王　恬　王源超　冯淑怡　吕　波　何瑞银　应瑞瑶　沈其荣　林乐芬
周全富　赵茹茜　柳李旺　洪德林　洪晓月　徐幸莲　章文华

**二、2018 年南京农业大学"最美教师"及提名奖**

**1. "最美教师"**

孔繁霞　朱伟云　朱　艳　刘　蓉　杨　倩　吴　俊　张亮亮　周明国
姜小三　裴正薇

**2. "最美教师"提名奖**

王东波　朱志平　李雪芹　何　军　葛笑如

（撰稿：杨海峰　审稿：吴　群　审核：周　复）

## 统　　战

【概况】学校党委，积极落实中央统战工作会议、全省高校统战工作会议精神，按照《中国共产党统一战线工作条例（试行）》文件要求，进一步加强民主党派班子建设、制度建设，充分发挥民主党派和无党派人士的智力优势，团结凝聚统一战线成员，在服务经济社会发展和学校建设中作出积极的贡献。

民主党派组织建设不断加强。坚持政治标准，严格发展程序，把好入门关口，为统一战线参政议政储备人才，不断优化各党派的成员结构。全年共发展民主党派成员23人，其中九三11人，民盟10人，民进1人，农工1人。

党外人士的教育和培养不断深入。积极推荐党外人士参加中央和省市社会主义学院培训。服务保障工作持续完善，通过多种形式，为民主党派和党外人士服务社会、参政议政提供保障。建立党外人士信息管理系统，实现民主党派代表信息的可视化、系统化与科学化。

进一步发挥民主党派参政议政和社会服务功能。邀请各民主党派代表列席新学期工作会议、教代会、年度考核、干部推荐等重要会议，及时通报学校重要工作，听取意见和建议，充分发挥民主党派和党外人士在学校建设发展中的重要作用。全年，各民主党派向各级人大、政协、民主党派省委提交议案、建议和社情民意35项，组织参与大型社会服务活动12次。

民主党派工作成绩喜人。校民盟被民盟省委评为"优秀基层委员会奖"；九三林其骤当选"全国特种经济动植物产业功勋人物"，民进姚兆余荣获江苏省青年志愿服务事业贡献奖。全年有20余名民主党派成员获得省级以上表彰。

（撰稿：文习成 审稿：丁广龙 审核：周 复）

# 安 全 稳 定

【概况】保卫处（政保部）坚持"预防为主、防治结合、加强教育、群防群治"的原则，积极落实各项安保措施，确保了校园的安全稳定，全年未发生一起有影响的重特大事件。

强化信息管控，确保校园安全稳定。围绕国家重大节假日、重大会议、校内大型活动等敏感节点以及突发事件来开展相关维稳工作。一是重点关注民族学生动态，创新民族生管理方式，加大与上级单位的联系，及时统计与上报各种民族生动态信息，做到心中有底、心里有数，全年配合各维稳单位开展工作60余次；二是学习、探索新思路、新方法，尝试利用互联网、大数据等新兴科技新手段及门禁进出记录、校园监控等技防传统手段研究分析重点关注人群的活动规律；三是加强情报信息收集、甄别、处理和密报工作，全年上报重点《信息快报》11份。

积极开展校园安全宣传，加强安全防范教育。紧抓新生军训集中期，开展实用性强的安全教育和技能培训活动，对所有新生开展集中式安全知识讲座、消防应急疏散演练和应急救护培训等一系列教育活动，首次实现所有新生全员参与的良好氛围。利用校园"安全宣传月""119消防宣传周"契机，坚持点面结合，提高宣传实效。一是用幽默诙谐的语言和夸张表现制造舆论热点，引爆网络二次传播；二是针对重点、难点问题，切中时弊，点穴式宣传；三是做好校园防恐演练和消防演练，增强校园安保队伍应急处置能力和业务技能；四是利用江苏省大学生安全知识竞赛平台，在新生中普及安全知识，加强个人防范；五是重视与警方沟通，利用"平安南农"公众号定期发布安全提醒和校园警情通报，围绕反传销、反诈骗、反骚扰等题材，注重新颖和可读性，引导青年学生加强个人安全防范。

强化警校联动，专项整治常抓不懈。密切联系孝陵卫派出所、下马坊警务服务工作站、交警一大队孝陵卫中队，加强警校联动，充分发挥警力进校园优势最大化，民警深入校园开展巡逻、处置突发事件、保障重大活动。3月，联合警方破获一起校园滋扰案件；4月，开展针对校园拎包案件专项整治活动，分别在田径场、篮球场、操场等场所抓获了犯罪嫌疑人；5月，抓获一猥亵案犯罪嫌疑人并移交警方；9月，抓获逸夫楼内盗窃手机犯罪嫌疑人；12月，配合警方破获一起校外理发店强迫交易案。通过合力，有效压降案件，减少损失，净化校园和周边治安环境。

加强消防安全管理工作，加大隐患整改力度。以坚决杜绝火灾事故，全力推进隐患整改为工作重心，加强安全警示教育，在全校牢牢树立"隐患等同事故"的理念，深入开展消防管理工作。一是不断加大监督检查力度，提高校园安全隐患排查、整改水平；二是借助"消防进军训、119消防宣传月"向全校师生员工普及安全知识和技能；三是升级、改造消防信息化管理平台，实现消防报警与监控视频联动作业，提高消防安全智能化水平；四是完善消防安全管理规定及责任，提高依章办事的意识和管理水平；五是切实整改多处楼宇管网漏水、宿舍 EPS 电源、生科楼遮挡消防器材和占用疏散通道等重大安全隐患。

加强教学区交通秩序管理工作，确保校内交通有序。一是强化校园非机动车管理，集中办理非机动车牌照和外来车辆登记，禁止外卖电动车入校以及借道绕行车和非师生车辆登记通行等措施，严格控制非机动车入校通行，共安装电动车牌照 3 000 副；二是开发电动车管理系统，加强科学化和精细化水平；入校高峰期增派人员补充门卫保安力量，夯实管控成果，较大程度上缓解校园外卖车进校、车人混行等乱象，维护教学区良好的出行秩序；三是集中处置废旧自行车，释放有限停车空间，重点部位停车区采取专人值守，推动校园非机动车管理规范化；四是加强机动车管理和控制，通过划车位、完善标线、增加交通设施等规范秩序，清除堵点，力保通畅；五是做好迎新等各项重大活动及校园雨污分流施工期交通管控工作。

系统规划技防建设，发挥技防效用最大化。坚持高标准、高起点，不断加大投入，完善各项安防系统。一是进行消防可视化扩容项目建设，完成理科南楼、理科北楼、行政楼、图书馆 4 栋楼宇的烟感与周边监控无缝对接，完善 11 栋楼宇水压监测，实现消防报警视频联动的真正可视化；二是不断升级、改造数字化监控平台，全面实现校园全数字化高清监控，建成 12 路人脸识别、40 路结构化轨迹跟踪系统；三是建成南京农业大学校园维稳中心。

（撰稿：洪海涛　审稿：崔春红　审核：周　复）

# 人　武

【概况】人民武装部（以下简称人武部）紧紧围绕强军目标和学校实际，深入推进大学生应征入伍工作，精心组织实施大学生军事技能训练，结合国际国内形势，认真落实国防教育活动，加强军校共建，全面做好双拥工作等。

组织学生应征入伍。3月20日，在校园网发布《关于开展2018年应征报名和兵役登记的通知》，制作《2018年大学生应征报名和兵役登记的政策咨询》提供给各学院用于宣传动员，制作征兵宣传标语以及《2018年大学生应征报名和兵役登记的政策咨询》4块大型展板在学生生活区悬挂、集中展出。提供入伍学生的宣传素材，由校团委制作的《文能养马种水稻，武能提枪上战场，厉害了，我的南农子弟兵!》通过手机APP推送。连续在学生生活区设立大学生征兵政策咨询点，现场解说报名入伍、国家资助的具体流程，解读大学生入伍的各项优惠政策。4月3日，利用组织参加全国大学生征兵工作视频会议的时间，召开学校征兵工作动员会，校党委副书记刘营军对做好今年学校大学生征兵工作作了再动员部署，并提出明确要求。4月17日上午，江苏省南京市建邺区人武部领导等来校开展高校征兵工作调研活动，校党委副书记刘营军和相关部门负责人参加座谈。4月27日，食品科技学院举行征兵宣讲会暨"我的军旅生活"分享会，凌至路同学进行征兵宣讲，学院退役维吾尔族大学生士兵阿依努尔·艾莎同学分享了她作为一个海军战士的经历，并就征兵政策、军旅生活等进行了深入互动交流。5月9日下午，对报名应征的学生进行再动员，明确体检注意事项、统一采集人像等，巩固前期应征报名效果。5月16日下午，学生工作处民族生办公室组织少数民族学生开展"投身绿色军营，建设强大国防"主题教育活动，邀请凌至路、阿依努尔和两名汉族退役大学生士兵进行征兵宣讲和"军旅生活"分享活动等，收到良好效果。9月9日下午，南京农业大学2018年大学生应征入伍欢送会在金陵研究院二楼会议室举行，校党委副书记刘营军与南京市建邺区人武部政委辛崇波出席并发表讲话。会议由校人武部长刘玉宝主持。学校共有王秋实等39人参军入伍服义务兵役，其中毕业生14人（含研究生2人），在校生25人（含新生3人）。9月初，张天亮等13名退伍学生返校复学（其中1人未复学）。学校人武部被江苏省政府、省军区评为全省征兵工作先进单位。

【组织学生军事技能训练】9月9～24日，组织开展2018级共4 256名本科新生军训（分卫岗校区和浦口工学院校区）。9月11日上午，校党委副书记盛邦跃参加军训动员大会，对全体参训学生提出殷切的希望。军训期间，开展了以"迷彩青春，爱在军训"为主题的征文、摄影及板报比赛，"安全宣传页"评比等内容丰富、形式多样的活动，深化了学生的自我教育，体现了强有力的思想政治工作保障功能。积极响应教育部"消防安全进军训"号召，军训期间组织学生进行"安全讲座＋应急演练＋灭火实战＋应急救护＋卫生防疫"五大模块教育，收到良好效果。此次军训，南京战区临汾旅64名官兵担任教官，各院系辅导员担任政治指导员，通过严密的组织，顺利完成了大纲规定的军训内容，达成了军事训练的目标。

【组织学校国防教育活动】4月4日，学校与共建单位玄武区反恐办、孝陵卫派出所组织少数民族学生祭扫雨花台革命烈士陵园，缅怀革命先烈，牢固树立学校民族学生"三个离不开""五个认同"的爱国主义观念和国家安全意识。11月10日，理学院、农学院和马克思主义学院的预备党员共同前往雨花台烈士陵园，开展党性教育和国家安全教育课。邀请军内外著名专家来校开办国家安全和国防教育讲座。5月16日，南海问题研究专家、海军指挥学院军事战略学教授张晓林大校应邀为学校师生作"南海形势与国家安全"专题讲座；5月18日，公安部情报反恐专家、中央财经大学教授王沙骋应邀为学校师生作"国防教育与国家安全报告——恐怖主义与情报反恐"专题讲座；6月19日，中国世界近代史研究会常务理事、中国现代化研究会理事、南京大学历史学院教授刘金源应邀为学校师生作"政治现代化与大国崛起：英国式道路与启示"专题讲座；11月29日，南京大屠杀史研究会副会长、江苏中共党史学会副会长、江苏中国近现代史学会副会长、南京医科大学教授孟国祥应邀为学校师生作"唤醒一个民族最深沉的记忆——国家公祭与南京大屠杀惨案"专题讲座；12月26日，邀请东南大学国防教育教研部主任、教育部第四届全国普通高校军事课教学指导委员会委员、江苏省首届普通高校军事课教学指导委员会委员、国家国防教育师资库首批入库专家、教授陆华来校作"特朗普时代的国家安全战略与中美关系"专题讲座。

**【组织学校双拥工作】**利用学校技术力量，配合部队搞好精准扶贫。先后派出食用菌栽培的教授赵明文、葡萄改良研究的教授陶建敏以及蔬菜苗木研究的教授滕年军、钱春桃等农业方面的专家和临汾旅官兵一起多次到南京市栖霞区太平村开展专项技术扶贫工作。开展军校联谊活动。9月15日下午，临汾旅足球队在副旅长吴晖的带领下，与南京农业大学教工足球队进行友谊赛。春节前，到部队慰问官兵，开展拥军爱兵活动。为应征入伍学生举行欢送会，发放慰问金和纪念品；针对部分大学生参军愿望强烈但视力不合格需要矫正的情况，在南京市建邺区征兵办提供每人3 000元营养补助的基础上，学校另行发放3 000元/人标准的营养补助，此举得到入伍学生的一致称赞。给烈军属，转业、复员、退伍军人包括从部队退伍复学在校的26名学生发放春节慰问金。

（撰稿：洪海涛　审稿：崔春红　审核：周　复）


# 工 会 与 教 代 会


**【概况】**校工会以维护教职工合法权益为基本职责，以构建和谐校园、促进学校发展为主线，坚持服务中心工作、密切联系和服务全校教职工，努力履行工会职能，充分发挥工会组织的桥梁和纽带作用。成功召开第五届教职工代表大会第12次会议。

关心教职工生活、维护教职工的合法权益。会员节日慰问标准由1 500元提高至1 800元，会员生日慰问由300元提高到400元。制订《南京农业大学工会会员慰问管理办法（暂行）》，对因病住院、本人或至亲去世、结婚、生育的会员，给予补助慰问。共接受2017年度118名因病住院会员的补助申请。经核定，有92名会员得到补助，共发放补助金57.6万元。

组织参与各级各类活动。童菲代表学校参加江苏省教育科技工会主办"中国梦·劳动美——学习贯彻习近平新时代中国特色社会主义思想和党的十九大精神"教职工演讲比赛，获金奖；朱志平获全省本科高校青年教师教学竞赛暨第四届全国高校青年教师教学竞赛选拔赛二等奖，罗慧获得三等奖；暑期组织劳模及获省级以上荣誉的教职工参加省教科工会组织的河北温塘疗休养活动。举办女教职工跳绳比赛等群众性文体运动，增强学校的凝聚力和工会工作活力，活跃校园氛围。

**【第五届教职工代表大会第12次会议】**5月9日，在金陵研究院三楼会议室举行，大会听取了校长周光宏作的《学校工作报告》、副校长戴建君作的《学校财务工作报告》、教授钟甫宁作的《学校学术委员会工作报告》、校党委办公室主任胡正平作的《教代会提案工作报告》和新校区建设指挥部常务副总指挥夏镇波作的《新校区建设进展报告》。

**【教代会提案办理情况】** 此次会议共收到 16 份提案建议,内容涉及学校教学、科研、管理、服务等方面。提案经各分管领导批阅后及时交相关部门承办,做好组织协调、督办,及时对答复提案进行反馈等。其中,15 名提案人对提案的处理意见表示满意,满意率为 93.8%。

**【教职工体育活动】** 3 月 9 日,举办"三八"国际劳动妇女节女教职工绿道行,500 多名女教职工参加活动。

4 月 14 日,举办教职工春季扑克牌(掼蛋)选拔赛,15 个部门工会 25 个代表队,50 名选手参赛,获得前 8 名的单位是:机关二队、基本建设处二队、机关一队、理学院、图书馆一队、动物医学院、机关四队、动物科技学院。

5 月 13 日,举办教职工乒乓球团体比赛,17 个部门工会 21 个代表队参赛,获得前 8 名的单位是:资产管理与后勤保障处二队、基本建设处、农学院、经济管理学院、机关一队、动物医学院、外国语学院、食品科技学院。

6 月 2 日,举办教职工龙舟赛,11 个部门工会参赛,获得前 3 名的单位是:体育部、农学院、图书馆。

9 月 23～27 日,参加第八届中国高等农林院校教职工羽毛球联谊赛,获团体第五名。团体队员是:徐翔、刘营军、包平、王凯、白振田、白茂强、耿文光、施雪钢、束浩渊、姚天峰、丁兰英、汤亚芬、屈卫群、苗欣、邓羽婷、石海仙、赵朦、王卉。

10 月 13 日,组织教职工钓鱼比赛,18 个部门工会 41 名选手参赛,获得前 8 名的单位是:动物科技学院、动物医学院、资产管理与后勤保障处、食品科技学院、资源与环境科学学院、农学院、体育部、机关三队。

11 月 2 日,举办校运动会,22 个部门工会 25 个代表队参赛,教工部获得团体总分前 8 名的单位是:农学院、动物科技学院、图书馆、生命科学学院、资产管理与后勤保障处一队、理学院、资源与环境科学学院、园艺学院一队与机关一队(并列第八)。

11 月 24 日,举办教职工羽毛球比赛,22 个部门工会 26 个代表队参赛,获得团体前 8 名的单位是:体育部、机关一队、资产管理与后勤保障处、图书馆、园艺学院一队、信息科技学院、食品科技学院、农学院。

11 月 30 日至 12 月 6 日,举办教职工书画展,40 件作品入选展出。

(撰稿:童 菲 审稿:陈如东 审核:周 复)

# 共 青 团

**【概况】** 学校团委以"立德树人、勤学敦行"为指导,以培养具有"世界眼光、中国情怀、南农品质"的学生为目标,以"一建设、两支撑、三育人"为主线,深入实施学生工作"四大工程",努力推进全员、全方位、全过程育人,着力提升服务学校大局和服务青年成长的能力及水平。学校获全国"三下乡"社会实践"千校千项"实践活动"百佳创意短视频"、江苏省大学生志愿者"三下乡"暑期社会实践活动"社会实践优秀单位""社会实践优秀团队"等省级以上表彰30项,获"国际基因工程机械设计大赛"(IGEM)全球一等奖1项、美国大学生数学建模竞赛一等奖1项、日本京都大学国际创业大赛二等奖1项,获"创青春"全国大学生创新创业大赛金奖3项、银奖1项,获第11届金陵合唱节铜奖,团委"青媒工作室"入选全国学校共青团新媒体运营中心2018年度专业工作室,团委微信平台在2018年全国第二届全国高校新媒体评选中获评"十佳视觉设计奖"。

加强团组织建设。深入贯彻落实共青团改革实施方案,健全各类团干部培训体系,注重多领域、多岗位培养锻炼团干部。加强学生骨干培养,结合中长期青年发展,构建以新生团干培训班、大学生骨干培训班、青年马克思主义者培训班、团务助理培训班等为依托的分层分类团校培养体系,抓实团学骨干培训。本年度,全校各级团学骨干参与各类培训学习达1 000余人次,2人获评江苏省"优秀共青团员",1人获评江苏省"优秀共青团干部"。继续推进实施"新生班级团务助理工程",遴选141个优秀学生骨干担任团务助理,以新生适应性课堂"新生十课"为导向,结合"最美全家福"和班级LOGO设计大赛主题活动,指导新生团支部加强自身建设。继续深化"先锋支部培育工程",创新项目特色,引导团支部在服务青年成长成才中发挥基础性作用,共有197个支部完成结项。今年,学校获评全国"五四红旗团支部"1项、江苏省"五四红旗团委"1项、江苏省"五四红旗团支部"1项。

健全第二课堂成绩单育人体系。为充分发挥第二课堂育人作用,实现学生全面发展需求,修订《第二课堂校园文化活动参与类加分细则》,进一步明确活动学时认定标准。加强第二课堂成绩单数据分析,面向学校、学院、学生3个层面抓取重要数据点,定期开展大数据专题分析,反映学校第二课堂教育的总体情况和具体特点,为第二课堂人才培养提供参考依据。学校第二课堂成绩单平台用户量达到16 370人,实现了2018级、2017级和2016级3个年级学生的全覆盖。同时,学校依托平台共发起第二课堂活动10 384个,涵盖人文社科、创新创业、文化艺术、体育竞技、公益服务等方面,累计参与量达678 784人次。

【"创青春"全国大学生创新创业大赛取得历史最好成绩】10月31日至11月3日,由共青团中央、教育部、人力资源和社会保障部(以下简称人社部)、中国科学技术协会(以下简称中国科协)、中华全国学生联合会(以下简称全国学联)、浙江省人民政府主办的2018年"创青春"全国大学生创业大赛终审决赛在浙江大学举行。经过激烈的网络评审、现场答辩等环节,在全国总决赛的答辩中,学校学生团队凭借优秀的项目和出色的表现,获得评委认可。其中,"南京喵小侬农业科技有限公司"(新农村发展研究院办公室、农学院推报)、"南京膜豆奇缘科技有限公司"(食品科技学院推报)、"南京渔管家物联网科技有限公司"(经济管理院推报)3件作品获得大赛金奖,"南京养禽管家信息科技有限公司"(动物医学院推报)获得大赛银奖,取得历史最好成绩,总分排名全国第22位,金奖总数与清华大学、东南大学、武汉大学等并列全国高校第八位。

(撰稿:翟元海  审稿:谭智赟  审核:周  复)

# 学 生 会

【概况】学生会在学校党委、江苏省学生联合会领导和学校团委的指导下，以"全心全意为学生服务"为宗旨，围绕学校党政工作中心，着力做好学校联系学生的桥梁和纽带，以引领学生思想、维护学生权益、繁荣校园文化、提高学生综合能力、管理和服务学生社团为重点开展了各项工作。

开展"三走"嘉年华活动，鼓励学生"走下网络，走出宿舍，走向操场"，帮助和促进广大学生树立健康生活理念。举办"悦动新声"校园十佳歌手大赛、社团巡礼节、纪念"一二·九"运动火炬接力活动，承办 2018 年"遇见南农"迎新生联欢晚会，繁荣校园文化，引领学生坚定理想信念，厚植爱国情怀。举办毕业季"跳蚤市场"活动，为毕业生处理闲置旧物平搭建台；组织学生代表与图书馆负责人面对面交流，架设沟通桥梁。联合教务处、校团委启动"Learning Community"辅学活动，为学生打造线上、线下学业互助平台。

【第 19 次学生代表大会】5 月 25～26 日，召开了南京农业大学第 19 次学生代表大会。大会共收到全校各级代表提出的 112 份提案，并予以反馈和答复。会议全面总结了南京农业大学第 18 次学生代表大会以来的工作，研究部署了新时期学校学生会工作，选举产生了南京农业大学第 19 次学生代表大会常任代表会议成员和南京农业大学第 39 届学生会主席团。

【"改革开放 40 周年暨复校 40 周年"主题知识竞赛】11 月，为纪念改革开放 40 周年、学校复校 40 周年，校学生会举办主题知识竞赛，让更多学生了解、体会我国改革开放 40 周年以来的前进历程和学校复校 40 周年的发展变化。

（撰稿：徐皓榕 翟元海 审稿：谭智赟 审核：周 复）

# 六、发展规划与学科建设

## 发　展　规　划

【概况】发展规划与学科建设处不断完善现代大学制度建设，深入推进教育综合改革，切实落实"放管服"，积极推进"双一流"建设。

以各级督查为契机，及时归纳和整理学校在深化改革、推进发展中的重点亮点、经验举措、特色成效。全面总结学校深化教育体制机制改革、高等教育领域"放管服"改革、教师队伍建设改革进展情况，包括采取的主要举措、制定的重要政策、取得的经验等，分析存在的主要问题和困难，提出相应的建议，形成教育综合改革重点督查汇报材料《立德树人　深化改革　切实推动学校内涵式发展》等经验材料上报教育部；认真总结学校在人才培养机制、创新创业实践、科研体制改革、教师管理制度、大学制度建设和经费管理等方面的经验做法，分析存在的问题，提出下一步工作打算，形成《南京农业大学 2018 年度教育改革重点督查汇报材料》上报省教育厅；结合工作实际，总结创新创业、人才培养、协同创新和智库建设的成果，形成《南京农业大学落实江苏省教育综合改革重点推进事项的工作总结和打算》。

积极参加教育部"双一流"建设现场推进会，围绕"高素质教师队伍建设"和"率先建成一流本科教育"两个主题，总结学校在"双一流"建设中形成的具有启发和推广意义的经验做法，形成汇报材料《夯实本科教育之基，全面提高人才培养能力——南京农业大学积极推进一流本科教育建设》《引育并举，打造高素质师资队伍——南京农业大学教师队伍建设经验》等，充分展示了学校在建设世界一流农业大学中取得的一系列办学成果。

参与撰写或修改了《南京农业大学依法治校改革试点校申报书》《来华留学质量认证自评报告》《南京农业大学 40 年改革开放学校标志性成果》《2017—2018 学年学校本科教学质量报告》《〈大学（研究版）〉专访周光宏校长》等有关学校发展、学科建设的材料。修改《成立"双一流"农科联盟倡议书（讨论稿）》《"双一流"农科联盟工作章程（讨论稿）》相关内容，积极推进全国"双一流"农科联盟成立。

通过翻译和整合指标，将国际学科领域和国内学科进行对接，整合、完善所收集数据，统一数据统计口径和填报内容。完成了《泰晤士高等教育》(THE) 世界大学排行榜、《美国新闻与世界报道》(U. S. News) 大学排名、上海软科"中国高校数据共享计划"以及《高等教育质量检测国家数据平台》等相关数据报送工作。2018 年，学校在各大权威排行榜均取得较好成绩，其中在 U. S. News"全球最佳农业科学大学"排名中继续位居第 9 位，跃居 QS 世界大学学科排名"农学与林学"第 47 位，进入世界大学科研论文质量评比农业领域第 36，跻身软科世界大学学术排名 400 强。

**【完成规章制度清理工作】** 1～12 月，规章制度清理工作组共收到 32 个部门和直属单位的规章制度共 677 份，经认真整理和多次校对，将失效文件和保留文件目录发布在信息公开网上，为学校建设和发展营造了有利的制度环境，提高了办学效率。

**【开展"十三五"发展规划中期检查】** 面向学校各职能部门开展"十三五"发展规划中期检查工作，全面评估学校"十三五"规划实施情况，客观评价规划实施取得的进展成效，总结提炼推进规划实施的经验做法，剖析实施中存在的问题，形成《南京农业大学"十三五"发展规划中期检查报告》及《南京农业大学"十三五"发展规划关键指标完成情况统计表》。

（撰稿：辛　闻　审稿：李占华　审核：张丽霞）

# 学　科　建　设

**【概况】** 根据学校的总体部署，学校加快"双一流"建设，逐步推进"双一流"建设方案落实落地。2018 年，学校 8 个学科领域进入全球排名前 1%。其中，农业科学、植物与动物科学领域进入世界排名前 1‰。跻身世界一流学科行列。

**【全面推进"双一流"建设】** 根据教育部要求，向社会公布了《南京农业大学一流学科建设方案（精编版）》。全面梳理学校"双一流"建设进展情况，编制《南京农业大学"双一流"建设 2018 年度进展报告》。完成了学校 2018 年各学院"双一流"建设资金校内分配测算，并组织各学院编制了本年度经费使用计划。完成了《南京农业大学建设世界一流大学（学科）和特色发展引导专项资金项目评审表》《项目支出绩效目标审核表》《分项目支出绩效目标反馈表》等材料，报送中国教育经济信息网。总结学校"双一流"建设项目 2018 年度专项资金支出绩效运行管理情况。完成学校 2019—2021 年中央高校建设世界一流大学（学科）和特色发展引导专项资金项目的申报。

**【深度分析第四轮学科评估结果】** 根据全国第四轮学科评估结果，撰写并印发《南京农业大学第四轮学科评估结果深度分析报告》。参与完成了学校 7 个评估结果 A 类学科的宣传工作。

**【完成江苏高校优势学科二期项目立项学科考核验收】** 根据《关于做好江苏高校优势学科建设工程二期项目验收工作的通知》（苏学科办〔2018〕1 号）要求，组织了作物学、植物保护、农业资源与环境、食品科学与工程、兽医学、现代园艺科学、农林经济管理、农业信息学 8 个立项学科考核验收工作，起草并发布了《关于做好南京农业大学江苏高校优势学科建设工程二期项目验收工作的通知》《关于对江苏高校优势学科建设工程二期项目验收委托审计的函》，学校 8 个学科全部通过考核验收。

**【完成江苏高校优势学科三期项目任务书制订】** 根据《关于做好江苏高校优势学科建设工程三期项目拟立项建设学科任务书制订工作的通知》（苏学科办〔2018〕3 号）要求，组织了食品科学与工程、园艺学、植物保护、农林经济管理、公共管理、畜牧学、兽医学、农业工程 8 个拟立项建设学科项目任务书制订、专家评审等工作。植物保护等 8 个学科全部获得江苏高校优势学科第三期立项建设。

**【完成"十三五"省重点学科中期检查】**根据《省教育厅办公室关于做好"十三五"省重点学科中期检查工作的通知》（苏教办研函〔2018〕10号）文件要求，组织科学技术史、生态学、草学、化学、机械工程5个学科开展"十三五"省重点学科中期检查工作，学校5个学科全部通过中期检查，其中草学中期检查结果为优秀。

（撰稿：陈金彦　审稿：李占华　审核：张丽霞）

# ［附录］

## 2018年南京农业大学各类重点学科分布情况

| 一级学科<br>国家重点学科 | 二级学科<br>国家重点学科 | "双一流"建设<br>学科 | 江苏高校优势学科<br>建设工程立项学科 | "十三五"省重点<br>学科 | 所在学院 |
|---|---|---|---|---|---|
| 作物学 | | 作物学 | | | 农学院 |
| 植物保护 | | | 植物保护 | | 植物保护学院 |
| 农业资源与环境 | | 农业资源与环境 | | 生态学 | 资源与环境<br>科学学院 |
| | 蔬菜学 | | 园艺学 | | 园艺学院 |
| | | | 畜牧学 | 畜牧学 | 动物科技学院 |
| | | | | 草学 | 草业学院 |
| | 农业经济管理 | | 农林经济管理 | | 经济管理学院 |
| 兽医学 | | | 兽医学 | | 动物医学院 |
| | 食品科学（培育） | | 食品科学与工程 | | 食品科技学院 |
| | 土地资源管理 | | 公共管理 | 公共管理 | 公共管理学院 |
| | | | | 科学技术史 | 人文与社会<br>发展学院 |
| | | | 农业工程 | 机械工程（培育） | 工学院 |
| | | | | 化学（培育） | 理学院 |

# 七、人事人才与离退休工作

## 人 事 人 才

【概况】人事处（人才工作领导小组办公室）按照校党委和行政的统一部署，深入实施人才强校战略，始终围绕高素质教师队伍建设这一中心工作，不断推进人事制度改革，完善人才培育、引进和使用管理方法，探索出一套行之有效的师资和人才"引、育"机制，为建设世界一流农业大学提供有力的人力资源保障。

有序推进人事制度改革工作。在《南京农业大学人事制度改革指导意见》文件精神指导下，学校选取园艺学院和理学院先行开展人事制度改革试点，为改革的全面铺开进行有益的探索。两个试点学院根据各自院情，经各系和教职工充分讨论和酝酿，制订了本学院教师考核和分配激励配套办法，并提交至学院教职工代表大会表决通过。试点学院的考核和分配激励办法，突出绩效考核、优劳优酬的原则，将进一步助推优势学科的"双一流"建设进度。

人才工作成效显著。多措并举，吸引海外人才。学校于5月组织召开了首届钟山国际青年学者论坛。通过前期的专题网站刊登多期 *Science* 和 *Science Careers* 招聘信息、发布学术桥广告等宣传，吸引了来自牛津大学、剑桥大学、康奈尔大学等14个国家20余所学校的60余名青年学者参加。建立"南京农业大学人才办"微信公众号，及时传递学校人事人才政策、工作动态和进展情况等，成为学校向海外人才宣传的新平台。2018年，人才办还先后赴国际基因大会、美国康涅狄格大学、加利福尼亚大学圣地亚哥分校举办多场招聘宣讲会，结合专场报告、布展咨询等方式，提升了学校在海外学子中的知名度和影响力。

引进培育硕果累累。学校成功引进国家特聘专家、教授赵云德，"长江学者"特聘教授李凤民，国家绿肥产业技术体系首席科学家、教授曹卫东等，进一步巩固了农学、资源与环境学科在国内的领先优势。全年新引进高层次人才31人，高层次人才队伍继续保持快速增长态势。

新引进4名外国专家和2个外国科研团队。根据"双一流"建设需求，学校成功引进奥地利籍教授 Irina Druzhinina、法国籍教授 Frédéric Baret、瑞士籍 Alexandre Jousset 等4人，墨西哥籍 Luis R. Herrera-Estralla 专家团队及日本籍二宫正士专家团队，填补了学校科研领域的多项空白，进一步提升了微生物与分子生物学、作物表型组学等学科的科研水平。已公布的国家级人才项目中，教授沈其荣获得第六届中华农业英才奖；吴俊、赵志刚2位教授入选科学技术部领军人才；刘裕强、易福金2位教授入选中组部青年拔尖人才；宣伟、熊波、胡高3位教授获得国家自然科学基金委员会设立的优秀青年科学基金项目。另外，新增各类省级人才项目 31 人次。

博士后工作进展加快。2018 年入站博士后 80 人，师资博士后 36 人。目前在站的师资博士后已达 116 人。学校为师资博士后创造良好的工作环境，明确专职科研定位，建立"18＋X"万元/年的年薪标准，有效激发了师资博士后的工作热情。学校获得国家博士后科学基金特别资助 15 人（位居全国农业院校第一），面上资助 38 人，博士后创新计划 1 人，国家自然科学基金青年项目 33 人，国家自然科学基金面上项目 1 人，江苏省博士后科研资助 26 人（位居南京部属高校第一）。学校建立在站合约管理、出站业绩考核的"非升即走"制度，在 2018 年开展的 3 批考核中，有 33 人考核优秀正式入编，8 人延长 1 年培养期，11 人按期出站离校，"非升即走"竞争淘汰机制初步形成。

师资队伍建设取得进展。职称评审与岗位晋级工作。上半年，全校申报专业技术职务晋级人员 215 人，经校职称评定委员会审定，最终有 36 人通过正高级职称评审，有 57 人通过副高级职称评审；下半年，全校有 665 人申报各级各类专业技术岗位晋级，经学校评审委员会评审，共评选出教授二级岗 12 人、教授三级岗 29 人、副高一级岗 40 人、副高二级岗 118 人。

新教师招聘工作。为更好落实师资队伍建设规划，学校启动招聘专业技术人员"双百计划"，即年招聘专任教师 100 人，年招聘师资博士后 100 人。2018 年学校计划公开招聘教学科研人员 206 人，先后于 4 月、6 月和 10 月组织 3 次校级层面的专业技术人员招聘工作。全年已报到的新教师 94 人。学校严把师资入口关，实行思想政治素质和业务能力双重考察，一大批有发展潜力的青年才俊加盟学校。截至 12 月底，学校专任教师总数为 1 732 人。其中，正高级 498 人，副高级 559 人，高级职称的教师比例达 61.0％；取得博士学位的有 1 307 人，占教师总数的 75.5％；35 岁以下的有 426 人，占教师总数的 24.6％；45 岁以下的有 1 086 人，占教师总数的 62.7％。教师队伍年龄结构较为合理，年富力强的中青年成为学校教师队伍的主体。

注重青年教师的培养。通过钟山学术论坛、青年教师学术成长论坛和博士后论坛等载体，重点加强青年教师的培养力度。6 月，学校与江苏省淮安市共同举办"钟山学术论坛"。校高层次人才、钟山学术新秀、南京农业大学淮安研究院技术人员以及淮安市农委业务骨干等共 90 多人参与活动。通过开展专家辅导报告、青年教师学术交流、实践基地参访等活动，创造机会让青年教师直面学术大师，培养青年教师树立面向社会需求，聚焦科学目标，解决生产实践问题的创新思维。

推进教师出国学习进修。按照国家留学基金管理委员会面上项目与青年骨干基金项目、江苏省境外研修项目的要求，积极选拔、推荐学校青年骨干教师出国研修。全年录取出国研修的访问学者及博士后 35 人次，年度派出出国访学人员 42 人，并选派 36 人次参加上海外国语大学-南京理工大学英语培训班和江苏省高校教师英语强化培训班。学校加强出国留学人员的业绩考核，督促相关教师珍惜在外进修机会，拓宽国际化视野，提升业务水平。

教职工待遇提升显著，社保改革稳步推进，薪酬待遇提升显著。根据国家和江苏省政策，学校提高了教职工工资和福利待遇。先后提高职工住房补贴、租金补贴、公积金的缴费基数和发放比例，年增资总额超过 4 948.2 万元。其中，提高新、老职工的逐月住房补贴缴费比例，均由 20％提高到 26％，学校年增资 2 576 万元；调整新、老职工逐月住房补贴缴存基数，将 2017 年度奖励性绩效（校内岗位津贴和责任津贴的 30％）和第 13 个月工资纳入基数进行调整，年增加支出 1 916.6 万元；增加机关工作人员年终考勤奖 455.6 万元。

教职工养老保险改革。根据国家及江苏省相关文件精神，核算了全校 2017—2018 年在职教职工养老保险和职业年金缴费基数，下发个人核对并签字，在核对过程中妥善处理好相关人员的咨询；将全校人员参加养老保险基本信息上报江苏省社保中心；全校退休人员基本养老金移交省社保中心发放，期间全力以赴协调省社保中心与中国农业银行的衔接工作，做好退休人员养老金发放转移的平稳过渡。

党风廉政建设。加强学习和宣传工作，推进工作作风和党风廉政建设；完善重大事项的民主决策制度，积极推进公开透明的工作程序；坚持处务会、处长办公会等民主议决事务制度，加强支部建设，发挥党员先锋模范作用，促进学习型、业务型和服务型处室建设。人事处党支部联合校办党支部赴无锡革命烈士纪念馆等地开展主题党日活动，瞻仰烈士陵园、参观烈士先进事迹展、重温入党誓词等教育活动，让党员纯净了思想、鼓足了干劲，党支部的凝聚力、战斗力得到提升。

**【三轮教师公派留学绩效考核结束】**组织三轮共计 69 人次参加的公派留学绩效考核答辩。公派留学教师围绕留学期间的科学研究进展、教育教学方法和国际交流与合作情况，汇报了在国外留学期间的工作和取得的成果。考核专家根据他们留学期间取得的主要成果、学习与科研进展情况及未来合作计划等指标进行提问和打分，为教师的未来发展提供了宝贵的建议。

**【成功召开人事人才业务知识专题培训会】** 3 月 30～31 日，学校在江苏省句容市举办 2018 年度人事人才业务知识专题培训会。各学院人事秘书、人事处全体工作人员近 40 人参加培训。人事处处长、人才办主任包平作题为《聚天下英才而用之》的会议主旨报告。江苏省人社厅博士后管理工作站鲜峰主任作博士后管理相关业务知识的培训。会议还表彰了 2017 年度优秀人事人才管理工作者。

**【举办首届钟山国际青年学者论坛】** 5 月 26 日上午，南京农业大学首届钟山国际青年学者论坛在学术交流中心举行，校党委书记陈利根、校学术委员会主任沈其荣、副校长陈发棣、省教育厅师资处副处长郭新宇参加会议。通过前期专题网站刊登多期 *Science* 和 *Science Careers* 招聘信息、发布学术桥广告等宣传，来自牛津大学、剑桥大学、康奈尔大学、西北大学等二十几所学校的 60 余名青年学者到会。开幕式后，青年学者参观学校国家肉品质量安全控制工程技术研究中心和作物遗传与种质创新国家重点实验室。本届论坛历时 2 天，26 日下午同步举办以学科专业划分的 6 场分论坛。27 日，各学院组织形式多样的学术交流活动。本届论坛旨在响应贯彻学校建设世界一流农业大学的发展目标，进一步扩大学校的国际影响力，吸引高层次的青年学者加盟学校。据悉，共计 16 位优秀学者已加盟学校。

**【举办南京农业大学首届钟山博士后学术论坛】** 12 月 6 日上午，南京农业大学首届钟山博士后学术论坛在学术交流中心六楼报告厅举行。校党委副书记刘营军、校人事处、人才办处长包平和副处长周振雷，各学院领导和 110 余名博士后等参加开幕式。省人社厅专家处副处长李恕解读政策、"国家杰青"谈成长体会、学院分享服务和管理经验。下午，分别举行自然科学、人文社科 2 个分论坛，教授钟甫宁、姚兆余、张正光、冯淑怡、刘蓉、包平等出席并担任点评嘉宾。12 位博士后分别作了精彩的学术汇报，并与嘉宾和其他博士后进行精彩的交流互动。南京农业大学第二届博士后羽毛球友谊赛同期举行。

（撰稿：石木舟　审稿：包　平　审核：张丽霞）

# [附录]

## 附录 1　博士后科研流动站

| 序号 | 博士后流动站站名 |
|---|---|
| 1 | 作物学博士后流动站 |
| 2 | 植物保护博士后流动站 |
| 3 | 农业资源利用博士后流动站 |
| 4 | 园艺学博士后流动站 |
| 5 | 农林经济管理博士后流动站 |
| 6 | 兽医学博士后流动站 |
| 7 | 食品科学与工程博士后流动站 |
| 8 | 公共管理博士后流动站 |
| 9 | 科学技术史博士后流动站 |
| 10 | 水产博士后流动站 |
| 11 | 生物学博士后流动站 |
| 12 | 农业工程博士后流动站 |
| 13 | 畜牧学博士后流动站 |
| 14 | 生态学博士后流动站 |
| 15 | 草学博士后流动站 |

## 附录 2　专任教师基本情况

### 表 1　职称结构

| 职务 | 正高 | 副高 | 中级及以下 | 合计 |
|---|---|---|---|---|
| 人数（人） | 498 | 559 | 675 | 1 732 |
| 比例（%） | 28.7 | 32.3 | 39.0 | 100 |

### 表 2　学历结构

| 学历 | 博士 | 硕士 | 其他 | 合计 |
|---|---|---|---|---|
| 人数（人） | 1 307 | 339 | 86 | 1 732 |
| 比例（%） | 75.5 | 19.5 | 5.0 | 100 |

表 3　年龄结构

| 年龄（岁） | 30 及以下 | 31～35 | 36～45 | 46～54 | 55 及以上 | 合计 |
| --- | --- | --- | --- | --- | --- | --- |
| 人数（人） | 58 | 368 | 660 | 466 | 180 | 1 732 |
| 比例（％） | 3.3 | 21.3 | 38.1 | 26.9 | 10.4 | 100 |

# 附录 3　引进高层次人才

动物科技学院：冯春刚

公共管理学院：李　欣

经济管理学院：谢超平

理学院：刘　芳　高振博　李　翔　邓红平

农学院：齐家国　赵云德　许冬清　宋庆鑫　李凤民　余晓文

人文与社会发展学院：郭　文

生命科学学院：徐益峰　郭晶晶

食品科技学院：郭仁朋

学术特区（由科学研究院管理）：Frédéric Baret　熊国胜　李盛本　二宫正士

植物保护学院：邴孝利　段凯旋　徐　颢

资源与环境科学学院：Druzhinina Irina　Luis R. Herrera-Estralla　Lenin Enrique　Damar Lizbeth　Marios Drosos　Alexandre Jousset　曹卫东

# 附录 4　新增人才项目

## 一、国家级

### （一）优秀青年科学基金

宣　伟　熊　波　胡　高

### （二）第六届中华农业英才奖

沈其荣

### （三）高倍引科学家

赵方杰

### （四）科学技术部中青年科技创新领军人才

吴　俊　赵志刚

### （五）江苏省有突出贡献中青年专家

冯淑怡

### （六）第四届中国科协青年人才托举工程

孙明明　王　敏　荀卫兵

### （七）2018 年度国家社会科学基金重大项目立项

包　平

### （八）2018 年享受国务院政府特殊津贴人选

丁艳锋　洪晓月　邹建文

（九）国家科学技术发明奖二等奖

陈发棣教授团队

（十）国家科技进步奖

张绍玲教授团队　周明国教授团队

（十一）国家重点研发计划重点专项

王源超教授团队

## 二、江苏省级

### （一）江苏省"333"工程

第一层次培养人才：陈发棣

第二层次培养人才：窦道龙　高彦征

第三层次培养人才：胡　高　金　鹏　李春梅　李　荣　路　璐　苗晋锋

田　旭　王东波　吴　磊　张　威　赵明文

### （二）江苏省青蓝工程

冯淑怡（创新团队）

马贤磊　吴　磊　张　群（中青年学术带头人）

吴俊俊　安红利　郑冠宇（优秀青年骨干教师）

### （三）江苏省六大人才高峰

毛胜勇　程　涛　倪　军　梁明祥　葛艳艳　高彦征

### （四）江苏省"双创"计划

黄新元（"双创"个人）　徐禄江（"双创"博士）

### （五）江苏省特聘教授

吴　俊　平继辉

# 附录 5　新增人员名单

## 一、农学院

汪欢欢　胡　伟　王　青　孙　丽　占华东　尚小光　赵云德　宋庆鑫　许冬清
余晓文　李　姗　田亚男　陈孙禄　吕美泽

## 二、植物保护学院

沈丹宇　段凯旋　邴孝利　徐　颢　李子成

## 三、资源与环境科学学院

高嵩涓　李　滕　曹卫东　Marios Drosos　Druzhinina Irina
Luis Rafael　Lenin Enrique　Damar Lizbeth
杨天杰　袁　军　于洪霞　谢婉滢　郑冬冬　李　鸣

## 四、园艺学院

郑　焕　姜一凡　卢素文　吴　泽　孙　逊　殷　豪　李晓黎　赵　瑞　马媛春

### 五、动物科技学院

魏全伟　申　明　陶景丽　冯春刚　潘　龙　何香玉　顾　潇

### 六、动物医学院

蔺辉星　李欣欣　王换换

### 七、食品科技学院

王　聪　董　洋　粘颖群　仁　朋　赵　迪　曾宪明　陈宏强

### 八、经济管理学院

谢超平　刘　莉　葛　伟　周　颖

### 九、公共管理学院

李　欣　杜焱强　顾剑秀　曹夜景　郭宗煜

### 十、理学院

高振博　王　璟　李　亚　王浩浩　张曙光　毛菲菲　夏　青　刘金彤　张　楠
刘　芳　邓红平　玉　洁　杨思思

### 十一、人文与社会发展学院

严楚越　林延胜　周　阳　张　娜　范虹珏　郭　文　高海连　朱冠楠　吴　昊
李昕升

### 十二、外国语学院

段道余　陈丽颖　邓丽霞　陈海涛　甄亚乐　杨瑞萌

### 十三、生命科学学院

邱吉国　徐益峰　王　哲　潘汝浩　谭　锋　陈铭佳　包浩然

### 十四、金融学院

高名姿　陈　跃

### 十五、科学研究院

Frederic Baret　李盛本　熊国胜　陈　欢

### 十六、工学院

梅新良

## 十七、马克思主义学院

乔 佳 陈 蕊 崔韩颖 冉 璐

## 十八、草业学院

张风革 赵 娜 周佳慧 董宝莹

## 十九、信息科技学院

吴显燕 刘 浏 夏丽君

## 二十、图书馆

郑 力 王露阳 薛 蕾 何建霄

## 二十一、研究生院

刘 妍

## 二十二、团委办公室

毕彭钰

## 二十三、国际合作与交流处、港澳台办公室/综合科

刘坤丽

## 二十四、体育部/教学与科研教研室

邓羽婷

## 二十五、基本建设处/工程管理科

姜 鹏

## 二十六、保卫处、政保部、人武部/校园秩序管理科

朱博樑

## 二十七、医院

杨桂芹 惠高萌 王红柳

# 附录6 专业技术职务聘任

## 一、专业技术职务评审

### (一)正高级专业技术职务

**1. 教授**

(1) 正常晋升人员

农 学 院:刘小军 陈兵林

工 学 院：林相泽

植物保护学院：王 暄

园艺学院：王三红 王玉花 朱再标 陶书田 管志勇

资源与环境科学学院：李兆富

动物科技学院：成艳芬 李 娟 周 波

动物医学院：吴宗福 余祖功

食品科技学院：李 伟

信息科技学院：杨 波

经济管理学院：朱战国 纪月清 展进涛

公共管理学院：龙开胜 向玉琼 郑永兰 郭 杰

人文与社会发展学院：崔 峰

生命科学学院：夏 妍 徐冬青 黄 星 谢彦杰

理 学 院：蒋红梅

金融学院：张龙耀

外国语学院：马秀鹏

（2）破格晋升人员

经济管理学院：田 旭

**2. 研究员**（教育管理研究系列）

教 务 处：胡 燕

研究生院：姚志友

**3. 编审**

动物医学院：黄明睿

**（二）副高级专业技术职务**

**1. 副教授**

（1）正常晋升人员

农 学 院：冯建英 邹保红 曹 强

工 学 院：王兴盛 孙国祥 陈玉仑 罗 慧 柳 禄 梁 琨 李 晖 吴 威

植物保护学院：朱 敏 顾 沁

资源与环境科学学院：何梅琳 季跃飞 唐 仲

园艺学院：仲 岩 宋爱萍 魏家星

动物科技学院：万永杰 王 超 申军士 张莉莉 金 巍

动物医学院：孙钦伟

食品科技学院：吴俊俊 张秋勤 张雅玮 陶 阳

信息科技学院：舒 欣

经济管理学院：张兵兵 虞 祎

公共管理学院：季 璐 周 军

生命科学学院：井 文 林 建 徐希辉 谭小云

理 学 院：沈 薇 国 静

外国语学院：胡 新

金融学院：刘　丹

草业学院：任海彦　孙　逍

人文与社会发展学院：丁宇峰

马克思主义学院：孙　琳

（2）破格晋升人员

植物保护学院：王　燕

动物医学院：顾金燕

工　学　院：张保华

**2. 副研究员**

（1）科研系列

植物保护学院：田艳丽

园艺学院：王　鹏

（2）教育管理研究系列

农　学　院：马吉锋

经济管理学院：孙雪峰

教　务　处：权灵通

**3. 高级实验师**

生命科学学院：屈娅娜

动物医学院：周　红

**4. 副研究馆员**

动物科技学院：肖慎华

**（三）中级专业技术职务**

**1. 助理研究员**（教育管理研究系列）

审　计　处：郑　敏

团　　委：谭智赟

基本建设处：张洪源

**2. 其他系列**

（1）主管护师

校　医　院：丁嘉妮　郁　培

（2）主管药师

校　医　院：金慧瑾　蒋　欣


# 二、专业技术职务初聘和同级转聘

**（一）专业技术职务初聘**

**1. 讲师**

（1）教师系列

陆钟岩　马　彪　盛天翔　谢　全　严思齐　王新平　张保华　吴俊俊

王　沛　陶　阳　沈　宏　季跃飞　庄黎丽　刘军花　林　焱　蒋　励

宋爱萍　吴　寒　刘　晔　任海彦　王　帅（体育部）孙雅薇

陈学元　曹晓萱

（2）学生思想政治教育系列

陆佳俊　王　彬　姜晓玥　窦　靓　李艳丹　王晓月

**2. 助理研究员**（教育管理研究系列）

苏　怡　史秋峰　雷　颖　章　凡　章利华　朱晓雯　刘　燕　周丽华

陈　雷　王　璐　毛　竹　史文韬　石木舟　王乾斌　陈　荣　姚明霞

**3. 实验师**

滕　爽　唐　珠　廖　园

**4. 馆员**

代秀娟　高　俊　陈宏原　郑新艳

**5. 编辑**

李　凌　尹　欢

**6. 主治医师**

蔡元康

**7. 助教**（学生思想政治教育系列）

李　扬　王誉茜　鲁　月　徐　刚　汪瑨芃　杜　超　芮伟康　陈晓恋

何　旭　刘昊晰

**8. 助理实验师**

赵叶新　李　宁　余洪峰

**9. 研究实习员**（教育管理研究系列）

巩　欢　王英爽　徐　婷　杨丽姣　蒋　萍　丁妤姣　聂　欣　迟巧云

**10. 农艺师**

新校区建设指挥部（江浦农场）：马德元

**11. 副主任中医师**

王全权

**12. 高级工程师**

毛　艳

**（二）专业技术职务同级转聘**

**1. 副研究员**（教育管理研究系列）

姚雪霞

**2. 高级实验师**

沈　娟　尹晓明

**3. 实验师**

孟繁星

**4. 助理研究员**（教育管理研究系列）

张　岩　邵　刚　姚科艳　马先明

**5. 工程师**

朱丹红

**6. 研究实习员**（教育管理研究系列）

蒋淑贞

# 附录 7　退休人员名单

| | | | | | | |
|---|---|---|---|---|---|---|
| 刘艳春 | 郑元亮 | 顾　珍 | 袁惠英 | 伍秀莲 | 施培菊 | 徐　梅 | 胡　进 |
| 万燕飞 | 钱金富 | 姜梅香 | 居志建 | 王勇明 | 丁以成 | 陈秀琴 | 昌跃进 |
| 张燕雯 | 吴翠华 | 陈　进 | 牛　津 | 郭春华 | 徐　萍 | 潘如意 | 周振宝 |
| 高念祥 | 袁振祥 | 孙益群 | 姜玉明 | 郑立荣 | 王　青 | 王　氢 | 王万桥 |
| 邓成宁 | 顾飞荣 | 孔祥来 | 徐　萍 | 李红旗 | 闫修荣 | 高小霞 | 王心平 |
| 朱成化 | 王　燕 | 刘桂玲 | 高显平 | 姚黎明 | 李朝行 | 吴志民 | 高昌茂 |
| 郭　兰 | 胡忠明 | 魏　丰 | 孙锦明 | 顾　南 | 杜　菊 | 杨雪洁 | 杨宗红 |
| 李金凤 | 林国庆 | 吴英杰 | 马巧林 | 刘兆学 | 周建平 | 林建勋 | 徐京明 |
| 石海仙 | 王桂萍 | 师桂芳 | | | | | |

# 附录 8　去世人员名单

喻健婉（校医院，正科级）

沈丽娟（科学研究院，副高级）

汤善义（组织部、党委教师工作部，副处级）

原葆民（经济管理学院，教授）

杜勇伟（人事处、人才工作领导小组办公室，正处级）

涂前熙（人文与社会发展学院、公共艺术教育中心，正处级）

冯启华（政治学院、马克思主义学院，正处级）

宋大鲁（动物医学院，教授）

王学松（外国语学院，副教授）

申才清（外国语学院，副教授）

朱保珍（后勤集团，主治医师）

汪炳钟（基本建设处，高级工）

陆凤英（纪委，正科级）

谢幼声（后勤集团，副科级）

许孙美（食品科技学院，小学高级教师）

郑保罗（动物科技学院，副研究员）

俞世蓉（农学院，教授）

王念劬（校医院，副科级）

费懿晖（理学院，副教授）

王约汉（理学院，高级工程师）

沈　康（生命科学学院，副教授）

沈守愚（经济管理学院，副教授）

王立田（资产管理与后勤保障处，会计师）

胡晓玲（动物科技学院，讲师）

李春华（工学院，家属工）

王维德（工学院，高级讲师）

王人鸿（工学院，高级讲师）

杨丽娟（工学院，副科级）

曹翠萍（工学院，中级工）

纪子玉（工学院，高级工）

陶茂林（工学院，高级工）

鲁帮海（工学院，副科级）

甘信德（农场，正科级）

邓德富（农场，高级工）

安文贵（农场，高级工）

赵世礼（农场，高级工）

## 附录9　学校教师出国情况一览表（3个月以上）

| 序号 | 单位 | 姓名 | 性别 | 职称 | 派往国别学校 | 出国时间 |
|---|---|---|---|---|---|---|
| 1 | 经济管理学院 | 王学君 | 男 | 副教授 | 美国康奈尔大学 | 20180124 - 20190123 |
| 2 | 食品科技学院 | 曹明明 | 男 | 副教授 | 美国斯克里普斯研究所 | 20171230 - 20191230 |
| 3 | 植物保护学院 | 王利民 | 男 | 副教授 | 美国华盛顿州立大学 | 20180218 - 20190217 |
| 4 | 理学院 | 万　群 | 男 | 教授 | 美国橡树岭国家实验室 | 20180306 - 20180606 |
| 5 | 资源与环境科学学院 | 张　隽 | 男 | 副教授 | 美国佛罗里达国际大学 | 20180326 - 20190325 |
| 6 | 植物保护学院 | 鲍海波 | 男 | 博士后 | 美国俄克拉荷马州立大学 | 20180320 - 20190319 |
| 7 | 农学院 | 刘正辉 | 男 | 教授 | 英国洛桑研究所 | 20180326 - 20190325 |
| 8 | 动物医学院 | 剧世强 | 男 | 副教授 | 美国加利福尼亚大学戴维斯分校 | 20180326 - 20190325 |
| 9 | 动物科技学院 | 刘军花 | 女 | 讲师 | 加拿大阿尔伯塔大学 | 20180327 - 20190328 |
| 10 | 理学院 | 张　瑾 | 女 | 副教授 | 美国密歇根大学 | 20180501 - 20190531 |
| 11 | 资源与环境科学学院 | 顾　冕 | 男 | 副教授 | 日本冈山大学 | 20180314 - 20190315 |
| 12 | 食品科技学院 | 杨润强 | 男 | 副教授 | 加拿大曼尼托巴大学 | 20180527 - 20190531 |
| 13 | 公共管理学院 | 刘红光 | 男 | 副教授 | 美国亚利桑那州立大学 | 20180724 - 20190723 |
| 14 | 外国语学院 | 马秀鹏 | 男 | 教授 | 英国牛津大学 | 20180629 - 20190630 |
| 15 | 农学院 | 贾海燕 | 女 | 副教授 | 美国俄克拉荷马大学 | 20180201 - 20190201 |
| 16 | 植物保护学院 | 华修德 | 男 | 副教授 | 美国加利福尼亚大学戴维斯分校 | 20180302 - 20190301 |
| 17 | 动物医学院 | 平继辉 | 男 | 教授 | 美国威斯康星大学 | 20180130 - 20180730 |
| 18 | 资源与环境科学学院 | 刘树伟 | 男 | 副教授 | 美国加利福尼亚大学戴维斯分校 | 20180805 - 20190804 |
| 19 | 金融学院 | 陈俊聪 | 男 | 讲师 | 美国阿肯色大学 | 20180901 - 20190901 |
| 20 | 外国语学院 | 陈兆娟 | 女 | 副教授 | 英国安格利亚鲁斯金大学 | 20180830 - 20190830 |
| 21 | 草业学院 | 覃凤飞 | 女 | 讲师 | 美国马里兰大学帕克分校 | 20180731 - 20190731 |
| 22 | 生命科学学院 | 师　亮 | 男 | 副教授 | 法国国家农业科学院 | 20180831 - 20190831 |
| 23 | 园艺学院 | 束　胜 | 男 | 副教授 | 美国加利福尼亚大学戴维斯分校 | 20180815 - 20190815 |
| 24 | 国际教育学院 | 黄笑迪 | 女 | 助教 | 澳大利亚墨尔本大学孔子教育学院 | 201810 - 202010 |
| 25 | 体育部 | 雷　瑛 | 女 | 副教授 | 美国犹他大学 | 20180917 - 20181214 |

（续）

| 序号 | 单位 | 姓名 | 性别 | 职称 | 派往国别学校 | 出国时间 |
|---|---|---|---|---|---|---|
| 26 | 资源与环境科学学院 | 武 俊 | 男 | 副教授 | 美国宾夕法尼亚州立大学帕克分校 | 20181120－20191119 |
| 27 | 经济管理学院 | 吉小燕 | 女 | 副教授 | 美国密歇根州立大学 | 20181109－20190209 |
| 28 | 资源与环境科学学院 | 凌 宁 | 男 | 副教授 | 法国雷恩第一大学 | 20181002－20191002 |
| 29 | 新农村发展研究院办公室 | 严 瑾 | 女 | 讲师 | 日本立命馆大学 | 20181008－20190102 |
| 30 | 动物科技学院 | 张 林 | 男 | 副教授 | 美国普渡大学 | 20181103－20191104 |
| 31 | 资源与环境科学学院 | 李兆富 | 男 | 教授 | 丹麦哥本哈根大学 | 20181002－20191002 |
| 32 | 园艺学院 | 王 枫 | 男 | 副教授 | 美国康涅狄格大学 | 20181114－20191130 |
| 33 | 植物保护学院 | 陈 凯 | 男 | 讲师 | 美国华盛顿大学 | 20181130－20191129 |
| 34 | 动物医学院 | 武 毅 | 男 | 副教授 | 美国加利福尼亚大学戴维斯分校 | 20181129－20191128 |
| 35 | 信息科技学院 | 韩正彪 | 男 | 副教授 | 芬兰坦佩雷大学 | 20181208－20191107 |
| 36 | 植物保护学院 | 严 威 | 男 | 讲师 | 美国斯克利普斯研究所 | 20181130－20191130 |
| 37 | 动物科技学院 | 李向飞 | 男 | 副教授 | 美国普渡大学 | 20181215－20191214 |
| 38 | 资源与环境科学学院 | 徐 莉 | 女 | 副教授 | 美国北卡罗来纳大学 | 20181218－20191218 |
| 39 | 资源与环境科学学院 | 梁明祥 | 男 | 教授 | 美国北卡罗来纳大学 | 20181218－20191218 |

# 离退休与关工委

【概况】11月19日，南京农业大学离退休工作处成立，原隶属校党委组织部的老干部办公室及人事处退休管理科的职能划归离退休工作处，下设综合科、老干部管理科、退休管理科3个科室。11月14日，离退休工作处党工委成立，原离休直属党支部撤销，离退休工作处党工委下设2个支部，分别为离退休工作处办公室党支部及离休党支部。校关工委办公室挂靠离退休工作处。离退休工作处（党工委）是校党委和行政领导下的负责学校离退休工作的职能部门，同时接受教育部和中共江苏省委老干部局工作指导。学校对离退休教职工实行校、院系（部、处、直属单位）二级服务管理的工作机制。其中，离休干部以学校服务管理为主，退休教职工以院系（部、处、直属单位）服务管理为主。同时，充分发挥关工委，南京农业大学退离休教育工作者协会（以下简称退教协）、南京农业大学老科技工作者协会（以下简称老科协）、南京农业大学老年人体育协会（以下简称老体协）等协会，老年大学以及二级单位（院系、部、处、直属单位）的集体力量，围绕学校中心工作，贯彻落实党和政府关于离退休教职工的政治待遇和生活待遇，全面做好离退休人员服务管理工作。截至12月底，全校共有离退休教职工1 667人，其中离休29人，退休1 638人。南京农业大学关工委是校党委领导下的工作机构，设秘书处，挂靠离退休工作处（2018年11月前，挂靠单位为老干部办公室），校党委副书记盛邦跃担任关工委主任、原副校长徐翔担任常务副主任。2018年，校党委完成了对二级关工委常态化建设合格单位的考核工作，16个学院关工委分批次通过考核成为常态化建设合格单位。12 月，校党委组织并评选表彰农学院等 5 个先进集体、王雪飞等 18 名先进个人、江汉湖等 6 名突出贡献奖获得者。校关工委工作团队获得"江苏省教育系统关工委优秀工作团队"称号。

活动中心基本条件建设。学校拨款全面升级改造了老同志活动中心的音乐教室和书画教室教学设备，确保各项活动有序开展，让老同志的生活更方便、更充实，更有获得感与幸福感。

离休支部党建工作。离休党支部每周认真组织老同志进行政治理论学习，积极组织开展"展示阳光心态、畅谈发展变化、体验美好生活"为主题的为党和人民事业增添正能量系列主题教育活动，让老党员回忆烽火岁月，增强党性修养。4 月 16 日，组织离休老同志和支部党员参观新四军抗日军政大学第八分校旧址；6 月 29 日，举行庆祝建党 97 周年座谈会暨重温入党誓词活动，离休直属支部党员、离休老同志等出席会议；10 月 12 日，组织离休老同志游览江宁汤山七坊，体验农村生活，感受社会主义新农村建设的成果。离休支部党日活动——"讲好红色故事，传承红色基因"获得校最佳党日活动三等奖，支部党员孔育红获校"优秀共产党员"称号。

离退休教职工管理工作。坚持每月例会制度，每月组织召开由校领导、职能部门和各老年组织负责人参加的例会，进行工作交流，及时通报校情；组织开展多种多样的文体活动，丰富老同志精神文化生活。

5 月 5 日上午，组织召开南京农业大学第 15 届老年人健身运动会，全校 693 名老年运动员参加项目竞赛，产生一等奖 18 名、二等奖 18 名、三等奖 18 名、鼓励奖 17 名；协助退教协举办退休教职工书画展；协助老体协组织参加在宁高校东片健身走、广场舞展示活动等，获得在宁高校第 17 届老年人健身运动会团体第三名。

10 月 17 日上午，举办全校退休老同志重阳节集体祝寿会，为 70 华诞、80 华诞、90 华诞老寿星们集体祝寿，校党委书记陈利根参加祝寿会并致辞。

12 月 14 日下午，在大学生活动中心举行老同志元旦迎新联欢会，校党委副书记盛邦跃及各单位分管老龄工作的负责人参加了联欢会，组织部部长吴群主持了联欢会。

离退休老同志慰问工作。坚持走访慰问制度，重要节假日上门慰问和去医院走访慰问生病住院的老同志。春节前夕及重阳节前夕，协助校党委做好厅局级老领导慰问工作，七一前夕，上门慰问困难老党员、老同志。全年坚持不定期走访慰问离退休老同志百余人次。

关工委工作队伍自身建设。加强校关工委组织建设，完善工作规则，明确工作责任，每月召开校关工委领导班子工作例会和委员工作会议，传达上级关工委指示精神，研究制订工作方案，重大事项经过集体研究讨论决定。组织老同志与兄弟高校开展调研学习交流活动，组织各二级关工委开展工作交流研讨活动。为更好地开展工作，12 月 5 日，邀请校学生工作处处长刘亮为老同志作《适应新形势，推进学生工作创新发展》的专题学习报告，让老同志们及时了解师生思想动态。

关工委开展活动。①主题教育活动。在坚持与学生班级共建的工作平台打造基础上，校关工委充分发挥指导作用，积极推动二级关工委开展主题教育活动，各学院关工委充分利用共建活动的平台，深入开展育人工作，各二级关工委围绕"中国梦·南农梦·我的梦"开展了系列主题教育实践活动：以"红色教育"为主线的革命传统教育，如邀请老党员、老战士等举办革命传统教育报告会、座谈会，参观纪念馆等，帮助学生立德树人，坚定理想信念，激发强国梦；以"学农爱农"教育为主线的专业思想教育，如对新生开展"大学适应性"入学教育，组织老同志与学生参观实习基地，提高学生学农、爱农、服务农业的思想境界；以"神农传人"教育为主线的就业教育活动，如开展"杰出校友回母校"、"时代楷模"赵亚夫先进事迹报告会等。②读书及征文活动。根据江苏省教育系统关工委要求，积极组织开展了以"强国之路"和"伟大的复兴之路"为主题的读书和征文活动，收到各学院报送学生征文稿件共计 305 篇，经评选产生一等奖 10 名、二等奖 20 名、三等奖 30 名，选送至省教育系统关工委的稿件中，食品科技学院刘桐的《梨花又开放》获一等奖，食品科技学院王奕的《长征路，复兴路》、信息科技学院南昕的《我们的强国梦——吾辈当自强》、农学院杨帆的《改革开放之发展与进步——衣食住行》获二等奖。③书法培训活动。发挥老同志资源优势，认真组织社团督导组老同志举办书法培训班，为校书法协会的会员学生培训。④与学生班级共建活动。积极组织校关工委老同志与农学 161 班和国贸 162 班开展共建活动，举行了老少乒乓球比赛、参观湖熟菊花基地、纪念改革开放 40 周年老少座谈会、校园健身走等活动。⑤"一院一品"工作品牌建设。3 月，校关工委发布通知，在二级关工委中开展"一院一品"工作品牌立项工作。各二级关工委在院党委领导下，认真研究并组织申报，校关工委组织评审并同意 16 个学院申报的关工委工作品牌项目立项。

（撰稿：孔育红　审稿：梁敬东　审核：张丽霞）

# 八、人才培养

## 大学生思想政治教育与素质教育

【概况】围绕学校建设世界一流农业大学的战略目标，认真落实"立德树人"根本任务，坚持"育人为本、德育为先、能力为重、全面发展"的育人理念，深化大学生思想政治教育工作体制机制改革，不断完善学生教育管理服务体系，扎实开展大学生思想政治教育、心理健康教育、素质教育、社团建设、志愿服务、社会实践、军事教育等各项工作。

思想政治教育。做好全校大学生形势与政策课教学管理工作，深化实践教学改革，组织开展校级演讲比赛。在前期实践教学取得一定成效的基础上，总结经验，继续探索课堂内外相结合的实践教学模式；中国近代史纲要和思想道德修养与法律基础课尝试组织部分学生进入实践教学基地，开展现场体验式教学，深化学生对课堂理论知识学习的理解和应用，增强获得感。举办"纪念改革开放 40 周年"为主题的历史知识演讲比赛和"中国梦·乡村兴"暨纪念改革开放 40 周年主题演讲比赛。

引导青年坚定理想信念。结合改革开放 40 周年暨南京农业大学复校 40 周年、五四青年节、"一二·九"运动 83 周年、国家公祭日等重大时间节点，深入开展主题团日教育实践、学习交流、报告分享、知识竞赛、实践寻访等活动。举办"钟山学子之星"评选、"榜样的力量"优秀学生表彰、梦想公开课、"FACE TO FACE：与优秀的人在一起"、保研交流会等用身边人和事教育引导青年。开展"与信仰对话：名家报告进校园""钟山讲堂""对话南农"等品牌活动，邀请林睿琦、魏新、赵树宪等名家走进校园，与学生交流思想，拓展学生视野，全面提升学生人文素养。

心理健康教育。完成 2018 级大学生心理健康教育必修课授课。开展全校新生心理健康普查和建档工作，提供个体咨询服务 1 000 余人次，全年团体辅导受益人数累计近 2 000 人次。加强心理健康教育队伍建设，举办学工队伍心理健康专题培训 3 场、心理委员培训 5 轮 14 场、专兼职心理健康教师业务学习 36 场。编制《心理中心制度汇编》《团体辅导方案汇编》《心理委员工作手册》。继续开展"3·20"心理健康教育宣传周、"5·25"心理健康教育宣传月主题教育活动，承办仙林大学城首届"精彩活动"教师团体辅导大赛及第 12 届心理情景剧大赛，编辑并发放学生刊物《暖阳》4 期，心理健康教育宣传活动参与学生近 10 000 人次。

素质教育。以国家大学生文化素质教育基地为平台，开展丰富多彩的素质教育活动，发挥基地的示范和辐射功能。校党委副书记刘营军入选国家大学生文化素质教育指导委员会副主任委员。开展"单人耘声韵南农"爱南农诗词吟诵会；参加第七届大学素质教育高层论坛；设立紫砂实习基地；开展第 21 届全国推广普通话宣传周系列活动，邀请语言名家访谈，实现多行业联动，提升推普活动综合成效；承办第十届中国曲艺牡丹奖系列活动之四"江苏文艺·名家讲坛"——李金斗走进南京农业大学等系列活动，将课堂教学与第二课堂活动紧密结合起来，努力提高学生的文化品位、审美情趣和人文素养。

志愿服务。推进志愿服务项目化、专业化、品牌化建设，结合学院特色与学科优势，先后打造"植趣"大学生植物医院、"除草减药、绿色惠农"等一批特色志愿服务项目。引导学生参与各类志愿服务工作，开展支农支教、关爱农民工子女、关注留守儿童、环保宣传、法律援助及弱势群体帮扶活动。组织志愿者参加共青团江苏省第 15 次代表大会、江苏省青年商会年会、首届亚洲武术锦标赛、麒麟音乐节等大型活动志愿服务工作。选拔 25 名研究生支教团、"西部计划"和"苏北计划"志愿者赴新疆、贵州等地开展工作。组织全校 1 043 名师生参与无偿献血活动，累计献血量 283 520 毫升。全校参与志愿服务 1.8 万人次，累计志愿服务时间超 19.6 万小时。学校志愿服务工作获得全国青年志愿服务优秀项目库"第一批入库项目"、西部计划项目办优秀等次等省级以上表彰。

社会实践。围绕"青春大学习、奋斗新时代"主题，深入实施"美丽中国见习志愿行动""智农惠民助力脱贫攻坚行动""科教兴村青年接力计划""千乡万村环保科普行动""七彩生活便民服务行动"五大实践项目，组织 5 000 余名师生，组建"时代春风"朗诵团、"国家乡村振兴战略"全国 28 省份大型社会调研团等 300 余支校院重点团队开展"三下乡"暑期社会实践活动，服务村镇 497 个，走访农户 3 615 户，累计采访群众 9 781 人，组织开展报告讲座活动 94 场，发放资料手册、活动用品 10 000 余份（件），拍摄微电影 77 部，新建社会实践基地 6 家，全校社会实践累计投入 100 余万元。实践活动受到《中国青年报》、共青团中央学校部官方微信、《新华日报》、《南京日报》、江苏卫视、江苏教育电视台、中国报道网、凤凰网、新华网等省市级以上媒体报道 112 次。学校获评全国"三下乡"社会实践"千校千项"实践活动"百佳创意短视频"、全省暑期社会实践活动"社会实践优秀单位""社会实践优秀团队"等省级以上表彰 30 项。

社团建设。学校登记注册校级社团 67 个。其中，思想宣传类社团 6 个，文化艺术类社团 14 个，学术科技类社团 14 个，体育竞技类社团 13 个，公益实践类社团 8 个，助理类社团 12 个。学院登记注册院级社团 74 个。博乐相声社成为全国高校大学生曲艺社团联盟副理事长单位，并在第 12 届江苏省大学生曲艺大赛中获二等奖；748 学社获 2018 年第 11 届中国大学生计算机大赛人工智能组二等奖；本本之家获得"华硕全国优秀计算机协会"称号；科技服务助理团在 2018 年"创青春"江苏省大学生创业大赛中获得银奖；羽毛球协会在第 19 届江苏省运动会中获得女子团体第五名、女子单打第五名、女子双打第一名；大学生艺术团在第三届中国青少年音乐比赛（蜂鸟奖）中获得特殊重奏组一等奖，在 2018 紫金文化艺术节·江苏省大学生戏剧展演中获得优秀剧目奖，在第 12 届江苏省大学生曲艺大赛中获得二等奖，在第一届江苏省大学生校园情景剧大赛中获得三等奖，在第 11 届金陵合唱节合唱比赛中获得铜奖。

国防教育与国家安全教育。开展军事理论精品在线开放课程建设，校内点击量超 420 万人次，面向广大官兵，在军队职业教育在线平台协同制作开设军事与传媒课程。校内开设现代战争与谋略选修课程，筹备开设海疆与海权选修课程。参与 2019 版军事课程教学大纲修订和《中华人民共和国国防教育法》修改工作。聚焦防务与安全，举办相关讲座 5 场。在全国国防教育与学生军训协同创新联盟基础上，与外单位协同筹备成立中国指挥与控制学会国防教育专业委员会。

**【承办第四届全国高等院校曲艺教育峰会】** 6月21～22日，由中国曲艺家协会、江苏省文学艺术界联合会（以下简称江苏省文联）、南京农业大学共同主办的第四届全国高等院校曲艺教育峰会在学校举行。从事曲艺表演、创作、理论、研究的80余位专家学者代表参加了会议。峰会期间，审议通过了《全国高等院校曲艺教育联盟章程》，成立全国高校大学生曲艺社团联盟。

# ［附录］

## 附录1　百场素质报告会一览表

| 序号 | 讲座主题 | 主讲人及简介 |
| --- | --- | --- |
| 1 | 现代交叉学科方法研究生命体系对外源信号的响应机制 | 陈浩　南京大学化学化工学院配位化学国家重点实验室副教授、博士生导师 |
| 2 | 创新创造创业——现代农业企业发展启示与交流 | 蒋贤权　中国农技推广协会副会长、华东理工大学工程专业学位硕士生导师、上海市普陀区工商联执委 |
| 3 | Synthetic photobiology in near-infrared：from bacterial modules to cell therapy | Mark Gomelsky　教授、美国怀俄明大学全球细菌 c-di-GMP 研究主流团队成员 |
| 4 | How is c-di-GMP capable of interacting with a wide variety of receptors to exhibit a plethora kind of biological functions | 周三和　台湾中兴大学生物化学研究所教授、博士生导师 |
| 5 | Antibiotic resistance：a global issue and the strategy | GAO Yonggui　教授、国家研究基金研究员、结构生物学和蛋白质化学专家 |
| 6 | An adaptive strategy for iron acquisition and utilization during Bacillus subtilis biofilm formation | 柴运嵘　博士，美国东北大学生物系副教授 |
| 7 | Application of simplified microbial communities in Plant-Microbe interaction research | 牛犇　博士，东北林业大学生命科学学院教授、博士生导师 |
| 8 | Auxin receptors：specificity and new herbicides；Electronic noses，volatile sensing and their applications to agriculture | Richard Napier　英国华威大学教授，长期从事植物生长激素受体及转运蛋白研究 |
| 9 | Plant-virus interactions：natural variation and molecular mechanisms | Peter Moffett　加拿大谢布鲁克大学教授，长期关注植物先天免疫系统的工作机制 |
| 10 | 美国植保检疫体系；Procedures for dealing with plant diseases | 张凤如　教授、美国农业部动植物检疫局植物病理学家、国家线虫学家 |
| 11 | 蛋白质组和代谢组检测技术及其应用 | 吴松　诺禾致源质谱事业部技术支持，主要负责蛋白质组学和代谢组学方案设计及技术支持 |
| 12 | The N-glycome in the hemipteran Nilaparvata lugens：a model in hemimetabolic development and a gender inequality in insects | Guy Smagghe　比利时根特大学教授 |

（续）

| 序号 | 讲座主题 | 主讲人及简介 |
|---|---|---|
| 13 | Plant-nematode Interaction：Signals and Singall-ing | Shahid Siddique 博士，德国波恩大学农学院分子植物医学系助理教授 |
| 14 | Bacillus velezensis FZB42：Twenty years research and application in sustainable agriculture | Rainer Borriss 教授、曾担任柏林洪堡大学生物研究所所长，是植物有益芽孢杆菌基础与应用研究领域的国际顶尖专家 |
| 15 | Epigenetic silencing of plant MYC target genes through Groucho/TLE family corepressors | Karsten Melcher 博士，美国温安洛研究所教授、结构生物学及生物学化学主任 |
| 16 | 江苏省植物保护研究生学术创新论坛 | 全国各大高校优秀博士生 |
| 17 | 实时荧光定量 PCR 技术讲座 | 钱金梅 ABI 应用工程师 |
| 18 | 植物保护前沿讲坛——绿色农药的分子设计与新品种创制 | 杨光富 中组部"万人计划"科技创新领军人才、国家杰出青年科学基金获得者 |
| 19 | 植物保护前沿讲坛——褐飞虱成灾分子机理研究进展 | 张传溪 浙江大学教授（二级） |
| 20 | 植物保护前沿讲坛——新型杀菌剂作用机制研究方法 | 马忠华 浙江大学农业与生物技术学院教授、博士生导师，国家杰出青年科学基金获得者，中组部"万人计划"中青年科技领军人才 |
| 21 | 植物保护前沿讲坛——介体昆虫传播水稻病毒的机制 | 魏太云 福建农林大学植物保护学院院长、福建省植物病毒学重点实验室主任、博士生导师 |
| 22 | 植物保护前沿讲坛——基因组时代对分类学家的机遇与挑战 | 彩万志 教授、博士生导师，国家杰出青年科学基金获得者，国家"万人计划"教学名师 |
| 23 | 植物保护学院分党校开展"经济全球化"主题党课 | 朱娅 南京农业大学马克思主义学院副教授 |
| 24 | 植物保护学院开展"社会主义核心价值观与文化自信"学生党员专题党课 | 邵刚 植物保护学院党委书记 |
| 25 | 植物保护学院学生干部训练营暨 Word 软件专项培训 | 欧阳雪 植物保护学院学生会主席 |
| 26 | 2019 年江苏省公务员备考知识讲座 | 钱书训 中公教育老师 |
| 27 | 植物保护学院英语四六级学习交流会 | 骆宇 新东方教师 |
| 28 | 植物保护学院学生干部训练营暨新闻写作培训 | 张伊杰 研究生分会宣传部 |
| 29 | 植物保护学院学生干部训练营暨 PS 技术专项培训 | 徐秋轩 植物保护学院学生会技术部部长<br>孙瑞 植物保护学院学生会技术部骨干 |
| 30 | 2018 秋季植物保护学院初级党建班第二讲 | 李阿特 生命科学学院党委副书记 |
| 31 | 植物保护学院 2018 年秋季初级党建班开班仪式暨培训第一讲 | 黄绍华 植物保护学院党委副书记 |
| 32 | 植物保护学院举办纪念建党 97 周年师德师风教育专题党课 | 盛邦跃 校党委副书记、纪委书记 |

（续）

| 序号 | 讲座主题 | 主讲人及简介 |
|------|----------|--------------|
| 33 | 植物保护学院 2019 年公务员备考知识讲座 | 过江宁　华图教育名师 |
| 34 | "植往未来"就业指导讲座 | 董元海　大华特科技实业有限公司人力资源总监 |
| 35 | 急救知识讲座 | 南京农业大学红十字会 |
| 36 | 特定目标的遥感指数设计新探索 | 陈晋　北京师范大学地表过程与资源生态国家重点实验室二级教授，日本九州大学工学博士，加利福尼亚大学伯克利分校、日本国立环境研究所博士后 |
| 37 | 信息化助推农业现代化 | 孙九林　中国科学院地理科学与资源研究所专家、中国科学院研究生院终生教授 |
| 38 | 国内外作物表型信息获取技术研究进展 | 赵春江　中国农业大学、中国科学技术大学、上海交通大学客座教授，博士生导师 |
| 39 | Plant transporter and methods to study them | Tony Miller　教授，英国约翰英纳斯中心（John Innes Centre）代谢生物学系 |
| 40 | Carbon use efficiency：Universal approach to understand life of microorganisms in soil | Yakov Kuzyakov　教授，RUDN University |
| 41 | 高通量小型植物光合表型测量系统 | Henk Jalink　博士、高级研究员，荷兰 PhenoVation 公司创始人、CEO |
| 42 | 森林生态系统性状：连接传统性状与宏观生态学的桥梁 | 何念鹏　中国科学院地理科学与资源研究所研究员、中国科学院大学岗位教授 |
| 43 | 质子泵调控气孔开度增加作物产量与植物磷素营养的关系 | 木下俊则　日本名古屋大学生物系教授 |
| 44 | Spatial variation of soil geochemistry at different scales：New challenges and opportunities in the big data era | 张朝生　博士，爱尔兰国立大学（戈尔韦）地理与考古学院和瑞安研究所，环境与健康国际网络（INEH）主任 |
| 45 | 耐药性在水环境中的传播及转移机制 | 郭建华　澳大利亚昆士兰大学水研究中心高级研究员 |
| 46 | Fungal populations on the move——真菌遗传群体的变化及其对环境、植物、动物和人类的影响 | 徐建平　加拿大麦克马斯特大学生物系副主任 |
| 47 | Biodiversity and stability：is there a general positive relationship？ | 蒋林　佐治亚理工学院生物学系终身教授 |
| 48 | 土壤异养呼吸跨尺度模型开发与应用 | 晏智锋　天津大学表层地球系统科学研究院副教授 |
| 49 | Synchrotron X-ray approaches for examining trace metals in soil-plant systems | Peter Kopittke　澳大利亚昆士兰大学农业与食品科学学院副教授 |
| 50 | 《高等学校科学技术学术规范指南》专题报告 | 邹建文　现任南京农业大学资源与环境科学学院副院长，南京农业大学特聘教授，博士生导师 |
| 51 | 资源与环境科学学院就业交流分享会 | 杨文飞　副研究员，淮安市"533 英才工程"学术技术拔尖人才培养对象 |

（续）

| 序号 | 讲座主题 | 主讲人及简介 |
|---|---|---|
| 52 | 生态学前沿交流会 | 黄伟　中国科学院武汉植物园硕士生导师 |
| 53 | 科技论文写作 | 沈其荣　南京农业大学学术委员会主任，教授、博士生导师 |
| 54 | Stoichiometric changes in soil development of a 60 years chronosequence | Michael Bonkowski　德国科隆大学教授 |
| 55 | 基于微流控的微生物分析研讨会 | 杜文斌　研究员，分析微生物技术研究组 |
| 56 | Ecology tames the soil microbiome to meet the sustainability challenge | 乔治 G. A. 科瓦丘克　教授，UTR 环境生物学研究所（IEB） |
| 57 | 资源与环境科学学院出国交流分享会 | 周巍巍　南京港新教育信息咨询有限公司总经理 |
| 58 | New membranes and membrane processes for water treatment and reuse | Darrell W. Donahue　博士，美国密歇根州立大学生物系统工程教授<br>Volodymyr Tarabara　博士，美国密歇根州立大学土木与环境工程教授 |
| 59 | Towards carbon-negative bioenergy and bioproducts systems using renewable electricity | Christopher Saffron　博士，美国密歇根州立大学生物系统工程副教授 |
| 60 | "研究生就业创业勇新班"学术沙龙之研究生创业交流会 | 罗承栋　南京农业大学园艺学院农业推广硕士、南京麦叶教育科技有限公司 CEO |
| 61 | 第14届神农科技文化节之"我与博士面对面"交流活动 | 王武　南京农业大学园艺学院果树学博士<br>王永鑫　南京农业大学园艺学院茶学博士 |
| 62 | 2018上半年第一期"分子研究创新吧" | 李甲明　南京农业大学讲师 |
| 63 | 2018上半年第二期"分子研究创新吧" | 虞夏清　南京农业大学讲师 |
| 64 | 研究生出国访学交流培训会 | 苏怡　南京农业大学国际合作与交流处科长 |
| 65 | 分子克隆与生物技术讲座 | 檀林萍　上海翊圣生物科技有限公司产品经理 |
| 66 | 第14届神农科技文化节之"五大学部前沿学术论坛植物科学学部"交流活动 | 蒋甲福　南京农业大学教授<br>汪良驹　南京农业大学教授 |
| 67 | "卓越园艺"学术论坛之优秀博士毕业生分享交流会 | 纠松涛　南京农业大学博士 |
| 68 | "卓越园艺"学术论坛特邀报告 | 房婉萍　南京农业大学教授 |
| 69 | 园艺学院2018年实验室安全教育培训 | 叶敏　南京农业大学实验室与设备管理处实验室管理科科长 |
| 70 | 园艺学院重点实验室"111"引智学术大师报告 | Julian I. Schroeder　美国科学院院士、德国科学院院士、加利福尼亚大学圣迭戈分校 Novartis 冠名教授 |
| 71 | 第15届神农科技文化节之"我与博士面对面"交流活动 | 邢才　华南农业大学果树学博士<br>刘洁霞　南京农业大学蔬菜学博士 |
| 72 | 园艺学院精益讲堂之"潜心研究笃实诚信照亮成长之路" | 张绍铃　国家现代（梨）产业技术体系首席科学家、南京农业大学园艺学院教授 |

（续）

| 序号 | 讲座主题 | 主讲人及简介 |
|---|---|---|
| 73 | 2018 年下半年第一期"分子研究创新吧" | 冯凯　南京农业大学蔬菜学博士<br>许延帅　南京农业大学果树学博士 |
| 74 | 园艺学院"园思讲堂"之"两会"精神 | 姜姝　南京农业大学马克思主义学院讲师 |
| 75 | "园思讲堂"之"我为什么信仰共产主义" | 沈晓海　南京师范大学辅导员 |
| 76 | "魅力动科人，漫步职场路"职业规划宣讲会 | 雷燕　博士，成都大帝汉克生物科技有限公司 |
| 77 | Endocrine disruptors having estrogenic bioactivity | 田谷一善　日本东京农工大学教授 |
| 78 | 第 15 届研究生神农科技文化节之"我与博士面对面"交流活动 | 南京农业大学程业飞博士、李琦琦博士、陆壮博士 |
| 79 | 动物科技学院实验室安全教育培训 | 华欣　南京农业大学实验室与设备管理处危化品与环保科科长 |
| 80 | Air quality on animal production and welfare—Overview of scientific research | Jiqin Ni　博士，美国普渡大学农业与生物工程系副教授，畜禽环境工程专家 |
| 81 | 我与国奖大神面对面 | 庞静、胡帆　动物科技学院 2018 年国家奖学金获得者 |
| 82 | "消化道分子微生态"国际研讨会暨动物消化道微生物专题组第四次会议 | 来自中国、美国、英国、法国、澳大利亚、加拿大、荷兰等国家的 15 位专家，以及来自国内相关高校及科研院所的 15 位研究生 |
| 83 | 克隆技术的交流与培训 | 泰国 Chiang Mai 大学 ANUCHA 博士及安徽农业大学于童博士一行 10 人 |
| 84 | 全基因组选择在猪育种上的实施 | 苏国生　教授，丹麦奥胡斯大学研究员兼博士生导师 |
| 85 | 流式细胞实验技术培训 | 焦田　福麦斯生物技术公司 |
| 86 | Western blot 实验技术培训 | 江倩　博士，赛默飞公司 |
| 87 | 3D/Organoid cell culture in basic research and translational applications | 李红林　美国佐治亚医学院生化与分子生物学系及癌症中心终身教授 |
| 88 | Uterine peristalsis, fertility and adenomyosis | 诸葛荣华　美国马萨诸塞州立大学医学院微生物与生理学系教授 |
| 89 | 畜禽舍氨气和温室气体排放的监测 | 倪既勤　副教授，美国普渡大学畜禽场空气质量研究领域专家 |
| 90 | "一带一路"畜牧业科技创新与教育培训国际研讨会 | 中外政府部门、联合国粮农组织的官员，"一带一路"沿线国家的高校和科研院所相关行业专家 |
| 91 | 促性腺素诱导卵母细胞成熟的可能机制 | 夏国良　中国农业大学生物学院教授、博士生导师 |
| 92 | 哺乳动物原始卵泡的激活及利用 | 张华　中国农业大学生物学院教授、博士生导师 |
| 93 | "我与国奖大神面对面交流会"第二期 | 张冕群、应志雄　生命科学学院国家奖学金获得者 |
| 94 | 畜牧学研究生精品学术创新论坛之"研究生科研成果交流会"动物营养专场 | 博士生程业飞，硕士生曹秀飞、胡帆、谢斐 |
| 95 | 畜牧学研究生精品学术创新论坛之"研究生科研成果交流会"繁殖专场 | 博士生高霄霄、邓凯平，硕士生刘梦杰、高敏 |

（续）

| 序号 | 讲座主题 | 主讲人及简介 |
|---|---|---|
| 96 | "我与国奖大神面对面"第一期 | 2015 级硕士杨花、苏伟鹏 |
| 97 | 第 14 届研究生神农科技文化节之"我与博士面对面"交流活动 | 博士生高霄霄、邓凯平、张瑞强、卢亚娟 |
| 98 | "大学生如何学习十九大精神"专题报告会 | 刘志斌　校党委宣传部副部长 |
| 99 | "从党章修改看马克思主义活的灵魂"专题报告会 | 黄绍华　学生工作处副处长 |
| 100 | "学习贯彻习近平新时代中国特色社会主义思想"专题报告会 | 高峰　动物科技学院党委书记 |
| 101 | 市场经济条件下公共政策的目标——实证研究的逻辑 | 钟甫宁　南京农业大学教授 |
| 102 | 对外开放与食品安全 | Doo Bong Han　韩国高丽大学食品与资源经济系教授 |
| 103 | The impact of firm heterogeneity on agricultural trade | 谢超平　美国弗吉尼亚理工大学博士 |
| 104 | RCEP 对江苏的影响研究 | 陈淑梅　东南大学教授 |
| 105 | 21 世纪的贸易投资规则：自由还是公平 | 韩剑　南京大学教授 |
| 106 | 融资约束与成本加成 | 谢建国　南京大学教授 |
| 107 | Global agricultural trade：United States，China and emerging markets | Jim Hansen　美国农业部博士 |
| 108 | 农业农村发展不平衡不充分问题与新旧动能转换方向 | 彭超　农业农村部农村经济研究中心博士 |
| 109 | 把握并降低问卷中的虚拟误差：一个大样本的荟萃分析 | 胡武阳　美国俄亥俄州立大学教授 |
| 110 | Decomposing growth in the gender wage gap in urban China：1989—2011 | Denise Hare　美国里德学院经济系教授 |
| 111 | 促进全生命周期的国民健康：国际经验启示十字路口的中国 | 陈希　美国耶鲁大学助理教授 |
| 112 | Memory，food consumption and obesity in China | 于晓华　德国哥廷根大学教授 |
| 113 | 从民主选举到公共投资：投票细节与作用机制——基于全国 5 省 100 村调查数据的经验研究 | 张同龙　华南农业大学经济管理学院，国家农业制度与发展研究院教授、博士生导师 |
| 114 | Foreign direct investment and product quality in host economies：The role of worker mobility | 孙思忠　澳大利亚詹姆斯库克大学副教授、澳大利亚中澳经济学会（CESA）主席 |
| 115 | 共患病毒病与综合防控 | 金宁一　中国工程院院士、我国病毒学与免疫学学科的带头人 |
| 116 | 实时荧光定量核酸扩增技术 | 刘宗文　通用公司技术经理 |

（续）

| 序号 | 讲座主题 | 主讲人及简介 |
|---|---|---|
| 117 | 南海形势与国家安全 | 张晓林　南海问题研究专家、海军指挥学院军事战略学教授 |
| 118 | 问苍茫大地谁主沉浮——周边乱局与中国应对 | 薛志亮　陆军指挥学院大校 |
| 119 | 我为什么信仰共产主义 | 沈晓海　南京师范大学地理科学学院团委副书记、南京航空航天大学徐川团队主要成员 |
| 120 | Creation of a New Cholera Vaccine 新型霍乱疫苗研制 | Matthew K. Waldor　哈佛大学医学院教授 |
| 121 | 第四届第九期"青年学术论坛" | 顾金燕副教授、袁律峰博士、刘欣超博士、Hasan Muhamma D Waqqas 博士 |
| 122 | 第四届第十期"青年学术论坛" | 闫丽萍副教授、博士生 Omer、博士生 Halima |
| 123 | 第四届第 11 期"青年学术论坛" | 博士生高修歌、连雪、江丰伟 |
| 124 | 第四届第 12 期"青年学术论坛" | 博士生李昱辰、Roy Animesh、徐天乐 |
| 125 | 第五届第一期"青年学术论坛" | 博士生冯旭飞、杜红旭、范文韬 |
| 126 | 第五届第二期"青年学术论坛" | 博士生黄璐璐、董雨豪 |
| 127 | 第五届第三期"青年学术论坛" | 博士生李林、是马可、Memon Muhammad Ali |
| 128 | 第五届第四期"青年学术论坛" | 博士生高诗杏、Muhammad Haseeb |
| 129 | 第五届第五期"青年学术论坛" | 博士生蔺辉星、黄剑梅、卜永谦 |
| 130 | 第五届第六期"青年学术论坛" | 博士生吴雨龙、诸葛祥凯 |
| 131 | 第五届第七期"青年学术论坛" | 博士生张瑜娟、宋中宝、吴诚诚 |
| 132 | 第五届第八期"青年学术论坛" | 闫丽萍副教授、博士生刘杰 |
| 133 | 枸杞功效成分研究与产品开发 | 闫亚美　博士，宁夏农林科学院枸杞工程技术研究所产品加工研究室主任 |
| 134 | Cultured meat using tissue engineering | Mark Post　荷兰 Maastricht University 教授 |
| 135 | Ice nucleation proteins：from molecular cloning to functional packaging | 黄庆荣　美国新泽西州罗格斯大学食品科学系教授 |
| 136 | Bacteriocins：intelligent approaches　For human applications | Michael Chikindas　Rutgers University 教授 |
| 137 | 基因时代酶制剂的研究与开发 | 吴敬　江南大学食品科学与技术国家重点实验室教授 |
| 138 | 第 14 届研究生神农科技文化节之"我与博士面对面"交流活动 | 食品科学与工程博士赵雪、孟凡强 |
| 139 | 第 14 届研究生神农科技文化节之五大学部前沿学术论坛 | 赵海珍　教授<br>车建华　讲师 |
| 140 | 肉品科学研究的趋势 | 熊羽翎　"长江学者"特聘教授、美国肯塔基大学教授 |
| 141 | 公务员备考讲座 | 李龙军　国家心理咨询师 |
| 142 | 青团知识培训 | 冯莉　食品科学与工程系助理实验师 |
| 143 | 实验技术仪器操作培训 | 王培军　南京新飞达光电科学技术有限公司副总经理 |

（续）

| 序号 | 讲座主题 | 主讲人及简介 |
|---|---|---|
| 144 | 烘焙知识培训 | 冯莉　南京农业大学食品科学与工程系助理实验师 |
| 145 | 实验室安全管理培训 | 白云　国家肉品质量安全控制工程技术研究中心实验室科辅 |
| 146 | 糖组学与糖生物工程实验室安全管理 | 蔡志鹏　南京农业大学食品科技学院糖组学与糖生物工程实验室师资博士后 |
| 147 | 食尚管理，自然农法 | 罗扬铭　博士，Biointellipro 公司总裁 |
| 148 | 第15届研究生神农科技文化节之"我与博士面对面"交流活动 | 食品科技学院博士王冲、赵德印、李美琳 |
| 149 | A muscle structure approach to understanding water-holding capacity | Robyn Warner　墨尔本大学教授 |
| 150 | How to get your paper to be published in *Meat Science* | David Hopkins　教授，*Meat Science* 主编、澳大利亚新南威尔士州第一产业部首席科学家 |
| 151 | 实验技术仪器操作培训——激光共聚焦显微镜 | 苏园园　徕卡公司华东区应用主管 |
| 152 | 肉类食品质量安全控制及营养学创新引智基地 | Karsten Kristiansen　哥本哈根大学生物系教授、华大基因研究院宏基因组研究所名誉所长 |
| 153 | 无损检测的技术发展交流学术会 | 江苏大学生物与环境工程学院食品与生物工程中心实验室主任陈斌教授、陈通博士 |
| 154 | 善用检索工具，激发科研灵感 | 陈蓉蓉　南京农业大学图书馆 |
| 155 | 农产品变食品的探索 | 温志芬　温氏集团董事长 |
| 156 | 乌龙茶儿茶素与人体肠道菌群互作效应及机制研究 | 张鑫　宁波大学食品与药学学院食品科学与工程系副教授 |
| 157 | 党的十八大以来中国经济发展的新成就 | 汪海波　中国社会科学院荣誉学部委员、研究生院原副院长、教授 |
| 158 | 改革开放与中国特色社会主义的报告 | 徐民华　省委党校教授 |
| 159 | 两岸南南合作治理 | 汪明生　中山大学永久聘任教授 |
| 160 | 学术文章的写作与投稿 | 潘劲　研究员，《中国农村经济》《中国农村观察》杂志编辑部主任 |
| 161 | 土地价值分配之操作模型 | 谢静琪　台湾逢甲大学土地管理系原系主任 |
| 162 | 中国城市土地经济问题和经济发展 | 张莉　中山大学国际金融学院副教授 |
| 163 | 规划人生——谈人生规划 | 王万茂　曾任南京农业大学土地管理学院教授、院长、博士生导师 |
| 164 | 中国农村土地制度改革40年：变迁与启示 | 钱忠好　扬州大学管理学院副院长、博士生导师 |
| 165 | 公共管理的学科定位与知识增长 | 陈振明　厦门大学公共政策研究院教授兼院长、教育部"长江学者"特聘教授 |
| 166 | 土地科学的国家需求与重点方向 | 郧文聚　自然资源部土地整治中心党委委员、副主任、研究员 |

（续）

| 序号 | 讲座主题 | 主讲人及简介 |
|---|---|---|
| 167 | 社会保障深化改革若干问题 | 何文炯　浙江大学公共管理学院教授 |
| 168 | 钟山学者（新秀）访谈系列 | 马贤磊　南京农业大学公共管理学院教授<br>蓝菁　南京农业大学公共管理学院副教授 |
| 169 | 我国养老保险发展的现状及未来 | 陈汝军　江苏省农民工工作领导小组办公室副主任 |
| 170 | 乡村治理的基本历程及其理念 | 张新文　南京农业大学公共管理学院行政管理系教授 |
| 171 | 中美政府管理体系比较——公共管理研究与学习的探索 | 丁安宁　美国美中教育交流协会（US-China Link）项目主任 |
| 172 | 从传统公共行政到现代公共管理——西方理论与中国借鉴 | 丁煌　武汉大学政府治理创新研究中心主任 |
| 173 | 台湾乡村更新的新方法 | 谢静琪　台湾逢甲大学土地管理系原系主任、教授 |
| 174 | 常见心理障碍的识别和应对 | 李箕君　南京医科大学附属脑科医院医学心理科主任 |
| 175 | Two millennia of development in China：Rise, fall and revival | Arie Kuyvenhoven　荷兰瓦格宁根大学发展经济学系荣誉退休教授 |
| 176 | Six centuries of rising grain production in China | Arie Kuyvenhoven　荷兰瓦格宁根大学发展经济学系荣誉退休教授 |
| 177 | Six centuries of rising yields in China：Inputs or technology? | Arie Kuyvenhoven　荷兰瓦格宁根大学发展经济学系荣誉退休教授 |
| 178 | China's agrarian development：1949 till the 1960s agricultural crisis | Arie Kuyvenhoven　荷兰瓦格宁根大学发展经济学系荣誉退休教授 |
| 179 | China's agrarian development：1960s till after the 1978 reforms | Arie Kuyvenhoven　荷兰瓦格宁根大学发展经济学系荣誉退休教授 |
| 180 | China's agrarian development since the 1978 HRS reforms | Arie Kuyvenhoven　荷兰瓦格宁根大学发展经济学系荣誉退休教授 |
| 181 | Income and wealth distribution world-wide | Arie Kuyvenhoven　荷兰瓦格宁根大学发展经济学系荣誉退休教授 |
| 182 | Decomposing income distribution in China：the rural-urban gap | Arie Kuyvenhoven　荷兰瓦格宁根大学发展经济学系荣誉退休教授 |
| 183 | 区域规划到地方行动：长三角发展规划的挑战与趋向 | 陈雯　中国科学院南京地理与湖泊研究所 |
| 184 | 国家建构的再调适——新一轮党政机构改革的一项理解 | 孔繁斌　南京大学政府管理学院院长 |
| 185 | 生产中生态系统服务和贴现率下降分析 | Xueqin Zhu　博士，荷兰瓦格宁根大学环境经济学和自然资源组，副教授 |
| 186 | 可持续粮食生产的综合环境经济分析 | Xueqin Zhu　博士，荷兰瓦格宁根大学环境经济学和自然资源组，副教授 |
| 187 | 田野研究与知识生产：鲁中小章竹马表演与军户移民叙事 | 刘铁梁　山东大学文化遗产研究院副院长 |

（续）

| 序号 | 讲座主题 | 主讲人及简介 |
|---|---|---|
| 188 | 民俗宗教的实践模式——庙会地域性组织类型及其叙事认同 | 刘铁梁　山东大学文化遗产研究院副院长 |
| 189 | 从扶贫故事谈人文情怀与南农品质 | 施雪钢　旅游系2005届优秀毕业生 |
| 190 | 如何写出编辑眼中的合格论文 | 朱晓华　《地理研究》专职副主编 |
| 191 | 万国鼎学术讲座——长江流域的饮食文化 | 姚伟钧　华中师范大学历史文化学院教授 |
| 192 | 中美贸易战背景下维生素C反垄断案的解读与启示 | 李友根　南京大学法学院教授、博士生导师 |
| 193 | 李松、张士闪学术对话：生计、民俗与地方政治 | 李松　文化部民族民间文艺发展中心主任<br>张士闪　山东大学文化遗产研究院副院长 |
| 194 | 万国鼎学术讲座——中国古代"科学神"崇拜：创造还是保佑 | 汪前进　中国科学院大学人文学院教授 |
| 195 | 重塑"写艺术"的话语目标——论艺术民族志的研究与书写 | 方李莉　中国艺术研究院艺术人类学研究所所长 |
| 196 | 中国与拉美的农业交流与合作 | 恩里克　墨西哥国立自治大学中国-墨西哥研究中心主任 |
| 197 | 万国鼎学术讲座——21世纪的茶文化研究 | 关剑平　浙江农林大学博士 |
| 198 | 乡村振兴背景下的城乡融合问题 | 林聚任　山东大学教授 |
| 199 | 旅游科研项目的选题、申报与写作技巧 | 黄震方　南京师范大学教授 |
| 200 | 万国鼎学术讲座——从凡尔赛到紫禁城：康熙时代中国和法国的科学交流 | 韩琦　中国科学院自然科学史研究所所长 |
| 201 | 万国鼎学术讲座——中华茶文化与茶产业的发展 | 林楚生　广东省茶文化研究院院长 |
| 202 | 纪念改革开放40周年暨南京农业大学复校40周年系列讲座——农业科技40年 | 孙洪武　江苏省农业科学院副院长 |
| 203 | 纪念改革开放40周年暨南京农业大学复校40周年系列讲座——"建设有影响力的全球创新名城的理论与实践" | 叶南客　南京社会科学学院院长 |
| 204 | 小葡萄爱童工作坊学术沙龙——社会工作介入校园欺凌的实务模式介绍 | 杨灿君　南京农业大学人文与社会发展学院讲师 |
| 205 | 万国鼎学术讲座——辛亥革命时期的农会 | 朱英　华中师范大学教授 |
| 206 | 微分方程保结构算法及应用 | 秦升　美国贝勒大学教授 |
| 207 | 活性中间体化学：从簇合的碳硼炔到平面的硼烯 | 汪日新　香港中文大学博士 |
| 208 | 科技论文写作 | 李庆孝　美国夏威夷大学马诺分校教授 |
| 209 | 糖代谢途径中关键调控酶FBPase和FBA-II新型抑制剂设计及其生物活性评价 | 韩新亚　安徽工业大学副教授 |

（续）

| 序号 | 讲座主题 | 主讲人及简介 |
|---|---|---|
| 210 | 小分子作用靶点在哪里 | 李庆孝　美国夏威夷大学马诺分校教授 |
| 211 | 氮、磷试剂介导的有机合成反应研究 | 贺峥杰　南开大学教授 |
| 212 | 微分方程保算法及应用 | 盛泰　美国 Baylor 大学教授<br>王雨顺　南京师范大学教授 |
| 213 | 美国的研究生教育 | 新雷　博士，美国伊利诺伊大学香槟分校（UIUC）农业与生物工程系与工程学院教授 |
| 214 | 化肥、水泥自动装车机器人系统开发与测试 | 王凯　南京农业大学工学院博士 |
| 215 | 农业机器人的应用与发展 | 陶镛汀　工学院博士、宁夏鸿景农机科技有限公司农机创新项目负责人 |
| 216 | 基于深度学习的目标检测 | 于平　南京理工大学 2016 级计算机硕士 |
| 217 | 无线传感器网络 | 李强懿　南京航空航天大学博士 |
| 218 | 基于多通道高光谱成像系统的空间分辨光谱技术的研究及应用 | 黄玉萍　南京农业大学工学院博士 |
| 219 | Non-destructive technologies for defect detection of apples，with newstructured illumination reflectance imaging（SIRI） | 陆宇振　中国科学院南京土壤研究所硕士 |
| 220 | Measurement of ammonia and greenhouse gas emissions from animal buildings—errors and challenges（畜禽舍氨气和温室气体排放的监测——误差和挑战） | Ji-Qin Ni　博士，副教授，美国普渡大学农业与生物工程系，畜禽环境工程专家，美国国家气体排放检测项目主要负责人之一 |
| 221 | Laser-guided intelligent sprayer tecnology for fruit and nursery crops | 朱和平　美国农业部农业工程应用技术研究所首席研究员、俄亥俄州立大学客座教授 |
| 222 | 研究生开学第一课暨学术诚信报告会 | 汪小旵　南京农业大学工学院院长、教授<br>姬长英　南京农业大学教授 |
| 223 | Development，test，and improvement of an apple harvest and infield sorting machine | 张昭　博士，美国农业部产后研究所博士后 |
| 224 | 带有不稳定模态非线性切换系统的镇定及其应用 | 杨浩　南京航空航天大学自动化学院教授、博士生导师 |
| 225 | 基于事件触发的随机非线性多智能系统一致性协议设计 | 向峥嵘　南京理工大学博士生导师 |
| 226 | 生产机械化技术研究现状与趋势 | 肖宏儒　特色经济作物生产装备工程技术中心主任，中国茶叶加工机械产品质量检测中心常务副主任、研究员 |
| 227 | Infrared heating technologies for food and agricultural product processing | 潘忠礼　美国加利福尼亚大学戴维斯分校教授、美国农业部西部研究中心资深研究员 |
| 228 | Condition numbers of the multidimensional total Least squares problem | 郑兵　兰州大学数学与统计学院教授、博士生导师 |

（续）

| 序号 | 讲座主题 | 主讲人及简介 |
|------|----------|--------------|
| 229 | 深度学习分析健康数据 | 张煜东　博士，英国莱斯特大学信息系教授 |
| 230 | Combining addtitive and subtractive laser manuf-scturing：selective laser melting, erosion and remelting | Jean-Pierre Kruth　世界著名增、减材制造领域专家，国际生产工程科学院（CIRP）院士 |
| 231 | A powder bed based multi-materials additive manufacturing system enabled by dry powder micro dispensing devices | Shoufeng Yang　教授，世界著名多材料 3D 打印领域专家 |
| 232 | 颠覆性变革与后图书馆时代 | 张晓林　上海科技大学图书馆馆长 |
| 233 | 用户信息行为研究与游戏化设计 | 朱庆华　南京大学信息管理学院副院长 |
| 234 | 多源多尺度植物冠层生长与环境交互机制的高通量表型研究 | 马韫韬　中国农业大学资源与环境学院 |
| 235 | 给青年图书馆学研究者的几点建议 | 王波　北京大学图书馆研究馆员 |
| 236 | 图书馆数字阅读推广 | 李东来　广东东莞图书馆馆长 |
| 237 | 读书与论文写作 | 王余光　北京大学信息管理系教授、国务院学科评议组成员 |
| 238 | 图书馆阅读推广的法理基础 | 范并思　华东师范大学经济与管理学部教授 |
| 239 | 大三年级 SRT 结题验收工作以及大二年级 SRT 报告讲座 | 杨波　南京农业大学信息科技学院教授 |
| 240 | 我与学科名家面对面 | 李必信　东南大学计算机科学与工程学院教授 |
| 241 | 关于 2018 年 SRT 学术讲座（计算机系） | 朱淑鑫　南京农业大学信息科技学院教授 |
| 242 | 我与名家面对面 | 孙颖　美国纽约州立大学布法罗分校终身教授 |
| 243 | 择业与面试技巧 | 程灏　51job 金牌面试官 |
| 244 | 新生入学教育第一课：军训动员暨安全教育大会 | 黄水清　南京农业大学信息科技学院教授、博士生导师<br>夏丽君　南京农业大学信息科技学院辅导员 |
| 245 | 我与学科名家面对面 | 林夏、Brian K Smith　美国德雷塞尔大学计算机与信息学院教授 |
| 246 | 新生入学教育之学生社区管理篇 | 闫相伟　学生社区管理中心主任 |
| 247 | 区块链关键技术与信息系统融合方法 | 孙国梓　南京邮电大学计算机技术研究所副所长 |
| 248 | 我与学科名家面对面 | 洪亮　武汉大学信息管理学院副教授 |
| 249 | 我与学科名家面对面 | 徐雁　南京大学教授<br>陈亮　南京艺术学院图书馆馆长 |
| 250 | "与幸福同行"大学生心理健康教育讲座 | 王世伟　大学生心理健康教育中心教师 |
| 251 | ACM-ICPC 大赛分享会 | 张琳　南京农业大学信息科技学院副教授 |
| 252 | 信息系专业教育报告 | 郑德俊　南京农业大学信息科技学院副院长 |
| 253 | 计算机系专业教育报告 | 任守刚　南京农业大学信息科技学院系主任 |

（续）

| 序号 | 讲座主题 | 主讲人及简介 |
|---|---|---|
| 254 | 摄影培训讲座 | 童佳艳　南京农业大学信息科技学院信风通讯社摄影部部长 |
| 255 | 信息系大学生科研创新训练计划学术报告 | 韩正彪　南京农业大学信息科技学院副教授 |
| 256 | 我与学科名家面对面 | 叶继元　南京大学教授<br>徐建华　南开大学教授 |
| 257 | 我与博士面对面 | 李章超　南京农业大学信息科技学院信息资源管理专业博士<br>叶文豪　南京大学图书情报与档案管理专业博士 |
| 258 | "不平等条约"的翻译史研究及国家社会科学基金项目申请辅导 | 屈文生　教授，华东政法大学外语学院院长、"长江学者奖励计划"青年学者、上海市"曙光学者" |
| 259 | 东亚近代词汇环流：为了科学叙事的实现 | 沈国威　日本关西大学外语学部教授、东西学术研究所研究员 |
| 260 | 文学的娱乐性和现代性——老舍的翻译与创作关系研究 | 张曼　上海外国语大学文学研究院《中国比较文学》杂志副编审、文学博士 |
| 261 | Cityscape and literature | Péter Hajdu　《世界文学与比较文学评论》主编、匈牙利社会科学院教授 |
| 262 | 中国文化经典的准确阐释与传译 | 武波　首届国家教委"中英友好奖学金"获得者、外交学院教授 |
| 263 | Incorporation of genres into reading and writing instruction | Charlene Polio　美国密歇根州立大学教授 |
| 264 | 做好用户分析建立用户画像 | 顾宝桐　美国佐治亚州立大学英语系终身教授、孔子学院美方院长 |
| 265 | Anglo-American academic fiction as comedy：should education have a happy ending? | Barbara Ching　艾奥瓦州立大学教授 |
| 266 | 詩と翻訳について | 田原　日本诗人、评论家、翻译家、城西国际大学教授 |
| 267 | All the world's a stage：An American Actor and director in China | Irwin Appel　美国圣芭芭拉大学戏剧与舞蹈系主席，戏剧教授、演员、导演 |
| 268 | 汉文训读讲座（新井白石《同文通考》卷四第一讲） | 松冈荣志　东京学艺大学名誉教授、日中翻译文化教育协会会长 |
| 269 | 当代非裔美国文学批评 | Keith Eldon Byerman　印第安纳州立大学教授 |
| 270 | 项目驱动、问题导向、话语点穴、修辞出场——科研思维与学术话语的脱胎换骨之道 | 毛浩然　华侨大学外国语学院院长、教授 |
| 271 | 漂泊离散：论当代华裔美国女性作家 | 冯品佳　台湾交通大学亚美研究中心主任，美国威斯康星大学博士、教授 |
| 272 | 如何上好日语会话课？会话模拟授业 | 笈川幸司　清华大学日本外教、演讲家 |

（续）

| 序号 | 讲座主题 | 主讲人及简介 |
|---|---|---|
| 273 | 中英双语教学中的语言转换：基于大学课堂的民族志研究 | 张晓兰　英国巴斯大学教育学院应用语言学首席教授 |
| 274 | 语言规划视域下的大学外语教学改革 | 沈骑　教授，上海外国语大学语言研究院专职研究员 |
| 275 | 翻译标准与翻译实践——兼论语言之翻译与文化之翻译 | 徐一平　北京外国语大学教授，北京日本学研究中心主任、教授、博士生导师 |
| 276 | 行动翻译建模 | 钟勇　新南威尔士大学教授、南京大学社会语言学实验室荣誉研究员、波兰比省经贸大学荣誉教授 |
| 277 | 国家海上丝绸之路申报世界文化遗产地方性法规的英译 | 董晓波　南京师范大学教授、博士生导师、江苏省法律英语研究会会长 |
| 278 | 金融科技及应用 | 余波　博士，中和农信高级副总裁 |
| 279 | 农民资金互助的发展与监管 | 孙同全　管理学博士，中国社会科学院农村发展研究所研究员 |
| 280 | 新时代商业银行的转型之路 | 孙兆斌　南京大学经济学博士，副研究员，中国注册会计师 |
| 281 | Causal mechanisms in the intergenerational transmission of income in China | 侯维忠　美国加利福尼亚大学长滩分校经济学教授 |
| 282 | 农业转型和政策调整 | 张照新　农业农村部农村经济研究中心研究员 |
| 283 | 政府财政体制改革与地方债问题研究 | 缪仕国　农业经济管理博士 |
| 284 | Time-varying skills（versus luck）in U. S. active mutual funds and hedge funds | 颜诚　埃塞克斯大学副教授 |
| 285 | Conflict，contention and cooperation in China's new model of financial intermediation monitoring | W. Travis Selmier II　博士，印第安纳大学访问学者 |
| 286 | 金融知识、失地农民创业决策与创业绩效——基于三阶段 IV-Heckman 模型的实证分析 | 李庆海　南京财经大学经济学院副教授 |
| 287 | 如何撰写规范且高质量的学术论文？ | 高鸣　博士，农业农村部农村经济研究中心助理研究员 |
| 288 | 贸易摩擦、经济开放度与宏观经济 | 彭红枫　博士，山东财经大学金融学院院长、教授、博士生导师 |
| 289 | Exit as governance：Qualified foreign institutional investors and stock price crash risk | 迟晶　博士，梅西大学经济与金融学院金融学副教授，博士生导师 |
| 290 | 防控金融风险，深化金融改革 | 黄瑞玲　江苏省委党校世界经济与政治教研部主任、教授 |
| 291 | Catering effect in corporate social responsibility investment | 颜安　博士，福特汉姆大学加贝利商学院金融学教授、副院长、博士项目主任 |
| 292 | 乡村振兴背景下江苏精准扶贫的实践和思考 | 葛笑如　南京农业大学马克思主义学院副教授 |
| 293 | 江苏省饲草料生产现状及存在的问题 | 李建农　江苏省农委高级畜牧师 |

（续）

| 序号 | 讲座主题 | 主讲人及简介 |
|------|---------|-------------|
| 294 | 现代饲草产业与动物源食品安全 | 徐智明　秋实草业有限公司技术副总经理 |
| 295 | 世界高尔夫运动的发展趋势和球场格局对草业职业生涯的启迪及高尔夫球场职位和薪酬待遇 | 刘鲁　Jacobsen 公司中国区总经理 |
| 296 | 草地动-植物关系及生态系统功能 | 王德利　东北师范大学环境学院与草地科学研究所教授 |
| 297 | SRF，A novel family of leucine-rich repeat kinases regulates plant stress responses | 罗宏　博士，美国克莱姆森大学遗传及生物化学系终身教授 |
| 298 | QTL mapping in tetraploid and heterozygous alfalfa | 李学会　博士，北达卡他州立大学助理教授 |
| 299 | 师道，治学与育才 | 盖钧镒　中国工程院院士 |
| 300 | Delivering genetic gain in wheat project | William Ronnie Coffman　首届世界农业奖获得者、康奈尔大学农业与生命科学学院国际项目主任 |
| 301 | Relationship between size exclusion-high performance liquid chromatography protein fractions and quality parameters in South African irrigation wheat breeding lines | Angeline van Biljon　南非自由州大学植物科学系教师 |
| 302 | 学术与兴趣 | 黄骥　南京农业大学农学院种业科学系教授 |
| 303 | Alternative splicing and proteins with integrated domains in plant defense | 黄俐　Montana State University 分子遗传学家 |
| 304 | 玉米单倍体诱导机理研究 | 金危危　国家杰出青年科学基金获得者、中国农业大学农学院院长 |
| 305 | 科学研究方法 | 翟虎渠　农业科学家、教育家、水稻遗传育种专家 |
| 306 | New techniques for building and analyzing co-expression networks and applications to complex trait studies | 章伟雄　华盛顿大学（圣路易斯）计算机系和遗传学系教授 |
| 307 | 水稻高产、优质、多抗重要基因挖掘和育种利用 | 万建民　中国工程院院士 |
| 308 | 单分子（SMRT）测序技术在农业基因组研究上的进展 | 王钱洁　PacBio 中国区技术经理 |
| 309 | The new CAPabilities of plant roots | 须健　新加坡国立大学生物科学系及生物影像中心副教授 |
| 310 | 水稻驯化的故事 | 孙传清　中国农业大学二级岗教授 |
| 311 | 三种新型植物激素对水稻产量和品质的调控作用 | 杨建昌　扬州大学农学院教授 |
| 312 | 三重四级杆气质联用仪应用技术讲座 | 张杨刚　Thermo 气质应用工程师 |
| 313 | Finding and deploying new and useful genetic variation for UK wheat breeding | Simon Griffiths　英国约翰因纳斯研究中心教授 |

（续）

| 序号 | 讲座主题 | 主讲人及简介 |
|---|---|---|
| 314 | TOR tunes nutrient stress-induced developmental plasticity of plants | Ruediger Hell　德国海德堡大学教授、国际知名植物营养研究专家 |
| 315 | KASP 基因分型技术原理及应用 | 郭欢　艾吉析科技有限公司 |
| 316 | illumina 芯片在基因分型及农业育种中的应用 | 赖登攀　illumina 芯片技术专家 |
| 317 | 免疫（共）沉淀技术及常见问题解答 | 王士友　Thermo Fisher 应用工程师 |
| 318 | Increasing root branching plasticity: lessons from evolution | Tom Beeckman　比利时根特大学 VIB 研究所教授 |
| 319 | 科研新热点——蛋白质组学和代谢组学测序原理、应用及方案思路设计和分享 | 尹奇　质谱专家 |
| 320 | 田间小麦表型信息采集装备及相关技术研究 | 卫勇　天津农学院工程技术学院副院长 |
| 321 | Identification of regulatory variants in plants to help genome-phenome association studies | 吴玉峰　南京农业大学农学院教授 |
| 322 | 基因芯片在植物育种中的应用：高通量筛选基因标记 | 李新娜　赛默飞基因分析业务部应用经理 |
| 323 | 数字 PCR 技术在农业领域的应用进展 | 王俊果　赛默飞基因分析业务部产品经理 |
| 324 | 半导体靶向测序技术在分子育种领域的应用 | 王楠楠　赛默飞基因分析业务部技术专家 |
| 325 | 第三代杂交育种技术 | 邓兴旺　美国科学院院士、北京大学生命科学学院教授 |
| 326 | 异源多倍体小麦根系性状进化及其形成的分子基础解析 | 倪中福　中国农业大学农学院副院长，教授、博士生导师 |
| 327 | 小麦转座子（TE）在多倍化与品种改良中的变化与功能初探 | 贾继增　中国农业科学院作物科学研究所研究员 |
| 328 | Organogenesis: root or shoot? | 须健　新加坡国立大学生物科学系及生物影像中心副教授 |
| 329 | Crystal structure and environmental geochemical reactivity of layered manganese oxides | 朱孟强　美国怀俄明大学环境土壤化学方向助理教授 |
| 330 | Identification of QTL associated with pasmo resistance in flax | 游明安　Ottawa Research and Development Centre, Agriculture and Agri-Food Canada 教授 |
| 331 | STAYGREEN, STAY HEALTHY: a loss-of-susceptibility mutation in the STAYGREEN gene provides durable, broad-spectrum disease resistances for over 50 years of US cucumber production | 翁益群　教授，Horticulture Department, University of Wisconsin, Madison, USA |
| 332 | A necessity for use of sticky signaling molecules: the rationale for ABC hormone transporters | Angus Murphy　美国马里兰大学教授 |
| 333 | The role of auxin oxidation in plant growth and development | Wendy Peer　美国马里兰大学副教授 |

（续）

| 序号 | 讲座主题 | 主讲人及简介 |
|------|---------|-------------|
| 334 | Evidence-based（nitrogen）indices for sustainable agriculture | Deli Chen 国际著名土壤学家、澳大利亚墨尔本大学终身教授 |
| 335 | Remote sensing of photosynthesis from leaf to the globe：challenges and opportunities | Youngryel Ryu 首尔国立大学的副教授 |
| 336 | 水肥管理对中国近60年来的粮食与环境安全的影响 | 喻朝庆 清华大学教授 |
| 337 | How to simultaneously improve nitrogen use efficiency and grain yield in rice | 傅向东 中国科学院遗传与发育生物学研究所研究员、中国科学院遗传与发育生物学研究所分子农业生物学中心主任 |
| 338 | 转录抑制调控植物叶片发育和分枝形成 | 秦跟基 北京大学生命科学学院教授、国家杰出青年科学基金获得者 |
| 339 | 高通量小型植物光合表型测量系统 | Henk Jalink 高级研究员，荷兰 PhenoVation 公司创始人、CEO |
| 340 | Moving towards micronutrient-improved crops—the role of metal-chelating molecules | Stephan Clemens 德国 Bayreuth 大学植物生理学教授 |
| 341 | Plant genomics at the Earlham Institute | Anthony Hall 英国 Earlham Institute 教授 |
| 342 | 全新共聚焦成像技术在动植物研究领域的应用 | 袁振环 Olympus 应用专家 |
| 343 | 三维超景深显微镜实验技术讲座 | 高天龙 Leica 高端产品技术工程师 |
| 344 | Control of trichome formation in Arabidopsis （and other plants）by a transcription factor regulatory network | 王树才 东北师范大学生命科学学院教授 |
| 345 | GCMS 助力解开芳香密码 | 胡子豪 安捷伦气质联用产品专家 |
| 346 | ICP-MS 在植物中单纳米颗粒、单细胞分析以及金属蛋白质组学的应用 | 曾祥程 安捷伦 ICP-MS 产品专家 |
| 347 | 钟山学者访谈——我与她有个约会 | 张阿英 南京农业大学生命科学学院教授 |
| 348 | 菊花种质创新与新品种选育 | 陈发棣 南京农业大学园艺学院教授 |
| 349 | Regulation of aluminum tolerance in barley | 马建锋 日本冈山大学资源植物科学研究所教授 |
| 350 | "抗体"的前世今生 | 孟飞龙 中国科学院上海生命科学研究院生化细胞研究所研究员 |
| 351 | Gene editing in plants—goals，concerns and challenges | 朱健康 中国科学院上海植物逆境生物学研究中心研究员 |
| 352 | The structural biology of plant-environment interaction | 邢维满 中国科学院上海植物逆境生物学研究中心研究员 |
| 353 | 干细胞和疾病大脑的修复 | 陈跃军 中国科学院上海生命科学研究所研究员 |
| 354 | 非人灵长类模式生物构建 | 孙强 中国科学院上海生命科学研究所研究员 |

（续）

| 序号 | 讲座主题 | 主讲人及简介 |
|------|----------|-------------|
| 355 | 现代巢湖生态系统演化的规律、关键因素与驱动机制 | 徐福留　北京大学城市与环境学院教授 |
| 356 | 关于植物形态建成的思考40年 | 白书农　北京大学生命科学学院教授 |
| 357 | 肝脏营养感应与代谢调控 | 李于　中国科学院上海生命科学研究院营养与健康研究所研究员 |
| 358 | 启动子RNA的双向转录与调控机制 | 魏武　中国科学院上海生命科学研究院营养与健康研究所研究员 |
| 359 | 深入贯彻十九大精神，推动思政课教学创新 | 王永贵　南京师范大学马克思主义学院教授 |
| 360 | 学术沙龙专题讲座 | 马彪　南京农业大学马克思主义学院教师 |
| 361 | 英国的中国研究概况兼谈留学经验 | 陈令杰　伦敦大学亚非学院历史学系博士候选人、台湾中研院近代史所访问学者 |
| 362 | 大数据时代个性化知识的特征及其价值 | 董春雨　中国自然辩证法研究会副秘书长、全国中文核心期刊《自然辩证法研究》副主编、北京师范大学哲学学院教授 |
| 363 | 再论中国道路的"新内涵" | 姜姝　南京农业大学马克思主义学院教师 |
| 364 | "思·正沙龙"学术交流专题研讨会 | 刘战雄　南京农业大学马克思主义学院教师 |
| 365 | 浅谈学术论文的写作与规范 | 崔韩颖　南京农业大学马克思主义学院教师 |
| 366 | 人与自然和谐共生的哲学思考 | 曹孟勤　教授，南京师范大学公共管理学院哲学系主任、博士生导师 |
| 367 | 高校思想政治理论课的职能、功能、效能 | 田芝健　教授，苏州大学马克思主义学院院长、马克思主义政党与国家治理研究中心主任、博士生导师 |

## 附录2　校园文化艺术活动一览表

| 类别 | 项目名称 | 承办单位 | 活动时间 |
|------|----------|----------|----------|
| 竞赛类活动 | 趣味经济学挑战赛 | 经济管理学院 | 3~4月 |
| | "我的南农故事"主题演讲比赛 | 资源与环境科学学院 | 4月 |
| | "赋诗献南农，承诗诵衷情"校园诗歌节 | 工学院 | 5月 |
| | "金话筒"校园主持人风采大赛 | "南农之声" | 5月 |
| | "舞青春，悟中华"舞蹈大赛 | 人文与社会发展学院 | 9~10月 |
| | "声动南农"外文配音大赛 | 外国语学院 | 10~11月 |
| | 纪念改革开放40周年暨南京农业大学复校40周年主题知识竞赛 | 学生会 | 11~12月 |
| | 第二届"厚德杯"中华传统文化知识竞赛 | 园艺学院 | 11~12月 |

（续）

| 类别 | 项目名称 | 承办单位 | 活动时间 |
|---|---|---|---|
| 非竞赛类活动 | 中国传统节日民俗与饮食文化展活动 | 食品科技学院 | 1～2月 |
| | 百团大绽 | 学生会 | 3月 |
| | 紫金中国传统文化节 | 人文与社会发展学院 | 1～5月 |
| | "春光民媚"大学生艺术团民乐团专场 | 大学生艺术团 | 4月 |
| | "悦动新声"校园十佳歌手大赛 | 学生会 | 4～5月 |
| | "不忘农业初心，牢记'三农'使命"《金善宝》话剧公演 | 农学院 | 4～5月 |
| | "告别时刻"大学生艺术团专场暨2018届毕业生送别晚会 | 大学生艺术团 | 5月 |
| | 百事最强音·咪豆音乐节毕业季摇滚节 | 大学生艺术团 | 5月 |
| | "拾光"叙事音乐会 | 大学生艺术团 | 5月 |
| | 毕业季跳蚤市场 | 学生会 | 6月 |
| | "遇见南农"2018年南京农业大学迎新生联欢晚会 | 学生会、大学生艺术团 | 9月 |
| | "畅巡青春，悦动社彩"社团巡礼节 | 学生会 | 11月 |
| | "芳华叙韵"第18届在宁高校戏曲票友会 | 大学生艺术团 | 11月 |
| | 纪念"一二·九"运动83周年火炬接力活动 | 学生会 | 12月 |
| | "致春天"2019年南京农业大学迎新年联欢晚会 | 团委 | 12月 |

（撰稿：周　颖　王　敏　翟元海　赵玲玲　徐东波　凌志路　巩　欢　审稿：吴彦宁
姚志友　谭智赟　张　炜　张　禾　崔春红　杨　博　审核：王俊琴）

# 本 科 生 教 育

【概况】学校贯彻全国教育大会精神，落实新时代全国高等学校本科教育工作会议各项要求，继续深化教育教学改革，提升本科教学质量。"'本研衔接、寓教于研'培养作物科学拔尖创新型学术人才的研究与实践"等3项教学成果获国家级教学成果奖二等奖，获奖数量为历年之最，并位居全国农林院校之首。在2018—2022年教育部高等学校教学指导委员会委员遴选中，共入选18位委员，其中副主任委员8位、委员10位。

全员参与招生宣传，吸引优质生源。设计制作主题鲜明的招生宣传系列材料，拍摄完成优势学科学院招生宣传片7部，组织赴重点生源中学开展科普讲座、植物身份识别、大学生文化科技作品展演、江苏好大学联盟宣讲、农业重点高校联盟宣讲等常态化共建活动92次，凸显学校人才培养特色和优势。高考志愿填报期间，组织543名师生赴全国26个省份参加中学宣讲、高招咨询会458场，与2017年相比，参与人数增长32.41%、宣讲场次增长18.96%。利用寒假组织2 869名优秀学生回访1 391所高中母校，面向全国1 200余所生源中学邮寄保研及奖学金喜报2 090份。招生微信公众号开设"秋华恰好"等多个原创专题，关注用户达1.1万人，年阅读量累计达23.6万次。召开全校招生就业工作会议、本科招生工作推进会。研究制订各类招生简章及工作方案，完成 2018 年普通本科招生总结白皮书。共录取本科生 4 268 人，生源质量稳步提升，在全国 31 个省（自治区、直辖市）录取分数线高于一本线的平均值继续增长，文科达 47 分，理科达 66 分。22 个文科招生省份，12 个省份录取分数线超一本线 40 分以上；28 个理科招生省份，25 个省份录取分数线超一本线 40 分以上。江苏录取分数线再创新高，文科超一本线 26 分，理科超一本线 25 分。高考改革省份录取分数线取得新突破，浙江超一段线 38 分，上海超本科线 108 分。

广泛开展调研，设计人才培养方案课程体系和学分框架，设计基于 OBE 理念的课程教学大纲编写模版，在此基础上编制《南京农业大学关于修订本科专业人才培养方案（2019版）的指导意见》；修订《少数民族预科生培养方案》；编制《2017—2018 学年本科教学质量报告》《本科教学工作年报》《学生手册》《2018 级新生入学指南》等重要汇编。

加强专业布局顶层设计，培育新兴产业发展和民生急需相关专业，在充分调研的基础上，申报"农业人工智能"新专业。学校有 2 个专业参与认证，其中信息管理与信息系统专业成功通过英国 CILIP 国际认证，成为中国大陆第二个通过 CILIP 认证的专业，也是学校首个通过国际认证的本科专业。

推进学校在线开放课程建设与应用，目前已有 56 门课程完成上线，并正式开课。组织申报 2018 年国家精品在线开放课程，有 9 门课程获得认定。组织申报江苏省首批精品在线开放课程认定 13 门，鼓励全校教师申报 2018 年省高校在线开放课程立项选题，申报立项 39 门。为了推进优质课程资源在学校教学中的应用，学校与高等教育出版社、中国农业出版社分别签署了数字课程出版与建设应用合作协议。出版数字课程 20 门，累计出版 44 门。组织江苏省高等学校重点教材申报，有 12 部教材入选，在全省高校中成绩优异。

组织申报国家虚拟仿真实验教学项目，"乳化肠规模化生产的虚拟仿真实验"和"鸡胚孵化及蛋鸡饲养虚拟仿真实验"教学项目被教育部认定为国家虚拟仿真实验教学项目。组织 2018 届毕业生的毕业论文（设计）中期检查工作，完成 2018 届校级"百篇优秀本科毕业论文（设计）"评选。组织推荐参加"江苏省普通高等学校本专科优秀毕业设计（论文）"评选。优秀毕业论文（设计）二等奖 3 名、三等奖 9 名、团队优秀毕业设计 2 项。

学校共有 1 225 名学生参加了大类招生专业分流。开展与境外高校联合培养和交流学习活动，共选派 13 名优秀本科生参加国家留学基金管理委员会"优秀本科生国际交流项目"，利用江苏省政府奖学金选派 18 名本科生赴世界名校开展暑假 4~5 周的课程学习。做好留学生的服务管理工作，对留学生开设全英文课堂 37 门。继续做好"四校联盟"计划，做好新疆农业大学、塔里木大学、西北农林科技大学等国内高校在学校交流学生的服务工作。

完善学校发展型资助育人工作模式。全年累计发放各类资助近 6 000 余万元，实现在校贫困生全覆盖。发挥榜样示范作用，开展"资助宣传大使"等优秀学子的宣传表彰工作。继续开展贫困生、少数民族贫困生实地家访工作，切实推动资助工作精准化。推进"学生资助志愿服务联盟"活动开展，加强对资助类社团的指导，夯实"精品项目制"活动方案，培育受资助社团特色项目，实现"解困-育人-成才-回馈"的良性循环。获评教育部"第五届助学·筑梦·铸人优秀组织单位"的荣誉称号，连续第七年获评江苏省高校学生资助绩效评价优秀。

建立健全"双促双融"民族学生教育管理服务工作机制，通过入学教育、法制教育、爱国主义教育、成长档案、座谈会、家访、观看教育警示视频等，掌握学生思想动态和心理需求。修订《南京农业大学新疆、西藏籍少数民族学生学业进步奖励办法》，评审发放"新疆、西藏籍少数民族学生学业进步奖"等10万余元，组织学业交流研讨会、学习经验分享沙龙、英语、普通话辅导班。举办第三届"华夏中国，乡约南农"紫金文化节、"共建生态文明 共享绿色未来"志愿服务、"热爱大美新疆、服务家乡建设"募捐等活动。召开毕业生就业动员会，邀请"全国十佳农民"小索顿进行创业经验分享，组织学生参加少数民族地区专场招聘会，点对点做好就业指导与服务。

坚持特殊案例上报制度，构建学生特殊案例电子档案。制订《南京农业大学学生心理危机事件干预预案》、编制《心理危机预警与干预参考手册》，规范危机学生预警与干预流程，完善线上线下联动的学生安全风险防控体系。签订新生安全须知、假期离校安全须知等承诺书，进一步规范管理行为，提高法治化管理水平。以诚信建设、法治思维为重点，依托学生社团、微信公众号开展一系列线上、线下主题教育活动，加强学生安全防范意识教育及法治教育。

强化就业市场建设，先后与农业农村部对外经济合作中心、江苏省高校招生就业指导服务中心联合举办"'猎英行动计划'——农业'走出去'企业校园招聘会""江苏省农业类暨南京农业大学2019届毕业生专场招聘会"，打造大学生高质量就业平台。全年累计接待进校招聘的用人单位1620家，提供岗位数30000余个，供需比近15∶1。2018届毕业生年终就业率达96.06%，其中本科生就业率96.68%、本科生深造率达39.75%。学校顺利通过2018年江苏省高校毕业生就业创业工作专项督查并获评"优秀单位"。组织全校48名就业指导教师参加GCDF全球职业规划师资格认证培训，选送2人次参加大学生职业规划与就业指导TTT培训、大学生职业测评与规划系统认证CAT培训、生涯发展咨询师CDA认证培训等各级各类专业化培训，推动就业指导师资队伍专业化建设。举办4期"优企HR进校园"活动，邀请杰出企业代表分享企业发展战略与愿景，提供人才培养需求与建议。以"'禾苗'生涯发展教育工作室"为平台，开展常态化个体咨询，连续第五年组织"大学生职业生涯规划季"10项系列活动。

研究制订《南京农业大学辅导员队伍建设规定》，进一步明确辅导员队伍的要求与职责、配备与选聘、发展与培训、管理与考核，推动辅导员队伍专业化职业化建设。健全专兼职辅导员选聘机制，招聘专职本科生辅导员15名、"2＋3"模式辅导员10名、兼职辅导员18名。举办2018年学工干部培训暨学生工作创新论坛，邀请曲建武等多名校内外专家对学工系统开展培训。完善学生工作研究团队建设，推进"一院一品、一员一品"项目建设。开展学院学生工作创新奖评选，立项教育管理研究课题25项。构建分层次、多形式的辅导员培训体系，先后选派22名辅导员参加全国各级辅导员骨干培训。开展辅导员"微课堂"、辅导员沙龙等活动，促进辅导员专业化、职业化发展。学工干部累计发表研究论文24篇，出版专著1部。获全国高校学生工作研究课题、江苏省高校哲学社会科学研究基金课题等省级及以上课题立项7项。相关研究成果获评全国高等农业院校学生工作研讨会优秀论文、江苏省高校辅导员工作优秀学术成果等省级以上荣誉11项。

学校有本科专业62个，涵盖了农学、理学、管理学、工学、经济学、文学、法学、艺术学8个大学科门类。其中，农学类专业13个、理学类专业8个、管理学类专业14个、工学类专业19个、经济学类专业3个、文学类专业2个、法学类专业2个、艺术学类专业1个。在校生17081人，2018届应届生4285人，毕业生4137人，毕业率96.55%；学位授予 4 132 人，学位授予率 96.43%。

**【南京农业大学一流本科教育推进会】** 12 月 29 日，南京农业大学召开一流本科教育推进会。校党委书记陈利根教授、校长周光宏教授，校党委副书记、纪委书记盛邦跃教授，校党委副书记刘营军教授，副校长董维春教授、陈发棣教授，校长助理冯家勋，以及学生代表、全体教师、班主任、辅导员和本科教学督导组成员，离退休教职工代表、全体中层干部、教务处、学生工作处、团委、研究生院和国际教育学院全体工作人员等 1 300 余人参加了会议。陈利根作《吹响一流本科教育的集结号——着力培养"大为大德大爱"的接力者》主旨报告。周光宏作《做好一流本科教育顶层设计建设新时代一流教师队伍》的大会讲话。大会对第二届"钟山教学名师"获得者洪德林教授和鲁植雄教授进行表彰，洪德林教授、鲁植雄教授分别介绍了各自教书育人的心得体会。陈利根和周光宏共同为教师发展与教学评价中心、创新创业学院两个新机构揭牌。教务处处长张炜对学校 2019 版人才培养方案修订的总体规划和指导意见进行了介绍。朱晶教授、王恬教授、董维春教授分别对各自主持完成的国家级教学成果奖进行宣讲。

**【与农业农村部对外经济合作中心联合举办"'猎英行动计划'2017—2018 毕业季农业'走出去'企业校园招聘会"】** 3 月 23 日，农业对外合作"猎英行动计划"2017—2018 毕业季农业"走出去"企业校园招聘会（第二场）在学校体育中心举办。此次活动，来自中央部委直属单位、中央企业、社会团体以及各省（自治区、直辖市）的 120 多家企事业单位提供近 5 000 余个就业岗位，吸引了来自华东、华南、华北等地区 20 多所高校的近万名毕业生参加。农业农村部对外经济合作中心副主任胡延安、江苏省农业委员会副巡视员唐明珍、农业农村部对外经济合作中心展览处处长王德福、农业农村部对外合作办副处长王向社、江苏省农业委员会外事外经办公室主任李旭、南京农业大学校党委副书记刘营军等领导亲临现场指导。

# [附录]

## 附录 1　本科按专业招生情况

| 序号 | 专　　业 | 人数（人） |
|---|---|---|
| 1 | 农学 | 125 |
| 2 | 种子科学与工程 | 59 |
| 3 | 植物保护 | 118 |
| 4 | 环境科学与工程类 | 181 |
| 5 | 园艺 | 117 |
| 6 | 园林 | 36 |
| 7 | 设施农业科学与工程 | 28 |
| 8 | 中药学 | 45 |
| 9 | 风景园林 | 60 |
| 10 | 茶学 | 30 |
| 11 | 动物科学 | 106 |
| 12 | 水产养殖学 | 58 |

（续）

| 序号 | 专　业 | 人数（人） |
|---|---|---|
| 13 | 国际经济与贸易 | 63 |
| 14 | 农林经济管理 | 69 |
| 15 | 工商管理类 | 91 |
| 16 | 动物医学 | 127 |
| 17 | 动物药学 | 27 |
| 18 | 食品科学与工程类 | 188 |
| 19 | 信息管理与信息系统 | 61 |
| 20 | 计算机科学与技术 | 60 |
| 21 | 网络工程 | 61 |
| 22 | 土地资源管理 | 74 |
| 23 | 人文地理与城乡规划 | 30 |
| 24 | 行政管理 | 25 |
| 25 | 人力资源管理 | 33 |
| 26 | 劳动与社会保障 | 30 |
| 27 | 英语 | 80 |
| 28 | 日语 | 84 |
| 29 | 社会学类 | 187 |
| 30 | 信息与计算科学 | 45 |
| 31 | 应用化学 | 62 |
| 32 | 统计学 | 30 |
| 33 | 生物科学 | 45 |
| 34 | 生物技术 | 50 |
| 35 | 生物学基地班 | 30 |
| 36 | 生命科学与技术基地班 | 50 |
| 37 | 金融学 | 91 |
| 38 | 会计学 | 83 |
| 39 | 投资学 | 31 |
| 40 | 草业科学 | 29 |
| 41 | 机械类 | 673 |
| 42 | 交通运输 | 63 |
| 43 | 农业电气化 | 98 |
| 44 | 自动化 | 121 |
| 45 | 工业工程 | 129 |
| 46 | 物流工程 | 96 |
| 47 | 电子信息科学与技术 | 120 |
| 48 | 工程管理 | 129 |
| 49 | 表演 | 40 |
| 合计 | | 4 268 |

# 附录 2  本科专业设置

| 学　　院 | 专业名称 | 专业代码 | 学制 | 授予学位 | 设置时间（年） |
|---|---|---|---|---|---|
| 生命科学学院 | 生物技术 | 071002 | 四 | 理学 | 1994 |
| | 生物科学 | 071001 | 四 | 理学 | 1989 |
| 农学院 | 农学 | 090101 | 四 | 农学 | 1949 |
| | 种子科学与工程 | 090105 | 四 | 农学 | 2006 |
| 植物保护学院 | 植物保护 | 090103 | 四 | 农学 | 1952 |
| 资源与环境科学学院 | 生态学 | 071004 | 四 | 理学 | 2001 |
| | 农业资源与环境 | 090201 | 四 | 农学 | 1952 |
| | 环境工程 | 082502 | 四 | 工学 | 1993 |
| | 环境科学 | 082503 | 四 | 理学 | 2001 |
| 园艺学院 | 园艺 | 090102 | 四 | 农学 | 1974 |
| | 园林 | 090502 | 四 | 农学 | 1983 |
| | 中药学 | 100801 | 四 | 理学 | 1994 |
| | 设施农业科学与工程 | 090106 | 四 | 农学 | 2004 |
| | 风景园林 | 082803 | 四 | 工学 | 2010 |
| | 茶学 | 090107T | 四 | 农学 | 2015 |
| 动物科技学院 | 动物科学 | 090301 | 四 | 农学 | 1921 |
| 无锡渔业学院 | 水产养殖学 | 090601 | 四 | 农学 | 1986 |
| 经济管理学院 | 农林经济管理 | 120301 | 四 | 管理学 | 1920 |
| | 国际经济与贸易 | 020401 | 四 | 经济学 | 1983 |
| | 市场营销 | 120202 | 四 | 管理学 | 2002 |
| | 电子商务 | 120801 | 四 | 管理学 | 2002 |
| | 工商管理 | 120201K | 四 | 管理学 | 1992 |
| 动物医学院 | 动物医学 | 090401 | 五 | 农学 | 1952 |
| | 动物药学 | 090402 | 五 | 农学 | 2004 |
| 食品科技学院 | 食品科学与工程 | 082701 | 四 | 工学 | 1985 |
| | 食品质量与安全 | 082702 | 四 | 工学 | 2003 |
| | 生物工程 | 083001 | 四 | 工学 | 2000 |
| 信息科技学院 | 信息管理与信息系统 | 120102 | 四 | 管理学 | 1986 |
| | 计算机科学与技术 | 080901 | 四 | 工学 | 2000 |
| | 网络工程 | 080903 | 四 | 工学 | 2007 |
| 公共管理学院 | 土地资源管理 | 120404 | 四 | 管理学 | 1992 |
| | 人文地理与城乡规划 | 070503 | 四 | 管理学 | 1997 |
| | 行政管理 | 120402 | 四 | 管理学 | 2003 |
| | 人力资源管理 | 120206 | 四 | 管理学 | 2000 |
| | 劳动与社会保障 | 120403 | 四 | 管理学 | 2002 |

（续）

| 学　　院 | 专业名称 | 专业代码 | 学制 | 授予学位 | 设置时间（年） |
|---|---|---|---|---|---|
| 外国语学院 | 英语 | 050201 | 四 | 文学 | 1993 |
| | 日语 | 050207 | 四 | 文学 | 1995 |
| 人文与社会发展学院 | 旅游管理 | 120901K | 四 | 管理学 | 1996 |
| | 社会学 | 030301 | 四 | 法学 | 1996 |
| | 公共事业管理 | 120401 | 四 | 管理学 | 1998 |
| | 农村区域发展 | 120302 | 四 | 管理学 | 2000 |
| | 法学 | 030101K | 四 | 法学 | 2002 |
| | 表演 | 130301 | 四 | 艺术学 | 2008 |
| 理学院 | 信息与计算科学 | 070102 | 四 | 理学 | 2002 |
| | 统计学 | 071201 | 四 | 理学 | 2002 |
| | 应用化学 | 070302 | 四 | 理学 | 2003 |
| 草业学院 | 草业科学 | 090701 | 四 | 农学 | 2000 |
| 金融学院 | 金融学 | 020301K | 四 | 经济学 | 1984 |
| | 会计学 | 120203K | 四 | 管理学 | 2000 |
| | 投资学 | 020304 | 四 | 经济学 | 2014 |
| 工学院 | 机械设计制造及其自动化 | 080202 | 四 | 工学 | 1993 |
| | 农业机械化及其自动化 | 082302 | 四 | 工学 | 1958 |
| | 农业电气化 | 082303 | 四 | 工学 | 2000 |
| | 自动化 | 080801 | 四 | 工学 | 2001 |
| | 工业工程 | 120701 | 四 | 工学 | 2002 |
| | 工业设计 | 080205 | 四 | 工学 | 2002 |
| | 交通运输 | 081801 | 四 | 工学 | 2003 |
| | 电子信息科学与技术 | 080714T | 四 | 工学 | 2004 |
| | 物流工程 | 120602 | 四 | 工学 | 2004 |
| | 材料成型及控制工程 | 080203 | 四 | 工学 | 2005 |
| | 工程管理 | 120103 | 四 | 工学 | 2006 |
| | 车辆工程 | 080207 | 四 | 工学 | 2008 |

注：专业代码后加"T"为特设专业；专业代码后加"K"为国家控制布点专业。

# 附录3　本科生在校人数统计表

| 学　　院 | 专业名称 | 学生数（人） | 合计（人） |
|---|---|---|---|
| 生命科学学院 | 生物技术 | 175 | 695 |
| | 生物技术（国家生命科学与技术基地） | 219 | |
| | 生物科学 | 176 | |
| | 生物科学（国家生物学理科基地） | 125 | |

（续）

| 学　　院 | 专业名称 | 学生数（人） | 合计（人） |
|---|---|---|---|
| 农学院 | 农学 | 471 | 814 |
| | 农学（金善宝实验班） | 112 | |
| | 种子科学与工程 | 231 | |
| 植物保护学院 | 植物保护 | 448 | 448 |
| 资源与环境科学学院 | 环境工程 | 98 | 762 |
| | 环境科学 | 198 | |
| | 农业资源与环境 | 202 | |
| | 生态学 | 87 | |
| | 环境科学与工程类 | 177 | |
| 园艺学院 | 茶学 | 101 | 1 275 |
| | 风景园林 | 262 | |
| | 设施农业科学与工程 | 115 | |
| | 园林 | 148 | |
| | 园艺 | 465 | |
| | 中药学 | 184 | |
| 动物科技学院 | 动物科学 | 352 | 402 |
| | 动物科学（卓越班） | 50 | |
| 渔业学院 | 水产养殖学 | 130 | 130 |
| 理学院 | 统计学 | 104 | 526 |
| | 信息与计算科学 | 205 | |
| | 应用化学 | 217 | |
| 草业学院 | 草业科学 | 94 | 145 |
| | 草业科学（国际班） | 51 | |
| 经济管理学院 | 电子商务 | 65 | 1 075 |
| | 工商管理 | 85 | |
| | 工商管理类 | 193 | |
| | 国际经济与贸易 | 249 | |
| | 经济管理类（金善宝实验班） | 88 | |
| | 农林经济管理 | 302 | |
| | 农林经济管理（金善宝实验班） | 18 | |
| | 市场营销 | 63 | |
| | 土地资源管理（金善宝实验班） | 12 | |
| 动物医学院 | 动物科学（金善宝实验班） | 53 | 879 |
| | 动物药学 | 120 | |
| | 动物医学 | 620 | |
| | 动物医学（金善宝实验班） | 86 | |

（续）

| 学　　院 | 专业名称 | 学生数（人） | 合计（人） |
|---|---|---|---|
| 食品科技学院 | 生物工程 | 112 | 738 |
| | 食品科学与工程 | 119 | |
| | 食品科学与工程（卓越班） | 27 | |
| | 食品质量与安全 | 120 | |
| | 食品科学与工程类 | 360 | |
| 信息科技学院 | 计算机科学与技术 | 262 | 769 |
| | 网络工程 | 254 | |
| | 信息管理与信息系统 | 253 | |
| 公共管理学院 | 行政管理 | 144 | 920 |
| | 劳动与社会保障 | 115 | |
| | 人力资源管理 | 195 | |
| | 人文地理与城乡规划 | 123 | |
| | 土地资源管理 | 343 | |
| 外国语学院 | 日语 | 314 | 644 |
| | 英语 | 330 | |
| 人文与社会发展学院 | 表演 | 157 | 885 |
| | 法学 | 192 | |
| | 公共事业管理 | 79 | |
| | 旅游管理 | 114 | |
| | 农村区域发展 | 74 | |
| | 社会学 | 86 | |
| | 社会学类 | 183 | |
| 金融学院 | 会计学 | 332 | 877 |
| | 金融学 | 419 | |
| | 投资学 | 126 | |
| 工学院 | 材料成型及控制工程 | 202 | 5 097 |
| | 车辆工程 | 358 | |
| | 电子信息科学与技术 | 476 | |
| | 工程管理 | 453 | |
| | 工业工程 | 447 | |
| | 工业设计 | 189 | |
| | 机械设计制造及其自动化 | 561 | |
| | 交通运输 | 345 | |
| | 农业电气化 | 297 | |
| | 农业机械化及其自动化 | 291 | |
| | 物流工程 | 336 | |
| | 自动化 | 489 | |
| | 机械类 | 653 | |
| 合计 | | | 17 081 |

# 附录4 本科生各类奖、助学金情况统计表

| 类别 | 级别 | 奖 项 | 金额（元/人） | 总计 | |
|---|---|---|---|---|---|
| | | | | 总人数（次） | 总金额（元） |
| 奖学金 | 国家级 | 国家奖学金 | 8 000 | 160 | 1 280 000 |
| | | 国家励志奖学金 | 5 000 | 505 | 2 525 000 |
| | 校级 | 三好学生一等奖学金 | 1 000 | 942 | 942 000 |
| | | 三好学生二等奖学金 | 500 | 1 744 | 872 000 |
| | | 单项奖学金 | 200 | 1 689 | 337 800 |
| | | 金善宝奖学金 | 5 000 | 34 | 170 000 |
| | | 亚方奖学金 | 2 000 | 14 | 28 000 |
| | | 先正达奖学金 | 5 000 | 6 | 30 000 |
| | | 仁孝京博奖学金 | 2 000 | 20 | 40 000 |
| | | 江苏山水集团奖学金 | 2 000 | 12 | 24 000 |
| | | 大北农励志奖学金 | 3 000 | 40 | 120 000 |
| | | 恒天然奖学金 | 4 000 | 20 | 80 000 |
| | | 林敏端奖学金 | 8 000 | 3 | 24 000 |
| | | 中化农业 MAP 奖学金 | 3 000 | 8 | 24 000 |
| | | 瑞华杯·最具影响力人物奖 | 10 000 | 10 | 100 000 |
| | | 瑞华杯·最具影响力人物提名奖 | 2 000 | 5 | 10 000 |
| | | 燕宝奖学金 | 4 000 | 54 | 216 000 |
| | | 唐仲英德育奖学金 * 4 | 4 000 | 122 | 488 000 |
| 助学金 | 国家级 | 国家助学金一等助学金 | 4 000 | 1 461 | 5 844 000 |
| | | 国家助学金二等助学金 | 3 000 | 1 253 | 3 759 000 |
| | | 国家助学金三等助学金 | 2 000 | 1 461 | 2 922 000 |
| | 校级 | 学校助学金一等助学金 | 2 000 | 1 752 | 3 504 000 |
| | | 学校助学金二等助学金 | 400 | 15 766 | 6 306 400 |
| | | 西藏免费教育专业校助 | 3 000 | 67 | 201 000 |
| | | 姜波奖助学金 | 2 000 | 50 | 100 000 |
| | | 瑞华本科生助学金 | 5 000 | 90 | 450 000 |
| | | 香港思源奖助学金 * 4 | 4 000 | 34 | 136 000 |
| | | 伯藜助学金 * 4 | 5 000 | 200 | 1 000 000 |
| | | 吴毅文助学金 | 5 000 | 10 | 50 000 |
| | | 宜商奖助学金 | 5 000 | 6 | 30 000 |
| | | 圆梦助学券 | 5 000 | 1 | 5 000 |

# 附录 5　2018 年 CSC 优秀本科生国际交流一览表

### 表 1　2018 年实施选派的国家留学基金管理委员会项目

| 项目名称 | 留学国别 | 留学单位 | 选派人数（人） |
|---|---|---|---|
| 南京农业大学与美国佛罗里达大学本科生交流项目 | 美国 | 佛罗里达大学 | 3 |
| 南京农业大学与美国加利福尼亚大学戴维斯分校本科生交流项目 | 美国 | 加利福尼亚大学戴维斯分校 | 3 |
| 南京农业大学与韩国首尔大学本科生交流学习项目 | 韩国 | 首尔大学 | 0 |
| 南京农业大学与英国雷丁大学本科生交流学习项目 | 英国 | 雷丁大学 | 1 |
| 南京农业大学与丹麦奥胡斯大学学生交换项目 | 丹麦 | 奥胡斯大学 | 2 |
| 南京农业大学与比利时根特大学学生交流项目 | 比利时 | 根特大学 | 2 |
| 南京农业大学与新西兰梅西大学学生交流项目 | 新西兰 | 梅西大学 | 2 |

### 表 2　2018 年申请的优秀本科生国际交流项目（2019 年实施）

| 项目类型 | 项目名称 |
|---|---|
| 继续资助项目 | 南京农业大学与美国佛罗里达大学"本科 2＋1＋1 学生交流项目" |
| | 南京农业大学与美国加利福尼亚大学戴维斯分校本科生交流项目 |
| | 南京农业大学与韩国首尔大学本科生交流学习项目 |
| | 南京农业大学与丹麦奥胡斯大学学生交换项目 |
| | 南京农业大学与英国雷丁大学本科生交流学习项目 |
| | 南京农业大学与比利时根特大学学生交流项目 |
| | 南京农业大学与新西兰梅西大学学生交流项目 |

# 附录 6　学生出国（境）交流名单

### 表 1　长期出国（境）交流名单

| 序号 | 学院 | 学号 | 姓名 | 项目类别 | 国别/地区 | 境外接收单位 | 境外交流期限（年月日） |
|---|---|---|---|---|---|---|---|
| 1 | 园艺学院 | 14115132 | 蒋佳颖 | 交换生项目 | 韩国 | 首尔大学 | 2 月 25 日至 6 月 14 日 |
| 2 | 动物医学院 | 14315134 | 童冉 | 交换生项目 | 韩国 | 首尔大学 | 2 月 25 日至 6 月 14 日 |
| 3 | 公共管理学院 | 11315211 | 李媛 | 交换生项目 | 韩国 | 庆北大学 | 2 月 28 日至 6 月 19 日 |
| 4 | 经济管理学院 | 19215111 | 江浩铭 | 交换生项目 | 韩国 | 庆北大学 | 2 月 28 日至 6 月 19 日 |
| 5 | 工学院 | 33315432 | 魏榕慧 | 交换生项目 | 韩国 | 全北大学 | 2 月 27 日至 6 月 20 日 |
| 6 | 外国语学院 | 21215317 | 怀盈盈 | 交换生项目 | 日本 | 宫崎大学 | 4 月 1 日至 8 月 31 日 |
| 7 | 工学院 | 31415119 | 周美芸 | 交换生项目 | 日本 | 宫崎大学 | 4 月 1 日至 8 月 31 日 |
| 8 | 外国语学院 | 21215306 | 邓雪蓉 | 交换生项目 | 日本 | 鹿儿岛县立短期大学 | 4 月 1 日至 9 月 30 日 |

（续）

| 序号 | 学院 | 学号 | 姓名 | 项目类别 | 国别/地区 | 境外接收单位 | 境外交流期限（年月日） |
|---|---|---|---|---|---|---|---|
| 9 | 外国语学院 | 21215320 | 姚占稳 | 交换生项目 | 日本 | 鹿儿岛县立短期大学 | 4月1日至8月31日 |
| 10 | 生命科学学院 | 10314119 | 陈夏 | 交换生项目 | 中国台湾 | 台湾大学 | 2月21日至7月2日 |
| 11 | 动物科技学院 | 15114306 | 冯硕 | 交换生项目 | 中国台湾 | 台湾大学 | 2月21日至7月2日 |
| 12 | 园艺学院 | 14615222 | 徐知 | 交换生项目 | 中国台湾 | 中兴大学 | 2月21日至7月8日 |
| 13 | 工学院 | 31415221 | 夏佳慧 | 交换生项目 | 中国台湾 | 中兴大学 | 2月21日至7月8日 |
| 14 | 动物医学院 | 23215206 | 朱玥霖 | 交换生项目 | 中国台湾 | 嘉义大学 | 2月23日至7月2日 |
| 15 | 动物医学院 | 15115424 | 程春雨 | 交换生项目 | 中国台湾 | 台湾大学 | 9月3日至2019年1月14日 |
| 16 | 园艺学院 | 14616105 | 王硕 | 交换生项目 | 中国台湾 | 台湾大学 | 9月3日至2019年1月14日 |
| 17 | 经济管理学院 | 16416105 | 朱雨菲 | 交换生项目 | 中国台湾 | 嘉义大学 | 9月3日至2019年1月14日 |
| 18 | 人文与社会发展学院 | 22215204 | 邓邦慧 | 交换生项目 | 中国台湾 | 中州科技大学 | 9月14日至2019年1月21日 |
| 19 | 园艺学院 | 14616210 | 李倩 | 交换生项目 | 中国台湾 | 中州科技大学 | 9月3日至2019年1月14日 |
| 20 | 食品科技学院 | 18216220 | 罗琪 | 交换生项目 | 中国台湾 | 中兴大学 | 9月3日至2019年1月14日 |
| 21 | 工学院 | 32216204 | 吉舒培 | 交换生项目 | 中国台湾 | 中兴大学 | 9月4日至2019年1月18日 |
| 22 | 园艺学院 | 14216121 | 陈璨梅 | 访学项目 | 中国台湾 | 中兴大学 | 9月4日至2019年1月18日 |
| 23 | 公共管理学院 | 20216308 | 李欣怡 | 交换生项目 | 韩国 | 庆北大学 | 9月1日至12月21日 |
| 24 | 工学院 | 31115120 | 陈漪晴 | 交换生项目 | 韩国 | 庆北大学 | 9月1日至12月21日 |
| 25 | 农学院 | 32315205 | 叶奇凯 | 交换生项目 | 韩国 | 全北大学 | 9月7日至2019年2月22日 |
| 26 | 植物保护学院 | 12116318 | 张忠荣 | 交换生项目 | 韩国 | 全北大学 | 9月7日至2019年2月22日 |
| 27 | 外国语学院 | 21216103 | 朱旦言 | 交换生项目 | 日本 | 千叶大学 | 10月1日至2019年8月31日 |
| 28 | 外国语学院 | 21216101 | 王静怡 | 交换生项目 | 日本 | 千叶大学 | 10月1日至2019年2月28日 |
| 29 | 外国语学院 | 21216221 | 徐卓敏 | 交换生项目 | 日本 | 千叶大学 | 10月1日至2019年2月28日 |
| 30 | 生命科学学院 | 11315113 | 吴欣颖 | 交换生项目 | 日本 | 宫崎大学 | 9月27日至2019年3月1日 |
| 31 | 外国语学院 | 21216318 | 姚紫凌 | 交换生项目 | 日本 | 宫崎大学 | 9月27日至2019年3月1日 |
| 32 | 园艺学院 | 14216120 | 陈淑娜 | 交换生项目 | 日本 | 茨城大学 | 10月5日至2019年2月28日 |
| 33 | 外国语学院 | 21216314 | 张栩 | 交换生项目 | 日本 | 鹿儿岛县立短期大学 | 10月1日至2019年2月28日 |
| 34 | 外国语学院 | 21215224 | 黄心怡 | 交换生项目 | 日本 | 鹿儿岛县立短期大学 | 10月1日至2019年2月28日 |
| 35 | 外国语学院 | 21216112 | 别享鑫 | 交换生项目 | 日本 | 鹿儿岛县立短期大学 | 10月1日至2019年2月28日 |
| 36 | 外国语学院 | 21216122 | 殷鑫菲 | 访学项目 | 日本 | 早稻田大学 | 9月4日至2019年2月15日 |
| 37 | 外国语学院 | 21216123 | 雷欣宜 | 访学项目 | 日本 | 早稻田大学 | 9月4日至2019年2月15日 |
| 38 | 外国语学院 | 21216301 | 王昊阳 | 访学项目 | 日本 | 早稻田大学 | 9月4日至2019年2月15日 |

（续）

| 序号 | 学院 | 学号 | 姓名 | 项目类别 | 国别/地区 | 境外接收单位 | 境外交流期限（年月日） |
|------|------|------|------|----------|-----------|--------------|------------------------|
| 39 | 外国语学院 | 33315424 | 俞慎怡 | 访学项目 | 日本 | 早稻田大学 | 9 月 4 日至 2019 年 2 月 15 日 |
| 40 | 外国语学院 | 21215128 | 唐紫彤 | 访学项目 | 日本 | 早稻田大学 | 9 月 4 日至 2019 年 2 月 15 日 |
| 41 | 外国语学院 | 21217308 | 孙心宁 | 访学项目 | 日本 | 早稻田大学 | 9 月 4 日至 2019 年 8 月 31 日 |
| 42 | 外国语学院 | 21215307 | 艾 洁 | 访学项目 | 日本 | 早稻田大学 | 3 月至 8 月 |
| 43 | 外国语学院 | 30214124 | 徐 杰 | 联合培养 | 日本 | 北陆大学 | 3 月 31 日至 2020 年 3 月 31 日 |
| 44 | 工学院 | 33316111 | 李浩杰 | 交换学习 | 日本 | 芝浦工业大学 | 9 月 15 日至 2020 年 8 月 15 日 |
| 45 | 食品科技学院 | 32215208 | 吕陨圣 | 交换学习 | 法国 | 法国里尔科技大学 | 2 月至 2020 年 6 月 |
| 46 | 食品科技学院 | 18115229 | 胡宇航 | 交换学习 | 法国 | 法国里尔科技大学 | 2 月至 2020 年 6 月 |
| 47 | 动物医学院 | 17116106 | 孔令雪 | 访学项目 | 美国 | 加利福尼亚大学戴维斯分校 | 9 月至 12 月 |
| 48 | 金融学院 | 16315110 | 刘亦文 | 交换学习 | 美国 | 福特汉姆大学 | 9 月至 2019 年 4 月 |
| 49 | 草业学院 | 30116118 | 张欣怡 | 联合培养 | 美国 | 罗格斯大学 | 8 月至 2021 年 5 月 |
| 50 | 草业学院 | 12116315 | 杨雅杰 | 联合培养 | 美国 | 罗格斯大学 | 8 月至 2021 年 8 月 |
| 51 | 草业学院 | 30116420 | 陈逸佳 | 联合培养 | 美国 | 罗格斯大学 | 9 月至 2021 年 10 月 |
| 52 | 草业学院 | 15516120 | 宣 卉 | 联合培养 | 美国 | 罗格斯大学 | 8 月至 2021 年 8 月 |
| 53 | 草业学院 | 33316128 | 储雅诗 | 联合培养 | 美国 | 罗格斯大学 | 8 月至 2021 年 8 月 |
| 54 | 公共管理学院 | 16915118 | 周小琛 | CSC 优本项目 | 丹麦 | 奥胡斯大学 | 8 月至 2019 年 1 月 |
| 55 | 外国语学院 | 21116213 | 张园梦 | CSC 优本项目 | 丹麦 | 奥胡斯大学 | 8 月至 2019 年 1 月 |
| 56 | 植物保护学院 | 12116325 | 黄 曦 | 交流项目 | 美国 | 佛罗里达大学 | 8 月至 2019 年 5 月 |
| 57 | 金融学院 | 16315104 | 田益宁 | 联合培养 | 新西兰 | 梅西大学 | 7 月至 2019 年 6 月 |
| 58 | 理学院 | 23215211 | 闫天怡 | 交换生项目 | 比利时 | 根特大学 | 9 月至 2019 年 2 月 |
| 59 | 农学院 | 35116201 | 王兆琪 | 联合培养 | 美国 | 康奈尔大学 | 8 月至 2020 年 5 月 |
| 60 | 农学院 | 11116417 | 周思劼 | 联合培养 | 美国 | 康奈尔大学 | 8 月至 2020 年 6 月 |
| 61 | 理学院 | 23115111 | 李逸扬 | 交流项目 | 英国 | 雷丁大学 | 9 月至 12 月 |
| 62 | 园艺学院 | 14615206 | 杜庆尧 | 联合培养 | 美国 | 康涅狄格大学 | 8 月至 2019 年 5 月 |
| 63 | 生命科学学院 | 10115122 | 原 龙 | CSC 优本项目 | 比利时 | 根特大学 | 9 月至 2019 年 2 月 |
| 64 | 生命科学学院 | 31114416 | 周佳欣 | CSC 优本项目 | 比利时 | 根特大学 | 8 月至 2019 年 5 月 |
| 65 | 经济管理学院 | 18116129 | 蔡 恒 | CSC 优本项目 | 新西兰 | 梅西大学 | 7 月至 11 月 |
| 66 | 动物医学院 | 12115327 | 聂可方 | CSC 优本项目 | 新西兰 | 梅西大学 | 7 月至 12 月 |
| 67 | 公共管理学院 | 20115126 | 黄何轩轩 | CSC 优本项目 | 新西兰 | 梅西大学 | 2 月 19 日至 6 月 24 日 |
| 68 | 食品科技学院 | 18115224 | 邵靖萱 | CSC 优本项目 | 新西兰 | 梅西大学 | 2 月 19 日至 6 月 24 日 |
| 69 | 经济管理学院 | 16715129 | 曾菀钰 | CSC 优本项目 | 新西兰 | 梅西大学 | 2 月 19 日至 6 月 24 日 |
| 70 | 理学院 | 23215113 | 陆歆彧 | CSC 优本项目 | 比利时 | 根特大学 | 2 月 7 日至 7 月 7 日 |

（续）

| 序号 | 学院 | 学号 | 姓名 | 项目类别 | 国别/地区 | 境外接收单位 | 境外交流期限（年月日） |
|---|---|---|---|---|---|---|---|
| 71 | 园艺学院 | 14615111 | 李丝倩 | CSC 优本项目 | 比利时 | 根特大学 | 2 月 7 日至 7 月 7 日 |
| 72 | 农学院 | 11115309 | 阮 开 | CSC 优本项目 | 比利时 | 根特大学 | 2 月 7 日至 7 月 7 日 |
| 73 | 金融学院 | 27116107 | 刘昕仪 | 学期交流 | 美国 | 加利福尼亚大学戴维斯分校 | 4 月 2 日至 6 月 14 日 |
| 74 | 农学院 | 11214121 | 夏 睿 | 访学项目 | 美国 | 波士顿大学 | 1 月 13 日至 5 月 5 日 |

**表 2　短期出国（境）交流名单**

| 序号 | 姓名 | 学院 | 学号 | 邀请单位 | 国别/地区 | 出访日期 | 出国/境目的 |
|---|---|---|---|---|---|---|---|
| 1 | 胡莎莎 | 生命科学学院 | 13215216 | 加利福尼亚大学戴维斯分校 | 美国 | 1 月 21 日至 2 月 11 日 | 学术交流 |
| 2 | 谈悠然 | 生命科学学院 | 13215119 | 加利福尼亚大学戴维斯分校 | 美国 | 1 月 21 日至 2 月 11 日 | 学术交流 |
| 3 | 成 灿 | 生命科学学院 | 13215205 | 加利福尼亚大学戴维斯分校 | 美国 | 1 月 21 日至 2 月 11 日 | 学术交流 |
| 4 | 鄂唯高 | 生命科学学院 | 13215121 | 加利福尼亚大学戴维斯分校 | 美国 | 1 月 22 日至 2 月 11 日 | 学术交流 |
| 5 | 许颖雯 | 生命科学学院 | 13215105 | 加利福尼亚大学戴维斯分校 | 美国 | 1 月 21 日至 2 月 11 日 | 学术交流 |
| 6 | 陈小静 | 食品科技学院 | 18215220 | 加利福尼亚大学戴维斯分校 | 美国 | 1 月 21 日至 2 月 11 日 | 学术交流 |
| 7 | 汤英杰 | 食品科技学院 | 18215111 | 加利福尼亚大学戴维斯分校 | 美国 | 1 月 21 日至 2 月 11 日 | 学术交流 |
| 8 | 刘晓凡 | 食品科技学院 | 18115110 | 加利福尼亚大学戴维斯分校 | 美国 | 1 月 22 日至 2 月 12 日 | 学术交流 |
| 9 | 青舒婷 | 食品科技学院 | 31115320 | 加利福尼亚大学戴维斯分校 | 美国 | 1 月 21 日至 2 月 11 日 | 学术交流 |
| 10 | 冯语嫣 | 食品科技学院 | 18215206 | 加利福尼亚大学戴维斯分校 | 美国 | 1 月 21 日至 2 月 11 日 | 学术交流 |
| 11 | 蒋 柳 | 资源与环境科学学院 | 12215128 | 加利福尼亚大学戴维斯分校 | 美国 | 1 月 21 日至 2 月 11 日 | 学术交流 |
| 12 | 王小艺 | 资源与环境科学学院 | 12214102 | 加利福尼亚大学戴维斯分校 | 美国 | 1 月 22 日至 2 月 13 日 | 学术交流 |
| 13 | 李逸凡 | 资源与环境科学学院 | 13315112 | 加利福尼亚大学戴维斯分校 | 美国 | 1 月 21 日至 2 月 11 日 | 学术交流 |
| 14 | 史可欣 | 资源与环境科学学院 | 13615207 | 加利福尼亚大学戴维斯分校 | 美国 | 1 月 21 日至 2 月 11 日 | 学术交流 |
| 15 | 许 航 | 资源与环境科学学院 | 13615211 | 加利福尼亚大学戴维斯分校 | 美国 | 1 月 21 日至 2 月 11 日 | 学术交流 |
| 16 | 曾梦竹 | 植物保护学院 | 12115131 | 加利福尼亚大学戴维斯分校 | 美国 | 1 月 21 日至 2 月 11 日 | 学术交流 |
| 17 | 胡夏雨 | 植物保护学院 | 12115126 | 加利福尼亚大学戴维斯分校 | 美国 | 1 月 21 日至 2 月 11 日 | 学术交流 |
| 18 | 陈伟玮 | 植物保护学院 | 12115417 | 加利福尼亚大学戴维斯分校 | 美国 | 1 月 22 日至 2 月 11 日 | 学术交流 |
| 19 | 张 璐 | 植物保护学院 | 12115224 | 加利福尼亚大学戴维斯分校 | 美国 | 1 月 21 日至 2 月 11 日 | 学术交流 |
| 20 | 张 越 | 植物保护学院 | 12115319 | 加利福尼亚大学戴维斯分校 | 美国 | 1 月 21 日至 2 月 11 日 | 学术交流 |
| 21 | 程明会 | 动物科技学院 | 15115227 | 加利福尼亚大学戴维斯分校 | 美国 | 1 月 21 日至 2 月 11 日 | 学术交流 |

（续）

| 序号 | 姓名 | 学院 | 学号 | 邀请单位 | 国别/地区 | 出访日期 | 出国/境目的 |
|------|------|------|------|----------|-----------|----------|-------------|
| 22 | 胡林桢 | 动物科技学院 | 35115222 | 加利福尼亚大学戴维斯分校 | 美国 | 1月22日至2月12日 | 学术交流 |
| 23 | 陈欢 | 动物医学院 | 17414119 | 加利福尼亚大学戴维斯分校 | 美国 | 1月21日至2月11日 | 学术交流 |
| 24 | 华莹 | 动物医学院 | 17114208 | 加利福尼亚大学戴维斯分校 | 美国 | 1月21日至2月11日 | 学术交流 |
| 25 | 李松玲 | 动物医学院 | 17414111 | 加利福尼亚大学戴维斯分校 | 美国 | 1月21日至2月11日 | 学术交流 |
| 26 | 蒋梦凡 | 园艺学院 | 14115429 | 加利福尼亚大学戴维斯分校 | 美国 | 1月22日至2月13日 | 学术交流 |
| 27 | 曾芝琳 | 园艺学院 | 14615128 | 加利福尼亚大学戴维斯分校 | 美国 | 1月21日至2月11日 | 学术交流 |
| 28 | 鲁雅楠 | 园艺学院 | 14115331 | 加利福尼亚大学戴维斯分校 | 美国 | 1月21日至2月11日 | 学术交流 |
| 29 | 付一鸣 | 园艺学院 | 14615107 | 加利福尼亚大学戴维斯分校 | 美国 | 1月21日至2月11日 | 学术交流 |
| 30 | 施向能 | 农学院 | 11115425 | 加利福尼亚大学戴维斯分校 | 美国 | 1月28日至2月17日 | 学术交流 |
| 31 | 何晓蕊 | 农学院 | 11114317 | 加利福尼亚大学戴维斯分校 | 美国 | 1月28日至2月17日 | 学术交流 |
| 32 | 包孟梅 | 农学院 | 11114304 | 加利福尼亚大学戴维斯分校 | 美国 | 1月28日至2月17日 | 学术交流 |
| 33 | 朱慧 | 农学院 | 18416108 | 加利福尼亚大学戴维斯分校 | 美国 | 1月28日至2月17日 | 学术交流 |
| 34 | 张俊豪 | 农学院 | 11115117 | 加利福尼亚大学戴维斯分校 | 美国 | 1月28日至2月17日 | 学术交流 |
| 35 | 唐寅 | 农学院 | 11115430 | 加利福尼亚大学戴维斯分校 | 美国 | 1月28日至2月17日 | 学术交流 |
| 36 | 宗旨 | 农学院 | 32215124 | 加利福尼亚大学戴维斯分校 | 美国 | 1月28日至2月17日 | 学术交流 |
| 37 | 陈玲玲 | 农学院 | 11216217 | 加利福尼亚大学戴维斯分校 | 美国 | 1月28日至2月17日 | 学术交流 |
| 38 | 许静娴 | 农学院 | 11115111 | 加利福尼亚大学戴维斯分校 | 美国 | 1月28日至2月17日 | 学术交流 |
| 39 | 王宁 | 农学院 | 30216205 | 加利福尼亚大学戴维斯分校 | 美国 | 1月28日至2月17日 | 学术交流 |
| 40 | 张涛荟 | 农学院 | 12115222 | 加利福尼亚大学戴维斯分校 | 美国 | 1月28日至2月17日 | 学术交流 |
| 41 | 曹雷 | 农学院 | 14115327 | 加利福尼亚大学戴维斯分校 | 美国 | 1月28日至2月17日 | 学术交流 |
| 42 | 孙婷 | 农学院 | 11115211 | 加利福尼亚大学戴维斯分校 | 美国 | 1月28日至2月17日 | 学术交流 |
| 43 | 聂可 | 农学院 | 11215121 | 加利福尼亚大学戴维斯分校 | 美国 | 1月28日至2月17日 | 学术交流 |
| 44 | 宁思寒 | 农学院 | 11215207 | 加利福尼亚大学戴维斯分校 | 美国 | 1月28日至2月17日 | 学术交流 |
| 45 | 蒋玉千 | 农学院 | 11215227 | 加利福尼亚大学戴维斯分校 | 美国 | 1月28日至2月17日 | 学术交流 |
| 46 | 王小文 | 农学院 | 15516103 | 加利福尼亚大学戴维斯分校 | 美国 | 1月28日至2月17日 | 学术交流 |
| 47 | 陈凯玲 | 工学院 | 31316217 | 美国加利福尼亚州州立理工学院 | 美国 | 2月1日至2月14日 | 短期学习 |
| 48 | 陶唯一 | 工学院 | 30216228 | 美国加利福尼亚州州立理工学院 | 美国 | 2月1日至2月14日 | 短期学习 |
| 49 | 廖娜 | 工学院 | 30216231 | 美国加利福尼亚州州立理工学院 | 美国 | 2月1日至2月14日 | 短期学习 |
| 50 | 张予惟 | 工学院 | 30315313 | 美国加利福尼亚州州立理工学院 | 美国 | 2月1日至2月14日 | 短期学习 |
| 51 | 王敏 | 工学院 | 30215403 | 美国加利福尼亚州州立理工学院 | 美国 | 2月1日至2月14日 | 短期学习 |
| 52 | 黄南 | 工学院 | 31116127 | 美国加利福尼亚州州立理工学院 | 美国 | 2月1日至2月14日 | 短期学习 |
| 53 | 张璐 | 工学院 | 31116221 | 美国加利福尼亚州州立理工学院 | 美国 | 2月1日至2月14日 | 短期学习 |
| 54 | 姚意诚 | 工学院 | 30316120 | 美国加利福尼亚州州立理工学院 | 美国 | 2月1日至2月14日 | 短期学习 |
| 55 | 冉颖杭 | 工学院 | 30115106 | 美国加利福尼亚州州立理工学院 | 美国 | 2月1日至2月14日 | 短期学习 |
| 56 | 郭哲涵 | 工学院 | 31415323 | 美国加利福尼亚州州立理工学院 | 美国 | 2月1日至2月14日 | 短期学习 |

（续）

| 序号 | 姓名 | 学院 | 学号 | 邀请单位 | 国别/地区 | 出访日期 | 出国/境目的 |
|---|---|---|---|---|---|---|---|
| 57 | 何英哲 | 工学院 | 32314411 | 美国加利福尼亚州州立理工学院 | 美国 | 2月1日至2月14日 | 短期学习 |
| 58 | 顾存昕 | 工学院 | 32214522 | 美国加利福尼亚州州立理工学院 | 美国 | 2月1日至2月14日 | 短期学习 |
| 59 | 石 林 | 工学院 | 33215205 | 美国加利福尼亚州州立理工学院 | 美国 | 2月1日至2月14日 | 短期学习 |
| 60 | 袁 畅 | 工学院 | 31417427 | 美国加利福尼亚州州立理工学院 | 美国 | 2月1日至2月14日 | 短期学习 |
| 61 | 张子璇 | 工学院 | 31314314 | 美国加利福尼亚州州立理工学院 | 美国 | 2月1日至2月14日 | 短期学习 |
| 62 | 于淏波 | 工学院 | 30216202 | 美国加利福尼亚州州立理工学院 | 美国 | 2月1日至2月14日 | 短期学习 |
| 63 | 郭晨阳 | 工学院 | 31414125 | 美国加利福尼亚州州立理工学院 | 美国 | 2月1日至2月14日 | 短期学习 |
| 64 | 华艺莲 | 工学院 | 33214108 | 美国加利福尼亚州州立理工学院 | 美国 | 2月1日至2月14日 | 短期学习 |
| 65 | 张嘉曦 | 工学院 | 32114214 | 美国加利福尼亚州州立理工学院 | 美国 | 2月1日至2月14日 | 短期学习 |
| 66 | 水冰雪 | 工学院 | 30215404 | 美国加利福尼亚州州立理工学院 | 美国 | 2月1日至2月14日 | 短期学习 |
| 67 | 罗紫嫣 | 理学院 | 23316119 | 美国加利福尼亚州州立理工学院 | 美国 | 2月1日至2月14日 | 短期学习 |
| 68 | 陈雨轩 | 理学院 | 23316118 | 美国加利福尼亚州州立理工学院 | 美国 | 2月1日至2月14日 | 短期学习 |
| 69 | 夏江林 | 理学院 | 23116217 | 美国加利福尼亚州州立理工学院 | 美国 | 2月1日至2月14日 | 短期学习 |
| 70 | 石伟杰 | 理学院 | 23116204 | 美国加利福尼亚州州立理工学院 | 美国 | 2月1日至2月14日 | 短期学习 |
| 71 | 田 鹏 | 理学院 | 23116103 | 美国加利福尼亚州州立理工学院 | 美国 | 2月1日至2月14日 | 短期学习 |
| 72 | 张嘉义 | 理学院 | 23116215 | 美国加利福尼亚州州立理工学院 | 美国 | 2月1日至2月14日 | 短期学习 |
| 73 | 侯沁中 | 理学院 | 23116118 | 美国加利福尼亚州州立理工学院 | 美国 | 2月1日至2月14日 | 短期学习 |
| 74 | 朱丽雅 | 理学院 | 23116107 | 美国加利福尼亚州州立理工学院 | 美国 | 2月1日至2月14日 | 短期学习 |
| 75 | 尹天乐 | 理学院 | 23115202 | 美国加利福尼亚州州立理工学院 | 美国 | 2月1日至2月14日 | 短期学习 |
| 76 | 戴楚怡 | 理学院 | 23114231 | 美国加利福尼亚州州立理工学院 | 美国 | 2月1日至2月14日 | 短期学习 |
| 77 | 董永江 | 理学院 | 23116222 | 美国加利福尼亚州州立理工学院 | 美国 | 2月1日至2月14日 | 短期学习 |
| 78 | 史小刚 | 理学院 | 23216105 | 美国加利福尼亚州州立理工学院 | 美国 | 2月1日至2月14日 | 短期学习 |
| 79 | 刘 畅 | 理学院 | 23215208 | 美国加利福尼亚州州立理工学院 | 美国 | 2月1日至2月14日 | 短期学习 |
| 80 | 赵佳慧 | 理学院 | 23216216 | 美国加利福尼亚州州立理工学院 | 美国 | 2月1日至2月14日 | 短期学习 |
| 81 | 陆相儒 | 理学院 | 23217116 | 美国加利福尼亚州州立理工学院 | 美国 | 2月1日至2月14日 | 短期学习 |
| 82 | 杨琦星 | 外国语学院 | 33315314 | 多伦多大学 | 加拿大 | 2月2日至3月10日 | 短期学习 |
| 83 | 牛慧文 | 金融学院 | 16816103 | 加利福尼亚大学河滨分校 | 美国 | 1月20日至2月8日 | 短期学习 |
| 84 | 邱 易 | 园艺学院 | 14614215 | 加利福尼亚大学河滨分校 | 美国 | 1月20日至2月8日 | 短期学习 |
| 85 | 刘 杰 | 园艺学院 | 14116308 | 加利福尼亚大学圣地亚哥分校 | 美国 | 2月3日至3月4日 | 短期学习 |
| 86 | 李 姝 | 人文与社会发展学院 | 22115111 | 宾夕法尼亚大学 | 美国 | 2月10日至3月10日 | 短期学习 |
| 87 | 张高瑜 | 人文与社会发展学院 | 22216120 | 立教大学 | 日本 | 1月28日至2月6日 | 短期学习 |
| 88 | 邓泰心 | 人文与社会发展学院 | 22214203 | 立教大学 | 日本 | 1月28日至2月6日 | 短期学习 |

（续）

| 序号 | 姓名 | 学院 | 学号 | 邀请单位 | 国别/地区 | 出访日期 | 出国/境目的 |
|---|---|---|---|---|---|---|---|
| 89 | 王铮琦 | 植物保护学院 | 12115305 | 千叶大学 | 日本 | 1月28日至2月6日 | 短期学习 |
| 90 | 金雪菲 | 园艺学院 | 14115424 | 千叶大学 | 日本 | 1月28日至2月6日 | 短期学习 |
| 91 | 孙心宁 | 外国语学院 | 21207308 | 早稻田大学 | 日本 | 2月3日至2月14日 | 短期学习 |
| 92 | 杨淇嘉 | 公共管理学院 | 20216214 | 上智大学 | 日本 | 1月24日至2月2日 | 短期学习 |
| 93 | 刘浩辰 | 公共管理学院 | 20216211 | 上智大学 | 日本 | 1月24日至2月2日 | 短期学习 |
| 94 | 王一芃 | 公共管理学院 | 16916102 | 上智大学 | 日本 | 1月24日至2月2日 | 短期学习 |
| 95 | 王权 | 资源与环境科学学院 | 13614102 | 京都大学 | 日本 | 5月26日至5月30日 | 国际比赛 |
| 96 | 李念宸 | 公共管理学院 | 35115211 | 京都大学 | 日本 | 5月26日至5月30日 | 国际比赛 |
| 97 | 吕金青 | 经济管理学院 | 16715105 | 京都大学 | 日本 | 5月26日至5月30日 | 国际比赛 |
| 98 | 肖明慧 | 外国语学院 | 21115216 | 京都大学 | 日本 | 5月26日至5月30日 | 国际比赛 |
| 99 | 崔闻骅 | 工学院 | 31416125 | 香港信华教育国际集团 | 中国香港 | 1月21日至1月27日 | 短期实习 |
| 100 | 孔祥瑞 | 工学院 | 33315204 | 香港信华教育国际集团 | 中国香港 | 1月21日至1月27日 | 短期实习 |
| 101 | 李孟禹 | 工学院 | 31415210 | 香港信华教育国际集团 | 中国香港 | 1月21日至1月27日 | 短期实习 |
| 102 | 刘丛源 | 金融学院 | 16317106 | 香港信华教育国际集团 | 中国香港 | 1月21日至1月27日 | 短期实习 |
| 103 | 张悦 | 工学院 | 31415314 | 香港信华教育国际集团 | 中国香港 | 1月28日至2月3日 | 短期实习 |
| 104 | 毛乐顺 | 资源与环境科学学院 | 9171310203 | 香港信华教育国际集团 | 中国香港 | 2月4日至2月10日 | 短期实习 |
| 105 | 王昭珍 | 人文与社会发展学院 | 22214202 | 香港信华教育国际集团 | 中国香港 | 2月25日至3月3日 | 短期实习 |
| 106 | 纪玉洁 | 动物医学院 | 17113114 | 全北大学 | 韩国 | 1月22日至2月2日 | 文化体验 |
| 107 | 翟丹兰 | 园艺学院 | 14415230 | 全北大学 | 韩国 | 1月22日至2月2日 | 文化体验 |
| 108 | 戴舒羚 | 外国语学院 | 21116327 | 全北大学 | 韩国 | 1月22日至2月2日 | 文化体验 |
| 109 | 蔡妍 | 外国语学院 | 21116226 | 全北大学 | 韩国 | 1月22日至2月2日 | 文化体验 |
| 110 | 翟睿婕 | 外国语学院 | 21116227 | 全北大学 | 韩国 | 1月22日至2月2日 | 文化体验 |
| 111 | 叶佳玲 | 外国语学院 | 30114204 | 宫崎大学 | 日本 | 1月22日至2月4日 | 冬令营 |
| 112 | 谈倪敏 | 外国语学院 | 21215323 | 宫崎大学 | 日本 | 1月22日至2月4日 | 冬令营 |
| 113 | 马德贤 | 工学院 | 33114401 | 宫崎大学 | 日本 | 1月22日至2月4日 | 冬令营 |
| 114 | 赵思傑 | 工学院 | 30314223 | 宫崎大学 | 日本 | 1月22日至2月4日 | 冬令营 |
| 115 | 张静仪 | 工学院 | 33215221 | 宫崎大学 | 日本 | 1月22日至2月4日 | 冬令营 |
| 116 | 王林艳 | 公共管理学院 | 20416104 | 香港教育大学 | 中国香港 | 7月21日至7月27日 | 公共政策夏令营 |
| 117 | 于浩杰 | 公共管理学院 | 20416101 | 香港教育大学 | 中国香港 | 7月21日至7月27日 | 公共政策夏令营 |

（续）

| 序号 | 姓名 | 学院 | 学号 | 邀请单位 | 国别/地区 | 出访日期 | 出国/境目的 |
|---|---|---|---|---|---|---|---|
| 118 | 杨婉莹 | 公共管理学院 | 20116114 | 香港教育大学 | 中国香港 | 7月21日至7月27日 | 公共政策夏令营 |
| 119 | 廖映雁 | 公共管理学院 | 20115128 | 香港教育大学 | 中国香港 | 7月21日至7月27日 | 公共政策夏令营 |
| 120 | 鲍 晨 | 公共管理学院 | 22716126 | 香港教育大学 | 中国香港 | 7月21日至7月27日 | 公共政策夏令营 |
| 121 | 王语嫣 | 公共管理学院 | 22716103 | 香港教育大学 | 中国香港 | 7月21日至7月27日 | 公共政策夏令营 |
| 122 | 刘丹晨 | 公共管理学院 | 22716108 | 香港教育大学 | 中国香港 | 7月21日至7月27日 | 公共政策夏令营 |
| 123 | 杜可心 | 公共管理学院 | 15116107 | 香港教育大学 | 中国香港 | 7月21日至7月27日 | 公共政策夏令营 |
| 124 | 阚瑶川 | 公共管理学院 | 20216325 | 香港教育大学 | 中国香港 | 7月21日至7月27日 | 公共政策夏令营 |
| 125 | 施羽乐 | 公共管理学院 | 20216118 | 香港教育大学 | 中国香港 | 7月21日至7月27日 | 公共政策夏令营 |
| 126 | 聂连颖 | 公共管理学院 | 16915120 | 香港教育大学 | 中国香港 | 7月21日至7月27日 | 公共政策夏令营 |
| 127 | 佟 欣 | 公共管理学院 | 16915221 | 香港教育大学 | 中国香港 | 7月21日至7月27日 | 公共政策夏令营 |
| 128 | 李润松 | 公共管理学院 | 30115412 | 香港教育大学 | 中国香港 | 7月21日至7月27日 | 公共政策夏令营 |
| 129 | 陈梦颖 | 园艺学院 | 14416109 | 香港岭南大学 | 中国香港 | 7月15日至7月21日 | 阳光国际交流体验之旅 |
| 130 | 肖婉莹 | 园艺学院 | 35115113 | 香港岭南大学 | 中国香港 | 7月15日至7月21日 | 阳光国际交流体验之旅 |
| 131 | 张宇欣 | 生命科学学院 | 10116114 | 香港岭南大学 | 中国香港 | 7月15日至7月21日 | 阳光国际交流体验之旅 |
| 132 | 居 怡 | 生命科学学院 | 10116120 | 香港岭南大学 | 中国香港 | 7月15日至7月21日 | 阳光国际交流体验之旅 |
| 133 | 张国伟 | 食品科技学院 | 18115123 | 香港岭南大学 | 中国香港 | 7月15日至7月21日 | 阳光国际交流体验之旅 |
| 134 | 郭丹宁 | 信息科学技术学院 | 19215226 | 香港岭南大学 | 中国香港 | 7月15日至7月21日 | 阳光国际交流体验之旅 |

（续）

| 序号 | 姓名 | 学院 | 学号 | 邀请单位 | 国别/地区 | 出访日期 | 出国/境目的 |
|---|---|---|---|---|---|---|---|
| 135 | 李诗禹 | 公共管理学院 | 20116111 | 香港岭南大学 | 中国香港 | 7月15日至7月21日 | 阳光国际交流体验之旅 |
| 136 | 董丽芳 | 公共管理学院 | 20216322 | 香港岭南大学 | 中国香港 | 7月15日至7月21日 | 阳光国际交流体验之旅 |
| 137 | 王茜懿 | 经济管理学院 | 20115103 | 庆北大学 | 韩国 | 7月15日至8月4日 | 暑期交流 |
| 138 | 郭靖怡 | 信息科技学院 | 19116227 | 庆北大学 | 韩国 | 7月15日至8月4日 | 暑期交流 |
| 139 | 王韵佳 | 外国语学院 | 21116202 | 庆北大学 | 韩国 | 7月15日至8月4日 | 暑期交流 |
| 140 | 田 鹏 | 理学院 | 23116103 | 庆北大学 | 韩国 | 7月15日至8月4日 | 暑期交流 |
| 141 | 牛慧文 | 金融学院 | 16816103 | 庆北大学 | 韩国 | 7月15日至8月4日 | 暑期交流 |
| 142 | 连瑞毅 | 公共管理学院 | 20116115 | 庆北大学 | 韩国 | 7月15日至8月4日 | 暑期交流 |
| 143 | 郝昱达 | 工学院 | 33115123 | 庆北大学 | 韩国 | 7月15日至8月4日 | 暑期交流 |
| 144 | 黄馨仪 | 人文与社会发展学院 | 22816134 | 庆北大学 | 韩国 | 7月15日至8月4日 | 暑期交流 |
| 145 | 孙文心 | 人文与社会发展学院 | 9172210112 | 庆北大学 | 韩国 | 7月15日至8月4日 | 暑期交流 |
| 146 | 张 晨 | 人文与社会发展学院 | 9172210514 | 庆北大学 | 韩国 | 7月15日至8月4日 | 暑期交流 |
| 147 | 王雪梅 | 人文与社会发展学院 | 9172210604 | 庆北大学 | 韩国 | 7月15日至8月4日 | 暑期交流 |
| 148 | 骆蕴仪 | 人文与社会发展学院 | 9172210623 | 庆北大学 | 韩国 | 7月15日至8月4日 | 暑期交流 |
| 149 | 杨庆礼 | 人文与社会发展学院 | 9172210411 | 庆北大学 | 韩国 | 7月15日至8月4日 | 暑期交流 |
| 150 | 龙秋利 | 外国语学院 | 21117203 | 全北大学 | 韩国 | 7月23日至8月3日 | 暑期文化体验交流 |
| 151 | 刘佳慧 | 经济管理学院 | 16716108 | 全北大学 | 韩国 | 7月23日至8月3日 | 暑期文化体验交流 |
| 152 | 陆瑾瑜 | 经济管理学院 | 22316113 | 全北大学 | 韩国 | 7月23日至8月3日 | 暑期文化体验交流 |
| 153 | 刘 漫 | 食品科技学院 | 18116110 | 全北大学 | 韩国 | 7月23日至8月3日 | 暑期文化体验交流 |
| 154 | 孙玥琪 | 食品科技学院 | 18116112 | 全北大学 | 韩国 | 7月23日至8月3日 | 暑期文化体验交流 |

（续）

| 序号 | 姓名 | 学院 | 学号 | 邀请单位 | 国别/地区 | 出访日期 | 出国/境目的 |
|------|------|------|------|----------|-----------|----------|-------------|
| 155 | 朱真逸 | 人文与社会发展学院 | 22817104 | 全北大学 | 韩国 | 7月23日至8月3日 | 暑期文化体验交流 |
| 156 | 朱 蕾 | 食品科技学院 | 18116109 | 全北大学 | 韩国 | 7月23日至8月3日 | 暑期文化体验交流 |
| 157 | 肖明慧 | 外国语学院 | 21115216 | 全北大学 | 韩国 | 8月6日至8月17日 | 暑期文化体验交流 |
| 158 | 董文静 | 经济管理学院 | 35115129 | 全北大学 | 韩国 | 8月6日至8月17日 | 暑期文化体验交流 |
| 159 | 贾琪源 | 生命科学学院 | 10116123 | 全北大学 | 韩国 | 8月6日至8月17日 | 暑期文化体验交流 |
| 160 | 闫若沂 | 人文与社会发展学院 | 9172210507 | 全北大学 | 韩国 | 8月6日至8月17日 | 暑期文化体验交流 |
| 161 | 任逸飞 | 生命科学学院 | 10116107 | 中兴大学 | 中国台湾 | 7月29日至8月3日 | 第六届国际基因工程亚太交流会活动 |
| 162 | 吴亚轩 | 生命科学学院 | 10315117 | 中兴大学 | 中国台湾 | 7月29日至8月3日 | 第六届国际基因工程亚太交流会活动 |
| 163 | 韦思齐 | 生命科学学院 | 10116201 | 中兴大学 | 中国台湾 | 7月29日至8月3日 | 第六届国际基因工程亚太交流会活动 |
| 164 | 刘江原 | 生命科学学院 | 10316109 | 中兴大学 | 中国台湾 | 7月29日至8月3日 | 第六届国际基因工程亚太交流会活动 |
| 165 | 贾 琼 | 外国语学院 | 2016115004 | 石川县 | 日本 | 7月29日至8月26日 | 日语·日本文化研修项目 |
| 166 | 李祉娴 | 外国语学院 | 21216208 | 石川县 | 日本 | 7月29日至8月26日 | 日语·日本文化研修项目 |
| 167 | 倪百媚 | 外国语学院 | 21215223 | 石川县 | 日本 | 7月29日至8月26日 | 日语·日本文化研修项目 |
| 168 | 林 蓉 | 外国语学院 | 21216213 | 石川县 | 日本 | 7月29日至8月26日 | 日语·日本文化研修项目 |
| 169 | 谈静雯 | 外国语学院 | 21216319 | 石川县 | 日本 | 7月29日至8月26日 | 日语·日本文化研修项目 |

（续）

| 序号 | 姓名 | 学院 | 学号 | 邀请单位 | 国别/地区 | 出访日期 | 出国/境目的 |
|---|---|---|---|---|---|---|---|
| 170 | 黄慧娜 | 外国语学院 | 21216321 | 石川县 | 日本 | 7月29日至8月26日 | 日语·日本文化研修项目 |
| 171 | 郝佳宁 | 外国语学院 | 21216317 | 石川县 | 日本 | 7月29日至8月26日 | 日语·日本文化研修项目 |
| 172 | 张栓柳 | 外国语学院 | 21216211 | 石川县 | 日本 | 7月29日至8月26日 | 日语·日本文化研修项目 |
| 173 | 崔清泓 | 工学院 | 13216121 | 香港信华教育国际集团 | 中国香港 | 7月29日至8月4日 | 短期实习 |
| 174 | 朱宁怡 | 食品科技学院 | 33116110 | 香港信华教育国际集团 | 中国香港 | 7月29日至8月4日 | 短期实习 |
| 175 | 闫羽晖 | 信息科技学院 | 33316209 | 香港信华教育国际集团 | 中国香港 | 7月29日至8月4日 | 短期实习 |
| 176 | 曹爽琪 | 信息科技学院 | 23116221 | 香港信华教育国际集团 | 中国香港 | 8月5日至8月11日 | 短期实习 |
| 177 | 管伟杰 | 工学院 | 31314330 | 香港信华教育国际集团 | 中国香港 | 8月19日至8月25日 | 短期实习 |
| 178 | 么梓鑫 | 园艺学院 | 14115101 | 千叶大学 | 日本 | 7月29日至8月7日 | 短期访学 |
| 179 | 苏冠清 | 园艺学院 | 14115216 | 千叶大学 | 日本 | 7月29日至8月7日 | 短期访学 |
| 180 | 郝晨宇 | 园艺学院 | 14115323 | 千叶大学 | 日本 | 7月29日至8月7日 | 短期访学 |
| 181 | 王新清 | 园艺学院 | 14116102 | 千叶大学 | 日本 | 7月29日至8月7日 | 短期访学 |
| 182 | 罗 鑫 | 园艺学院 | 14116321 | 千叶大学 | 日本 | 7月29日至8月7日 | 短期访学 |
| 183 | 徐 霏 | 园艺学院 | 14116326 | 千叶大学 | 日本 | 7月29日至8月7日 | 短期访学 |
| 184 | 白维祯 | 园艺学院 | 14116408 | 千叶大学 | 日本 | 7月29日至8月7日 | 短期访学 |
| 185 | 张乃心 | 园艺学院 | 14116418 | 千叶大学 | 日本 | 7月29日至8月7日 | 短期访学 |
| 186 | 林 姝 | 园艺学院 | 14116421 | 千叶大学 | 日本 | 7月29日至8月7日 | 短期访学 |
| 187 | 许佳妮 | 园艺学院 | 14117108 | 千叶大学 | 日本 | 7月29日至8月7日 | 短期访学 |
| 188 | 李嘉裕 | 园艺学院 | 14117212 | 千叶大学 | 日本 | 7月29日至8月7日 | 短期访学 |
| 189 | 陈皓炜 | 园艺学院 | 14117218 | 千叶大学 | 日本 | 7月29日至8月7日 | 短期访学 |
| 190 | 董涵筠 | 园艺学院 | 14117223 | 千叶大学 | 日本 | 7月29日至8月7日 | 短期访学 |
| 191 | 李歆渝 | 园艺学院 | 14117307 | 千叶大学 | 日本 | 7月29日至8月7日 | 短期访学 |
| 192 | 陈赛赛 | 园艺学院 | 14316216 | 千叶大学 | 日本 | 7月29日至8月7日 | 短期访学 |
| 193 | 王声涵 | 园艺学院 | 14216101 | 千叶大学 | 日本 | 7月29日至8月7日 | 短期访学 |
| 194 | 万明暄 | 园艺学院 | 14317101 | 千叶大学 | 日本 | 7月29日至8月7日 | 短期访学 |
| 195 | 杨媛琴 | 园艺学院 | 14615209 | 千叶大学 | 日本 | 7月29日至8月7日 | 短期访学 |
| 196 | 连紫璇 | 园艺学院 | 14616213 | 千叶大学 | 日本 | 7月29日至8月7日 | 短期访学 |
| 197 | 翟丹兰 | 园艺学院 | 14415230 | 千叶大学 | 日本 | 7月29日至8月7日 | 短期访学 |
| 198 | 郑琨鹏 | 园艺学院 | 14815123 | 千叶大学 | 日本 | 7月29日至8月7日 | 短期访学 |
| 199 | 孙一迪 | 园艺学院 | 14115214 | 千叶大学 | 日本 | 7月30日至8月5日 | 学术交流 |
| 200 | 林立锟 | 园艺学院 | 14115225 | 千叶大学 | 日本 | 7月30日至8月5日 | 学术交流 |
| 201 | 戴冰泓 | 园艺学院 | 14616230 | 千叶大学 | 日本 | 7月30日至8月5日 | 学术交流 |

（续）

| 序号 | 姓名 | 学院 | 学号 | 邀请单位 | 国别/地区 | 出访日期 | 出国/境目的 |
|---|---|---|---|---|---|---|---|
| 202 | 杨依青 | 园艺学院 | 14216111 | 千叶大学 | 日本 | 7月29日至8月7日 | 短期访学 |
| 203 | 白奇蕊 | 植物保护学院 | 12116309 | 麦吉尔大学 | 加拿大 | 10月20日至10月30日 | 学术交流 |
| 204 | 崔馨方 | 植物保护学院 | 12115428 | 麦吉尔大学 | 加拿大 | 10月20日至10月30日 | 学术交流 |
| 205 | 高子淑 | 植物保护学院 | 12115425 | 麦吉尔大学 | 加拿大 | 10月20日至10月30日 | 学术交流 |
| 206 | 庞芯莹 | 植物保护学院 | 12115123 | 麦吉尔大学 | 加拿大 | 10月20日至10月30日 | 学术交流 |
| 207 | 沈 舒 | 植物保护学院 | 12116119 | 麦吉尔大学 | 加拿大 | 10月20日至10月30日 | 学术交流 |
| 208 | 王铮琦 | 植物保护学院 | 12115305 | 麦吉尔大学 | 加拿大 | 10月20日至10月30日 | 学术交流 |
| 209 | 万晓霖 | 植物保护学院 | 12117201 | 麦吉尔大学 | 加拿大 | 10月20日至10月30日 | 学术交流 |
| 210 | 谢子颖 | 植物保护学院 | 12116227 | 麦吉尔大学 | 加拿大 | 10月20日至10月30日 | 学术交流 |
| 211 | 徐皓榕 | 植物保护学院 | 12116223 | 麦吉尔大学 | 加拿大 | 10月20日至10月30日 | 学术交流 |
| 212 | 徐原笛 | 植物保护学院 | 12115424 | 麦吉尔大学 | 加拿大 | 10月20日至10月30日 | 学术交流 |
| 213 | 章梦璇 | 植物保护学院 | 12115229 | 麦吉尔大学 | 加拿大 | 10月20日至10月30日 | 学术交流 |
| 214 | 宋国祯 | 植物保护学院 | 12116417 | 麦吉尔大学 | 加拿大 | 10月20日至10月30日 | 学术交流 |
| 215 | 张颢城 | 植物保护学院 | 12116419 | 麦吉尔大学 | 加拿大 | 10月20日至10月30日 | 学术交流 |
| 216 | 李 馨 | 植物保护学院 | 12115216 | 麦吉尔大学 | 加拿大 | 10月20日至10月30日 | 学术交流 |
| 217 | 田峰奇 | 植物保护学院 | 12115108 | 麦吉尔大学 | 加拿大 | 10月20日至10月30日 | 学术交流 |
| 218 | 沈 鞠 | 植物保护学院 | 12117119 | 麦吉尔大学 | 加拿大 | 10月20日至10月30日 | 学术交流 |
| 219 | 陈李一凡 | 植物保护学院 | 12116120 | 麦吉尔大学 | 加拿大 | 10月20日至10月30日 | 学术交流 |
| 220 | 胡 玥 | 植物保护学院 | 12115325 | 麦吉尔大学 | 加拿大 | 10月20日至10月30日 | 学术交流 |
| 221 | 周甜甜 | 经济管理学院 | 32214618 | 普渡大学 | 美国 | 8月26日至9月9日 | 学术交流 |
| 222 | 徐 乔 | 经济管理学院 | 14614127 | 普渡大学 | 美国 | 8月26日至9月9日 | 学术交流 |
| 223 | 许永钦 | 经济管理学院 | 16114108 | 普渡大学 | 美国 | 8月26日至9月9日 | 学术交流 |
| 224 | 邸 帅 | 经济管理学院 | 16114113 | 普渡大学 | 美国 | 8月26日至9月9日 | 学术交流 |
| 225 | 王依雯 | 经济管理学院 | 16114101 | 普渡大学 | 美国 | 8月26日至9月9日 | 学术交流 |
| 226 | 赵艺华 | 经济管理学院 | 21214119 | 普渡大学 | 美国 | 8月26日至9月9日 | 学术交流 |
| 227 | 于爱华 | 经济管理学院 | 16414101 | 普渡大学 | 美国 | 8月26日至9月9日 | 学术交流 |
| 228 | 刘晓燕 | 经济管理学院 | 16414109 | 普渡大学 | 美国 | 8月26日至9月9日 | 学术交流 |
| 229 | 陈鹏程 | 经济管理学院 | 16114217 | 普渡大学 | 美国 | 8月26日至9月9日 | 学术交流 |
| 230 | 王 妍 | 经济管理学院 | 16114203 | 普渡大学 | 美国 | 8月26日至9月9日 | 学术交流 |
| 231 | 怀定慧 | 经济管理学院 | 30314316 | 普渡大学 | 美国 | 8月26日至9月9日 | 学术交流 |
| 232 | 潘婧毓 | 经济管理学院 | 31416330 | 普渡大学 | 美国 | 8月26日至9月9日 | 学术交流 |
| 233 | 张 娴 | 经济管理学院 | 33316416 | 普渡大学 | 美国 | 8月26日至9月9日 | 学术交流 |
| 234 | 刘 静 | 经济管理学院 | 16716112 | 普渡大学 | 美国 | 8月26日至9月9日 | 学术交流 |
| 235 | 张轩婷 | 经济管理学院 | 18116214 | 普渡大学 | 美国 | 8月26日至9月9日 | 学术交流 |
| 236 | 王 璐 | 经济管理学院 | 33316202 | 普渡大学 | 美国 | 8月26日至9月9日 | 学术交流 |

（续）

| 序号 | 姓名 | 学院 | 学号 | 邀请单位 | 国别/地区 | 出访日期 | 出国/境目的 |
|---|---|---|---|---|---|---|---|
| 237 | 李佳熠 | 经济管理学院 | 15116108 | 普渡大学 | 美国 | 8月26日至9月9日 | 学术交流 |
| 238 | 张诗桦 | 经济管理学院 | 21215216 | 普渡大学 | 美国 | 8月26日至9月9日 | 学术交流 |
| 239 | 高群 | 经济管理学院 | 22214227 | 普渡大学 | 美国 | 8月26日至9月9日 | 学术交流 |
| 240 | 杨兆甜 | 食品科技学院 | 13216109 | 雷丁大学 | 英国 | 7月22日至8月5日 | 暑期交流 |
| 241 | 蒋思睿 | 食品科技学院 | 18116229 | 雷丁大学 | 英国 | 7月22日至8月5日 | 暑期交流 |
| 242 | 杨子懿 | 食品科技学院 | 18116211 | 雷丁大学 | 英国 | 7月22日至8月5日 | 暑期交流 |
| 243 | 戈永慧 | 食品科技学院 | 12115309 | 雷丁大学 | 英国 | 7月22日至8月5日 | 暑期交流 |
| 244 | 刘梵铃 | 食品科技学院 | 18215107 | 雷丁大学 | 英国 | 7月22日至8月5日 | 暑期交流 |
| 245 | 赵文瑞 | 食品科技学院 | 18116220 | 雷丁大学 | 英国 | 7月22日至8月5日 | 暑期交流 |
| 246 | 徐鹤宾 | 食品科技学院 | 18116224 | 雷丁大学 | 英国 | 7月22日至8月5日 | 暑期交流 |
| 247 | 陈婉 | 食品科技学院 | 18415216 | 雷丁大学 | 英国 | 7月22日至8月5日 | 暑期交流 |
| 248 | 黄蓉 | 食品科技学院 | 18116125 | 雷丁大学 | 英国 | 7月22日至8月5日 | 暑期交流 |
| 249 | 李丽湲 | 食品科技学院 | 18115218 | 雷丁大学 | 英国 | 7月22日至8月5日 | 暑期交流 |
| 250 | 楼嘉盼 | 食品科技学院 | 18415129 | 雷丁大学 | 英国 | 7月22日至8月5日 | 暑期交流 |
| 251 | 彭璐 | 食品科技学院 | 18116228 | 雷丁大学 | 英国 | 7月22日至8月5日 | 暑期交流 |
| 252 | 陈红蒲 | 食品科技学院 | 18415215 | 雷丁大学 | 英国 | 7月22日至8月5日 | 暑期交流 |
| 253 | 刘皓然 | 食品科技学院 | 18215109 | 雷丁大学 | 英国 | 7月22日至8月5日 | 暑期交流 |
| 254 | 刘英娴 | 食品科技学院 | 18115109 | 雷丁大学 | 英国 | 7月22日至8月5日 | 暑期交流 |
| 255 | 蔡佳惠 | 食品科技学院 | 18116128 | 雷丁大学 | 英国 | 7月22日至8月5日 | 暑期交流 |
| 256 | 陈涵 | 食品科技学院 | 18216120 | 雷丁大学 | 英国 | 7月22日至8月5日 | 暑期交流 |
| 257 | 冯弋行 | 食品科技学院 | 18216107 | 雷丁大学 | 英国 | 7月22日至8月5日 | 暑期交流 |
| 258 | 杜楠 | 食品科技学院 | 18116209 | 雷丁大学 | 英国 | 7月22日至8月5日 | 暑期交流 |
| 259 | 朱芮 | 食品科技学院 | 18116108 | 雷丁大学 | 英国 | 7月22日至8月5日 | 暑期交流 |
| 260 | 陈思桥 | 资源与环境科学学院 | 33315220 | 康奈尔大学 | 美国 | 7月23日至8月4日 | 暑期交流 |
| 261 | 杨素 | 资源与环境科学学院 | 13615213 | 康奈尔大学 | 美国 | 7月23日至8月4日 | 暑期交流 |
| 262 | 张一 | 资源与环境科学学院 | 13615218 | 康奈尔大学 | 美国 | 7月23日至8月4日 | 暑期交流 |
| 263 | 刘文心 | 资源与环境科学学院 | 13615210 | 康奈尔大学 | 美国 | 7月23日至8月4日 | 暑期交流 |
| 264 | 邓钰华 | 资源与环境科学学院 | 13615103 | 康奈尔大学 | 美国 | 7月23日至8月4日 | 暑期交流 |
| 265 | 王景梵 | 资源与环境科学学院 | 13615206 | 康奈尔大学 | 美国 | 7月23日至8月4日 | 暑期交流 |

（续）

| 序号 | 姓名 | 学院 | 学号 | 邀请单位 | 国别/地区 | 出访日期 | 出国/境目的 |
|---|---|---|---|---|---|---|---|
| 266 | 王鑫 | 资源与环境科学学院 | 13615206 | 康奈尔大学 | 美国 | 7月23日至8月4日 | 暑期交流 |
| 267 | 鲁加南 | 资源与环境科学学院 | 13616132 | 康奈尔大学 | 美国 | 7月23日至8月4日 | 暑期交流 |
| 268 | 崇瑶 | 资源与环境科学学院 | 13616229 | 康奈尔大学 | 美国 | 7月23日至8月4日 | 暑期交流 |
| 269 | 徐灵 | 资源与环境科学学院 | 13616129 | 康奈尔大学 | 美国 | 7月23日至8月4日 | 暑期交流 |
| 270 | 徐琳雅 | 资源与环境科学学院 | 13615128 | 康奈尔大学 | 美国 | 7月23日至8月4日 | 暑期交流 |
| 271 | 徐梦凡 | 资源与环境科学学院 | 13616131 | 康奈尔大学 | 美国 | 7月23日至8月4日 | 暑期交流 |
| 272 | 柴以潇 | 资源与环境科学学院 | 13615125 | 康奈尔大学 | 美国 | 7月23日至8月4日 | 暑期交流 |
| 273 | 顾茜 | 资源与环境科学学院 | 13616128 | 康奈尔大学 | 美国 | 7月23日至8月4日 | 暑期交流 |
| 274 | 闫婧妍 | 资源与环境科学学院 | 13616224 | 康奈尔大学 | 美国 | 7月23日至8月4日 | 暑期交流 |
| 275 | 宋明阳 | 资源与环境科学学院 | 13415113 | 康奈尔大学 | 美国 | 7月23日至8月4日 | 暑期交流 |
| 276 | 杨博文 | 资源与环境科学学院 | 13416212 | 康奈尔大学 | 美国 | 7月23日至8月4日 | 暑期交流 |
| 277 | 王宇歆 | 资源与环境科学学院 | 13416203 | 康奈尔大学 | 美国 | 7月23日至8月4日 | 暑期交流 |
| 278 | 叶仪 | 资源与环境科学学院 | 13415207 | 康奈尔大学 | 美国 | 7月23日至8月4日 | 暑期交流 |
| 279 | 张桐 | 资源与环境科学学院 | 12216118 | 康奈尔大学 | 美国 | 7月23日至8月4日 | 暑期交流 |
| 280 | 张慧欣 | 资源与环境科学学院 | 12216119 | 康奈尔大学 | 美国 | 7月23日至8月4日 | 暑期交流 |
| 281 | 杨梦影 | 资源与环境科学学院 | 12215112 | 康奈尔大学 | 美国 | 7月23日至8月4日 | 暑期交流 |
| 282 | 杨敏慎 | 资源与环境科学学院 | 12216113 | 康奈尔大学 | 美国 | 7月23日至8月4日 | 暑期交流 |
| 283 | 孔令雪 | 动物医学院 | 17116106 | 加利福尼亚大学戴维斯分校 | 美国 | 8月6日至9月14日 | 暑期交流 |

（续）

| 序号 | 姓名 | 学院 | 学号 | 邀请单位 | 国别/地区 | 出访日期 | 出国/境目的 |
|------|------|------|------|----------|-----------|----------|-------------|
| 284 | 班今朝 | 动物医学院 | 17115422 | 加利福尼亚大学戴维斯分校 | 美国 | 8月6日至9月14日 | 暑期交流 |
| 285 | 曾逸菲 | 动物医学院 | 17115128 | 加利福尼亚大学戴维斯分校 | 美国 | 8月6日至9月14日 | 暑期交流 |
| 286 | 陈驰 | 动物医学院 | 17115312 | 加利福尼亚大学戴维斯分校 | 美国 | 8月6日至9月14日 | 暑期交流 |
| 287 | 关皓元 | 动物医学院 | 17416111 | 加利福尼亚大学戴维斯分校 | 美国 | 8月6日至9月14日 | 暑期交流 |
| 288 | 周茜 | 动物医学院 | 17115217 | 加利福尼亚大学戴维斯分校 | 美国 | 8月6日至9月14日 | 暑期交流 |
| 289 | 朱子瑄 | 动物医学院 | 17116107 | 加利福尼亚大学戴维斯分校 | 美国 | 8月6日至9月14日 | 暑期交流 |
| 290 | 陆涛涛 | 动物医学院 | 15115117 | 加利福尼亚大学戴维斯分校 | 美国 | 8月6日至9月14日 | 暑期交流 |
| 291 | 何成蹊 | 动物医学院 | 15116213 | 加利福尼亚大学戴维斯分校 | 美国 | 8月6日至9月14日 | 暑期交流 |
| 292 | 雷馨圆 | 经济管理学院 | 16116232 | 加利福尼亚大学戴维斯分校 | 美国 | 8月6日至9月14日 | 暑期交流 |
| 293 | 韩沁沁 | 经济管理学院 | 15116426 | 加利福尼亚大学戴维斯分校 | 美国 | 8月6日至9月14日 | 暑期交流 |
| 294 | 孙勇 | 动物科技学院 | 35116211 | 加利福尼亚大学戴维斯分校 | 美国 | 8月6日至9月14日 | 暑期交流 |
| 295 | 张玮琪 | 生命科学学院 | 10116115 | 加利福尼亚大学戴维斯分校 | 美国 | 8月6日至9月14日 | 暑期交流 |
| 296 | 陈乐宾 | 公共管理学院 | 20215119 | 剑桥大学 | 英国 | 7月15日至7月29日 | 暑期交流 |
| 297 | 陈怡君 | 公共管理学院 | 20415119 | 剑桥大学 | 英国 | 7月15日至7月29日 | 暑期交流 |
| 298 | 胡雨薇 | 公共管理学院 | 30216324 | 剑桥大学 | 英国 | 7月15日至7月29日 | 暑期交流 |
| 299 | 华佳琦 | 公共管理学院 | 20217204 | 剑桥大学 | 英国 | 7月15日至7月29日 | 暑期交流 |
| 300 | 李梦微 | 公共管理学院 | 30215312 | 剑桥大学 | 英国 | 7月15日至7月29日 | 暑期交流 |
| 301 | 李晓璇 | 公共管理学院 | 20216110 | 剑桥大学 | 英国 | 7月15日至7月29日 | 暑期交流 |
| 302 | 李莹 | 公共管理学院 | 14816112 | 剑桥大学 | 英国 | 7月15日至7月29日 | 暑期交流 |
| 303 | 潘美希 | 公共管理学院 | 20215224 | 剑桥大学 | 英国 | 7月15日至7月29日 | 暑期交流 |
| 304 | 孙瑜 | 公共管理学院 | 31115409 | 剑桥大学 | 英国 | 7月15日至7月29日 | 暑期交流 |
| 305 | 汪悦 | 公共管理学院 | 32116216 | 剑桥大学 | 英国 | 7月15日至7月29日 | 暑期交流 |
| 306 | 王诗雨 | 公共管理学院 | 20216103 | 剑桥大学 | 英国 | 7月15日至7月29日 | 暑期交流 |
| 307 | 魏湖滨 | 公共管理学院 | 20217126 | 剑桥大学 | 英国 | 7月15日至7月29日 | 暑期交流 |
| 308 | 袁虞欣 | 公共管理学院 | 20216318 | 剑桥大学 | 英国 | 7月15日至7月29日 | 暑期交流 |
| 309 | 周玮群 | 公共管理学院 | 31115322 | 剑桥大学 | 英国 | 7月15日至7月29日 | 暑期交流 |
| 310 | 庄静 | 公共管理学院 | 31415207 | 剑桥大学 | 英国 | 7月15日至7月29日 | 暑期交流 |
| 311 | 陈柯歧 | 农学院 | 11116320 | 康奈尔大学 | 美国 | 7月15日至8月4日 | 暑期交流 |
| 312 | 栗颖怡 | 农学院 | 14116426 | 康奈尔大学 | 美国 | 7月15日至8月4日 | 暑期交流 |
| 313 | 王兆琪 | 农学院 | 35116201 | 康奈尔大学 | 美国 | 7月15日至8月4日 | 暑期交流 |
| 314 | 周艺梅 | 农学院 | 11215114 | 康奈尔大学 | 美国 | 7月15日至8月4日 | 暑期交流 |
| 315 | 赵文杰 | 农学院 | 11116419 | 康奈尔大学 | 美国 | 7月15日至8月4日 | 暑期交流 |
| 316 | 陈雨虹 | 农学院 | 11115419 | 康奈尔大学 | 美国 | 7月15日至8月4日 | 暑期交流 |
| 317 | 章双 | 农学院 | 11216223 | 康奈尔大学 | 美国 | 7月15日至8月4日 | 暑期交流 |
| 318 | 顾传炜 | 农学院 | 31416120 | 康奈尔大学 | 美国 | 7月15日至8月4日 | 暑期交流 |

（续）

| 序号 | 姓名 | 学院 | 学号 | 邀请单位 | 国别/地区 | 出访日期 | 出国/境目的 |
|---|---|---|---|---|---|---|---|
| 319 | 应 皓 | 农学院 | 11116419 | 康奈尔大学 | 美国 | 7月15日至8月4日 | 暑期交流 |
| 320 | 徐浩森 | 农学院 | 12116222 | 康奈尔大学 | 美国 | 7月15日至8月4日 | 暑期交流 |
| 321 | 赵 然 | 农学院 | 11115227 | 康奈尔大学 | 美国 | 7月15日至8月4日 | 暑期交流 |
| 322 | 何佳琦 | 农学院 | 14415214 | 康奈尔大学 | 美国 | 7月15日至8月4日 | 暑期交流 |
| 323 | 龚心如 | 农学院 | 12115130 | 康奈尔大学 | 美国 | 7月15日至8月4日 | 暑期交流 |
| 324 | 侯翰林 | 农学院 | 21116219 | 康奈尔大学 | 美国 | 7月15日至8月4日 | 暑期交流 |
| 325 | 李帛树 | 农学院 | 11115313 | 康奈尔大学 | 美国 | 7月15日至8月4日 | 暑期交流 |
| 326 | 吴亚轩 | 生命科学学院 | 10315117 | 波士顿海因会展中心 | 美国 | 1月23日至1月30日 | 参加国际基因工程机械大赛 |
| 327 | 原 龙 | 生命科学学院 | 10315117 | 波士顿海因会展中心 | 美国 | 1月23日至1月30日 | 参加国际基因工程机械大赛 |
| 328 | 刘江原 | 生命科学学院 | 10316109 | 波士顿海因会展中心 | 美国 | 1月23日至1月30日 | 参加国际基因工程机械大赛 |
| 329 | 刘逸珩 | 生命科学学院 | 10316111 | 波士顿海因会展中心 | 美国 | 1月23日至1月30日 | 参加国际基因工程机械大赛 |
| 330 | 方成竹 | 动物医学院 | 17116204 | 波士顿海因会展中心 | 美国 | 1月23日至1月30日 | 参加国际基因工程机械大赛 |
| 331 | 徐 昇 | 园艺学院 | 14116225 | 波士顿海因会展中心 | 美国 | 1月23日至1月30日 | 参加国际基因工程机械大赛 |
| 332 | 李沛锴 | 理学院 | 31116412 | 波士顿海因会展中心 | 美国 | 1月23日至1月30日 | 参加国际基因工程机械大赛 |
| 333 | 赵雅玮 | 金融学院 | 16316218 | 福特汉姆大学加贝利商学院 | 美国 | 9月23日至10月6日 | 短期访学 |
| 334 | 王雪冰 | 金融学院 | 16816303 | 福特汉姆大学加贝利商学院 | 美国 | 9月23日至10月6日 | 短期访学 |
| 335 | 徐婧妍 | 金融学院 | 16316222 | 福特汉姆大学加贝利商学院 | 美国 | 9月23日至10月6日 | 短期访学 |
| 336 | 韩一楠 | 金融学院 | 16316121 | 福特汉姆大学加贝利商学院 | 美国 | 9月23日至10月6日 | 短期访学 |
| 337 | 孙志豪 | 金融学院 | 16315408 | 福特汉姆大学加贝利商学院 | 美国 | 9月23日至10月6日 | 短期访学 |
| 338 | 胡昕玥 | 金融学院 | 16815226 | 福特汉姆大学加贝利商学院 | 美国 | 9月23日至10月6日 | 短期访学 |
| 339 | 秦姝仪 | 金融学院 | 21116121 | 福特汉姆大学加贝利商学院 | 美国 | 9月23日至10月6日 | 短期访学 |
| 340 | 刘雨双 | 金融学院 | 16315307 | 福特汉姆大学加贝利商学院 | 美国 | 9月23日至10月6日 | 短期访学 |
| 341 | 王 璐 | 金融学院 | 16315404 | 福特汉姆大学加贝利商学院 | 美国 | 9月23日至10月6日 | 短期访学 |
| 342 | 李浩云 | 金融学院 | 27115109 | 福特汉姆大学加贝利商学院 | 美国 | 9月23日至10月6日 | 短期访学 |
| 343 | 拜 云 | 金融学院 | 16815124 | 福特汉姆大学加贝利商学院 | 美国 | 9月23日至10月6日 | 短期访学 |
| 344 | 李艾霖 | 外国语学院 | 21116107 | 英属哥伦比亚大学 | 加拿大 | 7月14日至8月14日 | 短期访学 |
| 345 | 郭梦璇 | 工学院 | 31416122 | 英属哥伦比亚大学 | 加拿大 | 7月14日至8月14日 | 短期访学 |
| 346 | 秦姝仪 | 金融学院 | 21116121 | 英属哥伦比亚大学 | 加拿大 | 7月14日至8月14日 | 短期访学 |

（续）

| 序号 | 姓名 | 学院 | 学号 | 邀请单位 | 国别/地区 | 出访日期 | 出国/境目的 |
|------|------|------|------|----------|----------|----------|-------------|
| 347 | 陈子晔 | 食品科技学院 | 18216218 | 英属哥伦比亚大学 | 加拿大 | 7月14日至8月14日 | 短期访学 |
| 348 | 金妍杉 | 动物医学院 | 32316322 | 英属哥伦比亚大学 | 加拿大 | 7月14日至8月14日 | 短期访学 |
| 349 | 刘兆熹 | 公共管理学院 | 21115206 | 英属哥伦比亚大学 | 加拿大 | 7月14日至8月14日 | 短期访学 |
| 350 | 盛宇君 | 工学院 | 31416123 | 英属哥伦比亚大学 | 加拿大 | 7月14日至8月14日 | 短期访学 |
| 351 | 孙宇铎 | 工学院 | 30216107 | 英属哥伦比亚大学 | 加拿大 | 7月14日至8月14日 | 短期访学 |
| 352 | 谢雨霏 | 工学院 | 31417122 | 英属哥伦比亚大学 | 加拿大 | 7月14日至8月14日 | 短期访学 |
| 353 | 王子妍 | 金融学院 | 16316104 | 英属哥伦比亚大学 | 加拿大 | 7月14日至8月14日 | 短期访学 |
| 354 | 曹惠舒 | 园艺学院 | 14316120 | 密歇根州立大学 | 美国 | 7月17日至8月8日 | 短期访学 |
| 355 | 凌舒寒 | 经济管理学院 | 22315124 | 密歇根州立大学 | 美国 | 7月17日至8月8日 | 短期访学 |
| 356 | 李嘉胤 | 公共管理学院 | 20217311 | 密歇根州立大学 | 美国 | 7月17日至8月8日 | 短期访学 |
| 357 | 蒋　柳 | 资源与环境科学学院 | 12215128 | 密歇根州立大学 | 美国 | 7月17日至8月8日 | 短期访学 |
| 358 | 许济涛 | 动物科技学院 | 17116409 | 加利福尼亚大学戴维斯分校 | 美国 | 8月12日至9月1日 | 短期访学 |
| 359 | 王云云 | 动物科技学院 | 15116301 | 加利福尼亚大学戴维斯分校 | 美国 | 8月12日至9月1日 | 短期访学 |
| 360 | 陈仪萱 | 动物科技学院 | 15117418 | 加利福尼亚大学戴维斯分校 | 美国 | 8月12日至9月1日 | 短期访学 |
| 361 | 魏思宇 | 动物科技学院 | 31115232 | 加利福尼亚大学戴维斯分校 | 美国 | 8月12日至9月1日 | 短期访学 |
| 362 | 张心培 | 动物科技学院 | 15116115 | 加利福尼亚大学戴维斯分校 | 美国 | 8月12日至9月1日 | 短期访学 |
| 363 | 吴昊泽 | 动物科技学院 | 30316415 | 加利福尼亚大学戴维斯分校 | 美国 | 8月12日至9月1日 | 短期访学 |
| 364 | 李晓荷 | 动物科技学院 | 15116110 | 加利福尼亚大学戴维斯分校 | 美国 | 8月12日至9月1日 | 短期访学 |
| 365 | 张丽萍 | 动物科技学院 | 15116116 | 加利福尼亚大学戴维斯分校 | 美国 | 8月12日至9月1日 | 短期访学 |
| 366 | 边佳伟 | 动物科技学院 | 15116104 | 加利福尼亚大学戴维斯分校 | 美国 | 8月12日至9月1日 | 短期访学 |
| 367 | 吴雨珂 | 动物科技学院 | 15116310 | 加利福尼亚大学戴维斯分校 | 美国 | 8月12日至9月1日 | 短期访学 |
| 368 | 廖开敏 | 动物科技学院 | 35116123 | 加利福尼亚大学戴维斯分校 | 美国 | 8月12日至9月1日 | 短期访学 |
| 369 | 唐紫妍 | 动物医学院 | 33116525 | 加利福尼亚大学戴维斯分校 | 美国 | 8月12日至9月1日 | 短期访学 |
| 370 | 谢罗兰 | 动物医学院 | 17115129 | 加利福尼亚大学戴维斯分校 | 美国 | 8月12日至9月1日 | 短期访学 |
| 371 | 张欣妍 | 动物医学院 | 12115318 | 加利福尼亚大学戴维斯分校 | 美国 | 8月12日至9月1日 | 短期访学 |
| 372 | 申青怡 | 动物医学院 | 17116206 | 加利福尼亚大学戴维斯分校 | 美国 | 8月12日至9月1日 | 短期访学 |
| 373 | 王克凡 | 动物医学院 | 17415102 | 加利福尼亚大学戴维斯分校 | 美国 | 8月12日至9月1日 | 短期访学 |
| 374 | 管海飞 | 动物医学院 | 30216430 | 加利福尼亚大学戴维斯分校 | 美国 | 8月12日至9月1日 | 短期访学 |
| 375 | 陈　璐 | 动物医学院 | 17116421 | 加利福尼亚大学戴维斯分校 | 美国 | 8月12日至9月1日 | 短期访学 |
| 376 | 易玮婕 | 动物医学院 | 17116423 | 加利福尼亚大学戴维斯分校 | 美国 | 8月12日至9月1日 | 短期访学 |
| 377 | 崔　媛 | 动物医学院 | 30215227 | 加利福尼亚大学戴维斯分校 | 美国 | 8月12日至9月1日 | 短期访学 |
| 378 | 张一丹 | 外国语学院 | 11116120 | 宾夕法尼亚大学 | 美国 | 暑期 | 短期访学 |

（续）

| 序号 | 姓名 | 学院 | 学号 | 邀请单位 | 国别/地区 | 出访日期 | 出国/境目的 |
|---|---|---|---|---|---|---|---|
| 379 | 石益路 | 经济管理学院 | 20215105 | 宾夕法尼亚大学 | 美国 | 暑期 | 短期访学 |
| 380 | 宗天 | 人文与社会发展学院 | 9172210321 | 杜克大学 | 美国 | 暑期 | 短期访学 |
| 381 | 纪璐叶 | 经济管理学院 | 16216112 | 杜克大学 | 美国 | 暑期 | 短期访学 |
| 382 | 赵佳意 | 金融学院 | 27117118 | 加利福尼亚大学洛杉矶分校 | 美国 | 暑期 | 短期访学 |
| 383 | 张宇喆 | 食品科技学院 | 18115122 | 加利福尼亚大学洛杉矶分校 | 美国 | 暑期 | 短期访学 |
| 384 | 徐樱子 | 工学院 | 31416225 | 加利福尼亚大学洛杉矶分校 | 美国 | 暑期 | 短期访学 |
| 385 | 王思睿 | 公共管理学院 | 20416105 | 加利福尼亚大学洛杉矶分校 | 美国 | 暑期 | 短期访学 |
| 386 | 潘羽茜 | 金融学院 | 16816128 | 伊利诺伊大学香槟分校 | 美国 | 暑期 | 短期访学 |
| 387 | 卜瑛琪 | 金融学院 | 16316404 | 西北大学 | 美国 | 暑期 | 短期访学 |
| 388 | 王清玉 | 工学院 | 32116104 | 剑桥大学 | 英国 | 暑期 | 短期访学 |
| 389 | 段瑞明 | 经济管理学院 | 31116324 | 剑桥大学 | 英国 | 暑期 | 短期访学 |
| 390 | 杜悦 | 信息科学技术学院 | 19116107 | 伦敦大学国王学院 | 英国 | 暑期 | 短期访学 |
| 391 | 邓获 | 金融学院 | 16317403 | 伦敦政治经济学院＋曼彻斯特大学 | 英国 | 暑期 | 短期访学 |
| 392 | 万若舟 | 外国语学院 | 21115202 | 爱丁堡大学 | 英国 | 暑期 | 短期访学 |
| 393 | 韩晴 | 外国语学院 | 21116222 | 墨尔本大学 | 澳大利亚 | 暑期 | 短期访学 |
| 394 | 贾世璇 | 外国语学院 | 21116220 | 墨尔本大学 | 澳大利亚 | 暑期 | 短期访学 |
| 395 | 陈漪晴 | 工学院 | 31115120 | 香港大学 | 中国香港 | 暑期 | 短期访学 |

# 附录 7  学生工作表彰

## 表 1  2018 年度优秀辅导员（校级）（按姓氏笔画排序）

| 序号 | 姓名 | 学院 |
|---|---|---|
| 1 | 丁群 | 工学院 |
| 2 | 刘素惠 | 动物科技学院 |
| 3 | 许娜 | 农学院 |
| 4 | 芮伟康 | 园艺学院 |
| 5 | 杜超 | 理学院 |
| 6 | 李艳丹 | 植物保护学院 |
| 7 | 汪越 | 植物保护学院 |
| 8 | 张祎 | 工学院 |
| 9 | 陆佳俊 | 金融学院 |
| 10 | 武昕宇 | 草业学院 |
| 11 | 金洁南 | 动物医学院 |
| 12 | 姚敏磊 | 农学院 |

表2 2018年度优秀学生教育管理工作者（校级）（按姓氏笔画排序）

| 序号 | 姓名 | 序号 | 姓名 | 序号 | 姓名 | 序号 | 姓名 |
|---|---|---|---|---|---|---|---|
| 1 | 王 敏 | 11 | 刘 影 | 21 | 陈晓恋 | 31 | 章 棋 |
| 2 | 王 程 | 12 | 杜 超 | 22 | 郑琼婷 | 32 | 彭益全 |
| 3 | 王誉茜 | 13 | 李艳丹 | 23 | 信莹莹 | 33 | 葛继红 |
| 4 | 方 淦 | 14 | 李 真 | 24 | 姜晓玥 | 34 | 董红梅 |
| 5 | 田光兆 | 15 | 肖伟华 | 25 | 洪 青 | 35 | 鲁 月 |
| 6 | 任海彦 | 16 | 伽红凯 | 26 | 费荣梅 | 36 | 鲍永美 |
| 7 | 刘 方 | 17 | 辛志宏 | 27 | 姚敏磊 | 37 | 熊富强 |
| 8 | 刘 杨 | 18 | 沈洁漪 | 28 | 贾海峰 | 38 | 薛晓峰 |
| 9 | 刘晓玲 | 19 | 张 杨 | 29 | 徐 刚 | 39 | 魏威岗 |
| 10 | 刘照云 | 20 | 陆万军 | 30 | 殷 美 | | |

表3 2018年度学生工作先进单位（校级）

| 序号 | 单位 |
|---|---|
| 1 | 工学院 |
| 2 | 植物保护学院 |
| 3 | 动物医学院 |
| 4 | 农学院 |
| 5 | 园艺学院 |
| 6 | 公共管理学院 |

表4 2018年度学生工作创新奖（校级）

| 序号 | 单位 |
|---|---|
| 1 | 动物医学院 |
| 2 | 植物保护学院 |
| 3 | 工学院 |
| 4 | 经济管理学院 |
| 5 | 理学院 |
| 6 | 食品科技学院 |

# 附录 8 学生工作获奖情况

| 序号 | 项目名称 | 颁奖单位 | 获奖人 |
|---|---|---|---|
| 1 | 第十七次全国高等农业院校学生工作研讨会优秀论文一等奖 | 全国高等农业院校学生工作研究会 | 刘亮、盛馨 |
| 2 | 第十七次全国高等农业院校学生工作研讨会优秀论文一等奖 | 全国高等农业院校学生工作研究会 | 黄绍华 |
| 3 | 第十七次全国高等农业院校学生工作研讨会优秀论文优秀奖 | 全国高等农业院校学生工作研究会 | 窦靓 |
| 4 | 全国农科学子联合实践先进工作者 | 中国作物学会作物学人才培养与教育专业委员会 | 姚敏磊 |
| 5 | 全国农科学子联合实践优秀指导教师 | 中国作物学会作物学人才培养与教育专业委员会 | 殷美 |
| 6 | 全国农科学科联合实践优秀指导教师 | 中国作物学会作物学人才培养与教育专业委员会 | 王彬 |
| 7 | 第二届全国高校植物保护学院党建暨学生思想政治工作研讨会论文三等奖 | 全国高校植物保护学院党建暨学生思想政治工作会组委会 | 黄绍华 |
| 8 | 2018全国农林院校研究生教育管理研修班暨中部地区农林研究生教育学术年会优秀论文二等奖 | 中国学位与研究生教育学会农林工作委员会 | 黄绍华 |
| 9 | 2018年大学生志愿者千乡万村环保科普行动优秀指导教师 | 中国环境科学学会 | 郑冬冬 |
| 10 | 仙林大学城团体心理辅导"精彩活动"二等奖 | 江苏省仙林大学城心理健康教育研究中心 | 王未未 |
| 11 | 全国农林院校研究生思政工作组 2018 年年会优秀案例一等奖 | 中国学位与研究生教育学会农林学科工作委员会 | 窦靓、韩键、芮伟康 |
| 12 | 全国农林院校研究生思政工作组 2018 年年会优秀论文二等奖 | 中国学位与研究生教育学会农林学科工作委员会 | 窦靓 |
| 13 | 2018年江苏省大中专学生志愿者暑期文化科技卫生"三下乡社会实践活动"先进工作者 | 中国共产主义青年团江苏省委员会 | 魏威岗 |
| 14 | 脱贫攻坚优秀党务工作者 | 中共麻江县委员会 | 汪浩 |
| 15 | 脱贫攻坚优秀党务工作者 | 中共黔南布依族苗族自治州委员会 | 汪浩 |
| 16 | 第七届江苏高校辅导员素质能力大赛复赛二等奖 | 江苏省高校辅导员培训与研修基地 | 黄芳 |
| 17 | 第七届江苏高校辅导员素质能力大赛决赛三等奖 | 江苏省教育厅 | 黄芳 |
| 18 | 2018年度"国际植物日"科普活动优秀个人 | 中国植物生理与分子生物学学会 | 王晓月 |

## 附录9　2018届参加就业本科毕业生流向（按单位性质统计）

| 毕业去向 | 本　科 | |
|---|---|---|
| | 人数（人） | 比例（%） |
| 企业单位 | 2 169 | 89.41 |
| 机关事业单位 | 209 | 8.61 |
| 基层项目 | 39 | 1.60 |
| 部队 | 6 | 0.25 |
| 自主创业 | 3 | 0.13 |
| 总计 | 2 426 | 100 |

## 附录10　2018届本科毕业生就业流向（按地区统计）

| 毕业地域流向 | 合　计 | |
|---|---|---|
| | 人数（人） | 比例（%） |
| 北京市 | 104 | 4.28 |
| 天津市 | 38 | 1.57 |
| 河北省 | 35 | 1.44 |
| 山西省 | 7 | 0.29 |
| 内蒙古自治区 | 11 | 0.45 |
| 辽宁省 | 7 | 0.29 |
| 吉林省 | 7 | 0.29 |
| 黑龙江省 | 4 | 0.16 |
| 上海市 | 179 | 7.38 |
| 江苏省 | 1 193 | 49.17 |
| 浙江省 | 173 | 7.13 |
| 安徽省 | 70 | 2.89 |
| 福建省 | 40 | 1.65 |
| 江西省 | 6 | 0.25 |
| 山东省 | 44 | 1.81 |
| 河南省 | 58 | 2.39 |
| 湖北省 | 29 | 1.20 |
| 湖南省 | 22 | 0.90 |
| 广东省 | 154 | 6.35 |
| 广西壮族自治区 | 15 | 0.62 |
| 海南省 | 6 | 0.25 |
| 重庆市 | 22 | 0.91 |
| 四川省 | 27 | 1.11 |
| 贵州省 | 16 | 0.66 |
| 云南省 | 24 | 0.99 |
| 西藏自治区 | 17 | 0.70 |
| 陕西省 | 8 | 0.33 |
| 甘肃省 | 15 | 0.62 |
| 青海省 | 12 | 0.49 |
| 宁夏回族自治区 | 8 | 0.33 |
| 新疆维吾尔自治区 | 29 | 1.20 |
| 其他 | 46 | 1.90 |
| 合计 | 2 426 | 100.00 |

# 附录 11　2018 届优秀本科毕业生名单

## 农学院（68 人）

| | | | | | | | | |
|---|---|---|---|---|---|---|---|---|
| 罗秋辞 | 尹春红 | 丁志锋 | 陈　健 | 刘海燕 | 温雪萍 | 汪苗苗 | 李逸凡 | 蔡　广 |
| 杜　娟 | 金尚昆 | 姜智胜 | 孙传蛟 | 王文慧 | 张恺悦 | 顾晓华 | 张舒钰 | 葛佳琨 |
| 危湘宁 | 林　焱 | 郭子瑜 | 黄　震 | 刘昊泽 | 杨益宁 | 何晓蕊 | 张诗溪 | 余意雯 |
| 汤冰倩 | 周审言 | 李　静 | 包孟梅 | 仲开泰 | 刘月欣 | 王松明 | 柳伟哲 | 但柯伽 |
| 王明月 | 方　天 | 唐梦璐 | 邰秀祥 | 李婉钰 | 翟文萱 | 蒋　琪 | 杨　灿 | 赵玮莹 |
| 曹泽毅 | 余慧霞 | 曾玺宇 | 古丽孜然·亚力 | 丁文涛 | 吴　怡 | 吴赜旭 | 刘玉龙 |
| 武星廷 | 刘鹏涛 | 商冠东 | 杜同阳 | 郑　爽 | 张馨月 | 陈超燕 | 张雅瑶 | 张嘉会 |
| 王　静 | 何　清 | 刘　艺 | 何黄忆 | 崔　悦 | 安晟民 | | | |

## 植物保护学院（41 人）

| | | | | | | | | |
|---|---|---|---|---|---|---|---|---|
| 刘玉琢 | 赵姗姗 | 任　元 | 何燕飞 | 徐家琪 | 湛安然 | 薛　兰 | 贺玲玲 | 吴　玉 |
| 陶　娴 | 张　颖 | 陆雅雯 | 成媛媛 | 蔡雅真 | 许　洁 | 魏　冬 | 蔡雅洁 | 杨　晶 |
| 施振敏 | 平小霏 | 王英帆 | 桂　颖 | 仲　键 | 郎　博 | 汪宏凯 | 佟　聪 | 修　倩 |
| 高慧鸽 | 贺　婵 | 高　雅 | 申雪童 | 裴　勇 | 宋吉强 | 张　悦 | 李　斯 | 宗凌烽 |
| 谢雨晨 | 陈付蓉 | 陈润丽 | 张伊杰 | 周雨佳 | | | | |

## 资源与环境科学学院（64 人）

| | | | | | | | | |
|---|---|---|---|---|---|---|---|---|
| 唐凌逸 | 王　琪 | 冯元韬 | 姜　鑫 | 张钰婷 | 张馨玉 | 王小艺 | 董　辉 | 姚　佳 |
| 李　琦 | 左尚武 | 欧阳婷婷 | 乔　娅 | 刘雨雪 | 程梦涵 | 高　佳 | 高　丹 | 程晓翠 |
| 高　菲 | 俞　卿 | 任翔宇 | 张清越 | 何　圆 | 姜龙雪 | 杨　洁 | 李昕玥 | 成梁艺 |
| 徐雪杰 | 许　琴 | 谢　宇 | 王文钦 | 张　澜 | 陈丹丹 | 郝娇阳 | 丁佳兴 | 王焓钰 |
| 黄蒙园 | 汪姗姗 | 孙玉菡 | 郑利华 | 徐　允 | 林雨晴 | 潘云凤 | 冯秀伟 | 操一凡 |
| 董苏阅 | 杨凯利 | 顾文静 | 王佳音 | 王　权 | 刘珊珊 | 孙佳音 | 张　姝 | 齐煜蒙 |
| 杨婷文 | 杨淑娴 | 杨　朝 | 王文姬 | 陆　宏 | 黄　悦 | 郑路路 | 王梦雨 | 唐思宇 |
| 李婉秋 | | | | | | | | |

## 园艺学院（85 人）

| | | | | | | | | |
|---|---|---|---|---|---|---|---|---|
| 陈佳宜 | 王　蕊 | 曹　婧 | 王红尧 | 何仲秋 | 杨　晨 | 沈倩雅 | 李梦霏 | 贾婷婷 |
| 颜晓艺 | 谢　琦 | 魏春雨 | 周　颖 | 孙一锦 | 翁　祎 | 吴燕梅 | 史黎明 | 魏雨晴 |
| 吴少芳 | 万　珊 | 张　艺 | 黄晓清 | 沈金丽 | 沈　迪 | 王晨赫 | 张舒玥 | 杨　巧 |
| 刘家琪 | 梁冬怡 | 袁子韵 | 聂旖婷 | 吴　瑶 | 张　潇 | 易姝芬 | 陈敏洁 | 赵　怡 |
| 李蕊莲 | 王　悠 | 李羽青 | 周　宇 | 杨冬瑶 | 徐　菁 | 卢　芳 | 程珍珍 | 孙　晓 |
| 肖梦君 | 成婧荷 | 郑　直 | 安　静 | 李　欣 | 申冰清 | 林安琪 | 王莉莉 | 肖有梅 |
| 刘瑞宇 | 陈奕楠 | 孙晓雪 | 韩　笑 | 宋　轶 | 赵佳伟 | 沈昊天 | 董宝莹 | 赵广旭 |
| 王荔倩 | 邱　易 | 高玉洁 | 王雪晴 | 陆小曼 | 蒋雪婷 | 郑　希 | 王晓艺 | 周　欣 |

王琳婷　侯雅楠　马绍伟　吴　玥　张榕蓉　赵　娜　万姿含　许铜硕　刘悦妍
王静怡　李少杭　李武好　周　康

## 动物科技学院（44 人）

靳　蕊　林樱子　臧新威　张潇月　鞠佳倩　蒋璐憶　胡　悦　鲁昱方　张子珩
张芮铭　周炎冰　薛颖喻　方舒婷　王圣楠　陈　露　陶瑞鑫　刘阳春　李吟春
张馨月　廖祉亦　张雅洁　罗　丹　刘梦瑶　谢　颖　张　琪　邓　鑫　于成兵
徐诗荧　黄铢玉　师　雨　许迪辉　阎明军　彭碧霞　施文博　张绍昱　杨忠妙
王雅琦　刘香丽　林善婷　郭　柳　王晓晴　孙　晔　周雯婷　沈卓珺

## 经济管理学院（82 人）

袁　婧　赵艺华　黄子奇　高　群　刘晓燕　赵　俏　沈瑞妍　于爱华　孟臻铮
徐佳文　许永钦　蔡　倪　吴智豪　夏云柯　王小雨　陆　晨　李佳真　洪燕娜
桑霏儿　虞家敏　杨　睿　谢翙澜　周甜甜　史涵濛　张婷婷　王宇琦　濮　力
李丽媛　沈　彤　顾宇扬　杨　琳　卞思云　曹开琛　张晓琪　陆佳宇　周　驿
李钟慧　谭　锦　赵　冰　刘　倩　沈晨怡　李　瑞　苏　萍　赵　晶　宋丹莹
岑　丹　郑海燕　肖　遥　唐翙淳　朱玮儒　周昕晖　陈俊璇　华慧慧　何杰超
李琪菲　张晓洋　吕之炜　严娜娜　王　月　李方仙妮　古与璇　冯馨仪　汪梦兰
林奕杉　程梦琪　李梦柯　刘浩然　刘心怡　林钰青　王心怡　沈家丽　邸　帅
刘　桢　许潇文　冯一川　宁雨桐　冯宇晴　沈　允　陈鹏程　洪甘霖　陈　臣
陈肖湄

## 动物医学院（58 人）

季艳杰　谢盛达　孙嘉豪　粟灵琳　戴雅冬　潘渊婷　沈艳玲　刘楠楠　郭鹏举
高　雅　杨若泓　何婉婷　袁　媛　武　鸿　彭何涛　胡　楠　吴　月　杨元奇
蒋君瑶　张琰雯　张碧莹　蔡云栋　朱天宇　蓝日国　郝智瑜　刘倩倩　张　聪
肖　迪　韩一帆　赵柯杰　于　飞　钱雯娴　盖芷莹　吴恭俭　胡夏佩　罗　丹
聂嘉伟　龙银燕　赵思梦　张鹏皓　聂　蒙　何琳琳　关　珊　金玉欣　杨　嫡
员　蕾　郑瑞程　庄晓敏　李小红　李雪萌　张鸿宇　于静晨　王　虹　王　灯
章雨辰　舒　鑫　范玉凤　秦玉兰

## 食品科技学院（55 人）

韩竞旭　孙惠悦　张铧月　章晓晴　黄倩颖　邵圣杰　董　昱　曹万茹　曹婷婷
王根迩　王　冕　周　洲　郑佼琴　马瑜琛　洪瞳茜　高　菲　周梦洁　向梦洁
王　妍　魏斯晗　王晓琳　周华琳　白　雪　陈思媛　郑红霞　钟舒睿　林　健
刘妍驿　殷　跃　王　潇　马晓惠　李代婧　方新茗　周亚南　郭　怡　杨雅茹
黄子信　施　磊　欧阳欣　韩　烁　董　薇　郑克伟　江　娜　李美玉　李　昂
杨　军　蔡昭贤　李　彤　卫　婷　徐逸文　朱颖洁　翁　妍　徐　磊　罗伟斌
刘静思

## 信息科技学院（62 人）

| | | | | | | | | |
|---|---|---|---|---|---|---|---|---|
| 郑梦之 | 向 昕 | 韩欣欣 | 李益婷 | 宋若璇 | 代 冰 | 庄诗梦 | 王施运 | 刘慧琳 |
| 白世玉 | 杨 冉 | 尚 帅 | 杨 静 | 周 颖 | 包楚晗 | 郝嘉萱 | 奎苹倩 | 秦胜云 |
| 王子婷 | 朱子赫 | 贾丹萍 | 赵 颖 | 艾毓茜 | 马晓雯 | 蔡小羽 | 陶明秀 | 王林旭 |
| 柳 瑶 | 王紫悦 | 杜 京 | 贾馥玮 | 蒋心健 | 郑凯婕 | 张震宇 | 姚润璐 | 边园园 |
| 李 萍 | 伍海霞 | 王 钰 | 徐 墅 | 郑紫宇 | 曾文超 | 张辛雨 | 明 悦 | 薛天洁 |
| 朱淑敏 | 曹雪莲 | 陈志远 | 邵滢丹 | 王 琨 | 魏淑慧 | 吴泽谋 | 朱韦琳 | 郑 逸 |
| 李美玲 | 肖涵宇 | 张俊艺 | 黄秋桂 | 邢文倩 | 尚奇奇 | 陈明月 | 丁 宁 | |

## 公共管理学院（99 人）

| | | | | | | | | |
|---|---|---|---|---|---|---|---|---|
| 周 蕊 | 解娟娟 | 朱敏洁 | 张竞月 | 郑心怡 | 王 昊 | 徐大茂 | 杨星星 | 曹 婧 |
| 刘蓝惠 | 孟 璇 | 董 莉 | 杨 宸 | 陈芷桐 | 王艺璇 | 李浩琨 | 尹亚茜 | 班倩倩 |
| 赵 霞 | 裴雯岚 | 林 宁 | 郑 一 | 王梦雨 | 林 涵 | 刘 艳 | 乔莉伟 | 黄 藤 |
| 邵依聪 | 黄 莉 | 谢子贤 | 龚益锋 | 赵乾隆 | 周海舒 | 石雅婷 | 冯雷雷 | 王育莹 |
| 王相倩 | 谢昊举 | 蔡子歆 | 阿迪莱·艾尔肯 | 赵芳欣 | 王剑英 | 王珂珂 | 丁 梦 |
| 刘雪晴 | 冯玥棋 | 王 瑶 | 王欣萍 | 汪文俊 | 董园园 | 秦 朕 | 陈 哲 | 郑粟文 |
| 马筠程 | 刘 林 | 冯 浪 | 楼睿斐 | 胡尔杰 | 刘志诚 | 张 苏 | 厚欣悦 | 赵 瑞 |
| 冯沁雅 | 夏静文 | 胡博文 | 周旸彭 | 周曼冰 | 何 旺 | 张嘉欣 | 蒋林苡 | 王 颖 |
| 尹园园 | 孙雨婷 | 史沁怡 | 翟 格 | 恽奎照 | 于博源 | 毛 青 | 仲 妮 | 孔嘉婧 |
| 冯佳凝 | 刘 畅 | 钱 静 | 周 薇 | 孙 颖 | 陈 睿 | 谭 婷 | 周佳瑜 | 罗笑嫣 |
| 祝孔文 | 朱震宇 | 吕洁诗 | 薛梦颖 | 李雪蕾 | 闫晓丽 | 李 叶 | 崔秀雅 | 李梦思 |
| 陈璞玉 | | | | | | | | |

## 外国语学院（45 人）

| | | | | | | | | |
|---|---|---|---|---|---|---|---|---|
| 毛 真 | 朱晓婷 | 方晓凤 | 冯慧贤 | 宋晓婷 | 唐倩芸 | 马晓晴 | 宗孟君 | 倪成扬 |
| 李璐璐 | 刘然祺 | 倪召姝 | 黄竞萱 | 季梦云 | 闫 畅 | 管 漪 | 冯敬乔 | 郑超群 |
| 吴婉娴 | 杨瑞萌 | 张 蒙 | 陈艳红 | 吴晓茹 | 余 婕 | 汪梦元 | 欧文睿 | 余 蓉 |
| 张玉君 | 薛 嘉 | 郭鹏辉 | 刘馨圆 | 古声洁 | 谢映明 | 卢慧雅 | 车洁伟 | 吴 焱 |
| 丁依蒙 | 郇春晓 | 徐 冕 | 季嘉薇 | 于曼丽 | 刘玉洁 | 王 歆 | 刘伟婷 | 黄 聪 |

## 人文与社会发展学院（75 人）

| | | | | | | | | |
|---|---|---|---|---|---|---|---|---|
| 夏梦蕾 | 陈 晓 | 杨 慧 | 马衡雨 | 韩雪祺 | 林珈竹 | 王 琦 | 刘雨婷 | 唐青霞 |
| 曹云鹤 | 张 雪 | 任亚新 | 冯佳蕊 | 常 婧 | 燕 雯 | 朱郡怡 | 陈佳洁 | 陈 滢 |
| 顾珍琪 | 綦宸玥 | 秦 纯 | 陈程南 | 王汝安 | 吕晓庆 | 林金汾 | 吴 夕 | 唐 凤 |
| 杨 晴 | 邓黍心 | 何静霞 | 庄倚谧 | 刘思作 | 王昭珍 | 李雪妍 | 王利娟 | 陈 静 |
| 李晶瑶 | 谷渊博 | 徐金燕 | 左宜鑫 | 张 寒 | 刘家敏 | 罗 倩 | 章敬莲 | 叶怡颖 |
| 李嘉豪 | 周伟豪 | 周梦蝶 | 吕尚恒 | 杜鸿健 | 刘润华 | 林丽敏 | 章泽群 | 沈 悦 |
| 薛 源 | 叶亮亮 | 牛灵珊 | 李慕黎 | 徐 磊 | 张 爽 | 吴壤西 | 孙明月 | 朱 丽 |

吴　璨　孙金潇　李　全　戴雨舒南　杨沁恬　汪星辰　蒋乐畅　陈锦岚　陈子晗
赵菁菁　王聚磊　李早早

## 理学院（41 人）

李梦鸽　黄腾飞　孙　晨　邓杰晖　马　榛　徐　帅　谢小华　安佳慧　陈秀华
鲍建伟　戴楚怡　袁纯璐　史政源　张旭光　张利君　郝　爽　陈　鑫　杜晓鸣
金笑竹　刘　丽　代雪祥　张亚东　刘倩倩　季桓静　李晓霞　崔苏航　王芷婷
潘烺年　付战照　姜　星　刘保霞　陈思铭　张晓煜　尹姝璐　孙传浩　胡　珀
黄晓月　罗雪飞　王天歌　徐　娜　温心怡

## 生命科学学院（55 人）

沈　彤　王　晨　金嘉玉　孙睿铭　刘梦笛　申家齐　陈　豪　余慧怡　徐超韫
刘思嫣　刘彦君　李赫羽　王婷玉　高皓翔　张文韬　义玉国　王斌强　姚月朗
谌秀仪　刘一帆　张佩虹　李　棋　胡　粲　陈　夏　严欣宇　王　悦　李　琨
周　宁　唐宜佳　杨镇宇　李碧瀚　王志远　陈海淋　周敏佳　刘　旭　涂翘楚
张诗婷　陈叶蕾　陈芷郁　徐　昊　盛亦茹　余　俊　秦宸睿　郭婉霜　胡苏姝
陆小亮　夏鋈晖　王金城　顾铁基　贺柳晴　于佳琪　翟云泽　朱旭远　文雅娴
李　洁

## 金融学院（79 人）

胡宇菲　许　彬　程　璇　宋　叶　赵　航　车佳嫣　朱洁如　钱青青　叶　楚
庞凡想　周子寒　程庆元　刘　雪　甄筱宇　高仁杰　袁　正　张艺博　李　圻
张晴宇　章　晔　孙美琳　杨致瑗　杨晓宇　朱茜鲤　王玉婷　梁慕瑶　张艺琳
秦晓晖　杨笑荷　马颖筱　张戈童　张博宁　钱思菲　罗淇丹　陆　磊　徐　玥
郭东琪　蔡惠芳　陈艺闻　雷　蕾　徐雅雯　袁鸣含　马聪莹　茅娇娇　朱映彤
李　丹　王柳然　王陶陶　张瑞婧　郑茵茵　宋羿男　何　丹　王依华　庞　琦
许秋茗　肖轶伦　沈伟华　杨鑫仪　钟世聪　李月晔　周倩倩　朱　璇　吴卫华
徐　悦　张　泓　许　诺　史可怡　乔羽堃　张　硕　袁月明　谭　茗　李雯萱
赵亚玫　毛子静　王文哲　姚　聪　卜雅甜　支　点　邱　晨

## 草业学院（11 人）

薛淑婷　朱晓璇　王灵婧　容　庭　李　婕　端文滟　王　宁　贾浩然　方何婷
曹苏敏　裴同同

## 工学院（351 人）

王家轩　张陈平　陈肖玮　彭一鸣　高　旭　赵　军　全泽宇　吴慧洁　范亮亮
张文海　高　启　李小龙　罗雨辰　游志恒　王东岳　梅路遥　东泽源　张东毅
马　瑜　陈伟民　方　锐　李欣月　易黄懿　王其实　朱　钰　任奕午　陈　昊
曹　赛　董　倩　张欣欣　李琪瑶　胡莹莹　梁甲慧　傅丹华　陈思美　张孟珂

| 刘诗青 | 曾江涛 | 娄　晨 | 李　颖 | 郭聪聪 | 王万里 | 吴竺芫 | 朱曼曼 | 李宇迪 |
|---|---|---|---|---|---|---|---|---|
| 许必承 | 缪依洺 | 伊笑莹 | 龚成杰 | 倪雪莹 | 彭文杰 | 唐忠婷 | 文　楠 | 杨　畅 |
| 刘亚楠 | 吴梦阳 | 张　芙 | 高毓娇 | 丁　瑞 | 胡承磊 | 陈子阳 | 卢　山 | 李慧琳 |
| 吕　苏 | 吴永栓 | 郭忠菉 | 简伊彤 | 刘　翰 | 王冬雷 | 陈子哥 | 朱名欣 | 赵　敏 |
| 章昕怡 | 黄　宏 | 张丁戈 | 漆　雯 | 程　欣 | 朱思贤 | 陈　杰 | 李浩博 | 张　晨 |
| 周　颐 | 何丽婷 | 杨　培 | 杨名扬 | 麻惠敏 | 邓丽媛 | 赵晓杭 | 张诗如 | 谭积金 |
| 武妍慧 | 赵健健 | 梅　斌 | 於慧琳 | 朱　丹 | 张盼盼 | 翟文倩 | 程亚敏 | 平烨佳 |
| 钟达味 | 刘泉艳 | 姚　文 | 陈适文 | 黄毓颖 | 严如钰 | 韩帅磊 | 彭　茵 | 周国华 |
| 吴乐梅 | 曾　欣 | 曹　阳 | 郭安然 | 卢　薇 | 谭　玲 | 秦淮瑶 | 孙　贝 | 曾令媛 |
| 郭珊杉 | 刘　莉 | 刘晓博 | 谢语婷 | 钱梦婷 | 胡佳莹 | 高　婧 | 张致远 | 刘　宇 |
| 冯小玉 | 林　晴 | 房　璇 | 王　菲 | 管伟杰 | 徐唯帅 | 戴安娜 | 李佳忆 | 张静宇 |
| 张子璇 | 郜婷玉 | 吴净航 | 胡慧敏 | 毛锴楠 | 华　玉 | 王　瑞 | 陈宜璠 | 温艺曼 |
| 尹　婕 | 郭晨阳 | 王　林 | 蔡琦雯 | 钱琦为 | 陆晓雯 | 石凤仪 | 裴　帅 | 颜黎珠 |
| 李思雨 | 周静娴 | 席　轩 | 韩雪莹 | 周燕宁 | 张经纬 | 臧文雪 | 董　蓉 | 王惠欣 |
| 褚海波 | 燕　楠 | 刘吉宁 | 严晓倩 | 李叶钦 | 何雅琦 | 李鑫鑫 | 周苡祺 | 张　怡 |
| 赵旭芳 | 洪世权 | 张晓丽 | 郭思敏 | 吕思璇 | 陆媛媛 | 魏　玥 | 张冰玉 | 高文清 |
| 柏亚东 | 帅双旭 | 徐　茜 | 张嘉曦 | 贺佳利 | 刘　乐 | 李紫薇 | 王　蔚 | 孙嘉晨 |
| 孙自然 | 魏良状 | 唐泰杰 | 沈懋生 | 陈思睿 | 巢家毓 | 王敬尧 | 韩观平 | 高　丙 |
| 邵　武 | 余　磊 | 周　涛 | 曹　飞 | 秦　超 | 张　艳 | 唐逸凡 | 吴金桂 | 朱城城 |
| 房　磊 | 付　敏 | 管　玥 | 陈杨怀 | 符　翔 | 王佳妮 | 刘　洋 | 夏恒永 | 杨　杰 |
| 黄月婷 | 任思远 | 李　蕊 | 张　琳 | 鲁　彤 | 潘超娅 | 郭　静 | 郭　阳 | 刘子璇 |
| 黄雨情 | 顾存昕 | 胡海阳 | 任　娅 | 张佳菲 | 杜晓月 | 郭阳鸣 | 吴天雄 | 梁芯瑜 |
| 尹小燕 | 朱婵婵 | 王若凝 | 高　梅 | 吉晋娟 | 汤步靖 | 赵盈盈 | 李亚杰 | 崔梦洁 |
| 李奇生 | 王雨琦 | 潘东洲 | 胡　萍 | 高　璇 | 张天骄 | 黄尔齐 | 黄宸崴 | 张　臻 |
| 王　安 | 刘全祥 | 王家宸 | 张玲玲 | 张　浩 | 范钰程 | 程甜甜 | 戴超君 | 黄　雷 |
| 王　俊 | 胡俊炜 | 钱　洁 | 王紫烟 | 黄舒颖 | 何英哲 | 赵彦林 | 蔡琼慧 | 刘晓聪 |
| 周　凯 | 蔡建敏 | 朱　鹏 | 朱静怡 | 史　航 | 张雯霞 | 刘　锦 | 王欣泽 | 谢奉希 |
| 丁晨曦 | 王有斌 | 王博闻 | 张筱苑 | 邹　凡 | 孙　正 | 周晏锋 | 王　阳 | 付仕雄 |
| 王天宇 | 马习文 | 徐伟腾 | 姜腾腾 | 杨　浩 | 陈浩盛 | 马德贤 | 赵亚康 | 唐健锋 |
| 汪　力 | 朱志南 | 陈宁特 | 魏峥琦 | 解世禄 | 邹亚男 | 程郅皓 | 田　源 | 张任飞 |
| 孙唯寅 | 蔡旭林 | 周　军 | 古　黎 | 石铭宽 | 鲁　镇 | 陈伟松 | 李成伟 | 王　烨 |
| 赵育泽 | 罗淑一 | 马莹睿 | 何泽慧 | 曹雨纯 | 薛海霞 | 华艺莲 | 莫灿芳 | 徐浩雪 |
| 段雨晴 | 沈　艳 | 邓当当 | 李　窈 | 许佳昕 | 王昌唱 | 王品申 | 杜佳丽 | 程　立 |
| 徐彬彬 | 张　香 | 田金莲 | 王禹轩 | 王怡云 | 王清清 | 刘玲玲 | 石新宇 | 史　可 |
| 马　林 | 李　聪 | 徐濯清 | 王宏羽 | 成　露 | 伍　昊 | 茅　璐 | 巴子钰 | 陈　京 |

## 附录12　2018届本科毕业生名单（4 285人）

### 农学院（194人）

丁志锋　尹春红　布铁军　叶沛哲　伍玉琛　刘晓佳　刘海燕　孙传蛟　孙佳瑜

李　娟　李逸凡　杨　一　杨念达　余敏春　汪苗苗　汪　强　陈　健　罗秋辞
周靖鱼　姜智胜　徐　芸　高明亮　黄学熹　梅梦娟　温雪萍　蔡　广　杜　娟
金尚昆　杜逸晨　葛佳琨　王文慧　王怡婧　王　博　王　瑶　文　杉　平立松
代洪伟　邢文雯　危湘宁　李林曦　杨博明　张学禹　张恺悦　张舒钰　陆　波
林　焱　郑巧梅　顾晓华　郭子瑜　谈佳玥　黄　震　崔佳男　游宗毅　蔡雨佳
熊　威　方元骁　缪依琳　曹正康　李　静　马骏炜　冉徐昌　付　旭　包孟梅
刘昊泽　汤冰倩　买小杰　苏　月　李　铮　杨再林　杨益宁　吴荞波　吴　移
吴　皓　何晓蕊　余意雯　宋　健　张诗溪　张晨光　陈　凯　陈　涛　范玄麟
迪力夏提·艾尼　周审言　泽成卓玛　赵　璨　唐春兰　陶伟科　黄彦郡　王松明
王明月　王　璐　方　天　仲开泰　刘月欣　刘丽敏　刘墨瑶　李白琳　李　伯
李　鑫　杨佩宁　何　彬　但柯伽　阿尔成·克马力拜　邰秀祥　罗锡坤　柳伟哲
徐瀚文　唐梦璐　章项斌　梁春杨　维　色　蒋佳芸　傅兆鹏　焦玉洁　谢　童
蔡世熊　刘　斌　马尔合巴·艾司拜尔　王玖琪　王佳勤　巴桑潘多　刘诗瑶　刘航宇
刘崇义　李婉钰　杨　灿　余慧霞　陈　信　范思娜　郑灵益　孟庆锦　赵光珂
赵玮莹　赵锡泽　夏　睿　徐　策　高　杨　高荣嵘　曹泽毅　蒋　琪　喻　珺
强　久　翟文萱　魏紫丹　丁文涛　古丽孜然·亚力　冯成蒿　朱伊筠　向寅嘉
刘玉龙　刘鹏涛　池　驰　严　岩　李　宁　杨秀坤　吴　怡　吴赜旭　武星廷
钮　鑫　侯昕芳　晋边热娃　蒋　莎　曾玺宇　谢　萍　魏磊鑫　安晟民　王　静
郭世耸　史可见　何雨欣　汪静萱　何黄忆　沈吉珉　张馨月　周　俊　尤韦韦
郑　爽　喻彦轩　杨　阳　陈超燕　季嘉忆　何乔丹　何　清　张嘉会　刘　艺
何　骏　商冠东　郑　青　冯冠华　徐　烨　杜同阳　张雅瑶　崔　悦　李章红

## 植物保护学院（107人）

吴　玉　王珏瑜　王　鹏　白佳琦　冯丹妮　任　元　刘玉琢　李　月　李思鹏
李浩然　李雪昕　李　源　吴云钊　何燕飞　张雅铭　陈　超　季　远　周李逸之
周宗元　赵婳婳　姚昕怡　贺玲玲　徐家琪　陶　娴　黄小燕　湛安然　熊　辉
薛　兰　李光宁　王　冉　王　影　牛跃迪　古丽期曼·玉苏　平小霏　成媛媛
刘远朋　刘张默涵　许　洁　杨　晶　张　颖　张熠场　陆雅雯　陈志远　周占册
赵　蕊　施振敏　聂鎌倬　柴　宁　黄钟葛　常蓓蓓　蔡雅洁　蔡雅真　魏　冬
宓　宝　徐依科　王天硕　王英帆　平　川　叶尔森·吐尔逊　央宗卓嘎　冯　雨
仲　键　吴哲昊　何林凤　汪宏凯　张嘉琪　周宸宇　郎　博　修　倩　贺　婵
秦添亮　桂　颖　高　雅　高慧鸽　彭长武　彭　烺　黑秀苗　税兰雅　佟　聪
申雪童　毛毛雨　布　琼　史孟灵　刘卓远　许佳昀　李　斯　宋吉强　张伊杰
张宇清　张　洋　张　悦　张　晨　陈付蓉　陈润丽　周雨佳　周新宇　宗凌烽
封　越　赵紫衣　郝　晋　胡　锦　卿培杨　黄　卉　韩　旸　裴　勇　朱玉萍
谢雨晨

## 资源与环境科学学院（194人）

马硕嘉　王小艺　王春隆　王　爽　王　琪　王照元　孔德宁　冯元韬　成嘉琪

| | | | | | | | | |
|---|---|---|---|---|---|---|---|---|
| 朱沁南 | 刘安鸿 | 李雪聪 | 吴玲玲 | 张少裔 | 张 帆 | 张钰婷 | 张 聪 | 张馨玉 |
| 周 拓 | 周璐瑶 | 郑扬凡 | 郑晓璇 | 姜 鑫 | 姚 佳 | 晏安洁 | 唐凌逸 | 黄 玉 |
| 董 辉 | 傅馨逸 | 王金嵩 | 左尚武 | 权成伟 | 乔 娅 | 刘雨雪 | 孙 杨 | 孙露露 |
| 纪玉菲 | 李思雨 | 李 娜 | 李 琦 | 吴子晗 | 陈君宝 | 陈昌勋 | 陈思佳 | 欧阳婷婷 |
| 孟子惟 | 赵子恒 | 胡睿政 | 袁明珠 | 贾白豆 | 高 丹 | 高 佳 | 韩大轲 | 程子昂 |
| 程梦涵 | 谢 勇 | 詹宛思 | 霍 玥 | 惠承越 | 陈震寰 | 高 菲 | 周思瑶 | 边阳阳 |
| 程晓翠 | 曾能得 | 王文钦 | 成梁艺 | 任翔宇 | 许 琴 | 李昕玥 | 李海燕 | 杨 宏 |
| 杨 洁 | 吴亦飞 | 何 圆 | 沈 杨 | 张煜捷 | 张 澜 | 孟俊磊 | 赵婷婷 | 柯华东 |
| 皇素梅 | 俞 卿 | 姜龙雪 | 夏茂婧 | 徐雪杰 | 梁雨琦 | 韩君杰 | 韩凯丽 | 谢 宇 |
| 简嘉欣 | 颜君玫 | 魏 东 | 张清越 | 刘姝仪 | 程粟裕 | 张雨薇 | 于 雪 | 王元泽 |
| 王焙钰 | 方王文杰 | 石善宇 | 孙玉菡 | 李竞阳 | 杨雨菡 | 杨莎莎 | 杨 铉 | 汪红艳 |
| 汪姗姗 | 沈晓琳 | 张会新 | 张雨萌 | 陈丹丹 | 陈雨露 | 林 颖 | 季晓波 | 郑 宇 |
| 郝娇阳 | 钟瑞雪 | 徐镱侥 | 黄 珮 | 黄蒙园 | 熊伟宏 | 王紫萱 | 闻 翔 | 丁佳兴 |
| 胡官墨 | 马 杰 | 王子晗 | 王 权 | 王佳音 | 王震坤 | 左金玉 | 冯秀伟 | 朱 瀚 |
| 刘鑫鑫 | 闫嘉韫 | 杨凯利 | 吾尔肯别克·波力斯汗 | 张一荷 | 张霖霖 | 阿达来提·芒苏尔 |
| 林立勋 | 林雨晴 | 尚翰超 | 罗玮幸 | 周 严 | 郑利华 | 胡 康 | 胡 静 | 柯贤林 |
| 顾文静 | 徐子银 | 徐 允 | 徐砚听 | 梁瑞苏华 | 焦子轩 | 潘云凤 | 操一凡 | 胡 竞 |
| 董苏阅 | 王汉卿 | 陈培杰 | 王文姬 | 王梦雨 | 朱成之 | 朱 凯 | 朱燕婕 | 华 瑶 |
| 刘珊珊 | 齐煜蒙 | 祁 通 | 孙佳音 | 克力比努尔·阿西木 | 李京媛 | 李婉秋 | 杨淑娴 |
| 杨 朝 | 杨婷文 | 汪志嵩 | 宋彦儒 | 张 姝 | 陆 宏 | 林 琳 | 郑路路 | 赵旭蕾 |
| 唐思宇 | 韩尚凯 | 霍乙莇 | 魏中康 | 黄 悦 | 薛冰琛 | 刘 涛 | 张玉雪 | |

## 园艺学院（285 人）

| | | | | | | | | |
|---|---|---|---|---|---|---|---|---|
| 王红尧 | 王明珊 | 王 蕊 | 韦如娟 | 叶晓念 | 吉 茹 | 成 波 | 孙 浩 | 李梦霏 |
| 杨 晨 | 何 冉 | 何仲秋 | 沈倩雅 | 宋艳雪 | 张 媛 | 陈佳宜 | 陈维娟 | 周 丹 |
| 姚镇东 | 袁 啸 | 贾婷婷 | 徐 畅 | 陶 悦 | 黄雨晴 | 曹 婧 | 韩卓熹 | 谢培培 |
| 樊厚璞 | 马 倩 | 方玉涵 | 包佳丽 | 任丽莹 | 任 豪 | 孙一锦 | 李心雨 | 李雨濛 |
| 李凯淞 | 李俊达 | 李 婷 | 杨宇涵 | 吴金栋 | 汪家礼 | 张 茜 | 林 轩 | 周 颖 |
| 周 慧 | 侯慧中 | 翁 祎 | 黄桂莹 | 黄 萍 | 曹 雯 | 谢 琦 | 褚铁之 | 颜晓艺 |
| 魏春雨 | 杨大权 | 万 珊 | 王庆莉 | 王明珠 | 王 娜 | 史黎明 | 孙于惠 | 孙弋童 |
| 吴少芳 | 吴 垠 | 吴燕梅 | 何 艳 | 余珮嘉 | 张金蕾 | 陈金婕 | 周玉莲 | 周前杰 |
| 赵嘉欣 | 施凤雅 | 聂洧洁 | 曾 然 | 蒙艳桃 | 熊思亦 | 魏雨晴 | 周天舟 | 朱芳铭 |
| 张 艺 | 封 昀 | 覃雨思 | 王晨赫 | 甘可欣 | 田耀意 | 朱无忌 | 刘家琪 | 孙博文 |
| 李鑫晴 | 吴家琪 | 沈 迪 | 张 凤 | 张舒玥 | 章若瑶 | 陈春莲 | 金明杰 | 周 祎 |
| 赵 敏 | 姜礼尧 | 郭瑞婕 | 梁冬怡 | 詹 菁 | 王雨馨 | 杨 巧 | 沈金丽 | 袁鹭男 |
| 黄晓清 | 蒋 鑫 | 王翳如 | 王 天 | 王 悠 | 邓若梅 | 毕 婧 | 刘子寒 | 刘正坤 |
| 刘丽莎 | 刘思琪 | 阮铭宇 | 李诗园 | 李 越 | 李 辉 | 李蕊莲 | 肖佳明 | 吴 瑶 |
| 何妍翰 | 张 潇 | 陈 捷 | 陈敏洁 | 易姝芬 | 赵 怡 | 赵 奕 | 袁子韵 | 聂旖婷 |
| 顾婷婷 | 尉婧存 | 董亚亮 | 谢佳敏 | 谭新映 | 魏潘敬 | 王淑晗 | 韦宏杰 | 毛晓敏 |

| | | | | | | | | |
|---|---|---|---|---|---|---|---|---|
| 卢 芳 | 成婧荷 | 刘逸轩 | 孙 晓 | 孙常胜 | 李羽青 | 李芙蓉 | 杨冬璠 | 肖梦君 |
| 吴佳颖 | 陈佳敏 | 陈 柯 | 陈倩倩 | 周 宇 | 郑 直 | 祝 菁 | 姚 宇 | 徐 月 |
| 徐 菁 | 黄能珺 | 程珍珍 | 曾佳乐 | 薛雨萌 | 薛剑桥 | 李 思 | 王宇晖 | 王一帆 |
| 王莉莉 | 申冰清 | 刘佳泽 | 刘 琴 | 安 静 | 李 欣 | 李浩文 | 杨 双 | 肖有梅 |
| 张轩毓 | 张晓颖 | 张 爱 | 陈雪娇 | 林安琪 | 金美宏 | 周水灯 | 赵 田 | 赵梦璐 |
| 赵舒艺 | 贵书琪 | 袁 媛 | 徐乘风 | 褵汉美 | 魏 莲 | 韩卓育 | 沈其行 | 赵春博 |
| 王润秋 | 王嘉伟 | 文 瑾 | 尹 桐 | 甘沛然 | 邢楚寒 | 刘瑞宇 | 江思涵 | 孙 卓 |
| 孙晓雪 | 李明珈 | 沈昊天 | 宋 轶 | 张文田 | 张文青 | 张昱镇 | 张洪娟 | 张智通 |
| 陈奕楠 | 罗秋怡 | 庞文凤 | 宗明宸 | 赵广旭 | 赵佳伟 | 赵俊潇 | 赵晨晔 | 董宝莹 |
| 韩 笑 | 潘光耀 | 薛 萌 | 马绍伟 | 王荔倩 | 王晓艺 | 王雪晴 | 王琳婷 | 王瑞兴 |
| 任 薇 | 刘 超 | 汤佳明 | 李苏杭 | 李 浩 | 李嘉欣 | 吴 玥 | 邱 易 | 张 瑶 |
| 陆小曼 | 陆 源 | 陈国栋 | 陈 莎 | 周 欣 | 郑 希 | 赵聪惠 | 侯雅楠 | 高玉洁 |
| 逯星辉 | 蒋雪婷 | 詹霭蓉 | 蔡梦轲 | 蔡欣承 | 谷心蕾 | 万姿含 | 王天戈 | 王静怡 |
| 孔 应 | 尼玛多吉 | 朱华博 | 乔冰洁 | 刘悦妍 | 次仁白珍 | 许侃伦 | 许铜硕 | 李少杭 |
| 李武好 | 李雪航 | 张晟泽 | 张 铭 | 张智韦 | 张榕蓉 | 陈 钰 | 周 康 | 郑俊华 |
| 赵 丹 | 赵 娜 | 赵 鸽 | 蒋昕晨 | 薛怡然 | 周浩清 | | | |

## 动物科技学院（143 人）

| | | | | | | | | |
|---|---|---|---|---|---|---|---|---|
| 于 晨 | 王孝成 | 王 玥 | 王瑞秀 | 王 磊 | 韦汉杰 | 韦苏荔 | 叶尔开西·马那提 | |
| 尹 杭 | 买尔旦·木沙江 | | 苏洛瑶 | 李依伦 | 李欣睿 | 张子豪 | 张少泽 | 张 恒 |
| 张潇月 | 阿滕古丽·对山 | | 陈 铄 | 林樱子 | 顾云锋 | 钱佳岭 | 黄 琦 | 盛 乐 |
| 靳 蕊 | 臧新威 | 鞠佳倩 | 王亦心 | 王俊婷 | 艾则孜江·阿任 | | 古力加尼·木拉提别克 | |
| 白珍琴 | 刘 泽 | 李华祥 | 杨家玲 | 肖 潇 | 沙吾列·斟叶 | 张小寒 | 张子珩 | 张 平 |
| 张芮铭 | 周炎冰 | 胡 悦 | 钟浩然 | 殷发蓉 | 郭鹏程 | 黄心柔 | 蒋璐憶 | 鲁昱方 |
| 邓家辉 | 易 兵 | 丁 婵 | 马会琴 | 马 赛 | 方舒婷 | 艾斯卡尔·艾合买提 | | 冯 硕 |
| 刘阳春 | 李吟春 | 李瀚清 | 张 泓 | 张 磊 | 阿依曼·努尔兰 | | 陈 露 | 周雨晴 |
| 郑海平 | 赵宝君 | 郜思源 | 钱 智 | 陶瑞鑫 | 蔡剑锋 | 董文康 | 陈 纤 | 蔡 猛 |
| 王圣楠 | 薛颖喻 | 张 引 | 马 勇 | 乌木提·努尔兰别克 | | 邓 鑫 | 刘忆南 | 刘梦瑶 |
| 闫飞宇 | 纪虹羽 | 李自强 | 李宏睿 | 李莲红 | 杨慧勤 | 别尔肯·托伙加 | | 张 琪 |
| 张雅洁 | 张馨月 | 陈安格 | 陈婉贞 | 罗 丹 | 赵铭伟 | 祝启钊 | 高 远 | 谢 颖 |
| 詹春艳 | 廖祉亦 | 赵方舟 | 郭 柳 | 于成兵 | 万从露 | 王松波 | 王 涛 | 师 雨 |
| 许迪辉 | 罗文韬 | 周 杨 | 项佳慧 | 胡佳雯 | 洪汉玲 | 徐诗荧 | 徐树晨 | 殷大伟 |
| 唐文冠 | 黄 萌 | 黄铢玉 | 阎明军 | 蒋 超 | 赖起铖 | 张雪敏 | 彭碧霞 | 马祺聪 |
| 王 坤 | 王雅琦 | 邓 超 | 卢 涛 | 宁 富 | 刘香丽 | 纪垠竹 | 杨忠妙 | 张绍昱 |
| 张晏江 | 林善婷 | 施文博 | 高子昕 | 陶志涵 | 蒋振廷 | 端明伟 | 薛浩鑫 | |

## 经济管理学院（260 人）

| | | | | | | | | |
|---|---|---|---|---|---|---|---|---|
| 袁 婧 | 邹 伟 | 季辟卿 | 徐佳文 | 王依雯 | 邓金懋 | 白玛念扎 | 朱雨晴 | 伍艺晖 |
| 闫逸凡 | 许永钦 | 许 静 | 孙君仪 | 苏 昕 | 李晓梦 | 沈 玥 | 沈瑞妍 | 宋 佳 |

张　杨　赵怡文　赵　俏　赵晓洁　郝　枭　胡自强　徐月茜　黄子奇　崔婉玲
谢东东　魏　薇　于爱华　刘晓燕　孟臻铮　赵艺华　尹岱轩　蔡　倪　高　群
吴智豪　陆　晨　谢翙澜　马慧玲　王小雨　王梓璇　邓　玥　卢泽宇　冯昭敢
邢钰杰　朱月姣　任　婧　李　坤　李佳真　岗　伟　张　驰　罗明靖　周义诺
胡世光　胡　恬　姜文祥　洪燕娜　祖诗林　夏云柯　徐静珺　唐慧敏　解　莹
俞　越　洪　彦　桑霏儿　张婧雯　杨　睿　虞家敏　周甜甜　顾宇扬　许方玮
史涵濛　曹开琛　刁海霞　王宇琦　王俊财　王晓晴　卞思云　吕旻泽　李丽嫒
李钟慧　杨子仪　杨梦莹　杨鲁威　肖　征　吴明思　张雨辰　张露馨　陈家祺
昌子璇　郗子龙　赵　冰　秦丽婷　顾嫣然　唐来源　蒋　乐　蒋昱涵　雷　蕾
臧文萱　谭　锦　薛嘉颖　霍东晗　戴聪艺　濮　力　刘　畅　沈　彤　杨　颖
肖燕语　陆佳宇　张婷婷　杨　琳　周　驿　史　颖　林菀婷　张晓琪　杜振瑀
宋丹莹　苏　萍　王雨点　于　皓　王芃策　卢梦诗　刘环默　刘　倩　孙　怡
李宏宇　李星玥　李　瑞　杨　凡　杨　红　杨钧栋　岑　丹　沈晨怡　张　莉
陈星宇　郑海燕　夏嘉铭　凌思斯　高志嫒　黄圣涵　黄姝雅　蒋立昂　燕　颖
魏　淼　李雨婷　林　涵　洪　宇　张　婷　肖　遥　唐翊淳　焦雨婵　赵　晶
周昕晖　王川东　于丽杰　王　月　王心瑶　王以沫　王艳春　王　晨　王　敏
古与璇　吕之炜　华慧慧　严娜娜　李方仙妮　李琪菲　杨梓巍　张艺茗　张晓洋
张静怡　张　璐　陈　丽　陈佳丽　武雅欣　周子琛　周志强　周钰娇　赵旭晖
赵　亮　徐学军　席丹萍　唐毓雯　宰舒红　嵇　辉　岳丽娟　焦之彦　刘康帝
董馨语　陈俊璇　卢含霓　申屠航天　邓欣谊　何杰超　朱玮儒　常瓅心　奚伟伦
林钰青　王心怡　方子文　冯馨仪　刘心怡　刘浩然　刘家旭　李梦柯　李　静
杨嘉胜　杨瑾萱　吴继旸　谷　壮　邹佳欣　汪梦兰　沈家丽　张钰培　陈俊男
林奕杉　孟慧璇　赵容辰　施　歌　黄　琪　梁祎宇　韩永琪　程梦琪　谭金龙
何雅歆　刘瑶玲　于　虹　袁　鹏　苏　妍　刘禾雨　洪甘霖　章浣琪　刘　桢
黄诗羽　徐　乔　林令谱　边晓茜　邸　帅　沈　允　陈　涛　王　妍　冯一川
陈鹏程　陈凯诚　宁雨桐　孙　苏　申　彤　齐天佐　许潇文　陈　臣　陈肖湄
薛　涵　毛　月　冯宇晴　陈启航　怀定慧　周之源　丁　宗　孙永岐

## 动物医学院（174 人）

丁蓁民　马　亮　王令怡　王羽霏　王　玥　卢勉之　冯琳雅　朱鹏程　刘　钦
刘楠楠　孙嘉豪　杨若泓　吴万昆　何婉婷　沈艳玲　欧阳龙　胡明亮　施敏捷
袁　媛　高　雅　郭鹏举　粟灵琳　谢盛达　靳莎莎　蔡旭初　潘渊婷　戴雅冬
武　鸿　季艳杰　张冯奕驰　王学飞　王　敏　王韵仪　毛　岩　叶　睿　付梦瑶
曲雪洁　朱天宇　刘　倩　李晶晶　杨元奇　时苗苗　吴　月　吴许丹　张琰雯
张碧莹　陆思佳　陈继鑫　胡　楠　宫晓玮　祝　羊　郭以哲　盘　婕　彭何涛
董　鹏　蒋君瑶　覃晓明　蓝日国　蔡瑜萍　张贻舒　蔡云栋　于　飞　王如玉
尹小菁　史梦宇　任柏青　全小卉　刘倩倩　汤镇海　杜瑞娜　李子璇　肖　迪
吴恭俭　吴博皓　汪　烨　张　越　张　聪　陈虹吟　林佳骏　罗　丹　赵兴凯
赵柯杰　郝智瑜　胡夏佩　聂嘉伟　钱雯娴　龚　俊　盖芷莹　蒋晓雪　韩一帆

| | | | | | | | | |
|---|---|---|---|---|---|---|---|---|
| 程俊锋 | 傅欣玲 | 谢春梅 | 陈　晟 | 王姝怡 | 王冬银 | 王　妍 | 甘　雨 | 龙银燕 |
| 夺石宽双 | 吕家轩 | 刘冠泽 | 关　珊 | 杨　嫡 | 肖宇屹 | 吴佳鑫 | 吴荣江 | 员　蕾 |
| 何琳琳 | 沙　文 | 沈树皙 | 张鹏皓 | 陆明杰 | 罗　兰 | 金玉欣 | 郑瑞程 | 赵思梦 |
| 胡　克 | 秦佩佩 | 聂　蒙 | 顾　超 | 梁　银 | 税思缘 | 戴世鹏 | 王铭越 | 陈宇洁 |
| 黄思佳 | 丁　瑞 | 于静晨 | 王佩蓉 | 任俊才 | 庄晓敏 | 刘　靖 | 刘　睿 | 李小红 |
| 李雪萌 | 李　鑫 | 杨　帆 | 杨　娜 | 张鸿宇 | 陈启昊 | 陈艳青 | 周晓波 | 赵尚璐 |
| 谢雨婧 | 蔡　莹 | 王　虹 | 何灵尘 | 童泽鑫 | 纪玉洁 | 吴婉清 | 张　睿 | 秦玉兰 |
| 丁田耘 | 张书晴 | 舒　鑫 | 王　灯 | 范玉凤 | 戴秋颖 | 杨朝霞 | 段琪武 | 黄旖童 |
| 章雨辰 | 祁梦南 | 沈卓珺 | 刘建玲 | 徐　珺 | 王晓晴 | 靳宇航 | 周雯婷 | 曾梓菡 |
| 孙　晔 | 朱　靖 | 贾璨灿 | | | | | | |

## 食品科技学院（180 人）

| | | | | | | | | |
|---|---|---|---|---|---|---|---|---|
| 谭沁雨 | 杨　柳 | 蔡国庆 | 丁锐灵 | 马　娅 | 王光玲 | 王　鑫 | 古丽米拉·阿丁别克 | |
| 邓飘惠 | 加娜尔·阿力甫斯 | | 米热古丽·阿布都海利力 | | 孙惠悦 | 孙薛婷 | 汪　也 | |
| 张　云 | 张铧月 | 张献元 | 阿热那尔·努尔力别克 | | 孜那提古丽·塔力甫 | | 邵圣杰 | 柴雅洁 |
| 努尔艾合麦提·麦托合提 | | 黄倩颖 | 曹万茹 | 章晓晴 | 董　昱 | 韩竞旭 | 詹　玮 | |
| 漆小菊 | 王根迩 | 曹婷婷 | 马瑜琛 | 马嘉雪 | 王　钦 | 王　冕 | 王逸航 | 任虹蓉 |
| 古丽巴然·吐拉汗 | | 刘　可 | 刘思琦 | 李文城 | 吴伟杰 | 冶海龙 | 陈周耀 | 易山虎 |
| 阿卜杜萨拉木·阿布来提 | | 金　岚 | 周　洲 | 郑佼琴 | 哈丽亚·努尔江 | | 董　震 | |
| 舒燕华 | 谢东娜 | 朱思睿 | 魏斯晗 | 李　琪 | 马晓妤 | 王沁雪 | 王　妍 | 王晓琳 |
| 付　露 | 白　雪 | 曲晓彤 | 吕风鑫 | 朱晓贤 | 向梦洁 | 刘琦琪 | 刘嘉琦 | 何迎睿 |
| 周习军 | 周华琳 | 周梦洁 | 胡　佳 | 洪羽婕 | 洪瞳茜 | 殷　未 | 高宇骁 | 高　菲 |
| 唐雨虹 | 黄　铮 | 梁　依 | 温雅迪 | 丁　雪 | 马晓惠 | 马　涛 | 王　茜 | 王惠旌 |
| 王　潇 | 方新茗 | 刘妍驿 | 刘梦婕 | 李代婧 | 李汶臻 | 肖冠琦 | 吴　潇 | 佘仲露 |
| 宋干壮 | 宋　玥 | 张文雪 | 陈思媛 | 林　健 | 郑红霞 | 赵彦杰 | 钟舒睿 | 莫秀芳 |
| 崔　珊 | 蒋佳伶 | 蓝雅燕 | 赖怡虹 | 谭思朵 | 薛梦迪 | 殷　跃 | 阮洁妤 | 王晓莹 |
| 代雨婷 | 回广鑫 | 阮心怡 | 孙思源 | 杜若凡 | 李林超 | 杨　诚 | 杨雅茹 | 吴　岩 |
| 冷　静 | 陈海松 | 范思琦 | 欧阳欣 | 周丛众 | 周亚南 | 周铭伦 | 郑克伟 | 施　磊 |
| 郭　怡 | 黄子信 | 梅雨薇 | 董　薇 | 韩　烁 | 廖燕红 | 王小萌 | 王　西 | 王　琦 |
| 王　瑶 | 师彦豪 | 朱益磊 | 江　娜 | 李　昂 | 李美玉 | 杨　军 | 何　敏 | 张衍永 |
| 陈雨鑫 | 陈泽桦 | 周　洁 | 胡　品 | 柳绪旻 | 姜东旭 | 钱路宁 | 徐　含 | 唐婉箫 |
| 游佳欣 | 王紫涵 | 朱颖洁 | 翁　妍 | 罗伟斌 | 俞克权 | 徐子惠 | 戴临雪 | 李　彤 |
| 孟至圆 | 秦铭泽 | 蒋　婕 | 韩　璐 | 卫　婷 | 叶锡映 | 徐逸文 | 张　珊 | 徐　磊 |
| 周雅雯 | 蔡昭贤 | 刘静思 | | | | | | |

## 信息科技学院（159 人）

| | | | | | | | | |
|---|---|---|---|---|---|---|---|---|
| 马毛宁 | 王施运 | 韦应敏 | 方清林 | 代　冰 | 白世玉 | 朱宇飞 | 向　昕 | 庄诗梦 |
| 刘亚卓 | 刘慧琳 | 关晨颖 | 李玥瑶 | 李益婷 | 杨　冉 | 杨　静 | 宋若璇 | 张文婷 |
| 尚　帅 | 周　颖 | 郑梦之 | 胡云龙 | 姚金艳 | 高奕欣 | 郭雅娴 | 梁　柱 | 梁　媛 |

| | | | | | | | | |
|---|---|---|---|---|---|---|---|---|
| 韩欣欣 | 景祥东 | 臧 蔚 | 马晓雯 | 王子婷 | 王林旭 | 王敬明 | 艾毓茜 | 包楚晗 |
| 包 颖 | 朱子赫 | 刘天娇 | 李佳瑜 | 李思凡 | 李 睿 | 张艺凡 | 张亚玲 | 周淑慧 |
| 赵 颖 | 郝嘉萱 | 奎苹倩 | 秦胜云 | 秦 晨 | 贾丹萍 | 浦子烨 | 陶明秀 | 曹永川 |
| 盛嘉喻 | 覃婷婷 | 蔡小羽 | 张震宇 | 吴岚若 | 翟心璐 | 王紫悦 | 方牧歌 | 边园园 |
| 阮 景 | 杜 京 | 李 萍 | 杨贤宇 | 肖 文 | 肖忠林 | 吴荡荡 | 张 玥 | 张皓琛 |
| 陆中扬 | 陈路坤 | 周田田 | 周 诚 | 郑凯婕 | 柳 瑶 | 姚润璐 | 袁一帆 | 桂詠雯 |
| 贾馥玮 | 寇洪飞 | 蒋心健 | 潘家政 | 杜 明 | 方维维 | 王志国 | 王 钰 | 王奚玮 |
| 厉子威 | 朱淑敏 | 伍海霞 | 汤迎辉 | 孙梦含 | 杨陈敏 | 张辛雨 | 明 悦 | 赵建华 |
| 钟黎阳 | 姚 芳 | 徐 墅 | 韩雪阳 | 窦发胜 | 谭 会 | 熊志强 | 薛天洁 | 魏晓宇 |
| 魏 薇 | 郑紫宇 | 张 颖 | 曾文超 | 梅 珽 | 孙必为 | 王 琨 | 朱韦琳 | 仲 夏 |
| 刘一辰 | 刘兴旺 | 刘依琪 | 严一杏 | 李美玲 | 吴泽谋 | 吴 珩 | 张展维 | 陈志远 |
| 邵滢丹 | 郑 逸 | 黄 海 | 曹雪莲 | 董思棋 | 廖 宇 | 薛裕川 | 魏淑慧 | 丁 宁 |
| 丁斋文 | 毛一扬 | 邢文倩 | 朱媛媛 | 纪 逸 | 李思慧 | 肖传浩 | 肖涵宇 | 吴剑文 |
| 余 倩 | 张俊艺 | 陈昕荣 | 陈明月 | 林飞鹏 | 尚奇奇 | 周 同 | 孟凡露 | 殷子涵 |
| 郭超然 | 黄秋桂 | 龚丽娟 | 崔翠萍 | 梁鸿洋 | 程博凯 | | | |

## 公共管理学院（268 人）

| | | | | | | | | |
|---|---|---|---|---|---|---|---|---|
| 周 蕊 | 余梦宁 | 王 昊 | 王 琴 | 王 谦 | 白玛次珠 | 朱敏洁 | 刘 沛 | 刘佳琳 |
| 刘蓝惠 | 许家赢 | 苏曼婷 | 李东博 | 李明燕 | 李佳雨 | 杨星星 | 佟欣怡 | 张传琦 |
| 张 钰 | 张竞月 | 苗盛茂 | 郑心怡 | 孟 璇 | 姜一凡 | 姚灵菲 | 徐大茂 | 曹 婧 |
| 董 莉 | 蒋凤骄 | 蒋 倩 | 解娟娟 | 王艺璇 | 王傲然 | 尹亚茜 | 石欣田 | 付有为 |
| 多 珂 | 许子叶 | 李子琦 | 李 让 | 李浩琨 | 杨 帆 | 杨先莉 | 肖圣达 | 张志杰 |
| 陈芷桐 | 陈 欣 | 金远征 | 赵唯灵 | 赵 源 | 赵 霞 | 胡晓琰 | 姚子谦 | 贺雪卮 |
| 班倩倩 | 格桑曲珍 | 覃佳勇 | 裴雯岚 | 潘妍婷 | 戴艳洁 | 林 宁 | 杨 宸 | 丁记菲 |
| 马秋晨 | 王浩宇 | 王梦雨 | 乔莉伟 | 刘 艳 | 祁 磊 | 孙文娟 | 孙阳阳 | 孙雨晗 |
| 孙 倩 | 杜 怡 | 李相君 | 杨雅祺 | 张萍君 | 陈 莹 | 陈晓方 | 邵依聪 | 林 涵 |
| 郑 一 | 郑 璇 | 徐崇理 | 黄 莉 | 黄霄翰 | 黄 藤 | 崔 玲 | 谢子贤 | 黎旭艳 |
| 王育莹 | 王相倩 | 王毅龙 | 石雅婷 | 冯雷雷 | 吕月冉 | 朱芳芳 | 刘海风 | 刘 颖 |
| 江 凡 | 江雨晴 | 李安琪 | 李 麒 | 宋 好 | 张祎飒 | 张雯雯 | 张 晶 | 周海舒 |
| 赵乾隆 | 郝 爽 | 高亚楠 | 龚益锋 | 崔雨涵 | 程元薇 | 程刚柔 | 谢昊举 | 蔡子歆 |
| 曾 悦 | 丁 梦 | 郝凯南 | 蒋剑锋 | 王 瑶 | 谭 珊 | 丁良才 | 王欣萍 | 王珂珂 |
| 王剑英 | 王 浩 | 冯玥棋 | 朱默研 | 仰 喆 | 苏 维 | 杨 帆 | 汪文俊 | 张 政 |
| 张唯佳 | 张毅帆 | 阿迪莱·艾尔肯 | | 赵芳欣 | 赵含章 | 秦 朕 | 梁向垚 | 谢佳豪 |
| 顾玉榕 | 杨 尧 | 董园园 | 刘雪晴 | 孙 铖 | 刘梦凡 | 马笱程 | 王 双 | 冯沁雅 |
| 冯 浪 | 刘志诚 | 刘 乾 | 李蕴庭 | 余昊翔 | 陈明俊 | 陈 哲 | 迪力奴尔·沙太 | |
| 周 洁 | 胡尔杰 | 胡博文 | 厚欣悦 | 姜函冰 | 贾铠阳 | 夏静文 | 徐乃强 | 高宇泽 |
| 黄一凡 | 焦洁钰 | 楼睿斐 | 解梦斓 | 潘思含 | 曲昊儒 | 刘 林 | 张 苏 | 赵 瑞 |
| 郑粟文 | 刘紫怡 | 王昊宁 | 王 倩 | 尹园园 | 白玛岗吉 | 冯子阳 | 司 雪 | 许安琪 |
| 孙雨婷 | 杨晓阳 | 肖玉琳 | 吴煜昊 | 何 旺 | 张嘉欣 | 陈 远 | 武 岳 | 周旸彭 |

| 周曼冰 | 柯诗远 | 恽奎照 | 娜孜依古丽 | 顾磊 | 益西旦增 | 盛开 | 赖丹阳 | 翟格 |
| 胡琦峰 | 蒋林苊 | 王颖 | 史沁怡 | 于博源 | 王玉洁 | 王帅 | 王礼慧 | 王伦楷 |
| 王纪润 | 王雪涵 | 毛青 | 孔嘉婧 | 艾合麦提·麦麦提明 | | 冯佳凝 | 仲妮 | 刘畅 |
| 刘璇 | 汤沁雨 | 孙颖 | 杨笑坤 | 吴晓鋆 | 张文军 | 张玥 | 张相瑾 | 张豫 |
| 拉珍 | 罗笑嫣 | 周佳瑜 | 钱静 | 嘎玛群陪 | 谭婷 | 周薇 | 陈睿 | 朱润昊 |
| 王晗 | 白雪松 | 吕洁诗 | 朱震宇 | 闫晓丽 | 李叶 | 李梦思 | 李雪蕾 | 宋雅娴 |
| 张雪敏 | 张鑫 | 陈云 | 陈芮 | 陈璞玉 | 赵业成 | 施明月 | 祝孔文 | 秦露 |
| 徐杨森 | 黄香 | 黄攀 | 崔秀雅 | 康璟璠 | 葛明阳 | 薛梦颖 | 热孜汗·纳毕 | |
| 瞿佳丹 | 萨丽塔娜提·地力木拉提 | | | | | | | |

## 外国语学院（170人）

| 于婧 | 马晓晴 | 毛真 | 方晓凤 | 龙攀 | 叶亭廷 | 冯慧贤 | 成茗 | 朱晓婷 |
| 汤越 | 孙万红 | 李璐璐 | 杨凌燕 | 杨薇 | 何家惠 | 宋晓婷 | 张文苹 | 宗孟君 |
| 赵姿雨 | 赵家明 | 赵淑慧 | 赵裕莲 | 胡凯茜 | 胡凌志 | 胡馨雅 | 倪成扬 | 郭美岑 |
| 唐倩芸 | 梁雪姣 | 覃健舒 | 张浩文 | 杨铭婵 | 陈倩 | 王冉 | 范芊芊 | 王涵 |
| 王超颖 | 邓孟银 | 冯晖 | 冯敬乔 | 吕绮 | 刘然祺 | 闫畅 | 李光祺 | 李红钰 |
| 陈宇玲 | 罗佳祺 | 倪召姝 | 徐琴云 | 黄芝兰 | 黄竞萱 | 廉蕊菡 | 管雨露 | 管漪 |
| 缪冬琳 | 魏哲轶 | 季梦云 | 钱依 | 陈琳姗 | 王宇琳 | 王凌天 | 王臻 | 牛炜 |
| 刘芳洲 | 阮文亭 | 孙雪晴 | 纪晓燕 | 李丹丹 | 杨瑞萌 | 肖宏飞 | 吴洪泱 | 吴晓茹 |
| 吴婉娴 | 余婕 | 汪梦元 | 张佳妮 | 张晓云 | 张蒙 | 陆洋 | 陈艳红 | 房昆岩 |
| 崔琳 | 曾惠峰 | 郑超群 | 陆俊雯 | 梅晶雪 | 向靖莹 | 郭鹏辉 | 丁梦 | 于浩蕾 |
| 马东梅 | 马菓 | 王名芳 | 匡宗豪 | 孙陆迪 | 李传志 | 吴妍 | 余蓉 | 张丹冉 |
| 张玉君 | 张玉颜 | 欧文睿 | 周非儿 | 晋文茜 | 徐宇婧 | 曹漪娜 | 龚丹青 | 韩芷若 |
| 景香荟 | 童鑫 | 虞慧慧 | 滕飞 | 薛嘉 | 刘宇镕 | 杨依娜 | 卢慧雅 | 王凯琦 |
| 丁依蒙 | 于曼丽 | 马菲 | 车洁伟 | 古声洁 | 达丽娟 | 朱航翔 | 刘玉洁 | 刘璐璐 |
| 刘馨圆 | 李宇 | 李苑 | 李梦薇 | 杨丰嘉 | 吴焱 | 余文逸 | 尚晓萌 | 季嘉薇 |
| 郇春晓 | 索佳佳 | 夏雨 | 徐青 | 徐冕 | 郭艳 | 彭细云 | 谢映明 | 白钰 |
| 马丹 | 王一雪 | 王歆 | 王嘉意 | 冯妍瑞 | 乔静仪 | 刘伟婷 | 孙鸣 | 严语薇 |
| 李书辉 | 李奇伟楠 | 李佳 | 何钰川 | 汪子珩 | 宋海璇 | 张志娟 | 张慧琳 | 陈凯 |
| 陈琪 | 范贤斐 | 赵琦 | 郭晓宇 | 黄聪 | 蔡涵煜 | 谭鑫歆 | 刘畅 | |

## 人文与社会发展学院（233人）

| 马衡雨 | 王姣姣 | 王琦 | 邓佳雯 | 关琦曜 | 孙姝 | 苏醒 | 李如梦 | 李晨 |
| 李晶晶 | 杨慧 | 张晓妮 | 张景硕 | 陈晓 | 陈博 | 林珈竹 | 周致远 | 夏梦蕾 |
| 高嘉玥 | 益西康卓 | 奠菲 | 德吉措姆 | 韩雪禛 | 邵博雅 | 于建华 | 王雨欢 | 邓君怡 |
| 冯佳蕊 | 朱郡怡 | 任亚新 | 刘雨婷 | 杨婉婷 | 张彬 | 张雪 | 张超楠 | 张懿 |
| 陈洁 | 林晓雯 | 郑思琪 | 胥雯 | 唐青霞 | 黄玲玲 | 黄舒彤 | 曹云鹤 | 常婧 |
| 蒋宇辰 | 翟小五 | 燕雯 | 王石枫 | 王汝安 | 王晨 | 王裕 | 付婉芸 | 吕晓庆 |
| 刘泽 | 杨天 | 杨金霞 | 沈怡 | 沈俊杰 | 张丽媛 | 张艳 | 陈一鸣 | 陈佳洁 |

| | | | | | | | | |
|---|---|---|---|---|---|---|---|---|
| 陈星存 | 陈程南 | 陈滢 | 林金汾 | 赵广颖 | 赵文丽 | 秦纯 | 顾珍琪 | 徐冉 |
| 郭伟 | 綦宸玥 | 吕圆圆 | 林佳玲 | 马士远 | 王昭珍 | 邓黍心 | 司伟鹏 | 庄倚谧 |
| 刘思作 | 李月娟 | 李尚蓉 | 李雪妍 | 李超凡 | 杨晴 | 吴夕 | 何静霞 | 张云娜 |
| 金丽 | 金逸伦 | 周思燕 | 姚晓涵 | 姚潇旭 | 骆琰琰 | 耿怀美 | 聂可 | 唐凤 |
| 蒋海蓝 | 覃冬梅 | 吴金欣 | 刘晏伶 | 次仁加措 | 王利娟 | 王秋茜 | 左宜鑫 | 刘玲 |
| 刘家敏 | 李晶瑶 | 李歌 | 吴莘玲 | 何婕 | 谷渊博 | 沈佳栋 | 宋焱龙 | 张寒 |
| 陈静 | 於鹏 | 徐金燕 | 翁啸天 | 高佳欣 | 崔畅 | 梁媛 | 蔡雪涵 | 孙军杰 |
| 倪紫芸 | 周雨迪 | 周之童 | 周伟豪 | 郜一霏 | 曾先锋 | 嵇柯 | 叶怡颖 | 冯涛 |
| 吕尚恒 | 刘润华 | 刘梦梦 | 苏兴玲 | 杜友震 | 杜鸿健 | 李若竹 | 李嘉豪 | 佟梦楠 |
| 张秋萍 | 陈思杰 | 林丽敏 | 罗倩 | 周梦蝶 | 周晗昱 | 赵建雨 | 徐千童 | 高泓森 |
| 章泽群 | 章敬莲 | 彭陆林 | 彭梦宇 | 蒋尘菲 | 蔡天惟 | 潘嘉欣 | 魏中华 | 马贝贝 |
| 周秋榕 | 牛灵珊 | 孔德楠 | 叶玲 | 叶亮亮 | 冯小洋 | 刘懿纬 | 许诗云 | 孙明月 |
| 李慕黎 | 吴壤西 | 沈悦 | 张伟臣 | 张爽 | 赵泽亚 | 赵颖 | 胡惠文 | 段俊阳 |
| 顾俊杰 | 钱佩祯 | 徐磊 | 黄煜 | 蒋之越 | 鄢承瑜 | 虞林 | 褚宇凡 | 滕泽惠 |
| 薛源 | 张成 | 李一鸣 | 李晶 | 马泽东 | 王力 | 王聚磊 | 邓靓 | 吕冬临 |
| 朱丽 | 仲夏 | 刘铭 | 江烨蕾 | 孙金潇 | 严叶 | 李早早 | 李全 | 李逸凡 |
| 李蕙羽 | 杨沁恬 | 吴璨 | 佟抒健 | 汪星辰 | 张伟 | 张孟吉 | 张珂嫒 | 张健 |
| 张嘉卉 | 陈子昂 | 陈子晗 | 陈龙 | 陈锦岚 | 林小钰 | 罗霄 | 赵吉禾如 | 赵阳洋 |
| 赵菁菁 | 顾津其 | 黄汉 | 葛莺 | 蒋乐畅 | 韩鑫杉 | 戴雨舒南 | 张静怡 | |

## 理学院（118 人）

| | | | | | | | | |
|---|---|---|---|---|---|---|---|---|
| 黄陆炎 | 蹇飞越 | 马松妍 | 马榛 | 王攀翔 | 邓名峰 | 邓杰晖 | 申大峰 | 丛艳蓉 |
| 许辉 | 孙海林 | 孙晨 | 纪英 | 李梦鸽 | 杨玥颖 | 张佳雯 | 张放 | 陈丹阳 |
| 陈颖 | 夏天元 | 夏诗晴 | 徐帅 | 黄腾飞 | 谢小华 | 俸亚特 | 缪泽仁 | 李智林 |
| 王子悦 | 王旭 | 韦昕玥 | 史政源 | 安佳慧 | 宋汝鹏 | 宋弈霆 | 张旭光 | 张利君 |
| 张雨欣 | 张恒健 | 张语嘉 | 陈秀华 | 周阳 | 居茗轩 | 郝爽 | 袁纯璐 | 高雁南 |
| 曹永光 | 程伟 | 谢英博 | 鲍建伟 | 戴楚怡 | 付战照 | 王芷婷 | 王峥 | 王烁 |
| 王润秋 | 代雪祥 | 刘丽 | 刘保霞 | 刘倩倩 | 孙银萍 | 杜晓鸣 | 李晓霞 | 李晶 |
| 李瑶 | 杨惠婷 | 杨智宇 | 杨蕾 | 余贤安 | 张亚东 | 陈云轩 | 陈鑫 | 季桓静 |
| 金笑竹 | 姜贤 | 姜星 | 徐国杰 | 崔苏航 | 蒋禹成 | 童翰禹 | 黎小康 | 潘烺年 |
| 冀昊琰 | 范嘉轩 | 孙传浩 | 马睿衡 | 王天歌 | 王有佳 | 王燊尧 | 仇沁 | 尹姝璐 |
| 邓茂恒 | 白项鸽 | 刘佳鑫 | 孙语桐 | 苏子艺 | 李雅娴 | 杨冰倩 | 余悦 | 张晓煜 |
| 陈天浩 | 陈思铭 | 陈彬 | 苟叶新 | 罗雪飞 | 胡佳雯 | 胡珀 | 郗睿 | 姚佳昊 |
| 袁磊 | 栗垚 | 徐娜 | 黄晓月 | 曹蓓怡 | 董佳玥 | 韩毅 | 温心怡 | 温宇坤 |
| 谭鑫 | | | | | | | | |

## 生命科学学院（147 人）

| | | | | | | | | |
|---|---|---|---|---|---|---|---|---|
| 于瑶 | 马艺馨 | 马石磊 | 王悦昕 | 王晨 | 申家齐 | 史佳琪 | 兰沁颖 | 江泽慧 |
| 李淑婷 | 杨宜衡 | 张妙冉 | 陈豪 | 陈慧 | 金嘉玉 | 周弥 | 曹明瑶 | 蒋爽 |

| | | | | | | | |
|---|---|---|---|---|---|---|---|
| 韩 扬 | 潘丹婷 | 孙睿铭 | 沈 彤 | 李思齐 | 余慧怡 | 刘梦笛 | 义玉国 | 王婷玉 |
| 刘思嫣 | 刘彦君 | 杨雨薇 | 杨 洲 | 何耀建 | 沈 旭 | 张文韬 | 周 潇 | 赵灵羽 |
| 秦 宇 | 徐超锟 | 高 阳 | 高皓翔 | 郭睿萱 | 唐逸文 | 蔡宇昊 | 魏晓西 | 李赫羽 |
| 杨欣雨 | 陈弈松 | 王 悦 | 王斌强 | 刘一帆 | 刘禹安 | 严欣宇 | 杜 琳 | 李昊尘 |
| 李欣格 | 李 琨 | 李 棋 | 邱晨灵 | 何智华 | 张佩虹 | 陆 钶 | 陈 彤 | 陈 夏 |
| 周汉涛 | 胡 粲 | 姚月朗 | 高雨婕 | 郭舒言 | 黄浩杰 | 谌秀仪 | 戴竹青 | 周 宁 |
| 李心悦 | 丁 昊 | 于若雨 | 王志远 | 王 颖 | 王 蔚 | 朱青林 | 刘 旭 | 安家雯 |
| 苏亚启 | 李碧瀚 | 杨镇宇 | 邹 云 | 陈 月 | 陈思晔 | 陈海淋 | 范文博 | 周建军 |
| 周敏佳 | 唐宜佳 | 潘尔卓 | 毛传标 | 石业冉 | 邢紫媛 | 刘丹丹 | 孙 璐 | 杜京桥 |
| 李五一 | 李 洋 | 余 俊 | 张诗婷 | 张润东 | 陈叶蕾 | 陈 成 | 陈芷郁 | 涂翘楚 |
| 秦宸睿 | 徐 昊 | 徐佳慧 | 盛亦茹 | 李春兰 | 王金城 | 王美婧 | 王曦翎 | 孔德毓 |
| 冯菁菁 | 朱奕乐 | 庄 婷 | 刘东梅 | 刘昊云 | 杨明川 | 张浩杰 | 陆小亮 | 陈兴汉 |
| 胡苏姝 | 夏鋆晖 | 顾铁基 | 郭婉霜 | 梁子佳 | 董 睿 | 于佳琪 | 方 玮 | 叶 乐 |
| 朱旭远 | 李 洁 | 张星月 | 张 祺 | 陈 荔 | 陈 鑫 | 间佳钧 | 贺柳晴 | 高 健 |
| 黄祖瑜 | 翟云泽 | 文雅娴 | | | | | | |

## 金融学院（229人）

| | | | | | | | |
|---|---|---|---|---|---|---|---|
| 朱洁如 | 钱宇阳 | 许逸雯 | 于 晟 | 马 进 | 王艺淇 | 王艺霖 | 叶 楚 | 司昌华 |
| 边静雪 | 成 鑫 | 许 亮 | 孙德毅 | 苏 杭 | 吴金芝 | 宋 叶 | 陈笑冰 | 杭辰雨 |
| 周芷君 | 周 韬 | 庞凡想 | 郑 逸 | 赵欢杰 | 胡宇菲 | 闻 章 | 顾嘉玮 | 钱青青 |
| 高 菁 | 黄剑秋 | 龚佳钰 | 惠峙超 | 喻林染 | 程庆元 | 程 璇 | 熊春竹 | 赵 航 |
| 杨滨熙 | 车佳嫣 | 许 彬 | 颜汉雨 | 周子寒 | 马艺珉 | 王 铎 | 王 萌 | 王梅平 |
| 王婧婷 | 石 乐 | 叶丝露 | 朱茜鲤 | 刘汇滢 | 刘 雪 | 杜轩颐 | 李昕睿 | 李明鉴 |
| 杨致瑗 | 余 潇 | 张艺博 | 陈枏沅 | 陈 睿 | 郁丰榕 | 胡汇川 | 顾易航 | 高仁杰 |
| 郭晓阳 | 唐莉尧 | 陶 悦 | 黄晶晶 | 章 晔 | 韩璐垚 | 曾歆格 | 鲍 徽 | 薛煜民 |
| 戴忠琦 | 丁羽翎 | 刘天然 | 李 圻 | 孙美琳 | 杨晓宇 | 张晴宇 | 周 健 | 袁 正 |
| 甄筱宇 | 丁叶欣 | 王子祎 | 王 晨 | 尹秋晨 | 吕新田 | 朱 俊 | 李弘元 | 李 超 |
| 杨 颖 | 邱胜东 | 何 璐 | 张君恺 | 张博宁 | 陆 磊 | 陈艺闻 | 罗淇丹 | 周雯宇 |
| 赵围瀚 | 秦晓晖 | 袁鸣含 | 钱思菲 | 徐 玥 | 徐雅雯 | 高宛钰 | 梁慕瑶 | 韩 涛 |
| 鲁 亮 | 蔡惠芳 | 魏 晨 | 张艺琳 | 马颖筱 | 杨笑荷 | 张戈童 | 杨 光 | 王玉婷 |
| 季 晨 | 薛知强 | 雷 蕾 | 郭东琪 | 赵丹丹 | 马振宇 | 马 聪 | 马聪莹 | 王依华 |
| 王陶陶 | 卞雨晴 | 卢 洪 | 史 欢 | 冯 沛 | 朱思敏 | 朱 琪 | 刘天浩 | 李 丹 |
| 李安苑 | 李美琪 | 杨 扬 | 何 丹 | 余 颖 | 宋羿男 | 张艺如 | 张吉轩 | 张伟强 |
| 茅娇娇 | 林宇晴 | 庞 琦 | 郑 昊 | 郑茵茵 | 顾泽龙 | 钱思卓 | 高相宠 | 郭启慧 |
| 黄曼琪 | 曹 瑾 | 傅成源 | 张瑞婧 | 王柳然 | 朱映彤 | 徐一丹 | 马晓婷 | 王新月 |
| 史可怡 | 吕绍婷 | 朱 璇 | 乔羽堃 | 任利娜 | 刘芮君 | 许秋茗 | 许 诺 | 孙亮耘 |
| 李月晔 | 李玉杰 | 李连晓 | 李苗苗 | 杨佳佳 | 肖 纯 | 肖轶伦 | 何佳桧 | 汪兰果 |
| 沈伟华 | 张廷钰 | 张 泓 | 张 硕 | 周扶摇 | 周倩倩 | 郝玉楠 | 姚艺旋 | 徐卓成 |

| 徐梦洁 | 蔡佳微 | 杨鑫仪 | 徐 悦 | 钟世聪 | 吴卫华 | 戎佳音 | 姜冬冬 | 徐康佳 |
| 卜雅甜 | 王子豪 | 王 岑 | 支 点 | 毛子静 | 叶欣瑜 | 朱苏禹 | 刘子璇 | 刘开妍 |
| 刘海涛 | 李悦嘉 | 邱颂琪 | 张 弘 | 张晓芳 | 张 璇 | 张曙光 | 陈牧风 | 陈星茹 |
| 金 喆 | 赵亚玫 | 袁月明 | 贾雅淇 | 董雨航 | 蒋文慧 | 蒋 洁 | 谭 茗 | 缪 阳 |
| 王文哲 | 姚 聪 | 李雯萱 | 邱 晨 | | | | | |

## 草业学院（31人）

| 王 宁 | 王灵婧 | 叶夏林 | 白玛朗珍 | 朱晓璇 | 刘华明 | 端文滟 | 李贤艳 | 李 婕 |
| 杨静雅 | 吴晓娟 | 张 倩 | 邵春来 | 姜镇忠 | 洪志婷 | 贾浩然 | 夏春雨 | 顿珠曲卓 |
| 容 庭 | 潘 爽 | 薛淑婷 | 杨每桦 | 刘雅洁 | 刘昕昊 | 方何婷 | 李炎朋 | 裴同同 |
| 曹苏敏 | 王忆炜 | 许俊玥 | 王 鑫 | | | | | |

## 工学院（1 245人）

| 王帅琦 | 王昊然 | 王雪松 | 石韩雨 | 史 航 | 冯文浩 | 朱 鹏 | 朱静怡 | 刘 涛 |
| 许心愿 | 李胡军 | 杨 凡 | 杨金星 | 余 安 | 张一凡 | 张徐铖 | 张雯霞 | 陈志远 |
| 易明州 | 周 凯 | 赵宗珩 | 袁 杰 | 高 宇 | 黄子健 | 谢双微 | 蔡建敏 | 翟佳浩 |
| 刘晨宇 | 闫宇灿 | 丁晨曦 | 王有斌 | 王欣泽 | 王博闻 | 卢 炼 | 史程林 | 任兴达 |
| 刘 欢 | 刘靖文 | 孙 正 | 李伟东 | 李振东 | 杨少伟 | 杨 玺 | 邹 凡 | 张子正 |
| 张 程 | 张筱苑 | 罗 帅 | 周晏锋 | 赵 唯 | 徐文健 | 郭瑞涛 | 黄 旭 | 谢奉希 |
| 黎学俊 | 刘 泽 | 刘 锦 | 马习文 | 王 阳 | 王泽宇 | 文善贤 | 卢鹏君 | 付仕雄 |
| 曲成甫 | 任政汶 | 李云飞 | 李 明 | 李浩天 | 李 雅 | 杨寿城 | 杨 浩 | 邹司农 |
| 张子强 | 张嗣钦 | 陈浩盛 | 金世佳 | 周鹏志 | 郎 曦 | 胡启凡 | 徐伟腾 | 唐昆池 |
| 黄宇珂 | 蔺东升 | 翟世丽 | 薛景坤 | 姜腾腾 | 王天宇 | 张惠普 | 马德贤 | 王张豪 |
| 王 威 | 方郑辉 | 田雨轩 | 代自帅 | 朱志南 | 刘 鑫 | 李长泽 | 李 金 | 杨远钊 |
| 肖 庆 | 吴晓倩 | 汪 力 | 张文轩 | 陈宁特 | 范亚君 | 周宇迪 | 居海波 | 胡子宇 |
| 胡钧一 | 徐 朋 | 唐健锋 | 崔 泽 | 解世禄 | 魏峥琦 | 赵亚康 | 郭文静 | 王天赟 |
| 王其辉 | 王 勇 | 古 黎 | 田 源 | 白文博 | 朱建朋 | 刘亚彬 | 齐恒基 | 孙敏杰 |
| 李永康 | 李金权 | 杨志强 | 吴宗贵 | 邹亚男 | 宋泽北 | 张任飞 | 周 军 | 赵丹阳 |
| 徐弋婷 | 徐 炜 | 唐 毅 | 程郅皓 | 蔡旭林 | 谭 云 | 魏晨阳 | 孙唯寅 | 易敬杰 |
| 马莹睿 | 王 杰 | 王 烨 | 石铭宽 | 史宇新 | 白 钏 | 朱森爽 | 刘金宝 | 祁之超 |
| 孙 磊 | 李成伟 | 李孟兴 | 杨纳立 | 何泽慧 | 宋晨晨 | 宋晨曦 | 张羽健 | 陈伟松 |
| 周 坤 | 赵育泽 | 徐章新 | 郭木滢 | 桑 琦 | 鲁 镇 | 蔡国帅 | 谭瑞坤 | 马宝玉 |
| 罗淑一 | 邹玉芳 | 陈萱仪 | 张 诚 | 贾鑫敏 | 杜佳丽 | 王昌唱 | 朱菁菁 | 徐浩雪 |
| 于 博 | 王子豪 | 王建军 | 邓当当 | 冯浩浩 | 冯 霖 | 华艺莲 | 刘宝礼 | 江志奇 |
| 李 窈 | 杨国梁 | 杨 鑫 | 余万宏 | 沈 艳 | 罗文文 | 周 莉 | 庞 宇 | 郝浩宇 | 段雨晴 |
| 莫灿芳 | 曹雨纯 | 蒋月环 | 薛海霞 | 于一潇 | 王品申 | 王 娜 | 叶筱卉 | 冯梦媛 |
| 伍丽馨 | 刘 天 | 刘梓成 | 安瑶瑶 | 许佳昕 | 杨 琴 | 吴星侨 | 攸 然 | 余 琨 |

| | | | | | | | | |
|---|---|---|---|---|---|---|---|---|
| 陈虹伊 | 易 徐 | 周金新 | 周梦霞 | 胡雅洁 | 顾 杰 | 郭 杰 | 雷 奕 | 缪浩然 |
| 范雷明 | 王 伟 | 王怡云 | 王 荃 | 王禹轩 | 王雅馨 | 叶婧贤 | 田金莲 | 刘岩俊 |
| 许逸韬 | 孙齐云 | 杜琳琳 | 杨 牧 | 吴瑾玥 | 张建宇 | 张 香 | 赵 彦 | 胡 楠 |
| 俞 帆 | 徐彬彬 | 黄 钊 | 程 立 | 熊石盐 | 王清清 | 历彦泽 | 左 泓 | 石新宇 |
| 史 可 | 令长兵 | 刘一高 | 刘玲玲 | 刘逸霄 | 孙 超 | 杨 益 | 何 莎 | 胡强桂 |
| 胡馨匀 | 原兆祥 | 唐晓城 | 彭 琴 | 谢苏含 | 马 林 | 王宏羽 | 王 堃 | 王 斌 |
| 成 露 | 江慧敏 | 李朋飞 | 李 聪 | 陈佳俊 | 陈学涛 | 陈 俊 | 陈斌斌 | 苗 苗 |
| 赵彦民 | 秦浩淳 | 徐 烨 | 徐濯清 | 曹凤交 | 常京宜 | 彭国政 | 富钰薇 | 巴子钰 |
| 朱士诚 | 伍 昊 | 任钰汇 | 祁富钧 | 许多翔 | 杜承寰 | 李子东 | 李英杰 | 李雨宸 |
| 李繁友 | 汪显赫 | 陈 京 | 茅 璐 | 周林涵 | 郑乐凯 | 高逸鑫 | 雷红秀 | 樊浩鑫 |
| 李宏阳 | 奴丽娜·托合达尔别克 | 王家轩 | 王筱萌 | 石仙路 | 成俊燊 | 池明媚 | 许东钦 |
| 孙祺轩 | 杨子帆 | 宋 亮 | 张陈平 | 张莹莹 | 陈 江 | 陈肖玮 | 陈庚宁 | 侣华茹 |
| 郑亚彤 | 赵 军 | 赵臻瑞 | 徐 涛 | 高 旭 | 黄登攀 | 彭一鸣 | 董桓诚 | 樊佳伟 |
| 王 冕 | 石庆东 | 朱宇磊 | 刘跃勃 | 许 哲 | 许 璐 | 李小龙 | 杨 猛 | 吴慧洁 |
| 张文海 | 张晋宇 | 范亮亮 | 金 典 | 胡成杰 | 骆宇青 | 莫正云 | 钱 亮 | 高 启 |
| 高欣妍 | 梅景荣 | 葛鸿昌 | 蒋 涛 | 潘星宇 | 马 瑜 | 王东岳 | 王淳熙 | 东泽源 |
| 朱俊杰 | 刘嘉欣 | 齐泽中 | 孙 军 | 李刘阳洋 | 李思远 | 肖 煜 | 何怡琳 | 张东毅 |
| 张 硕 | 张 露 | 陈 杰 | 陈海婷 | 罗雨辰 | 金 鑫 | 周鹏飞 | 姚邢锦 | 袁 帆 |
| 莫宝鼎 | 黄心强 | 梅路遥 | 游志恒 | 王其实 | 方 锐 | 冯明浩 | 朱 钰 | 任奕午 |
| 汤明昊 | 孙萌萌 | 李欣月 | 李思勰 | 吴幸城 | 张欣欣 | 陈双双 | 陈伟民 | 陈 昊 |
| 易黄懿 | 罗学彬 | 周云生 | 周彰禧 | 赵 娟 | 贺俊武 | 贾 博 | 徐弘毅 | 黄 放 |
| 曹 赛 | 董国华 | 董 倩 | 谢以林 | 仲昭阳 | 武鑫越 | 丁正扬 | 马 钰 | 王 宇 |
| 王绪寰 | 刘 顺 | 李一鸣 | 李琪瑶 | 杨梦莹 | 何冬阳 | 张学银 | 张 瑜 | 胡莹莹 |
| 唐 媛 | 陶凤杰 | 梁甲慧 | 覃飞宁 | 傅丹华 | 颜丹瑞 | 王明昊 | 王虹霞 | 尤家诚 |
| 史文辉 | 朱李叶 | 刘诗青 | 严晓峰 | 杜秋润 | 李 洋 | 李 颖 | 吴 凡 | 吴雨纯 |
| 何 鎏 | 张孟珂 | 陈思美 | 赵 丹 | 娄 晨 | 高宇凡 | 黄 庆 | 梁玲玲 | 蒋姗姗 |
| 曾江涛 | 薛 超 | 王万里 | 王炜嘉 | 龙刚强 | 白玛央 | 朴文杰 | 朱曼曼 | 许必承 |
| 苏 杭 | 李宇迪 | 李 睿 | 杨振华 | 吴伟涛 | 吴竺芜 | 张 堃 | 郑长城 | 姚 欢 |
| 索艺宁 | 高金铭 | 郭聪聪 | 黄宇照 | 黄 琴 | 寇思佳 | 谢志鹏 | 缪依洺 | 戴忠祥 |
| 王孟鑫 | 文 楠 | 吕 波 | 伊笑莹 | 许 强 | 李 涛 | 杨 畅 | 杨 潇 | 吴志鑫 |
| 吴 桧 | 张朝倩 | 陈 瑶 | 林华川 | 胡洒洒 | 姚晓金 | 倪雪莹 | 郭鸿伟 | 唐忠婷 |
| 曹 磊 | 龚成杰 | 彭文杰 | 嘎玛央宗 | 熊 序 | 漆 雯 | 周 涛 | 郭忠菓 | 简伊彤 |
| 程伟宏 | 孙 威 | 马英皓 | 丁 瑞 | 王兴家 | 邓中伦 | 毕旺洋 | 朱宇彤 | 朱瑜枭 |
| 刘亚楠 | 刘 翔 | 孙 思 | 孙瑞攀 | 李 杰 | 杨 聪 | 吴梦阳 | 张 文 | 张 芙 |
| 陈子文 | 陈禹征 | 陈逸飞 | 周苏晖 | 周念玟 | 胡承磊 | 秦 苗 | 高毓娇 | 谈星宇 |
| 曹 蔚 | 谢鋆光 | 鲍璐璐 | 薛乾一 | 卢 山 | 冯兆龙 | 吕 苏 | 朱奕璇 | 朱鹏昊 |
| 刘春姿 | 刘 鹏 | 苏 鹏 | 李 昂 | 李维钦 | 李慧琳 | 吴永栓 | 何贵英 | 张文瀚 |
| 张明柳 | 陈子阳 | 陈奕翰 | 陈 熊 | 赵思傑 | 钟定发 | 贾朝阳 | 黄志祥 | 康嘉星 |

| | | | | | | | | |
|---|---|---|---|---|---|---|---|---|
| 谭鑫鑫 | 王冬雷 | 王佳玉 | 王璧煜 | 卢昊飞 | 冯珂鸣 | 朱名欣 | 乔丹 | 刘杰 |
| 刘翰 | 李枭葆 | 杨叙 | 邹运 | 陈子哥 | 陈宁 | 陈洪鹏 | 欧文轩 | 赵敏 |
| 胡兴 | 祝国强 | 顾俊超 | 郭晓辉 | 黄宏 | 章昕怡 | 温兴 | 樊博成 | 王宁萱 |
| 王鑫娜 | 毛儒凯 | 田祥云 | 冯健 | 朱思贤 | 刘叶青 | 刘海威 | 江涛 | 孙佳仪 |
| 李劲廷 | 李浩博 | 杨瑞帆 | 张丁戈 | 张晨 | 陈杰 | 陈敏超 | 季桢杰 | 胡泽 |
| 姚琢 | 高子男 | 唐益群 | 曹珂 | 程欣 | 谢坤修 | 蔡罗勋 | 潘峰 | 全泽宇 |
| 黄一粟 | 龙跃飞 | 马腾 | 王敬尧 | 方韩雨 | 朴财权 | 刘宇 | 刘彦余 | 孙自然 |
| 李旭童 | 李胤璋 | 杨雅雯 | 吴连坤 | 沈懋生 | 张姗 | 陈思睿 | 周忠贤 | 段浩盛 |
| 秦浩 | 倪琢初 | 徐帅丽 | 唐泰杰 | 黄维 | 梁莹 | 巢家毓 | 谭雄伟 | 魏良状 |
| 于滢 | 马鑫 | 王超越 | 王新财 | 龙诗垚 | 朱志川 | 刘慧敏 | 孙旭阳 | 李欣童 |
| 吴迪恒 | 吴雪妮 | 余磊 | 宋震林 | 张艳 | 陈燕 | 邵武 | 周涛 | 胡蕊蝶 |
| 秦超 | 徐春蕾 | 高丙 | 唐晨 | 黄露 | 曹飞 | 彭毛卓玛 | 韩观平 | 蔡万琪 |
| 熊权丰 | 王煜焜 | 朱城城 | 刘亲钦 | 孙雨辰 | 李荟 | 吴金桂 | 何怡雯 | 邹开瑞 |
| 张仲旺 | 张雪媛 | 林芬 | 房磊 | 姜旭宇 | 姜珊 | 贾坤 | 殷蕊 | 高明 |
| 唐逸凡 | 曹俊魏 | 龚佳慧 | 葛嘉敏 | 程新宇 | 管玥 | 颜玺雨 | 王永强 | 王佳妮 |
| 王墨 | 申鹏杰 | 吉寒冰 | 任思远 | 刘洋 | 牟韵韵 | 李帆 | 李蕊 | 杨杰 |
| 吴思禹 | 邹艺 | 邹勇剑 | 张轩宇 | 张琳 | 季雅文 | 周早 | 姜沅松 | 姜荣荣 |
| 夏恒永 | 郭亚杰 | 黄长友 | 黄月婷 | 龚钰涵 | 梁田 | 鲁彤 | 曾家晟 | 谯佩雯 |
| 潘晓懿 | 王珏 | 王哲 | 王德贵 | 冯云龙 | 吕嘉琪 | 刘子璇 | 刘聪 | 严密 |
| 李克宇 | 杨荣鑫 | 利永进 | 汪东成 | 宋子琪 | 张铖 | 张翘楚 | 周李金 | 胡海阳 |
| 娄卓文 | 费涛 | 顾存昕 | 郭阳 | 黄永吉 | 黄雨情 | 盛杨杨 | 梁远发 | 游思琦 |
| 褚耀奇 | 潘超娅 | 王思奇 | 王移民 | 王耀艺 | 戎刚 | 任娅 | 刘永亮 | 杜晓月 |
| 李宏 | 吴天雄 | 邱旭峰 | 张佳菲 | 张智超 | 周国洪 | 段成钢 | 姚天琪 | 姚启桦 |
| 倪宇航 | 郭阳鸣 | 黄扬炼 | 黄娅丽 | 梁芯瑜 | 阙彬彬 | 魏来 | 郭静 | 陈杨怀 |
| 付敏 | 符翔 | 刘全祥 | 王若凝 | 王新 | 尹小燕 | 付开宇 | 吉晋娟 | 朱婵婵 |
| 汤步靖 | 孙洁 | 李宏亮 | 杨博瑞 | 张小毛 | 张天成 | 陈加龙 | 武亚迪 | 杭鹏程 |
| 周源赣 | 赵盈盈 | 侯世龙 | 徐一鸣 | 高梅 | 唐明 | 黄振 | 梅晗晖 | 韩栋臣 |
| 廖桂梅 | 黎航宇 | 王安 | 王雨琦 | 龙晨雨 | 光宇佳 | 刘洋 | 许仲错 | 李奇生 |
| 杨悦云 | 肖鹏飞 | 张天骄 | 张冯宇 | 张榕 | 张臻 | 陈宇泽 | 范苏雨 | 郑吴洁 |
| 赵杰 | 胡萍 | 徐小聪 | 高璇 | 黄尔齐 | 黄宸崴 | 常会鑫 | 崔梦洁 | 潘东洲 |
| 王茂林 | 王俊 | 王家宸 | 尹亮 | 卢明应 | 朱丹蕾 | 刘京 | 杨志浩 | 肖倩 |
| 何其键 | 张玲玲 | 张浩 | 张儒林 | 陈明 | 陈京鸽 | 范钰程 | 卓秋生 | 赵荣 |
| 胡俊炜 | 袁琳 | 聂旸洲 | 郭财 | 黄雷 | 程甜甜 | 戴超君 | 王琳 | 王紫烟 |
| 甘琏杰 | 申书婷 | 刘晓聪 | 闫楷 | 李宇光 | 杨宗源 | 何英哲 | 张洪 | 陈卢一夫 |
| 陈相仲 | 林少铮 | 罗梦笛 | 赵彦林 | 柯艺轩 | 莫洪发 | 钱洁 | 黄剑创 | 黄舒颖 |
| 黄嘉衍 | 韩东燊 | 谢磊 | 蔡琼慧 | 周帅奇 | 李亚杰 | 马雯倩 | 艾科热木江·图尔逊 | |
| 王学飞 | 帅双旭 | 代红丽 | 杨乐 | 杨荣坚 | 吴正凯 | 吴影侠 | 张冰玉 | 张程 |
| 陆媛媛 | 阿合尼亚孜·巴斯提 | 陈志伟 | 周欣宇 | 周圆禾 | 周瑾 | 郑坚辉 | 孟卓雅 | |
| 柏亚东 | 俞婷婷 | 袁少锋 | 袁嘉烩 | 高文清 | 梁育玮 | 魏玥 | 马潇雨 | 王蔚 |

| | | | | | | | | |
|---|---|---|---|---|---|---|---|---|
| 刘 乐 | 刘崇鑫 | 孙喆兴 | 孙嘉晨 | 李紫薇 | 杨尚谕 | 杨 宸 | 吴延东 | 冷思雨 |
| 张 欣 | 张嘉曦 | 陈龙威 | 陈 晨 | 易婷婷 | 周 浩 | 郑春菊 | 赵雪松 | 施 田 |
| 贺佳利 | 徐 茜 | 郭昱辰 | 黄菊华 | 崔 垌 | 蔡妤画 | 张一帆 | 马 莹 | 马 增 |
| 韦腾光 | 邓丽媛 | 包雪莱 | 朱安康 | 任 媛 | 刘敏慧 | 李 科 | 杨名扬 | 杨 培 |
| 肖铭哲 | 何丽婷 | 张子昂 | 张诗如 | 陈敏雪 | 周 颐 | 庞轩宇 | 赵伯韬 | 赵晓杭 |
| 胡诗蕴 | 香晓东 | 贺天剑 | 高 積 | 郭鲁一 | 麻惠敏 | 董文婧 | 童 鼎 | 谢可嘉 |
| 王亚龙 | 王柯晗 | 尹君岩 | 朱 丹 | 刘 阳 | 孙路颖 | 李梦飞 | 杨雨兴 | 肖琪琦 |
| 何琳霖 | 张盼盼 | 陈 旭 | 武妍慧 | 於慧琳 | 郑星伦 | 赵金昌 | 赵健健 | 施 芳 |
| 姜卓群 | 夏家傲 | 翁成峰 | 席 静 | 唐学旭 | 梅 斌 | 商放婷 | 蒋晓月 | 谭积金 |
| 翟文倩 | 王晓辉 | 王 琪 | 双世豪 | 平烨佳 | 刘泉艳 | 刘黔鄂 | 严如钰 | 邝颖丽 |
| 吴丹婷 | 吴 钰 | 张 婧 | 陈适文 | 林舒悦 | 孟艳辉 | 胡 帅 | 钟达味 | 洪俊阳 |
| 姚 文 | 徐 泽 | 高娜娜 | 黄星寅 | 黄毓颖 | 董 润 | 程亚敏 | 颜梦颖 | 王登宇 |
| 仇心怡 | 古 泉 | 卢 薇 | 朱高慧 | 刘 敏 | 安晓锋 | 李 雪 | 肖巧欣 | 吴乐梅 |
| 余学聪 | 张亚琦 | 陈唯一 | 周国华 | 赵泽宇 | 胡冉冉 | 姚 辉 | 徐 玫 | 高 远 |
| 郭安然 | 黄健敏 | 曹 阳 | 彭 茵 | 韩帅磊 | 曾 欣 | 潘红全 | 潘越迪 | 王 祁 |
| 王建楠 | 孔雪婷 | 左 强 | 邢宇航 | 刘天鹏 | 刘 莉 | 孙 贝 | 李伟华 | 李玲莉 |
| 杨 帆 | 沈颜涛 | 张 娜 | 张静波 | 张聚萍 | 陈美华 | 欧阳麟凤 | 周 瑾 | 孟浩宇 |
| 胡纯子 | 段勋珍 | 秦淮瑶 | 徐锡君 | 郭珊杉 | 章 超 | 董嘉君 | 曾令媛 | 谭 玲 |
| 薛鑫浩 | 韦学师 | 卢 慧 | 冯小玉 | 任欣然 | 刘 宇 | 刘晓博 | 李逸飞 | 杨丽虹 |
| 杨 斌 | 宋 睿 | 张致远 | 张梦琪 | 陈浅仪 | 陈莺冰 | 陈新宇 | 罗晴月 | 郑义垚 |
| 赵文祎 | 胡佳莹 | 胥 涵 | 钱梦婷 | 高 婧 | 盛洋虹 | 谢语婷 | 聂 雯 | 王 菲 |
| 卞海鹏 | 毕超晖 | 刘茜雅 | 许 杨 | 孙苏梦 | 李佳忆 | 李紫微 | 李 蒙 | 吴净航 |
| 沈 思 | 张子璇 | 张 锦 | 张静宇 | 林 晴 | 林镇琦 | 周晓雨 | 房 璇 | 赵静怡 |
| 郜婷玉 | 姚 璇 | 徐唯帅 | 郭凤萍 | 彭 玲 | 程方芝 | 蔺 秀 | 管伟杰 | 戴安娜 |
| 毛茵茵 | 吉 雯 | 张梦诗 | 唐苏铭 | 赵晔宇 | 王 林 | 王 瑞 | 毛锴楠 | 尹 婕 |
| 邢 悦 | 任诗圆 | 刘 博 | 李若鹏 | 肖淑玉 | 张有记 | 张彦之 | 张 琴 | 张嘉曦 |
| 陈宜璠 | 苑瑞宏 | 周 悦 | 周暻旻 | 胡慧敏 | 袁振宇 | 顾 莹 | 郭晨阳 | 戚潆文 |
| 常正浩 | 温艺曼 | 雷永诺 | 蔡笑江 | 黎婷燕 | 于 翔 | 王 璟 | 王 馨 | 邓福祥 |
| 石凤仪 | 刘天垚 | 李思雨 | 吴雨蒙 | 冷珺妍 | 张 坤 | 张 娜 | 陆晓雯 | 陈思敏 |
| 林 国 | 林 妮 | 罗文婧 | 周静娴 | 孟子辉 | 钟碧阳 | 钱 俊 | 钱琦为 | 席 轩 |
| 龚广宁 | 雷 鹏 | 蔡琦雯 | 裴 帅 | 颜黎珠 | 王思源 | 韦 凯 | 牛若瑾 | 石耀鸣 |
| 冯 雪 | 刘吉宁 | 严晓倩 | 李叶钦 | 李彭昊玥 | 何振元 | 何唐月 | 张 丽 | 张经纬 |
| 张莹莹 | 陈海燕 | 林龚键 | 金昱含 | 周燕宁 | 赵 东 | 贺 馨 | 倪传佳 | 徐 伦 |
| 黄 晶 | 韩雪莹 | 储一飞 | 褚海波 | 臧文雪 | 潘俊言 | 燕 楠 | 王浩鑫 | 车顺利 |
| 文艺丹 | 叶 俊 | 吕思璇 | 刘梦思 | 李志伟 | 李若琦 | 李鑫鑫 | 何雅琦 | 余兴康 |
| 张 怡 | 张晓丽 | 张 越 | 陈 奇 | 陈梦摇 | 林婉清 | 周苡祺 | 赵旭芳 | 洪世权 |
| 袁 雪 | 栾锦浩 | 郭思敏 | 曹鹏程 | 程亚旭 | 谢 童 | 樊珊珊 | 戴勘垚 | 寇 嘉 |
| 罗荣彬 | 华 玉 | 董 蓉 | 王惠欣 | 康嵩心 | | | | |

## 附录 13　2018 届本科生毕业率、学位授予率统计表

| 学　院 | 应届人数<br>（人） | 毕业人数<br>（人） | 毕业率<br>（％） | 学位授予<br>人数（人） | 学位授予率<br>（％） |
|---|---|---|---|---|---|
| 生命科学学院 | 156 | 147 | 94.23 | 147 | 94.23 |
| 农学院 | 201 | 194 | 96.52 | 194 | 96.52 |
| 植物保护学院 | 112 | 107 | 95.54 | 107 | 95.54 |
| 资源与环境科学学院 | 198 | 194 | 97.98 | 193 | 97.47 |
| 园艺学院 | 295 | 285 | 96.61 | 284 | 96.27 |
| 动物科技学院（渔业学院） | 149 | 143 | 95.97 | 143 | 95.97 |
| 草业学院 | 35 | 31 | 88.57 | 31 | 88.57 |
| 经济管理学院 | 265 | 260 | 98.11 | 259 | 97.74 |
| 动物医学院 | 177 | 174 | 98.31 | 174 | 98.31 |
| 食品科技学院 | 187 | 180 | 97.33 | 180 | 97.33 |
| 信息科技学院 | 172 | 159 | 92.44 | 159 | 92.44 |
| 公共管理学院 | 273 | 268 | 98.17 | 268 | 98.17 |
| 外国语学院 | 173 | 170 | 98.27 | 169 | 97.69 |
| 人文与社会发展学院 | 236 | 233 | 98.73 | 233 | 98.73 |
| 理学院 | 125 | 118 | 94.40 | 117 | 93.60 |
| 金融学院 | 236 | 229 | 97.03 | 229 | 97.03 |
| 工学院 | 1 295 | 1 245 | 96.14 | 1 245 | 96.14 |
| 合计 | 4 285 | 4 137 | 96.55 | 4 132 | 96.43 |

注：1. 统计截止时间为 2018 年 12 月 21 日。2. 食品科技学院 2 名学生参加南京农业大学与法国里尔一大本硕双学位联合培养项目，不计入该院现毕业率及学位授予率。

## 附录 14　2018 届本科毕业生大学外语四、六级通过情况统计表（含小语种）

| 学　院 | 毕业生人数<br>（人） | 四级通过<br>人数（人） | 四级通过<br>率（％） | 六级通过<br>人数（人） | 六级通过<br>率（％） |
|---|---|---|---|---|---|
| 生命科学学院 | 156 | 152 | 97.44 | 104 | 66.67 |
| 农学院 | 201 | 184 | 91.54 | 110 | 54.73 |
| 植物保护学院 | 112 | 98 | 87.50 | 60 | 53.57 |
| 资源与环境科学学院 | 198 | 186 | 93.94 | 125 | 63.13 |
| 园艺学院 | 295 | 272 | 92.20 | 164 | 55.59 |
| 动物科技学院 | 105 | 83 | 79.05 | 35 | 33.33 |
| 经济管理学院 | 265 | 250 | 94.34 | 203 | 76.60 |
| 动物医学院 | 177 | 168 | 94.92 | 107 | 60.45 |

（续）

| 学　院 | | 毕业生人数（人） | 四级通过人数（人） | 四级通过率（％） | 六级通过人数（人） | 六级通过率（％） |
|---|---|---|---|---|---|---|
| 食品科技学院 | | 187 | 166 | 88.77 | 106 | 56.68 |
| 信息科技学院 | | 172 | 159 | 92.44 | 99 | 57.56 |
| 公共管理学院 | | 273 | 256 | 93.77 | 174 | 63.74 |
| 外国语学院 | 英语专业 | 90 | 86 | 95.56 | 57 | 63.33 |
| | 日语专业 | 83 | 83 | 100.00 | 54 | 65.06 |
| 人文与社会发展学院 | | 236 | 201 | 85.17 | 121 | 51.27 |
| 理学院 | | 125 | 117 | 93.60 | 69 | 55.20 |
| 草业学院 | | 35 | 31 | 88.57 | 22 | 62.86 |
| 金融学院 | | 236 | 234 | 99.15 | 193 | 81.78 |
| 工学院 | | 1 295 | 1 273 | 98.30 | 663 | 51.20 |
| 渔业学院 | | 44 | 38 | 86.36 | 21 | 47.73 |
| 总计 | | 4 285 | 4 037 | 94.21 | 2 487 | 58.04 |

## 附录 15　国家级教学成果奖获奖情况

| 成果名称 | 第一完成人 | 获奖等级 |
|---|---|---|
| "本研衔接、寓教于研"培养作物科学拔尖创新型学术人才的研究与实践 | 董维春 | 二等奖 |
| 以三大能力为核心的农业经济管理拔尖创新人才培养体系的探索与实践 | 朱　晶 | 二等奖 |
| 基于差异化发展的农科类本科人才分类培养模式的构建与实践 | 王　恬 | 二等奖 |

## 附录 16　江苏省高校教学管理研究会优秀论文评选获奖情况

| 论文题目 | 第一作者 | 发表期刊 | 获奖等级 |
|---|---|---|---|
| 英国大学教师发展中心建设研究及启示——以牛津大学为例 | 权灵通 | 中国大学教学 | 一等奖 |
| 基于专业认证思维的农业院校专业建设研究与实践 | 李　伟 | 中国大学教学 | 二等奖 |
| 我国高校特色专业评估的理念与实践 | 陆　玲 | 中国农业教育 | 三等奖 |

## 附录 17　江苏省教育教学与研究成果奖（教育研究类）获奖情况

| 成果名称 | 申报人 | 获奖等级 |
|---|---|---|
| 基于IPOD框架的博士生教育质量研究 | 罗英姿<br>刘泽文 | 一等奖 |
| 基于SEP框架的城-镇-乡教育差距扩大机制分析及对策 | 黄维海 | 三等奖 |

## 附录 18　2018 年第一批产学合作协同育人项目立项名单

| 课题名称 | 课题主持人 | 立项类别 |
|---|---|---|
| 卓越农林人才培养的通识核心课程体系建设研究——以生命科学导论在线通识课程建设应用为例 | 张　炜 | 教学内容和课程体系改革 |
| 新工科背景下教学内容和课程体系改革的研究与实践 | 阎　燕 | 教学内容和课程体系改革 |

## 附录 19　中华农业科教基金教改项目立项名单

| 学　　院 | 项目名称 | 主持人 |
|---|---|---|
| 园艺学院 | 《茶艺学》教材建设研究 | 黎星辉 |
| 经济管理学院 | 农业技术经济学 | 周曙东 |
| 公共管理学院 | 《村镇资源环境规划基础》前期研究 | 孙　华 |
| 理学院 | 高等农业院校"有机化学"一体化教材建设与研究 | 杨　红 |
| | 线性代数课程的研究与教材建设 | 李　强 |
| | 物理教学对接"双一流"建设的融合创新研究与实践 | 杨宏伟 |
| 工学院 | "汽车拖拉机实验学"课程产教融合教学研究与教材建设 | 薛金林 |
| 教务处 | 优秀经典教材传承与创新的研究与实践——以南京农业大学教材建设与发展为例 | 阎　燕 甘敏敏 |

## 附录 20　新工科研究与实践项目名单

| 负责人 | 项目名称 | 项目群 |
|---|---|---|
| 徐焕良 | 面向"互联网＋"新兴工科"计算农业"专业建设探索与实践 | 食品、农林类项目群 |
| 辛志宏 | 面向新经济需求的食品科学与工程专业人才培养体系重构与实践 | 食品、农林类项目群 |
| 周立祥 | 面向农业环境污染控制的农科院校环境工程实践教育体系与实践平台构建 | 环境、纺织、轻工类项目群 |

## 附录 21　江苏省高等学校重点教材统计表

| 序　号 | 学　　院 | 教材名称 | 主　编 |
|---|---|---|---|
| 1 | 生命科学学院 | 生命科学导论 | 张　炜　王庆亚 |
| 2 | 农学院 | 种子生产学实验技术 | 洪德林 |
| 3 | 园艺学院 | 葡萄酒学通论 | 房经贵 |
| 4 | | 园艺植物生物技术实验指导 | 柳李旺 |
| 5 | 动物科技学院 | 动物繁殖学 | 王　锋 |

（续）

| 序　号 | 学　　院 | 教材名称 | 主　编 |
|---|---|---|---|
| 6 | 动物医学院 | 小动物疾病学（第二版） | 侯加法 |
| 7 | | 兽医传染病学（第六版） | 陈浦言 |
| 8 | 经济管理学院 | 农业技术经济学（第四版） | 周曙东 |
| 9 | 公共管理学院 | 土地利用规划学（第八版） | 王万茂 |
| 10 | 人文与社会发展学院 | 世界农业文明史 | 王思明 |
| 11 | 工学院 | 汽车概论 | 鲁植雄 |
| 12 | | 汽车拖拉机试验学 | 薛金林 |

## 附录22　第二届"钟山教学名师"名单

洪德林　鲁植雄

## 附录23　2018年度南京农业大学教学质量优秀奖评选结果

生命科学学院：高国富　王庆亚

农学院：黄　骥

植物保护学院：王翠花

资源与环境科学学院：杨新萍

园艺学院：张清海　唐晓清

动物科技学院：黄瑞华　李平华

经济管理学院：何　军　葛继红

动物医学院：庾庆华　孙卫东

食品科技学院：陈晓红　安辛欣

信息科技学院：梁敬东　胡　滨

公共管理学院：谢　勇

外国语学院：王菊芳　鲍　彦　金锦珠

人文与社会发展学院：朱志平　朱利群　李　明

理学院：章维华　陶亚奇

马克思主义学院（政治学院）：朱　娅

草业学院：刘信宝

金融学院：林乐芬

工学院：韩美贵

体育部：管月泉

（撰稿：赵玲玲　周　颖　蒋苏娅　王　琳

审稿：张　炜　吴彦宁　韩纪琴　审核：王俊琴）

# 研 究 生 教 育

【概况】研究生院（部）以习近平新时代中国特色社会主义思想为指导，以世界一流为目标，以创新驱动为导向，坚持立德树人根本任务，以"服务需求、提高质量"为工作主线，围绕学校"双一流"建设目标，构建全员育人、全程育人、全方位育人的"三全育人"格局，加强和改进研究生思想政治教育工作，深化研究生教育综合改革，提升研究生培养质量。

全年共录取博士生 558 人、硕士生 2 828 人，其中录取"推免生"359 人、直博生 28人、"硕博连读"192 人和"申请-审核"博士生 338 人。做好导师年度招生资格审定工作，审定博士生导师 376 人，硕士生导师 543 人。承担 2019 年全国硕士研究生报名考试考点工作，做好 2019 年全国硕士研究生招生南京农业大学考点相关工作，荣获"江苏省研究生优秀报考点"荣誉称号。

累计获得国家留学基金管理委员会资助公派出国 97 人，其中联合培养博士 68 人、直接攻读博士学位者 12 人、联合培养硕士 2 人、直接攻读硕士学位者 3 人，博士生导师短期访学 12 人。资助 3～6 月的短期出国访学博士生 23 人，资助出国参加国际学术会议研究生 52人，共派出博士生海外访学团 90 人。学院、导师资助研究生赴外 22 人，参加国际会议 42人，通过国际教育学院各类项目派出研究生 16 人，研究生自费短期访学 11 人。

全年共授予博士学位 408 人，其中兽医博士学位 6 人；授予硕士学位 2 168 人，其中专业学位 1 084 人。提高优秀学位论文的奖励标准，校级优秀博士、硕士学位论文的奖励标准分别增加至 5 000 元和 2 000 元，共评选校级优秀博士学位论文 40 篇、优秀学术型硕士学位论文 50 篇、专业学位硕士学位论文 50 篇。获评江苏省优秀博士学位论文 7 篇、优秀学术型硕士学位论文 7 篇、优秀专业学位硕士学位论文 6 篇。遴选 2018 年度博士学位论文创新工程项目，共资助 I 类项目 10 个、II 类项目 5 个。

专项资助博士生学科前沿专题讲座课程 11 门；完成农业硕士新领域的课程体系修订工作，划拨专项经费资助现代农业创新与乡村振兴战略课程实践教学；组织实施 2018 年研究生教育教学改革研究与实践项目立项工作（专业学位教育教学改革专项），共立项课题 35项，其中委托课题 7 项，重点课题 8 项；资助化学工程学科点建设 8 家校级研究生工作站，校级研究生工作站总数达 53 家。

全面开展学位授权点自我评估工作，编制《学位授权点自我评估工作手册》等相关材料，撰写《南京农业大学学位授权点发展情况分析报告》。撤销海洋科学一级学科硕士学位授权点，增列马克思主义理论一级学科硕士学位授权点。将已有工程硕士各领域由原来的 7个领域调整为 6 个专业学位类别；撤销信息资源管理目录外二级学科，开展 6 个目录外自主设置二级学科的英文名称修改备案工作。

制订《南京农业大学全面落实研究生导师立德树人职责实施细则》（党发 2018〔108〕号）；开展导师遴选工作，2018 年共增列博士生导师 82 人，增列学术型硕士生导师 119 人，专业学位硕士生导师 69 人；制订《南京农业大学产业教授管理办法》，完成了 20 位产业教授的选聘、23 位在聘产业教授的年报和 1 位产业教授的中期考核工作。

2018 年江苏省研究生科研与实践创新计划立项 154 项,其中科研创新计划 114 项,实践创新计划 40 项;研究生教育教学改革课题立项 9 项;获批新设立江苏省研究生工作站 8 家,新增 2 家江苏省优秀研究生工作站。开展农业专业学位教育指导委员会委托的《农业博士专业学位设置论证研究》和江苏省教育厅委托的《江苏省研究生工作站体系建设研究》两项重大课题的研究工作,分别起草了《农业博士专业学位设置论证报告》和《江苏省研究生工作站管理办法》。

成功举办第二届全国农林院校研究生学术科技作品竞赛,获得团体总分第一和优秀组织奖,获特等奖 1 项、一等奖 2 项、二等奖 1 项;完善"研究生神农科技文化节"活动品牌。全年共开展学术活动 500 余场次,近万人次研究生参加了各级各类学术活动,全校共有 69 次研究生个人或团队获得省级以上各类表彰;举办 2018 年研究生国际学术会议;承办首届江苏省研究生智慧农业实践创新大赛,组织"百名博士老区行"和"研究生'三农'三地行"两支社会实践团队。组织本校博士研究生参加教育部"蓝火计划"博士研究生工作团,并被教育部科技发展中心评为 2018 年教育部"蓝火计划"博士研究生工作团优秀组织单位。

打造"研究生校园文化节""研究生体育文化节""研究生社区文化节"系列品牌,开展纪念改革开放 40 周年研究生团课比赛、"勿忘国耻、圆梦中华"国家公祭日公益活动;开展"钟山学子之星"评选活动、"榜样的力量"颁奖典礼活动;举办"见字如面 手写家书"等活动。

2018 年度共 8 239 人次获得各类研究生奖学金,总金额 7 861.98 万元,发放各类研究生助学金总金额 6 154.92 万元,发放助教岗位津贴 177.4 万元,发放助管岗位津贴 89.8 万元。积极服务研究生办理助学贷款工作,为 819 人办理国家助学贷款,发放助学贷款 852 万元。

**【第四届研究生教育工作会议】** 4 月 27 日,学校召开南京农业大学第四届研究生教育工作会议。总结了学校学位与研究生教育 10 年来的成绩与经验,分析了学校在拔尖创新人才培养中存在的问题与不足,并对未来一段时间内的工作进行了规划和展望。会议评选出朱德峰、秦跟基、宋宝安和邹学校 4 名首届"作出突出贡献博士学位获得者",8 个研究生教育管理先进单位,40 名优秀研究生教师和教育管理先进个人。

**【研究生教育教学成果】** 学校以研究生院为主要参与单位的成果"'本研衔接、寓教于研'培养作物科学拔尖创新型学术人才的研究人才"获国家级教学成果奖二等奖;在第三届中国学位与研究生教育学会研究生教育成果奖评选中,学校 2 项成果分别获得一等奖和二等奖。其中,侯喜林教授牵头的成果"'世界眼光、中国情怀、南农品质'三位一体的农科博士拔尖创新人才培养实践"获研究生教育成果奖一等奖(全国共 9 项),董维春教授牵头的成果"科教协同:高校与科研院所联合培养研究生的研究与实践"获二等奖(全国共 30 项)。姚志友教授牵头的成果"改革研究生奖助体系 保障和激励一流人才培养"获 2018 年江苏省研究生教育改革成果奖二等奖。

**【全国兽医专业学位研究生教育指导委员会秘书处工作】** 召开全国兽医专业学位研究生教育指导委员会四届三次全会,组织编写《兽医专业学位发展报告》,开展兽医博士专业学位研究生教育总结调研和国际兽医人才培养模式调研工作；组织开展《兽医专业学位研究生核心课程指南》编写工作；完成 2018 年兽医硕士专业学位授权点专项评估工作；完善兽医专业学位研究生报考条件，确保生源质量；修订《全国兽医专业学位研究生优秀学位论文评选办法》，召开第七届全国兽医专业学位研究生优秀学位论文评选工作会议，评选出获奖博士学位论文 3 篇、获奖硕士学位论文 15 篇；开展 2018 年中国专业学位教学案例中心兽医专业学位案例库入库案例征集和评选活动。

# ［附录］

## 附录 1　授予博士、硕士学位学科专业目录

表 1　学术型学位

| 学科门类 | 一级学科名称 | 二级学科（专业）名称 | 学科代码 | 授权级别 | 备　注 |
|---|---|---|---|---|---|
| 哲学 | 哲学 | 马克思主义哲学 | 010101 | 硕士 | 硕士学位授权一级学科 |
|  |  | 中国哲学 | 010102 | 硕士 |  |
|  |  | 外国哲学 | 010103 | 硕士 |  |
|  |  | 逻辑学 | 010104 | 硕士 |  |
|  |  | 伦理学 | 010105 | 硕士 |  |
|  |  | 美学 | 010106 | 硕士 |  |
|  |  | 宗教学 | 010107 | 硕士 |  |
|  |  | 科学技术哲学 | 010108 | 硕士 |  |
| 经济学 | 应用经济学 | 国民经济学 | 020201 | 博士 | 博士学位授权一级学科 |
|  |  | 区域经济学 | 020202 | 博士 |  |
|  |  | 财政学 | 020203 | 博士 |  |
|  |  | 金融学 | 020204 | 博士 |  |
|  |  | 产业经济学 | 020205 | 博士 |  |
|  |  | 国际贸易学 | 020206 | 博士 |  |
|  |  | 劳动经济学 | 020207 | 博士 |  |
|  |  | 统计学 | 020208 | 博士 |  |
|  |  | 数量经济学 | 020209 | 博士 |  |
|  |  | 国防经济学 | 020210 | 博士 |  |
| 法学 | 法学 | 经济法学 | 030107 | 硕士 |  |
|  | 社会学 | 社会学 | 030301 | 硕士 | 硕士学位授权一级学科 |
|  |  | 人口学 | 030302 | 硕士 |  |
|  |  | 人类学 | 030303 | 硕士 |  |
|  |  | 民俗学（含：中国民间文学） | 030304 | 硕士 |  |
|  | 马克思主义理论 | 马克思主义基本原理 | 030501 | 硕士 | 硕士学位授权一级学科 |
|  |  | 思想政治教育 | 030505 | 硕士 |  |

（续）

| 学科门类 | 一级学科名称 | 二级学科（专业）名称 | 学科代码 | 授权级别 | 备 注 |
|---|---|---|---|---|---|
| 文学 | 外国语言文学 | 英语语言文学 | 050201 | 硕士 | 硕士学位授权一级学科 |
| | | 日语语言文学 | 050205 | 硕士 | |
| | | 俄语语言文学 | 050202 | 硕士 | |
| | | 法语语言文学 | 050203 | 硕士 | |
| | | 德语语言文学 | 050204 | 硕士 | |
| | | 印度语言文学 | 050206 | 硕士 | |
| | | 西班牙语言文学 | 050207 | 硕士 | |
| | | 阿拉伯语言文学 | 050208 | 硕士 | |
| | | 欧洲语言文学 | 050209 | 硕士 | |
| | | 亚非语言文学 | 050210 | 硕士 | |
| | | 外国语言学及应用语言学 | 050211 | 硕士 | |
| 理学 | 数学 | 应用数学 | 070104 | 硕士 | 硕士学位授权一级学科 |
| | | 基础数学 | 070101 | 硕士 | |
| | | 计算数学 | 070102 | 硕士 | |
| | | 概率论与数理统计 | 070103 | 硕士 | |
| | | 运筹学与控制论 | 070105 | 硕士 | |
| | 化学 | 无机化学 | 070301 | 硕士 | 硕士学位授权一级学科 |
| | | 分析化学 | 070302 | 硕士 | |
| | | 有机化学 | 070303 | 硕士 | |
| | | 物理化学（含：化学物理） | 070304 | 硕士 | |
| | | 高分子化学与物理 | 070305 | 硕士 | |
| | 生物学 | 植物学 | 071001 | 博士 | 博士学位授权一级学科 |
| | | 动物学 | 071002 | 博士 | |
| | | 生理学 | 071003 | 博士 | |
| | | 水生生物学 | 071004 | 博士 | |
| | | 微生物学 | 071005 | 博士 | |
| | | 神经生物学 | 071006 | 博士 | |
| | | 遗传学 | 071007 | 博士 | |
| | | 发育生物学 | 071008 | 博士 | |
| | | 细胞生物学 | 071009 | 博士 | |
| | | 生物化学与分子生物学 | 071010 | 博士 | |
| | | 生物物理学 | 071011 | 博士 | |
| | | 生物信息学 | 0710Z1 | 博士 | |
| | | 应用海洋生物学 | 0710Z2 | 博士 | |
| | | 天然产物化学 | 0710Z3 | 博士 | |

（续）

| 学科门类 | 一级学科名称 | 二级学科（专业）名称 | 学科代码 | 授权级别 | 备　注 |
|---|---|---|---|---|---|
| 理学 | 科学技术史 | 不分设二级学科 | 071200 | 博士 | 博士学位授权一级学科，可授予理学、工学、农学、医学学位 |
| | 生态学 | | 0713 | 博士 | 博士学位授权一级学科 |
| 工学 | 机械工程 | 机械制造及其自动化 | 080201 | 硕士 | 硕士学位授权一级学科 |
| | | 机械电子工程 | 080202 | 硕士 | |
| | | 机械设计及理论 | 080203 | 硕士 | |
| | | 车辆工程 | 080204 | 硕士 | |
| | 计算机科学与技术 | 计算机应用技术 | 081203 | 硕士 | 硕士学位授权一级学科 |
| | | 计算机系统结构 | 081201 | 硕士 | |
| | | 计算机软件与理论 | 081202 | 硕士 | |
| | 农业工程 | 农业机械化工程 | 082801 | 博士 | 博士学位授权一级学科 |
| | | 农业水土工程 | 082802 | 博士 | |
| | | 农业生物环境与能源工程 | 082803 | 博士 | |
| | | 农业电气化与自动化 | 082804 | 博士 | |
| | | 环境污染控制工程 | 0828Z1 | 博士 | |
| | 环境科学与工程 | 环境科学 | 083001 | 硕士 | 硕士学位授权一级学科，可授予理学、工学、农学学位 |
| | | 环境工程 | 083002 | 硕士 | |
| | 食品科学与工程 | 食品科学 | 083201 | 博士 | 博士学位授权一级学科，可授予工学、农学学位 |
| | | 粮食、油脂及植物蛋白工程 | 083202 | 博士 | |
| | | 农产品加工及贮藏工程 | 083203 | 博士 | |
| | | 水产品加工及贮藏工程 | 083204 | 博士 | |
| | 风景园林学 | | 0834 | 硕士 | 硕士学位授权一级学科 |
| 农学 | 作物学 | 作物栽培学与耕作学 | 090101 | 博士 | 博士学位授权一级学科 |
| | | 作物遗传育种 | 090102 | 博士 | |
| | | 农业信息学 | 0901Z1 | 博士 | |
| | | 种子科学与技术 | 0901Z2 | 博士 | |

（续）

| 学科门类 | 一级学科名称 | 二级学科（专业）名称 | 学科代码 | 授权级别 | 备 注 |
|---|---|---|---|---|---|
| 农学 | 园艺学 | 果树学 | 090201 | 博士 | 博士学位授权一级学科 |
| | | 蔬菜学 | 090202 | 博士 | |
| | | 茶学 | 090203 | 博士 | |
| | | 观赏园艺学 | 0902Z1 | 博士 | |
| | | 药用植物学 | 0902Z2 | 博士 | |
| | | 设施园艺学 | 0902Z3 | 博士 | |
| | 农业资源与环境 | 土壤学 | 090301 | 博士 | 博士学位授权一级学科 |
| | | 植物营养学 | 090302 | 博士 | |
| | 植物保护 | 植物病理学 | 090401 | 博士 | 博士学位授权一级学科，农药学可授予理学、农学学位 |
| | | 农业昆虫与害虫防治 | 090402 | 博士 | |
| | | 农药学 | 090403 | 博士 | |
| | 畜牧学 | 动物遗传育种与繁殖 | 090501 | 博士 | 博士学位授权一级学科 |
| | | 动物营养与饲料科学 | 090502 | 博士 | |
| | | 动物生产学 | 0905Z1 | 博士 | |
| | | 动物生物工程 | 0905Z2 | 博士 | |
| | 兽医学 | 基础兽医学 | 090601 | 博士 | 博士学位授权一级学科 |
| | | 预防兽医学 | 090602 | 博士 | |
| | | 临床兽医学 | 090603 | 博士 | |
| | 水产 | 水产养殖 | 090801 | 博士 | 博士学位授权一级学科 |
| | | 捕捞学 | 090802 | 博士 | |
| | | 渔业资源 | 090803 | 博士 | |
| | 草学 | | 0909 | 博士 | 博士学位授权一级学科 |
| 医学 | 中药学 | 不分设二级学科 | 100800 | 硕士 | 硕士学位授权一级学科 |
| 管理学 | 管理科学与工程 | 不分设二级学科 | 1201 | 硕士 | 硕士学位授权一级学科 |
| | 工商管理 | 会计学 | 120201 | 硕士 | 硕士学位授权一级学科 |
| | | 企业管理 | 120202 | 硕士 | |
| | | 旅游管理 | 120203 | 硕士 | |
| | | 技术经济及管理 | 120204 | 硕士 | |
| | 农林经济管理 | 农业经济管理 | 120301 | 博士 | 博士学位授权一级学科 |
| | | 林业经济管理 | 120302 | 博士 | |
| | | 农村与区域发展 | 1203Z1 | 博士 | |
| | | 农村金融 | 1203Z2 | 博士 | |

（续）

| 学科门类 | 一级学科名称 | 二级学科（专业）名称 | 学科代码 | 授权级别 | 备　注 |
|---|---|---|---|---|---|
| 管理学 | 公共管理 | 行政管理 | 120401 | 博士 | 博士学位授权一级学科，教育经济与管理可授予管理学、教育学学位 |
| | | 社会医学与卫生事业管理 | 120402 | 博士 | |
| | | 教育经济与管理 | 120403 | 博士 | |
| | | 社会保障 | 120404 | 博士 | |
| | | 土地资源管理 | 120405 | 博士 | |
| | 图书情报与档案管理 | 图书馆学 | 120501 | 博士 | 博士学位授权一级学科 |
| | | 情报学 | 120502 | 博士 | |
| | | 档案学 | 120502 | 博士 | |

### 表2　专业学位

| 专业学位代码、名称 | 专业领域代码和名称 | 授权级别 | 招生学院 | 备　注 |
|---|---|---|---|---|
| 0852 工程硕士 | 085227 农业工程 | 硕士 | 工学院 | |
| | 085229 环境工程 | 硕士 | 资源与环境科学学院 | |
| | 085231 食品工程 | 硕士 | 食品科技学院 | |
| | 085238 生物工程 | 硕士 | 生命科学学院 | |
| | 085240 物流工程 | 硕士 | 工学院 | |
| | 085201 机械工程 | 硕士 | 工学院 | |
| | 085216 化学工程 | 硕士 | 理学院 | |
| 0951 农业硕士 | 095131 农艺与种业 | 硕士 | 农学院、园艺学院、草业学院 | 对应原领域：作物（095101）、园艺（095102）、草业（095106）、种业（095115） |
| | 095132 资源利用与植物保护 | 硕士 | 资源与环境科学学院、植物保护学院 | 对应原领域：农业资源利用（095103）、植物保护（095104） |
| | 095133 畜牧 | 硕士 | 动物科技学院 | 对应原领域：养殖（095105） |
| | 095134 渔业发展 | 硕士 | 无锡渔业学院 | 对应原领域：渔业（095108） |
| | 095135 食品加工与安全 | 硕士 | 食品科技学院 | 对应原领域：食品加工与安全（095113） |
| | 095136 农业工程与信息技术 | 硕士 | 工学院、信息科技学院、园艺学院 | 对应原领域：农业机械化（095109）、农业信息化（095112）、设施农业（095114） |
| | 095137 农业管理 | 硕士 | 经济管理学院、人文与社会发展学院 | 对应原领域：农村与区域发展（部分 095110）、农业科技组织与服务（095111） |
| | 095138 农村发展 | 硕士 | 经济管理学院 | 对应原领域：农村与区域发展（部分 095110） |

（续）

| 专业学位代码、名称 | 专业领域代码和名称 | 授权级别 | 招生学院 | 备 注 |
|---|---|---|---|---|
| 0953<br>风景园林硕士 | | 硕士 | 园艺学院 | |
| 0952<br>兽医硕士 | | 硕士 | 动物医学院 | |
| 1252 公共管理硕士<br>（MPA） | | 硕士 | 公共管理学院 | |
| 1251<br>工商管理硕士 | | 硕士 | 经济管理学院 | |
| 0251<br>金融硕士 | | 硕士 | 金融学院 | |
| 0254<br>国际商务硕士 | | 硕士 | 经济管理学院 | |
| 0352<br>社会工作硕士 | | 硕士 | 人文与社会发展学院 | |
| 1253<br>会计硕士 | | 硕士 | 金融学院 | |
| 0551<br>翻译硕士 | | 硕士 | 外国语学院 | |
| 1056<br>中药学硕士 | | 硕士 | 园艺学院 | |
| 0351<br>法律硕士 | | 硕士 | 人文与社会发展学院 | |
| 1255<br>图书情报硕士 | | 硕士 | 信息科技学院 | |
| 兽医博士 | | 博士 | 动物医学院 | |

# 附录 2 入选江苏省普通高校研究生科研创新计划项目名单

（省立校助 114 项）

| 编号 | 申请人 | 项目名称 | 项目类型 | 研究生层次 |
|---|---|---|---|---|
| KYCX18_0640 | 丁 超 | 长江中下游水稻演变特征及其对氮素的响应差异研究 | 自然科学 | 博士 |
| KYCX18_0641 | 王 鑫 | 小麦抗赤霉菌侵染基因 Fhb4 | 自然科学 | 博士 |
| KYCX18_0642 | 张小利 | 大豆株型相关性状的遗传解析及优异等位变异的挖掘 | 自然科学 | 博士 |
| KYCX18_0643 | 郑 海 | 一个水稻雄性不育基因 RMS 的图位克隆和功能分析 | 自然科学 | 博士 |
| KYCX18_0644 | 陶申童 | 玉米光合基因表达的表观遗传学调控机理研究 | 自然科学 | 博士 |
| KYCX18_0645 | 高 敏 | 花铃期增温与土壤干旱耦合对棉纤维发育的影响 | 自然科学 | 博士 |
| KYCX18_0646 | 陶 洋 | 基于胚与胚乳互作系统解析稻米品质的形成与调控机制 | 自然科学 | 博士 |
| KYCX18_0647 | 闫飞宇 | 褪黑素对水稻苗期耐盐性调控效应及其机制研究 | 自然科学 | 博士 |
| KYCX18_0648 | 刘 鹤 | 染色质重构蛋白 OsCHR11 和 OsCHR17 调控水稻抗病性的分子机制研究 | 自然科学 | 博士 |

（续）

| 编号 | 申请人 | 项目名称 | 项目类型 | 研究生层次 |
|---|---|---|---|---|
| KYCX18_0649 | 徐涛 | 望水白多蘖矮秆突变位点 QHt. nau-2D 的精细定位与克隆 | 自然科学 | 博士 |
| KYCX18_0650 | 王桂林 | CYP86A 基因家族在棉花抗黄萎病中的功能研究 | 自然科学 | 博士 |
| KYCX18_0651 | 王坛刘 | 大豆质核互作雄性不育三系育种中育性恢复基因的探究 | 自然科学 | 博士 |
| KYCX18_0652 | 吴楠 | 荆州黑麦 6R 染色体抗病基因区段定位及小麦种质创新 | 自然科学 | 博士 |
| KYCX18_0653 | 代渴丽 | 簇毛麦染色体 4VS 物理图谱的构建及抗黄花叶病基因的定位 | 自然科学 | 博士 |
| KYCX18_0654 | 詹成芳 | 水稻籽粒灌浆速率关键基因发掘 | 自然科学 | 博士 |
| KYCX18_0655 | 常芳国 | 江淮夏大豆动态株高及主茎节数 QTL 关联定位 | 自然科学 | 博士 |
| KYCX18_0656 | 刘佳倩 | 全生育期广谱抗白粉病基因 NLR1-V 的抗性机制与进化研究 | 自然科学 | 博士 |
| KYCX18_0657 | 于鸣洲 | 水稻淀粉合成调控关键基因 FLO17 的图位克隆和功能分析 | 自然科学 | 博士 |
| KYCX18_0658 | 宋炜涵 | 水稻弱休眠粉质突变体 h470 的表型鉴定与基因功能研究 | 自然科学 | 博士 |
| KYCX18_0659 | 郭泰 | 基于 LiDAR 点云的小麦结构参数反演和三维虚拟模型构建 | 自然科学 | 博士 |
| KYCX18_0660 | 陈汉 | 疫霉菌中 6mA 甲基转移酶生物学功能分析 | 自然科学 | 博士 |
| KYCX18_0661 | 冯明峰 | 构建番茄斑萎病毒微型基因组反向遗传体系 | 自然科学 | 博士 |
| KYCX18_0662 | 郭宝佃 | 大豆疫霉 RxLR 效应子 Avh240 的结构与功能研究 | 自然科学 | 博士 |
| KYCX18_0663 | 李萍 | Hpa1-OsPIP1；3 互作调控效应子转运的结构基础 | 自然科学 | 博士 |
| KYCX18_0664 | 王宁 | 蜡质芽孢杆菌 AR156 诱导番茄根系分泌物的防病机理研究 | 自然科学 | 博士 |
| KYCX18_0665 | 钱蕾 | 西花蓟马发育生理与取食行为对 $CO_2$ 浓度升高的响应机理研究 | 自然科学 | 博士 |
| KYCX18_0666 | 徐晴玉 | 马铃薯甲虫三个蜕皮激素信号转导基因的功能分析 | 自然科学 | 博士 |
| KYCX18_0667 | 高楚云 | GLYK 参与抗病蛋白 Rpi-vnt1 识别致病疫霉无毒蛋白 Avrvnt1 的机制研究 | 自然科学 | 博士 |
| KYCX18_0668 | 刘晓龙 | 小菜蛾感受异硫氰酸酯类气味的受体基因的鉴定 | 自然科学 | 博士 |
| KYCX18_0669 | 李洪冉 | 我国异色瓢虫不同地理种群遗传多样性及其菌群结构分析 | 自然科学 | 博士 |
| KYCX18_0670 | 陈稳产 | 亚洲镰孢菌隔膜蛋白 Cdc3 和 Cdc12 敲除突变体角变的分子机制及其药靶发掘 | 自然科学 | 博士 |
| KYCX18_0671 | 王利祥 | 吡蚜酮影响黑腹果蝇生殖力的分子机制 | 自然科学 | 博士 |
| KYCX18_0672 | 赵双双 | 靶向水稻白叶枯病菌 FabH 的杀菌先导化合物研究 | 自然科学 | 博士 |
| KYCX18_0673 | 王孝芳 | 噬菌体协同生防细菌驱动青枯菌致病力分化研究 | 自然科学 | 博士 |
| KYCX18_0674 | 刘铭龙 | 生物质炭-土壤-根系相互作用调控水稻营养生理的研究 | 自然科学 | 博士 |
| KYCX18_0675 | 陈家栋 | 番茄糖基转移酶编码基因 SlUGT132 响应丛植共生信号功能和分子机制研究 | 自然科学 | 博士 |
| KYCX18_0676 | 蒋林惠 | $CO_2$ 浓度升高下的土壤生物群落对水稻生长的反馈作用 | 自然科学 | 博士 |
| KYCX18_0677 | 田善义 | 氮沉降下石灰对退耕农田土壤生物群落的影响 | 自然科学 | 博士 |
| KYCX18_0678 | 段鹏鹏 | 菜地土壤亚硝态氮的转化以及氧化亚氮的产生 | 自然科学 | 博士 |
| KYCX18_0679 | 景峰 | 生物质炭添加对土壤和水稻系统中重金属运移规律的影响 | 自然科学 | 博士 |
| KYCX18_0680 | 康亚龙 | 生物有机肥配施腐植酸减缓翠冠梨树早期落叶的机理研究 | 自然科学 | 博士 |

（续）

| 编号 | 申请人 | 项目名称 | 项目类型 | 研究生层次 |
|---|---|---|---|---|
| KYCX18_0681 | 邵 铖 | 含根际促生菌氨基酸水溶肥促生的土壤微生物生态学机制 | 自然科学 | 博士 |
| KYCX18_0682 | 张 旭 | 棉隆熏蒸联合生物有机肥构建西瓜抑病微生物区系的研究 | 自然科学 | 博士 |
| KYCX18_0683 | 侯蒙蒙 | 水稻生长素运输蛋白基因 OsPIN9 的功能研究 | 自然科学 | 博士 |
| KYCX18_0684 | 李 婷 | 施威特曼石-$Fe_3O_4$ 催化降解水中苯酚 | 自然科学 | 博士 |
| KYCX18_0685 | 吴书琦 | 探究土壤线虫对不同倍型加拿大一枝黄花入侵的反馈机制 | 自然科学 | 博士 |
| KYCX18_0686 | 王 莹 | 增强植物钠离子区隔化和钾素吸收提高水稻耐盐性 | 自然科学 | 博士 |
| KYCX18_0687 | 张克坤 | 葡萄香叶基焦磷酸合酶（GGPPS）调控单帖合成分子机理研究 | 自然科学 | 博士 |
| KYCX18_0688 | 董 超 | 草莓 *DREB* 基因的鉴定及对热胁迫响应分析 | 自然科学 | 博士 |
| KYCX18_0689 | 苏江硕 | 利用 BSR-Seq 挖掘菊花耐涝性候选基因及功能型分子标记开发 | 自然科学 | 博士 |
| KYCX18_0690 | 程培蕾 | 菊花 CmTOE1 参与菊花花期调控的分子研究 | 自然科学 | 博士 |
| KYCX18_0691 | 吴 潇 | FAE 介导 VLCFAs 合成调控蜡质积累分子机理 | 自然科学 | 博士 |
| KYCX18_0692 | 冯 凯 | 芹菜花青素合成相关 MYB 转录因子的克隆与功能验证 | 自然科学 | 博士 |
| KYCX18_0693 | 唐明佳 | 萝卜热激转录因子鉴定与表观调控机制研究 | 自然科学 | 博士 |
| KYCX18_0694 | 汪 进 | 不结球白菜冷相关基因 BcHHPs 鉴定及其在非生物胁迫下功能研究 | 自然科学 | 博士 |
| KYCX18_0695 | 王 远 | 基于基因精细定位技术解析不结球白菜抗霜霉病分子机制 | 自然科学 | 博士 |
| KYCX18_0696 | 李 菲 | Class I 类 TCP 家族成员 CmTCP7 调控菊花开花的机制研究 | 自然科学 | 博士 |
| KYCX18_0697 | 徐 超 | Drp1 基因对高糖胁迫团头鲂线粒体分裂异常的作用机制研究 | 自然科学 | 博士 |
| KYCX18_0698 | 何健闻 | 妊娠后期热应激对母猪体代谢及其肠道菌群的影响探究 | 自然科学 | 博士 |
| KYCX18_0699 | 唐 倩 | 仔猪保育舍颗粒物分布污染特征及 PM2.5 诱导肺炎症反应的机制研究 | 自然科学 | 博士 |
| KYCX18_0700 | 高霄霄 | lncRNA-LOC105611671 介导 FGF9 调控湖羊睾酮分泌的机制研究 | 自然科学 | 博士 |
| KYCX18_0701 | 曹宇浩 | 核酸试纸条与 RPA 分辨 5 种动物源成分的方法与生物学基础 | 自然科学 | 博士 |
| KYCX18_0702 | 姚 望 | TGF-β 信号通路拮抗 Lnc-LOC102167901 诱导的猪卵泡颗粒细胞凋亡机制 | 自然科学 | 博士 |
| KYCX18_0703 | 牛 玉 | 酶解青蒿对断奶仔猪肠道抗氧化功能的影响 | 自然科学 | 博士 |
| KYCX18_0704 | 薛 超 | 劳动力禀赋、技术门槛与农户高效植保机械技术选择 | 人文社科 | 博士 |
| KYCX18_0705 | 张宗利 | 收入增长背景下中国居民食物浪费行为研究 | 人文社科 | 博士 |
| KYCX18_0706 | 李 丹 | 机会成本、风险偏好与土地托管行为 | 人文社科 | 博士 |
| KYCX18_0707 | 戈 阳 | 环境规制对生猪产业布局与绿色生产效率的影响研究 | 人文社科 | 博士 |
| KYCX18_0708 | 李亚玲 | 异常气候预警机制的农业经济价值研究——以 ENSO 循环为例 | 人文社科 | 博士 |
| KYCX18_0709 | 陈 鸿 | 一种新的精子保存液对猪精子液态保存的研究 | 自然科学 | 博士 |

（续）

| 编号 | 申请人 | 项目名称 | 项目类型 | 研究生层次 |
|---|---|---|---|---|
| KYCX18_0710 | 范文韬 | 雌激素受体对霉菌毒素诱导的肠道炎症反应的调控机制 | 自然科学 | 博士 |
| KYCX18_0711 | 袁晨 | PEDV经鼻腔感染新生仔猪的机制研究 | 自然科学 | 博士 |
| KYCX18_0712 | 陈希 | 不同结构性碳水化合物对反刍动物食欲的影响及其调节机制 | 自然科学 | 博士 |
| KYCX18_0713 | 黄宇飞 | 中华鳖肝脏的细胞学特性及能量代谢机制研究 | 自然科学 | 博士 |
| KYCX18_0714 | 陈丽 | 选择性压力对ICEs在猪链球菌菌株间水平转移的影响 | 自然科学 | 博士 |
| KYCX18_0715 | 李龙龙 | （一）- HCA调控鸡胚原代肝细胞脂代谢的细胞生物学机制 | 自然科学 | 博士 |
| KYCX18_0716 | 杨阳 | 母源性叶酸缓解光照对仔鼠海马可塑性影响的机制研究 | 自然科学 | 博士 |
| KYCX18_0717 | 钟孝俊 | 二元调控系统02075HK/RR及8020HK/RR调控猪链球菌致病的分子机制 | 自然科学 | 博士 |
| KYCX18_0718 | 刘丹丹 | 呕吐毒素影响PEDV感染复制的自噬机制研究 | 自然科学 | 博士 |
| KYCX18_0719 | 马萌 | $H_2O_2 - H_2$通路在UV-B促进发芽大豆异黄酮富集中的信号转导作用 | 自然科学 | 博士 |
| KYCX18_0720 | 苏安祥 | 金针菇多糖体外消化规律及调节肠道菌群结构研究 | 自然科学 | 博士 |
| KYCX18_0721 | 曹松敏 | 骨胶原蛋白抗氧化肽的制备及其抗氧化机制的研究 | 自然科学 | 博士 |
| KYCX18_0722 | 赵雪 | 酸碱分离类PSE鸡肉蛋白在模拟氧化体系中的稳定性研究 | 自然科学 | 博士 |
| KYCX18_0723 | 周丹丹 | 热空气处理对桃冷藏期间香气、糖酸代谢的影响及调控 | 自然科学 | 博士 |
| KYCX18_0724 | 王莉 | 热激转录因子减轻桃果冷害的调控机制 | 自然科学 | 博士 |
| KYCX18_0725 | 陈丹 | 茶树花多糖调节肠道免疫的机理研究 | 自然科学 | 博士 |
| KYCX18_0726 | 张诚 | 乡村振兴战略下公共空间建构的逻辑、模式与路径 | 人文社科 | 博士 |
| KYCX18_0727 | 杨洲 | 国际学生流动的动因、趋势与我国发展战略选择 | 人文社科 | 博士 |
| KYCX18_0728 | 陈振 | 农地资本化流转风险识别、产生机理、评价体系与管控策略 | 人文社科 | 博士 |
| KYCX18_0729 | 王雪琪 | 农户生计资本异质性、农地流转及其绩效研究 | 人文社科 | 博士 |
| KYCX18_0730 | 吴一恒 | 农地"三权分置"下的产权配置研究——基于二维治理视角 | 人文社科 | 博士 |
| KYCX18_0731 | 胡卫卫 | 农村政治生态重构中公众参与机制研究 | 人文社科 | 博士 |
| KYCX18_0732 | 赵晶晶 | 深度城镇化背景下失地退地农民的社会保障与补偿机制研究 | 人文社科 | 博士 |
| KYCX18_0733 | 陈明 | 花生在中国的引种和本土化研究 | 人文社科 | 博士 |
| KYCX18_0734 | 盛超 | 民国时期农业虫害及其防治措施研究 | 人文社科 | 博士 |
| KYCX17_0735 | 马丽雅 | 茉莉酸甲酯对小麦体内异丙隆残留的解毒作用 | 自然科学 | 博士 |
| KYCX18_0736 | 李旭辉 | 稻秆微波裂解机理探究 | 自然科学 | 博士 |
| KYCX18_0737 | 鲁伟 | 微型根系形态采集系统与根系生长规律探究 | 自然科学 | 博士 |
| KYCX18_0738 | 罗明坤 | 锦鲤皮肤颜色差异microRNA筛选及其功能分析 | 自然科学 | 博士 |
| KYCX18_0739 | 张慧敏 | 基于转录组与蛋白组大黄素对嗜水气单胞菌杀菌作用研究 | 自然科学 | 博士 |
| KYCX18_0740 | 周海晨 | 融合文本挖掘的政策文本分析——基于我国农领域的实证 | 人文社科 | 博士 |
| KYCX18_0741 | 胡延如 | 营养胁迫下灵芝Glsnf1的代谢调控机制研究 | 自然科学 | 博士 |
| KYCX18_0742 | 项阳 | 玉米ZmBSU1在BR诱导抗氧化防护的作用 | 自然科学 | 博士 |

（续）

| 编号 | 申请人 | 项目名称 | 项目类型 | 研究生层次 |
|---|---|---|---|---|
| KYCX18_0743 | 王庆文 | ABA 信号转导中水稻 CCaMK 磷酸化 NADPH 氧化酶的机制研究 | 自然科学 | 博士 |
| KYCX18_0744 | 姜万奎 | Sphingobium sp. J‑4 菌株呋喃酚单加氧酶基因的克隆和表达 | 自然科学 | 博士 |
| KYCX18_0745 | 程诚 | 产多胺假单胞菌阻控水稻吸收镉的效应及机制 | 自然科学 | 博士 |
| KYCX18_0746 | 程聪 | 柽柳盐腺泌盐特性和 SOS1 基因耐盐功能分析 | 自然科学 | 博士 |
| KYCX18_0747 | 王祥宁 | 拟南芥 DRB7 参与主动 DNA 去甲基化的分子机制 | 自然科学 | 博士 |
| KYCX18_0748 | 张鲜朵 | miR158 调节油菜 RNA 解旋酶参与镉胁迫响应机理的研究 | 自然科学 | 博士 |
| KYCX18_0749 | 苏久厂 | 硫化氢介导甲烷降低紫花苜蓿幼苗镉积累的分子机理 | 自然科学 | 博士 |
| KYCX18_0750 | 张雷 | 生产合作声誉与合作社内信用合作自我履约机制分析 | 人文社科 | 博士 |
| KYCX18_0751 | 王成琛 | 非金融企业金融化程度量化评价设计与测度 | 人文社科 | 博士 |
| KYCX18_0752 | 徐章星 | 现代农业导向下资本农业发展机制研究 | 人文社科 | 博士 |
| KYCX18_0753 | 董志浩 | 多酚氧化酶对豆科牧草青贮过程中蛋白质降解的影响 | 自然科学 | 博士 |

# 附录3 入选江苏省普通高校研究生实践创新计划项目名单

| 编号 | 申请人 | 项目名称 | 项目类型 | 研究生层次 |
|---|---|---|---|---|
| SJCX18_0227 | 刘文哲 | 氮素对水稻籽粒碳氮代谢相关酶的调控机理 | 自然科学 | 硕士 |
| SJCX18_0228 | 王永慈 | 基于温光因子预测我国优质稻区空间布局 | 自然科学 | 硕士 |
| SJCX18_0229 | 王美娜 | 烟粉虱对吡虫啉抗性的快速检测技术 | 自然科学 | 硕士 |
| SJCX18_0230 | 王侠 | 天然 Aureol 类似物及抑菌活性研究 | 自然科学 | 硕士 |
| SJCX18_0231 | 凌汉 | 灰飞虱高效混配药剂的筛选 | 自然科学 | 硕士 |
| SJCX18_0232 | 冯欢 | 泰州市农村垃圾分类收集及资源化实践——以罡杨镇为例 | 自然科学 | 硕士 |
| SJCX18_0233 | 彭田露 | 梨树根系白纹羽病生防菌的筛选与效果研究 | 自然科学 | 硕士 |
| SJCX18_0234 | 张亚明 | 降低百合花粉污染关键技术研究 | 自然科学 | 硕士 |
| SJCX18_0235 | 张西林 | 小孢子培养技术在不结球白菜种质创制中的应用研究 | 自然科学 | 硕士 |
| SJCX18_0236 | 孔镭 | 加工番茄菌根化育苗基质研发及其削减菜地盐碱化危害的作用 | 自然科学 | 硕士 |
| SJCX18_0237 | 咸宏康 | 微型月季促控栽培技术研究 | 自然科学 | 硕士 |
| SJCX18_0238 | 周炜 | 微型耐弱光睡莲专用水培加光装置研发及其盆花产业化生产技术集成 | 自然科学 | 硕士 |
| SJCX18_0239 | 黄凯 | 规模化猪场舍内空气微生物气溶胶的分布污染特征及其与粪便微生物菌群相关性分析 | 自然科学 | 硕士 |
| SJCX18_0240 | 张蕾 | 中国对东盟农业投资研究 | 人文社科 | 硕士 |
| SJCX18_0241 | 乔永峰 | 禽流感（H5N1）-鸭瘟病毒载体 gE 基因缺失活疫苗的研制 | 自然科学 | 硕士 |
| SJCX18_0242 | 蔡莹 | 新型电化学手段对乳腺炎 Toll/NF‑κB 通路中 NF‑κB 的超敏感检测 | 自然科学 | 硕士 |
| SJCX18_0243 | 秦佳林 | 母猪妊娠期及泌乳期添加丁酸对子代骨骼肌肌内脂肪沉积的影响 | 自然科学 | 硕士 |

（续）

| 编号 | 申请人 | 项目名称 | 项目类型 | 研究生层次 |
|---|---|---|---|---|
| SJCX18＿0244 | 苗婉璐 | 驴乳加工稳定性及体外肠道消化特性研究 | 自然科学 | 硕士 |
| SJCX18＿0245 | 陈什康 | 生鲜面加工工艺及品质调控研究 | 自然科学 | 硕士 |
| SJCX18＿0246 | 张 伟 | 基于红外光声效应的小麦品质快速检测 | 自然科学 | 硕士 |
| SJCX18＿0247 | 张莉莉 | 爱心护蕾——小组工作方法介入女童保护的研究 | 人文社科 | 硕士 |
| SJCX18＿0248 | 章 乔 | 北中镇生态农场营销模式研究 | 人文社科 | 硕士 |
| SJCX18＿0249 | 周子雄 | "农品"变"商品"实现路径研究——以知了猴为例 | 人文社科 | 硕士 |
| SJCX18＿0250 | 康 佳 | 重金属污染土壤淋洗-植物联合修复技术的研发与应用 | 自然科学 | 硕士 |
| SJCX18＿0251 | 张 超 | 双向自动同步离合器的研制 | 自然科学 | 硕士 |
| SJCX18＿0252 | 金敏峰 | 称重式播量检测系统的设计与实现 | 自然科学 | 硕士 |
| SJCX18＿0253 | 魏建胜 | 基于多传感器数据融合的自主导航 | 自然科学 | 硕士 |
| SJCX17＿0254 | 陈宇舒 | 东太湖鱼类食物网的稳定碳氮同位素分析 | 自然科学 | 硕士 |
| SJCX18＿0255 | 沈利言 | 面向水稻高产栽培模式表格的知识图谱构建技术研究 | 自然科学 | 硕士 |
| SJCX18＿0256 | 汪雨培 | 面向跨语言问答系统的《四书》句子级汉英平行语料库构建研究 | 人文社科 | 硕士 |
| SJCX18＿0257 | 蒋易珈 | 日语书写系统里的汉语借用之典籍翻译实践研究 | 人文社科 | 硕士 |
| SJCX18＿0258 | 郑联珠 | 二十四节气在"一带一路"沿线国家的传播现状与路径研究 | 人文社科 | 硕士 |
| SJCX18＿0259 | 钱慧敏 | 《论语》英译本在"一带一路"国家的接受度研究 | 人文社科 | 硕士 |
| SJCX18＿0260 | 杨海峰 | 水稻和小麦砷积累的外源调控 | 自然科学 | 硕士 |
| SJCX18＿0261 | 计金稳 | 齐整小核菌工厂化生产工艺优化及大田应用技术研究 | 自然科学 | 硕士 |
| SJCX18＿0262 | 秦 珂 | 江苏农村商业银行改革效率评价与实践经验研究 | 人文社科 | 硕士 |
| SJCX18＿0263 | 周朝宁 | 基于××市的农机保险支付意愿研究 | 人文社科 | 硕士 |
| SJCX18＿0264 | 刘 昊 | 互联网＋农业供应链融资方案设计——以花木种植行业为例 | 人文社科 | 硕士 |
| SJCX18＿0265 | 钱 睿 | 上市农村商业银行对"三农"信贷支持研究 | 人文社科 | 硕士 |
| SJCX18＿0266 | 季崇稳 | 柠檬酸渣在青贮饲料生产中的应用技术研究 | 自然科学 | 硕士 |

# 附录4 入选江苏省研究生教育教学改革研究与实践课题

## 表1 省立省助（4项）

| 序号 | 课题名称 | 主持人 | 备注 |
|---|---|---|---|
| JGZD18＿005 | 基于全国第四轮学科评估结果的江苏高校学科建设研究 | 罗英姿 | 省助 |
| JGZZ18＿015 | 行业特色型院校世界一流学科建设的维度研究：以高水平农业院校为例 | 姚志友<br>王 敏 | 省助 |
| JGZZ18＿016 | 来华留学研究生培养目标与效果评价 | 林乐芬 | 省助 |
| JGZZ18＿017 | "双一流"高校研究生专业选修课教学质量保障体系的构建和研究 | 王昱沣 | 省助 |

**表 2　省立校助**（2 项）

| 序号 | 课题名称 | 主持人 | 备注 |
|---|---|---|---|
| JGLX18_012 | 世界一流学科建设背景下的研究生教育质量提升研究 | 刘国瑜 | 校助 |
| JGLX18_013 | 研究生 ESP 工程英语课程改革与实践研究 | 孔繁霞 | 校助 |

## 附录 5　入选江苏省研究生工作站名单（8 个）

| 序号 | 学　院 | 企业名称 | 负责人 |
|---|---|---|---|
| 1 | 园艺学院 | 张家港市神园葡萄科技有限公司 | 房经贵 |
| 2 | 园艺学院 | 江苏飞扬农业科技有限公司 | 徐迎春 |
| 3 | 园艺学院 | 江苏善港生态农业科技有限公司 | 钱春桃 |
| 4 | 园艺学院 | 南京农业大学（常熟）新农村发展研究院有限公司 | 钱春桃 |
| 5 | 工学院 | 南京电研电力自动化股份有限公司 | 卢　伟 |
| 6 | 理学院 | 江苏科易达环保科技有限公司 | 董长勋 |
| 7 | 外国语学院 | 侵华日军南京大屠杀遇难同胞纪念馆 | 王银泉 |
| 8 | 研究生院 | 江苏省农业科学院 | 吴益东 |

## 附录 6　入选江苏省优秀研究生工作站名单（2 个）

| 序号 | 学　院 | 企业名称 | 负责人 |
|---|---|---|---|
| 1 | 园艺学院 | 吴江东之田木农业生态园 | 张绍铃 |
| 2 | 工学院 | 南京创力传动机械（原名：南京创力传动机械有限公司） | 康　敏 |

## 附录 7　江苏省研究生学术创新论坛

| 学术创新论坛名称 | 学科领域 | 负责人 | 主办方 |
|---|---|---|---|
| 2018 年江苏省研究生 IPM 学术创新论坛 | 植物保护 | 黄绍华 | 江苏省学位委员会 |

## 附录 8　江苏省研究生科研创新实践大赛

| 学术创新论坛名称 | 学科领域 | 负责人 | 主办方 |
|---|---|---|---|
| 2018 年江苏省研究生智慧农业科研创新实践大赛 | 智慧农业 | 王秀娥 | 江苏省学位委员会 |

## 附录 9　荣获中国学位与研究生教育学会研究生教育成果奖

| 序号 | 成果名称 | 获奖等级 | 获奖者 | 主办方 |
|---|---|---|---|---|
| 1 | "世界眼光、中国情怀、南农品质"三位一体的农科博士拔尖创新人才培养实践 | 一等奖 | 侯喜林、张阿英、朱中超、林江辉、康若祎 | 中国学位与研究生教育学会 |
| 2 | 科教协同：高校与科研院所联合培养研究生的研究与实践 | 二等奖 | 董维春、王永霞、蒋高中、姚志友、李占华 | 中国学位与研究生教育学会 |

## 附录 10　江苏省研究生教育改革成果获奖名单

| 成果名称 | 获奖等级 | 获奖者 | 主办方 |
|---|---|---|---|
| 改革研究生奖助体系保障和激励一流人才培养 | 二等奖 | 姚志友、王敏、杨海峰 | 江苏省学位委员会办公室 |

## 附录 11　荣获江苏省优秀博士学位论文名单

| 序号 | 作者姓名 | 论文题目 | 所在学科 | 导师 | 学院 |
|---|---|---|---|---|---|
| 1 | 陈建清 | 磷脂酶 D/磷脂酸参与梨自交不亲和反应的功能分析 | 果树学 | 吴巨友 | 园艺学院 |
| 2 | 余晓文 | 亚洲栽培稻与南方野生稻（*Oryza meridionalis*）种间杂种花粉不育位点 qHMS7 的图位克隆 | 作物遗传育种 | 万建民 | 农学院 |
| 3 | 金 琳 | 自然庇护所对棉铃虫 Cry1Ac 抗性演化的影响及显性 Bt 抗性基因的鉴定 | 农业昆虫与害虫防治 | 吴益东 | 植物保护学院 |
| 4 | 刘 兵 | 生育后期高温胁迫对小麦生长发育及产量形成影响的模拟研究 | 作物信息学 | 朱 艳 | 农学院 |
| 5 | 张 峰 | 茉莉酸信号途径中调控因子 JAZ 抑制 MYC 转录因子和调控茉莉酸脱敏反应的机制研究 | 农药学 | 周明国 | 植物保护学院 |
| 6 | 陈景光 | OsNAR2.1 参与水稻氮素利用的生物学功能及其机制研究 | 植物营养学 | 范晓荣 | 资源与环境科学学院 |
| 7 | 李天祥 | 结构调整与技术进步对我国粮食生产的影响研究——基于产量和生产成本角度的考察 | 农业经济管理 | 朱 晶 | 经济管理学院 |

# 附录 12    荣获江苏省优秀硕士学位论文名单

| 序号 | 作者姓名 | 论文题目 | 所在学科 | 导师 | 学院 | 备注 |
|---|---|---|---|---|---|---|
| 1 | 郭鸿鸣 | 硫化氢介导血红素加氧酶增强水稻耐铵性的机理研究 | 生物化学与分子生物学 | 谢彦杰 | 生命科学学院 | 学硕 |
| 2 | 尤红杰 | 氯噻啉上转换荧光免疫分析方法研究 | 农药学 | 王鸣华 | 植物保护学院 | 学硕 |
| 3 | 芮丽云 | 酚酸-壳聚糖共聚物的制备、结构表征、生化特性及其明胶复合膜研究 | 食品科学与工程 | 曾晓雄 | 食品科技学院 | 学硕 |
| 4 | 赵凯君 | 小麦矮秆密穗基因 Rht23 的克隆及其与 5Dq 的关系分析 | 作物遗传育种 | 王秀娥 | 农学院 | 学硕 |
| 5 | 张焕茹 | 菊花热激转录因子 CmHSFA4 和 CmHSFB1 基因克隆及功能鉴定 | 园林植物与观赏园艺 | 陈素梅 | 园艺学院 | 学硕 |
| 6 | 樊艳 | 硫酸根自由基的高级氧化降解典型含氮杂环有机污染物的研究 | 环境工程 | 陆隽鹤 | 资源与环境科学学院 | 学硕 |
| 7 | 邢杰 | 香菇多糖碳纳米管的制备及其增强免疫效果的研究 | 临床兽医学 | 王德云 | 动物医学院 | 学硕 |
| 8 | 詹文悦 | 利用菊芋及菊苣果聚糖外切水解酶的固定化生产果糖的初步研究 | 农业资源利用 | 梁明祥 | 资源与环境科学学院 | 全日制专硕 |
| 9 | 程顺 | 园林景区游客驻留量统计算法研究 | 农业工程 | 刘璎瑛 | 工学院 | 全日制专硕 |
| 10 | 陈燕 | 农户对政策性农业保险理赔评价及影响因素分析——以江苏省养殖业为例 | 金融硕士 | 林乐芬 | 金融学院 | 全日制专硕 |
| 11 | 李雪莉 | 植物乳杆菌制剂对断奶仔猪生长性能和肠道微生态的影响及猪源乳酸菌的分离与鉴定 | 养殖 | 杭苏琴 | 动物科技学院 | 全日制专硕 |
| 12 | 王媛 | 运用稳定同位素技术探究太湖四个湖区鲢、鳙食性的时空差异 | 渔业 | 徐跑 | 渔业学院 | 全日制专硕 |
| 13 | 赵丽云 | 水稻冠层穗-叶模型的构建与测试 | 作物 | 田永超 | 农学院 | 全日制专硕 |

# 附录 13    校级优秀博士学位论文名单

| 序号 | 学院 | 作者姓名 | 导师姓名 | 专业名称 | 论文题目 |
|---|---|---|---|---|---|
| 1 | 农学院 | 王琼 | 张天真 | 作物遗传育种 | 棉花 SSR 与 SNP 分子标记开发及陆地棉重要性状全基因组关联分析 |
| 2 | 农学院 | 江瑜 | 张卫建 | 作物栽培学与耕作学 | 水稻植株生产力和物质分配对稻田温室气体排放的影响及其机理 |
| 3 | 农学院 | 胡伟 | 周治国 | 作物栽培学与耕作学 | 钾对棉铃对位叶碳氮代谢及抗氧化代谢的影响 |

（续）

| 序号 | 学院 | 作者姓名 | 导师姓名 | 专业名称 | 论文题目 |
|---|---|---|---|---|---|
| 4 | 农学院 | 龙武华 | 万建民 | 作物遗传育种 | 水稻粉质胚乳突变体 flo8 和 fse 的基因克隆及功能分析 |
| 5 | 农学院 | 栾鹤翔 | 智海剑 | 作物遗传育种 | 大豆花叶病毒 P3 蛋白的寄主互作因子筛选、鉴定及功能验证 |
| 6 | 农学院 | 郑德伟 | 陈增建 张天真 | 作物遗传育种 | 组蛋白修饰调控异源四倍体部分同源基因的偏向表达及合成四倍体的转录组分析 |
| 7 | 农学院 | 孙 娟 | 王春明 | 遗传学 | 水稻质体氧化还原酶基因 TSV 的图位克隆和功能分析 |
| 8 | 农学院 | 余晓文 | 万建民 翟虎渠 | 作物遗传育种 | 亚洲栽培稻与南方野生稻（Oryza meridiona-lis）种间杂种花粉不育位点 qHMS7 的图位克隆 |
| 9 | 农学院 | 刘 兵 | 朱 艳 曹卫星 | 作物信息学 | 生育后期高温胁迫对小麦生长发育及产量形成影响的模拟研究 |
| 10 | 植物保护学院 | 孔 亮 | 王源超 | 植物病理学 | 大豆疫霉 RXLR 效应分子 Avh23 的功能与作用机制研究 |
| 11 | 植物保护学院 | 张 青 | 王鸣华 | 农药学 | 手性杀虫剂乙虫腈立体选择性降解、活性毒性和生态毒理效应研究 |
| 12 | 植物保护学院 | 徐高歌 | 刘凤权 | 植物病理学 | 产酶溶杆菌 OH11 中第二信使 c-di-GMP 调控抗菌物质 HSAF 生物合成的信号通路研究 |
| 13 | 植物保护学院 | 金 琳 | 吴益东 | 农业昆虫与害虫防治 | 自然庇护所对棉铃虫 Cry1Ac 抗性演化的影响及显性 Bt 抗性基因的鉴定 |
| 14 | 植物保护学院 | 张 峰 | 周明国 | 农药学 | 茉莉酸信号途径中调控因子 JAZ 抑制 MYC 转录因子和调控茉莉酸脱敏反应的机制研究 |
| 15 | 资源与环境科学学院 | 孙 凯 | 高彦征 | 环境污染控制工程 | 具有 PAHs 降解功能的植物内生细菌 BJ06 和 Ph6 分离筛选及定殖效能 |
| 16 | 资源与环境科学学院 | 申长卫 | 董彩霞 | 植物营养学 | 施钾影响梨叶片和果实糖合成及分配的生理与分子机制 |
| 17 | 资源与环境科学学院 | 王 磊 | 沈其荣 | 植物营养学 | 施用生物有机肥对苹果产量和果园土壤生物性状的影响 |
| 18 | 资源与环境科学学院 | 黄 科 | 赵方杰 | 环境污染控制工程 | 稻田土壤砷甲基化细菌的筛选、鉴定、甲基化机制及应用研究 |
| 19 | 资源与环境科学学院 | 王 亚 | 葛 滢 | 应用海洋生物学 | 磷酸盐和共生细菌对盐藻吸收和代谢砷的影响研究 |
| 20 | 资源与环境科学学院 | 陈景光 | 范晓荣 | 植物营养学 | OsNAR2.1 参与水稻氮素利用的生物学功能及其机制研究 |

（续）

| 序号 | 学院 | 作者姓名 | 导师姓名 | 专业名称 | 论文题目 |
|------|------|----------|----------|----------|----------|
| 21 | 园艺学院 | 吴致君 | 庄 静 | 茶 学 | 茶树叶发育相关 miRNA 和转录因子挖掘及采后不同萎调蛋白质组差异分析 |
| 22 | 园艺学院 | 马 静 | 熊爱生 | 蔬菜学 | 胡萝卜类胡萝卜素的分布与代谢机理及漆酶的鉴定与功能分析 |
| 23 | 园艺学院 | 李梦瑶 | 熊爱生 | 蔬菜学 | 非生物胁迫下芹菜响应因子的生物学功能分析 |
| 24 | 园艺学院 | 陈建清 | 吴巨友 | 果树学 | 磷脂酶 D/磷脂酸参与梨自交不亲和反应的功能分析 |
| 25 | 动物科技学院 | 段 星 | 孙少琛 | 动物遗传育种与繁殖 | ROCK-LIMK1/2 信号通路在卵子成熟和早期胚胎发育过程中的作用 |
| 26 | 草业学院 | 张 敬 | 黄炳茹 | 草学 | 多年生黑麦草滞绿基因 STAY-GREEN 的功能研究 |
| 27 | 动物科技学院 | 张 昊 | 王 恬 | 动物营养与饲料科学 | IUGR 仔猪肝脏损伤与线粒体功能紊乱的机制研究及白藜芦醇的保护作用 |
| 28 | 草业学院 | 王秀云 | 黄炳茹 | 草学 | 高羊茅热激转录因子 HsfA2c 耐热调控功能研究 |
| 29 | 动物医学院 | 马家乐 | 姚火春 | 预防兽医学 | Ⅵ型分泌系统参与大肠杆菌致病进程及细菌间竞争机制 |
| 30 | 动物医学院 | 陈 云 | 刘家国 | 临床兽医学 | 几种中药成分及其衍生物治疗鸭病毒性肝炎作用比较及其机制研究 |
| 31 | 动物医学院 | 黄金虎 | 王丽平 | 基础兽医学 | 猪链球菌耐药相关移动基因组研究 |
| 32 | 食品科技学院 | 谢旻皓 | 曾晓雄 | 食品科学与工程 | 苦丁茶二咖啡酰奎尼酸与肠道微生物的相互作用 |
| 33 | 食品科技学院 | 康大成 | 张万刚 | 食品科学与工程 | 超声波辅助腌制对牛肉品质的影响及其机理研究 |
| 34 | 生命科学学院 | 李 莉 | 章文华 | 细胞生物学 | 水稻 OsPLC1 参与盐胁迫信号转导的机理研究 |
| 35 | 生命科学学院 | 倪海燕 | 何 健 | 微生物学 | 二甲戊灵降菌株分离鉴定、降解途径分析及硝基还原酶基因克隆 |
| 36 | 渔业学院 | 缪凌鸿 | 戈贤平 | 水产 | 团头鲂高糖代谢 microRNAs 转录组分析及 miR-34a 对糖脂代谢的调控 |
| 37 | 经济管理学院 | 张晓恒 | 周应恒 | 农业经济管理 | 农户经营规模与水稻生产成本研究——基于效率损失的视角 |
| 38 | 经济管理学院 | 陈奕山 | 钟甫宁 | 农业经济管理 | 城镇化背景下耕地流转的租金形态研究 |
| 39 | 经济管理学院 | 李天祥 | 朱 晶 | 农业经济管理 | 结构调整与技术进步对我国粮食生产的影响研究——基于产量和生产成本角度的考察 |
| 40 | 公共管理学院 | 张 兰 | 冯淑怡 曲福田 | 土地资源管理 | 农地流转模式分化：机理及绩效研究——以江苏省为例 |

# 附录 14 校级优秀硕士学位论文名单

| 序号 | 学院 | 作者姓名 | 导师姓名 | 专业名称 | 论文题目 | 备注 |
|---|---|---|---|---|---|---|
| 1 | 农学院 | 褚美洁 | 李刚华 | 作物栽培学与耕作学 | 矿质肥料对水稻分蘖期淹涝耐性及涝后补救效应 | 学硕 |
| 2 | 农学院 | 赵凯君 | 王秀娥 | 作物遗传育种 | 小麦矮秆密穗基因 Rht23 的克隆及其与 5Dq 的关系分析 | 学硕 |
| 3 | 农学院 | 汤冬 | 周宝良 | 作物遗传育种 | 陆地棉-比克氏棉单体附加系的培育 | 学硕 |
| 4 | 农学院 | 许国春 | 王强盛 | 作物栽培学与耕作学 | 不同轮作系统和稻作模式对稻田温室气体排放及氮素平衡的影响 | 学硕 |
| 5 | 农学院 | 刘欣 | 王强盛 | 作物栽培学与耕作学 | 不同栽培模式对水稻物质积累、温室气体排放及稻米品质的影响 | 学硕 |
| 6 | 农学院 | 郭彩丽 | 田永超 | 作物栽培学与耕作学 | 基于顺序同化法的区域小麦生长检测预测研究 | 学硕 |
| 7 | 植物保护学院 | 尤红杰 | 王鸣华 | 农药学 | 氯噻啉上转换荧光免疫分析方法研究 | 学硕 |
| 8 | 植物保护学院 | 李挡挡 | 李圣坤 | 农药学 | 天然倍半萜 Drimenal 的合成、结构优化及生物活性研究 | 学硕 |
| 9 | 植物保护学院 | 王兴 | 叶永浩 | 农药学 | 1，2，3-三唑衍生物的合成及生物活性研究 | 学硕 |
| 10 | 植物保护学院 | 任淼淼 | 苏建亚 | 农药学 | 褐飞虱和甜菜夜蛾内向整流钾通道的功能研究 | 学硕 |
| 11 | 植物保护学院 | 慕希超 | 高聪芬 | 农药学 | 灰飞虱和白背飞虱抗药性监测及褐飞虱对噻嗪酮抗性生化机制研究 | 学硕 |
| 12 | 植物保护学院 | 李宏伟 | 刘红霞 | 植物病理学 | 番茄黄化曲叶病毒病和黄瓜绿斑驳花叶病毒病的生物防治 | 学硕 |
| 13 | 资源与环境科学学院 | 樊艳 | 陆隽鹤 | 环境工程 | 硫酸根自由基的高级氧化降解典型含氮杂环有机污染物的研究 | 学硕 |
| 14 | 资源与环境科学学院 | 李妞 | 隆小华 | 海洋科学 | 滨海盐碱地植被群落演替对土壤固碳的机理研究——以江苏省大丰市为例 | 学硕 |
| 15 | 资源与环境科学学院 | 于秋红 | 隆小华 | 海洋科学 | 滨海滩涂适生植物菊芋缓解小鼠高血脂、高血糖和肥胖症的机制研究 | 学硕 |
| 16 | 资源与环境科学学院 | 师元元 | 陆隽鹤 | 环境科学 | 热活化过硫酸盐高级氧化过程中硝基副产物的生成 | 学硕 |
| 17 | 资源与环境科学学院 | 鄂垚瑶 | 黄启为 | 植物营养学 | 多黏类芽孢杆菌 SQR-21 对西瓜根系转录水平及蛋白表达的影响研究 | 学硕 |
| 18 | 园艺学院 | 王立伟 | 孙锦 | 蔬菜学 | 黄瓜 GsSAMs 基因启动子克隆及其与 GsGT-3b 转录因子的互作验证 | 学硕 |

（续）

| 序号 | 学院 | 作者姓名 | 导师姓名 | 专业名称 | 论文题目 | 备注 |
|---|---|---|---|---|---|---|
| 19 | 园艺学院 | 张焕茹 | 陈素梅 | 园林植物与观赏园艺 | 菊花热激转录因子 CmHSFA4 和 CmHSFB1 基因克隆及功能鉴定 | 学硕 |
| 20 | 园艺学院 | 张 剑 | 王 健 | 蔬菜学 | 新型秸秆砌块研发及其日光温室热湿环境研究 | 学硕 |
| 21 | 园艺学院 | 李庆会 | 房婉萍 朱旭君 | 茶学 | 茶树金属耐受蛋白 CsMTP8 转运锰离子的分子机理研究 | 学硕 |
| 22 | 园艺学院 | 黄 蔚 | 熊爱生 | 蔬菜学 | 温度胁迫对芹菜叶中叶绿素合成与抗坏血酸含量的影响 | 学硕 |
| 23 | 动物科技学院 | 张 悦 | 孙少琛 | 动物生物工程 | HT－2 毒素对猪卵母细胞成熟及孤雌胚胎发育的影响 | 学硕 |
| 24 | 动物科技学院 | 夏梦圆 | 陈 杰 | 动物生物工程 | KIAA1462 基因启动子区功能突变鉴定及其与扬州鹅产蛋性能相关性研究 | 学硕 |
| 25 | 动物科技学院 | 付园园 | 李惠侠 | 动物遗传育种与繁殖 | Chemerin 对牛肌内脂肪细胞脂解代谢及分化的作用研究 | 学硕 |
| 26 | 动物科技学院 | 县怡涵 | 杭苏琴 | 动物遗传育种与繁殖 | 猪胃 CaSRd 对蛋白质及芳香族氨基酸的感应规律及机制研究 | 学硕 |
| 27 | 动物科技学院 | 程 康 | 王 恬 | 动物营养与饲料科学 | 天然 VE 和合成 VE 对肉鸡抗氧化能力的影响 | 学硕 |
| 28 | 动物医学院 | 邢 杰 | 王德云 | 临床兽医学 | 香菇多糖碳纳米管的制备及其增强免疫效果的研究 | 学硕 |
| 29 | 动物医学院 | 高 雪 | 庾庆华 | 基础兽医学 | 嗜酸乳杆菌 S 层蛋白拮抗 H9 N2 禽流感病毒侵袭树突状细胞 | 学硕 |
| 30 | 动物医学院 | 罗 莉 | 王德云 | 临床兽医学 | 山药多糖 PLGA 纳米粒的制备及其免疫增强作用的研究 | 学硕 |
| 31 | 动物医学院 | 杨新朝 | 宋小凯 | 预防兽医学 | E. naxima 偏菱形蛋白在球虫入侵过程中作用的研究 | 学硕 |
| 32 | 动物医学院 | 徐海滨 | 黄克和 | 临床兽医学 | PCV2 对 OTA 诱导的猪肺泡巨噬细胞免疫毒性的影响及机理研究 | 学硕 |
| 33 | 食品科技学院 | 芮丽云 | 曾晓雄 | 食品科学与工程 | 酚酸-壳聚糖共聚物的制备、结构表征、生化特性及其明胶复合膜研究 | 学硕 |
| 34 | 食品科技学院 | 顾欣哲 | 潘磊庆 | 食品科学与工程 | 基于电子鼻响应信息的猪肉假单胞菌生长预测模型的构建 | 学硕 |
| 35 | 食品科技学院 | 石举然 | 陆兆新 | 食品科学与工程 | 解淀粉芽孢杆菌 iturinA 的分离纯化及其对橙汁中酿酒酵母抑制作用的研究 | 学硕 |
| 36 | 食品科技学院 | 唐骥龙 | 曾晓雄 | 食品科学与工程 | 黑果枸杞花色苷分离纯化、结构鉴定及生物活性研究 | 学硕 |

（续）

| 序号 | 学院 | 作者姓名 | 导师姓名 | 专业名称 | 论文题目 | 备注 |
|---|---|---|---|---|---|---|
| 37 | 理学院 | 毛矛 | 吴磊 | 化学 | 钯催化苯磺酰腙与膦氧联烯新型偶联反应的研究 | 学硕 |
| 38 | 生命科学学院 | 郭鸿鸣 | 谢彦杰 | 生物化学与分子生物学 | 硫化氢介导血红素加氧酶增强水稻耐铵性的机理研究 | 学硕 |
| 39 | 生命科学学院 | 张瑛昆 | 洪青 | 微生物学 | 多菌灵降解菌的分离鉴定及其多菌灵水解酶 MheI 关键氨基酸位点的识别 | 学硕 |
| 40 | 生命科学学院 | 杨猷建 | 何健 | 微生物学 | 菌株 *Shinella* sp. HZN7 中去甲基尼古丁降解基因克隆和功能研究 | 学硕 |
| 41 | 工学院 | 孟一猛 | 周俊 | 农业机械化工程 | 基于番茄黏弹性参数的机器人不同抓取控制方式分析 | 学硕 |
| 42 | 渔业学院 | 杨思雨 | 徐跑 | 水产养殖 | 刀鲚 PYY、PY 和 SS1 基因早期胚胎发育表达规律及其对饥饿调控应答 | 学硕 |
| 43 | 渔业学院 | 赵振新 | 刘波 | 水产养殖 | 大黄素经 Nrf2 通路调控团头鲂外周白细胞氧化应激及免疫保护作用的研究 | 学硕 |
| 44 | 经济管理学院 | 韩桂芝 | 王学君 | 国际贸易学 | 贸易协定、成本弹性与贸易优化——基于中国农产品贸易成本的解释 | 学硕 |
| 45 | 经济管理学院 | 欧阳纬清 | 周曙东 | 技术经济及管理 | 基于环境承载力的经济增长与大气环境协调发展研究——以京津冀 PM2.5 为例 | 学硕 |
| 46 | 金融学院 | 王婕 | 周月书 | 金融学 | 产业链组织、市场势力与农业产业链融资——基于江苏规模农户的实证分析 | 学硕 |
| 47 | 金融学院 | 王成 | 王翌秋 | 金融学 | 我国医疗保险市场逆向选择行为及其异质性分析 | 学硕 |
| 48 | 金融学院 | 于文平 | 董晓林 | 金融学 | 信息渠道对家庭金融市场参与及资产配置的影响 | 学硕 |
| 49 | 公共管理学院 | 赵晶晶 | 李放 | 社会保障 | 养老金收入对农村老人劳动供给的影响研究 | 学硕 |
| 50 | 公共管理学院 | 沈冰清 | 郭忠兴 | 社会保障 | 社会保险对农村低收入家庭脆弱性的影响研究 | 学硕 |
| 51 | 公共管理学院 | 包倩 | 郭杰 | 土地资源管理 | 耦合农户意愿的农村居民点整理适宜性评价及分区管制研究——以扬州市区为例 | 学硕 |
| 52 | 公共管理学院 | 颜杰 | 褚培新 | 人口、资源与环境经济学 | 秸秆综合利用视角下的农户行为解释——兼论合作农场的制度优势 | 学硕 |
| 53 | 信息科技学院 | 王雪 | 杨波 | 情报学 | 机构超网络中的学科结构挖掘研究 | 学硕 |

（续）

| 序号 | 学院 | 作者姓名 | 导师姓名 | 专业名称 | 论文题目 | 备注 |
|---|---|---|---|---|---|---|
| 54 | 人文与社会发展学院 | 沈婧 | 曾京京 | 专门史 | 历史时期苏州地区花卉行研究 | 学硕 |
| 55 | 农学院 | 赵丽云 | 田永超 | 作物 | 水稻冠层穗-叶模型的构建与测试 | 全日制专硕 |
| 56 | 植物保护学院 | 周自豪 | 王鸣华 | 植物保护 | 叶菌唑环境行为及在麦田的残留分析方法研究 | 全日制专硕 |
| 57 | 植物保护学院 | 张行国 | 陈法军 | 植物保护 | 转 Bt 水稻化防田与系统田土壤理化性质和昆虫发生动态研究及其产量评估 | 全日制专硕 |
| 58 | 植物保护学院 | 谢悦 | 王备新 | 植物保护 | 江浙地区毛翅目蛹种类鉴定及幼虫饲养的初探 | 全日制专硕 |
| 59 | 植物保护学院 | 徐蓬 | 娄远来 | 植物保护 | 水稻田除草剂双唑草腈应用技术研究 | 全日制专硕 |
| 60 | 资源与环境科学学院 | 詹文悦 | 梁明祥 | 农业资源利用 | 利用菊芋及菊苣果聚糖外切水解酶的固定化生产果糖的初步研究 | 全日制专硕 |
| 61 | 园艺学院 | 张杨青慧 | 陈发棣 | 园艺 | 菊花衰老过程花瓣变色机理初步研究 | 全日制专硕 |
| 62 | 园艺学院 | 马杰 | 张飞 | 园艺 | 菊花 $F_1$ 代不同生长时期耐寒性的遗传变异和分子标记 | 全日制专硕 |
| 63 | 园艺学院 | 常品品 | 王玉花 | 园艺 | 茶树 R2R2-MYB 类转录因子的鉴定及表达分析 | 全日制专硕 |
| 64 | 园艺学院 | 张馨月 | 熊爱生 | 园艺 | 胡萝卜种子萌发过程中激素的变化规律 | 全日制专硕 |
| 65 | 动物科技学院 | 李雪莉 | 杭苏琴 | 养殖 | 植物乳杆菌制剂对断奶仔猪生长性能和肠道微生态的影响及猪源乳酸菌的分离与鉴定 | 全日制专硕 |
| 66 | 动物科技学院 | 朱翱翔 | 王锋 | 养殖 | 不同硒源对育成湖羊生长、繁殖性能、瘤胃发酵和组织中硒含量的影响 | 全日制专硕 |
| 67 | 动物医学院 | 沈海潇 | 姜平 | 兽医硕士 | 猪伪狂犬病毒基因缺失耐热保护剂活疫苗免疫效力研究 | 全日制专硕 |
| 68 | 动物医学院 | 赵巧雅 | 陈秋生 | 兽医硕士 | 重金属铜对斑马鱼鳃的毒性作用研究 | 全日制专硕 |
| 69 | 动物医学院 | 徐文雯 | 杨倩 | 兽医硕士 | 脂肽对鸡呼吸道黏膜免疫力的作用 | 全日制专硕 |
| 70 | 食品科技学院 | 冯鑫 | 赵立艳 | 食品工程 | 生姜渣多糖的分离纯化及其结构与抗氧化活性研究 | 全日制专硕 |
| 71 | 食品科技学院 | 程玉平 | 张万刚 | 食品加工与安全 | 浸渍式冷冻对猪背最长肌品质及其加工特性的影响研究 | 全日制专硕 |
| 72 | 食品科技学院 | 殷旭 | 潘磊庆 焦顺山 | 食品工程 | 苹果半干片的联合干燥工艺研究 | 全日制专硕 |
| 73 | 生命科学学院 | 刘娟 | 沈振国 夏妍 | 生物工程 | 转 VsCCoAOMT 基因植物对重金属胁迫的响应及其在 Cd 污染土壤修复中的应用潜力 | 全日制专硕 |

（续）

| 序号 | 学院 | 作者姓名 | 导师姓名 | 专业名称 | 论文题目 | 备注 |
|---|---|---|---|---|---|---|
| 74 | 理学院 | 戴 军 | 董长勋 | 化学工程 | 重金属污染土壤化学淋洗机理及淋洗废水净化处理的研究 | 全日制专硕 |
| 75 | 生命科学学院 | 周春灵 | 赖 仞 | 生物工程 | 不同手性形式多肽 ZY13 和 LZ1 的部分成药性评价研究 | 全日制专硕 |
| 76 | 工学院 | 程 顺 | 刘璎瑛 | 农业工程 | 园林景区游客驻留量统计算法研究 | 全日制专硕 |
| 77 | 工学院 | 卢中山 | 陈玉仑 | 农业工程 | 猪胴体喷淋冷却参数优选及工艺改进 | 全日制专硕 |
| 78 | 渔业学院 | 王 媛 | 徐 跑 | 渔业 | 运用稳定同位素技术探究太湖四个湖区鲢、鳙食性的时空差异 | 全日制专硕 |
| 79 | 渔业学院 | 余丽梅 | 陈家长 | 渔业 | 长江下游流域水产品中磺胺类抗生素残留的风险评估 | 全日制专硕 |
| 80 | 经济管理学院 | 王斯怡 | 刘 华 | 国际商务 | 中国对非洲农业直接投资区位选择问题研究——基于投资环境的综合评价 | 全日制专硕 |
| 81 | 经济管理学院 | 丁永潮 | 刘 华 | 农村与区域发展 | 江苏省土地确权评价——基于利益相关者分析 | 全日制专硕 |
| 82 | 经济管理学院 | 周露露 | 何 军 | 国际商务 | 海外并购对公司经营绩效的影响研究——基于中粮集团海外并购案例分析 | 全日制专硕 |
| 83 | 经济管理学院 | 于林功 | 周 宏 | 农村与区域发展 | 农户微信销售农产品与其社会资本关系的研究及案例分析 | 全日制专硕 |
| 84 | 经济管理学院 | 陈艳萍 | 朱战国 | 工商管理 | 南京 D 培训机构的营销策略研究 | 全日制专硕 |
| 85 | 金融学院 | 陈 燕 | 林乐芬 | 金融 | 农户对政策性农业保险理赔评价及影响因素分析——以江苏省养殖业为例 | 全日制专硕 |
| 86 | 金融学院 | 刘 璇 | 王翌秋 | 会计 | "营改增"对房地产企业的税负影响研究 | 全日制专硕 |
| 87 | 金融学院 | 徐章星 | 黄惠春 | 金融 | 农村土地承包经营权抵押对农户贷款深度的影响研究 | 全日制专硕 |
| 88 | 金融学院 | 魏怡方 | 林乐芬 | 会计 | 控股股东股权质押行为对上市公司经营绩效影响实证研究——沪深 A 股上市公司数据为例 | 全日制专硕 |
| 89 | 金融学院 | 席 凡 | 董晓林 | 会计 | 创业板上市公司股权集中度对公司绩效的影响——基于 280 家上市公司 2012—2015 面板数据 | 全日制专硕 |
| 90 | 金融学院 | 张一帆 | 姜 涛 | 会计 | 家族企业代际传承对企业绩效的影响研究 | 全日制专硕 |
| 91 | 金融学院 | 王 飞 | 潘军昌 | 金融 | 卖空机制对 A 股市场羊群效应的影响研究 | 全日制专硕 |

（续）

| 序号 | 学院 | 作者姓名 | 导师姓名 | 专业名称 | 论文题目 | 备注 |
|------|------|----------|----------|----------|----------|------|
| 92 | 公共管理学院 | 吕　莉 | 石晓平 | 公共管理 | 山区农户宅基地流转意愿的影响因素分析——基于浙江省新昌县5个乡镇117个行政村的抽样调查 | 全日制专硕 |
| 93 | 公共管理学院 | 樊城锋 | 郑永兰 | 公共管理 | 产业集聚基础上的特色小镇创建模式探索——以绍兴市为例 | 全日制专硕 |
| 94 | 公共管理学院 | 张　飞 | 姚志友 | 公共管理 | 公共参与视角下美丽乡村建设困境与对策研究——以沭阳县邱庄村为例 | 全日制专硕 |
| 95 | 公共管理学院 | 刘少良 | 郑永兰 | 公共管理 | 我国县级政府统计公信力问题研究——以D县为例 | 全日制专硕 |
| 96 | 公共管理学院 | 王仰光 | 李俊龙 | 公共管理 | 江苏省高中生出国留学动因及影响因素研究 | 全日制专硕 |
| 97 | 人文与社会发展学院 | 王一旻 | 屈　勇 | 社会工作 | 流动儿童就学政策的反思与完善 | 全日制专硕 |
| 98 | 信息科技学院 | 霍英姿 | 郑德俊 | 图书情报 | 基于用户体验的导读类电子馆刊优化策略研究——以《书乐园》为例 | 全日制专硕 |
| 99 | 外国语学院 | 邹伊勤 | 裴正薇 | 翻译硕士英语笔译 | "本位观"指导下的翻译项目审校报告——以《空调通勤电联车360辆规范》为例 | 全日制专硕 |
| 100 | 外国语学院 | 杨苗苗 | 曹新宇 | 翻译 | 基于农业双语平行语料库的英语被动句汉译研究 | 全日制专硕 |

# 附录15　2018级研究生分专业情况统计

## 表1　全日制研究生分专业情况统计

| 学　　院 | 学科专业 | 总计（人） | 录取数（人） | | | | | |
|----------|----------|------------|------|------|------|------|------|------|
| | | | 硕士生 | | | 博士生 | | |
| | | | 合计 | 非定向 | 定向 | 合计 | 非定向 | 定向 |
| 南京农业大学 | 全小计 | 3 000 | 2 454 | 2 447 | 7 | 546 | 524 | 22 |
| 农学院（共331人，硕士234人，博士97人） | ★生物信息学 | 4 | 0 | 0 | 0 | 4 | 4 | 0 |
| | 作物栽培学与耕作学 | 66 | 41 | 41 | 0 | 25 | 25 | 0 |
| | 作物遗传育种 | 176 | 118 | 118 | 0 | 58 | 57 | 1 |
| | ★农业信息学 | 28 | 19 | 19 | 0 | 9 | 8 | 1 |
| | ★种子科学与技术 | 1 | 0 | 0 | 0 | 1 | 1 | 0 |
| | 农艺与种业 | 56 | 56 | 56 | 0 | 0 | 0 | 0 |

（续）

| 学　院 | 学科专业 | 总计（人） | 录取数（人） | | | | | |
|---|---|---|---|---|---|---|---|---|
| | | | 硕士生 | | | 博士生 | | |
| | | | 合计 | 非定向 | 定向 | 合计 | 非定向 | 定向 |
| 植物保护学院（共298人，硕士235人，博士63人） | 植物病理学 | 90 | 58 | 58 | 0 | 32 | 32 | 0 |
| | 农业昆虫与害虫防治 | 69 | 51 | 51 | 0 | 18 | 18 | 0 |
| | 农药学 | 44 | 31 | 31 | 0 | 13 | 13 | 0 |
| | 资源利用与植物保护 | 95 | 95 | 95 | 0 | 0 | 0 | 0 |
| 资源与环境科学学院（共291人，硕士228人，博士63人） | 海洋科学 | 13 | 13 | 13 | 0 | 0 | 0 | 0 |
| | 生态学 | 26 | 17 | 17 | 0 | 9 | 8 | 1 |
| | ★环境污染控制工程 | 11 | 0 | 0 | 0 | 11 | 10 | 1 |
| | 环境科学 | 17 | 17 | 17 | 0 | 0 | 0 | 0 |
| | 环境工程 | 22 | 22 | 22 | 0 | 0 | 0 | 0 |
| | 环境工程 | 26 | 26 | 26 | 0 | 0 | 0 | 0 |
| | 农业资源与环境 | 43 | 0 | 0 | 0 | 43 | 43 | 0 |
| | 土壤学 | 24 | 24 | 24 | 0 | 0 | 0 | 0 |
| | 植物营养学 | 60 | 60 | 60 | 0 | 0 | 0 | 0 |
| | 资源利用与植物保护 | 49 | 49 | 49 | 0 | 0 | 0 | 0 |
| 园艺学院（共330人，硕士282人，博士48人） | 风景园林学 | 5 | 5 | 5 | 0 | 0 | 0 | 0 |
| | 果树学 | 52 | 38 | 38 | 0 | 14 | 14 | 0 |
| | 蔬菜学 | 55 | 36 | 36 | 0 | 19 | 19 | 0 |
| | 茶学 | 14 | 11 | 10 | 1 | 3 | 3 | 0 |
| | ★观赏园艺学 | 36 | 27 | 27 | 0 | 9 | 9 | 0 |
| | ★药用植物学 | 9 | 7 | 6 | 1 | 2 | 2 | 0 |
| | ★设施园艺学 | 1 | 0 | 0 | 0 | 1 | 1 | 0 |
| | 农艺与种业 | 114 | 114 | 114 | 0 | 0 | 0 | 0 |
| | 风景园林 | 25 | 25 | 25 | 0 | 0 | 0 | 0 |
| | 中药学 | 7 | 7 | 7 | 0 | 0 | 0 | 0 |
| | 中药学 | 12 | 12 | 12 | 0 | 0 | 0 | 0 |
| 动物科技学院（共159人，硕士128人，博士31人） | 动物遗传育种与繁殖 | 50 | 37 | 37 | 0 | 13 | 12 | 1 |
| | 动物营养与饲料科学 | 54 | 37 | 37 | 0 | 17 | 17 | 0 |
| | 动物生产学 | 5 | 4 | 4 | 0 | 1 | 0 | 1 |
| | 动物生物工程 | 4 | 4 | 4 | 0 | 0 | 0 | 0 |
| | 畜牧 | 46 | 46 | 46 | 0 | 0 | 0 | 0 |
| 经济管理学院（共142人，硕士112人，博士30人） | 区域经济学 | 1 | 0 | 0 | 0 | 1 | 1 | 0 |
| | 产业经济学 | 16 | 14 | 14 | 0 | 2 | 2 | 0 |
| | 国际贸易学 | 11 | 10 | 10 | 0 | 1 | 1 | 0 |
| | 国际商务 | 16 | 16 | 16 | 0 | 0 | 0 | 0 |
| | 农业管理 | 30 | 30 | 29 | 1 | 0 | 0 | 0 |
| | 企业管理 | 11 | 11 | 11 | 0 | 0 | 0 | 0 |
| | 技术经济及管理 | 9 | 9 | 9 | 0 | 0 | 0 | 0 |
| | 农业经济管理 | 47 | 22 | 22 | 0 | 25 | 23 | 2 |
| | ★农村与区域发展 | 1 | 0 | 0 | 0 | 1 | 1 | 0 |

（续）

| 学　院 | 学科专业 | 总计（人） | 录取数（人） | | | | | |
|---|---|---|---|---|---|---|---|---|
| | | | 硕士生 | | | 博士生 | | |
| | | | 合计 | 非定向 | 定向 | 合计 | 非定向 | 定向 |
| 动物医学院（共246人，硕士188人，博士58人） | 基础兽医学 | 42 | 31 | 31 | 0 | 11 | 11 | 0 |
| | 预防兽医学 | 70 | 54 | 54 | 0 | 16 | 15 | 1 |
| | 临床兽医学 | 30 | 23 | 23 | 0 | 7 | 7 | 0 |
| | 兽医 | 104 | 80 | 80 | 0 | 24 | 21 | 3 |
| 食品科技学院（共192人，硕士161人，博士31人） | 食品科学与工程 | 113 | 82 | 82 | 0 | 31 | 31 | 0 |
| | 食品工程 | 44 | 44 | 44 | 0 | 0 | 0 | 0 |
| | 食品加工与安全 | 35 | 35 | 34 | 1 | 0 | 0 | 0 |
| 公共管理学院（共106人，硕士77人，博士29人） | 行政管理 | 20 | 16 | 16 | 0 | 4 | 3 | 1 |
| | 教育经济与管理 | 11 | 7 | 7 | 0 | 4 | 3 | 1 |
| | 社会保障 | 12 | 10 | 10 | 0 | 2 | 2 | 0 |
| | 土地资源管理 | 63 | 44 | 44 | 0 | 19 | 18 | 1 |
| 人文与社会发展学院（共109人，硕士100人，博士9人） | 经济法学 | 5 | 5 | 5 | 0 | 0 | 0 | 0 |
| | 社会学 | 7 | 7 | 7 | 0 | 0 | 0 | 0 |
| | 民俗学 | 5 | 5 | 5 | 0 | 0 | 0 | 0 |
| | 法律（非法学） | 13 | 13 | 13 | 0 | 0 | 0 | 0 |
| | 法律（法学） | 6 | 6 | 6 | 0 | 0 | 0 | 0 |
| | 社会工作 | 26 | 26 | 25 | 1 | 0 | 0 | 0 |
| | 科学技术史 | 18 | 9 | 9 | 0 | 9 | 6 | 3 |
| | 农村发展 | 29 | 29 | 28 | 1 | 0 | 0 | 0 |
| 理学院（共60人，硕士53人，博士7人） | 数学 | 8 | 8 | 8 | 0 | 0 | 0 | 0 |
| | 化学 | 17 | 17 | 17 | 0 | 0 | 0 | 0 |
| | 生物物理学 | 5 | 4 | 4 | 0 | 1 | 1 | 0 |
| | 天然产物化学 | 6 | 0 | 0 | 0 | 6 | 5 | 1 |
| | 化学工程 | 24 | 24 | 24 | 0 | 0 | 0 | 0 |
| 工学院（共135人，硕士121人，博士14人） | 机械制造及其自动化 | 2 | 2 | 2 | 0 | 0 | 0 | 0 |
| | 机械电子工程 | 2 | 2 | 2 | 0 | 0 | 0 | 0 |
| | 机械设计及理论 | 2 | 2 | 2 | 0 | 0 | 0 | 0 |
| | 车辆工程 | 5 | 5 | 5 | 0 | 0 | 0 | 0 |
| | 农业机械化工程 | 20 | 13 | 13 | 0 | 7 | 7 | 0 |
| | 农业生物环境与能源工程 | 3 | 1 | 1 | 0 | 2 | 2 | 0 |
| | 农业电气化与自动化 | 16 | 11 | 11 | 0 | 5 | 4 | 1 |
| | 机械工程 | 29 | 29 | 29 | 0 | 0 | 0 | 0 |
| | 农业工程 | 32 | 32 | 32 | 0 | 0 | 0 | 0 |
| | 物流工程 | 18 | 18 | 18 | 0 | 0 | 0 | 0 |
| | 农业工程与信息技术 | 3 | 3 | 3 | 0 | 0 | 0 | 0 |
| | 管理科学与工程 | 3 | 3 | 3 | 0 | 0 | 0 | 0 |

（续）

| 学　院 | 学科专业 | 总计（人） | 录取数（人） | | | | | |
| --- | --- | --- | --- | --- | --- | --- | --- | --- |
| | | | 硕士生 | | | 博士生 | | |
| | | | 合计 | 非定向 | 定向 | 合计 | 非定向 | 定向 |
| 渔业学院（共61人，硕士53人，博士8人） | 水生生物学 | 3 | 0 | 0 | 0 | 3 | 3 | 0 |
| | 水产 | 5 | 0 | 0 | 0 | 5 | 5 | 0 |
| | 水产养殖 | 22 | 22 | 22 | 0 | 0 | 0 | 0 |
| | 渔业资源 | 3 | 3 | 3 | 0 | 0 | 0 | 0 |
| | 渔业发展 | 28 | 28 | 28 | 0 | 0 | 0 | 0 |
| 信息科技学院（共72人，硕士66人，博士6人） | 计算机科学与技术 | 3 | 3 | 3 | 0 | 0 | 0 | 0 |
| | 农业工程与信息技术 | 20 | 20 | 20 | 0 | 0 | 0 | 0 |
| | 信息资源管理 | 6 | 0 | 0 | 0 | 6 | 6 | 0 |
| | 图书馆学 | 3 | 3 | 3 | 0 | 0 | 0 | 0 |
| | 情报学 | 11 | 11 | 11 | 0 | 0 | 0 | 0 |
| | 图书情报 | 29 | 29 | 29 | 0 | 0 | 0 | 0 |
| 外国语学院（共54人，硕士54人，博士0人） | 外国语言文学 | 11 | 11 | 11 | 0 | 0 | 0 | 0 |
| | 翻译 | 43 | 43 | 43 | 0 | 0 | 0 | 0 |
| 生命科学学院（共192人，硕士155人，博士37人） | 植物学 | 46 | 33 | 33 | 0 | 13 | 12 | 1 |
| | 动物学 | 7 | 7 | 7 | 0 | 0 | 0 | 0 |
| | 微生物学 | 54 | 39 | 39 | 0 | 15 | 15 | 0 |
| | 发育生物学 | 6 | 6 | 6 | 0 | 0 | 0 | 0 |
| | 细胞生物学 | 6 | 5 | 5 | 0 | 1 | 1 | 0 |
| | 生物化学与分子生物学 | 29 | 21 | 20 | 1 | 8 | 8 | 0 |
| | 生物工程 | 44 | 44 | 44 | 0 | 0 | 0 | 0 |
| 马克思主义学院（共15人，硕士15人，博士0人） | 科学技术哲学 | 5 | 5 | 5 | 0 | 0 | 0 | 0 |
| | 马克思主义基本原理 | 5 | 5 | 5 | 0 | 0 | 0 | 0 |
| | 思想政治教育 | 5 | 5 | 5 | 0 | 0 | 0 | 0 |
| 金融学院（共161人，硕士153人，博士8人） | 金融学 | 25 | 17 | 17 | 0 | 8 | 7 | 1 |
| | 金融 | 47 | 47 | 47 | 0 | 0 | 0 | 0 |
| | 会计学 | 8 | 8 | 8 | 0 | 0 | 0 | 0 |
| | 会计 | 81 | 81 | 81 | 0 | 0 | 0 | 0 |
| 草业学院（共46人，硕士39人，博士7人） | 草学 | 22 | 15 | 15 | 0 | 7 | 7 | 0 |
| | 农艺与种业 | 24 | 24 | 24 | 0 | 0 | 0 | 0 |

注：带"★"者为学校自主设置的专业。

**表 2　非全日制研究生分专业情况统计**

| 学　院 | 学科专业 | 总计（人） | 录取数（人） | | | | | |
|---|---|---|---|---|---|---|---|---|
| | | | 硕士生 | | | 博士生 | | |
| | | | 合计 | 非定向 | 定向 | 合计 | 非定向 | 定向 |
| 南京农业大学 | 全小计 | 390 | 378 | 44 | 334 | 12 | 0 | 0 |
| 植物保护学院 | 资源利用与植物保护 | 2 | 2 | 1 | 1 | 0 | 0 | 0 |
| 园艺学院 | 农艺与种业 | 1 | 1 | 0 | 1 | 0 | 0 | 0 |
| 经济管理学院 | 工商管理 | 170 | 170 | 42 | 128 | 0 | 0 | 0 |
| 动物医学院 | 兽医 | 13 | 1 | 1 | 0 | 12 | 0 | 12 |
| 公共管理学院 | 公共管理 | 204 | 204 | 0 | 204 | 0 | 0 | 0 |

# 附录 16　国家建设高水平大学公派研究生项目派出人员一览表

**表 1　联合培养博士录取名单**

| 序号 | 学院 | 学号 | 姓名 | 留学类别 | 国别 | 留学院校 |
|---|---|---|---|---|---|---|
| 1 | 农学院 | 2014201066 | 曾 鹏 | 联合培养博士 | 瑞典 | 哥德堡大学 |
| 2 | 农学院 | 2015201012 | 王维领 | 联合培养博士 | 美国 | 艾奥瓦州立大学 |
| 3 | 农学院 | 2016201008 | 邵宇航 | 联合培养博士 | 美国 | 加利福尼亚大学戴维斯分校 |
| 4 | 农学院 | 2016201030 | 范 敏 | 联合培养博士 | 美国 | 俄克拉荷马州立大学 |
| 5 | 农学院 | 2016201034 | 苗 龙 | 联合培养博士 | 美国 | 田纳西大学（诺克斯威尔） |
| 6 | 农学院 | 2016201054 | 葛冬冬 | 联合培养博士 | 美国 | 得克萨斯州农工大学 |
| 7 | 农学院 | 2016201063 | 杨云华 | 联合培养博士 | 美国 | 肯塔基州立大学 |
| 8 | 农学院 | 2016201067 | 汪 翔 | 联合培养博士 | 美国 | 康奈尔大学 |
| 9 | 农学院 | 2016201072 | 陈先连 | 联合培养博士 | 美国 | 北卡罗来纳州立大学 |
| 10 | 农学院 | 2016201077 | 李 栋 | 联合培养博士 | 加拿大 | 多伦多大学 |
| 11 | 农学院 | 2016201075 | 贾 敏 | 联合培养博士 | 意大利 | 米兰比可卡大学 |
| 12 | 农学院 | 2017201016 | 高 敏 | 联合培养博士 | 美国 | 佐治亚大学 |
| 13 | 农学院 | 2017201034 | 陈林峰 | 联合培养博士 | 美国 | 贝尔茨维尔农业研究中心 |
| 14 | 植物保护学院 | 2015202016 | 仇 敏 | 联合培养博士 | 美国 | 加利福尼亚大学河滨分校 |
| 15 | 植物保护学院 | 2015202020 | 王 琳 | 联合培养博士 | 美国 | 得克萨斯州农工大学 |
| 16 | 植物保护学院 | 2015202033 | 何思文 | 联合培养博士 | 芬兰 | 赫尔辛基大学 |
| 17 | 植物保护学院 | 2015202046 | 丁 园 | 联合培养博士 | 美国 | 加利福尼亚大学戴维斯分校 |
| 18 | 植物保护学院 | 2017202011 | 刘 军 | 联合培养博士 | 美国 | 伊利诺伊大学香槟校区 |
| 19 | 植物保护学院 | 2017202015 | 王利媛 | 联合培养博士 | 加拿大 | 加拿大农业部伦敦研发中心 |
| 20 | 植物保护学院 | 2017202023 | 韩 森 | 联合培养博士 | 新加坡 | 新加坡南洋理工大学 |
| 21 | 植物保护学院 | 2017202025 | 孔孟孟 | 联合培养博士 | 美国 | 南卡罗来纳大学 |
| 22 | 植物保护学院 | 2017202026 | 马 健 | 联合培养博士 | 英国 | 埃克斯特大学 |
| 23 | 资源与环境科学学院 | 2015203007 | 郭 瑞 | 联合培养博士 | 美国 | 麻省大学医学院 |

（续）

| 序号 | 学院 | 学号 | 姓名 | 留学类别 | 国别 | 留学院校 |
|---|---|---|---|---|---|---|
| 24 | 资源与环境科学学院 | 2015203023 | 刘铭龙 | 联合培养博士 | 澳大利亚 | 西澳大学 |
| 25 | 资源与环境科学学院 | 2015203041 | 李 梅 | 联合培养博士 | 荷兰 | 乌得列支大学 |
| 26 | 资源与环境科学学院 | 2016203002 | 陈 杰 | 联合培养博士 | 美国 | 明尼苏达大学双城校区 |
| 27 | 资源与环境科学学院 | 2016203023 | 田善义 | 联合培养博士 | 瑞典 | 瑞典农业大学 |
| 28 | 资源与环境科学学院 | 2016203034 | 隋凤凤 | 联合培养博士 | 澳大利亚 | 新南威尔士大学（悉尼校区） |
| 29 | 资源与环境科学学院 | 2016203042 | 侯蒙蒙 | 联合培养博士 | 荷兰 | 瓦格宁根大学与研究中心 |
| 30 | 资源与环境科学学院 | 2017203005 | 胡正锟 | 联合培养博士 | 美国 | 佐治亚理工学院 |
| 31 | 资源与环境科学学院 | 2017203007 | 吕杰杰 | 联合培养博士 | 美国 | 佛罗里达大学 |
| 32 | 资源与环境科学学院 | 2017203032 | 朱 晨 | 联合培养博士 | 英国 | 约克大学 |
| 33 | 资源与环境科学学院 | 2017203037 | 谢远明 | 联合培养博士 | 比利时 | 根特大学 |
| 34 | 资源与环境科学学院 | 2017203046 | 徐向瑞 | 联合培养博士 | 英国 | 阿伯丁大学 |
| 35 | 资源与环境科学学院 | 2017203049 | 罗 茜 | 联合培养博士 | 美国 | 加利福尼亚大学圣塔芭芭拉分校 |
| 36 | 园艺学院 | 2015204005 | 张普娟 | 联合培养博士 | 美国 | 康奈尔大学 |
| 37 | 园艺学院 | 2017204008 | 吴 潇 | 联合培养博士 | 美国 | 普渡大学 |
| 38 | 园艺学院 | 2017204012 | 明美玲 | 联合培养博士 | 美国 | 马里兰大学帕克分校 |
| 39 | 动物科技学院 | 2015205023 | 高 侃 | 联合培养博士 | 美国 | 加利福尼亚大学洛杉矶分校 |
| 40 | 动物科技学院 | 2016205003 | 厉成敏 | 联合培养博士 | 美国 | 宾夕法尼亚州立大学 |
| 41 | 动物科技学院 | 2016205007 | 张冕群 | 联合培养博士 | 比利时 | 新鲁汶大学 |
| 42 | 动物科技学院 | 2016205012 | 徐 超 | 联合培养博士 | 挪威 | 海洋研究所 |
| 43 | 动物科技学院 | 2016205013 | 白凯文 | 联合培养博士 | 美国 | 康奈尔大学 |
| 44 | 动物科技学院 | 2016205023 | 薛艳锋 | 联合培养博士 | 美国 | 国立环境卫生研究所 |
| 45 | 经济管理学院 | 2016206005 | 刘 余 | 联合培养博士 | 日本 | 京都大学 |
| 46 | 经济管理学院 | 2016206011 | 孙 杰 | 联合培养博士 | 美国 | 康奈尔大学 |
| 47 | 经济管理学院 | 2016206015 | 刘 畅 | 联合培养博士 | 丹麦 | 奥胡斯大学 |
| 48 | 经济管理学院 | 2016206018 | 郭 阳 | 联合培养博士 | 美国 | 耶鲁大学 |
| 49 | 经济管理学院 | 2016206020 | 林兴虹 | 联合培养博士 | 美国 | 密苏里大学 |
| 50 | 经济管理学院 | 2016206031 | 万 悦 | 联合培养博士 | 美国 | 俄亥俄州立大学 |
| 51 | 动物医学院 | 2016207016 | 马 可 | 联合培养博士 | 德国 | 维尔茨堡大学 |
| 52 | 动物医学院 | 2016207035 | 杜红旭 | 联合培养博士 | 美国 | 加利福尼亚大学戴维斯分校 |
| 53 | 动物医学院 | 2017207004 | 徐 蛟 | 联合培养博士 | 德国 | 汉诺威兽医大学 |
| 54 | 动物医学院 | 2017207026 | 明 鑫 | 联合培养博士 | 美国 | 加利福尼亚大学戴维斯分校 |
| 55 | 食品科技学院 | 2015208016 | 杜贺超 | 联合培养博士 | 加拿大 | 加拿大农业部莱斯布里奇研发中心 |
| 56 | 食品科技学院 | 2016208006 | 马 萌 | 联合培养博士 | 美国 | 美国农业部农业研究院 |
| 57 | 食品科技学院 | 2016208024 | 庄昕波 | 联合培养博士 | 新加坡 | 新加坡国立大学 |
| 58 | 公共管理学院 | 2016209006 | 蒋浩君 | 联合培养博士 | 美国 | 南加利福尼亚大学 |
| 59 | 公共管理学院 | 2016209016 | 李友艺 | 联合培养博士 | 美国 | 宾夕法尼亚州立大学帕克分校 |

（续）

| 序号 | 学院 | 学号 | 姓名 | 留学类别 | 国别 | 留学院校 |
|------|------|------|------|----------|------|----------|
| 60 | 公共管理学院 | 2016209020 | 许明军 | 联合培养博士 | 荷兰 | 内梅亨大学 |
| 61 | 公共管理学院 | 2016209021 | 张 浩 | 联合培养博士 | 美国 | 佛罗里达大学 |
| 62 | 公共管理学院 | 2016209023 | 张勇超 | 联合培养博士 | 法国 | 法国国家农业研究所 |
| 63 | 公共管理学院 | 2016209027 | 刘 艳 | 联合培养博士 | 荷兰 | 瓦格宁根大学 |
| 64 | 公共管理学院 | 2017209025 | 罗 遥 | 联合培养博士 | 美国 | 印第安纳布鲁明顿大学 |
| 65 | 工学院 | 2015212007 | 黎宁慧 | 联合培养博士 | 英国 | 伦敦城市大学 |
| 66 | 信息科技学院 | 2016214002 | 马坤坤 | 联合培养博士 | 美国 | 韦恩州立大学 |
| 67 | 信息科技学院 | 2017214001 | 周海晨 | 联合培养博士 | 美国 | 锡拉丘兹大学 |
| 68 | 无锡渔业学院 | 2015213002 | 张武肖 | 联合培养博士 | 挪威 | 海洋研究所 |
| 69 | 生命科学学院 | 2016216013 | 沐 阳 | 联合培养博士 | 美国 | 加利福尼亚大学戴维斯分校 |
| 70 | 金融学院 | 2017218006 | 彭媛媛 | 联合培养博士 | 美国 | 普渡大学 |

**表2　攻读博士学位人员录取名单**

| 序号 | 学院 | 学号 | 姓名 | 留学类别 | 国别 | 留学院校 |
|------|------|------|------|----------|------|----------|
| 1 | 资源与环境科学学院 | 2014103098 | 陈 浩 | 攻读博士学位 | 德国 | 科隆大学 |
| 2 | 资源与环境科学学院 | 2015103084 | 韩 涛 | 攻读博士学位 | 加拿大 | 阿尔伯塔大学 |
| 3 | 资源与环境科学学院 | 2015103085 | 周 涛 | 攻读博士学位 | 德国 | 亥姆霍兹环境研究中心 |
| 4 | 动物科技学院 | 2015105019 | 唐 峰 | 攻读博士学位 | 英国 | 南安普顿大学 |
| 5 | 动物科技学院 | 2015105048 | 应志雄 | 攻读博士学位 | 荷兰 | 莱顿大学 |
| 6 | 动物科技学院 | 2015105060 | 刘 壮 | 攻读博士学位 | 荷兰 | 瓦格宁根大学与研究中心 |
| 7 | 经济管理学院 | 2015106010 | 黄莹莹 | 攻读博士学位 | 德国 | 哥廷根大学 |
| 8 | 动物医学院 | 2015107012 | 黄 蓓 | 攻读博士学位 | 德国 | 汉诺威兽医大学 |
| 9 | 食品科技学院 | 2015108014 | 乔 颖 | 攻读博士学位 | 日本 | 日本文部省政府奖学金项目 |
| 10 | 食品科技学院 | 2015108046 | 肖 慧 | 攻读博士学位 | 比利时 | 荷语鲁汶大学 |
| 11 | 食品科技学院 | 2015108077 | 肖书兰 | 攻读博士学位 | 美国 | 艾奥瓦州立大学 |
| 12 | 食品科技学院 | 2015808094 | 翟 洋 | 攻读博士学位 | 日本 | 日本文部省政府奖学金项目 |

**表3　联合培养硕士录取名单**

| 序号 | 学院 | 学号 | 姓名 | 留学类别 | 国别 | 留学院校 |
|------|------|------|------|----------|------|----------|
| 1 | 园艺学院 | 2017104001 | 陈书琳 | 联合培养硕士 | 日本 | 千叶大学 |
| 2 | 食品科技学院 | 2016108054 | 李 旻 | 联合培养硕士 | 美国 | 田纳西大学（诺克斯威尔） |

表 4　攻读硕士学位人员录取名单

| 序号 | 学院 | 学号 | 姓名 | 留学类别 | 国别 | 留学院校 |
|---|---|---|---|---|---|---|
| 1 | 公共管理学院 | 20214303 | 尹园园 | 攻读硕士学位 | 荷兰 | 瓦格宁根大学与研究中心 |
| 2 | 金融学院 | 16314216 | 张艺博 | 攻读硕士学位 | 英国 | 杜伦大学 |
| 3 | 金融学院 | 22114109 | 李圻 | 攻读硕士学位 | 美国 | 约翰霍普金斯大学 |

表 5　博士生导师短期出国交流人员录取名单

| 序号 | 学院 | 姓名 | 留学类别 | 国别 | 留学院校 |
|---|---|---|---|---|---|
| 1 | 农学院 | 周治国 | 高级研究学者 | 美国 | 佐治亚大学 |
| 2 | 农学院 | 郭旺珍 | 高级研究学者 | 美国 | 加利福尼亚大学圣地亚哥分校 |
| 3 | 农学院 | 罗卫红 | 高级研究学者 | 荷兰 | 瓦格宁根大学 |
| 4 | 农学院 | 杨守萍 | 高级研究学者 | 美国 | 贝尔茨维尔农业研究中心 |
| 5 | 植物保护学院 | 周明国 | 高级研究学者 | 美国 | 得克萨斯州农工大学 |
| 6 | 植物保护学院 | 苏建亚 | 高级研究学者 | 美国 | 加利福尼亚大学戴维斯分校 |
| 7 | 植物保护学院 | 翟保平 | 高级研究学者 | 英国 | 埃克斯特大学 |
| 8 | 资源与环境科学学院 | 潘剑君 | 高级研究学者 | 加拿大 | 阿尔伯塔大学 |
| 9 | 动物科技学院 | 黄瑞华 | 高级研究学者 | 美国 | 北卡罗来纳州立大学 |
| 10 | 动物医学院 | 沈向真 | 高级研究学者 | 美国 | 伊利诺伊大学香槟校区 |
| 11 | 生命科学学院 | 陈亚华 | 高级研究学者 | 澳大利亚 | 拉筹伯大学 |
| 12 | 生命科学学院 | 游雄 | 高级研究学者 | 比利时 | 法语布鲁塞尔自由大学 |

# 附录 17　博士研究生国家奖学金获奖名单

| 序号 | 姓名 | 学院 | 序号 | 姓名 | 学院 |
|---|---|---|---|---|---|
| 1 | 陈林峰 | 农学院 | 14 | 任维超 | 植物保护学院 |
| 2 | 陈文静 | 农学院 | 15 | 徐晴玉 | 植物保护学院 |
| 3 | 方圣 | 农学院 | 16 | 钱斌 | 植物保护学院 |
| 4 | 侯森 | 农学院 | 17 | 杨丽娜 | 植物保护学院 |
| 5 | 胡晨曦 | 农学院 | 18 | 郑勇 | 资源与环境科学学院 |
| 6 | 蒋理 | 农学院 | 19 | 纪程 | 资源与环境科学学院 |
| 7 | 汪翔 | 农学院 | 20 | 张力浩 | 资源与环境科学学院 |
| 8 | 王沛然 | 农学院 | 21 | 段鹏鹏 | 资源与环境科学学院 |
| 9 | 张小利 | 农学院 | 22 | 罗冰冰 | 资源与环境科学学院 |
| 10 | 朱小品 | 农学院 | 23 | 杨菲 | 资源与环境科学学院 |
| 11 | 丁园 | 植物保护学院 | 24 | 张克坤 | 园艺学院 |
| 12 | 张召贤 | 植物保护学院 | 25 | 邢才华 | 园艺学院 |
| 13 | 盛成旺 | 植物保护学院 | 26 | 冯凯 | 园艺学院 |

（续）

| 序号 | 姓名 | 学院 | 序号 | 姓名 | 学院 |
|---|---|---|---|---|---|
| 27 | 马青平 | 园艺学院 | 41 | 孟凡强 | 食品科技学院 |
| 28 | 王永鑫 | 园艺学院 | 42 | 张国磊 | 公共管理学院 |
| 29 | 姚晓磊 | 动物科技学院 | 43 | 王雪琪 | 公共管理学院 |
| 30 | 陆 壮 | 动物科技学院 | 44 | 陈小满 | 公共管理学院 |
| 31 | 徐 超 | 动物科技学院 | 45 | 郭 欣 | 人文与社会发展学院 |
| 32 | 张宗利 | 经济管理学院 | 46 | 于 翔 | 理学院 |
| 33 | 陈晓虹 | 经济管理学院 | 47 | 程 准 | 工学院 |
| 34 | 顾天竹 | 经济管理学院 | 48 | 陶易凡 | 无锡渔业学院 |
| 35 | 李 林 | 动物医学院 | 49 | 胡延如 | 生命科学学院 |
| 36 | 王 洪 | 动物医学院 | 50 | 张毅华 | 生命科学学院 |
| 37 | 杨 阳 | 动物医学院 | 51 | 张鲜朵 | 生命科学学院 |
| 38 | 刘丹丹 | 动物医学院 | 52 | 苏久厂 | 生命科学学院 |
| 39 | 马 萌 | 食品科技学院 | 53 | 周 南 | 金融学院 |
| 40 | 王 冲 | 食品科技学院 | 54 | 王思然 | 草业学院 |

## 附录18　硕士研究生国家奖学金获奖名单

| 序号 | 姓名 | 学院 | 序号 | 姓名 | 学院 |
|---|---|---|---|---|---|
| 1 | 范亚丽 | 农学院 | 18 | 钮建国 | 植物保护学院 |
| 2 | 谷 晗 | 农学院 | 19 | 李 曦 | 植物保护学院 |
| 3 | 胡肖肖 | 农学院 | 20 | 董 昕 | 植物保护学院 |
| 4 | 黄建丽 | 农学院 | 21 | 曾 彬 | 植物保护学院 |
| 5 | 黄 鹭 | 农学院 | 22 | 崔佳蓉 | 植物保护学院 |
| 6 | 姬旭升 | 农学院 | 23 | 李美霞 | 植物保护学院 |
| 7 | 纪琳珊 | 农学院 | 24 | 王梦斐 | 植物保护学院 |
| 8 | 李松阳 | 农学院 | 25 | 胡燕利 | 植物保护学院 |
| 9 | 李永清 | 农学院 | 26 | 王 侠 | 植物保护学院 |
| 10 | 李 媛 | 农学院 | 27 | 杜 梅 | 植物保护学院 |
| 11 | 龙致炜 | 农学院 | 28 | 樊茹静 | 植物保护学院 |
| 12 | 陆宇阳 | 农学院 | 29 | 凌 汉 | 植物保护学院 |
| 13 | 王 睿 | 农学院 | 30 | 焦 娇 | 资源与环境科学学院 |
| 14 | 杨紫媛 | 农学院 | 31 | 孙雨婷 | 资源与环境科学学院 |
| 15 | 周佳佳 | 农学院 | 32 | 赵远超 | 资源与环境科学学院 |
| 16 | 曲香蒲 | 植物保护学院 | 33 | 张学良 | 资源与环境科学学院 |
| 17 | 刘 迪 | 植物保护学院 | 34 | 杨 艳 | 资源与环境科学学院 |

（续）

| 序号 | 姓名 | 学院 | 序号 | 姓名 | 学院 |
|---|---|---|---|---|---|
| 35 | 曲成闯 | 资源与环境科学学院 | 71 | 孟 丹 | 经济管理学院 |
| 36 | 苏 慕 | 资源与环境科学学院 | 72 | 张淑雯 | 经济管理学院 |
| 37 | 朱龙龙 | 资源与环境科学学院 | 73 | 牛立琼 | 动物医学院 |
| 38 | 吕娜娜 | 资源与环境科学学院 | 74 | 吴海琴 | 动物医学院 |
| 39 | 宋彩虹 | 资源与环境科学学院 | 75 | 张宇航 | 动物医学院 |
| 40 | 丁 明 | 资源与环境科学学院 | 76 | 张云娜 | 动物医学院 |
| 41 | 王佩鑫 | 资源与环境科学学院 | 77 | 盛 琨 | 动物医学院 |
| 42 | 冯 欢 | 资源与环境科学学院 | 78 | 周程远 | 动物医学院 |
| 43 | 梁嘉丽 | 资源与环境科学学院 | 79 | 李文倩 | 动物医学院 |
| 44 | 王 茜 | 园艺学院 | 80 | 常晓静 | 动物医学院 |
| 45 | 郭志华 | 园艺学院 | 81 | 樵明玉 | 动物医学院 |
| 46 | 陈杨杨 | 园艺学院 | 82 | 王石磊 | 动物医学院 |
| 47 | 刘 唱 | 园艺学院 | 83 | 王睿杰 | 动物医学院 |
| 48 | 李静文 | 园艺学院 | 84 | 梅晓婷 | 动物医学院 |
| 49 | 王雅慧 | 园艺学院 | 85 | 吴 越 | 食品科技学院 |
| 50 | 付艳霞 | 园艺学院 | 86 | 郑美霞 | 食品科技学院 |
| 51 | 蒋逍逍 | 园艺学院 | 87 | 赵尹毓 | 食品科技学院 |
| 52 | 沈 威 | 园艺学院 | 88 | 盛 洁 | 食品科技学院 |
| 53 | 缪雨静 | 园艺学院 | 89 | 吴长玲 | 食品科技学院 |
| 54 | 李宸阳 | 园艺学院 | 90 | 刘可欣 | 食品科技学院 |
| 55 | 朱胜琪 | 园艺学院 | 91 | 黄 瑾 | 食品科技学院 |
| 56 | 马 敏 | 园艺学院 | 92 | 凌 晨 | 食品科技学院 |
| 57 | 孙乐萌 | 园艺学院 | 93 | 陈 偲 | 食品科技学院 |
| 58 | 汪逸伦 | 园艺学院 | 94 | 杨艺琳 | 食品科技学院 |
| 59 | 施华娟 | 动物科技学院 | 95 | 李 敏 | 公共管理学院 |
| 60 | 高 敏 | 动物科技学院 | 96 | 朱天琦 | 公共管理学院 |
| 61 | 庞 静 | 动物科技学院 | 97 | 戴芬园 | 公共管理学院 |
| 62 | 胡 帆 | 动物科技学院 | 98 | 丁冠乔 | 公共管理学院 |
| 63 | 葛晓可 | 动物科技学院 | 99 | 薛梦颖 | 公共管理学院 |
| 64 | 任 欣 | 动物科技学院 | 100 | 刘雅美 | 公共管理学院 |
| 65 | 任丽娜 | 动物科技学院 | 101 | 钱伶俐 | 人文与社会发展学院 |
| 66 | 周沁楠 | 经济管理学院 | 102 | 杨雨点 | 人文与社会发展学院 |
| 67 | 陈琦琦 | 经济管理学院 | 103 | 胡梦瑶 | 人文与社会发展学院 |
| 68 | 徐钰娇 | 经济管理学院 | 104 | 佘燕文 | 人文与社会发展学院 |
| 69 | 李佳睿 | 经济管理学院 | 105 | 郭玉珠 | 人文与社会发展学院 |
| 70 | 汪诗萍 | 经济管理学院 | 106 | 王晓东 | 理学院 |

（续）

| 序号 | 姓名 | 学院 | 序号 | 姓名 | 学院 |
|------|------|------|------|------|------|
| 107 | 朱俊益 | 理学院 | 126 | 张艳婷 | 生命科学学院 |
| 108 | 汪欣 | 理学院 | 127 | 崔梦迪 | 生命科学学院 |
| 109 | 刘浩鲁 | 工学院 | 128 | 陈玲玲 | 生命科学学院 |
| 110 | 李嘉位 | 工学院 | 129 | 杭萍 | 生命科学学院 |
| 111 | 何朋飞 | 工学院 | 130 | 蔡娟 | 生命科学学院 |
| 112 | 赵静 | 工学院 | 131 | 鲁笑笑 | 生命科学学院 |
| 113 | 李博宇 | 工学院 | 132 | 张梦瑶 | 生命科学学院 |
| 114 | 李成玉 | 工学院 | 133 | 董双双 | 生命科学学院 |
| 115 | 温凯 | 工学院 | 134 | 韦俊宇 | 生命科学学院 |
| 116 | 李尧 | 无锡渔业学院 | 135 | 朱玉霞 | 马克思主义学院 |
| 117 | 王晨林 | 无锡渔业学院 | 136 | 卢嘉成 | 金融学院 |
| 118 | 杨强 | 无锡渔业学院 | 137 | 何婷 | 金融学院 |
| 119 | 陈雅玲 | 信息科技学院 | 138 | 杨月 | 金融学院 |
| 120 | 吴粤敏 | 信息科技学院 | 139 | 叶森 | 金融学院 |
| 121 | 于增源 | 信息科技学院 | 140 | 姜珊 | 金融学院 |
| 122 | 武熠迪 | 外国语学院 | 141 | 刘迪莎 | 金融学院 |
| 123 | 汪念 | 外国语学院 | 142 | 周杰 | 金融学院 |
| 124 | 蒋易珈 | 外国语学院 | 143 | 李扬 | 草业学院 |
| 125 | 侯梦娇 | 生命科学学院 | 144 | 高涛 | 草业学院 |

## 附录 19　校长奖学金获奖名单

| 序号 | 姓名 | 学号 | 所在学院 | 获奖类别 |
|------|------|------|----------|----------|
| 1 | 黄杰 | 2015202004 | 植物保护学院 | 博士生校长奖学金 |
| 2 | 卢亚娟 | 2017205009 | 动物科技学院 | 博士生校长奖学金 |
| 3 | 费宇涵 | 2016201004 | 农学院 | 博士生校长奖学金 |
| 4 | 王露 | 2015203011 | 资源与环境科学学院 | 博士生校长奖学金 |
| 5 | 孙富生 | 2015203043 | 资源与环境科学学院 | 博士生校长奖学金 |
| 6 | 马志 | 2015208002 | 食品科技学院 | 博士生校长奖学金 |
| 7 | 邢路娟 | 2016208026 | 食品科技学院 | 博士生校长奖学金 |
| 8 | 薛思雯 | 2016208027 | 食品科技学院 | 博士生校长奖学金 |
| 9 | 李栋 | 2016201077 | 农学院 | 博士生校长奖学金 |
| 10 | 刘昕宇 | 2013202021 | 植物保护学院 | 博士生校长奖学金 |
| 11 | 秦超 | 2015203009 | 资源与环境科学学院 | 博士生校长奖学金 |
| 12 | 孙晟凯 | 2015203049 | 资源与环境科学学院 | 博士生校长奖学金 |
| 13 | 陈川 | 2016203014 | 资源与环境科学学院 | 博士生校长奖学金 |

（续）

| 序号 | 姓名 | 学号 | 所在学院 | 获奖类别 |
|------|------|------|----------|----------|
| 14 | 苗义龙 | 2015205011 | 动物科技学院 | 博士生校长奖学金 |
| 15 | 高修歌 | 2015207003 | 动物医学院 | 博士生校长奖学金 |
| 16 | 李 权 | 2015207024 | 动物医学院 | 博士生校长奖学金 |
| 17 | 李龙龙 | 2017207009 | 动物医学院 | 博士生校长奖学金 |
| 18 | 陈贵杰 | 2015208023 | 食品科技学院 | 博士生校长奖学金 |
| 19 | 梁化亮 | 2016213007 | 无锡渔业学院 | 博士生校长奖学金 |
| 20 | 周 恒 | 2015216029 | 生命科学学院 | 博士生校长奖学金 |
| 21 | 袁 斌 | 2015206008 | 经济管理学院 | 博士生校长奖学金 |
| 22 | 兰 梅 | 2016105019 | 动物科技学院 | 硕士生校长奖学金 |
| 23 | 徐心杰 | 2015101011 | 农学院 | 硕士生校长奖学金 |
| 24 | 孙娜娜 | 2015102125 | 植物保护学院 | 硕士生校长奖学金 |
| 25 | 李美霞 | 2016102106 | 植物保护学院 | 硕士生校长奖学金 |
| 26 | 邵天韵 | 2015103006 | 资源与环境科学学院 | 硕士生校长奖学金 |
| 27 | 陶瑾晋 | 2015103019 | 资源与环境科学学院 | 硕士生校长奖学金 |
| 28 | 刘堰珺 | 2015104076 | 园艺学院 | 硕士生校长奖学金 |
| 29 | 崔 新 | 2015104091 | 园艺学院 | 硕士生校长奖学金 |
| 30 | 王 颖 | 2015104122 | 园艺学院 | 硕士生校长奖学金 |
| 31 | 周 莹 | 2016104130 | 园艺学院 | 硕士生校长奖学金 |
| 32 | 李琦琦 | 2015105012 | 动物科技学院 | 硕士生校长奖学金 |
| 33 | 王 悦 | 2015105043 | 动物科技学院 | 硕士生校长奖学金 |
| 34 | 侯起航 | 2015107032 | 动物医学院 | 硕士生校长奖学金 |
| 35 | 后丽丽 | 2015107094 | 动物医学院 | 硕士生校长奖学金 |
| 36 | 欧 宁 | 2015107110 | 动物医学院 | 硕士生校长奖学金 |
| 37 | 李改茹 | 2016107064 | 动物医学院 | 硕士生校长奖学金 |
| 38 | 居翔玉 | 2015108002 | 食品科技学院 | 硕士生校长奖学金 |
| 39 | 乔 颖 | 2015108014 | 食品科技学院 | 硕士生校长奖学金 |
| 40 | 王 超 | 2015108037 | 食品科技学院 | 硕士生校长奖学金 |
| 41 | 周望庭 | 2015108071 | 食品科技学院 | 硕士生校长奖学金 |
| 42 | 邹云鹤 | 2015108074 | 食品科技学院 | 硕士生校长奖学金 |
| 43 | 陈双阳 | 2016108079 | 食品科技学院 | 硕士生校长奖学金 |
| 44 | 张 玲 | 2015111007 | 理学院 | 硕士生校长奖学金 |
| 45 | 吴 瑶 | 2015111004 | 理学院 | 硕士生校长奖学金 |

（续）

| 序号 | 姓名 | 学号 | 所在学院 | 获奖类别 |
|------|------|------|----------|----------|
| 46 | 郭　康 | 2015111012 | 理学院 | 硕士生校长奖学金 |
| 47 | 万泽卿 | 2016112029 | 工学院 | 硕士生校长奖学金 |
| 48 | 张天俊 | 2015116085 | 生命科学学院 | 硕士生校长奖学金 |
| 49 | 王胜利 | 2016116083 | 生命科学学院 | 硕士生校长奖学金 |
| 50 | 刘沫含 | 2015120007 | 草业学院 | 硕士生校长奖学金 |
| 51 | 王许沁 | 2016106049 | 经济管理学院 | 硕士生校长奖学金 |
| 52 | 韩　燕 | 2016114007 | 信息科技学院 | 硕士生校长奖学金 |

# 附录20　研究生名人企业奖学金获奖名单

## 一、金善宝奖学金（19人）

贾　敏　徐西霞　李金凤　张皖皖　程　康　李亚玲　张日腾　李美琳　陈　振
李嫣红　韦　凯　赵思琪　张石云　童万菊　何　航　王　杰　杨　浩　张　雷
赵　杰

## 二、先正达奖学金（4人）

高敬文　杨　莹　苏江硕　宋　萍

## 三、大北农奖学金（45人）

曹姝琪　陈　明　高　丽　李梦雅　兰　杰　刘佳倩　吴　楠　郑　海　唐　倩
王　坤　程慧慧　郭会朵　王安谱　胡　平　林丽梅　冉舒文　黄　鑫　骆仁军
梁化亮　张慧敏　胡宇宁　侯　禛　林德凤　黄璐路　王　晴　朱寅初　袁　晨
徐　蛟　李龙龙　刘俊丽　刘　锦　钟孝俊　马娜娜　王　慧　刘　斌　叶　斌
黄俊伟　田佳华　黄立鑫　李焦生　高　原　高贝贝　李　伟　朱原野　效雪梅

## 四、江苏山水集团奖学金（8人）

杨洪俊　王　龙　卫　笑　龚　倡　吴易珉　王凯璇　杨德坤　马　钊

## 五、孟山都奖学金（20人）

王双双　罗功文　鲁晨妮　王　星　孙敏涛　范莲雪　汪　进　薛佳旺　付晓谱
杨蕊溪　李瑞宁　曹鹏辉　李　栋　孙亚利　代渴丽　宋广鹏　雷　佳　张莹莹
孙莉洁　缪　荣

## 六、仁孝京博奖学金（15人）

赵梦丽　朱　晨　杨之江　刘书华　李　菲　吴小婷　李嘉豪　周宇航　千继贤
张瑞强　冯程程　曾涵芳　肖腾伟　邢晓林　赵莹莹

## 七、中化农业 MAP 奖学金（8 人）

王永慈　赵　鸿　丁银环　王利媛　孙志荣　王　艳　王　武　应佳丽

## 八、吴毅文助学金（10 人）

李金璞　王焱镁　万佳佳　张　浩　王晓东　范艳翠　李玛丽　刘芳兵　罗丽娜
刘　宇

# 附录 21　优秀毕业研究生名单

## 一、优秀博士毕业研究生（89 人）

冯守礼　郝媛媛　何永奇　胡　平　焦　武　李姝璇　李艳伟　刘　喜　牛景萍
孙昊杰　王海苗　翁　飞　杨　慧　郑恒彪　仲迎鑫　王康旭　孙画姵　李　卓
朱玉溪　俞仪阳　钟凯丽　尹梓屹　刘昕宇　黄　杰　潘　浪　魏　琪　杨文超
王建青　岳　骞　王珮同　陈　旭　秦　超　王　露　沈　羽　刘俊丽　孟晓慧
郑海平　孙富生　曾　洋　纠松涛　郑　洁　黄菲艺　谢　洋　黄　莹　刘志薇
吴　鹏　牛　清　李伯江　陈坤琳　苗义龙　李　悦　袁　斌　常　雪　徐志远
宁　可　毛　慧　陈　苏　高修歌　陶诗煜　马　芳　张乔亚　李　权　徐天乐
张　杰　陈贵杰　孙　晔　郭　佳　王光宇　李晓安　杜雅珉　徐亚清　詹国辉
沈费伟　王雨蓉　刘　路　葛小寒　于　帅　段震华　施印炎　滕　涛　史　良
李　娜　刘勇男　刘　锐　王倩倩　周　恒　顾庆康　陈　雷　拜彬强

## 二、优秀硕士毕业研究生（426 人）

陈　静　陈　娟　陈鹏飞　陈亚丽　崔艳梅　丁锦华　董浩然　方柄杰　何知舟
黄昕怡　姜　山　金　洁　李大露　李景芳　李　敏　梁秀梅　刘士超　刘　艺
申琳撰　孙新素　唐倩莹　陶　蓉　万　可　王安宁　王　琛　魏　星　肖连杰
徐晓青　徐心杰　杨梦天　于艳芳　翟思龙　张海祥　张希鹤　张鑫楠　张雅娟
张泽宇　张中起　周亚丽　周　扬　张　莹　冀田田　米丹丹　陈姣姣　赵　云
马居奎　徐　丹　董金波　袁咏天　鲍亚林　许　苗　逯永清　郑美艳　孙佳斌
华海青　刘　洋　魏　云　王业臣　翟　燕　鄢麒宝　赵丽娜　贾忠强　张智慧
房加鹏　毛雪伟　张莎莎　孙娜娜　王军志　姚婷婷　刘丽洁　孙毓璟　马家新
徐　洁　王　程　李　剑　陈亚丽　程冰峰　邵天韵　白彤硕　李春楷　罗　琴
段晓芳　寿炜君　庞炳坤　张敬沙　徐　燕　王黎芸　蒋梦迪　周文彬　何足道
韩召强　张晓玲　韩　涛　周　涛　王冰玉　董玉兵　王　盼　王泓萱　阳　芳
郑　赛　侯玉刚　王若斐　高飞燕　李环环　褚冰杰　罗　兴　岳政府　孔志坚
贾瑶慧　王　程　叶　韬　曲峰龙　卢云峰　窦　亮　张　蓉　赵文瑜　涂　钧
闵祥凤　吕　林　邢才华　程　慧　侯旭东　郝萍萍　陆文雅　崔梦杰　薛　蕾
申浩冉　张飞雪　鲁秀梅　吴泽秀　刘堰珺　吴　蓓　俞　静　李　磊　安　聪
张凯凯　付　晓　赵静雅　王　蓓　王　颖　何向丽　张雪绒　隋　利　夏美玲
吕倩茹　火国涛　梁超凡　邵帅旭　刘铭铭　余　佳　傅晓东　汤　崴　易丹丹

| | | | | | | | | |
|---|---|---|---|---|---|---|---|---|
| 王 华 | 杨 洋 | 段 玉 | 姜悬云 | 孙晓青 | 叶 宁 | 陈苏能 | 丁 璨 | 关佳莉 |
| 陈艺芳 | 李晓艳 | 曹 言 | 唐 峰 | 陆玉洁 | 杨 花 | 谢 晨 | 李若楠 | 陈佳钦 |
| 孙大明 | 王 悦 | 陈 雪 | 苏伟鹏 | 应志雄 | 贾二腾 | 刘 壮 | 王冰柯 | 宋志华 |
| 姚一龙 | 李奉哲 | 张礼根 | 苏 越 | 王白羽 | 佘正昊 | 刘淑怡 | 黄莹莹 | 钞贺森 |
| 蒋 奇 | 朱灵君 | 杨 奎 | 张新闻 | 史春慧 | 陈 兵 | 李子键 | 祝丽琴 | 王含露 |
| 丁振峰 | 朱 旭 | 李 婷 | 丁文雁 | 钱 悦 | 周 宁 | 魏 睿 | 陈慧敏 | 戴 婕 |
| 颜 妮 | 马豆豆 | 汪慧歆 | 陈 洁 | 王 珏 | 宗路路 | 李 芬 | 房祯如 | 潘佳美 |
| 王亚蓓 | 曹媛媛 | 吴英泽 | 赵 颖 | 沈 君 | 完 璐 | 黄雨情 | 王玲玲 | 华灿枫 |
| 何 方 | 杨蕴涵 | 侯起航 | 叶露露 | 龚亚彬 | 张禄初 | 赵长菁 | 邱 冬 | 许长萌 |
| 代 娇 | 赖丽颖 | 熊晓妍 | 周丽娜 | 周 静 | 柳春春 | 俞 京 | 后丽丽 | 张子霄 |
| 姚方珂 | 熊 挺 | 欧 宁 | 谷鹏飞 | 杨德鸿 | 王 灏 | 刘 娜 | 邵漫雨 | 朱少武 |
| 胡建华 | 景宇超 | 栗云云 | 侯金秀 | 李艳萍 | 孔志龙 | 惠倩汝 | 黄 瑶 | 乔 颖 |
| 肖 慧 | 刘冬梅 | 邹云鹤 | 王 梦 | 赵 颖 | 马亚芳 | 贾 坤 | 章 霞 | 周望庭 |
| 韩 帅 | 卫璐琦 | 李 标 | 李 鑫 | 胡伊旻 | 高 霞 | 孙明媚 | 陈宏强 | 陈春华 |
| 曹念念 | 安 琪 | 张仁康 | 陈 唱 | 阿布都热合曼·阿布迪克然木 | | 王晓燕 | 姜凯宜 |
| 苏玖玲 | 杨 倩 | 黄 鑫 | 张开亮 | 赵攀奥 | 高 冉 | 丛中燕 | 汤 绮 | 胡顺顺 |
| 盛 君 | 童 尧 | 尚振田 | 张艳梅 | 王宏宁 | 王子坤 | 胡祎然 | 曹 鹏 | 刘文义 |
| 师 慧 | 臧之页 | 葛 雯 | 贺 泽 | 吕蕊蕊 | 田海涛 | 童 肖 | 王炎文 | 魏晶晶 |
| 尹圣珍 | 余 锦 | 张明明 | 张哲凤 | 张 玲 | 韩一杰 | 高建波 | 吴 瑶 | 陈梦娜 |
| 范 震 | 牛恒泰 | 邵 笑 | 李志伟 | 蒋思杰 | 黄帅婷 | 许佩全 | 张帅堂 | 刘国强 |
| 姜彩昀 | 封志祥 | 张存义 | 鲁 鸣 | 孙晨阳 | 王汇博 | 王家鹏 | 王 玮 | 何傲雪 |
| 郑朝臣 | 李 菲 | 盘文静 | 李 鹏 | 包景文 | 季 珂 | 宋 坤 | 俞雅文 | 刘 栋 |
| 欧 洁 | 赵空暖 | 朱婷婷 | 王 敏 | 李欣原 | 申丽彤 | 叶文豪 | 张煜卓 | 谢 莉 |
| 卓婷婷 | 陈 薇 | 周慕昱 | 薛敏霞 | 张亚泊 | 王正阳 | 吴 丹 | 李瑞瑞 | 胡冰钰 |
| 高雅芝 | 张 周 | 张凯莉 | 汪艳梅 | 方鸣谦 | 陈梦柔 | 李朋朋 | 燕传明 | 杨战功 |
| 鲁璐瑶 | 胡 强 | 孙 丹 | 聂宗伟 | 贾闪闪 | 纪俊宾 | 史玲玲 | 查国冬 | 史登科 |
| 张天俊 | 吴陈高 | 郭金贺 | 高胜玲 | 丁学成 | 梅玉东 | 苏亚欣 | 向志鑫 | 张 晶 |
| 孟巾果 | 张 博 | 王婧杰 | 李 敏 | 王雷雷 | 马倩倩 | 王少楠 | 徐霁月 | 陈青霞 |
| 王昊宇 | 陈 跃 | 牛 彪 | 华楚慧 | 王 钰 | 王 辉 | 房姿含 | 沙宏伟 | 王 婷 |
| 滕佳悦 | 刘奕琨 | 尚 鼎 | 张 驰 | 蒋鹏程 | 赵雨薇 | 赵筱涵 | 宋军磊 | 杨 灵 |
| 逯亚玲 | 刘沫含 | 霍云倩 | 李 冉 | 刘晓青 | | | | |

# 附录22 优秀研究生干部名单

（158人）

| | | | | | | | | |
|---|---|---|---|---|---|---|---|---|
| 王赛尔 | 周玲玉 | 莫忆凡 | 王丹琪 | 张艺思 | 贺学英 | 却 枫 | 陈慧杰 | 刘雪寒 |
| 龚 倡 | 李宸阳 | 陈娟莉 | 张雅文 | 颜佳宁 | 吴 凯 | 梁继文 | 赵佳骏 | 沈利言 |
| 何青芬 | 张夏薇 | 马冰冰 | 庞 静 | 杨方晓 | 曾涵芳 | 司莉南 | 彭紫新 | 陶 芹 |
| 郑 浩 | 姜 涛 | 陈公太 | 王竞宜 | 李 金 | 邱 烨 | 周 杰 | 刘云中 | 季晓敏 |
| 白艺兰 | 翟年惠 | 林德凤 | 倪海钰 | 苏玉鑫 | 曹明珠 | 张 泽 | 高倩云 | 孙昭宇 |

| 蔡豪亮 | 臧园园 | 赵 雅 | 汪明佳 | 乔贝贝 | 曲 岩 | 林 峻 | 范晓全 | 吕 澜 |
| 孔佑平 | 宋广鹏 | 王俊娟 | 胡金玲 | 郭凌凯 | 孔凡轩 | 张 婷 | 万泽福 | 汪康康 |
| 燕如娟 | 李慧杰 | 陈 杰 | 白 馨 | 王焱镤 | 高亚楠 | 石 颖 | 郭 冰 | 张万里 |
| 王凤杰 | 吕 晶 | 许 猛 | 屈鹏程 | 厉 翔 | 钱慧敏 | 于博川 | 黄旭旦 | 杜琪雯 |
| 邵爱云 | 刘 巍 | 白浩然 | 郝月雯 | 陈雅玲 | 张 奇 | 梁嘉丽 | 谢 映 | 何 也 |
| 朱秀秀 | 蒋旭敏 | 王胜晓 | 刘 烽 | 马雨柔 | 朱平平 | 黄 维 | 计金稳 | 杨 浩 |
| 侯荣鲜 | 李明阳 | 杨师颖 | 张 凯 | 王安琪 | 张莉莉 | 王 瑜 | 杨依卓 | 王恺溪 |
| 石文情 | 苏艳莉 | 陈德举 | 殷 越 | 董 昕 | 逯欣宇 | 陈书林 | 刘 帅 | 肖雨涵 |
| 赵 琪 | 卢一萱 | 邹 芬 | 卢 飞 | 田佳华 | 罗 雪 | 戴晓光 | 王姝文 | 朱 琳 |
| 王 斐 | 邵望舒 | 李嘉位 | 冯汝超 | 庄星月 | 张欣妍 | 徐 可 | 汪业强 | 李 琳 |
| 李雨秋 | 崔 欣 | 刘 微 | 田宇薇 | 李 京 | 徐荣莹 | 严佳玲 | 李紫衍 | 佟玥姗 |
| 马海珊 | 刘芳兵 | 钱 睿 | 张晗玥 | 郭玉珠 | 马智源 | 鞠 萍 | 杨 茜 | 马琳琳 |
| 李 轩 | 叶南伟 | 张云龙 | 昝咸枫 | 李思妍 | | | | |

## 附录 23　毕业博士研究生名单

（合计 393 人，分 15 个学院）

## 一、农学院（68 人）

| 张国正 | 杨郁文 | 杨春艳 | 马灵杰 | 张 丽 | 雷武生 | 王 方 | 张 星 | 杨松楠 |
| 胡金龙 | 王晓婷 | 郑天慧 | 王莹莹 | 蔡 跃 | 姜苏育 | 焦 武 | 王丽梅 | 刘方东 |
| 傅蒙蒙 | 张小燕 | 杨晓明 | 张 欢 | 周 凯 | 潘丽媛 | 段二超 | 程瑞如 | 王尊欣 |
| 司 彤 | 王秀琳 | 查满荣 | 王 琰 | 周渭皓 | 王 卉 | 黄 鹏 | 董志遥 | 许昕阳 |
| 王家昌 | 钟明生 | 竹龙鸣 | 徐婷婷 | 胡婷婷 | 方 圆 | 柳 洪 | 高珍冉 | 曹中盛 |
| Nasr Ullah Khan | 李姝璇 | 滕 烜 | 杨 慧 | 张广乐 | 仲迎鑫 | 张馨月 | 王海苗 |
| 郑恒彪 | 胡 平 | 张 威 | 汤正宾 | 刘 喜 | 赵 佳 | 安立昆 | 李艳伟 | 范德佳 |
| 潘秀才 | 牛景萍 | 王 真 | 杜海平 | 何永奇 | Edzesi Wisdom Mawuli |

## 二、植物保护学院（52 人）

| 章 虎 | 汪 杨 | 刘 媛 | 俞仪阳 | 张 鑫 | 赵 耀 | 钟凯丽 | 尹梓屹 | 刘昕宇 |
| 孙画婳 | 潘 浪 | 田祥瑞 | 段劲生 | 张 雄 | 杨 波 | 王路遥 | 王纯婷 | 汪顺娥 |
| 陈 园 | 黄 莹 | 李 莹 | 李海洋 | 王招云 | 彭英传 | 鞠佳菲 | 马 琳 | 郭 燕 |
| 张 洁 | 张 佩 | 盛恩泽 | 李林颖 | 黄 杰 | 唐朝阳 | 于 静 | 黄子洋 | 赵小慧 |
| 杨 杰 | 张盛培 | 卢 刚 | 张逸飞 | 李 卓 | 郭孟博 | 戴恬美 | 孟庆伟 | 朱玉溪 |
| 邵文勇 | 张建华 | 修春丽 | 杨文超 | 陈耀忠 | 曹玲玲 | 潘夏艳 |

## 三、资源与环境科学学院（41 人）

| 魏 嘉 | 王新军 | 赵 力 | 王丹丹 | 王建青 | 岳 骞 | 李 青 | 龚 鑫 | 魏家星 |
| 余 飞 | 吴秋琳 | 陈颖明 | 许小伟 | 睢福庆 | 罗 川 | 王 磊 | 曹罗丹 | 孔亚丽 |

郭俊杰　李凤巧　王继琛　孙雅菲　王呈呈　周　璇　宋　虹　亓守冰　陈　旭
沈　羽　吴　双　张宠宏　范长华　李　岩　刘　朔　宋　阳　孙富生　曾　洋
吴耿尉　冯海超　许飞云　Punhoon Khan　Aftab Ahmed Rajper

## 四、园艺学院（32 人）

刘志薇　刘　敏　刘　晨　吴　鹏　寇小兵　李　楠　李　睿　李　金　杨树琼
纠松涛　薛　程　许林林　郑　洁　黄　莹　黄菲艺　李　虎　袁惠燕　罗小波
谢　洋　贾晓东　乔　鑫　付卫民　刘　广　朱凯凯　王　凡　种昕冉　许桓瑜
陈忠文　马　娜　Najeeb Ahmed Kaleri　Muhammad Salman Haider　Musana Rwalinda Fabrice

## 五、动物科技学院（18 人）

张小宇　田红艳　刘凯清　李伯江　赵　芳　曲明姿　吴宝江　邓明田　郭艺璇
陈坤琳　苗义龙　陈祥兴　徐　磊　李　悦　魏　明　Tarig Mohammed Badri Ar
陆　鹏　Assar Ali Shah

## 六、经济管理学院（21 人）

吴奇峰　张骏逸　徐志远　柳凌韵　聂文静　赵丹丹　陈　欢　陈　苏　魏艳骄
袁　斌　吕沙　宁可　朱　臻　何在中　张　良　成海燕　晋　乐　毛　慧
管福泉　鲁庆尧　Misgina Asmelash Redehe

## 七、动物医学院（48 人）

刘亭岐　刘振广　刘欣超　吴　镝　夏　璐　孙海伟　张乔亚　张　杰　彭　婕
彭梦玲　徐天乐　李　晶　李　权　殷　斌　熊　文　王楠楠　王玉俭　贾　惠
连　雪　钱　刚　陆明敏　陶诗煜　马　芳　高修歌　黄欣梅　江丰伟　单衍可
孙　博　孙雨航　孙雪婧　李昱辰　杨　树　桂红兵　纪森林　袁律峰　谢青云
赵南南　Nagmeldin Abdelwahid Om　Zohaib Ahmed　Hassan Musa Abdelkrem H
阮祥春　陈　欢　Mohammed Hamid Alhadi H　Muhammad Ehsan　Faiz Muhammad
Memon Meena Arif　Jamila Soomro　Furqan Awan

## 八、食品科技学院（31 人）

刘　瑞　单成俊　周　婷　孙　晔　孙　柯　戚　军　施丽愉　李晓安　杜雅珉
王光宇　肖　愈　邢　通　郭　佳　闫祥林　陈　星　陈贵杰　马　龙　王　静
王华伟　吴晓芹　宦　晨　徐　笑　石学彬　罗玲英　肖智超　郑海波　马高兴
黄　璐　Asad Riaz　Muhammad Umair　Kimatu Benard Muinde

## 九、公共管理学院（18 人）

周银坤　耿华萍　欧胜彬　陈姝洁　孟　霖　丁琳琳　邵子南　李　烊　李　波
范树平　付文凤　沈费伟　詹国辉　刘　路　徐亚清　Habtamu Temesgen Wegari
张绍阳　匡丽花

## 十、人文学院（5人）

王　昇　葛小寒　石　慧　芮琦家　马　伟

## 十一、工学院（12人）

付丽辉　黄玉萍　杨　军　姜春霞　段震华　郭彬彬　张春燕　施印炎　Fahim Ullah
Eisa Adam Eisa Belal　Khurram Yousaf　Muhammad Sohail Memon

## 十二、渔业学院（4人）

赵才源　何燕富　滕　涛　魏　敏

## 十三、生命科学学院（33人）

姜爱良　申　望　胡花丽　方志刚　石丹露　董春兰　贾　礼　柏　杨　寇宁海
汤阳泽　赵　灿　李　璐　王培培　张　浩　周　帆　韩　辉　高　山　施冬青
张　昶　张兴兴　颜景畏　唐锐敏　史　良　付健美　何　飞　李　娜　朱诗君
安　靖　刘勇男　王倩倩　汪　叶　黎积誉　Felix Kiprotich

## 十四、金融学院（4）

石晓磊　董　凯　顾庆康　王步天

## 十五、草业学院（6）

余国辉　桂维阳　Azizza Sifeeldein Elnou　拜彬强　李君风　陈　雷

# 附录24　毕业硕士研究生名单

（合计1 976人，分19个学院）

## 一、农学院（152人）

覃业辉　王　轩　潘永鹏　魏　星　王小龙　黄　鑫　李　岩　张希鹤　孙新素
徐心杰　谷世禄　陈文珠　何知舟　梁智慧　杜　鹏　陈　静　毛志强　杨梦天
解双喜　宋　航　张泽宇　宋娇红　张芳芳　刘　鸿　狄丽俊　翟思龙　王浩宇
沈鹏程　徐晓青　杭玉浩　张海祥　詹　冬　董浩然　王笑笑　黄文文　马　雪
张晨旭　王安宁　王圣豪　杨文武　李　纯　鲁　健　姜　山　赵　梦　李玉玲
梁秀梅　童　飞　韩　伟　底翠茹　李聪聪　万　可　申琳揆　周　颖　王明明
张雅娟　方柄杰　李大露　陈亚丽　高逢凯　吕雪晴　武小霞　贾　理　肖连杰
崔婧婧　孙洋洋　夏朝阳　张中起　王致远　陶　蓉　朱雅婧　周亚丽　丁锦华
卢济康　罗艳君　朱敏秋　黄昕怡　李　澄　李利利　张善磊　温　凯　宋晶晶
翟　雪　连光倩　刘　佳　刘　玉　刘　艺　苏银娜　王莎莎　狄昭灿　李景芳
姚红妮　王海彦　李　云　张鑫楠　崔艳梅　张　乐　于艳芳　陈　娟　孙冰晓

陈　坤　琚龙贞　金　洁　周　扬　简　朴　吕　凤　落金艳　郑欢芳　刘士超
杨　莹　王　琛　曹正兰　李　敏　罗腾霄　唐倩莹　陈鹏飞　朱红蕾　范　磊
张雅丽　左文君　刘宗凯　曹萌萌　厉　辉　赵龙飞　周　洁　袁　昊　江峥嵘
翁烨阳　王笛菲　何荣川　戴进强　缪添惠　王露祺　李蓉蓉　高春蕾　梁　耘
陈学君　陶淑翠　魏　蓉　翟苗苗　陈　杰　姜典良　郑宝强　王天伦　刘先波
季　杰　杨萧帆　魏天宸　衣芳蕾　钱旭梅　Ammara Tahir　Sowadan Ognigamal
王雅楠

## 二、植物保护学院（157 人）

邱庆磊　王　煊　张丽媛　张　莹　邢荣康　陈彦羽　浦天馨　楼望颖　周长伟
冀田田　侍光明　廖梦婕　米丹丹　朱　凯　陈姣姣　薛娟娟　赵　云　王玉洁
戴均涛　马居奎　薛博文　黄文祥　徐　丹　何　翔　董金波　刘海璐　袁咏天
周　昊　袁启明　李新瑞　张　曦　陈　辰　鲍亚林　单德琪　戎振洋　许　苗
赵　冲　逯永清　张　明　代　阳　郑美艳　孙佳斌　孙　娜　付文曦　邓　蕾
许小琴　邓　伟　戴　郡　解林杰　傅　强　沙宪兰　舒晓晗　姚星星　王艳威
陈中超　华海青　申昭灿　顾玲玲　苗宁辉　谭　晔　张　松　刘　洋　沈新兰
张　蕾　吴湘娟　张浩森　马一铭　姚晓敏　宋岳玲　魏　云　王　聪　王熙蒙
胡妍月　王业臣　翟　燕　鄢麒宝　赵丽娜　贾忠强　王　锦　张智慧　张　伟
吴　晗　房加鹏　郑　晨　毛雪伟　孙　宇　张莎莎　宋泽华　曲婷婷　汤雨洁
王世玉　孙娜娜　杨家川　李天喜　王家杰　张洋洋　李　静　罗舜文　赵东磊
石宏霖　林思远　桑程巍　刘　彬　王军志　蒋易凡　逯欣宇　陈　严　赵媛媛
杨丽萍　李　剑　姚婷婷　翟星辰　裴云肖　尹梦梦　胡江涛　沈子涵　郭燕飞
陈亚丽　谢　珊　侯丽娜　胡彩丽　汤　蕾　李艳霞　刘定蓉　臧传丽　张　璐
李晓阳　胡　阳　沈乐融　褚夫华　孙冉冉　宋瑞雪　刘丽洁　曾庆朝　张春艳
逄炳栋　姜洪军　姜娜娜　张　柯　程锐祥　徐　洁　于　娇　程冰峰　孙毓璟
韩甜甜　王　程　韦　珊　张萌萌　付晓云　朱　莉　何家梁　贾　佳　丰瑞英
马家新　张　杰　Tanzeela Zia　Venance Colman Massawe

## 三、资源与环境科学学院（165 人）

马贵党　李崇华　陈咏文　陈晓艳　邵天韵　宋家朦　颜永全　支　杨　许　斌
陈满霞　朱慧敏　颜学宾　芮祥为　白彤硕　陶瑾晋　张　楠　杨　健　李春楷
王悦满　罗　琪　沈酊宇　梁　昊　方　杰　段晓芳　徐　昕　寿炜君　张晓昉
庞炳坤　张敬沙　顾若尘　盛　妤　徐　燕　赵诗晨　陈方园　陶佳雨　史艳芙
张艳萍　李　晨　陈吉菲　蔡　浩　孙文杰　马伟胜　王黎芸　赵震杰　周　贤
蒋梦迪　张华生　王子萱　袁双婷　张春梅　周文彬　何足道　邵一奇　李　爽
邓玉峰　韩召强　任晓明　张晓玲　陈怡先　赵林丽　蒲瑶瑶　邬梦成　闵凯凯
鞠艳艳　解　秋　王　敏　李瑞娟　吴　敏　马　冲　邵前前　韩　涛　周　涛
王冰玉　董玉兵　常大丽　刘潇雅　李　璐　王贺东　应　多　戴叶亮　王　盼
赵　政　彭莉润　谢昶琰　李　斌　王泓萱　高　帅　王成孜　谢文香　许靖宜

| | | | | | | | |
|---|---|---|---|---|---|---|---|
| 倪 雷 | 阳 芳 | 张 娜 | 古 芸 | 郑 赛 | 侯玉刚 | 邱鹏飞 | 王若斐 | 张晨智 |
| 冯 冰 | 高飞燕 | 李环环 | 陈莎莎 | 郑 祎 | 胡瑾琪 | 陈玉琴 | 褚冰杰 | 刘飞飞 |
| 罗 兴 | 李 维 | 岳政府 | 季凌飞 | 纪宇琛 | 孔志坚 | 瞿 颖 | 申 迪 | 王 雪 |
| 胡晓欣 | 程 传 | 熊 壮 | 于超华 | 沈碧云珠 | 贾瑶慧 | 沈 阳 | 李棒棒 | 孙若晨 |
| 李 明 | 王 程 | 马露瑶 | 汪文强 | 叶 韬 | 史经康 | 王 欢 | 刘仁丽 | 胡 平 |
| 岳明灿 | 路 宇 | 王志国 | 王 康 | 孙 起 | 薛美林 | 陈兆杰 | 李 玲 | 吕秀敏 |
| 郭 爽 | 郑庭茜 | 张 迁 | 曲峰龙 | 张舒桓 | 周 超 | 卢云峰 | 高凯悦 | 叶 奇 |
| 刘 洋 | 田 雪 | 王文超 | 赵萍萍 | 窦 亮 | 王兴国 | 高丹丹 | 张 蓉 | 孔彦琼 |
| 赵文瑜 | 许萍萍 | 张晓春 | | | | | | |

## 四、园艺学院（207 人）

| | | | | | | | |
|---|---|---|---|---|---|---|---|
| 白 彬 | 潘俊廷 | 闫士猛 | 关 赛 | 涂 钧 | 黄俏俏 | 王 蓓 | 闵祥凤 | 佘思玥 |
| 贺奕尧 | 刘 威 | 楚锦锦 | 胡晓璇 | 张士闯 | 陈立德 | 李 傲 | 李艳林 | 吕 林 |
| 张 勇 | 邢才华 | 王楠琪 | 陈宝玉 | 程 慧 | 李飞鸿 | 李雪涵 | 申妍颖 | 高世敏 |
| 侯旭东 | 郝萍萍 | 孔佳君 | 宋小飞 | 陆文雅 | 饶智雄 | 熊丽君 | 崔梦杰 | 秦丽欢 |
| 沙仁和 | 孙曙光 | 熊昌龙 | 薛 蕾 | 姜 航 | 程寅胜 | 柯亚琪 | 胡 轼 | 刘嘉斐 |
| 张 旭 | 申浩冉 | 汪 影 | 董慧杰 | 韩 克 | 崔守尧 | 贾淑芬 | 李慧慧 | 张飞雪 |
| 程弯弯 | 张 旸 | 鲁秀梅 | 吴泽秀 | 刘堰珺 | 吴 蓓 | 石利朝 | 李 会 | 刘 畅 |
| 俞 静 | 霍文雨 | 喻定文 | 甘玉迪 | 李 磊 | 黄 晨 | 涂 政 | 叶小丽 | 崔 新 |
| 王文丽 | 关云霄 | 吴怀远 | 安 聪 | 李文艳 | 于凯丽 | 蔡依凡 | 王小乐 | 张凯凯 |
| 付 晓 | 栾新生 | 陈 红 | 平 琦 | 吴美娇 | 赵静雅 | 王蓝青 | 田星凯 | 刘 松 |
| 袁 满 | 王 蓓 | 徐婷婷 | 迟天华 | 汤园园 | 徐 烨 | 王 颖 | 任 艳 | 王 磊 |
| 靳 露 | 何向丽 | 张雪绒 | 邹庆军 | 邹 俊 | 吴曼郡 | 白 钰 | 雷 丽 | 隋 利 |
| 梁永富 | 薛 启 | 杨金凤 | 叶睿翔 | 朱凌丽 | 蒋琴杰 | 朱文玮 | 夏美玲 | 潘丽玉 |
| 堵忠颖 | 董丽娟 | 陈 珂 | 田 亮 | 宋向飞 | 傅佳良 | 邱 静 | 金子明 | 陈晓阳 |
| 裴 庆 | 陈 佩 | 姬宇飞 | 张志硕 | 侯孟兰 | 刘 月 | 吴 茜 | 孙媛媛 | 胡顺凯 |
| 吕倩茹 | 火国涛 | 梁超凡 | 肖晓琳 | 邵帅旭 | 叶 丹 | 段莉莉 | 杨 康 | 袁佳建 |
| 陈兴望 | 仇紫岩 | 刘铭铭 | 黄余周 | 宋文轩 | 余 佳 | 马俊原 | 傅晓东 | 王 康 |
| 汤 崴 | 牟文婷 | 蓝 盾 | 易丹丹 | 田 洁 | 叶程浩 | 崔传磊 | 李思维 | 吴擎柱 |
| 付存念 | 高 钰 | 路惠珍 | 王 华 | 李柳燕 | 孙玉茹 | 马亚萍 | 杨 洋 | 陈 杏 |
| 陈 丹 | 覃 英 | 李 凌 | 段 玉 | 任娟娟 | 汪 迎 | 姜悬云 | 孙晓青 | 叶 宁 |
| 罗 婕 | 周珍珍 | 唐效强 | 杨 笑 | 李青青 | 张 琦 | 李 蓬 | 陈苏能 | 杨 雪 |
| 殷路路 | 达明旻 | 项安琪 | 冯美艳 | 刘艺娟 | 宋娟平 | 梁 玥 | 张雨馨 | 丁 璨 |
| 陈丹丹 | 魏伟威 | 虞 放 | 施国伟 | 吴 斌 | 关佳莉 | 刘 蒙 | Waleed Amjad Khan | |
| 陈艺芳 | | | | | | | | |

## 五、动物科技学院（100 人）

| | | | | | | | |
|---|---|---|---|---|---|---|---|
| 于 虎 | 任二都 | 余嘉瑶 | 冯 旭 | 刘 壮 | 刘 鑫 | 吴媛媛 | 周长银 | 唐 峰 |
| 姚一龙 | 姜爱文 | 孙大明 | 孟振祥 | 宋志华 | 崔志浩 | 应志雄 | 张亚南 | 张婷婷 |

张　林　张　琨　张萌萌　张鑫宝　张　青　徐明珠　戴永军　曹　言　朱乐乐
李东岭　李卓钦　李奉哲　李弘伟　李晓丹　李晓艳　李　源　李琦琦　李若楠
李荣阳　李　铭　杜明芳　杨怀荣　杨　花　杨　阳　段银平　汪　环　沈　丹
王冰柯　王子鸣　王彬彬　王　悦　王　琨　王秋实　王　超　王雨雨　田时祎
胡蒸蒸　苏伟鹏　蒋静乐　薛永强　裴付伟　许　巧　谢　晨　贾二腾　邓世阳
陆玉洁　陈丹红　陈佳钦　陈孟姣　陈慧子　陈　雪　饶时庭　黎　印　齐丽娜
兰亭旭　吴庆威　吴　胜　宋泓霏　张晓东　张月桥　张礼根　张　聪　曹刘杰
曹　旸　朱　坤　朱　娟　李志梁　李文珍　李朝阳　李玉巧　王　宇　申远航
苏　越　赵若含　路海洋　Abasubong Kenneth Prudence　　Adjoumani Yao Jean Jacques
王保哲　辛冬杰　郑　豪　钟小群　钟希娜

## 六、经济管理学院（172 人）

陈婧婧　李雅卿　骆勤霞　徐　瑶　白根俊　潘文娟　邰　阳　吴文娟　张　辰
苏　旺　钱衔雨　钱　易　许小曼　王文昊　徐慧君　王白羽　夏　梦　徐　璐
佘正昊　刘淑怡　黄莹莹　钞贺森　蒋　奇　张晓宁　唐苗苗　朱灵君　杨　奎
姜海滨　张新闻　刘贝贝　毕　颖　殷磊磊　陈　亭　崔慧超　史春慧　吴　琪
马若愚　陈　兵　刘　昭　李　丹　乔美秀　李子键　王雪梅　陈佳鑫　陈思璐
张维诚　孟桓宽　卢　祥　祝丽琴　王含露　林　珊　崔　悦　丁振峰　鲁　强
邓鹏程　刘航航　朱　旭　张小燕　黄　瑜　丁　闽　陆友春　黄　魁　鲁艳曦
卢　伟　陆　泽　李　婷　丁文雁　钱　悦　周　宁　周　询　杜　锦　魏　睿
齐高雅　解　昱　丁　娜　徐露露　李　炜　陈慧敏　周定伟　戴　婕　陈子豪
王　莹　汪延军　颜　妮　马豆豆　许文志　汪慧歆　马艳辉　邵　琰　陈　洁
赵　玥　赵小松　顾思雨　张慧敏　张　辉　董　佳　王　珏　欧昌胜　张培培
张文婷　张　璋　刘好萌　姚欣欣　高　任　王　丹　方　芳　纪嘉鹏　李梦莹
李铭杰　陆丹华　邱回回　佘思平　孙　倩　孙文文　王兰天　王　晴　徐　卉
徐慧娟　周未末　周　瑞　孙　茜　王　重　王宝伟　朱　翔　曹媛媛　缪萌萌
杨　惠　耿瑶瑶　顾　诚　顾文娟　黄敏敏　黄雨情　蒋远函　李　蔚　刘　毅
卢　勇　潘佳美　王卓炯　吴宏睿　杨　蕾　袁宝城　袁辉军　宗路路　赵　颖
蒋　雷　吕　杰　孟　雪　钱于思　翟晓琳　陈雨君　房祯如　李　芬　刘　昕
申蕴菁　王丽娟　王晓婷　王亚蓓　徐　婷　朱　珠　曹鸿阳　梅　琳　沈　君
叶鹏程　王　曦　吴英泽　完　璐　查　凤　郑　妍　徐敏园　胡　超　左正宇
Albert Kauari

## 七、动物医学院（162 人）

仇亚伟　张寿明　李巧宁　赵　婕　王玲玲　王涛只　滕　佩　刘晓晓　冯艳艳
安　娜　刘玉兰　黄　蓓　栗建盛　俞　磊　葛重阳　杨　春　李　斌　席盼盼
华灿枫　耿雅丽　程　玲　王文绍　何　方　杨蕴涵　乔　羽　范国强　郭雪文
安　冉　侯起航　叶露露　刘小倩　肖　航　龚亚彬　宗一博　张禄初　黄　萍
王飞飞　赵长菁　江　雅　郭　晓　胡智博　李林俐　宗嫚嫚　杨珊珊　侯贺飞

| | | | | | | | | |
|---|---|---|---|---|---|---|---|---|
| 李　勇 | 杨永武 | 王雯娟 | 沈懿娟 | 张健淞 | 汪　瑶 | 杨媛媛 | 李首纲 | 邱　冬 |
| 鲍晨沂 | 阮智杨 | 刘剑华 | 许长萌 | 王志建 | 代　娇 | 赖丽颖 | 孙兴臣 | 熊晓妍 |
| 胡孟娟 | 周丽娜 | 刘　瑾 | 逯朋朋 | 钱芸芸 | 傅　洋 | 周　静 | 柳春春 | 俞　京 |
| 王　越 | 张玉香 | 陈玉琪 | 肖秋萍 | 倪少闯 | 陈美荣 | 后丽丽 | 周亚娇 | 廖丫丫 |
| 张子霄 | 姚方珂 | 张　伟 | 白景英 | 凌　娇 | 姚凌云 | 张　越 | 汪　艳 | 张欢敏 |
| 李　丽 | 龙梦瑶 | 熊　挺 | 欧　宁 | 孙雅勤 | 谷鹏飞 | 沈晓燕 | 刘建新 | 洪玉方 |
| 陈一丹 | 师田田 | 张　旻 | 王书杰 | 洪　涛 | 刘宗霞 | 雷向东 | 徐　昊 | 韦冬妹 |
| 王新栋 | 杨德鸿 | 况诚建 | 余　姣 | 王　灏 | 余远楠 | 王育林 | 杨　晴 | 李艳萍 |
| 刘　刚 | 杨茂春 | 郭　帅 | 刘　娜 | 刘红帅 | 王美芬 | 周烨锋 | 王　斌 | 徐　琼 |
| 王明灿 | 汪　远 | 康会玲 | 郝雅蓉 | 孙　雯 | 关　琳 | 吴世妍 | 刘佳瑞 | 任　帅 |
| 邵漫雨 | 田　迪 | 吴守杰 | 朱少武 | 宋　阳 | 刘倩玉 | 高雪萍 | 孔志龙 | 胡建华 |
| 唐芳玲 | 李丽婷 | 景宇超 | 刘　洋 | 蔺焕然 | 庞　博 | 黄　梅 | 栗云云 | 李圆圆 |
| 孟　慧 | 孙魁丽 | 韩立肖 | 申正杰 | 周　豪 | 侯金秀 | 李照耀 | 宋　敏 | 刘　超 |

## 八、食品科技学院（131 人）

| | | | | | | | | |
|---|---|---|---|---|---|---|---|---|
| 周轶亭 | 陈宏强 | 王安然 | 张朝阳 | 周　俊 | 居翔玉 | 黄佳莹 | 许　雯 | 郭　娟 |
| 章晓洋 | 李　伟 | 高乾坤 | 郭碧珊 | 胡孝春 | 陈瑞龙 | 朱梦娇 | 黄　瑶 | 乔　颖 |
| 唐思颉 | 章　霞 | 夏海燕 | 孙明娟 | 孟晓露 | 刘象博 | 高　霞 | 冯晓云 | 惠倩汝 |
| 李昕悦 | 潘丽婷 | 张静林 | 王建栋 | 韩梦凡 | 杨迎康 | 殷　玲 | 刘冬梅 | 蔡方圆 |
| 马亚芳 | 何　静 | 王　超 | 李　直 | 杨秋明 | 何　盟 | 刘　今 | 赵云飞 | 胡杉杉 |
| 肖　慧 | 刘彤彤 | 彭珠妮 | 卫璐琦 | 王　梦 | 王　卓 | 邢梦珂 | 李凌云 | 田有秋 |
| 赵　颖 | 余　伟 | 徐敬国 | 杨雨蒙 | 胡伊旻 | 卞光亮 | 贾　坤 | 李　鸣 | 李　鑫 |
| 李继昊 | 王韦华 | 韩　帅 | 吴光亮 | 周望庭 | 权　威 | 郑锦晓 | 邹云鹤 | 张丽丽 |
| 孟婧怡 | 肖书兰 | 梁艳文 | 刘盼盼 | 李　标 | 张婷婷 | 姚文思 | 许婷婷 | 侯苗苗 |
| 钱　畅 | 柳孝晨 | 李明月 | 马　锐 | 储春霞 | 段林坪 | 王晨曦 | 张维娜 | 刘　虹 |
| 苏玖玲 | 鲁　青 | 邵　霜 | 张圣薇 | 钱　敏 | 王晓燕 | 王　丹 | 周李琪 | 谭椰子 |
| 曹念念 | 陈春华 | 刘雯燕 | 张雪娇 | 束　旭 | 周　荧 | 李宣宣 | 王佩言 | 赵　慧 |
| 王克琴 | 张舒翔 | 赵国锋 | 厉　单 | 庄　莹 | 于彩霞 | 郝　鹏 | 张明凯 | 陈　唱 |
| 叶文燕 | 朱姝冉 | 杨益叶 | 张彩雯 | 蔡汝莹 | 张仁康 | 郑明媛 | 刘新涛 | 蒋　莉 |
| 祁文静 | 李程洁 | 朱惠文 | 安　琪 | Maina Sarah Wanjiku | | | | |

## 九、公共管理学院（112 人）

| | | | | | | | |
|---|---|---|---|---|---|---|---|
| 朱　靖 | 周　俊 | 范全佳 | 朱越悦 | 童　尧 | 阿布都热合曼·阿布迪克然木 | 陈　晓 | |
| 丁增国 | 林　敏 | 何　娜 | 黄佳荷 | 杨　婧 | 章晓燕 | 杨楠楠 | 李　沛 | 袁思言 |
| 钱志友 | 庄　园 | 张伦嘉 | 魏善宝 | 李兰珍 | 张开亮 | 姚　尧 | 陈先义 | 丛中燕 |
| 徐　琳 | 宗秀秀 | 徐　帆 | 仇艳梅 | 刘　静 | 尚振田 | 段金德 | 李青璇 | 袁　媛 |
| 姜凯宜 | 苏　博 | 朱　青 | 黄　鑫 | 张　雨 | 仇玉娟 | 汤　绮 | 郭小贤 | 许　柯 |
| 胡顺顺 | 张艳梅 | 王阳欣 | 蒋丹萍 | 李亚红 | 金彩云 | 谢云婷 | 周玉婷 | 杨　倩 |
| 李斯洋 | 王文栋 | 高连辉 | 徐　雷 | 赵攀奥 | 邱　琦 | 李　炜 | 温亚霖 | 韩　冰 |

张雪微　李武星　李志刚　盛　君　高　冉　杜晓航　曾碧柯　周文丹　李闪闪
冯　浩　樊西凌　王宏宁　肖　芳　吴　瑶　刘孔傲　王素素　金　雯　杨　克
谭育芳　廉文慧　孟令仪　仲天泽　徐　博　王子坤　陈　燕　黄鸿虹　周成瑜
孟舒璐　郑　敏　钱妍婕　冯安娜　缪碧鸿　马倾国　杨黎静　王璀璀　戈楚婷
张倩倩　罗嘉浩　陈怡伶　吴　琼　虞　田　丁雨柔　郭羽佳　徐　敏　朱　磊
汤芸芸　游晶晶　王珠敏　张扬超　薛逸斌　Mutinda Gladys Ndunge

## 十、人文与社会发展学院（70 人）

代　靖　刘文义　刘曼歌　单申生　吕蕊蕊　安　玲　师　慧　张明明　张　越
戴　乐　曲心舒　曹　鹏　朱　元　李静华　王炎文　王　莉　田海涛　童　肖
臧之页　葛　雯　薛　莱　许慧群　邓娇娜　郭中娜　魏　航　余　锦　冯　晶
刘　晨　单　沈　卢元清　周慧琳　周　敏　尚　鹏　尹圣珍　左　左　张伟玮
张　珂　张雪婷　徐晓辉　戴　婧　扈世冉　晏　畅　曹　静　朱一菲　朱皖苏
李晨晨　杨冬雪　梁　洁　沈梦妮　王　卫　王　彬　王　珏　王赛帅　童晓宇
纪晶晶　胡启梦　胡祎然　舒　瑜　许旭磊　贺　泽　邰家兰　郑欣欣　郭楚梁
金嘉豪　陈元元　陈天韵　陶　怡　颜佩珊　魏晶晶　张馨月

## 十一、理学院（25 人）

徐炜娜　蒋文娟　乔　宁　吴　瑶　韩一杰　周雪勤　张　玲　焦　健　张亚玲
郭　康　高建波　陈若楠　陈梦娜　王贺男　孙　琪　魏倩倩　李治宏　马　静
付鑫璨　祝　媛　郭倩楠　张哲凤　许照军　顾　晨　周华婷

## 十二、工学院（95 人）

范　震　贾馥蔚　雷　波　牛恒泰　严正红　邵　笑　王月文　范博文　李　亮
卫瑶瑶　周华栋　李成光　白如月　李　伟　李志伟　夏　伟　赵明明　刘正平
裴　续　蒋思杰　杜世伟　孙鹏飞　赵　博　黄帅婷　王家亮　陶源栋　许佩全
张元甲　华　程　李婷婷　余　潜　张帅堂　蒋　烨　沈张彬　刘国强　王康康
段国燕　祁睿格　姜彩昀　文进康　郎朋飞　洪　伟　郑诗强　封志祥　张存义
郜　赟　高　空　王家博　王　帅　周廷博　张　劲　嵇明远　谭林峰　鲁　鸣
田　伟　李　赵　孙晨阳　王　浩　孙元昊　李冲冲　朱文倩　李京隆　沈梓钰
朱煜轩　王汇博　吴　鑫　刘佳敏　陈小河　许　凯　王家鹏　陈佳玮　范　睿
王　玮　朱梦远　何于阗　刘　远　柳泓亦　黄　宇　王云青　肖本乐　冯田田
张馨心　汪　欣　蔡　婧　乔小兰　高　磊　王慧颖　温雅鹏　何傲雪　王吉颖
张冰冰　谢　娣　Odhiambo Morice Oluoch　Torotwa Ian Kimoi　Kura Gisele Umuhire

## 十三、渔业学院（64 人）

郑朝臣　张春云　颜元杰　赵志祥　张　丹　董娟娟　李　菲　盘文静　余　含
高　俊　滕广亮　曾凡勇　戴天豪　史磊磊　李　鹏　廖盛臣　包景文　耿　青
赵敬丽　吕大伟　朱加宾　余家辉　徐　超　刘进红　张　雪　陈泽秋　单庆欣

季　珂　邓智明　线　婷　庄　娇　祝佳玄　宋　坤　荆为乾　李邈宇　冯超群
俞雅文　彭　丰　李　桃　陶　峰　Alfredo Jada Jenario Desdario　Anthony Wasipe
吴昀晟　朱伟凡　叶　伟　刘　栋　Jack Mike Dengu　Ly Sokta　Batbayar Uuganbayar
Hayford Gameli Agbekp Ornu　Prak Tith　Anguyo James　Opallo O Erick
Hopeson Chisomo Kasiya　Sheka Hassan Kargbo　Mamoud Mansaray　Oberu Charles
Va Sotepy　Opigo Johnson　Daniel Khamis Jackson Lado　Ivan Venkonwine Kaleo
Namirimu Sarah Smailie　Mokrani Ahmed　Nyamaa Ganzorig

## 十四、信息科技学院（38 人）

翟肇裕　李　艳　文　静　王姗姗　曾　磊　周惠敏　夏丽君　叶文豪　朱婷婷
万　升　范涛杰　张　杰　杨　乐　赵空暖　崔丙剑　郑叶鹏　陆　洲　周小莉
顾　强　张煜卓　王　帅　闫智慧　王　康　张　经　朱玉奇　陆啟文　陈晓洁
葛　敏　李晓晶　尤雯青　王小妍　陈睿莹　殷作霖　申丽彤　王　敏　李　果
芮　啸　欧　洁

## 十五、外国语学院（48 人）

张久婷　卓婷婷　戚兰兰　谢　莉　沈　耀　甄亚乐　陈雅婷　马　玥　吴　丹
诸侯绮慧　洪玉琪　赵姗姗　周姗姗　朱　琳　张　文　郭超群　盛文怡　袁青春
赵　岩　方桂林　高敏曦　谢　睿　陈祥伟　范　有　刘蓉蓉　田明勇　周慕昱
赖　娅　魏昌曼　薛敏霞　陈　薇　陈　胜　吴岩梅　胡文龙　李瑞瑞　刘　莉
萨如拉　陈　甜　邢亚茹　周　楚　陈　凯　祁　丹　盛方园　王正阳　郭璐瑶
毛佣吉　王凌晨　张亚泊

## 十六、生命科学学院（132 人）

丁冠群　丁如意　丁学成　严郁江　何　欢　何　钥　刘晓萌　刘　琪　刘自力
刘贺军　卜　清　史玲玲　史登科　叶珂祯　向志鑫　吴陈高　周　静　孙　丹
孙嫚嫚　孟巾果　崔艺庆　张凯莉　张利英　张　周　张国强　张天俊　张晓云
张　晗　张　晶　张雨飞　操　莉　方鸣谦　於　蝶　朱丹丹　朱永伟　朱　颖
李兴娟　李卫东　李巧璐　李平平　李　戈　李朋朋　李蓓蓓　李　蕊　杨战功
杨晓满　杨洁舒　杨　祺　查国冬　梅玉东　段晓克　汪　妍　汪艳梅　潘进成
燕传明　牛会娇　王倩雯　王　婷　王　敏　王梦茹　王　潇　王相倍　王　蕾
石慧超　程　杰　童仁磊　纪俊宾　聂宗伟　胡冰钰　胡　强　苏亚欣　蒯学文
詹成修　许　梦　贾闪闪　贾　静　赵凯旋　赵　干　郭金贺　陆文慧　陈　峰
陈梦柔　陈　芳　马铁群　高胜玲　高雅芝　鲁璐瑶　龚春燕　严　婷　任月盼
刘　欢　吕海伦　姜辰龙　孙传宇　张　倩　张　博　张　婷　徐丽梅　房婧雅
曹亚君　李　春　杨焕玲　武德亮　焦彦双　王婧杰　王晶晶　王　赫　相世刚
肖慰祖　莫品娜　许文静　谭颖茹　邓　蔚　郑佳音　郑英敏　闫宁宁　鲍茹雪
黄真真　齐友琛　侯　磊　姚　沁　宋晓燕　张　蓓　杨文嘉　马　响　尹梦卓
李群三　肖宇辉　居　鑫　贺　卓　陈　怡　Conslata Awino Juma

## 十七、马克思主义学院（12）

李　敏　马小川　郑宝丰　丁正宇　毕彭钰　陈梦琦　王海洋　张　晗　黄　蓉
李姝慧　王雷雷　曹笑宇

## 十八、金融学院（113 人）

陈　跃　冯　韵　徐霁月　王少楠　裴雪舒　孙嘉琪　李亚茹　程明明　王昊宇
陈青霞　金　颖　马倩倩　俞　靖　华楚慧　宋文华　牛　彪　王　钰　王　辉
朱　槿　沙　俊　汪雨辰　张　柯　杨兴月　刘奕琨　朱轶伦　王正磊　石文倩
朱卫清　陈　欢　张　晔　范文静　谢明峰　丁甜甜　徐　鹏　刘贺露　王　婷
魏　亮　滕佳悦　沙宏伟　王雨宸　闻　卓　沈　洁　唐世杰　焦　泽　郑　帆
刘　露　周媛媛　王翠玲　房姿含　汤　瑞　卜帅帅　赵　阳　钱　锦　刘燕蓉
莫高鹏　杨晶华　徐俊超　杨　澜　宋军磊　张　钰　王艳秋　徐　吉　刘　婧
周一鸣　庄培娜　丁文豪　张燕茹　李雪莹　尚　鼎　包　罗　赵雨薇　陈雅楠
龚　宁　刘　扬　顾　皓　吕　秀　陈　梦　赵婉婧　尉建功　王　颖　杨永欣
杨春晖　张　驰　周宜人　丁愫愫　张　琪　谢清新　李宜珈　李沁遥　应　莎
徐嘉璐　张永健　赵筱涵　常盼盼　计宇豪　孙阳铭　张华君　黄仕琪　陈松萍
刘　贺　蒋鹏程　侯伟萍　杨　灵　张倍扬　周沁芸　刘双珲　韩　骞　桂　蒙
乐　磊　袁婷婷　艾　歆　徐　玲　Bushra Sarwar

## 十九、草业学院（21）

李　玉　逯亚玲　赵金鹏　冯　涛　刘沫含　李　慧　李　冉　郭宏娟　庞　烁
周　颜　冯　宇　蔡子睿　任天奇　蒋芳芳　刘晓青　许志鹏　胡思原　张文昭
邰俊彦　胡毅飞　霍云倩

（撰稿：张宇佳　审稿：林江辉　审核：王俊琴）

# 继 续 教 育

【概况】继续教育学院围绕建设世界一流农业大学的奋斗目标，以提升成人高等学历教育教学质量和服务乡村振兴发展战略为抓手，推进学校继续教育事业向前发展。在工作中严把学历生入学关和教学过程管理，提高学校继续教育毕业生质量；努力拓宽培训领域、创新培训方式，培训班次和培训人数稳步提升；加强内部建设和函授站（点）管理，提高管理水平和办学水平。学院不忘初心、牢记使命，在党的建设、招生、教学、培训等方面取得了可喜的成绩。

录取函授、业余新生 7 078 人，累计在籍学生 21 620 人，毕业学生 5 514 人；录取二学历新生 205 人，累计在籍学生 617 人；专科接本科注册入学 614 人，累计在籍学生 1 452 人。

组织二学历 2 352 门次的课程考试及 143 人的论文指导，组织了 2014 级、2015 级共 244

人的论文答辩。毕业学生 96 人并获学士学位。

组织"专接本"243 人的毕业论文指导和论文答辩,共毕业学生 160 人,其中授予学位 148 人。

组织自学考试实践辅导及考核 16 场次,接收考生报名 1 631 人,毕业 1 505 人。自学考试阅卷 10 445 份,命题 28 门,集体备课 22 门。

完成函授和业余 963 个班级、6 741 门次课程的教学管理任务;完成 9 804 名学生省级类考试的报名、考务及成绩处理以及 229 人的学位申报工作;完成 5 794 名毕业生的资格审核及注册验印工作。

完善以省统考、校统(抽)考、现场督导(听课、考勤)、问卷调查、师生座谈、电话抽查、过程资料档案管理为主要环节的函授站(点)质量控制体系。以校统(抽)考为重点监控措施,依据校统考课程目录或随机抽取课程进行考试,全年组织 35 857 人次学生参加了 402 门次课程的校统考,通过率 96.13%(含免考)。根据考试通过率及时调整教学环节,保障教学效果。以档案资料与试卷抽查为落脚点,不定期对函授站(点)的教学过程资料进行检查梳理,全年现场督导(听课、考勤)76 人次,师生座谈 18 场次,抽查 736 名毕业生 13 248 门次试卷,发放并回收有效"教学质量效果评价"及"满意度调查"问卷表 20 102 份,抽样整体评价为满意。

建立校统考、校抽考及校本部直属班的 861 套试卷题库资源,为统考实施提供试卷保障。

聘请专、兼职师资授课,不定期组织部分师资培训与集体备课,建立 1 421 名校外兼职师资库。

3 个江苏省成人高等教育重点专业、6 门精品资源共享课程正在建设中,在专业建设与课程资源储备的同时,争创江苏省继续教育领域中的南农特色。

举办各类专题培训班 133 个,培训学员 11 488 人次,培训班次较 2017 年增长 18.75%,培训人次较 2017 年增长 9.53%。

【**2017 年函授站(点)工作总结会暨 2018 年成人招生工作动员会召开**】5 月 4 日,学校 2017 年函授站(点)工作总结会暨 2018 年成人招生工作动员会,在校学术交流中心六楼报告厅召开,来自全国各地的 23 个函授站(点)的 66 位代表参加会议。校党委副书记、纪委书记盛邦跃,继续教育学院党总支书记、院长李友生出席会议并作重要讲话。函授站(点)负责人代表分别进行了招生和教学管理方面的交流。会议对优秀函授站(点)和先进教育管理工作者进行了表彰,其中 5 个函授站(点)获评"2017 年度优秀函授站(点)",18 人获评"2017 年度先进管理工作者"。

【**举办陕西省 2018 年挂职扶贫副县长培训班**】5 月 8~13 日,受中共陕西省委组织部委托,陕西省 2018 年挂职扶贫副县长培训班在学校举办,来自陕西省 10 个省辖市的 54 名挂职扶贫副县长参加了培训。培训主要围绕精准扶贫及乡村治理体系建设。邀请南京市农委、南京农业大学的相关专家、教授授课,设置了特色产业发展与区域品牌建设、田园综合体与特色小镇建设、中国经济发展新时代与精准扶贫、一二三产业融合的路径及模式等理论课程;同时,还安排了现代农业示范园、美丽乡村示范村、国家级田园综合体——溪田田园综合体等现场教学环节。

【**举办 2018 年涉农专业大学生创新创业培训班**】12 月 16 日,南京农业大学 2018 年涉农专业大学生创新创业培训班在学校体育中心主场馆开班。江苏省农业农村厅副厅长蔡恒,学校党委副书记、纪委书记盛邦跃,校团委副书记谭智赟出席开班典礼。蔡恒对参加培训的大学生提出了"三带""三跟上"的期待，希望大学生带着对农民的感情、带着对农村的热情、带着对农业的激情走进农业类创新创业；要跟上时代的要求、跟上创新创业的要求、跟上人民的要求。学校涉农专业 2 100 名大学生参加了培训。

# ［附录］

## 附录1　成人高等教育本科专业设置

| 层次 | 专业名称 | 类别 | 学制 | 科类 | 上课站（点） |
|---|---|---|---|---|---|
| 高升本 | 会计学 | 函授、业余 | 5 年 | 文、理 | 南京农业大学卫岗校区、南通科技职业学院、盐城生物工程高等职业技术学校、淮安生物工程高等职业技术学校、高邮建筑工程学校 |
| | 国际经济与贸易 | 函授、业余 | 5 年 | 文、理 | 南京农业大学卫岗校区、南通科技职业学院、南京金陵中等专业学校 |
| | 电子商务 | 函授、业余 | 5 年 | 文、理 | 南京农业大学卫岗校区、南通科技职业学院 |
| | 物流管理 | 函授 | 5 年 | 文、理 | 南京农业大学卫岗校区、南通科技职业学院 |
| | 农学 | 函授 | 5 年 | 文、理 | 南京农业大学卫岗校区 |
| | 园艺 | 函授 | 5 年 | 文、理 | 南京农业大学卫岗校区、南通科技职业学院 |
| | 园林 | 函授 | 5 年 | 文、理 | 南京农业大学卫岗校区、盐城生物工程高等职业技术学校、淮安生物工程高等职业技术学校 |
| | 人力资源管理 | 函授 | 5 年 | 文、理 | 南京农业大学卫岗校区、常州市工会干部学校 |
| | 环境工程 | 函授 | 5 年 | 理 | 南京农业大学卫岗校区、南通科技职业学院 |
| | 机械设计制造及其自动化 | 函授 | 5 年 | 理 | 南京农业大学卫岗校区、南通科技职业学院、常州市工会干部学校 |
| | 计算机科学与技术 | 函授 | 5 年 | 理 | 南京农业大学卫岗校区、南通科技职业学院、盐城生物工程高等职业技术学校 |
| | 工程管理 | 函授 | 5 年 | 理 | 南京农业大学卫岗校区、高邮建筑工程学校 |
| | 动物医学 | 函授 | 5 年 | 理 | 南京农业大学卫岗校区、盐城生物工程高等职业技术学校、淮安生物工程高等职业技术学校、广西水产畜牧学校 |
| 专升本 | 工商管理 | 函授 | 3 年 | 经管 | 南京农业大学卫岗校区、南京农业大学工学院、常州市工会干部学校、苏州市农村干部学院 |
| | 会计学 | 函授、业余 | 3 年 | 经管 | 南京农业大学卫岗校区、南京农业大学工学院、常州市工会干部学校、淮安生物工程高等职业学校、江苏农牧科技职业学院、南京交通科技学校、苏州市农村干部学院、南通科技职业学院、盐城生物工程高等职业技术学校、无锡技师学院、南京农业大学工学院 |
| | 国际经济与贸易 | 函授、业余 | 3 年 | 经管 | 南京农业大学卫岗校区、南通科技职业学院、南京金陵中等专业学校 |
| | 电子商务 | 函授、业余 | 3 年 | 经管 | 南京农业大学卫岗校区、南通科技职业学院 |

（续）

| 层次 | 专业名称 | 类别 | 学制 | 科类 | 上课站（点） |
|---|---|---|---|---|---|
| 专升本 | 物流工程 | 函授 | 3 年 | 经管 | 南京交通科技学校、苏州市农村干部学院、南通科技职业学院、盐城生物工程高等职业技术学校 |
| | 市场营销 | 函授、业余 | 3 年 | 经管 | 南京农业大学卫岗校区、南通科技职业学院、苏州市农村干部学院 |
| | 行政管理 | 函授 | 3 年 | 经管 | 南京农业大学卫岗校区、南通科技职业学院 |
| | 土地资源管理 | 函授 | 3 年 | 经管 | 高邮市建筑工程职业学校 |
| | 人力资源管理 | 函授 | 3 年 | 经管 | 南京农业大学卫岗校区、盐城生物工程高等职业技术学校、无锡渔业学院、苏州市农村干部学院、常州市工会干部学校 |
| | 园林 | 函授 | 3 年 | 农学 | 南京农业大学卫岗校区、淮安生物工程高等职业学校、常州市工会干部学校、苏州农业职业技术学院、南通科技职业学院、盐城生物工程高等职业技术学校、江苏农林职业技术学院、江苏农牧科技职业学院 |
| | 动物医学 | 函授 | 3 年 | 农学 | 南京农业大学卫岗校区、淮安生物工程高等职业学校、盐城生物工程高等职业技术学校、南通科技职业学院、江苏农牧科技职业学院、广西水产畜牧学校 |
| | 水产养殖学 | 函授 | 3 年 | 农学 | 江苏农牧科技职业学院、苏州市农村干部学院 |
| | 园艺 | 函授 | 3 年 | 农学 | 南京农业大学卫岗校区、淮安生物工程高等职业学校、南通科技职业学院 |
| | 农学 | 函授 | 3 年 | 农学 | 南京农业大学卫岗校区、南通科技职业学院、盐城生物工程高等职业技术学校 |
| | 植物保护 | 函授 | 3 年 | 农学 | 南京农业大学卫岗校区、南通科技职业学院 |
| | 环境工程 | 函授 | 3 年 | 理工 | 南通科技职业学院 |
| | 计算机科学与技术 | 函授 | 3 年 | 理工 | 南通科技职业学院 |
| | 食品科学与工程 | 函授 | 3 年 | 理工 | 南通科技职业学院 |
| | 机械工程及自动化 | 函授 | 3 年 | 理工 | 南通科技职业学院、常州市工会干部学校、南京交通科技学校、盐城生物工程高等职业技术学校 |
| | 工程管理 | 函授 | 3 年 | 理工 | 南京交通科技学校、南通科技职业学院、盐城生物工程高等职业技术学校、南京农业大学工学院 |
| | 农业机械化及其自动化 | 函授 | 3 年 | 理工 | 南京农业大学卫岗校区 |

## 附录2　成人高等教育专科专业设置

| 专业名称 | 类别 | 学制 | 科类 | 上课站（点） |
|---|---|---|---|---|
| 物流管理 | 函授 | 3年 | 文、理 | 南京交通科技学校、苏州市农村干部学院、盐城生物工程高等职业技术学校 |
| 人力资源管理 | 函授 | 3年 | 文、理 | 南京农业大学卫岗校区、常州市工会干部学校、南京农业大学工学院、南京交通科技学校、苏州市农村干部学院、盐城生物工程高等职业学校、高邮建筑工程学校、南京农业大学无锡渔业学院 |
| 机电一体化技术 | 函授 | 3年 | 理 | 盐城生物工程高等职业技术学校、南京交通科技学校、常州市工会干部学校、高邮建筑工程学校 |
| 汽车检测与维修技术 | 函授 | 3年 | 理 | 江苏省扬州技师学院、江苏省盐城技师学院 |
| 铁道交通运营管理 | 业余 | 3年 | 文、理 | 南京交通科技学校 |
| 农业经济管理 | 函授 | 3年 | 文、理 | 南京农业大学卫岗校区、淮安生物工程高等职业学校、苏州市农村干部学院、盐城生物工程高等职业技术学校 |

## 附录3　各类学生数一览表

| 学习形式 | 入学人数（人） | 在校生人数（人） | 毕业生人数（人） |
|---|---|---|---|
| 成人教育 | 7 078 | 21 620 | 5 514 |
| 自考二学历 | 205 | 617 | 96 |
| 专科接本科 | 614 | 1 452 | 160 |
| 总数 | 7 897 | 23 689 | 5 770 |

## 附录4　培训情况一览表

| 序号 | 项目名称 | 委托单位 | 培训对象 | 培训人数（人） |
|---|---|---|---|---|
| 1 | 2017年新型职业农民培训班 | 农业农村部 | 新型职业农民培训 | 2 593 |
| 2 | 芜湖县农技干部培训班 | 芜湖县农委 | 农技培训 | 120 |
| 3 | 无为县基层农技人员培训班 | 无为县农委 | 农技培训 | 80 |
| 4 | 龙灯集团干部培训 | 江苏龙灯化学有限公司 | 干部培训 | 80 |
| 5 | 兰州市农村骨干人才培训班 | 兰州市农委 | 干部培训 | 25 |
| 6 | 张家港市畜牧兽医技术人员培训班 | 张家港市农委 | 干部培训 | 30 |
| 7 | 枣庄市薛城区陶庄镇党员干部素质提升班 | 枣庄市薛城区陶庄镇政府 | 干部培训 | 40 |
| 8 | 界首市农技人员培训班 | 界首市农业广播电视学校 | 农技培训 | 45 |
| 9 | 2017农技推广项目培训 | 江苏省农业农村厅 | 干部培训 | 201 |
| 10 | 日照市岚山区畜牧兽医技术人员培训班 | 日照市岚山区畜牧兽医局 | 农技培训 | 45 |
| 11 | 嘉祥县第一书记发展村级集体经济培训班 | 嘉祥县农委 | 干部培训 | 50 |

（续）

| 序号 | 项目名称 | 委托单位 | 培训对象 | 培训人数（人） |
|---|---|---|---|---|
| 12 | 黄冈黄州区都城镇干部培训 | 黄冈市黄州区堵城镇人民政府 | 干部培训 | 30 |
| 13 | 济南扶贫项目培训班 | 济南市扶贫办 | 干部培训 | 60 |
| 14 | 郑州市田园综合体建设培训班 | 郑州市农委 | 干部培训 | 70 |
| 15 | 宁波市鄞州区农林局干部能力提升班 | 宁波市鄞州区农林局 | 干部培训 | 40 |
| 16 | 邹城市香城镇乡村振兴战略学习培训班 | 香城镇人民政府 | 干部培训 | 80 |
| 17 | 常州农业技术人员培训班 | 常州市农委科教处 | 农技培训 | 120 |
| 18 | 张家港市保税区村级会计员能力提升班 | 张家港市保税区 | 干部培训 | 60 |
| 19 | 菏泽畜牧兽医培训班 | 菏泽市畜牧兽医局 | 干部培训 | 60 |
| 20 | 广西农业区划系统干部能力提升培训班 | 广西农业区划办 | 干部培训 | 80 |
| 21 | 宝应县林业管理人员能力提升培训班 | 宝应县林业局 | 干部培训 | 70 |
| 22 | 邹城市香城镇乡村振兴战略学习培训班 | 香城镇人民政府 | 干部培训 | 85 |
| 23 | 南京市处级干部进高校专题培训班 | 南京市委组织部 | 干部培训 | 280 |
| 24 | 郑州基层农技人员培训班 | 郑州市农委科教处 | 农技培训 | 75 |
| 25 | 拉萨市贫困户和基层村组干部素质提升培训班 | 拉萨市脱贫攻坚指挥部 | 干部培训 | 27 |
| 26 | 拉萨市第三批扶贫农发干部赴苏培训班 | 拉萨市脱贫攻坚指挥部 | 干部培训 | 23 |
| 27 | 拉萨市农牧民畜产品加工技能培训班 | 拉萨市脱贫攻坚指挥部 | 干部培训 | 26 |
| 28 | 宁波市鄞州区政协委员培训班 | 宁波市鄞州区农林局 | 干部培训 | 300 |
| 29 | 枣庄市农村第一书记能力提升班 | 枣庄市委组织部 | 干部培训 | 60 |
| 30 | 陕西省扶贫副县长培训班 | 陕西省委组织部 | 干部培训 | 50 |
| 31 | 邹城市田黄镇乡村振兴培训班 | 田黄镇人民政府 | 干部培训 | 50 |
| 32 | 滨海县畜牧兽医技术人员培训班 | 滨海县畜牧局 | 农技培训 | 20 |
| 33 | 邢台市地下水超采综合治理专题研修班 | 邢台市农业局 | 干部培训 | 50 |
| 34 | 浙江海宁招商引资专题培训班 | 海宁市招商局 | 干部培训 | 50 |
| 35 | 日照市东港区畜牧业转型升级培训班 | 日照市东港区畜牧局 | 干部培训 | 50 |
| 36 | 宝应县农村妇女创业培训班 | 宝应县农业广播电视学校 | 干部培训 | 52 |
| 37 | 淄博市畜产品质量安全培训班 | 淄博市畜牧局 | 干部培训 | 80 |
| 38 | 芜湖县农药经营人员培训班 | 芜湖县农委 | 农民培训 | 80 |
| 39 | 信阳市平桥、浉河两区基层农技人员业务能力提升培训班 | 信阳市农业局 | 农技培训 | 45 |
| 40 | 榆林府谷县农业干部培训班 | 榆林市府谷县农业局 | 干部培训 | 55 |
| 41 | 2018 年宁夏农民田间学校辅导员培训班 | 宁夏农业广播电视学校 | 干部培训 | 80 |
| 42 | 定州市农业局农技推广人员培训班 | 定州市农业局 | 农技培训 | 40 |
| 43 | 银川都市型现代农业综合服务能力提升班 | 银川市农牧局 | 干部培训 | 45 |
| 44 | 海宁市、南湖区乡村振兴专题培训班 | 海宁市、南湖区农经局 | 干部培训 | 70 |
| 45 | 利辛县新型职业农民培训班 | 利辛县农业广播电视学校 | 新型职业农民培训 | 210 |

（续）

| 序号 | 项目名称 | 委托单位 | 培训对象 | 培训人数（人） |
|---|---|---|---|---|
| 46 | 东营市垦利区国土资源系统土地管理业务能力提升培训班 | 东营市垦利区国土资源局 | 干部培训 | 50 |
| 47 | 2018年克州纪检监察和综合治理培训班 | 克州党委组织部 | 干部培训 | 30 |
| 48 | 浦口区基层农技人员培训班 | 南京市浦口区农业局 | 农技培训 | 110 |
| 49 | 无锡家庭农场主技术服务 | 无锡市委农办 | 农民培训 | 30 |
| 50 | 利辛县新型职业农民培训班 | 利辛县农经站 | 新型职业农民培训 | 110 |
| 51 | 2018年东台市休闲农业与美丽乡村建设专题培训班 | 东台市农业广播电视学校 | 干部培训 | 50 |
| 52 | 商洛市"提升农业产业化水平助推脱贫攻坚"专题研讨培训班 | 商洛市委组织部 | 干部培训 | 67 |
| 53 | 克州大学生干部培训班 | 克州党委组织部 | 干部培训 | 40 |
| 54 | 南京市新型职业农民培训班 | 南京市农委 | 新型职业农民培训 | 300 |
| 55 | 杭州萧山区农技人员乡村振兴培训班 | 萧山区农委 | 干部培训 | 50 |
| 56 | 克州教育系统培训班 | 克州党委组织部 | 干部培训 | 30 |
| 57 | 克州组织部人力资源管理班 | 克州党委组织部 | 干部培训 | 15 |
| 58 | 东营区畜牧干部培训班 | 东营区畜牧局 | 干部培训 | 50 |
| 59 | 2018年合肥市乡村振兴农技人员秋季培训班 | 合肥市农委科教处 | 干部培训 | 50 |
| 60 | 苏州农业产业化龙头企业协会企业负责人 | 苏州市农业产业化龙头企业协会 | 干部培训 | 50 |
| 61 | 商洛市提升村级集体经济发展水平专题研讨培训班 | 商洛市委组织部 | 干部培训 | 209 |
| 62 | 溧阳市乡土专家及后备人才培训班 | 溧阳市农业广播电视学校 | 干部培训 | 70 |
| 63 | 青岛市即墨区畜牧兽医技术人员培训班 | 青岛市即墨区畜牧局 | 农技培训 | 50 |
| 64 | 青岛市即墨区现代畜牧业防疫监管培训班 | 青岛市即墨区畜牧兽医局 | 干部培训 | 38 |
| 65 | 克州政法系统干部培训 | 克州党委组织部 | 干部培训 | 15 |
| 66 | 济南市农产品质量安全监管工作培训班 | 济南市农委 | 干部培训 | 52 |
| 67 | 克州乡镇长培训 | 克州党委组织部 | 干部培训 | 20 |
| 68 | 芜湖三山新型职业农民 | 芜湖市三山区农委 | 新型职业农民培训 | 82 |
| 69 | 济南市农业局农业科技创新推广能力培训班 | 济南市农业局 | 干部培训 | 60 |
| 70 | 邢台市地下水超采综合治理专题研修班2期 | 邢台市农业局 | 干部培训 | 60 |
| 71 | 农机系统业务干部"火种培育"工程培训班 | 榆阳区农机局 | 干部培训 | 30 |
| 72 | 榆阳区农业局2018年"火种培育"培训班 | 榆阳区农业局 | 干部培训 | 30 |
| 73 | 徐州市农业综合开发专题培训班 | 徐州市农发办 | 干部培训 | 59 |
| 74 | 克州政法系统干部培训 | 克州党委组织部 | 干部培训 | 8 |
| 75 | 无锡农技推广培训 | 无锡市农委 | 农技培训 | 120 |
| 76 | 无锡市家庭农场主培训班 | 无锡市农办 | 干部培训 | 80 |

（续）

| 序号 | 项目名称 | 委托单位 | 培训对象 | 培训人数（人） |
|---|---|---|---|---|
| 77 | 常熟市基层农技推广体系改革项目指导员培训班 | 常熟市植保站 | 干部培训 | 45 |
| 78 | 2018年南京市"农业产业化和现代农业"专题培训班 | 南京市发展改革委 | 干部培训 | 80 |
| 79 | 苏州高新区农产品质量安全监管暨新型职业农民培训班 | 苏州市高新城乡局 | 干部培训 | 40 |
| 80 | 青海西宁致富带头人培训班 | 西宁市发展改革委 | 干部培训 | 50 |
| 81 | 三门峡市农牧系统干部能力提升培训班 | 三门峡市农业畜牧局 | 干部培训 | 100 |
| 82 | 福建省南安市委党校乡村振兴专题研讨培训班 | 福建省南安市委党校 | 干部培训 | 50 |
| 83 | 广西北海市农业局乡村振兴战略专题培训班 | 北海市农业局 | 干部培训 | 40 |
| 84 | 青海省绿色生态现代农业生产技术高级研修班 | 青海省农牧厅 | 干部培训 | 50 |
| 85 | 2018年长丰县基层农技人员能力提升培训班 | 长丰县农业委员会 | 农技培训 | 50 |
| 86 | 宜春市农业局干部素质提升班 | 宜春市农业局 | 干部培训 | 48 |
| 87 | 界首农技人员能力提升培训班 | 界首市农委 | 农技培训 | 50 |
| 88 | 宜兴市新型农业经营主体培训班 | 宜兴市农办 | 农民培训 | 92 |
| 89 | 慈溪市现代农业高级研修班 | 慈溪县农业局 | 干部培训 | 40 |
| 90 | 宜宾市农业职业经理人培训班 | 宜宾职业技术学院 | 新型职业农民培训 | 50 |
| 91 | 泗县农业领导干部专题培训班 | 安徽省泗县农业委员会 | 干部培训 | 60 |
| 92 | 农业产业化龙头企业高层管理人员研修班 | 宁夏回族自治区农业农村厅 | 干部培训 | 60 |
| 93 | 和县农技人员培训班 | 和县农委 | 干部培训 | 67 |
| 94 | 拉萨市城市建设投资经营有限公司办公室业务培训班 | 拉萨圣地生态园林建设投资有限公司 | 干部培训 | 20 |
| 95 | 邹城市现代农业发展专题研讨班 | 邹城市农机局、泗水县农机局 | 干部培训 | 80 |
| 96 | 克州审计班 | 克州党委组织部 | 干部培训 | 30 |
| 97 | 克州农业班 | 克州党委组织部 | 干部培训 | 30 |
| 98 | 吉林种植业农机培训班 | 吉林省农业农村厅 | 干部培训 | 250 |
| 99 | 济宁市深化农村产权制度改革专题培训班 | 济宁市农委 | 干部培训 | 70 |
| 100 | 涟水新型职业农业培训班 | 涟水县农业广播电视学校 | 新型职业农民培训 | 100 |
| 101 | 2018年度无锡市家庭农场监测调研 | 无锡市农委 | 干部培训 | 90 |
| 102 | 2018年大兴安岭南麓片区农牧业干部培训班 | 中央农业管理干部学院 | 干部培训 | 50 |
| 103 | 济宁基层农机推广体系改革与建设补助项目培训班 | 济宁市农委 | 干部培训 | 53 |
| 104 | 2018年靖江市农业专业技术人才培训班 | 靖江市农委 | 农技培训 | 50 |
| 105 | 商南县贫困村第一书记兼工作队长发展村级集体经济能力提升班培训 | 商南县农委 | 干部培训 | 56 |

（续）

| 序号 | 项目名称 | 委托单位 | 培训对象 | 培训人数（人） |
|---|---|---|---|---|
| 106 | 灌云县2017—2018年基层农技人员培训班 | 灌云县农业学校 | 干部培训 | 80 |
| 107 | 克州气象班 | 克州党委组织部 | 干部培训 | 15 |
| 108 | 南京农业大学第一届农药经营人员培训班 | 南京农业大学杂草研究室 | 干部培训 | 100 |
| 109 | 潮州市农林水利高级专业技术人才能力提升培训班 | 潮州市农业局 | 干部培训 | 60 |
| 110 | 2018涉农大学生创新创业 | 江苏省农业农村厅 | 涉农大学生 | 2 100 |
| 111 | 潮州农技人员培训第二期 | 潮州市农业局 | 农技培训 | 40 |
| 112 | 河南省开封市鹤壁市濮阳市基层农技人员能力提升培训班 | 开封市、鹤壁市、濮阳市农技局 | 农技培训 | 140 |
| 113 | 2018农业部新型职业农民培育培训班 | 农业农村部 | 新型职业农民培训 | 2 110 |

# 附录5 成人高等教育毕业生名单

2015级农村行政与经济管理（专科）

（宝应县汜水成人中心校）（50人）

朱春娣　任瑞琦　刁含玲　王　芹　陆光明　居爱萍　张爱华　汪步兵　李崇德
高春荣　高　翔　赵　军　纪红扣　叶名尧　王　松　王传德　江春阳　华悦名
沈　明　匡道霞　毕继红　陈　芬　高丙勋　郑智慧　芮和军　董　林　张巾春
牛家华　杨晓春　王会娟　陆莉莉　朱春霞　胡国花　高荣国　杨发东　周有祥
董大林　华庆霜　苗爱凤　殷文燕　朱永星　吴跃华　张寿元　曹广英　裔加明
刘　标　朱仕龙　周春发　杨发荣　王士龙

2015级工商管理（专升本科）、2015级会计（专科）、2015级会计学（专升本科）、2015级经济管理（专科）、2015级物流管理（专科）、2015级园林（专升本科）、2015级园林技术（专科）

（常熟总工会职工学校）（187人）

姚　晨　俞　倩　王晓昀　沈向东　陈　晓　邓后平　陆启衡　朱晓兰　叶丽娟
张　斌　王　莉　宁宾利　赵　萍　姚景枫　范家资　赵之恒　王海燕　曹　斐
李有才　卫　华　周　慧　钱春芳　穆春丽　汤　杰　戴　昇　瞿文红　姚　洁
吴　惠　陶慕佳　王　静　李　丹　李　骏　徐　杰　金雪萍　顾　胜　周凯莉
孙正阳　顾喜娟　徐　磊　沈丹萍　王晓峰　梅秀强　周　清　陆臣琪　徐裕军
黄旦萍　杨晓红　袁　敏　冯　杰　曹梦佳　袁梦秋　顾爱英　周　艳　刘志峰
曹梦双　张家雁　季欣燕　周　晔　熊晓丹　李梦亭　曹旅寰　张　苗　吴　敏
邹静茹　刘思宇　黄　婕　殷艳玲　朱　幸　唐　洁　朱婷逸　邓夏卉　罗雪娟
陆莹莹　吴雅芳　陶昳丹　盛亚平　钱晓兰　支安琪　陆　晴　秦　晓　朱仁红
朱沈怡　何影晖　杨梦姣　肖亚捷　蒋秋菡　邹翊婷　俞梦瑶　朱怡静　杨亚玉
卢维薇　曹璐佳　管晓球　魏梦佳　王　丹　陆　彦　荣仪婷　王春蝶　陆雅婷

| | | | | | | | | |
|---|---|---|---|---|---|---|---|---|
| 蒋敢闯 | 庞家轶 | 周 斌 | 邵 燕 | 姚静燕 | 陆柳媚 | 葛晶花 | 严 琪 | 徐 勇 |
| 郭 卫 | 张丽芳 | 张雅蕾 | 曾 熙 | 吴 芸 | 徐铭霞 | 沈艺菲 | 顾 燕 | 季怡佳 |
| 田志娟 | 朱 超 | 薛 燕 | 戚凯丽 | 王逸敏 | 陆梦丹 | 许佳茵 | 徐铭杨 | 陆羽婷 |
| 潘叶名 | 宋冠佳 | 戈 昕 | 宗 铭 | 陆文华 | 李冬卉 | 陈 卫 | 张志红 | 张 伟 |
| 俞文杰 | 邓 佳 | 许冬妹 | 周文燕 | 张琴芳 | 朱 红 | 韩永明 | 吴建峰 | 艾建明 |
| 古意红 | 周 维 | 陆 怡 | 叶 姞 | 周嘉晓 | 黄佳云 | 王 英 | 吴 英 | 张晓军 |
| 鲁冬葵 | 于芬芬 | 陆建文 | 徐 萌 | 李 宁 | 陆 震 | 王 芳 | 王丽英 | 曹 露 |
| 张丽新 | 徐 洁 | 秦小艳 | 丁梦婷 | 陶 珂 | 戴玉兰 | 顾文娟 | 卢 俊 | 沈轶锋 |
| 吴建林 | 刘建叶 | 陶文冲 | 李 刚 | 戴君民 | 周志浩 | 陆春燕 | 缪 怡 | 顾序新 |
| 顾瑞东 | 谭 新 | 许芝萍 | 钱晓青 | 戴正兴 | 叶家诚 | 刘梦雨 | | |

2013 级工商管理（高升本科）、2015 级工商管理（专升本科）、2015 级会计学（专升本科）、2015 级机电一体化技术（专科）、2015 级机械工程及自动化（专升本科）、2013 级机械设计制造及其自动化（高升本科）、2013 级人力资源管理（高升本科）、2015 级人力资源管理（专科）、2015 级人力资源管理（专升本科）、2015 级园林（专升本科）、2015 级园林技术（专科）、2014 级经济管理（专科）

（常州工会干部学校）（97 人）

| | | | | | | | | |
|---|---|---|---|---|---|---|---|---|
| 高婷婷 | 黄海荣 | 徐 坚 | 闵祥燕 | 恽荣华 | 何志鹏 | 於 争 | 高 洁 | 周小君 |
| 张丽俊 | 踪家队 | 吕小江 | 杜 斌 | 王 闻 | 徐红燕 | 蔺中林 | 于庆伟 | 高国强 |
| 潘鹏飞 | 陶 晶 | 许 丹 | 窦学育 | 章 银 | 王丽萍 | 王欢欢 | 李 梅 | 王 尧 |
| 李玉洁 | 高 慧 | 季梦倩 | 肖称祥 | 叶 晶 | 石英豪 | 张 义 | 尹艳平 | 李 昳 |
| 胡惠琴 | 顾永平 | 胡肖强 | 钱 琳 | 杨 明 | 崔华成 | 匡丹华 | 王 蒙 | 曾 赟 |
| 金 燕 | 钱旭栋 | 许嘉敏 | 魏 英 | 胡玉娇 | 臧 芸 | 王 丽 | 王兆燕 | 卜舜尧 |
| 张小雨 | 吴雪丽 | 张 丽 | 王 鑫 | 姚璐婷 | 杨文龙 | 杨爱琴 | 储召意 | 张 芳 |
| 石 玉 | 王素萍 | 陈国琴 | 钱文华 | 包惠亮 | 钱春梅 | 张宝根 | 凤 莉 | 卢煜仁 |
| 朱小平 | 陆义平 | 缪文平 | 蒋建亚 | 徐明喜 | 杨 宇 | 蒋丽芬 | 江 红 | 吴小琴 |
| 高丽亚 | 王文娟 | 董 庆 | 戚学军 | 黄英华 | 王建芬 | 李 成 | 张 宽 | 邓晓莉 |
| 肖红波 | 吴宜生 | 沈冬妹 | 宋 洁 | 刘振东 | 许小俭 | 周益萍 | | |

2015 级农业机械化及其自动化（专升本科）

（常州机电职业技术学院）（19 人）

| | | | | | | | | |
|---|---|---|---|---|---|---|---|---|
| 张 俊 | 徐炳畑 | 季红霞 | 吴飞飞 | 徐 慧 | 邵海兵 | 季卫峰 | 沈 阳 | 朱苏丽 |
| 王在悦 | 李 俊 | 马文明 | 崔立新 | 赵 庆 | 朱旺兵 | 夏长坤 | 吴玉凤 | 周昌元 |
| 许秀梅 | | | | | | | | |

2013 级车辆工程（高升本科）、2015 级畜牧兽医（专科）、2015 级船舶工程技术（专科）、2013 级电子商务（高升本科）、2015 级工商管理（专升本科）、2013 级国际经济与贸易（高升本科）、2015 级国土资源管理（专科）、2015 级行政管理（专升本科）、2015 级会计（专科）、2015 级会计（农村会计方向）（专科）、2013 级会计学（高升本科）、2015 级会计学（专升本科）、2015 级会计学（农村会计方向）（专升本科）、2015 级机电一体化技术（专科）、2015 级机械工程及自动化（专升本科）、2013 级机械设计制造及其自动化（高升本科）、2015 级计算机科学与技术（专升本科）、2015 级计算机

信息管理（专科）、2015级建筑工程管理（专科）、2015级建筑学（专升本科）、2013级金融学（高升本科）、2015级金融学（专升本科）、2015级农学（专升本科）、2015级农业机械应用技术（专科）、2015级农业技术与管理（专科）、2015级农业水利工程（专升本科）、2015级农业水利技术（专科）、2015级汽车检测与维修技术（专科）、2013级人力资源管理（高升本科）、2015级人力资源管理（专科）、2015级人力资源管理（专升本科）、2015级社会工作（专科）

（高邮建筑工程学校）（481人）

| | | | | | | | |
|---|---|---|---|---|---|---|---|
| 任信飞 | 高 伟 | 吴元龙 | 陆元进 | 姜洪强 | 杨付祥 | 宋天池 | 马荣跃 | 孙晓旭 |
| 宋 斌 | 崔毛毛 | 王万军 | 傅 铖 | 俞佳杰 | 陈 敏 | 周英杰 | 翟 跃 | 徐 磊 |
| 李佳彬 | 沈智伟 | 顾嘉磊 | 杨丽燕 | 张 健 | 黄智勇 | 吴利明 | 侯洪阔 | 沈泽民 |
| 王明春 | 王 军 | 张志兵 | 李 佳 | 王永荣 | 董百恩 | 姜 雯 | 张 欢 | 孙振波 |
| 陶健健 | 李 英 | 张思青 | 王 煊 | 刘 芳 | 曹 磊 | 柏 静 | 孔 霏 | 丁 蓉 |
| 薛 勇 | 沈开宇 | 王夜雨 | 柏志鹏 | 吴卫国 | 杨 晨 | 李桃花 | 朱红霞 | 陆 倩 |
| 陈 瑜 | 杨长林 | 洪德兵 | 潘道艳 | 梅 燕 | 张 梅 | 赵 倩 | 印锦美 | 魏 萌 |
| 陆 玲 | 茆锦萍 | 沈成菊 | 郑云花 | 杨 柳 | 王庆亚 | 叶秀琴 | 蒋余星 | 吴卫丽 |
| 张 燕 | 王慧元 | 陈巨荣 | 夏 冰 | 武立海 | 谢 琴 | 徐德才 | 邓邦运 | 吴桂芳 |
| 顾福丽 | 何玉梅 | 董小平 | 杨文静 | 翁 阳 | 王 淇 | 刘 涛 | 徐爱萍 | 王宜娟 |
| 张 云 | 柏 杨 | 杨 竞 | 张纯吉 | 束有俊 | 陈 娟 | 周正莉 | 周继军 | 王 旭 |
| 曹恩丰 | 刘娟娟 | 冯 艳 | 崔 丹 | 占志琴 | 陈 松 | 姜 萍 | 杨 银 | 章新云 |
| 魏 艳 | 张 露 | 杨海玲 | 顾靖洁 | 许 颖 | 殷 淼 | 胡昌林 | 潘冬梅 | 段俊山 |
| 周利君 | 陈 婷 | 丁小燕 | 杨晓霞 | 刘晓霞 | 王玲玲 | 陈青宏 | 姚 娜 | 汤盼盼 |
| 王秀娟 | 颜 蕊 | 查玉峰 | 周 宁 | 李 静 | 张 晶 | 郭 丽 | 姚青青 | 杨 婷 |
| 耿 颖 | 周 娟 | 蔡 源 | 程 娟 | 朱 敏 | 魏鑫鑫 | 李 娟 | 金德成 | 李思涵 |
| 陈其花 | 王 丹 | 吴 强 | 叶 妮 | 吴桂萍 | 周 萍 | 杨 倩 | 张 业 | 龚晓骏 |
| 管廷进 | 崔国宝 | 方高键 | 薛 晨 | 朱芝钟 | 朱 扬 | 张安伟 | 王 磊 | 陆 超 |
| 胡家亮 | 王云峰 | 陆 鹏 | 金 龙 | 吴世伟 | 刘似松 | 乔伟中 | 蒋 明 | 倪逸鸣 |
| 孙宏伟 | 董 捷 | 葛 凌 | 卞星斐 | 尹周超 | 田 露 | 卞永林 | 佘红玲 | 史丰景 |
| 刘红霞 | 王 鑫 | 邵文玲 | 彭 洋 | 孙华庭 | 袁 建 | 蒋月峰 | 何海飞 | 王国秀 |
| 吴 霞 | 陆元凯 | 朱 智 | 张 军 | 冀 成 | 唐雷明 | 刘晓泉 | 金 晶 | 王 峰 |
| 赵加飞 | 吴晓鹏 | 王晓峰 | 许恒新 | 谈能平 | 周 麟 | 王 宇 | 黄 翔 | 刘林妹 |
| 曹 磊 | 杜 平 | 周维忠 | 周玉鹏 | 洪加盛 | 赵 玲 | 徐云鹏 | 王福兵 | 王月红 |
| 尤志彬 | 陈增林 | 周国全 | 朱海江 | 吴素文 | 周开升 | 宋民安 | 唐 山 | 刘 锋 |
| 董 航 | 查玉梅 | 宋志强 | 汤昌宝 | 张大龙 | 胡 奎 | 王焕灯 | 邵肖肖 | 邵爱平 |
| 薛玉巧 | 杨卫冲 | 李 玲 | 宋冠军 | 朱存霞 | 邵 健 | 王 静 | 陈 玉 | 陈 亮 |
| 吴增飞 | 郝 宇 | 张洪霞 | 王 玮 | 朱睿智 | 陈 莹 | 黄奕彤 | 童 森 | 曹媛媛 |
| 陆 茵 | 薛 白 | 袁 颖 | 戚慧君 | 王 媛 | 朱佳佳 | 冯 明 | 夏 炎 | 李 璐 |
| 王 磊 | 庞光宗 | 宋桂香 | 宋宏梅 | 徐平原 | 陈修武 | 葛文超 | 盛富云 | 林德海 |
| 杨小光 | 颜步勇 | 吴春明 | 朱振宇 | 王泽新 | 杨宝斌 | 张 磊 | 周 峰 | 阮冬梅 |
| 徐 飞 | 廖金平 | 倪万霞 | 黄晓旭 | 贾 磊 | 刘 悦 | 任晓欢 | 姜海媛 | 马 雯 |

| | | | | | | | | |
|---|---|---|---|---|---|---|---|---|
| 冯佳佳 | 俞 慧 | 谢 冲 | 陈 娟 | 朱 彬 | 徐 淮 | 孙 云 | 郑晶静 | 段 威 |
| 祁建梅 | 陈 莉 | 谈清月 | 崔 蒙 | 赵 悦 | 孙永娟 | 陈渊岚 | 陈新仪 | 吕文苗 |
| 周雯雯 | 周 红 | 庄 俊 | 赵 波 | 赵 江 | 吴 悠 | 王莉莉 | 韩 颖 | 秦婷婷 |
| 周利华 | 李周周 | 张 艳 | 连芯蕊 | 吴亚清 | 王 丽 | 沈 慧 | 俞锦娟 | 张 桐 |
| 顾大明 | 李深霞 | 陆麒尔 | 王巨琴 | 邵晓俊 | 许广亮 | 邱静毅 | 徐志浩 | 单天浩 |
| 黄 麟 | 顾龙平 | 朱 杰 | 杨小凤 | 陈然成 | 王 婷 | 金晨伟 | 俞勤芳 | 浦千舟 |
| 汤福康 | 孙志波 | 刘 俊 | 高 健 | 时 杰 | 陈彦羽 | 高 晶 | 吕秀慧 | 陈学好 |
| 卢 磊 | 姜 玉 | 穆万利 | 王梓荫 | 陈继飞 | 刘岩岩 | 曹清蕾 | 潘华琴 | 陈 煦 |
| 吕 嘉 | 宋 玉 | 刘 歌 | 缪 雅 | 宋 飞 | 王乐伟 | 赵 祥 | 陆长衢 | 邵鹏飞 |
| 王俊念 | 许 亮 | 魏 静 | 华月园 | 杨殿鹏 | 赵 彧 | 万劲松 | 丁恩松 | 杨 宁 |
| 张文旭 | 张 任 | 周 祥 | 郭 靖 | 张 泉 | 刘 麟 | 孔令菲 | 苏 慧 | 周宝锁 |
| 李 慧 | 赵克东 | 夏成俊 | 糜长琳 | 吴 强 | 陈一鸣 | 张薇薇 | 樊顺忠 | 刘 玲 |
| 焦 扬 | 陈 慧 | 刘俊杰 | 乔国晶 | 居朝勇 | 施汝平 | 顾加波 | 张兆祥 | 龙在庆 |
| 邹文海 | 全文胜 | 陈益斌 | 张正霞 | 夏永兵 | 辛彩莲 | 郑开敏 | 陈志伟 | 吕 莹 |
| 杨 康 | 汪国新 | 田 燕 | 尤 伟 | 王 刚 | 陈 芳 | 马玉梅 | 张 雷 | 周志坚 |
| 田多武 | 秦新勇 | 曹元洋 | 李彩玉 | 刘晓敏 | 孔洋洋 | 陈 俊 | 颜培培 | 王丽丽 |
| 马 月 | 孔 磊 | 杨红梅 | 秦长峰 | 张宇静 | 王 勇 | 袁旻焜 | 朱文学 | 李 云 |
| 刘 英 | 严 敏 | 徐 静 | 汤曦雯 | 季媛媛 | 余阳阳 | 陶福平 | 钱亚群 | 叶正权 |
| 赵 静 | 陈义军 | 陈国香 | 花 健 | 王金玮 | 陈琳琳 | 尤弋铭 | 樊 荣 | 高纬铭 |
| 余媛媛 | 王经伟 | 王立鑫 | 俞 嘉 | 范 明 | 孙其斌 | 胡 阳 | 王 腾 | 张 俊 |
| 马筱瑜 | 豆 君 | 沙 玥 | 赵梦雅 | 朱 蓉 | 钱元平 | 郭文静 | 薛 峰 | 耿 霏 |
| 丁国兰 | 曹 云 | 胡 泊 | 谢维伟 | | | | | |

2013 级车辆工程（高升本科）、2013 级国际经济与贸易（高升本科）、2015 级国际经济与贸易（专科）、2015 级国际经济与贸易（专升本科）、2015 级会计（专科）、2013 级会计学（高升本科）、2015 级会计学（专升本科）、2015 级机电一体化技术（专科）、2015 级机械工程及自动化（专升本科）、2013 级机械设计制造及其自动化（高升本科）、2013 级计算机科学与技术（高升本科）、2015 级计算机信息管理（专科）、2015 级建筑工程管理（专科）、2015 级交通运营管理（专科）、2015 级旅游管理（专科）、2015 级农学（专升本科）、2015 级农业机械应用技术（专科）、2015 级汽车运用与维修（专科）（南京农业大学工学院）（217 人）

| | | | | | | | | |
|---|---|---|---|---|---|---|---|---|
| 仲黄杰 | 杨 坤 | 裴爱灏 | 王铭炜 | 方 萍 | 郭志文 | 殷 倩 | 单甜甜 | 陈丹华 |
| 陈嘉雯 | 朱秋林 | 沈亚南 | 夏亚媛 | 沈珊珊 | 朱 婷 | 汤 敏 | 宋千千 | 张勤文 |
| 唐 惠 | 夏 润 | 张 杰 | 陈 浩 | 张子钊 | 葛续云 | 钱陈曦 | 黄 杰 | 徐晓华 |
| 袁帅翼 | 王俊杰 | 蒋文祥 | 奚晓凌 | 张梦然 | 张理壬 | 汤 超 | 王沁阳 | 张有平 |
| 张 玉 | 祖泽康 | 高 晟 | 何 京 | 刘洁午 | 武 娟 | 李 俊 | 杨尔宁 | 吉加兴 |
| 夏洞韬 | 朱敏炯 | 杨 程 | 魏国超 | 陈 灏 | 戴 健 | 王 泽 | 高先宝 | 张 羽 |
| 胡梦芹 | 樊 晶 | 韩 洁 | 顾跃山 | 李 畅 | 卓勤英 | 刘玥彤 | 蒋明雨 | 王庆燕 |
| 张 倩 | 陈 萍 | 孙玲利 | 叶婷婷 | 卢亚娟 | 杨路芹 | 黄辰辰 | 王可可 | 单 娟 |
| 李 许 | 季 洋 | 姜 慧 | 周 辉 | 邓华成 | 周 舟 | 杨邵蓉 | 王春梅 | 唐清玉 |

| 王宝晨 | 闫 琼 | 杨 洋 | 周立坤 | 潘 洁 | 钦一航 | 赵冰阳 | 罗 超 | 陈旭阳 |
| 丁 义 | 董晨晨 | 赵永江 | 鲍业建 | 王佳佳 | 陆逸砺 | 王 猛 | 高先单 | 孙苗苗 |
| 朱敏凤 | 华 森 | 赵亮亮 | 宋炳辉 | 蒋 超 | 李小生 | 陈 亚 | 张 硕 | 徐鞯慷 |
| 李东旭 | 宋 凯 | 孙 超 | 孙 青 | 赵宏艳 | 王 刚 | 张 帅 | 王春阳 | 潘 萌 |
| 张 涛 | 陈秋雨 | 周奋强 | 戴佳佳 | 李兴华 | 章广康 | 高 鹏 | 张敏敏 | 万 军 |
| 武振中 | 黄 尉 | 常九州 | 赵 勇 | 高 颖 | 尤梦月 | 薛 琪 | 郭思敏 | 刘 月 |
| 张培培 | 傅美云 | 李 岩 | 黄 威 | 奚心琦 | 李倩雯 | 贾 洁 | 刘晓雨 | 张 雯 |
| 周桂萍 | 周 玉 | 杨 青 | 薛梦宇 | 张桐源 | 戴 政 | 于子坤 | 王星星 | 宋 健 |
| 林 杰 | 刘 同 | 袁文君 | 许 敏 | 胡晓晔 | 林发蓝 | 陈 荣 | 张诗影 | 达瑞妍 |
| 方宏妍 | 张 雪 | 杜嘉伊 | 赵锡岚 | 全嘉欣 | 仲铭学 | 张 杰 | 何 川 | 崔伟利 |
| 刘金鑫 | 孙 奇 | 梁新忠 | 陈从新 | 胡兵华 | 王金柱 | 马进闯 | 潘 俊 | 何彦东 |
| 周珈禾 | 张 南 | 吴忠年 | 孙营孟 | 姜 忠 | 李忠平 | 韩 波 | 孙 星 | 王利永 |
| 祖玉军 | 顾正昊 | 张仕宝 | 贺 超 | 刘广元 | 许彩盛 | 秦 亮 | 张 永 | 张 东 |
| 潘 军 | 杨汉卿 | 许 翔 | 任志新 | 刘佳琦 | 刘 羽 | 朱世超 | 杨 缤 | 张宁丽 |
| 闻一臣 | 张 莉 | 孔维娟 | 王洪午 | 石 岐 | 王缘竹 | 吴 炜 | 孙宇林 | 郝小倩 |
| 李 阳 | | | | | | | | |

2015级畜牧兽医（专科）、2015级动物医学（专升本科）

（广西水产畜牧学校）（32人）

| 董 骊 | 梁海波 | 林志芬 | 廉海华 | 蒙旺森 | 李树斌 | 吴宏孙 | 何宝城 | 陆海宽 |
| 宋金福 | 杨 镇 | 张剑平 | 黎亮廷 | 陶柏龄 | 宁达煜 | 周天武 | 陈丽燕 | 吴珍义 |
| 粮聪颖 | 韦竹姣 | 曾冬慧 | 陆艳青 | 周晓琪 | 莫鹃溶 | 赵祖合 | 欧记峰 | 陈 勇 |
| 曹金杏 | 黄海霞 | 王海桃 | 李家欣 | 张彩常 | | | | |

2015级畜牧兽医（专科）、2015级动物医学（专升本科）、2015级会计（专科）、2015级会计学（专升本科）、2015级会计学（农村会计方向）（专升本科）、2015级机电一体化技术（专科）、2015级机械工程及自动化（专升本科）、2015级农业经济管理（专科）、2015级市场营销（专科）、2015级市场营销（专升本科）、2015级信息管理与信息系统（专升本科）、2015级园林（专升本科）、2015级园林技术（专科）、2013级园艺（高升本科）、2015级园艺（专升本科）、2015级园艺技术（专科）

（淮安生物工程高等职业学校）（265人）

| 苏腾辉 | 韩利军 | 吴高升 | 吴高亚 | 左长生 | 吴 振 | 宋 超 | 刘 敏 | 李 祥 |
| 张 伟 | 唐 耀 | 王三国 | 尹 红 | 李安齐 | 徐永刚 | 王素红 | 黄 雪 | 满 辉 |
| 高梦宇 | 陈祥进 | 荣 野 | 张 雷 | 王航军 | 朱 全 | 韩文波 | 王家柯 | 姚 雷 |
| 杨 顺 | 姜海波 | 潘佳斌 | 胡秋亮 | 薛福民 | 张 伟 | 韩 丹 | 开苏娅 | 开 念 |
| 陆盼盼 | 鲍叶青 | 汪润伟 | 赵宗天 | 米瑞杰 | 李 旭 | 陈 杰 | 马 越 | 孙 伟 |
| 张 玲 | 刘 佳 | 张 静 | 汪 翔 | 戴春雷 | 邵 佳 | 杜星雨 | 张 乐 | 张冬祥 |
| 李 戎 | 宋来来 | 刘全平 | 赵 禹 | 于文举 | 姚燕燕 | 王小祥 | 张团团 | 吴志伍 |
| 张莹莹 | 蒋蓓蕾 | 赵 政 | 于小颖 | 雷 娟 | 刘 盼 | 陈 悦 | 王思康 | 隽 霞 |
| 钟玲玲 | 张 振 | 左颖苗 | 咸 瑶 | 周 洁 | 刘 姚 | 芮 爽 | 项 雪 | 朱婷婷 |
| 梁美玲 | 高兴武 | 王 勤 | 韩冬杰 | 郭 娟 | 郭思梦 | 汤馨莹 | 杨 翼 | 周 婷 |

| | | | | | | | |
|---|---|---|---|---|---|---|---|
| 王　静 | 孙树红 | 蒋文警 | 邓佳惠 | 刘娇娇 | 马园园 | 唐晶晶 | 马　荣 | 朱子婴 |
| 孙业书 | 钟雪菲 | 杨　唯 | 徐紫涵 | 刘　丹 | 邵文祥 | 高　燕 | 许　娟 | 倪子茜 |
| 刘曜祯 | 颜莉萍 | 王明菲 | 王　雯 | 纪俊宇 | 孙　麟 | 袁　玮 | 陈　博 | 褚永双 |
| 朱小兵 | 刘方石 | 李欢春 | 金　艳 | 张日艳 | 刘嘉红 | 史成强 | 陈　杨 | 朱希慕 |
| 王洪武 | 陈智超 | 徐国哲 | 高　科 | 支　泳 | 李志朋 | 徐　聂 | 董振伟 | 张文辉 |
| 赵　爽 | 徐　娜 | 孙　越 | 方　杰 | 郑恩风 | 秦守顿 | 左　洋 | 陶则文 | 孙慧玲 |
| 薛　松 | 祁佳敏 | 胡　敏 | 王远思 | 顾　静 | 杜　娟 | 孟　蕾 | 董　鹰 | 张　尧 |
| 金蓉蓉 | 金　鹏 | 刘　婕 | 从乐园 | 左　超 | 史兆洋 | 梁　政 | 华　超 | 袁海峰 |
| 李　翔 | 张　娟 | 张　伟 | 刘　婷 | 张罕见 | 徐海翔 | 刘　功 | 张　莉 | 宋云鹤 |
| 李　帅 | 王　浩 | 陶小巧 | 郭家康 | 蒋三波 | 陈　伟 | 姜飞明 | 丁今伟 | 李梦凡 |
| 黄信宇 | 胡　岚 | 屈航宇 | 熊　玲 | 陈月娇 | 裴蓉蓉 | 杜　萍 | 朱　雷 | 顾　鹏 |
| 任　祥 | 杨志勇 | 陈　凯 | 倪青瑞 | 于田田 | 徐志荣 | 刘　阳 | 陈　泽 | 徐　政 |
| 嵇汉卿 | 李凌飞 | 蔡元京 | 吕治顺 | 杨　洁 | 崔　杰 | 刘　龙 | 欧宝成 | 孙　雯 |
| 吴盼盼 | 张淑慧 | 陈　剑 | 向　涛 | 黄春梅 | 谈　艺 | 吴广禄 | 王　礼 | 李　凡 |
| 张　昊 | 孙　沙 | 崔　健 | 陆　军 | 张雪娟 | 周　平 | 马敏敏 | 孙　璐 | 窦若方 |
| 董理雯 | 戚春雷 | 张海龙 | 漆天珉 | 许崇波 | 薛　玉 | 张　欣 | 潘　洋 | 杨　磊 |
| 高正清 | 张朝铭 | 王　笑 | 王春美 | 孙阳阳 | 嵇　洋 | 王　蕾 | 周　单 | 李继军 |
| 蔡军林 | 蔡兵林 | 孙海浩 | 赵建标 | 蒋宇坤 | 胡建蒙 | 翟　欢 | 韩晶晶 | 沈海军 |
| 董洪永 | 韩正国 | 徐　芬 | 张永峰 | 李益伟 | 李　昊 | 丁雨琪 | 汤其江 | 张　怀 |
| 杨文峰 | 朱东坤 | 朱大鹏 | 阿布杜力艾则孜·麦赛迪 | | | | | |

2015 级动物医学（专升本科）、2015 级食品科学与工程（专升本科）

（江苏农林职业技术学院）（9 人）

| | | | | | | | |
|---|---|---|---|---|---|---|---|
| 马　慧 | 邹　玙 | 殷晓妤 | 王秀雯 | 刘　君 | 汤慧云 | 陈文柱 | 贝佳慧 | 芮叶淳 |

2015 级电子商务（专升本科）、2015 级动物医学（专升本科）、2015 级工商管理（专升本科）、2015 级国际经济与贸易（专升本科）、2015 级行政管理（专升本科）、2015 级会计学（专升本科）、2015 级机电一体化技术（专科）、2015 级机械工程及自动化（专升本科）、2015 级计算机科学与技术（专升本科）、2015 级建筑学（专升本科）、2015 级金融学（专升本科）、2015 级农学（专升本科）、2015 级农业机械化及其自动化（专升本科）、2015 级农业水利工程（专升本科）、2015 级人力资源管理（专科）、2015 级人力资源管理（专升本科）、2015 级社会学（专升本科）、2015 级市场营销（专升本科）

（江苏农牧科技职业学院）（245 人）

| | | | | | | | |
|---|---|---|---|---|---|---|---|
| 张　旭 | 张瑶瑶 | 胥爱利 | 金　松 | 张　慧 | 韩祝军 | 徐　玲 | 徐利娜 | 张　玉 |
| 方　圆 | 叶凯迪 | 王　平 | 王宝林 | 李　娟 | 唐炳红 | 李　敏 | 黄海荣 | 何秀军 |
| 朱　华 | 崔亚阳 | 孙陈锋 | 查新娟 | 王　磊 | 蒋菲菲 | 钟　芬 | 王亚楠 | 王　义 |
| 代万志 | 王　斌 | 王　辉 | 周　闯 | 朱　豪 | 常以晨 | 陈贵毅 | 朱万松 | 王　兰 |
| 蒋建明 | 陈华云 | 仲天鹏 | 李志民 | 姚　琛 | 徐仿生 | 李赛男 | 陈志祥 | 杨　昕 |
| 翟慧琴 | 臧　敏 | 张兴勇 | 黄茂辉 | 万　勇 | 张　文 | 高小敏 | 匡正闰 | 曹　雯 |
| 瞿才荃 | 姜　锋 | 顾国雅 | 孙美华 | 段爱明 | 王一名 | 姚　磊 | 徐　明 | 洪智华 |
| 魏　丹 | 吴玉琴 | 徐培元 | 胡佳齐 | 刘　鑫 | 曹译匀 | 周凯鸿 | 朱　焰 | 吴　鹏 |

| | | | | | | | | |
|---|---|---|---|---|---|---|---|---|
| 周　希 | 王彩宇 | 周晓枒 | 孙耀耀 | 周春然 | 张　峰 | 袁冬东 | 吴如梦 | 吴勇昊 |
| 宋佳康 | 贾甜甜 | 陆　颖 | 高　枫 | 张嘉诚 | 许周喜 | 呼飞雪 | 樊　凡 | 高庆广 |
| 黄唯佳 | 袁　尧 | 朱正洲 | 杨大兴 | 严莹芳 | 于庆春 | 周旭平 | 宋晓庆 | 王海峰 |
| 陆俊林 | 单　军 | 王　昶 | 高永峰 | 曹　伟 | 张夫来 | 闫建伦 | 卜令图 | 张爱民 |
| 苏淑平 | 吕月红 | 左新涛 | 薛仔昌 | 洪　兵 | 赵　琳 | 蒋兴华 | 郭晶晶 | 石　雪 |
| 王　迎 | 韩进松 | 朱冬慧 | 姜同让 | 许昌玉 | 王　健 | 翟　刚 | 郭沂琦 | 夏晴晴 |
| 周治宇 | 丁亚楠 | 吕和良 | 潘道龙 | 赵恒宇 | 李锦凯 | 王立新 | 王　坚 | 吕丰庭 |
| 张育程 | 王红艳 | 唐明藻 | 许冬成 | 陈　进 | 何元文 | 涂正凯 | 舒爱明 | 徐维军 |
| 王双能 | 张　敏 | 陈　勤 | 尹吉辉 | 石　磊 | 袁正桂 | 刘红成 | 祁金汉 | 沈伯坤 |
| 王恒国 | 姜加兵 | 李功铨 | 范成伟 | 徐家娟 | 杨　平 | 刘春辉 | 吴秀清 | 周德华 |
| 顾浩宇 | 李　沛 | 高　峰 | 易文君 | 周锐聪 | 何　剑 | 戴瑶卿 | 戴　嘉 | 蒋　攀 |
| 王泯皓 | 倪　建 | 高月新 | 王　波 | 许　剑 | 张玉新 | 张智明 | 鲁晓军 | 蔡冬海 |
| 钱万林 | 张文书 | 王友龙 | 李　菁 | 李雅琴 | 张心怡 | 王杰玉 | 练秋文 | 章亚蓓 |
| 朱　建 | 孙　锋 | 许　伟 | 王圆圆 | 赵　耀 | 孙益东 | 赵建林 | 苏正嘉 | 申小军 |
| 贺佳红 | 蒋文杰 | 王桂龙 | 史凤红 | 苏　静 | 刘玉容 | 夏　韬 | 戚　立 | 刘　建 |
| 冯微微 | 丁庆广 | 孙　倩 | 庄国兵 | 张　文 | 姚　沙 | 于洪梅 | 汪秋君 | 李泽茅 |
| 戴　鑫 | 殷宝祥 | 王　敏 | 树　立 | 田　宇 | 田玉平 | 唐　颖 | 刘红林 | 仲少华 |
| 王永兰 | 姚晓玉 | 吴　军 | 印桂香 | 胡晓欣 | 王晓娇 | 姚玲玲 | 姚　晋 | 李　进 |
| 陆小松 | 陈兆生 | 金　钧 | 蒋亦男 | 倪爱兰 | 王志勇 | 赵洪芳 | 杨　倩 | 关红艳 |
| 陈　磊 | 倪　欢 | | | | | | | |

2013 级国际经济与贸易（高升本科）、2015 级国际经济与贸易（专升本科）、2013 级会计学（高升本科）、2015 级会计学（专升本科）、2015 级计算机信息管理（专科）、2013 级旅游管理（高升本科）、2013 级信息管理与信息系统（高升本科）、2015 级信息管理与信息系统（专升本科）、2015 级电子商务（专科）、2015 级旅游管理（专科）、2015 级烹饪工艺与营养（专科）

（南京金陵高等职业技术学校）（130 人）

| | | | | | | | | |
|---|---|---|---|---|---|---|---|---|
| 沈鸣狮 | 李思玥 | 王晨玉 | 陈　争 | 陈　荣 | 冯　敏 | 陈梦雅 | 赵　晶 | 蔺文亮 |
| 张露露 | 黄明康 | 李唯萱 | 徐蕊蝶 | 郑世伟 | 卞文静 | 李　欣 | 杨吟妮 | 王　萍 |
| 周伟立 | 王媛媛 | 张　慧 | 黄　浩 | 沙媛媛 | 陆子恒 | 孙文婷 | 赵　妍 | 李思纯 |
| 周　娟 | 崔超凡 | 倪君茜 | 任余婷 | 罗　璇 | 王　敏 | 丁　佳 | 陈娟娟 | 方子夏 |
| 滕武琦 | 王　萍 | 高钰铭 | 王　颖 | 汤　慧 | 张　宇 | 康亚娟 | 张　敏 | 吕　颖 |
| 李　姝 | 周　宁 | 王　晶 | 邵宁宁 | 周楷健 | 韩斯羽 | 张晓婷 | 崔佳浩 | 罗征亚 |
| 张云辉 | 陆天宇 | 钱雨欣 | 李辰星 | 施鹏程 | 郭　磊 | 王玮浩 | 沈天宇 | 胡漫丽 |
| 方雅丽 | 陆艺纯 | 陈　阳 | 杨　力 | 朱宇煊 | 朱　悦 | 张天鹏 | 李哲平 | 陈陆园 |
| 李　钰 | 杨　梓 | 张　帆 | 陆来林 | 赵娅婷 | 孙婷婷 | 王志成 | 芮泽正 | 俞茜茜 |
| 于雪儿 | 朱健聪 | 孟雪姣 | 曹　丹 | 薛　贵 | 杨　艳 | 李　雯 | 陈　璐 | 李思凡 |
| 史　笑 | 陈　龙 | 焦厚姝 | 陈婧娴 | 方　亮 | 吴文君 | 王　姣 | 毛　欢 | 杨　超 |
| 蔡侑蓉 | 鲁玉玲 | 杨　颖 | 周　斌 | 陈　蕊 | 杨程越 | 刘闪闪 | 钱　磊 | 王　鑫 |
| 张元馨 | 谭　震 | 王苏皖 | 王云霞 | 陶　然 | 袁　唯 | 孟　洁 | 殷允俊 | 卢梦婷 |

李羽彤　马月文　陈　丽　赵晨婕　史梦婷　万紫甜　魏　璐　吴璐成　毛雨梦
林文婷　黄书敏　张　兰　赵雅萱

2015 级工商管理（专升本科）、2015 级会计（专科）、2015 级会计学（专升本科）、2015 级机电一体化技术（专科）、2015 级机械工程及自动化（专升本科）、2015 级建筑工程管理（专科）、2015 级经济管理（专科）、2015 级土木工程（专升本科）、2015 级园艺（专升本科）、2015 级园艺技术（专科）

（溧阳人才培训中心）（48 人）

马　坚　吕　娇　徐　欣　王　伟　吴　瑛　赵莉娟　王　真　潘云娟　谢迎春
王　赟　沈　颖　姜　璐　朱晨迪　史强华　史云飞　李才炯　朱晓颖　刘　骁
高国荣　李　瑜　朱东良　罗　颖　郑　洁　芮　斌　周　清　钱梦娟　盛玲芳
陈　丹　刘琪琦　吴　涛　吴玉峰　黄　达　吴建忠　赵　聪　陈　斌　马　林
常　浩　黄玉蛟　高　一　史　涛　曹红燕　葛明娟　庄梦旋　吴　景　谢美娟
张洋铖　周旭恺　黄晓华

2015 级农村行政与经济管理（专科）、2015 级园林（专升本科）、2015 级园林技术（专科）、2015 级园艺（专升本科）、2014 级农业技术与管理（专科）、2014 级农村行政与经济管理（专科）

（连云港市委组织部）（32 人）

金士萍　魏　星　朱大卫　季余岗　顾蜜蜜　季根柱　朱孔习　陈洪亮　张学来
张景万　洪立玉　张　威　殷培培　尹可友　李银来　李冬青　干龙燕　胡　杨
王庆文　王永利　王晓宾　陈万才　陈孟玲　孙善军　张再林　杨　安　王　萍
陈治臣　阮洪河　李永帅　陆前进　陈仕金

2015 级园林（专升本科）、2015 级园林技术（专科）、2015 级园艺（专升本科）

（连云港职业技术学院）（38 人）

郑　颖　刘佳伟　朱韶洁　杜婷婷　杨　康　窦静君　刘　旭　陈　玮　马忠让
徐　丹　闫　明　孔晓龙　汤占峰　赵甜甜　韩　平　袁　聪　马丙龙　祝秀笑
丁　强　徐凡凡　陈　双　张辉军　王　俊　马　杰　江　枫　桑　磊　卢明强
卢　瑞　钟黎明　杨　宇　钱　程　李大同　李启广　李红梅　王德弟　王小艳
唐　堂　刘雨晴

2015 级工商管理（专升本科）、2015 级会计学（专升本科）、2015 级计算机科学与技术（专升本科）、2015 级金融学（专升本科）、2015 级人力资源管理（专升本科）、2015 级市场营销（专升本科）、2015 级物流管理（专升本科）、2014 级会计（专科）、2012 级会计学（高升本科）

（南京财经大学）（45 人）

倪　晶　雷　文　刘晓倩　张梦琦　曾雪华　徐银燕　孙　麒　李　颖　谢奕成
张　莉　闻青佩　李　佳　陈　月　刘华云　刘　影　戴芯蕊　孙　瑜　周　佳
陈思琰　许俊杰　周清清　杨　雯　张金菊　芮秀琴　宗　慧　邹　玥　闫芹芹
朱　捷　张志星　周思雨　周　芳　李晶轩　左　丹　武　恒　李　响　陈　伟
李永军　南建飞　戴瑞清　王　晨　蔡盼盼　沈建兰　张　娜　吕海涛　杨美丽

2013 级电子商务（高升本科）、2015 级电子商务（专升本科）、2015 级工商管理（专升本科）、2015 级国际经济与贸易（专升本科）、2015 级行政管理（专升本科）、2015 级航海技术（专科）、2015 级会计（专科）、2015 级会计（农村会计方向）（专科）、2013 级会计学（高升本科）、2015 级会计学（专升本科）、2015 级会计学（农村会计方向）（专升本科）、2015 级机电一体化技术（专科）、2015 级机械工程及自动化（专升本科）、2015 级计算机科学与技术（专升本科）、2015 级计算机应用技术（专科）、2015 级建筑工程管理（专科）、2015 级建筑学（专升本科）、2015 级金融学（专升本科）、2015 级经济管理（专科）、2015 级酒店管理（专升本科）、2015 级轮机工程技术（专科）、2013 级旅游管理（高升本科）、2015 级旅游管理（专科）、2015 级农村行政与经济管理（专科）、2015 级农学（专升本科）、2015 级农业机械应用技术（专科）、2015 级农业经济管理（专科）、2015 级农业水利工程（专升本科）、2015 级农业水利技术（专科）、2015 级汽车运用与维修（专科）、2015 级人力资源管理（专科）、2015 级人力资源管理（专升本科）、2015 级社会学（专升本科）、2015 级社区管理与服务（专科）、2015 级市场营销（专科）、2015 级市场营销（专升本科）、2015 级数控技术（专科）、2015 级铁道交通运营管理（专科）、2015 级土木工程（专升本科）、2015 级网络工程（专升本科）、2013 级物流管理（高升本科）、2015 级物流管理（专科）、2015 级物流管理（专升本科）、2015 级园林（专升本科）、2015 级园林技术（专科）

（南京交通科技学校）（1 099 人）

| | | | | | | | | |
|---|---|---|---|---|---|---|---|---|
| 乐晓庆 | 沈 倩 | 谈文秀 | 熊雅丽 | 彭塬钧 | 石德壮 | 祝晨阳 | 陈 亮 | 吕文珍 |
| 周 程 | 周平新 | 张惠婵 | 袁 静 | 常楚楚 | 魏文佳 | 杨 成 | 张 俊 | 唐高生 |
| 侯云鹏 | 宋志超 | 王旭东 | 唐园园 | 周欣晨 | 余守洋 | 顾 娇 | 许 慧 | 张剑秋 |
| 秦 超 | 高 鹏 | 刘 超 | 林 敏 | 姜浩川 | 马江江 | 张海燕 | 鲁玉翠 | 万广军 |
| 朱 锐 | 季丹秋 | 徐 莉 | 吴 龙 | 徐淮春 | 方钰萍 | 郭永臣 | 高 瑾 | 鲍昌勋 |
| 吴成伟 | 章荣华 | 肖志鹏 | 章生根 | 赵 威 | 蒋晨鸣 | 黄江黔 | 吉旭涛 | 高 阳 |
| 张何根 | 宋佳男 | 王锋杰 | 丁国祥 | 顾文晶 | 蔡晟芃 | 徐李杨 | 李建城 | 陆志新 |
| 王吉伦 | 刘雪晨 | 张瑞磊 | 张友良 | 何 出 | 王其亮 | 郑发挥 | 张 驰 | 何 浪 |
| 李建军 | 徐 涛 | 周世雄 | 刘 凯 | 丁 坤 | 杨中义 | 王浩成 | 陈 杨 | 林 犇 |
| 闵晓斌 | 纪伟航 | 周 耀 | 孙存康 | 马 鼎 | 戴 祎 | 沈 伟 | 陈望望 | 斯跃华 |
| 刘 源 | 李 锐 | 刘言武 | 张宇宪 | 黄义杰 | 张英明 | 彭思黎 | 汪明强 | 陈 园 |
| 杨茂龙 | 李凤波 | 李少将 | 李尚泽 | 施凯旋 | 赵聚南 | 张 聪 | 厉德为 | 沈 瑜 |
| 许文杰 | 符姜海 | 杨世群 | 郦超穹 | 陈 宇 | 沈尚祥 | 王开盛 | 孙 傲 | 李少帅 |
| 秦 锋 | 陈梁齐 | 孙永超 | 董世祥 | 孙智雄 | 李宝玉 | 冒浩文 | 张楷勇 | 张海林 |
| 尚子康 | 钱 殊 | 张硕谦 | 杜军军 | 顾 松 | 吴芝冬 | 尤志伟 | 汪启俊 | 周 磊 |
| 周 权 | 洪 磊 | 张 晨 | 吴永杰 | 陈 龙 | 夏文祥 | 黄永东 | 杨 帅 | 胡雪寅 |
| 李心龙 | 朱鹏程 | 朱 犇 | 陈刚铁 | 顾胜旺 | 陈忠兴 | 李 志 | 任建伟 | 张义锦 |
| 李 巧 | 齐怡玲 | 夏 雪 | 周 玲 | 郭丹丹 | 顾欣宇 | 郦梦婷 | 徐 靖 | 杨 佳 |
| 赵 梦 | 宋梦洁 | 陈媛媛 | 张晗馨 | 葛壮壮 | 卢小倩 | 赵前前 | 周 颖 | 米 壮 |
| 薛瑾熙 | 季天赐 | 李梦兰 | 姚春春 | 孟家伟 | 于 杨 | 徐文韬 | 王凯康 | 丁 闯 |
| 王义波 | 高莹莹 | 汤梦媛 | 任华艳 | 张玉婷 | 唐丽娟 | 汪婷婷 | 顾 磊 | 曹庆阳 |

| | | | | | | | | |
|---|---|---|---|---|---|---|---|---|
| 徐 杰 | 于松江 | 李 琰 | 杜亚磊 | 李晓明 | 吴祥昊 | 李宇通 | 崔公斌 | 于 樵 |
| 蔡银鹏 | 潘 岩 | 仲 辉 | 沙子栋 | 柳 状 | 张家欣 | 赵闽江 | 朱广霞 | 孙海涵 |
| 张林林 | 吴佳乐 | 沈 彤 | 蔡红成 | 许轩铭 | 崔 洁 | 李 晨 | 金 雅 | 曹瀚舟 |
| 张文静 | 王秋冉 | 马如雅 | 谷 文 | 宋秋阳 | 陆泓汐 | 王雨忻 | 陆晓妍 | 钱 艳 |
| 刘玉洁 | 刘佳慧 | 张 蕾 | 王 瑞 | 张 欣 | 刘锦平 | 翟冰冰 | 张晓含 | 邵沐桢 |
| 邓雨欣 | 阮慧敏 | 任家馨 | 王 琪 | 王寅萱 | 李 青 | 赵 洁 | 何 寅 | 尹 卉 |
| 李 悠 | 张 辰 | 王 唱 | 沈伟利 | 陈海同 | 张 易 | 沈佳欣 | 董慧玲 | 王 杰 |
| 赵华尧 | 朱泓汀 | 李 星 | 石 岩 | 陆小雨 | 朱艾杰 | 杨彩月 | 丁旭东 | 梁泽凯 |
| 杨雨笛 | 夏苏明 | 陈 芳 | 赵 静 | 钱泓宇 | 范 璐 | 袁梦婷 | 韩良燕 | 朱明洁 |
| 宋 云 | 张文钰 | 林玉仙 | 王 丽 | 吕晓娜 | 陈明丽 | 陈 璇 | 刘民涛 | 付剑明 |
| 倪正春 | 陈 阳 | 王倩倩 | 赵馨怡 | 张晓娟 | 殷彩云 | 仇荣梅 | 孙金晶 | 路 瑶 |
| 倪家骏 | 王 珠 | 万 燕 | 饶晶静 | 周 易 | 高 婕 | 严年君 | 刘宗灵 | 陶 钰 |
| 夏 露 | 邓小小 | 许佳嘉 | 姜开莉 | 白琼琼 | 王海燕 | 杨 倩 | 王 珏 | 戴 燕 |
| 骆 普 | 范思聪 | 赵梓萱 | 徐 伟 | 汤立雯 | 刘 娟 | 王 凯 | 戴宪过 | 倪克晨 |
| 宋云翔 | 李英杰 | 陈久明 | 陈 烽 | 俞智翔 | 罗 义 | 李 宁 | 何婷婷 | 时丕杰 |
| 马昕晖 | 段 明 | 陈晓杰 | 周学亮 | 李凤强 | 蔡志磊 | 倪少飞 | 袁建锋 | 芮春华 |
| 陈宏兵 | 陈继军 | 王士平 | 王 军 | 陈思祥 | 邢 婷 | 汤 伟 | 窦 旭 | 裴 颖 |
| 张 春 | 徐 帅 | 潘金良 | 徐浩然 | 赵新江 | 张贤龙 | 邵建平 | 关志强 | 刘佳威 |
| 冯 杰 | 王 宁 | 袁 瑞 | 吴 琨 | 李传奇 | 卞浩岚 | 张世超 | 张国庆 | 陆富宇 |
| 韩世成 | 钱琉琛 | 孙 威 | 呆 旻 | 潘 严 | 黄子杰 | 戴安娜 | 张志杰 | 王 浩 |
| 秦 凯 | 秦 文 | 俞乾呈 | 左秋煜 | 陈 勇 | 姚 斌 | 刘德明 | 马雷光 | 陈兆徐 |
| 朱爱霞 | 吕长松 | 宋从杰 | 吴高杰 | 林万里 | 徐礼洋 | 何佳明 | 潘纪峰 | 饶 文 |
| 王小鑫 | 骆哲铭 | 杨红瑰 | 唐维鑫 | 梅 强 | 罗荣生 | 陈宁洲 | 徐纪辉 | 李 伟 |
| 李 坷 | 周怡清 | 彭金发 | 王稀麟 | 杨奕韶 | 张伟健 | 蒋松武 | 王 凯 | 孙 正 |
| 王 季 | 沈 杰 | 孟 伟 | 洪 伟 | 张 涛 | 徐 卫 | 朱家兵 | 许文轩 | 张正嗣 |
| 张 静 | 宋小荣 | 郑 炎 | 王 伟 | 张 娟 | 端木波涛 | 胡未寅 | 赵正阳 | 张晓晶 |
| 赵 欣 | 武 文 | 杨丽芸 | 臧 蓉 | 朱海清 | 禹 涛 | 刘红星 | 崔 刚 | 刘 佳 |
| 陶勤云 | 张新宇 | 徐 磊 | 陆义万 | 岳 磊 | 蒋梦军 | 李 虎 | 韩 轩 | 樊保声 |
| 王伟豪 | 秦 健 | 朱凌宇 | 曹新如 | 周子路 | 申钊颖 | 谢 强 | 袁 犇 | 陈志强 |
| 王 钢 | 陆慧星 | 顾涛江 | 钱烨涛 | 陈正汶 | 蒋 维 | 丁明超 | 卢桂洋 | 林大虎 |
| 曹文正 | 赵 月 | 罗 杨 | 王 雄 | 胡建成 | 戈鹏飞 | 张承胤 | 高 鹏 | 王亚州 |
| 齐清源 | 莫永富 | 涂 璐 | 巫丝桐 | 范永然 | 冯乃林 | 徐芝丹 | 陈兴华 | 何利武 |
| 袁国华 | 潘海旭 | 张长亮 | 王庆友 | 刘腾蛟 | 李兵廷 | 黎晶晶 | 胡文文 | 马 翔 |
| 潘 虹 | 吴啟虹 | 马 晔 | 潘 玲 | 莫 鑫 | 高 峰 | 曲双琳 | 卜嘉威 | 陆欣健 |
| 李梦雨 | 虞晓燕 | 庞珺森 | 陈丽萍 | 强 薇 | 吴海兵 | 孙 师 | 苏俊坡 | 谢佳容 |
| 孙嘉艺 | 王 静 | 王 晴 | 王小斌 | 姜勤章 | 方九超 | 邹 昊 | 侯莉莉 | 江光焰 |
| 居煜仁 | 于 伟 | 赵孝勇 | 朱佳佳 | 叶野君 | 冯 鹏 | 李嘉文 | 程晓燕 | 吉 捷 |
| 孙 振 | 刘 昕 | 伏彦霖 | 傅 帅 | 马 翔 | 冯 磊 | 相明辉 | 芮佳伟 | 杜云鹏 |
| 邹文轩 | 鲍国强 | 曹 凯 | 常 凯 | 韩少节 | 丁鸿宇 | 陈 成 | 高苏越 | 陈家旭 |

| | | | | | | | | |
|---|---|---|---|---|---|---|---|---|
| 葛 鹏 | 贺宏伟 | 黄天赐 | 胡刘伟 | 倪 坤 | 刘 欢 | 李青松 | 黄家鑫 | 陆杨杰 |
| 蒋洁岩 | 王 亮 | 徐跃峰 | 於 伟 | 熊震宇 | 田 鑫 | 许姜涛 | 张有强 | 孙可杨 |
| 朱 浩 | 徐礼超 | 张先强 | 张康其 | 章 尹 | 左 吾 | 常 斌 | 陈 锋 | 陈 凯 |
| 陈 涛 | 程 扬 | 吴亚朋 | 张海进 | 高 翔 | 郭 潇 | 姜 鹏 | 金志浩 | 李 涛 |
| 程 博 | 刘 成 | 刘鑫贤 | 郭浩栋 | 陆 程 | 梁 吉 | 孟家东 | 钱 鹏 | 林钰淞 |
| 刘 超 | 洪旌坤 | 蒋留志 | 黄 烜 | 孙浩林 | 汪立崴 | 陶 政 | 王 桢 | 汪 杰 |
| 刘嘉诚 | 郭方斌 | 王立新 | 吴 飞 | 童晓旭 | 王湛鑫 | 温彦飞 | 姚 舜 | 凌 昊 |
| 王 健 | 张 健 | 秦少政 | 张 乾 | 王传磊 | 李鹏杰 | 张世杰 | 姚 君 | 徐 博 |
| 武有喜 | 周东来 | 周天宇 | 张达钦 | 李晗星 | 张佳敏 | 吕 冕 | 袁铭志 | 朱正祥 |
| 于继钧 | 邢峰铭 | 周劲鹏 | 姚久成 | 尹伟杰 | 叶良仁 | 倪 阳 | 孙 佺 | 周 旺 |
| 周金祎 | 王啸宇 | 吴宇航 | 周德虎 | 徐 琪 | 周继强 | 张治凯 | 蒋 锐 | 朱家伟 |
| 张 旭 | 张俊楠 | 刘明阳 | 钱 磊 | 李 硕 | 李子豪 | 孙永明 | 卢 杭 | 林同磊 |
| 黄 超 | 周运鹏 | 刘晨宇 | 葛 康 | 张 瑞 | 鲁子璇 | 高 明 | 曾 诚 | 任 钰 |
| 曹 佳 | 孙会宇 | 张加才 | 马万里 | 周 泽 | 曹 陈 | 马 杰 | 殷 靖 | 程 健 |
| 潘 楠 | 邬徐昊 | 赵 荣 | 倪郑圆定 | 周 舒 | 张 颖 | 陈 寅 | 申雯冬 | 杨超丹 |
| 张 旭 | 解远鑫 | 吴 豪 | 邰金国 | 蒋 勇 | 薛华珺 | 范霄宇 | 武 盛 | 吴传胜 |
| 周 侗 | 丁 勇 | 耿正忠 | 周非凡 | 王 凯 | 庄武胜 | 仲陆伟 | 王正一 | 周 杰 |
| 虞 犇 | 高 萱 | 宋梦圆 | 刘新春 | 滕宏乐 | 王敏宇 | 王丙威 | 张学成 | 杨明志 |
| 张玮玮 | 林大尚 | 胡思雨 | 童川燕 | 王 婷 | 张雪莲 | 董弘历 | 陆 超 | 王 云 |
| 张强羿 | 桑晨鑫 | 孙 悦 | 周 凡 | 张 昕 | 陈 雅 | 丁文静 | 罗鹏飞 | 王祝玲 |
| 王子恒 | 葛苏云 | 陶 寅 | 谢静静 | 许浩南 | 孙启贤 | 朱光琦 | 陈钰倩 | 李雅娟 |
| 张军杰 | 陈紫微 | 邓 倩 | 王国强 | 徐园媛 | 张文星 | 秦 雨 | 贾媛媛 | 吉珊茹 |
| 杨 梦 | 李天雅 | 丁文梓 | 王 悦 | 张 蕊 | 王 茜 | 杨 越 | 王 艳 | 邰萍萍 |
| 邓钧妍 | 杨庆文 | 梁 骥 | 王志洋 | 李 爽 | 潘舒乐 | 孙 悦 | 刘 蕾 | 倪 悦 |
| 胡 颖 | 李晓亚 | 王玉玉 | 王 旭 | 王文静 | 干华蓉 | 梁晓慧 | 梁书怡 | 蒋 彤 |
| 徐 萌 | 芦沁茹 | 王 黎 | 毕 欣 | 何怡蕙 | 赵 旭 | 徐梦霜 | 杨 曦 | 黄玉清 |
| 吴 倩 | 肖繁繁 | 王 雅 | 罗星宇 | 金 雯 | 黄 帆 | 严梦莹 | 黄 珊 | 沈青晨 |
| 戴晶铭 | 陈 舒 | 赵 莹 | 卢伊蔓 | 徐 艳 | 於万丽 | 卜杨丽 | 史 洁 | 常 艳 |
| 陈倩倩 | 苗 颖 | 陈元霞 | 张文倩 | 丁雅婷 | 纪斐然 | 佴 颖 | 吴胜楠 | 高晔晖 |
| 沈晓向 | 公冶思琪 | 韩 潇 | 刘利利 | 谢明芳 | 宋梦颖 | 胡成利 | 王雅芝 | 华文慧 |
| 金 梦 | 张思琪 | 吴玲玲 | 李婷婷 | 彭金银 | 刘 妞 | 陆佳雨 | 毛烨波 | 赵梦溪 |
| 张梦洁 | 齐晨蕊 | 康梦颖 | 孙昕瑜 | 王 玥 | 孙雅楠 | 傅迎庆 | 王吕琪 | 邢 妍 |
| 徐 婷 | 杨 晨 | 杨凯旋 | 张 朦 | 张 霞 | 赵康豪 | 赵婷婷 | 夏 雯 | 孙梦迪 |
| 朱秋萍 | 蔡梦微 | 夏芙蓉 | 连楚煜 | 徐 曙 | 郭先玲 | 许应莉 | 潘朝请 | 苏钰萍 |
| 王 悦 | 王婷婷 | 诸葛梦兰 | 马兴慧 | 徐 丹 | 何 蒙 | 李 莹 | 杨 阳 | 马 姣 |
| 张 玉 | 陈 露 | 吴诗吟 | 徐 烁 | 范东洋 | 袁 超 | 包闻之 | 曹子圣 | 丁海飞 |
| 高有缘 | 黄梦婷 | 季 帅 | 江 虎 | 李 卉 | 李嘉诚 | 潘 健 | 李 志 | 侯有为 |
| 李子健 | 陈霆宇 | 孙梦寅 | 杨春雨 | 陆昊放 | 黄晓祥 | 马昌驰 | 王金鑫 | 黎敬轩 |
| 唐玉英 | 魏生泰 | 王保宏 | 秦薪益 | 王定国 | 袁 跃 | 王 普 | 毛宇瑞 | 郭星宇 |

王体超 章 睿 谈 天 沃 娜 胡建臣 谢 东 欧金蓉 刘 倩 熊 帅
宁雯玥 杨传余 李姝雨 杨晓伟 奚赟慧 杨 洋 闻明刚 蔡东鸿 杨益文
方雪薇 余俊杰 洪礼梅 杨 震 余天建 张奇浩 俞雅婷 邓梦莹 周 丁
王逸凡 刘 硕 陆春辰 张 峰 李 洋 谢子威 邵 凡 张凯路 洪天泽
刘 旭 张 蕾 张澎浩 张是玉 于环宇 张 阳 陈首淦 纪 鹏 冯善民
赵 威 高锦程 征安航 唐 磊 周杨春 曹 骏 朱小敏 王 京 魏景阳
何阿龙 王 涛 李裔峰 俞文祥 薛振豪 沙 俊 吴 凡 张 林 杨木易
吴 茜 刘 畅 吴晓红 李 娟 石松青 张佳慧 王金慧 龚 涛 徐家辉
金亮宇 汪天宇 倪振刚 徐湫博 杨家懿 宁增成 雒云琪 胡传标 王万立
包文杰 殷 飞 季翟栋 鲁滨珲 王文峰 张杨忠 周 洋 姚俊辰 周 俞
荀军畅 许媛媛 宋振乾 章 敖 张文燕 王德润 邢 娟 顾天越 刘阳阳
邹雨婕 方子悦 赵占全 陆佳倩 李斌斌 丁 茜 王丛庆 王 静 姚启莹
卢家宝 陈丽丽 李梓琨 季鸣雨 杨传顺 李 康 潘 超 王 欢 徐小泮
侍玉亮 刘 路 邹坤吾 刘文皓 温开犇 段 翔 纪广涛 唐 楷 林 雨
周 莞 刘世伟 王思安 吴凯文 黄义健 钮正平 经常斌 马诗慧 王 鑫
戴常城 王小燕 张俊恒 张俊杰 朱 旺 沈慧慧 崔应锋 沈 建 支 斌
卞存禄 钱 烽 姚 璨 赵 乾 吴佳炜 李佳安 耿晨雨 彭 媛 张 雪
潘婷婷 王 鑫 刘 均 何 韵 朱 涛 刘东冬 朱华美 高 曙 许有高
刘永亮 吉 磊 孙 进 马依帆 孙振飞 王杰峰 陶 鑫 黄春华 刘兰英
母红芳 刘 平 丁彦哲 秦清清 张 喜 俞玉英 朱 艳 葛美玲 贾新勇
姚君珍 徐剑峰 陶鑫垚 沈 元 周明月 周兴萍 张家法 朱 艳 陈春晖
罗皖宁 樊德宗 黄媛媛 陈 群 杨汉良 毛含云 张 勇 朱 迪 王媛媛
华招凌 唐向前 李金枝 唐瑞明 李东宁 费新乾 沈 祎 陆仁飞 徐昊川
倪 璇

2015 级畜牧兽医（专科）、2013 级电子商务（高升本科）、2015 级电子商务（专升本科）、2015 级动物科学（专升本科）、2015 级动物医学（专升本科）、2013 级国际经济与贸易（高升本科）、2015 级国际经济与贸易（专科）、2015 级国际经济与贸易（专升本科）、2015 级会计（专科）、2015 级会计（农村会计方向）（专科）、2011 级会计学（高升本科）、2013 级会计学（高升本科）、2015 级会计学（专升本科）、2015 级会计学（农村会计方向）（专升本科）、2013 级金融学（高升本科）、2013 级农学（高升本科）、2015 级农学（专升本科）、2013 级人力资源管理（高升本科）、2015 级人力资源管理（专科）、2015 级人力资源管理（专升本科）、2015 级市场营销（专升本科）、2013 级物流管理（高升本科）、2013 级园林（高升本科）、2015 级园林（专升本科）、2015 级园林技术（专科）、2013 级园艺（高升本科）、2011 级园艺（专升本科）、2015 级园艺（专升本科）、2015 级园艺技术（专科）、2015 级植物保护（专升本科）、2012 级国际经济与贸易（专升本科）、2014 级园林技术（专科）、2012 级国际经济与贸易（高升本科）、2014 级动物医学（专升本科）、2014 级畜牧兽医（专科）、2014 级会计学（专升本科）

（南京农业大学校本部）（110 人）

赵月成 张桂琴 郭 楠 刘彦美 季玉珍 吴晓风 薛 建 尤 益 杨绪彤

苏　莹　孙　旭　徐亮亮　周世宇　史　静　王子强　王　宁　李文政　花　秀
李　娜　毛　磊　刘宸瑜　吴恩明　连春晖　訾庆廷　杨秋艳　刘燕娴　张　瑾
李　宽　李　斌　邓琴芳　颜　俊　徐　翠　刘庆伟　徐芹秀　吴本雪　吴建娣
童佩佩　缪铁梅　唐伟伟　刘双桃　孙　君　张秀梅　高明伟　韩旭东　李蓉芝
张　磊　刘　娟　骆　媛　张尉敏　姚　瑶　李应超　孙秀峰　高天强　陈国伟
谢瑜倩　薛小勤　高　宇　李　进　陈凌悦　魏庆亚　廖辉辉　毛郭君　高建平
陆　云　林　瑶　王　芳　李　莎　柳晓雪　张　军　陈鑫乾　陆　茗　李巧巧
刘　流　冶伟娣　贾　凡　林　毅　薛　莹　魏　园　廖　刚　范瑞航　孔桂华
朱晓军　张新集　陈守慧　卞思予　宋昌国　江秋扬　张　圳　金正红　马　聪
倪龙博　朱　融　徐培培　赵厚亚　陆继斌　韩　孝　邱吉祥　龚　平　卢长明
方　琴　夏兴霞　郜华祥　李荣刚　吴　杰　李　青　马　艳　王云松　王忠河
陈君健　陈　霈

2015级电子商务（专升本科）、2015级动物医学（专升本科）、2015级工商管理（专升本科）、2015级国际经济与贸易（专升本科）、2015级行政管理（专升本科）、2015级环境工程（专升本科）、2015级会计学（专升本科）、2015级机械工程及自动化（专升本科）、2013级机械设计制造及其自动化（高升本科）、2015级计算机科学与技术（专升本科）、2015级金融学（专升本科）、2015级农学（专升本科）、2015级食品科学与工程（专升本科）、2015级市场营销（专升本科）、2015级水产养殖学（专升本科）、2015级土木工程（专升本科）、2015级网络工程（专升本科）、2013级物流管理（高升本科）

（南通科技职业学院）（141人）

周　霞　蔡立新　施　骏　杨　亮　陶　磊　赵爱林　王　森　明舒舒　朱晓纪
徐飞鹏　陈倩慧　纪惠惠　周晓雯　朱新丽　朱海燕　李天鹅　包　云　尹　杰
戴云龙　蔡小燕　钱　灿　白海峰　李冬民　周　通　魏恩典　刘　俊　王丽娟
单雨蓓　徐煜楠　刘珠单　朱佳男　於文烨　吴亦文　宗慎勇　马彬彬　钱小美
王晓倩　鲍梦园　许正超　李国庆　陈　超　姚濛莉　赵建余　潘刘翔　王　海
雷喜斌　张锋极　黄　胜　孙燕锋　严　鑫　王思健　陈　梅　严素平　韩　涛
马　正　徐　超　刘鑫明　王　荣　陈　晶　卢应红　童生明　王佳熙　王　萍
陈永娟　刘　丽　崔松明　陆　琳　蒋羽华　张永波　朱秀伟　张　艳　钱柳柳
刘赛楠　汪　江　王正强　吴宗宇　杨　健　吴亚林　孙　浩　章　备　章晓丽
吴施廉　李　鑫　姜冬娟　曹金锋　冯　琪　周建宏　樊金銮　王　春　沈建成
关亚彬　卞小青　金曙光　夏成忠　王怀东　封　阳　季晓嵩　刘曹洋　李圣勇
陈　捷　费小霞　沈金柱　沈宏周　牟福客　赵　越　张　燕　卜祥志　张海兵
沈灵栩　陆　璐　姜　磊　石荣华　张　帅　谢学良　董　蕾　常代奇　陈　杰
包　淏　费　凡　祖晶晶　姜晓荣　黄　健　姜文生　高正伟　周　颖　田　磊
谢　斐　薛巍巍　张跃进　黄　星　王泳鑫　陈鸣飞　吴　飞　支新宇　陈志祥
杨晓冬　丁建卫　范建军　罗云峰　蔡秉秀　宋云霞

2013级农学（高升本科）、2013级农业水利工程（高升本科）

（射阳兴阳人才培训中心）（3人）

方怀信　王连志　吴文兰

2015 级动物医学（专升本科）、2015 级工商管理（专升本科）、2015 级会计（专科）、2015 级会计学（专升本科）、2015 级经济管理（专科）、2015 级农学（专升本科）、2015 级物流管理（专科）、2015 级物流管理（专升本科）、2015 级园林技术（专科）、2015 级园艺技术（专科）、2013 级会计（专科）、2014 级经济管理（专科）

（苏州农村干部学院）（48 人）

| | | | | | | | | |
|---|---|---|---|---|---|---|---|---|
| 洪华珍 | 金敬耀 | 钱志远 | 肖震强 | 方勇 | 吴超 | 周祖雄 | 邱黎敏 | 冯奇民 |
| 史杰 | 陶悦 | 陆峰峰 | 张晓晓 | 徐燕杰 | 潘莉 | 金玉娟 | 姚春梅 | 金明丽 |
| 查春燕 | 周海琴 | 罗静娴 | 张海健 | 张承丽 | 黄慧 | 庄玉莲 | 时敏科 | 沈莹 |
| 俞倩倩 | 刘晓丽 | 张蕾 | 张春芳 | 王琪 | 金惠强 | 叶晓华 | 钱军 | 夏永杰 |
| 杨锦 | 吴盼盼 | 张思佳 | 潘海龙 | 李妍 | 闻波 | 荣文 | 周磊 | 孙夫胜 |
| 黄锋 | 金伟伟 | 陈程 | | | | | | |

2015 级工商管理（专升本科）、2015 级国际经济与贸易（专升本科）、2015 级会计学（专升本科）、2015 级机械工程及自动化（专升本科）、2015 级土木工程（专升本科）、2015 级物流管理（专升本科）、2015 级信息管理与信息系统（专升本科）、2015 级园林（专升本科）、2015 级园艺（专升本科）

（苏州农业职业技术学院）（111 人）

| | | | | | | | | |
|---|---|---|---|---|---|---|---|---|
| 应志诚 | 濮爱国 | 张倩茜 | 杨波 | 钱燕 | 姚烈娜 | 邢春丹 | 俞丹 | 范霁斌 |
| 徐丽娟 | 高蓓 | 薛芬芳 | 石丽娟 | 王晓晗 | 王慧兰 | 石敏雯 | 张颖 | 周瑜 |
| 韩婷 | 蒋洁 | 沈丹文 | 李杰 | 钱铖钢 | 徐志强 | 许明轩 | 张红 | 祝梨飞 |
| 钱敏 | 范伟霞 | 宋佳 | 奚伟君 | 吉春丽 | 李欢平 | 叶莉婷 | 张琴 | 王素贞 |
| 沈兰 | 黄月萍 | 戴舒琴 | 赵陈勇 | 潘登 | 陈明 | 唐燕 | 唐巧英 | 王要娣 |
| 仲晓丽 | 李娟 | 朱晓 | 赵晨健 | 邵明妹 | 王建阳 | 刘继芹 | 周斌校 | 汤丽婷 |
| 孙国强 | 邵俊 | 沈炜 | 陶郑 | 吴乐 | 花昌元 | 梁德伟 | 朱琴 | 胡京京 |
| 闻青华 | 张洋 | 朱亮亮 | 姜威 | 喻云 | 陈俊 | 曾召云 | 曹玉莲 | 蒋燕虹 |
| 李晶 | 苏金海 | 朱少芳 | 郁冬芹 | 尚修东 | 吕英 | 乔春艳 | 滕立国 | 陈骥 |
| 陈维伟 | 查瑶 | 孙鹏 | 崔广科 | 孙嘉贤 | 邱隽 | 周慧锋 | 潘荣 | 郑懿 |
| 王梦迪 | 袁澄 | 韩明珠 | 张益彬 | 黄婧琳 | 许菁 | 周静贤 | 李光 | 王丽 |
| 芦泳 | 罗一峰 | 吴广家 | 印翔林 | 姚丽 | 顾涛 | 陈蕾 | 葛文伟 | 顾广明 |
| 王静 | 沈金华 | 周大壮 | | | | | | |

2013 级会计学（高升本科）

（无锡技师学院）（123 人）

| | | | | | | | | |
|---|---|---|---|---|---|---|---|---|
| 苏逍玥 | 鲍秋霞 | 陆心怡 | 朱陈婷 | 陆静 | 陈珺珺 | 朱滢 | 马心同 | 方惠英 |
| 吴雪浔 | 杭波 | 周烨 | 王凌波 | 丁晓兰 | 邵怡澜 | 唐杰 | 陆怡 | 顾玉婷 |
| 时晶雯 | 薛茗文 | 许洁 | 黄雪琦 | 杨意 | 罗思琦 | 浦晨露 | 周舒佳 | 黄心熠 |
| 顾静慧 | 浦丽娜 | 王祺 | 张莉 | 杨梦颖 | 徐彤彤 | 姚丹 | 严佳莉 | 钱洁 |
| 程圆圆 | 鲁倩倩 | 陈晓磊 | 王乐嫣 | 蔡辰 | 王家骓 | 卢珊 | 秦聪瑶 | 王誉烨 |
| 时振杰 | 徐玲玲 | 程正露 | 刘洋 | 赵曦宇 | 王悦 | 邵晶 | 苑继方 | 徐亚蓉 |
| 范莹艳 | 周慧敏 | 宣谊 | 陈孟莹 | 李小萍 | 吴培佩 | 邵颖 | 刘阳 | 江佩昱 |
| 陆欧慧 | 邹云 | 陆晨龙 | 顾莹洁 | 吴丹萍 | 董芸 | 蔡梦菲 | 钱琦 | 周洒君尔 |

| | | | | | | | | |
|---|---|---|---|---|---|---|---|---|
| 吴俊娣 | 周 源 | 戚高红 | 蒋 淏 | 费心远 | 华 峥 | 辛笑颖 | 周嘉华 | 蒋臻菡 |
| 钱 盈 | 李珏萍 | 陈 莹 | 谢心汝 | 李 坤 | 浦金怡 | 刘俊文 | 孙 瑶 | 任 茜 |
| 朱 烨 | 俞旻倩 | 濮雪佳 | 范粼粼 | 葛 玥 | 王 钰 | 顾 茗 | 朱怡霖 | 戴佳磊 |
| 顾 宏 | 周雪滔 | 黄佳姮 | 李 佳 | 黄静嘉 | 唐晨亚 | 沈伟洁 | 孔 烨 | 朱丹婷 |
| 张 汐 | 薛倩雯 | 张 芸 | 邵梦依 | 谢 波 | 陈 莉 | 吴晓丹 | 刘冲冲 | 张 力 |
| 刘 锴 | 宋仪平 | 刘铭洲 | 俞 敏 | 谢凌婷 | 张 敏 | | | |

2015级工商管理（专升本科）、2013级国际经济与贸易（高升本科）、2015级国际经济与贸易（专科）、2015级会计（专科）、2013级会计学（高升本科）、2015级会计学（专升本科）、2015级建筑工程管理（专科）、2015级建筑学（专升本科）、2015级社会工作（专科）、2015级社会学（专升本科）、2015级土木工程（专升本科）

（无锡现代远程教育）（65人）

| | | | | | | | | |
|---|---|---|---|---|---|---|---|---|
| 王 亮 | 刘 叶 | 蒋 铃 | 蔡婧婧 | 虞俊彦 | 孙大伟 | 吕梦婷 | 陈 曦 | 孙浩烜 |
| 毛 盛 | 严晓一 | 范晏玮 | 华晓华 | 李 洁 | 顾 磊 | 黄 瑶 | 尤振宏 | 华亦杰 |
| 王榕浩 | 谢宗霖 | 李嘉莹 | 许秦源 | 吴梦洁 | 费勤珂 | 丁忆雯 | 李 超 | 许 鑫 |
| 沈艺琳 | 王晨宏 | 濮一超 | 王世娟 | 刘 云 | 徐晓骏 | 张万军 | 吴逸健 | 王 清 |
| 吕晓虎 | 沈 伟 | 李长柱 | 殷怡帆 | 缪伟涛 | 朱晓锦 | 李长跃 | 李长青 | 张 莉 |
| 葛宇飞 | 金 君 | 林丹卫 | 陈丽萍 | 张村松 | 高云翔 | 陆 峥 | 黄中杰 | 李垚辰 |
| 张天华 | 金 凯 | 严纯奇 | 王志城 | 唐 强 | 任珂忞 | 潘 鑫 | 殷振荣 | 鲍成静 |
| 刘亚进 | 沈 亮 | | | | | | | |

2015级畜牧兽医（专科）、2015级动物医学（专升本科）、2015级工程造价（专科）、2013级工商管理（高升本科）、2015级工商管理（专升本科）、2013级国际经济与贸易(高升本科)、2015级国际经济与贸易（专升本科）、2015级行政管理（专升本科）、2015级化学工程（专科）、2015级环境工程（专升本科）、2015级会计（专科）、2015级会计（农村会计方向）（专科）、2013级会计学（高升本科）、2015级会计学（专升本科）、2015级会计学（农村会计方向）（专升本科）、2015级机电一体化技术（专科）、2015级机械工程及自动化（专升本科）、2015级机械设计与制造（专科）、2013级机械设计制造及其自动化（高升本科）、2015级计算机科学与技术（专升本科）、2015级计算机网络技术（专科）、2015级计算机信息管理（专科）、2015级建筑工程管理（专科）、2015级建筑学（专升本科）、2015级经济管理（专科）、2015级农学（专升本科）、2015级农业机械化及其自动化（专升本科）、2015级农业机械应用技术（专科）、2015级农业技术与管理（专科）、2015级农业经济管理（专科）、2015级农业水利工程(专升本科)、2015级农业水利技术（专科）、2015级人力资源管理（专科）、2015级人力资源管理（专升本科）、2015级社区管理与服务（专科）、2015级食品科学与工程(专升本科)、2015级水产养殖学（专升本科）、2015级土地资源管理（专升本科）、2015级土木工程（专升本科）、2013级物流管理（高升本科）、2015级物流管理（专科）、2015级物流管理（专升本科）、2013级信息管理与信息系统（高升本科）、2015级园林（专升本科）、2015级园林技术（专科）、2015级园艺（专升本科）、2015级园艺技术（专科）、2015级植物保护（专升本科）、2008级信息管理与信息系统（高升本科）、2014级农业水利工程（专升本科）

（无锡渔业学院）（485人）

| | | | | | | | |
|---|---|---|---|---|---|---|---|
| 杨定理 | 安红芳 | 陈学仁 | 董自凤 | 窦凯荣 | 何勇 | 刘荣 | 鹿猛 | 梅爱军 |
| 聂鹏 | 王志彬 | 徐天 | 郑书高 | 严磊鑫 | 闫震 | 董恒胜 | 孙荣海 | 潘腾 |
| 刘艳 | 穆春云 | 曹银亮 | 陈耕 | 陈晓健 | 陈玉 | 窦隽逸 | 冯凡 | 高建超 |
| 高玉凤 | 黄龙仁 | 田赵勇 | 王娇 | 王旭 | 王塬杰 | 徐丽丽 | 杨建鹏 | 杨勇 |
| 裔春舜 | 尤娜 | 袁圣鹏 | 季明江 | 刘崇庆 | 张芳芳 | 张委 | 张政 | 朱骏马 |
| 邹瑶瑶 | 史焰企 | 罗艳 | 路腊梅 | 刘娜 | 姜爱莲 | 王永存 | 杨卫峰 | 杨霞 |
| 孙雪峰 | 卞庆军 | 周新丽 | 左东升 | 李丹丹 | 孙春运 | 张金海 | 徐芝园 | 蔡健 |
| 刘燊 | 施林生 | 葛爱玲 | 曲娜 | 郑洲 | 陈小平 | 苏炜兵 | 王倩 | 高颖 |
| 肖业钊 | 唐驰惠 | 彭伍玲 | 朱光晓 | 贾樱樱 | 颜圆 | 朱大勇 | 阚晴宇 | 梁俊 |
| 许亚东 | 杨佳帆 | 姜梅 | 柳静 | 徐莹莹 | 仇素祥 | 杨新义 | 杨珊珊 | 韩贵勤 |
| 刘东 | 刘欣 | 周治 | 唐亚军 | 周娣 | 符俊青 | 陆艳 | 刘娜 | 游莉莉 |
| 臧子英 | 曾秀红 | 陈红 | 陈也 | 单海霞 | 单云娟 | 邓娜娜 | 房丽红 | 管大英 |
| 刘徐雅 | 陶绿叶 | 王丽 | 王演 | 赵建平 | 朱纯正 | 束亚青 | 孙荣娣 | 陈锋 |
| 房海燕 | 程明 | 杨红 | 徐彩虹 | 赵爽 | 朱虹 | 邓静静 | 杨央 | 陈爱传 |
| 刘佳明 | 朱秋泉 | 陈娟 | 陈丽莉 | 程艳红 | 丁海霞 | 丁玲 | 杜静 | 傅蔚 |
| 高晓文 | 顾敏燕 | 顾星 | 刘颖 | 吕文华 | 吕燕华 | 吕燕燕 | 申翠萍 | 沈健 |
| 施海燕 | 宋李琴 | 王亚清 | 吴桐 | 徐孝妍 | 许慧敏 | 杨进萍 | 俞小娟 | 张婷茹 |
| 周玉梅 | 朱蓓蓓 | 朱丽君 | 朱平平 | 史松奇 | 张黎 | 李杨 | 汤雪梅 | 程玲 |
| 王丽枝 | 俞霞 | 丁紫明 | 曹梅梅 | 陈永红 | 袁蕊 | 颜华娟 | 徐春 | 唐莺 |
| 王涛 | 谢亚琴 | 殷燕华 | 王秋生 | 周敏 | 杨成 | 陈如勇 | 陈长春 | 李建 |
| 潘小岳 | 王宣斌 | 王友涛 | 杨海峰 | 刘绪 | 邵迪 | 胡金荣 | 高海兵 | 李淑阳 |
| 韦翠平 | 奚皓 | 吴琳 | 张庭玮 | 王振 | 唐万勇 | 陈丽平 | 周楠 | 丁春东 |
| 沈建中 | 陈德祥 | 李乃胜 | 王萍萍 | 姜勤 | 李明铭 | 刘清华 | 陆文兵 | 骆海进 |
| 陶成武 | 徐远峨 | 张林 | 朱桂和 | 宗朋玉 | 顾军 | 顾海军 | 龚荣华 | 冯向军 |
| 卞康权 | 陈凤 | 崔琳 | 戴龙 | 戴元军 | 项春霞 | 张恒 | 曹岳磊 | 刁贞光 |
| 郭杰 | 黄凯 | 马人璨 | 田建荣 | 叶辉 | 苏尧 | 黄宝峰 | 陆伟冲 | 曾燕 |
| 方雨 | 蒋慧 | 王文静 | 张玲 | 沈亚琴 | 陈明 | 陈红亚 | 陈华 | 陈云 |
| 丁晓东 | 顾娟 | 季新梅 | 梁国春 | 柳希振 | 罗丽莎 | 朱惠 | 宗晓琴 | 吴银粉 |
| 杨斌 | 杨珍 | 岳银华 | 郑浩 | 周诚 | 王金成 | 石兴涛 | 蔡福华 | 蔡晓平 |
| 朱云 | 陈春 | 李春芹 | 李艳 | 潘龙岭 | 王众华 | 夏文成 | 薛志梅 | 周庆双 |
| 茆迎春 | 侍爱帮 | 沈田辉 | 陈正群 | 韦小滨 | 韩雪峰 | 缪俊峰 | 颜玉祥 | 刘爱玲 |
| 沈金龙 | 杨彬 | 张素琴 | 王梁亮 | 陆海娣 | 张金浦 | 何晓燕 | 贾建东 | 张治国 |
| 田国兵 | 杨爱新 | 殷红松 | 张仁兵 | 朱冰 | 任理想 | 吴正荣 | 李锦斌 | 高惠林 |
| 蔡建兵 | 陈信成 | 陈凯 | 崔学贵 | 顾金魁 | 徐清华 | 张国兵 | 周正达 | 季广军 |
| 陆明 | 顾增伟 | 钱金坤 | 闵爱红 | 赵进 | 张路路 | 于秀生 | 薛蕾 | 陈长松 |
| 方洁 | 蒋溯洋 | 茆海燕 | 倪同坤 | 邓国标 | 王家巧 | 王洪权 | 张德阳 | 陈春玲 |
| 陈晔 | 蒯刚 | 孙龙龙 | 徐慧 | 张彬 | 章在峰 | 陆云霞 | 钱华 | 胡效国 |
| 李冬梅 | 刘亚军 | 陈云高 | 郭小东 | 孙刚 | 夏荣兰 | 高春林 | 罗洪春 | 郭莉 |

| | | | | | | | |
|---|---|---|---|---|---|---|---|
| 洪艳华 | 李红兵 | 路国庆 | 苏扣艳 | 李运香 | 顾园园 | 孙海燕 | 沈　伟 | 王文文 |
| 董平平 | 刘珍珍 | 吴陈东 | 何　龙 | 丁海霞 | 丁建华 | 张力涛 | 姜　涛 | 杨建新 |
| 陈　静 | 管　磊 | 张　琳 | 曹林娟 | 何　奇 | 徐旦红 | 张越洲 | 吴春加 | 陶名娟 |
| 周思妤 | 张敏敏 | 张丽林 | 张曼曼 | 张　明 | 周佳谕 | 周乾飞 | 周晓峰 | 朱婷婷 |
| 卞丽丽 | 胡志玲 | 李　森 | 刘培培 | 马志高 | 盛　翔 | 施凌玲 | 徐　巍 | 夏建忠 |
| 吴志华 | 吴　昊 | 王璐璐 | 葛泽恩 | 戴强勇 | 崔嘉兴 | 陈　鹏 | 查　艳 | 冯　琴 |
| 单国梅 | 王海洋 | 周洪艳 | 朱学玲 | 顾克见 | 丁　亮 | 屈高峰 | 孙　晨 | 赵　旭 |
| 杨德祥 | 周子清 | 苏　鹏 | 陈旭东 | 董　诚 | 陈玉华 | 俞　杰 | 董东东 | 段鹤洋 |
| 李冬生 | 郑　勇 | 陆兴帅 | 袁　洁 | 卞　蕾 | 曹红美 | 常建飞 | 何小燕 | 何雨风 |
| 黄江燕 | 蒋　明 | 林　欢 | 刘正芳 | 陆　佳 | 陆志豪 | 罗翠翠 | 吕　峰 | 彭佳丽 |
| 孙斌君 | 滕　梦 | 万　鹏 | 王东玲 | 王　芳 | 王国涛 | 魏林军 | 谢　峰 | 袁银平 |
| 张银欢 | 张　瑛 | 邹　雪 | 汤瑞华 | 周爱兰 | 张小萍 | 蒋风兰 | 陈正刚 | 顾　赛 |
| 吕　宪 | 葛骆祥 | 冯　柯 | 马丽丽 | 潘宏燕 | 杨　黎 | 史巧敏 | 张伟杰 | 魏　娜 |
| 李　捷 | 马金玲 | 奚卫华 | 殷益官 | 朱思霖 | 管　斌 | 陆　铭 | 栾　慧 | 常琪雨 |
| 黄　翔 | 宋正华 | 张红炎 | 崔立左 | 姜　文 | 李雪珍 | 田晓刚 | 缪学田 | 周　松 |
| 张　婵 | 蔡　健 | 戴启洲 | 顾军军 | 沈玉良 | 杨恒花 | 生　瑶 | 周　琴 | |

2015级畜牧兽医（专科）、2015级动物医学（专升本科）、2015级风景园林（专升本科）、2015级工商管理（专升本科）、2015级行政管理（专升本科）、2015级会计学（专升本科）、2015级会计学（农村会计方向）（专升本科）、2015级机械工程及自动化（专升本科）、2015级建筑工程管理（专科）、2015级金融学（专升本科）、2015级农村行政与经济管理（专科）、2013级农学（高升本科）、2015级农学（专升本科）、2015级农业机械化及其自动化（专升本科）、2015级农业技术与管理（专科）、2015级农业水利工程（专升本科）、2015级农业水利技术（专科）、2015级人力资源管理（专科）、2015级人力资源管理（专升本科）、2015级食品科学与工程（专升本科）、2015级市场营销（专升本科）、2015级土地资源管理（专升本科）、2015级土木工程（专升本科）、2015级物流管理（专科）、2015级物流管理（专升本科）、2015级园林（专升本科）、2015级园林技术（专科）

（盐城市响水县广播电视大学）（85人）

| | | | | | | | |
|---|---|---|---|---|---|---|---|
| 孙学章 | 梅海刚 | 丁　丽 | 彭胜斌 | 毛　炼 | 吴　刚 | 吴智红 | 朱　琳 | 陈卢栋 |
| 朱　胜 | 卢峥嵘 | 张灿军 | 王　坤 | 叶孔尚 | 蒋胜华 | 朱君海 | 王　军 | 叶桂宏 |
| 张　伟 | 杨正清 | 殷胜贤 | 陈　锋 | 王成钢 | 徐冠军 | 龚乔林 | 刘　清 | 王　军 |
| 史国芹 | 葛莉丽 | 夏　清 | 殷乃猛 | 曾文聪 | 周晓庆 | 陆富宏 | 王　娟 | 周军萍 |
| 吴　骏 | 曹刚毅 | 朱　媚 | 马秀果 | 孙子茹 | 高　峰 | 金小启 | 何　涛 | 王前兵 |
| 嵇俊杰 | 吴金福 | 沈恒春 | 杨　久 | 刘　丹 | 周利平 | 周运军 | 杜　柏 | 汪　淳 |
| 沙扣红 | 张一凡 | 邵明磊 | 潘龙芹 | 江慧慧 | 高　爽 | 黄　媛 | 张伟伟 | 赵海荣 |
| 刘　乐 | 陈煜峰 | 赵　腾 | 叶　瀚 | 马嘉琪 | 仇浩然 | 常　远 | 周　静 | 杨　琴 |
| 吴子侠 | 马雄文 | 凌　轶 | 陆　榴 | 陆尽尧 | 侯　俊 | 胥　芳 | 张佳羽 | 陈雪琴 |
| 陆建林 | 刘红兵 | 沈志权 | 沈　烨 | | | | | |

2015级畜牧兽医（专科）、2015级会计（专科）、2015级会计（农村会计方向）（专

科)、2015 级会计学（农村会计方向）（专升本科）、2015 级机械工程及自动化（专升本科）、2015 级金融学（专升本科）、2015 级农村行政与经济管理（专科）、2013 级农学（高升本科）、2015 级农学（专升本科）、2015 级农业技术与管理（专科）、2015 级农业水利技术（专科）、2015 级食品科学与工程（专升本科）、2015 级园林（专升本科）、2015 级园艺（专升本科）、2015 级园艺技术（专科）、2014 级畜牧兽医（专科）

（江苏农民培训学院）（38 人）

| | | | | | | | | |
|---|---|---|---|---|---|---|---|---|
| 张　伟 | 叶　楚 | 史玉春 | 孙　东 | 黄　蓉 | 孙苏梅 | 刘多多 | 章学敏 | 胡静如 |
| 刘明惠 | 张晓梅 | 孙星球 | 陈　飞 | 朱楠楠 | 何其福 | 李月林 | 陈小青 | 茆顺苗 |
| 罗　军 | 沈亚飞 | 董媛媛 | 邵慧东 | 朱义忠 | 钱　勇 | 赵　辉 | 李　宝 | 吴　啸 |
| 刘　淼 | 李小泉 | 赵志芳 | 刘　琳 | 朱　晓 | 刘　琼 | 卫小林 | 梁　艳 | 周　飞 |
| 王少枫 | 黄妙其 | | | | | | | |

2015 级化学工程（专科）、2013 级化学工程与工艺（高升本科）、2015 级会计（农村会计方向）（专科）、2015 级机械设计与制造（专科）、2013 级机械设计制造及其自动化（高升本科）、2015 级计算机网络技术（专科）、2015 级计算机信息管理（专科）、2015 级建筑工程管理（专科）、2015 级数控技术（专科）、2013 级土木工程（高升本科）、2015 级园林技术（专科）、2014 级数控技术（专科）、2013 级数控技术（专科）

（江苏省盐城技师学院）（429 人）

| | | | | | | | | |
|---|---|---|---|---|---|---|---|---|
| 卢凯鹏 | 李　月 | 陈潇然 | 张　蕊 | 商叶叶 | 周春雨 | 庄秀梅 | 沈　慧 | 梁　月 |
| 纪妍茹 | 李甜甜 | 张　颖 | 王　静 | 张恒柳 | 顾美辰 | 李小毛 | 崔梅媚 | 蔡　蕊 |
| 吴　悦 | 王　雯 | 唐　娟 | 顾姝姝 | 王云云 | 陆兰兰 | 万曰成 | 陶兴州 | 王陈艳 |
| 王林莉 | 王　林 | 郭婷婷 | 刘素华 | 高水将 | 苏倩倩 | 卢本杰 | 贺　静 | 朱文祥 |
| 羊　涛 | 徐哲伟 | 李　旺 | 乐建鑫 | 孙志鹏 | 史潇伟 | 陈　辰 | 蔡荣荣 | 朱必兰 |
| 许传洋 | 左强强 | 刘兴来 | 谈利积 | 倪　磊 | 徐　俊 | 孙　睿 | 方　涛 | 付玉鹏 |
| 赵健名 | 穆远海 | 王　洋 | 程宾宾 | 李　帅 | 刘　将 | 董　卫 | 王金陵 | 花永红 |
| 肖　箫 | 杨国祥 | 唐　满 | 夏斯雄 | 邵华东 | 韩天时 | 汤　检 | 王　泽 | 葛志炜 |
| 杨　涛 | 王　伟 | 俞先涛 | 汪竹青 | 陈　杰 | 葛建东 | 许瑞橙 | 李梦甜 | 陈　健 |
| 周　凡 | 王　松 | 朱叶青 | 常朝让 | 王　冲 | 肖　峰 | 陶　韬 | 王　艺 | 李　成 |
| 王首香 | 王亚萍 | 安玉菁 | 吴倩倩 | 王治南 | 黄　琴 | 王　凯 | 张一飞 | 陈　成 |
| 高　杨 | 包树松 | 苗守伟 | 崇　皓 | 尤茂彬 | 周　海 | 王　鹏 | 张津翊 | 王高尚 |
| 高志宇 | 于　飞 | 崔贵洋 | 赵华鼎 | 唐　浩 | 施　唯 | 赵　峰 | 袁俊川 | 杨林森 |
| 刘国裕 | 蔡志强 | 魏克龙 | 詹鹏程 | 孙永兆 | 夏文健 | 陈永超 | 刘　犇 | 周　雪 |
| 商国云 | 伏彩云 | 吉兆轩 | 高　磊 | 高　峰 | 侍培勤 | 潘道阳 | 汪　杰 | 徐子轩 |
| 王　浩 | 单　诚 | 王斯洋 | 孙　旺 | 钱大力 | 张　皓 | 唐　锋 | 倪世豪 | 刘　锋 |
| 成豪杰 | 袁东辉 | 刘兆胜 | 卞康南 | 曹　棋 | 杨　帆 | 韩　崎 | 孟迎港 | 李　想 |
| 周　勋 | 周　聪 | 赵　磊 | 包树林 | 郭俊安 | 周　磊 | 王　成 | 戴香港 | 王　羽 |
| 张　锦 | 陈洋宝 | 唐　镇 | 邱　飞 | 万中跃 | 丁　亮 | 徐　瑞 | 朱　弘 | 陈梦洁 |
| 刘　伟 | 王　锋 | 万　健 | 曾乃方 | 喻　添 | 梁锦青 | 张立双 | 花汉彬 | 周　云 |
| 卞艺苑 | 孙文谊 | 姜　钊 | 丁　成 | 左　杰 | 王　玮 | 仇志建 | 沈玉成 | 聂正凯 |
| 丁思琪 | 裴　胜 | 付学健 | 张　浩 | 符　皓 | 陈　飞 | 韩文文 | 董　昊 | 时斌斌 |

| | | | | | | | | |
|---|---|---|---|---|---|---|---|---|
| 吴长权 | 郭龄聪 | 陈荣俊 | 张　强 | 宋洁云 | 成德良 | 史晓妹 | 周　杰 | 贺婷婷 |
| 陈奎榕 | 宋　旭 | 段　玉 | 路中佳 | 郭鼎立 | 陈　涛 | 徐春联 | 马海勋 | 吕翰池 |
| 陈胜聪 | 姚明坤 | 孙　楠 | 陈　前 | 周世广 | 徐韦韦 | 周顺洋 | 周伯承 | 侯兴峰 |
| 蔡永胜 | 崔加栋 | 樊仁杰 | 王静文 | 陈国良 | 王爱兵 | 张建生 | 张建成 | 王　朋 |
| 高进涛 | 李永缘 | 张　举 | 彭军强 | 苏中华 | 程　阳 | 商　钰 | 王　堃 | 翟玉祥 |
| 吴立雄 | 汪涵青 | 何　伟 | 李青龙 | 施步高 | 邱　禹 | 吴　伟 | 胡耀武 | 刘　挺 |
| 刘邵华 | 季　鹏 | 黄月聪 | 丁子阳 | 王雄志 | 吴海军 | 朱峰成 | 王元明 | 孙士杰 |
| 咸　磊 | 单文杰 | 顾启杭 | 许传文 | 李学思 | 潘国强 | 仲　慧 | 朱义金 | 于庆楠 |
| 王　瑞 | 朱正满 | 薛　杭 | 范红元 | 徐　昊 | 金友文 | 沈　政 | 罗　浩 | 张兴成 |
| 朱其昊 | 王明辉 | 夏　松 | 黄显龙 | 胡文羽 | 胡　函 | 杨建成 | 蒋红爽 | 丁国晖 |
| 徐　丰 | 陈　帅 | 魏佩华 | 李立柱 | 肖森林 | 刘　越 | 柏　胜 | 吴宏林 | 李广华 |
| 王　瑾 | 姜　林 | 徐维江 | 万玉春 | 吴　习 | 吴斌斌 | 唐　健 | 葛志昊 | 许　程 |
| 顾　晟 | 李海潮 | 孙立国 | 吕　童 | 杨　勇 | 李丰富 | 韩　康 | 王成斌 | 马洲洲 |
| 周炜朝 | 陈宣宇 | 李　俊 | 冯静鹏 | 刘　琼 | 刘　钢 | 薛丰强 | 伏广宇 | 凌修文 |
| 陈建玲 | 王国华 | 孙步康 | 王　礼 | 李贵军 | 胡　肖 | 王俊贤 | 陈文龙 | 董　悦 |
| 孙世军 | 陶　金 | 陈仁高 | 阴建文 | 沈　何 | 袁　韬 | 李星旺 | 吴　兵 | 周官军 |
| 孙德忠 | 孙　亮 | 周耀林 | 徐寿堂 | 夏　锋 | 田文文 | 刘春波 | 郁伟诚 | 王远朋 |
| 潘　浩 | 张学辉 | 赵茂伟 | 彭光仪 | 陆子晗 | 刘　建 | 陈路祥 | 朱媛媛 | 于莉飞 |
| 朱　椿 | 王　兵 | 庄无忌 | 郭志豪 | 黄陈生 | 许　颖 | 季海生 | 杨　旭 | 李　贺 |
| 袁帅南 | 陆　维 | 黄　杰 | 王成宇 | 朱　晨 | 文陈琛 | 陈　娟 | 于晓东 | 刘家麒 |
| 倪　建 | 陈永春 | 张　龙 | 陈佳颖 | 成　明 | 周　伟 | 王栋杰 | 徐闻静 | 刘　念 |
| 王召笛 | 薛宇驰 | 谢启迪 | 罗　意 | 徐龙松 | 史开放 | 史雷雷 | 戚明亮 | 翟　欣 |
| 翁　杰 | 汤时雨 | 顾学凯 | 蔡　飞 | 梁化祥 | 管颖群 | 汪楠楠 | 单丹丹 | 仲　跃 |
| 童　远 | 朱家庆 | 孟庆荣 | 陈丽娟 | 周欢晟 | 张　明 | 王　琰 | 李国强 | 朱敏娜 |
| 蔡　玮 | 钱　深 | 王纪燕 | 宋芙蓉 | 吴小桐 | 王业恒 | 顾林玲 | 仇雯雯 | 武晓文 |
| 张　琪 | 陈　楠 | 祁　勇 | 孙云华 | 朱世邦 | 梁国强 | | | |

2015级畜牧兽医（专科）、2013级电子商务（高升本科）、2015级电子商务（专科）、2015级动物医学（专升本科）、2015级工商管理（专升本科）、2013级国际经济与贸易（高升本科）、2015级国际经济与贸易（专科）、2015级国土资源管理（专科）、2015级行政管理（专升本科）、2015级环境工程（专升本科）、2015级会计（专科）、2015级会计（农村会计方向）（专科）、2013级会计学（高升本科）、2015级会计学（专升本科）、2015级会计学（农村会计方向）（专升本科）、2015级机电一体化技术（专科）、2015级机械工程及自动化（专升本科）、2013级机械设计制造及其自动化（高升本科）、2015级计算机信息管理（专科）、2015级建筑工程管理（专科）、2015级建筑学（专升本科）、2015级经济管理（专科）、2015级农村行政与经济管理（专科）、2013级农学（高升本科）、2015级汽车运用与维修（专科）、2015级人力资源管理（专升本科）、2015级社会工作（专科）、2015级社区管理与服务（专科）、2013级土木工程（高升本科）、2015级土木工程（专升本科）、2015级土木工程检测技术（专科）、2015级物流管理（专科）、2015级物流管理（专升本科）、2013级信息管理与信息系统（高升本科）、2015级信息管理与信息系统（专升本

科)、2013 级园林（高升本科）、2015 级园林（专升本科）、2015 级园林技术（专科）、2015 级园艺（专升本科）、2015 级园艺技术（专科）、2011 级物流管理（专科）、2013 级计算机应用技术（专科）、2014 级会计（专科）、2014 级汽车运用与维修（专科）、2014 级畜牧兽医（专科）、2014 级数控技术（专科）

（盐城生物工程高等职业学校）（449 人）

| | | | | | | | | |
|---|---|---|---|---|---|---|---|---|
| 徐广胜 | 孙金林 | 单治伟 | 陈慧玲 | 周迅羽 | 张 娴 | 钱海燕 | 陈园园 | 朱胜男 |
| 汪 会 | 王 仲 | 赵晶晶 | 周方剑 | 李书利 | 张永宏 | 侯梦梦 | 陈 瑾 | 李 迎 |
| 王 萍 | 石 森 | 王 维 | 邱中奇 | 朱春香 | 徐 霞 | 崔治国 | 姜爱国 | 唐瑞洲 |
| 仇 剑 | 陈玉波 | 叶 锐 | 陈跃东 | 奚 伟 | 刘志丽 | 张 彬 | 薛正磊 | 朱福明 |
| 胡加源 | 高国森 | 陈 起 | 唐 剑 | 张 慎 | 王淑清 | 李文雯 | 沈婷婷 | 鲍陈燕 |
| 周星彤 | 张洁凤 | 吉玉丹 | 胥加粉 | 陈秋霞 | 许 园 | 郝婉茹 | 张圆圆 | 高 杨 |
| 胡红飞 | 陈 晨 | 孙 广 | 赵文艳 | 冷正娟 | 陈峥艳 | 张春燕 | 施小雨 | 陆其红 |
| 征存烨 | 马 帅 | 洪 芳 | 徐小娟 | 嵇薇薇 | 侍秀芳 | 陈玲玲 | 周文霞 | 刘 炳 |
| 顾 晨 | 杨 粉 | 刘秀秀 | 朱惠蓉 | 韦 婧 | 范二娟 | 仲园园 | 王志慧 | 杨雅奇 |
| 史建凤 | 李玥榕 | 解明珠 | 王蔚颖 | 冯廷廷 | 徐 玲 | 陈 成 | 徐立桂 | 程亚梅 |
| 吉亚男 | 徐 娟 | 彭秀干 | 黄 舒 | 孙金权 | 张 妍 | 江 平 | 王 川 | 王丽娜 |
| 刘 慧 | 严 园 | 严甜甜 | 周青颖 | 谷远鑫 | 刘 新 | 洪 桢 | 李 玥 | 孙 咛 |
| 吴 进 | 张 奇 | 康 德 | 马明明 | 王 浩 | 卢小笛 | 吴开标 | 陈 晖 | 李 艳 |
| 金 凯 | 李 冲 | 张 笑 | 郑前程 | 顾春生 | 练 瑒 | 杨必铭 | 刘 建 | 沈艾华 |
| 黄晨阳 | 王文俊 | 王栓栓 | 郭海瑞 | 周本才让 | 冶 炜 | 秦 俊 | 王丹阳 | 吴 扬 |
| 魏日涛 | 王佳武 | 蒋 越 | 吉成业 | 靳冲冲 | 徐 娟 | 张美玲 | 陆媛媛 | 徐跃铭 |
| 吴晓燕 | 蔡 超 | 陈海霞 | 余 旺 | 马治龙 | 唐春柏 | 尤 岗 | 严 楠 | 程荣霞 |
| 严红宝 | 程荣珍 | 印宝贵 | 顾志霞 | 鞠 惠 | 沈明明 | 周华舟 | 刘永锋 | 余龙海 |
| 孙玮玮 | 柏鹏程 | 严国顺 | 王 平 | 王群兰 | 童万成 | 温祝春 | 王 威 | 王晨光 |
| 孙小荣 | 陆 洋 | 金辉东 | 李建朝 | 夏雪锋 | 陈研瑞 | 高 彬 | 印宝伟 | 仇顺潮 |
| 仇顺海 | 朱 敏 | 陆一凡 | 赵 梅 | 陈连文 | 沈 成 | 王军峰 | 张 涛 | 吴小骏 |
| 高 雷 | 徐广海 | 韩佳民 | 杨晓龙 | 周法明 | 李刘涛 | 孟志刚 | 薛从建 | 陈寿龙 |
| 王 云 | 严小芳 | 董立国 | 李文华 | 龚建兵 | 杨洪华 | 王兆俊 | 徐红春 | 刘萍萍 |
| 沈建飞 | 董加邦 | 陈海燕 | 翟书兰 | 王倩云 | 林培培 | 罗爱华 | 马丹丹 | 陈 霞 |
| 王泽君 | 吴冬琴 | 顾明敏 | 崔振华 | 姜婷玉 | 沈思琪 | 皋婷婷 | 张跃玲 | 刘 倩 |
| 李冬雪 | 胡 婷 | 杨质清 | 李菁菁 | 朱慧敏 | 卞爱月 | 吴 倩 | 姜慧敏 | 管晶晶 |
| 靳 静 | 孙景梁 | 周平平 | 刘炳尧 | 计佳妮 | 顾月辉 | 陈先刚 | 卞国权 | 杨 钰 |
| 仝 斌 | 王春昊 | 潘 静 | 安国荣 | 董长龙 | 黄思磊 | 房志华 | 潘 秀 | 乔中奇 |
| 卞林松 | 张银杏 | 张永山 | 潘华东 | 高庆国 | 齐文亮 | 曹冬雨 | 张志农 | 曹正兵 |
| 朱正高 | 王 军 | 刘 刚 | 罗振海 | 赵凤军 | 丁加新 | 夏李根 | 金晓冬 | 李德成 |
| 刘 昊 | 单 鹏 | 周 羽 | 杨正明 | 钱小龙 | 徐德森 | 温 勇 | 王志勤 | 应碧清 |
| 费 婷 | 祁建妹 | 周 云 | 顾杰文 | 倪晓康 | 陆军军 | 仝 芳 | 郭 宏 | 杨 帆 |
| 杨明明 | 陈 浩 | 崔龙辉 | 栗文强 | 刘高杰 | 孙凡路 | 王 坤 | 杨旭鹏 | 益耀兵 |
| 张书凯 | 赵 飞 | 周 涵 | 李新超 | 殷楚杰 | 陈鹏辉 | 侯卫鹏 | 韦志刚 | 惠艾华 |

| | | | | | | | | |
|---|---|---|---|---|---|---|---|---|
| 孙 强 | 蒋思烽 | 刘永贵 | 李 鑫 | 张春杉 | 李进龙 | 倪尔宝 | 王志瑞 | 周 振 |
| 欧云天 | 马笑元 | 周加光 | 宋长伟 | 陈婷婷 | 徐 萍 | 何 军 | 石 珏 | 陈 莉 |
| 陆成敏 | 陆泓羽 | 刘景骅 | 杨 松 | 徐广林 | 谷盛先 | 周德刚 | 张林浩 | 彭荣祥 |
| 游 洋 | 宋长生 | 邵淑敏 | 李光明 | 王柏强 | 张 钧 | 季金付 | 陈万芹 | 许丽华 |
| 徐习峰 | 袁东胜 | 梁 婷 | 孙 清 | 王 磊 | 皮强风 | 陈 成 | 王树恒 | 李 龙 |
| 张长春 | 尹成安 | 王 林 | 蒋 伟 | 李 健 | 丁葛阳 | 朱丽丽 | 巩玫瑰 | 于杏华 |
| 高明霞 | 张 琪 | 张学成 | 王 锐 | 胡昆立 | 魏金磊 | 谭继红 | 花 梅 | 杨 荣 |
| 刘 臣 | 李利华 | 智 航 | 韦 茜 | 孟 燃 | 周加才 | 龚丽华 | 于晓倩 | 于志平 |
| 周成东 | 袁 圆 | 贾 斌 | 谷 艳 | 蔡韧和 | 陈迪超 | 朱苏珍 | 严 凯 | 陈月婷 |
| 傅兆亚 | 黄雪琴 | 杨 曼 | 顾红霞 | 曹毛朵 | 徐成成 | 严浩然 | 陈婉瑶 | 苏 川 |
| 吴金炳 | 张敏芳 | 张启海 | 王 云 | 杨胜杰 | 张 惠 | 张 峰 | 朱秀娣 | 陈冬冬 |
| 傅玲玲 | 严 斌 | 秦雄伯 | 徐永霞 | 臧延盛 | 程煜彬 | 屈士杰 | 王 鼎 | 蔡惠娟 |
| 嵇先勇 | 马兆玲 | 李 昱 | 洪 龙 | 王 强 | 梁开雪 | 孟庆会 | 尤玉娟 | 王 乐 |
| 冯 娟 | 王加亮 | 孙 兰 | 陈思杰 | 孙荣蓉 | 毛冠军 | 左叶青 | 杨国翔 | 钱 兵 |
| 韩庆保 | 李亚芳 | 荣耀宗 | 王成斌 | 沙 佩 | 汤鹏宇 | 路宗原 | 崇丽丽 | 季清雯 |
| 陈 霞 | 李玉国 | 许新宇 | 阿勒达尔特 | 叶尔定达拉 | | 多日杰尖木措 | | 才让年知海 |
| 卡斯德尔·巴霍加 | | | | | | | | |

2013级电子商务（高升本科）、2015级电子商务（专科）、2015级工程造价（专科）、2015级机械设计与制造（专科）、2013级机械设计制造及其自动化（高升本科）、2013级计算机科学与技术（高升本科）、2015级计算机网络技术（专科）、2015级建筑工程管理（专科）、2015级汽车检测与维修技术（专科）、2013级网络工程（高升本科）、2013级物流管理（高升本科）、2015级物流管理（专科）、2014级建筑工程管理（专科）、2013级工程造价（专科）、2013级机电一体化技术（专科）、2013级汽车检测与维修技术（专科）、2013级机械工程及自动化（专升本科）、2012级动漫设计与制作（专科）、2014级图形图像制作（专科）、2014级会计（专科）、2014级汽车检测与维修技术（专科）

（江苏省扬州技师学院）（433人）

| | | | | | | | | |
|---|---|---|---|---|---|---|---|---|
| 叶林云 | 田 悦 | 赵思琴 | 顾培婷 | 樊学军 | 王轶伦 | 沈敏敏 | 王 霞 | 王 园 |
| 朱 梦 | 苏 静 | 崇晓婷 | 石 琦 | 赵晶晶 | 仇思雨 | 樊 雯 | 周锦霞 | 张佳慧 |
| 周 英 | 居 妍 | 李 迪 | 谢一鸣 | 陈 曦 | 潘子钰 | 袁 飞 | 沈琪俊 | 郑 成 |
| 顾 航 | 徐子龙 | 高凌峰 | 吉晓雨 | 王秋林 | 黄久亮 | 谈亚兰 | 丁永国 | 金永皓 |
| 金鹏飞 | 康航玥 | 丁 雨 | 李 静 | 韩晓蕾 | 周 朦 | 陈馨悦 | 陈晶晶 | 季迁泽 |
| 蒋永鑫 | 张 晨 | 孙思浩 | 顾芮鑫 | 陶凯凯 | 张元列 | 吴 健 | 周寅达 | 邹 勇 |
| 顾王炎 | 张 磊 | 张 睿 | 张 伟 | 张 犇 | 毛贵林 | 刘 俊 | 丁文昊 | 李明亮 |
| 项 杨 | 陆 伟 | 彭佳伟 | 袁耀程 | 邢 涛 | 王 俊 | 徐 帅 | 陈光宇 | 许 寅 |
| 倪 竟 | 许 欢 | 吴宏志 | 魏国银 | 季姜伟 | 查咏骐 | 张 鹏 | 刘永康 | 李 宇 |
| 叶 成 | 陶玉权 | 李寅露 | 刘 洋 | 严云鹏 | 刘 波 | 孙静阳 | 林 枫 | 史 坚 |
| 张志文 | 李楚玥 | 屈梦辰 | 黄 展 | 金 超 | 董 政 | 马程阳 | 朱洪强 | 徐 颖 |
| 郝吉平 | 陈 辉 | 薛 峰 | 郑 领 | 王 朦 | 杨兴鑫 | 乔 劢 | 绪昌吉 | 万 笑 |
| 程 章 | 刁文祥 | 朱宏林 | 郭爱涛 | 王 飞 | 陈 岩 | 王君妍 | 金 玲 | 刘维敏 |

| | | | | | | | | |
|---|---|---|---|---|---|---|---|---|
| 赵丹 | 何流 | 王越 | 李欢 | 仲如一 | 陈东 | 朱王辉 | 黄杰 | 张淼 |
| 俞瀚霖 | 邓强 | 陈寅 | 代佳禾 | 梁纬国 | 陈子强 | 张鑫 | 刘超峰 | 嵇尚巍 |
| 孙浩 | 王菊香 | 丁雅南 | 朱晨光 | 陈旭东 | 任庆华 | 沈辰杰 | 蒋佳其 | 张瑛 |
| 曹翔 | 孙朋阳 | 才让扎西 | 格勒 | 赛旦加 | 李勇 | 仁青措 | 桑斗杰 | 杨卢 |
| 周君越 | 王智超 | 曹海峰 | 陈杰 | 李泽泷 | 孙华琦 | 仲叶青 | 周依晓 | 时传琪 |
| 高研凡 | 凌丹 | 孙祥雨 | 朱嘉诚 | 李剑 | 巫经纬 | 俞斌 | 郝彤 | 倪科 |
| 唐臻明 | 朱鑫莹 | 陈鹏 | 付钰 | 张津铭 | 高鹏 | 严格 | 高俊龙 | 蒋勤力 |
| 钟嘉伟 | 丁泽祥 | 江龙 | 许翔 | 季楠杨 | 张禹 | 薛淋 | 肖凯 | 余将 |
| 李翔 | 张皓然 | 赵号号 | 许春旺 | 卜晨 | 赵萌 | 吴云 | 叶星 | 魏浩然 |
| 束宇 | 孔海鹏 | 周贺龙 | 徐涛 | 栾诚 | 程一航 | 沙凯 | 王彭 | 杨心宇 |
| 邓超 | 魏文杰 | 潘桂浏 | 宰玉豪 | 庞敏 | 刘旭 | 刘建鑫 | 许成 | 勾连杰 |
| 罗锦涛 | 孙涛 | 倪冬 | 孙宇 | 刘超 | 胡昌东 | 朱韦源 | 陈璇 | 许星 |
| 周家俊 | 吴保基 | 王鹏 | 张盖 | 刘威 | 周晓晖 | 李宏炜 | 刘磊 | 曹飞舟 |
| 张闻 | 王吉悦 | 丁涵 | 孟报 | 谷艳茹 | 陈明 | 李修宇 | 任竞 | 褚雯 |
| 耿思嘉 | 张海霞 | 梁茜茜 | 王晨旭 | 殷亚静 | 陈雪梅 | 李玲 | 曹玲 | 董月 |
| 殷长智 | 刘化雨 | 张浩瀚 | 麻梁男 | 付生军 | 薛磊 | 袁良秋 | 曹昕晨 | 丁帅 |
| 王金鑫 | 时晓宇 | 邵涛 | 梁忠健 | 施泓宇 | 吉祥 | 乔贵庚 | 金炜诚 | 银青加 |
| 李祥 | 贺远 | 王恺 | 汤杰 | 王卿 | 侯艳波 | 马源懋 | 陈康 | 文昌尼玛 |
| 李远 | 贾佑文 | 王涛 | 嵇尚坤 | 谈露 | 王翔 | 郑振 | 李威 | 鹿存旭 |
| 刘磊 | 谢勇 | 南吉多杰 | 张成 | 张所鹏 | 谭凯 | 叶常青 | 朱仁智 | 王强 |
| 张小含 | 张顺 | 强兴开 | 顾家鹏 | 周小龙 | 任炳宇 | 叶峰 | 王坤 | 陈宗 |
| 许学林 | 陈帆 | 徐祥宇 | 韩浩然 | 杨步全 | 谭毛毛 | 周久跃 | 周光耀 | 吴有祥 |
| 王娇 | 潘仕卫 | 杨超 | 金晖 | 朱文彬 | 吴圣宇 | 刘晨虎 | 李子恒 | 杨心成 |
| 潘慧宇 | 刘双 | 林袁军 | 江凯 | 叶青 | 余子健 | 李俊龙 | 卢凯 | 李文犀 |
| 庞毓 | 吴彬 | 高翔 | 袁泽涛 | 王文睿 | 张棋 | 赵霖 | 张豪 | 卢巍巍 |
| 屠国川 | 薛孟伟 | 高雪飞 | 杨辉 | 闵继开 | 刘定泽 | 刘航滨 | 潘建铭 | 陆明宇 |
| 尤志伟 | 缪爱杰 | 吴显文 | 金言 | 王宇翔 | 陆袁彪 | 单勇 | 杨浩 | 胡宇 |
| 赵锐 | 张运 | 刘俊 | 张竞 | 刘伯方 | 嵇进 | 孙进东 | 周宇鹏 | 洪永祥 |
| 刘一成 | 陈可豪 | 郑浩然 | 陈龙 | 周猛 | 李明仁 | 耿彪 | 方理 | 高志宏 |
| 梁啸 | 黎遂丹 | 余婷 | 冯友莲 | 王丽丽 | 金玉峰 | 王峰 | 龚斌 | 汤可亚 |
| 孙中杰 | 葛大帅 | 王晓彬 | 戴金胜 | 张冶 | 胡程玮 | 陈敏 | 王鑫 | 钱佳 |
| 铁周 | 沈晨 | 翟太盼 | 严玉琴 | 解颖彭 | 邓文静 | 王春啸 | 谢美云 | 王逸帆 |
| 刘崇文 | 贡锦怡 | 王芹 | 后文婷 | 赵梦凡 | 郑嘉怡 | 顾桂屏 | 宋仁杰 | 李耀闻 |
| 钱志士 | 李志航 | 冯原 | 殷方淦 | 殷雄峰 | 葛彪 | 林鹏程 | 施辰铭 | 居圣彪 |
| 胡永鑫 | 陈美星 | 葛陈娟 | 吴迪 | 孙小颖 | 才本加 | 陈一鸣 | 陈浩 | 张楚龙 |
| 罗藏拉夫旦 | | | | | | | | |

（撰稿：董志昕　汤亚芬　孟凡美　梁晓
审稿：李友生　於朝梅　肖俊荣　审核：王俊琴）

# 国际学生教育

【概况】学校长短期国际学生 1 231 人，其中国际学历生 491 人（本科 62 人、硕士生 164 人、博士生 265 人）和国际非学历生 740 人（长期国际生 29 人、短期国际生 711 人），来自亚洲、非洲、欧洲、美洲和大洋洲的 99 个国家。国际学历生来自 66 个国家，其中"一带一路"沿线 53 个国家，占比约为 80%。毕业国际学生 66 人（博士生 29 人、硕士生 35 人、本科生 2 人），国际学生发表 SCI 研究论文 46 篇。

完善多元投入奖学金体系，加强奖学金体系的统筹管理，综合发挥奖学金对优秀生源的吸引力。长期国际学生包括中国政府奖学金生 376 人，中非"20＋20"高校项目奖学金生 20 人，江苏省政府外国留学生奖学金生 18 人（全额奖学金生 10 人，部分奖学金生 8 人），江苏省优才计划（TSP）项目生 17 人，南京市政府和南京农业大学校级联合奖学金生 19 人，南京市政府奖学金 12 人，南京农业大学校级全额奖学金 7 人，外国政府奖学金生 32 人，校际交换生 17 人，自费生 2 人。

国际学生所学专业主要分布于植物科学学部、动物科学学部、生物与环境学部、食品与工程学部、人文社会科学学部的 17 个学院，学科专业主要为农业科学、植物与动物科学、环境生态学、生物与生物化学、工程学、微生物学、分子生物与遗传学、管理学、经济学等优势学科和专业。国际学历生中以研究生为主，研究生占比 87.4%。

建立"趋同化管理"和"个别辅导"相结合的培养机制，严格规范管理。制订和完善《南京农业大学国际学生管理规定》（校外发〔2018〕108 号）、《南京农业大学国际学生奖学金管理办法》（校外发〔2018〕62 号）、《南京农业大学国际学生学费、住宿费收缴管理办法》和《南京农业大学国际学生公寓管理办法》（2019 年发布）、《南京农业大学国际学生手册》（2018 版）、《南京农业大学国际学生招生宣传手册》（2018 版）和《南京农业大学国际学生突发事件应急处置预案》等管理规定。学校充分发挥学科优势与特色，以国际化课程体系建设、国际化师资队伍建设为抓手，推进学校教育国际化内涵发展水平，面向动物医学、环境工程、生物技术、食品科学与工程 4 个全英文授课本科专业，立项建设全英文授课本科课程 21 门，建设全英文授课研究生课程 5 门。其中，刘斐负责的现代动物生物化学和吴未负责的城市与土地利用规划原理入选 2018 年江苏高校省级英文授课精品课程，李伟负责的食品免疫学入选 2018 年江苏高校省级英文授课培育课程。截至 2018 年底，面向国际学生全英语授课课程共计 157 门，包括研究生专业课程 74 门和本科专业课程 83 门。

国际学生新生系列入学教育规范化、制度化，定期进行思想教育工作，提高国际学生法律意识和安全意识，促使国际学生新生尽快融入校园学习生活，学生会及志愿者组织自我管理能力和服务意识日益增强，能够组织和参加各项文化体验活动。组织留学生参加第 46 届校运动会、举办第 11 届国际文化节系列活动，包括中外学生 Voice 主题沙龙活动、户外素质拓展、民俗主题演讲、经典名篇诵读大赛高校行暨图书漂流进高校活动，营造浓厚的国际化校园氛围。

【通过教育部来华留学质量认证】10 月 18 日，在中国教育国际交流协会举办的"2018 教育国际化与学生流动研讨会暨来华留学质量认证工作会"的会上，中国教育国际交流协会第三批来华留学质量认证结果发布，南京农业大学通过认证。中国教育国际交流协会秘书长赵灵山为通过认证的院校颁发证书。

【荣获 2018 年度中国政府优秀来华留学生奖学金】巴基斯坦籍博士生 Memon Muhammad Sohail 荣获 2018 年度中国政府优秀来华留学生奖学金。中国政府优秀来华留学生奖学金由教育部国际合作与交流司设立，旨在选拔并激励知华友华、品行兼优、成绩优异的来华留学生，扩大中国政府奖学金的辐射力和影响力。

# [附录]

## 附录 1  国际学生人数统计表（按学院）

单位：人

| 学部 | 院系 | 博士研究生 | 硕士研究生 | 本科生 | 进修生 | 合计 |
|---|---|---|---|---|---|---|
| 动物科学学部 | 动物科技学院 | 20 | 7 | 5 | 3 | 35 |
| | 动物医学院 | 39 | 2 | 19 | 5 | 65 |
| | 草业学院 | 3 | | | | 3 |
| | 渔业学院 | 2 | 62 | | | 64 |
| 动物科学学部小计 | | 64 | 71 | 24 | 8 | 167 |
| 食品与工程学部 | 工学院 | 15 | 12 | | | 27 |
| | 食品科技学院 | 22 | 6 | 3 | 1 | 32 |
| | 信息科技学院 | | | 2 | | 2 |
| 食品与工程学部小计 | | 37 | 18 | 5 | 1 | 61 |
| 人文社会科学学部 | 公共管理学院 | 26 | 10 | 4 | 1 | 41 |
| | 经济管理学院 | 18 | 33 | 7 | 3 | 61 |
| | 金融学院 | 4 | 1 | 1 | | 6 |
| | 外国语学院 | | 1 | | | 1 |
| | 人文与社会发展学院 | 1 | | | 1 | 2 |
| 人文社会科学学部小计 | | 49 | 45 | 12 | 5 | 111 |
| 生物与环境学部 | 生命科学学院 | 10 | 4 | 6 | | 20 |
| | 资源与环境科学学院 | 14 | 1 | 6 | 3 | 24 |
| 生物与环境学部小计 | | 24 | 5 | 12 | 3 | 44 |
| 植物科学学部 | 农学院 | 46 | 10 | 8 | 3 | 67 |
| | 园艺学院 | 21 | 5 | 1 | 1 | 28 |
| | 植物保护学院 | 24 | 10 | | 1 | 35 |
| 植物科学学部小计 | | 91 | 25 | 9 | 5 | 130 |
| 国际教育学院 | | | | | 7 | 7 |
| 合计 | | 265 | 164 | 62 | 29 | 520 |

## 附录 2  国际学生长期生人数统计表（按国别）

单位：人

| 国家 | 人数 | 国家 | 人数 | 国家 | 人数 |
|---|---|---|---|---|---|
| 中非 | 1 | 塞拉利昂 | 2 | 牙买加 | 1 |
| 乌干达 | 8 | 塞舌尔 | 1 | 瓦努阿图 | 1 |
| 伊拉克 | 1 | 多哥 | 5 | 科特迪瓦 | 2 |
| 伊朗 | 2 | 多米尼克 | 1 | 约旦 | 1 |
| 佛得角 | 1 | 委内瑞拉 | 1 | 纳米比亚 | 3 |
| 俄罗斯 | 2 | 孟加拉国 | 11 | 美国 | 3 |
| 克罗地亚 | 1 | 安哥拉 | 1 | 老挝 | 10 |
| 冈比亚 | 3 | 密克罗尼西亚 | 1 | 肯尼亚 | 56 |
| 利比里亚 | 5 | 尼日利亚 | 6 | 苏丹 | 18 |
| 加纳 | 15 | 尼泊尔 | 4 | 荷兰 | 1 |
| 南苏丹 | 7 | 巴基斯坦 | 166 | 莫桑比克 | 4 |
| 南非 | 22 | 摩洛哥 | 2 | 蒙古 | 3 |
| 博茨瓦纳 | 3 | 斐济 | 1 | 贝宁 | 2 |
| 卢旺达 | 2 | 斯里兰卡 | 1 | 赞比亚 | 4 |
| 印度 | 1 | 日本 | 4 | 赤道几内亚 | 1 |
| 厄立特里亚 | 2 | 柬埔寨 | 6 | 越南 | 5 |
| 叙利亚 | 2 | 格林纳达 | 1 | 阿塞拜疆 | 4 |
| 哈萨克斯坦 | 8 | 沙特阿拉伯 | 3 | 阿富汗 | 11 |
| 喀麦隆 | 2 | 法国 | 1 | 阿尔及利亚 | 3 |
| 土库曼斯坦 | 1 | 波兰 | 2 | 阿根廷 | 1 |
| 坦桑尼亚 | 8 | 波斯尼亚和黑塞哥维那 | 4 | 韩国 | 8 |
| 埃及 | 19 | 泰国 | 1 | 马拉维 | 3 |
| 埃塞俄比亚 | 18 | 津巴布韦 | 3 | 马来西亚 | 9 |
| 塞内加尔 | 2 | 澳大利亚 | 1 | 马里 | 1 |

## 附录 3  国际学生人数统计表（分大洲）

单位：人

| 亚洲 | 非洲 | 大洋洲 | 美洲 | 欧洲 |
|---|---|---|---|---|
| 261 | 236 | 4 | 8 | 11 |

## 附录 4  国际学生经费来源人数统计表

单位：人

| 中国政府奖学金 | 中非"20＋20"高校项目奖学金 | 江苏省优才计划(TSP)项目 | 江苏省政府外国留学生奖学金 | 南京农业大学全额奖学金 | 南京市政府奖学金 | 南京市政府和南京农业大学联合奖学金 | 外国政府奖学金 | 校际交流 | 自费 | 合计 |
|---|---|---|---|---|---|---|---|---|---|---|
| 376 | 20 | 17 | 18 | 7 | 12 | 19 | 32 | 17 | 2 | 520 |

## 附录 5  毕业、结业国际学生人数统计表

单位：人

| 博士研究生 | 硕士研究生 | 本科生 | 合计 |
|---|---|---|---|
| 29 | 35 | 2 | 66 |

## 附录 6  毕业国际学生情况表

| 序号 | 学院 | 毕业生人数（人） | 国籍 | 类别 |
|---|---|---|---|---|
| 1 | 动物医学院 | 9 | 巴基斯坦、苏丹 | 博士9人 |
| 2 | 动物科技学院 | 6 | 巴基斯坦、苏丹、肯尼亚、多米尼克、科特迪瓦、尼日利亚 | 博士2人，硕士3人，本科1人 |
| 3 | 资源与环境科学学院 | 2 | 巴基斯坦 | 博士2人 |
| 4 | 农学院 | 4 | 加纳、巴基斯坦、多哥 | 博士2人，硕士2人 |
| 5 | 经济管理学院 | 1 | 埃塞俄比亚 | 博士1人 |
| 6 | 植物保护学院 | 2 | 坦桑尼亚、巴基斯坦 | 硕士2人 |
| 7 | 食品科技学院 | 4 | 巴基斯坦、肯尼亚 | 博士3人，硕士1人 |
| 8 | 园艺学院 | 4 | 卢旺达、巴基斯坦 | 博士3人，硕士1人 |
| 9 | 公共管理学院 | 4 | 埃塞俄比亚、纳米比亚、肯尼亚、牙买加 | 博士1人，硕士2人，本科1人 |
| 10 | 工学院 | 7 | 巴基斯坦、苏丹、肯尼亚、卢旺达 | 博士4人，硕士3人 |
| 11 | 金融学院 | 1 | 巴基斯坦 | 硕士1人 |
| 12 | 草业学院 | 1 | 苏丹 | 博士1人 |
| 13 | 生命科学学院 | 1 | 肯尼亚 | 博士1人 |
| 14 | 渔业学院 | 20 | 南苏丹、加纳、津巴布韦、柬埔寨、蒙古、乌干达、肯尼亚、马拉维、塞拉利昂、阿尔及利亚 | 硕士20人 |

# 附录 7　毕业国际学生名单

## 博士研究生

### 农学院

马五力 Edzesi Wisdom Mawuli（加纳）

游拉 Nasr Ullah Khan（巴基斯坦）

### 动物科技学院

阿力夏 Assar Ali Shah（巴基斯坦）

欧如 Tarig Mohammed Badri Aru（苏丹）

### 动物医学院

闵娜 Memon Meena Arif（巴基斯坦）

法奕斯 Faiz Muhammad（巴基斯坦）

哈米德 Mohammed Hamid Alhadi Hamid（苏丹）

贾米拉 Jamila Soomro（巴基斯坦）

卜彤 Zohaib Ahmed（巴基斯坦）

欧摩 Nagmeldin Abdelwahid Omer Ali（苏丹）

奕三 Muhammad Ehsan（巴基斯坦）

穆萨 Hassan Musa Abdelkrem Hjair（苏丹）

安万 Furqan Awan（巴基斯坦）

### 工学院

游萨福 Khurram Yousaf（巴基斯坦）

毕郎 Eisa Adam Eisa Belal（苏丹）

梅蒙 Muhammad Sohail Memon（巴基斯坦）

乌拉法 Fahim Ullah（巴基斯坦）

### 公共管理学院

哈勃 Habtamu Temesgen Wegari（埃塞俄比亚）

### 经济管理学院

芮德和 Misgina Asmelash Redehegn（埃塞俄比亚）

### 食品科技学院

游玛 Muhammad Umair（巴基斯坦）

欧萨德 Asad Riaz（巴基斯坦）

穆尹德 Kimatu Benard Muinde（肯尼亚）

### 园艺学院

穆萨那 Musana Rwalinda Fabrice（卢旺达）

李满 Muhammad Salman Haider（巴基斯坦）

那季布 Najeeb Ahmed Kaleri（巴基斯坦）

### 生命科学学院

罗迪 Felix Kiprotich（肯尼亚）

## 资源与环境科学学院

柯然 Punhoon Khan（巴基斯坦）

冉珀 Aftab Ahmed Rajper（巴基斯坦）

## 草业学院

马拉 Azizza Sifeeldein Elnour Mala（苏丹）

# 硕士研究生

## 公共管理学院

卡吴立 Albert Kauari（纳米比亚）

马天 Mutinda Gladys Ndunge（肯尼亚）

## 动物科技学院

朱玛 Conslata Awino Juma（肯尼亚）

雅克 Adjoumani Yao Jean Jacques（科特迪瓦）

卢登 Abasubong Kenneth Prudence（尼日利亚）

## 食品科技学院

万吉 Maina Sarah Wanjiku（肯尼亚）

## 渔业学院

贾大 Alfredo Jada Jenario Desdario（南苏丹）

安东尼 Anthony Wasipe（加纳）

杰克 Jack Mike Dengu（津巴布韦）

索科塔 Ly Sokta（柬埔寨）

乌干巴亚 Batbayar Uuganbayar（蒙古）

海福德 Hayford Gameli Agbekpornu（加纳）

巴提斯 Prak Tith（柬埔寨）

安谷友 Anguyo James（乌干达）

欧帕罗 Opallo O Erick（肯尼亚）

卡思亚 Hopeson Chisomo Kasiya（马拉维）

康博 Sheka Hassan Kargbo（塞拉利昂）

马默德 Mamoud Mansaray（塞拉利昂）

欧北路 Oberu Charles（乌干达）

索特皮 Va Sotepy（柬埔寨）

欧丕国 Opigo Johnson（乌干达）

拉多加 Daniel Khamis Jackson Lado（南苏丹）

卡雷欧 Ivan Venkonwine Kaleo（加纳）

诗玛丽 Namirimu Sarah Smailie（乌干达）

莫卡尼 Mokrani Ahmed（阿尔及利亚）

甘理格 Nyamaa Ganzorig（蒙古）

## 园艺学院

瓦里德 Waleed Amjad Khan（巴基斯坦）

工学院

唐毅 Torotwa Ian Kimoi（肯尼亚）

马阳 Odhiambo Morice Oluoch（肯尼亚）

库拉 Kura Gisele Umuhire（卢旺达）

农学院

斯瓦丹 Sowadan Ognigamal（多哥）

阿泰 Ammara Tahir（巴基斯坦）

植物保护学院

马维 Venance Colman Massawe（坦桑尼亚）

谭紫 Tanzeela Zia（巴基斯坦）

金融学院

赛维 Bushra Sarwar（巴基斯坦）

## 本科

动物科技学院

简希 Phillip Jancy Malisa（多米尼克）

公共管理学院

奥尼尔 Small ryon Oneal（牙买加）

（撰稿：程伟华　王英爽　芮祥为　审稿：童　敏　审核：王俊琴）

# 创 新 创 业 教 育

【概况】贯彻国务院、国家发展改革委等部门意见，组织教师申报江苏省优秀"双创"导师及省优秀"双创"课程，集聚创新资源，推动创新驱动发展战略深入实施。组织申报省级大学生创新创业实践教育中心。组织召开大学生创新创业教育推进会。召开创新创业教育课程建设研讨会，研讨创新创业教育课程建设的总体目标和具体问题，提升创新创业教育课程质量。5月，学校批准"国家大学生创新创业训练计划项目"100个、"江苏省大学生创新训练计划项目"51个、"江苏省大学生创业训练和创业实践计划项目"31个、"校级大学生创新训练计划项目"447个、"实验教学示范中心开放项目"24个、"校级大学生创业计划项目"4个。

聘任30名校内外导师，逐渐完善"科技创新导师""实务创业导师""精益创业导师"的"双创"导师队伍，开展"一站式"指导服务。举办第二届"大学生创新创业启蒙训练营"、第三届"大学生科技创业训练营"、第六届"大学生创业文化节"暨创业项目成果展，与行业龙头企业合作开展"正大杯大学生双创营销大赛"、与媒体联合开展"全国农业创业企业家分享会"、与政府合作开展创业示范区政策宣讲会等。累计开展启蒙训练孵化"三创"学堂活动12大项，参与学生3 200余人次。对已入驻和虚拟入驻学校大学生创业空间的36

支创业团队予以 20 万元大学生创业种子基金资金支持，推动设立南京农业大学大学生科技创业平行基金，修订《南京农业大学大学生创客空间管理暂行办法》《南京农业大学大学生创业种子基金管理办法（试行）》等系列制度。牌楼基地"大学生创客空间"建成投入正式运营，首批入驻 18 支创业团队。继"农创集市"与"智造工坊"两间展厅，"南农大学生创客空间微店"上线开张，创客空间孵化项目的产品推广平台初步搭建。聘任 6 位创新创业导师，邀请知名专家、创业导师、成功企业家为学生普及创新创业知识。

继续开展"新农菁英"培育发展计划，与继续教育学院合作，完成对校内 3 126 名学生的"新农菁英"江苏省大学生涉农创业训练营培训工作，培训人数同比增长 22%。完成"新农菁英"训练计划导师库和课程体系的组建，组织江苏省大学生涉农创业"群英汇"联盟与常州市现代农业科学院、江苏省栖霞区现代农业产业园等单位合作，建设大学生创业园。打造"创意·创新·创业"科技博览会，吸引全校近 5 500 余名学生参与。立项支持 27 项本科生学科专业竞赛，重点项目同比增长 3.7%，吸引全校近 5 000 名学生参与。获"国际基因工程机械设计大赛"（IGEM）全球一等奖 1 项、美国大学生数学建模竞赛中获一等奖 1 项、日本京都大学国际创业大赛二等奖 1 项。在 2018 年"创青春"全国大学生创业大赛中，获金奖 3 项、银奖 1 项。在江苏省"互联网＋"大学生创新创业大赛中，获一等奖、二等奖、三等奖和乡村振兴单项奖各 1 项，并获优秀组织奖。在"2018 首届江苏省动漫数媒创意及制作技能大赛"中，获本科组三等奖。在"第五届植物生产类大学生实践创新论坛"中，获一等奖 1 项、二等奖 2 项、三等奖 3 项。在"第四届全国大学生茶艺大赛"中，获团队二等奖、个人二等奖、三等奖各 1 项。

【成立创新创业学院】11 月 26 日，根据《关于成立创新创业学院的通知》（党发〔2018〕86 号），经学校党委常委会 11 月 23 日会议研究决定，成立创新创业学院，院长由教务处处长兼任，副院长分别由学生工作处处长、校团委书记兼任。

【江苏省第四届"互联网＋"大学生创新创业大赛"青年红色筑梦之旅"睢宁对接活动】6 月 24 日，由江苏省教育厅等单位主办，南京农业大学与江苏省睢宁县人民政府共同承办了以"乡村振兴和精准扶贫"为主题的江苏省第四届"互联网＋"大学生创新创业大赛"青年红色筑梦之旅"睢宁对接活动。南京农业大学副校长董维春、教务处处长张炜、教务处副处长吴震等出席活动。

【举办新农参考全国系列创业分享会】9 月 26 日，全国农业创业分享会在南京农业大学教四楼报告厅举办。会上，南京黄教授食品科技有限公司创始人黄明、张家港神园葡萄科技有限公司创始人徐卫东、溧阳市海斌农机合作社理事长王海斌、江苏叁拾叁信息技术有限公司创始人刘卫民等创业校友和优秀新农人创业者进行分享交流。

## ［附录］

### 附录 1　国家大学生创新创业训练计划立项项目一览表

| 学院名称 | 项目编号 | 项目名称 | 主持人 | 指导教师 |
|---|---|---|---|---|
| 人文与社会发展学院 | 201810307001S | 初息创意体——南京初开息隐文化传播有限公司 | 徐　美 | 胡燕、戚晓明 |

（续）

| 学院名称 | 项目编号 | 项目名称 | 主持人 | 指导教师 |
|---|---|---|---|---|
| 工学院 | 201810307002S | 基于物联网的智能家居 | 杜开炜 | 王玲、卢伟、钟建洋 |
| | 201810307003S | 棚友科技：打造温室"智库"服务平台 | 林 泓 | 汪小旵、肖茂华、费秀国 |
| 动物科技学院 | 201810307004X | 宠物专用精油沐浴露研发及推广 | 张熙鹏 | 邓益锋、杜文兴 |
| 信息科技学院 | 201810307005X | 计算机算法学习与实践的交流共享平台 | 冯泽佳 | 赵力、杜东良 |
| | 201810307006X | 基于"互联网＋"的城市小区二次供水质量安全智慧监测系统 | 巫佳卉 | 熊迎军、任守纲、李庆铁 |
| 农学院 | 201810307007 | 氮肥促进水稻大穗形成过程中细胞分裂素的功能分析 | 章 双 | 丁艳锋 |
| | 201810307008 | 拔节期和孕穗期双期低温对小麦籽粒品质形成的影响 | 康 敏 | 朱艳 |
| | 201810307009 | 硼调控棉花花芽分化的生理机制研究 | 古 画 | 周治国 |
| | 201810307010 | 大豆耐低钾镁胁迫特性的遗传变异与QTL定位 | 卫俊杰 | 赵团结 |
| | 201810307011 | 植物抗盐基因的设计与功能验证 | 张文才 | 黄骥 |
| | 201810307012 | 外源钾对高铵胁迫下小麦幼苗生长和光合作用的缓解机理 | 王 宁 | 戴廷波 |
| | 201810307013 | 一个水稻雄性不育基因的精细定位 | 潘明升 | 赵志刚 |
| | 201810307014 | 乙烯在水稻抗褐飞虱反应中的作用机理初探 | 徐浩森 | 刘裕强 |
| 植物保护学院 | 201810307015 | 棉铃虫Bt抗性基因突变频率的高通量检测方法 | 刘思彤 | 吴益东 |
| | 201810307016 | 植物内源小分子RNA调控蜡质芽孢杆菌AR156诱导系统抗性机理研究 | 王泓力 | 郭坚华 |
| | 201810307017 | 昆虫共生菌的分离及其活性代谢产物研究 | 殷盛梅 | 严威、叶永浩 |
| | 201810307018 | 大豆疫霉胞外效应分子PsLip1的功能分析及其植物靶标的筛选 | 王姝瑜 | 王源超 |
| 园艺学院 | 201810307019 | 萝卜根肿病抗性基因CRa分离鉴定与标记开发 | 单 柯 | 柳李旺 |
| | 201810307020 | 梨果实发育过程中D–Man/L–Gal途径中与AsA合成密切相关的关键基因的挖掘 | 张 臻 | 张绍铃 |
| | 201810307021 | 不同颜色芹菜中类胡萝卜素含量测定与胡萝卜素羟化酶基因的表达分析 | 王雨薇 | 熊爱生 |
| | 201810307022 | 菘蓝AGL24基因的克隆与表达 | 陈梦颖 | 唐晓清 |
| | 201810307023 | 基质栽培叶菜（小白菜）施肥调控技术研究 | 汪春凤 | 郭世荣 |
| | 201810307024 | 茶树花粉管抗寒相关类钙调蛋白家族基因的抗逆性验证与表达分析 | 陈璨梅 | 黎星辉 |

（续）

| 学院名称 | 项目编号 | 项目名称 | 主持人 | 指导教师 |
|---|---|---|---|---|
| 动物医学院 | 201810307025 | 转铁蛋白受体 1 介导猪传染性胃肠炎病毒入侵猪肠上皮细胞初探 | 李秦玲 | 杨倩 |
| | 201810307026 | 不同选择性压力对 ICEs 在猪链球菌菌株间水平转移的影响 | 关皓元 | 王丽平 |
| | 201810307027 | 3 种 Cas 蛋白在无乳链球菌毒力上的功能研究 | 初亚婕 | 刘永杰 |
| | 201810307028 | PRRSV GP5 蛋白 ELISA 抗体检测方法建立与试剂盒构建 | 陈璐 | 姜平 |
| | 201810307029 | 应激对小鼠脂肪组织 GPR120 基因表达及其功能的影响 | 申青怡 | 杨晓静 |
| | 201810307030 | 沙门氏菌的分离及其 CRISPR 分型 | 陈楷文 | 范红结 |
| | 201810307031 | 精氨酸对限饲湖羊子宫微血管发育的影响 | 李晓荷 | 王锋 |
| | 201810307032 | AHR 基因与二花脸猪产仔数关联分析研究 | 杨瑛楠 | 黄瑞华 |
| 动物科技学院 | 201810307033 | 短链脂肪酸对小鼠摄食因子及 JAK2/STAT3 信号通路的影响机制 | 王云云 | 韩兆玉 |
| | 201810307034 | 妊娠后期及哺乳期母鼠暴露 T-2 霉菌毒素对仔鼠生长发育的影响 | 赵艺 | 李春梅 |
| | 201810307035 | 低聚木糖对乳鸽免疫性能的影响及其作用机制研究 | 李星泽 | 杜文兴 |
| | 201810307036 | 两种养殖模式下河蟹风味物质的比较分析研究 | 孙勇 | 刘文斌 |
| 生命科学学院 | 201810307037 | 高效矿物风化细菌生氮假单胞菌 F77 耐酸机制的研究 | 汤梦媛 | 盛下放 |
| | 201810307038 | IDR1 调控巴西陆稻耐旱性的分子机理研究 | 刘江原 | 芮琪 |
| | 201810307039 | DNA 甲基化调节拟南芥耐盐机制的研究 | 刘逸珩 | 强胜 |
| | 201810307040 | 基于 exocyst 复合体的蛋白互作网络在拟南芥细胞板形成中的功能研究 | 贾辛怡 | 鲍依群 |
| | 201810307041 | MiRNA 差异性抑制靶基因生物信息学研究 | 彭璇 | 张晓晓 |
| | 201810307042 | 灵芝 14-3-3 蛋白在不同碳源条件下对灵芝次级代谢影响的初步研究 | 周德伟 | 师亮 |
| | 201810307043 | 通过紫外诱变提高菌株 WB800（pP43CHD）分泌百菌清水解脱氯酶的产量 | 姚敏敏 | 闫新 |
| | 201810307044 | 水稻半胱氨酸脱巯基酶 OsLCD 重组蛋白的表达、纯化及生化特性分析 | 刘曹云容 | 谢彦杰 |
| | 201810307045 | 拟南芥 tso2-1 抑制子的筛选 | 傅晓莉 | 胡筑兵 |

（续）

| 学院名称 | 项目编号 | 项目名称 | 主持人 | 指导教师 |
|---|---|---|---|---|
| 资源与环境科学学院 | 201810307046 | 拟南芥 MYB 基因家族对铝毒害的响应 | 李若其 | 沈仁芳 |
| | 201810307047 | 氮素形态对黄瓜根际微生物区系的影响及其与枯萎病发生关系的研究 | 马滢 | 王敏 |
| | 201810307048 | 胞外大分子与持久性污染物作用规律 | 黄姝晗 | 康福星 |
| | 201810307049 | 绿肥作物的多生态服务功能研究 | 倪丹青 | 胡锋、刘满 |
| 食品科技学院 | 201810307050 | 柑橘精油/果胶可食性抗氧化抑菌膜的制备及其对调理猪肉制品保鲜效果的研究 | 杨子懿 | 张万刚 |
| | 201810307051 | 源于瑞士乳杆菌 MB2－1 的胞外多糖（EPS）对人体肠道菌群调节及其益生机制的研究 | 黄蓉 | 李伟 |
| | 201810307052 | MeIQx 对细胞自噬的影响 | 阮圣玥 | 刘蓉 |
| | 201810307053 | 鸡肉中卤代消毒副产物的污染分析及降解规律 | 秦岳 | 王虎虎 |
| 公共管理学院 | 201810307054 | 幼年留守经历对劳动者就业质量的影响研究——基于河南商丘、四川宜宾和江苏南通的调查 | 唐宁 | 谢勇 |
| | 201810307055 | 土地流转、农业经营方式转变与生态环境效应——基于时间序列数据的考察 | 车序超 | 马贤磊 |
| | 201810307056 | 承包期再延长三十年对农户土地投入的影响研究——基于河北省沧州市、湖南省张家界市、贵州省毕节市的调研 | 李晓璇 | 郭贯成 |
| | 201810307057 | 基于结构方程模型的程序性权利保障对被征地农民公平感知的影响机制研究——以河北省为例 | 袁虞欣 | 刘向南 |
| | 201810307058 | 我国中部农村交通公共产品"供给后管理"研究——以山西省 3 村为例 | 连瑞毅 | 刘述良 |
| | 201810307059 | 公共服务视角下"厕所革命"的现状和问题研究——以江苏省为例 | 杨婉莹 | 郑永兰 |
| | 201810307060 | 特色民宅参与乡村旅游开发的农户意愿研究——基于江苏的调研 | 胡雨薇 | 邹伟 |

（续）

| 学院名称 | 项目编号 | 项目名称 | 主持人 | 指导教师 |
|---|---|---|---|---|
| 经济管理学院 | 201810307061 | 食品安全事件的长期记忆效应研究——基于消费者进口奶粉购买行为的追踪调研分析 | 陈忆娴 | 周力 |
| | 201810307062 | 我国轮作休耕政策农户参与、实施状况与优化研究 | 张 晶 | 徐志刚 |
| | 201810307063 | 楚雄彝族自治州产业带动精准扶贫的研究——以烟草产业为例 | 李 璇 | 何军 |
| | 201810307064 | 土地流转、契约类型与农户土地投资 | 王 曼 | 纪月清 |
| | 201810307065 | 农业现代化发展下小农户的选择：土地规模与农业社会化服务选择及其对产出的影响 | 朱 茜 | 林光华 |
| | 201810307066 | 农产品地理标志对农户的收入效应与溢出效应——以阳山水蜜桃产业为例 | 黄佳玲 | 耿献辉 |
| | 201810307067 | 社交平台对食品营销的影响——以微博为例 | 顾 倩 | 张兵兵 |
| | 201810307068 | 共享物流背景下水果周转箱租赁平台支付意愿分析——以山东省为例 | 丁元景 | 李太平 |
| | 201810307069 | 水价改革背景下黄淮海地区农田灌溉用水效率比较研究——以山东省青岛市农业水价综合改革试点为例 | 于 森 | 许朗 |
| 人文与社会发展学院 | 201810307070 | 农村互助养老的问题与发展路径研究 | 卫丹璇 | 姚兆余 |
| | 201810307071 | 基于家庭视角的中小学生研学旅游风险感知与支持度研究——以南京市为例 | 张粟毓 | 崔 峰 |
| | 201810307072 | 生猪养殖户参与生态补偿的行为选择——以淮安地区为例 | 顾家明 | 田素妍 |
| 理学院 | 201810307073 | 几类三芳甲烷类染料在掺硼金刚石电催化作用过程降解规律的研究 | 刘 敏 | 张春永 |
| | 201810307074 | 基于PM2.5的太阳辐射模型探究 | 冯小彧 | 张梅 |
| | 201810307075 | 基于统计学方法的表型预测和疾病风险分析 | 刘丰容 | 张瑾 |
| 信息科技学院 | 201810307076 | 基于深度学习网络的堆肥腐熟实时预测系统的设计与开发 | 徐家睦 | 薛卫 |
| | 201810307077 | 豆瓣用户标注行为差异性研究 | 骆慧颖 | 庄倩 |
| | 201810307078 | 基于深度图像的大豆株高检测系统 | 秦之涵 | 姜海燕 |
| | 201810307079 | 菊花知识体系构建 | 高晨阳 | 郑德俊 |
| 外国语学院 | 201810307080 | 公共领域英文译写规范与南京地域文化对外传播——以"明孝陵"英译为例 | 王易玮 | 王银泉 |
| | 201810307081 | 非洲部族文化变迁对"一带一路"倡议下中非交流的影响研究——以肯尼亚为例 | 贾世璇 | 韩纪琴 |
| | 201810307082 | 美学负载词在中国的译介与传播——以"物哀"为例 | 王 芮 | 胡志强 |

（续）

| 学院名称 | 项目编号 | 项目名称 | 主持人 | 指导教师 |
|---|---|---|---|---|
| 工学院 | 201810307083 | 基于多传感器的农用车辆测障研究 | 宋正根 | 薛金林 |
| | 201810307084 | 基于冠层特征的果树施药气流场仿形化研究 | 缪佳佳 | 邱威 |
| | 201810307085 | 植物纤维/聚乳酸（PLA）复合材料的界面改性方法及其性能研究 | 方敬杰 | 路琴 |
| | 201810307086 | 应用于海边栈道 WPC 复合材料防海水腐蚀性能研究 | 仲新宇 | 何春霞 |
| | 201810307087 | 基于 Android 图像识别的水稻病害检测系统开发 | 邓子昂 | 肖茂华 |
| | 201810307088 | 电喷镀 $Ni-P-BN-Al_2O_3$ 复合镀层的制备及其性能研究 | 刘琳 | 康敏 |
| | 201810307089 | 多感知机器人柔性手爪及控制技术 | 季钦杰 | 卢伟 |
| | 201810307090 | 基于窄带图像分割技术的作物冠层反射光谱检测装置的研发 | 邢智雄 | 丁永前 |
| | 201810307091 | 基于嵌入式系统和热成像的母猪体温实时监测系统研究 | 岳洋 | 沈明霞 |
| | 201810307092 | 氨气氛围木质素催化快速热解制备芳香胺的调控研究 | 那馨文 | 王效华 |
| 草业学院 | 201810307093 | 紫花苜蓿耐盐相关基因的功能分析 | 卢泳仪 | 郭振飞 |
| 金融学院 | 201810307094 | 农地产权状态与农户信贷需求——基于土地确权试验区与非试验区的比较分析 | 陈翔宇 | 张龙耀 |
| | 201810307095 | 玉米农产品期货价格保险对农户收入和生产行为的影响研究——以安徽省泗县为例 | 郑宇 | 王翌秋 |
| | 201810307096 | 土地流转履约保证保险试点效果及潜在需求影响因数分析——基于江苏省海门市的调查 | 徐昊男 | 董晓林 |
| | 201810307097 | 龙头企业带动型产业链下农户信贷可获得性研究——以苏州常熟市为例 | 王锡妍 | 周月书 |
| | 201810307098 | 上市公司商誉减值影响因素研究——以沪市 A 股制造业为例 | 张雪莹 | 吴虹雁 |
| | 201810307099 | 产品型农业众筹消费者参与度影响因素研究——基于江苏省及周边地区的调查 | 刘思成 | 潘军昌 |
| | 201810307100 | 风险市场化视角下"保险＋期货"对小微农户主体的经济福利研究——基于安徽省太湖县和江西省都阳县的调研 | 袁胤栋 | 汤颖梅 |

# 附录2　江苏省大学生创新创业训练计划立项项目一览表

| 学院 | 项目编号 | 项目名称 | 项目主持人 | 指导教师 |
|---|---|---|---|---|
| 生命科学学院 | 201810307001P | 利用 PCR 技术生产的 DNA Marker 及其推广销售 | 董哲含 | 谢彦杰 |
| 农学院 | 201810307002P | 多元化利用农作物的创意加工工作室 | 丁寅然 | 金梅、蔡剑 |
| 植物保护学院 | 201810307003P | 中华虎凤蝶生态保护公益创业项目 | 王 媛 | 张亮亮、王备新 |
| 资源与环境科学学院 | 201810307004P | Eco‐Bap 环保公司 | 王志军 | 胡水金、李真 |
| 园艺学院 | 201810307005P | 银杏叶砖茶产品开发 | 陈淑娜 | 陈暄 |
| 园艺学院 | 201810307006P | 果梅杨梅饮品的研发推广 | 段诚睿 | 高志红、李海燕 |
| 食品科技学院 | 201810307007P | 新型可溶性可食用包装膜的研发与运用 | 邓 皓 | 丁广龙、余洪波 |
| 理学院 | 201810307008P | 一种微米级钴基高能源存储型 MOFs 材料的产业化 | 王帅帅 | 汪快兵 |
| 理学院 | 201810307009P | 重金属污染农田土壤固化剂商业化的开发 | 巩 涛 | 陶亚奇 |
| 工学院 | 201810307010P | 基于移动式网关的微气候监测系统 | 余 磊 | 邹修国 |
| 生命科学学院 | 201810307011T | 农田生态系统中昆虫病原线虫对植物根节线虫的拮抗作用 | 熊阳杰 | 张克云 |
| 生命科学学院 | 201810307012T | 除草剂残留污染农田土壤微生物修复制剂的研发 | 孟献雨 | 黄星 |
| 生命科学学院 | 201810307013T | 生防黏细菌的分离鉴定及灰霉病菌抗性基因的克隆 | 李晨昱 | 崔中利 |
| 园艺学院 | 201810307014T | 新奇特胡萝卜种植与销售 | 郝建楠 | 熊爱生 |
| 园艺学院 | 201810307015T | 花漾减压行动 | 曹惠舒 | 王海滨 |
| 园艺学院 | 201810307016T | 食用菊产品的安全生产与市场推广 | 蔡晶晶 | 房伟民 |
| 园艺学院 | 201810307017T | 南京拾花文化创意有限公司艺农工作室 | 李荣倩 | 陈宇 |
| 园艺学院 | 201810307018T | 大学生原创作品展示平台 APP 的研制 | 许 瞳 | 丛昕 |
| 动物医学院 | 201810307019T | 基于红外热成像技术的智能农场监控和决策系统 | 刘 妍 | 贾逸敏 |
| 食品科技学院 | 201810307020T | 红茶菌培养及其功能性产品商业推广 | 郭嘉文 | 姜梅 |
| 信息科技学院 | 201810307021T | 基于 LSH 的菊花识别系统研制与应用 | 钱淑韵 | 袁培森、朱淑鑫 |
| 信息科技学院 | 201810307022T | 基于机器学习的麦穗识别技术研究 | 黄术玉 | 伍艳莲 |
| 信息科技学院 | 201810307023T | 统一认证独立多课程网上作业提交系统 | 庄 硕 | 赵力 |
| 公共管理学院 | 201810307024T | 金农物联网科技服务有限公司 | 汪 悦 | 孙华 |
| 外国语学院 | 201810307025T | 南京民国建筑智慧旅游商业推广 | 张凯璇 | 钱叶萍 |
| 理学院 | 201810307026T | 重金属污染土壤淋洗和植物联合修复技术的研发 | 梅万程 | 董长勋 |

（续）

| 学院 | 项目编号 | 项目名称 | 项目主持人 | 指导教师 |
|------|----------|----------|------------|----------|
| 工学院 | 201810307027T | 基于人脸识别的上机类考生身份智能识别系统 | 马游 | 蹇兴亮 |
| 工学院 | 201810307028T | 面向农田作业的混合翼无人机 | 杨建峰 | 卢伟 |
| 工学院 | 201810307029T | 基于 DSP 实时处理的雾透摄像机 | 郑乃山 | 陆静霞 |
| 工学院 | 201810307030T | 基于大数据平台的电力线损数据分析 | 曹弘毅 | 钱燕 |
| 工学院 | 201810307031T | 基于机器学习和气体数据的水果品质检测仪 | 胡红兵 | 刘璎瑛 |
| 农学院 | 201810307032Y | 不同品质类型小麦对氮肥的响应及其生理机制研究 | 江莉平 | 姜东 |
| 农学院 | 201810307052X | 基于固定翼无人机的小麦长势监测与诊断研究 | 王梓怡 | 刘小军 |
| 农学院 | 201810307053X | 盐胁迫下水稻苗期耐盐性评价与关联分析 | 栗颖怡 | 张红生 |
| 农学院 | 201810307054X | DNA 甲基化不依赖的基因沉默关键因子 DES6 的图位克隆与功能解析 | 杜杨婷 | 杨东雷 |
| 植物保护学院 | 201810307033Y | 稻瘟病菌内质网囊泡蛋白 MoErv29 互作蛋白的筛选与功能分析 | 徐皓榕 | 张正光 |
| 植物保护学院 | 201810307055X | 手性农药异构体稳定性研究 | 陈柔 | 王鸣华 |
| 园艺学院 | 201810307034Y | 不同基因型菊花高效再生和遗传转化体系的建立 | 黄艺清 | 陈发棣 |
| 园艺学院 | 201810307056X | 苹果 MdWRKY75 基因克隆与功能验证 | 沈高典 | 渠慎春 |
| 园艺学院 | 201810307057X | 江苏省古树名木时空分布与文化价值研究 | 陈赛赛 | 郝日明 |
| 园艺学院 | 201810307058X | 基于历史文化背景下的南京教会园林特征研究 | 连紫璇 | 张清海 |
| 动物医学院 | 201810307035Y | 传染性支气管炎病毒抗体蛋白芯片诊断方法 | 张晓婷 | 闫丽萍 |
| 动物医学院 | 201810307059X | 塞尼卡病毒间接 ELISA 抗体检测方法的建立及应用 | 曾洁 | 白娟 |
| 动物医学院 | 201810307060X | 鼠源 Mx 蛋白抑制猪瘟病毒增殖的初步机制研究 | 朱子瑄 | 周斌 |
| 动物医学院 | 201810307061X | 副溶血弧菌喹诺酮耐药机制研究 | 范澪钰 | 薛峰 |
| 动物科技学院 | 201810307036Y | 猪卵子膜蛋白 Juno 在预防多精受精中的功能研究 | 肖琪 | 熊波 |
| 动物科技学院 | 201810307062X | 团头鲂摄食相关基因的克隆及其对饥饿补偿的响应 | 陈健翔 | 孙盛明 |
| 生命科学学院 | 201810307037Y | 生物源除草剂——仲戊基 TeA 的除草机制初步研究 | 朱彧 | 陈世国 |
| 生命科学学院 | 201810307063X | 水稻类受体蛋白激酶 OsWAK 基因对镉和镍胁迫的响应机理研究 | 徐明静 | 夏妍 |

（续）

| 学院 | 项目编号 | 项目名称 | 项目主持人 | 指导教师 |
|------|---------|---------|----------|---------|
| 生命科学学院 | 201810307064X | 不同氮源条件下灵芝 Tor1 对灵芝三萜合成及纤维素酶酶活影响的初步研究 | 杨辰思 | 赵明文 |
| 生命科学学院 | 201810307065X | 锰添加对于稻田自养固碳微生物多样性的影响 | 钟媛 | 曹慧 |
| 资源与环境科学学院 | 201810307038Y | 耐盐植物改良盐碱地效应及机制研究 | 翟丁萱 | 隆小华 |
| 资源与环境科学学院 | 201810307066X | 基于磷灰石的土壤重金属修复研究 | 张佳雯 | 李真 |
| 食品科技学院 | 201810307039Y | 亚麻籽胶对玉米油乳化特性的影响 | 许嘉敏 | 孙健 |
| 食品科技学院 | 201810307067X | 低温等离子活性冰的制备及对生鲜鱼肉保鲜效果研究 | 仲安琪 | 严文静 |
| 公共管理学院 | 201810307040Y | 景观偏好的影响机制及对生态用地保护的政策启示研究 | 于浩洋 | 刘向南 |
| 公共管理学院 | 201810307068X | "三权分置"下农地产权配置结构差异研究——基于典型农地流转模式的比较分析 | 蒋晓妍 | 马贤磊 |
| 公共管理学院 | 201810307069X | 农户对土地承包期再延长三十年的反响——基于苏南-苏中-苏北农户的调查 | 董丽芳 | 诸培新 |
| 经济管理学院 | 201810307041Y | 消费者在果蔬网购中对于不同电商运营模式的风险感知研究 | 龙子妍 | 常向阳 |
| 经济管理学院 | 201810307070X | 农资产品购买渠道从线下往线上迁徙影响因素的实证分析——以农药、化肥为例 | 范曹雨 | 胡家香 |
| 经济管理学院 | 201810307071X | 网络口碑对消费者决策的影响——以南京市外卖行业为例 | 陆瑾瑜 | 田旭 |
| 经济管理学院 | 201810307072X | 秸秆还田补贴方式对粮食跨期生产率的影响分析——补农户抑或补机手？ | 雷馨圆 | 应瑞瑶 |
| 人文与社会发展学院 | 201810307042Y | 乡村振兴战略视域下的江苏省特色田园乡村建设研究 | 张海梅 | 路璐 |
| 人文与社会发展学院 | 201810307073X | "村规民约"的法治化研究——以河南省官渡村为例 | 钟逸 | 孙永军 |
| 人文与社会发展学院 | 201810307074X | 农民合作社参与农村社区治理机制研究 | 杨涵 | 戚晓明 |
| 理学院 | 201810307043Y | 含多氮唑衍生物金属-有机配合物的合成与性能研究 | 陈佳琪 | 吴华 |
| 信息科技学院 | 201810307044Y | 基于对图像深度学习的景点"解说员" | 彭婉婷 | 谢元澄 |
| 信息科技学院 | 201810307075X | 农业企业投资领域知识可视化应用研究 | 丁港归 | 胡滨 |

（续）

| 学院 | 项目编号 | 项目名称 | 项目主持人 | 指导教师 |
|------|---------|---------|-----------|---------|
| 外国语学院 | 201810307045Y | 西方主流媒体中中国特色流行词翻译变化及对"讲好中国故事"的启示 | 朱江霖 | 张萍 |
| 外国语学院 | 201810307076X | 欧美大学英语写作中心的研究 | 翟睿婕 | 曹新宇、王菊芳 |
| 工学院 | 201810307046Y | 基于FSAE赛车电控气动式自动升挡的设计与验证 | 雍心剑 | 鲁植雄 |
| 工学院 | 201810307047Y | 基于深度净化水中典型抗生素的生物质炭制备及其吸附特性 | 鲁承 | 李坤权 |
| 工学院 | 201810307048Y | 拖拉机舒适性设计影响因素的研究与应用 | 杨博琳 | 杨飞 |
| 工学院 | 201810307049Y | 组合式可循环利用绿色智能包裹的研制 | 张贡硕 | 陈光明 |
| 工学院 | 201810307077X | 基于深度信息的杏鲍菇快速视频识别技术 | 李晋烜 | 王玲 |
| 工学院 | 201810307078X | 鸡舍智能化热平衡监测控制综合管理系统 | 孙常雨 | 钱燕 |
| 工学院 | 201810307079X | 考虑屠宰业特征的生产效率优化研究 | 刘依涵 | 李静 |
| 工学院 | 201810307080X | 基于结构方程的田园综合体建设评估指标体系及模型研究 | 常河 | 韩美贵 |
| 草业学院 | 201810307050Y | 基于FOX系统挖掘盐生草坪草——海滨雀稗耐盐基因的研究 | 王玉琪 | 陈煜 |
| 金融学院 | 201810307051Y | 小微企业待遇对于农民工市民化影响研究——基于江苏省五城的数据调研 | 张逸山 | 张宁 |
| 金融学院 | 201810307081X | CEO变更对会计信息可比性的影响研究 | 石蕊秋 | 姜涛 |
| 金融学院 | 201810307082X | 绿色金融背景下乡村绿色信贷响应及约束条件的调查分析——基于浙江省"美丽乡村贷"试点农户视角 | 阴龙鑫 | 桑秀芝 |

## 附录3  大学生创客空间在园创业项目一览表

| 序号 | 项目名称 | 项目类别 | 入驻地点 | 负责人 | 专业 | 学历 |
|------|---------|---------|---------|-------|------|------|
| 1 | 智能渔管家 | 农业电子信息技术 | 牌楼基地大学生创客空间 | 陆超平 | 农业经济管理 | 2014级博士 |
| 2 | 地瓜小筑——O2O精品公寓 | 服务类 | 牌楼基地大学生创客空间 | 赵春宇 | 网络工程 | 2016届本科 |
| 3 | 春蚕教育 | 动医教育培训 | 牌楼基地大学生创客空间 | 桑鑫 | 动物医学 | 2013届本科 |
| 4 | 心青年轰趴 | 服务类 | 牌楼基地大学生创客空间 | 苗奇 | 金善宝实验班植物生产类 | 2015级本科 |
| 5 | 福盛源农业 | 农业设施 | 牌楼基地大学生创客空间 | 于超 | 设施农业科学与工程 | 2012届本科 |
| 6 | 清和工作室 | 摄影、视频制作 | 牌楼基地大学生创客空间 | 杨显强 | 遗传育种 | 2014届硕士 |

（续）

| 序号 | 项目名称 | 项目类别 | 入驻地点 | 负责人 | 专业 | 学历 |
|---|---|---|---|---|---|---|
| 7 | 南京菲尔特生物技术有限公司 | 生物医药及环境科学 | 牌楼基地大学生创客空间 | 徐嘉易 | 动物医学 | 2016 届硕士 |
| 8 | 微山湖生态缸 DIY 制作体验馆 | 农林、畜牧相关产品＋文化创意 | 牌楼基地大学生创客空间 | 李积珍 | 草业 | 2015 级本科 |
| 9 | 农业生物技术网络平台 | 农林、畜牧相关产品 | 牌楼基地大学生创客空间 | 许 磊 | 草学 | 2015 级博士 |
| 10 | 贝利宠物内容电商平台 | 电子信息技术（网络） | 牌楼基地大学生创客空间 | 胡俊发 | 临床兽医学 | 2016 届硕士 |
| 11 | 南农文创 | 文化创意产业 | 牌楼基地大学生创客空间 | 沈昊天 | 风景园林 | 2018 级硕士 |
| 12 | 中药类宠物医药保健品 | 农林、畜牧相关产品 | 牌楼基地大学生创客空间 | 刘振广 | 临床兽医学 | 2015 级博士 |
| 13 | 南农易农 | 农林畜牧＋互联网 | 牌楼基地大学生创客空间 | 王 宇 | 种子科学与工程 | 2015 级本科 |
| 14 | 农业大数据与人工智能解决方案 | 农林畜牧＋大数据＋机器学习 | 牌楼基地大学生创客空间 | 王 浡 | 设施农业科学与工程 | 2014 届本科 |
| 15 | Mr. M 实用英语 | 教育 | 牌楼基地大学生创客空间 | 罗丞栋 | 农业推广 | 2015 届硕士 |
| 16 | 基于移动互联网的"无人农场"解决方案 | 农林畜牧＋互联网 | 牌楼基地大学生创客空间 | 朱建祥 | 农业机械化 | 2017 届硕士 |
| 17 | 微型耐阴荷花产品与服务的商业推广 | 农林畜牧 | 牌楼基地大学生创客空间 | 杨 昊 | 园林 | 2015 级本科 |
| 18 | "花漾"花茶 | 园艺产品研发推广 | 卫岗校区大学生创客空间 | 岳 林 | 园艺 | 2015 级本科 |
| 19 | 新型土壤修复剂——EcoBAp | 新材料技术及其产品＋生物医药及环境科学 | 卫岗校区大学生创客空间 | 张 帆 | 生态学 | 2018 级硕士 |
| 20 | "趣创造"消费级数字模型创客创意中心 | 服务 | 卫岗校区大学生创客空间 | 应江宏 | 表演 | 2016 级本科 |
| 21 | 棚友科技：打造温室"智库"服务体系 | 农林畜牧＋互联网 | 卫岗校区大学生创客空间 | 林 泓 | 工业设计 | 2016 级本科 |
| 22 | 南农菊喃 | 农林畜牧＋互联网 | 卫岗校区大学生创客空间 | 张荣强 | 信息管理与信息系统 | 2015 级本科 |
| 23 | "蝶梦金陵"——中华虎凤蝶生态保护公益创业项目 | 公益创业＋互联网 | 卫岗校区大学生创客空间 | 王 媛 | 植物保护 | 2016 级本科 |
| 24 | 豆子校园 | 服务类 | 卫岗校区大学生创客空间 | 张 涛 | 生物科学（国家理科基础科学研究与教学人才培养基地） | 2015 级本科 |

（续）

| 序号 | 项目名称 | 项目类别 | 入驻地点 | 负责人 | 专业 | 学历 |
|---|---|---|---|---|---|---|
| 25 | 梅说 | 农林、畜牧相关产品 | 卫岗校区大学生创客空间 | 段诚睿 | 园艺 | 2016级本科 |
| 26 | 艺农农产品创意加工工作室 | 文化创意 | 卫岗校区大学生创客空间 | 陈翔宇 | 金融学 | 2016级本科 |
| 27 | "董浜筒管玉"丝瓜壮苗专用基质和营养液配方研发 | 农林畜牧 | 卫岗校区大学生创客空间 | 罗 婧 | 园艺 | 2016级本科 |
| 28 | 富硒功能性甜瓜设施栽培技术研发 | 农林畜牧＋互联网 | 卫岗校区大学生创客空间 | 曹钰鑫 | 园艺 | 2016级本科 |
| 29 | 高校智慧垃圾分类及综合处置 | 服务类＋互联网 | 卫岗校区大学生创客空间 | 赵恒轩 | 环境工程 | 2017级硕士 |
| 30 | 超客增材制造工作室 | 新材料 | 卫岗校区大学生创客空间 | 徐 美 | 社会学 | 2016级本科 |
| 31 | 南农信语文创工作室 | 文创产品 | 卫岗校区大学生创客空间 | 高钲媛 | 农业资源与环境 | 2017级本科 |
| 32 | 安全优质草类植物叶蛋白提取及植物功能保健品开发 | 农林畜牧 | 卫岗校区大学生创客空间 | 刘 芳 | 草学 | 2017级硕士 |
| 33 | 江苏省膜豆奇缘有限责任公司 | 新材料 | 牌楼基地大学生创客空间 | 邓 皓 | 食品科学与工程 | 2015级本科 |

# 附录4　大学生创客空间创新创业导师库名单一览表

| 序号 | 姓名 | 所在单位 | 职务 | 校内/校外 |
|---|---|---|---|---|
| 1 | 王中有 | 南京全给净化股份有限公司 | 总经理 | 校外 |
| 2 | 卞旭东 | 江苏省高投（毅达资本） | 投资总监 | 校外 |
| 3 | 石风春 | 南京艾贝尔宠物有限公司 | 总经理 | 校外 |
| 4 | 刘士坤 | 江苏天哲律师事务所 | 合伙人 | 校外 |
| 5 | 刘国宁 | 南京大学智能制造软件新技术研究院 | 运营总监 | 校外 |
| 6 | 刘海萍 | 江苏品舟资产管理有限公司 | 总经理 | 校外 |
| 7 | 许 朗 | 南京农业大学经济管理学院 | 教授 | 校内 |
| 8 | 许明丰 | 无锡好时来果品科技有限公司 | 总经理 | 校外 |
| 9 | 许超逸 | 深圳市小牛投资管理有限公司 | 总经理 | 校外 |
| 10 | 孙仁和 | 华普亿方集团圆桌企管 | 总经理 | 校外 |
| 11 | 吴思雨 | 南京昌麟资产管理管理有限公司 | 董事长 | 校外 |
| 12 | 吴培均 | 北京科为博生物集团 | 董事长 | 校外 |
| 13 | 何卫星 | 靖江蜂芸蜜蜂饲料股份有限公司 | 总经理 | 校外 |
| 14 | 余德贵 | 南京农业大学人文与社会发展学院 | 副研究员 | 校外 |

（续）

| 序号 | 姓名 | 所在单位 | 职务 | 校内/校外 |
|---|---|---|---|---|
| 15 | 张庆波 | 南京微届分水生物技术有限公司 | 董事长 | 校外 |
| 16 | 张健权 | 南京方途企业管理咨询有限公司 | 总经理 | 校外 |
| 17 | 陈军华 | 上海闽泰环境卫生服务有限公司 | 总经理 | 校外 |
| 18 | 周应堂 | 南京农业大学发展规划处 | 副处长 | 校内 |
| 19 | 胡亚军 | 南京乐咨企业管理咨询有限公司 | 总经理 | 校外 |
| 20 | 徐善金 | 南京东晨鸽业股份有限公司 | 总经理 | 校外 |
| 21 | 高海东 | 南京集思慧远生物科技有限公司 | 总经理 | 校外 |
| 22 | 黄乃泰 | 安徽省连丰种业有限责任公司 | 总经理 | 校外 |
| 23 | 曹 林 | 南京诺唯赞生物技术有限公司 | 董事长 | 校外 |
| 24 | 葛 胜 | 南京大士茶亭总经理 | 总经理 | 校外 |
| 25 | 葛 磊 | 上海合汇合管理咨询有限公司 | 副总经理 | 校外 |
| 26 | 童楚格 | 南京美狐家网络科技有限公司 | 总经理 | 校外 |
| 27 | 缪 丹 | 康柏思企业管理咨询（上海）有限公司 | 创始合伙人、高级培训师 | 校外 |
| 28 | 吴玉峰 | 南京农业大学农学院 | 教师 | 校内 |
| 29 | 徐晓杰 | 江苏（武进）水稻研究所 | 所长 | 校外 |
| 30 | 郭坚华 | 南京农业大学植物保护院 | 教师 | 校内 |
| 31 | 杨兴明 | 南京农业大学资源与环境科学学院 | 推广研究员 | 校内 |
| 32 | 钱春桃 | 南京农业大学常熟新农村发展研究院 | 研究员、常务副院长、总经理 | 校内 |
| 33 | 王 储 | 南京青藤农业科技有限公司 | 总经理 | 校外 |
| 34 | 黄瑞华 | 南京农业大学动物科技学院 | 淮安研究院院长 | 校内 |
| 35 | 张创贵 | 上海禾丰饲料有限公司 | 总经理 | 校外 |
| 36 | 张利德 | 苏州市未来水产养殖场 | 场长 | 校外 |
| 37 | 刘国锋 | 中国水产科学研究院淡水渔业研究中心暨南京农业大学无锡渔业学院 | 副研究员 | 校外 |
| 38 | 许 朗 | 南京农业大学经济管理院 | 教师 | 校内 |
| 39 | 黄 明 | 南京农业大学食品科技学院 | 教师 | 校内 |
| 40 | 李祥全 | 深圳市蓝凌软件股份有限公司 | 副总经理 | 校外 |
| 41 | 任 妮 | 江苏省农业科学院 | 信息服务中心副主任 | 校外 |
| 42 | 马贤磊 | 南京农业大学公共管理学院 | 教师 | 校内 |
| 43 | 刘吉军 | 江苏省东图城乡规划设计有限公司 | 董事长 | 校外 |
| 44 | 李德臣 | 南京市秦淮区朝天宫办事处 | 市民服务中心副主任 | 校外 |
| 45 | 吴 磊 | 南京农业大学理学院 | 副院长 | 校内 |
| 46 | 周永清 | 南京农业大学工学院 | 教师 | 校内 |
| 47 | 曾凡功 | 南京风船云聚信息技术有限公司 | 总经理 | 校外 |
| 48 | 单 杰 | 江苏省舜禹信息技术有限公司 | 总经理 | 校外 |

## 附录 5 "三创"学堂活动一览表

| 序号 | 主　题 | 主讲嘉宾 | 嘉宾简介 |
|---|---|---|---|
| 1 | 南京市及江北新区优惠政策宣讲 | 薛　峰 | 江北新区社会事业局就业社保办、人才专技科科长 |
| 2 | 南京农业大学"三创学堂"之正大杯双创营销大赛 | 张铜锤 | 正大食品（徐州）有限公司总经理 |
| 3 | 营销策划案的设计 | 丁祥群 | 正大食品有限公司的市场总监 |
| 4 | "赢在南京"大学生创新创业大赛赛前辅导 | 朱玉峰等 | 南京市人社局劳动就业服务管理中心大学生创业科长 |
| 5 | 创业文化节 | 创业团队 | 创客空间及校内在创团队 |
| 6 | 创业客户挖掘及市场推广 | 刘国宁等 | 南京大学智能制造软件新技术研究院运营总监刘国宁 |
| 7 | 第三届科技创业训练营 | 张健权等 | 童楚格，懒猴洗衣创始人 CEO；胡志刚，南京上善企业管理咨询有限公司总经理；葛磊，上海合汇合管理咨询有限公司副总经理；张健权，南京方途企业管理咨询有限公司总经理 |
| 8 | 成功生涯与大学生双创的路径 | 赵峥涞 | 乐训集团主席、博子岛控股集团董事长 |
| 9 | 新农参考全国系列创业分享会 | 黄　明　徐卫东<br>王海斌　刘卫民 | 南京黄教授食品科技有限公司创始人黄明、张家港神园葡萄科技有限公司创始人徐卫东、溧阳市海斌农机合作社理事长王海斌、江苏叁拾叁信息技术有限公司创始人刘卫民 |
| 10 | 第二届创新创业启蒙训练营 | 王中有<br>朱玉峰<br>谈才双 | 全给净化有限公司总经理王中有、南京市劳动就业服务管理中心创业指导科主任朱玉峰、华普亿方合伙人谈才双 |
| 11 | 江苏省大学生数字文化创新创业大赛动员培训 | 黄　健 | 咪咕资深产品经理 |
| 12 | "众创时代、共赢未来"——杨凌示范区创业政策宣讲与优秀项目交流 | 童德峰 | 杨凌示范区创业中心副主任 |

## 附录 6　创新创业获奖统计（省部级以上）

| 序号 | 竞赛名称 | 奖项 | 级别 | 获奖人员 | 颁奖单位 |
|---|---|---|---|---|---|
| 1 | 国际基因工程机械设计大赛 | 一等奖 | 国际级 | 吴亚轩 | IGEM Foundation |
| 2 | 日本京都大学生国际创业大赛 | 二等奖 | 国际级 | 陈怡君 | 京都市政府、京都工商联、京都府国际中心 |
| 3 | "格力杯"第一届中国大学生工业工程与精益管理创新大赛 | 优秀奖 | 国家级 | 宋权 | 中国机械工程协会、教育部高等学校工业工程类专业教学指导委员会 |

（续）

| 序号 | 竞赛名称 | 奖项 | 级别 | 获奖人员 | 颁奖单位 |
|---|---|---|---|---|---|
| 4 | "赛佰特"杯全国大学生智能互联创新应用设计大赛 | 二等奖 | 国家级 | 赵致远 | "赛佰特"杯全国大学生智能互联创新应用设计大赛组委会 |
| 5 | "正大杯"大学生双创营销大赛中东南十省区总决赛 | 一等奖 | 国家级 | 姚秋子 | 正大集团中东南十省区大学生创业营销大赛组委会 |
| 6 | "正大杯"大学生双创营销大赛中东南十省区总决赛 | 二等奖 | 国家级 | 孔令阳 | 正大集团中东南十省区大学生创业营销大赛组委会 |
| 7 | "正大杯"大学生双创营销大赛中东南十省区总决赛 | 二等奖 | 国家级 | 林若冲 | 正大集团中东南十省区大学生创业营销大赛组委会 |
| 8 | 2018年内地与港澳地区数字经济创新创业竞赛 | 金奖 | 国家级 | 雷馨圆 | 中国国际贸易促进委员会商业行业分会、教育部高等学校经济与贸易类专业教学指导委员会 |
| 9 | 2018年内地与港澳地区数字经济创新创业竞赛 | 金奖 | 国家级 | 魏政 | 中国国际贸易促进委员会商业行业分会、教育部高等学校经济与贸易类专业教学指导委员会 |
| 10 | 2018年内地与港澳地区数字经济创新创业竞赛 | 金奖 | 国家级 | 安宁 | 中国国际贸易促进委员会商业行业分会、教育部高等学校经济与贸易类专业教学指导委员会 |
| 11 | 2018年内地与港澳地区数字经济创新创业竞赛 | 金奖 | 国家级 | 周雨晴 | 中国国际贸易促进委员会商业行业分会、教育部高等学校经济与贸易类专业教学指导委员会 |
| 12 | 2018年内地与港澳地区数字经济创新创业竞赛 | 金奖 | 国家级 | 甘露 | 中国国际贸易促进委员会商业行业分会、教育部高等学校经济与贸易类专业教学指导委员会 |
| 13 | 2018年全国高等院校农村区域与发展专业学术年会暨"美丽乡村规划"设计大赛 | 优秀奖 | 国家级 | 范茹 | 全国高等院校农村区域发展教学协作委员会 |
| 14 | 2018全国大学生智能互联创新大赛 | 三等奖 | 国家级 | 李也 | 全国大学生智能互联创新大赛竞赛组委会 |
| 15 | 2018全国大学生智能互联创新大赛 | 三等奖 | 国家级 | 姚义豪 | 全国大学生智能互联创新大赛竞赛组委会 |
| 16 | 2018全国大学生智能互联创新大赛 | 三等奖 | 国家级 | 孙齐悦 | 全国大学生智能互联创新大赛竞赛组委会 |
| 17 | 2018中国工程机器人大赛暨国际公开赛 | 二等奖 | 省部级 | 杨恬 | 教育部高等学校创新方法教学指导委员会、国际工程机器人联盟、中国工程机器人大赛暨国际公开赛组委会 |

（续）

| 序号 | 竞赛名称 | 奖项 | 级别 | 获奖人员 | 颁奖单位 |
|------|---------|------|------|---------|---------|
| 18 | 2018 中国工程机器人大赛暨国际公开赛 | 二等奖 | 国家级 | 徐世昌 | 教育部高等学校创新方法教学指导委员会、国际工程机器人联盟、中国工程机器人大赛暨国际公开赛组委会 |
| 19 | 2018 中国工程机器人大赛暨国际公开赛 | 二等奖 | 国家级 | 张 冰 | 教育部高等学校创新方法教学指导委员会、国际工程机器人联盟、中国工程机器人大赛暨国际公开赛组委会 |
| 20 | 2018 中国工程机器人大赛暨国际公开赛 | 二等奖 | 国家级 | 邢智雄 | 教育部高等学校创新方法教学指导委员会、国际工程机器人联盟、中国工程机器人大赛暨国际公开赛组委会 |
| 21 | 2018 中国工程机器人大赛暨国际公开赛 | 三等奖 | 国家级 | 姚义豪 | 教育部高等学校创新方法教学指导委员会、国际工程机器人联盟、中国工程机器人大赛暨国际公开赛组委会 |
| 22 | 2018 中国旅游暨安防机器人大赛 | 一等奖 | 国家级 | 赵晓彤 | 中国自动化协会、教育部高等学校自动化类专业教学指导委员会 |
| 23 | 2018 中国旅游暨安防机器人大赛 | 一等奖 | 国家级 | 陈天缘 | 中国自动化协会、教育部高等学校自动化类专业教学指导委员会 |
| 24 | 2018 中国旅游暨安防机器人大赛 | 三等奖 | 国家级 | 徐明皓 | 中国自动化协会、教育部高等学校自动化类专业教学指导委员会 |
| 25 | 2018 中国旅游暨安防机器人大赛 | 三等奖 | 国家级 | 毛诗涵 | 中国自动化协会、教育部高等学校自动化类专业教学指导委员会 |
| 26 | iCAN 原创中国精英挑战赛 | 一等奖 | 国家级 | 季钦杰 | iCAN 国际创新创业大赛中国组委会 |
| 27 | iCAN 国际创新创业大赛国际总决赛 | 二等奖 | 国家级 | 李家诚 | iCAN 国际创新创业大赛中国组委会 |
| 28 | iCAN 国际创新创业大赛国际总决赛 | 二等奖 | 国家级 | 季钦杰 | iCAN 国际创新创业大赛中国组委会 |
| 29 | POCIB 全国外贸从业能力大赛 | 二等奖 | 国家级 | 石鹏程 | 中国国际贸易学会、全国外经贸职业教育教学指导委员会 |
| 30 | POCIB 全国外贸从业能力大赛 | 二等奖 | 国家级 | 储 颖 | 中国国际贸易协会/全国外经贸职业教育教学指导委员会 |
| 31 | POCIB 全国外贸从业能力大赛 | 二等奖 | 国家级 | 梁玉瑾 | 中国国际贸易协会/全国外经贸职业教育教学指导委员会 |
| 32 | POCIB 全国外贸从业能力大赛 | 二等奖 | 国家级 | 熊阿敏 | 中国国际贸易协会/全国外经贸职业教育教学指导委员会 |
| 33 | POCIB 全国外贸从业能力大赛 | 二等奖 | 国家级 | 贡金兰 | 中国国际贸易协会/全国外经贸职业教育教学指导委员会 |
| 34 | POCIB 全国外贸从业能力大赛 | 二等奖 | 国家级 | 储 颖 | 中国国际贸易协会/全国外经贸职业教育教学指导委员会 |
| 35 | 第九届全国高等院校企业模拟竞争大赛 | 一等奖 | 国家级 | 喻清鑫 | 创新方法研究会、全国 TRIZ 杯大学生创新方法大赛组委会 |

（续）

| 序号 | 竞赛名称 | 奖项 | 级别 | 获奖人员 | 颁奖单位 |
|---|---|---|---|---|---|
| 36 | 第六届全国 TRIZ 杯大学生创新方法大赛 | 一等奖 | 国家级 | 顾佳艺 | 创新方法研究会、全国 TRIZ 杯大学生创新方法大赛组委会 |
| 37 | 第六届全国 TRIZ 杯大学生创新方法大赛 | 二等奖 | 国家级 | 顾佳艺 | 创新方法研究会、全国 TRIZ 杯大学生创新方法大赛组委会 |
| 38 | 第六届全国 TRIZ 杯大学生创新方法大赛 | 三等奖 | 国家级 | 何佳闻 | 创新方法研究会、全国 TRIZ 杯大学生创新方法大赛组委会 |
| 39 | 第六届全国 TRIZ 杯大学生创新方法大赛 | 三等奖 | 国家级 | 石鹏程 | 创新方法研究会、全国 TRIZ 杯大学生创新方法大赛组委会 |
| 40 | 第六届全国 TRIZ 杯大学生创新方法大赛 | 三等奖 | 国家级 | 赵致远 | 创新方法研究会、全国 TRIZ 杯大学生创新方法大赛组委会 |
| 41 | 第六届全国 TRIZ 杯大学生创新方法大赛 | 三等奖 | 国家级 | 陈棕鑫 | 创新方法研究会、全国 TRIZ 杯大学生创新方法大赛组委会 |
| 42 | 第六届全国 TRIZ 杯大学生创新方法大赛 | 三等奖 | 国家级 | 林 泓 | 创新方法研究会、全国 TRIZ 杯大学生创新方法大赛组委会 |
| 43 | 第六届全国 TRIZ 杯大学生创新方法大赛 | 三等奖 | 国家级 | 张静仪 | 创新方法研究会、全国 TRIZ 杯大学生创新方法大赛组委会 |
| 44 | 第六届全国 TRIZ 杯大学生创新方法大赛 | 三等奖 | 国家级 | 赵致远 | 创新方法研究会、全国 TRIZ 杯大学生创新方法大赛组委会 |
| 45 | 第三届全国大学生生命科学创新创业大赛 | 一等奖 | 国家级 | 陈禹亭 | 高等学校国家级实验教学示范中心联席会 |
| 46 | 第 17 届（2018）全国 MBA 培养院校企业竞争模拟大赛 | 二等奖 | 国家级 | 黄冠英 | 中国管理现代化研究会决策模拟专业委员会 |
| 47 | 第 17 届（2018）全国 MBA 培养院校企业竞争模拟大赛 | 二等奖 | 国家级 | 刘 颖 | 中国管理现代化研究会决策模拟专业委员会 |
| 48 | 第 17 届（2018）全国 MBA 培养院校企业竞争模拟大赛 | 二等奖 | 国家级 | 黄 敏 | 中国管理现代化研究会决策模拟专业委员会 |
| 49 | 第 11 届高教杯全国大学生先进成图技术与产品信息建模创新大赛 | 二等奖 | 国家级 | 徐凡琳 | 中国国学学会制图技术专业委员会 |
| 50 | 第 11 届高教杯全国大学生先进成图技术与产品信息建模创新大赛 | 三等奖 | 国家级 | 张贡硕 | 中国国学学会制图技术专业委员会 |
| 51 | 第 11 届高教杯全国大学生先进成图技术与产品信息建模创新大赛 | 三等奖 | 国家级 | 陈婧文 | 中国国学学会制图技术专业委员会 |
| 52 | 第 11 届高教杯全国大学生先进成图技术与产品信息建模创新大赛 | 三等奖 | 国家级 | 王 强 | 中国国学学会制图技术专业委员会 |
| 53 | 第 11 届高教杯全国大学生先进成图技术与产品信息建模创新大赛 | 三等奖 | 国家级 | 张贡硕 | 中国国学学会制图技术专业委员会 |

（续）

| 序号 | 竞赛名称 | 奖项 | 级别 | 获奖人员 | 颁奖单位 |
|------|----------|------|------|----------|----------|
| 54 | 第 11 届高教杯全国大学生先进成图技术与产品信息建模创新大赛 | 特等奖 | 国家级 | 杨亚坤 | 中国国学学会制图技术专业委员会 |
| 55 | 全国 IMA 管理会计案例分析大赛 | 一等奖 | 国家级 | 隋 艺 | 全美 IMA 教育协会 |
| 56 | 全国高等院校 BIM 应用技能大赛 | 一等奖 | 国家级 | 周宏健 | 中国建设教育协会 |
| 57 | 全国高等院校 BIM 应用技能大赛 | 二等奖 | 国家级 | 徐樱子 | 中国建设教育协会 |
| 58 | 全国高校商业精英挑战赛第六届创新创业竞赛 | 一等奖 | 国家级 | 周书帆 | 教育部高等学校经济与贸易类专业教学指导委员会、中国国际商会商业行业商会、中国国际贸易促进委员会商业行业分会、商业国际交流合作培训中心 |
| 59 | 全国高校商业精英挑战赛第六届创新创业竞赛 | 优秀（胜）奖 | 国家级 | 安 宁 | 教育部高等学校经济与贸易类专业教学指导委员会、中国国际商会商业行业商会、中国国际贸易促进委员会商业行业分会、商业国际交流合作培训中心 |
| 60 | 易木杯全国供应链运营管理大赛 | 三等奖 | 国家级 | 沈 越 | 中国物流生产力促进中心刘孟阳、谢建勋、汪立睿 |
| 61 | 中国大学生方程式汽车大赛（FSC） | 一等奖 | 国家级 | 韦兴鸿 | 中国汽车工程协会、中国大学生方程式汽车大赛组织委员会 |
| 62 | 中国大学生方程式汽车大赛（FSC） | 一等奖 | 国家级 | 杨博琳 | 中国汽车工程协会、中国大学生方程式汽车大赛组织委员会 |
| 63 | 2018 年"创青春"浙大双创杯全国大学生创业大赛第 11 届"挑战杯"大学生创业计划竞赛 | 金奖 | 国家级 | 陈 京 徐紫枫 李念宸 叶海键 杜晨媛 周天昊 许永钦 陆超平 | 共青团中央、教育部、人社部、中国科协、全国学联、浙江省人民政府 |
| 64 | 2018 年"创青春"浙大双创杯全国大学生创业大赛第 11 届"挑战杯"大学生创业计划竞赛 | 金奖 | 国家级 | 邓 皓 沈芳竹 董 雯 邓益婷 刘 宽 刘奕含 冯语嫣 庄 园 鲁佳斌 | 共青团中央、教育部、人社部、中国科协、全国学联、浙江省人民政府 |

（续）

| 序号 | 竞赛名称 | 奖项 | 级别 | 获奖人员 | 颁奖单位 |
|---|---|---|---|---|---|
| 65 | 2018年"创青春"浙大双创杯全国大学生创业大赛第11届"挑战杯"大学生创业计划竞赛 | 金奖 | 国家级 | 王宇<br>张鑫<br>杨晓阳<br>张敏<br>王妍<br>张泓 | 共青团中央、教育部、人社部、中国科协、全国学联、浙江省人民政府 |
| 66 | 2018年"创青春"浙大双创杯全国大学生创业大赛第11届"挑战杯"大学生创业计划竞赛 | 银奖 | 国家级 | 白徐林佩<br>马梦杰<br>颜霜静<br>吴志远<br>谢昊举<br>夏梦蕾<br>李正文<br>张旗 | 共青团中央、教育部、人社部、中国科协、全国学联、浙江省人民政府 |
| 67 | "百蝶杯"第四届全国大学生物流仿真设计大赛 | 一等奖 | 国家级 | 张竞之 | 中国物流生产力促进中心 |
| 68 | "百蝶杯"第四届全国大学生物流仿真设计大赛 | 三等奖 | 国家级 | 康子安 | 中国物流生产力促进中心 |
| 69 | "百蝶杯"第四届全国大学生物流仿真设计大赛 | 三等奖 | 国家级 | 刘天昊 | 中国物流生产力促进中心 |
| 70 | "克胜蜻蜓杯"农村农业技术创新创业大赛 | 特等奖 | 国家级 | 田峰奇 | 江苏省农村专业技术协会 |
| 71 | "百蝶杯"第四届全国大学生物流仿真设计大赛 | 三等奖 | 国家级 | 刘天昊 | 中国物流生产力促进中心 |
| 72 | 全国土地资源管理专业大学生不动产估价技能大赛 | 三等奖 | 国家级 | 刘鹏程 | 全国土地资源管理专业大学生不动产估价技能大赛组委会 |
| 73 | "丁香-创咖杯"节能环保双创竞赛 | 二等奖 | 省部级 | 杨小梨 | 江苏省能源研究会 |
| 74 | "晋拓杯"第七届江苏省大学生机械创新设计大赛 | 二等奖 | 省部级 | 王强 | 江苏省大学生机械创新设计大赛组委会 |
| 75 | "晋拓杯"第七届江苏省大学生机械创新设计大赛 | 三等奖 | 省部级 | 钟威 | 江苏省大学生机械创新设计大赛组委会 |
| 76 | "远东杯"江苏省第五届工业工程至善大赛 | 一等奖 | 省部级 | 武妍慧 | 江苏省机械工程学会工业工程分会 |
| 77 | "长风杯"大数据分析与挖掘竞赛 | 一等奖 | 省部级 | 缪承霖 | 中国产业教育联合研究院 |
| 78 | 江苏省农学会第二届"创星杯"创新创业大赛 | 一等奖 | 省部级 | 杨鑫悦 | 江苏省农学会 |
| 79 | 江苏省农学会第二届"创星杯"创新创业大赛 | 一等奖 | 省部级 | 林泓 | 江苏省农学会 |

（续）

| 序号 | 竞赛名称 | 奖项 | 级别 | 获奖人员 | 颁奖单位 |
|---|---|---|---|---|---|
| 80 | 江苏省农学会第二届"创星杯"创新创业大赛 | 一等奖 | 省部级 | 张天一 | 江苏省农学会 |
| 81 | 江苏省农学会第二届"创星杯"创新创业大赛 | 三等奖 | 省部级 | 王志军 | 江苏省农学会 |
| 82 | 江苏省农学会第二届"创星杯"创新创业大赛 | 三等奖 | 省部级 | 王 媛 | 江苏省农学会 |
| 83 | 江苏省农学会第二届"创星杯"创新创业大赛 | 三等奖 | 省部级 | 李钰欣 | 江苏省农学会 |
| 84 | 江苏省农学会第二届"创星杯"创新创业大赛 | 三等奖 | 省部级 | 康 敏 | 江苏省农学会 |
| 85 | 江苏省农学会第二届"创星杯"创新创业大赛 | 三等奖 | 省部级 | 田峰奇 | 江苏省农学会 |
| 86 | 江苏省农学会第二届"创星杯"创新创业大赛 | 三等奖 | 省部级 | 田佳华 | 江苏省农学会 |
| 87 | 江苏省农学会第二届"创星杯"创新创业大赛 | 三等奖 | 省部级 | 陈佳品 | 江苏省农学会 |
| 88 | 江苏省农学会第二届"创星杯"创新创业大赛 | 三等奖 | 省部级 | 吴 燕 | 江苏省农学会 |
| 89 | 2018数学科技文化节暨全国3D大赛11周年精英联赛（江苏赛区） | 特等奖 | 省部级 | 桂安登 | 全国三维数字化创新设计大赛组委会 |
| 90 | 2018数学科技文化节暨全国3D大赛11周年精英联赛（江苏赛区） | 特等奖 | 省部级 | 任乔牧 | 全国三维数字化创新设计大赛组委会 |
| 91 | 2018数学科技文化节暨全国3D大赛11周年精英联赛（江苏赛区） | 特等奖 | 省部级 | 武梦凡 | 全国三维数字化创新设计大赛组委会 |
| 92 | 2018数学科技文化节暨全国3D大赛11周年精英联赛（江苏赛区） | 特等奖 | 省部级 | 张 博 | 全国三维数字化创新设计大赛组委会 |
| 93 | 2018数学科技文化节暨全国3D大赛11周年精英联赛（江苏赛区） | 一等奖 | 省部级 | 韩嘉骐 | 全国三维数字化创新设计大赛组委会 |
| 94 | 2018数学科技文化节暨全国3D大赛11周年精英联赛（江苏赛区） | 一等奖 | 省部级 | 段双陆 | 全国三维数字化创新设计大赛组委会 |
| 95 | 2018数学科技文化节暨全国3D大赛11周年精英联赛（江苏赛区） | 一等奖 | 省部级 | 刘 琳 | 全国三维数字化创新设计大赛组委会 |
| 96 | 2018数学科技文化节暨全国3D大赛11周年精英联赛（江苏赛区） | 一等奖 | 省部级 | 刘育彤 | 全国三维数字化创新设计大赛组委会 |
| 97 | 2018数学科技文化节暨全国3D大赛11周年精英联赛（江苏赛区） | 一等奖 | 省部级 | 陈慧莹 | 全国三维数字化创新设计大赛组委会 |

（续）

| 序号 | 竞赛名称 | 奖项 | 级别 | 获奖人员 | 颁奖单位 |
|---|---|---|---|---|---|
| 98 | 2018 数学科技文化节暨全国 3D 大赛 11 周年精英联赛（江苏赛区） | 一等奖 | 省部级 | 何佳闻 | 全国三维数字化创新设计大赛组委会 |
| 99 | 2018 数学科技文化节暨全国 3D 大赛 11 周年精英联赛（江苏赛区） | 一等奖 | 省部级 | 李岚潇 | 全国三维数字化创新设计大赛组委会 |
| 100 | 2018 数学科技文化节暨全国 3D 大赛 11 周年精英联赛（江苏赛区） | 一等奖 | 省部级 | 李迎静 | 全国三维数字化创新设计大赛组委会 |
| 101 | 2018 数学科技文化节暨全国 3D 大赛 11 周年精英联赛（江苏赛区） | 一等奖 | 省部级 | 李泳霖 | 全国三维数字化创新设计大赛组委会 |
| 102 | 2018 数学科技文化节暨全国 3D 大赛 11 周年精英联赛（江苏赛区） | 一等奖 | 省部级 | 明 丽 | 全国三维数字化创新设计大赛组委会 |
| 103 | 2018 数学科技文化节暨全国 3D 大赛 11 周年精英联赛（江苏赛区） | 一等奖 | 省部级 | 绳远远 | 全国三维数字化创新设计大赛组委会 |
| 104 | 2018 数学科技文化节暨全国 3D 大赛 11 周年精英联赛（江苏赛区） | 一等奖 | 省部级 | 钟 威 | 全国三维数字化创新设计大赛组委会 |
| 105 | 2018 数学科技文化节暨全国 3D 大赛 11 周年精英联赛（江苏赛区） | 一等奖 | 省部级 | 桂安登 | 国家制造业信息化培训中心 |
| 106 | 2018 数学科技文化节暨全国 3D 大赛 11 周年精英联赛（江苏赛区） | 一等奖 | 省部级 | 张 博 | 国家制造业信息化培训中心 |
| 107 | 2018 数字科技文化节暨全国 3D 大赛 11 周年精英联赛 | 一等奖 | 省部级 | 黄丽冉 | 全国三维数字化创新设计大赛组委会 |
| 108 | 2018 数字科技文化节暨全国 3D 大赛 11 周年精英联赛 | 二等奖 | 省部级 | 贲金兰 | 全国三维数字化创新设计大赛组委会 |
| 109 | 2018 数字科技文化节暨全国 3D 大赛 11 周年精英联赛 | 二等奖 | 省部级 | 刘丽莎 | 全国三维数字化创新设计大赛组委会 |
| 110 | 2018 数字科技文化节暨全国 3D 大赛 11 周年精英联赛 | 二等奖 | 省部级 | 刘晓萌 | 全国三维数字化创新设计大赛组委会 |
| 111 | 2018 数字科技文化节暨全国 3D 大赛 11 周年精英联赛 | 二等奖 | 省部级 | 王 强 | 全国三维数字化创新设计大赛组委会 |
| 112 | 2018 数字科技文化节暨全国 3D 大赛 11 周年精英联赛 | 二等奖 | 省部级 | 杨亚坤 | 全国三维数字化创新设计大赛组委会 |
| 113 | 2018 数字科技文化节暨全国 3D 大赛 11 周年精英联赛 | 二等奖 | 省部级 | 姚万庆 | 全国三维数字化创新设计大赛组委会 |
| 114 | 2018 数字科技文化节暨全国 3D 大赛 11 周年精英联赛 | 二等奖 | 省部级 | 余 琴 | 全国三维数字化创新设计大赛组委会 |
| 115 | 2018 数字科技文化节暨全国 3D 大赛 11 周年精英联赛 | 三等奖 | 省部级 | 赵静怡 | 全国三维数字化创新设计大赛组委会 |

（续）

| 序号 | 竞赛名称 | 奖项 | 级别 | 获奖人员 | 颁奖单位 |
|------|---------|------|------|---------|---------|
| 116 | 2018数字科技文化节暨全国3D大赛11周年精英联赛 | 三等奖 | 国家级 | 沈鋆 | 全国三维数字化创新设计大赛组委会 |
| 117 | 第八届华东区大学生CAD应用技能竞赛 机械工程图 | 一等奖 | 省部级 | 王子途 | 江苏省工程图学学会 |
| 118 | 第八届华东区大学生CAD应用技能竞赛 机械工程图 | 一等奖 | 省部级 | 徐凡琳 | 江苏省工程图学学会 |
| 119 | 第八届华东区大学生CAD应用技能竞赛 机械工程图 | 二等奖 | 省部级 | 陈婧文 | 江苏省工程图学学会 |
| 120 | 第八届华东区大学生CAD应用技能竞赛 机械工程图 | 二等奖 | 省部级 | 范翠 | 江苏省工程图学学会 |
| 121 | 第八届华东区大学生CAD应用技能竞赛 机械工程图 | 二等奖 | 省部级 | 蒋倪鑫 | 江苏省工程图学学会 |
| 122 | 第八届华东区大学生CAD应用技能竞赛 机械工程图 | 二等奖 | 省部级 | 张震 | 江苏省工程图学学会 |
| 123 | 第八届华东区大学生CAD应用技能竞赛 机械工程图 | 二等奖 | 省部级 | 康晶晶 | 江苏省工程图学学会 |
| 124 | 第八届华东区大学生CAD应用技能竞赛 机械工程图 | 二等奖 | 省部级 | 闫冉 | 江苏省工程图学学会 |
| 125 | 第八届华东区大学生CAD应用技能竞赛 机械工程图 | 二等奖 | 省部级 | 杨晨 | 江苏省工程图学学会 |
| 126 | 第八届华东区大学生CAD应用技能竞赛 机械工程图 | 二等奖 | 省部级 | 刘浩 | 江苏省工程图学学会 |
| 127 | 第八届华东区大学生CAD应用技能竞赛 机械工程图 | 二等奖 | 省部级 | 王强 | 江苏省工程图学学会 |
| 128 | 第八届华东区大学生CAD应用技能竞赛 机械工程图 | 二等奖 | 省部级 | 王懿平 | 江苏省工程图学学会 |
| 129 | 第八届华东区大学生CAD应用技能竞赛 机械工程图 | 三等奖 | 省部级 | 邓子昂 | 江苏省工程图学学会 |
| 130 | 第八届华东区大学生CAD应用技能竞赛 机械工程图 | 三等奖 | 省部级 | 段双陆 | 江苏省工程图学学会 |
| 131 | 第八届华东区大学生CAD应用技能竞赛 机械工程图 | 三等奖 | 省部级 | 高燕 | 江苏省工程图学学会 |
| 132 | 第八届华东区大学生CAD应用技能竞赛 机械工程图 | 三等奖 | 省部级 | 郭俊 | 江苏省工程图学学会 |
| 133 | 第八届华东区大学生CAD应用技能竞赛 机械工程图 | 三等奖 | 省部级 | 何谨严 | 江苏省工程图学学会 |

（续）

| 序号 | 竞赛名称 | 奖项 | 级别 | 获奖人员 | 颁奖单位 |
|---|---|---|---|---|---|
| 134 | 第八届华东区大学生 CAD 应用技能竞赛 机械工程图 | 三等奖 | 省部级 | 纪利平 | 江苏省工程图学学会 |
| 135 | 第八届华东区大学生 CAD 应用技能竞赛 机械工程图 | 三等奖 | 省部级 | 徐世昌 | 江苏省工程图学学会 |
| 136 | 第八届华东区大学生 CAD 应用技能竞赛 机械工程图 | 三等奖 | 省部级 | 杨 璐 | 江苏省工程图学学会 |
| 137 | 第八届华东区大学生 CAD 应用技能竞赛 机械工程图 | 三等奖 | 省部级 | 杨亚坤 | 江苏省工程图学学会 |
| 138 | 第八届华东区大学生 CAD 应用技能竞赛 机械工程图 | 三等奖 | 省部级 | 岑 辉 | 江苏省工程图学学会 |
| 139 | 第八届华东区大学生 CAD 应用技能竞赛 机械工程图 | 三等奖 | 省部级 | 钟 威 | 江苏省工程图学学会 |
| 140 | 第八届华东区大学生 CAD 应用技能竞赛 机械三维 | 一等奖 | 省部级 | 王 强 | 江苏省工程图学学会 |
| 141 | 第八届华东区大学生 CAD 应用技能竞赛 机械三维 | 一等奖 | 省部级 | 王远卿 | 江苏省工程图学学会 |
| 142 | 第八届华东区大学生 CAD 应用技能竞赛 机械三维 | 一等奖 | 省部级 | 康晶晶 | 江苏省工程图学学会 |
| 143 | 第八届华东区大学生 CAD 应用技能竞赛 机械三维 | 一等奖 | 省部级 | 夏 宜 | 江苏省工程图学学会 |
| 144 | 第八届华东区大学生 CAD 应用技能竞赛 机械三维 | 二等奖 | 省部级 | 王子途 | 江苏省工程图学学会 |
| 145 | 第八届华东区大学生 CAD 应用技能竞赛 机械三维 | 二等奖 | 省部级 | 张 震 | 江苏省工程图学学会 |
| 146 | 第八届华东区大学生 CAD 应用技能竞赛 机械三维 | 二等奖 | 省部级 | 何佳闻 | 江苏省工程图学学会 |
| 147 | 第八届华东区大学生 CAD 应用技能竞赛 机械三维 | 二等奖 | 省部级 | 朱家兴 | 江苏省工程图学学会 |
| 148 | 第八届华东区大学生 CAD 应用技能竞赛 机械三维 | 二等奖 | 省部级 | 李福星 | 江苏省工程图学学会 |
| 149 | 第八届华东区大学生 CAD 应用技能竞赛 机械三维 | 二等奖 | 省部级 | 刘 浩 | 江苏省工程图学学会 |
| 150 | 第八届华东区大学生 CAD 应用技能竞赛 机械三维 | 二等奖 | 省部级 | 施 磊 | 江苏省工程图学学会 |
| 151 | 第八届华东区大学生 CAD 应用技能竞赛 机械三维 | 二等奖 | 省部级 | 徐凡琳 | 江苏省工程图学学会 |

（续）

| 序号 | 竞赛名称 | 奖项 | 级别 | 获奖人员 | 颁奖单位 |
|---|---|---|---|---|---|
| 152 | 第八届华东区大学生 CAD 应用技能竞赛 机械三维 | 二等奖 | 省部级 | 闫 冉 | 江苏省工程图学学会 |
| 153 | 第八届华东区大学生 CAD 应用技能竞赛 机械三维 | 二等奖 | 省部级 | 岑 辉 | 江苏省工程图学学会 |
| 154 | 第八届华东区大学生 CAD 应用技能竞赛 机械三维 | 三等奖 | 省部级 | 杜 默 | 江苏省工程图学学会 |
| 155 | 第八届华东区大学生 CAD 应用技能竞赛 机械三维 | 三等奖 | 省部级 | 何谨严 | 江苏省工程图学学会 |
| 156 | 第八届华东区大学生 CAD 应用技能竞赛 机械三维 | 三等奖 | 省部级 | 纪利平 | 江苏省工程图学学会 |
| 157 | 第八届华东区大学生 CAD 应用技能竞赛 机械三维 | 三等奖 | 省部级 | 林 乔 | 江苏省工程图学学会 |
| 158 | 第八届华东区大学生 CAD 应用技能竞赛 机械三维 | 三等奖 | 省部级 | 杨亚坤 | 江苏省工程图学学会 |
| 159 | 第八届华东区大学生 CAD 应用技能竞赛 机械三维 | 三等奖 | 省部级 | 张 昱 | 江苏省工程图学学会 |
| 160 | 第二届（2018）江苏省高等院校企业竞争模拟大赛 | 一等奖 | 省部级 | 黄 敏 | 中国管理现代化研究会决策模拟专业委员会、中国矿业大学管理学院 |
| 161 | 第二届（2018）江苏省高等院校企业竞争模拟大赛 | 二等奖 | 省部级 | 杨乐妍 | 中国管理现代化研究会决策模拟专业委员会、中国矿业大学管理学院 |
| 162 | 第二届（2018）江苏省高等院校企业竞争模拟大赛 | 二等奖 | 省部级 | 石展晴 | 中国管理现代化研究会决策模拟专业委员会、中国矿业大学管理学院 |
| 163 | 第二届（2018）江苏省高等院校企业竞争模拟大赛 | 二等奖 | 省部级 | 杨若缌 | 中国管理现代化研究会决策模拟专业委员会、中国矿业大学管理学院 |
| 164 | 第二届（2018）江苏省高等院校企业竞争模拟大赛 | 三等奖 | 国家级 | 吕一帆 | 中国管理现代化研究会决策模拟专业委员会、中国矿业大学管理学院 |
| 165 | 第九届（2018）全国高等院校企业竞争模拟大赛 | 三等奖 | 省部级 | 柏梓原 | 高等学校国家级实验教学示范中心联席会 |
| 166 | 第九届"蓝桥杯"全国软件和信息技术专业人才大赛江苏赛区 | 三等奖 | 省部级 | 程浩明 | 工业和信息化部人才交流中心、蓝桥杯全国软件和信息技术专业人才大赛、中国软件行业协会、中国电子商会、中国电子学会、中国半导体行业协会 |
| 167 | 第九届"蓝桥杯"全国软件和信息技术专业人才大赛江苏赛区 | 三等奖 | 省部级 | 任乔牧 | 工业和信息化部人才交流中心、蓝桥杯全国软件和信息技术专业人才大赛、中国软件行业协会、中国电子商会、中国电子学会、中国半导体行业协会 |

（续）

| 序号 | 竞赛名称 | 奖项 | 级别 | 获奖人员 | 颁奖单位 |
|---|---|---|---|---|---|
| 168 | 第九届"蓝桥杯"全国软件和信息技术专业人才大赛江苏赛区 | 三等奖 | 省部级 | 盛 航 | 工业和信息化部人才交流中心、蓝桥杯全国软件和信息技术专业人才大赛、中国软件行业协会、中国电子商会、中国电子学会、中国半导体行业协会 |
| 169 | 第九届"蓝桥杯"全国软件和信息技术专业人才大赛江苏赛区 | 三等奖 | 省部级 | 黄佳妮 | 工业和信息化部人才交流中心、蓝桥杯全国软件和信息技术专业人才大赛、中国软件行业协会、中国电子商会、中国电子学会、中国半导体行业协会 |
| 170 | 第九届"蓝桥杯"全国软件和信息技术专业人才大赛江苏赛区 | 优秀奖 | 省部级 | 王定一 | 工业和信息化部人才交流中心、蓝桥杯全国软件和信息技术专业人才大赛、中国软件行业协会、中国电子商会、中国电子学会、中国半导体行业协会 |
| 171 | 第三届江苏大学生交通科技大赛 | 三等奖 | 省部级 | 梁靖茹 | 江苏省城市规划协会 |
| 172 | 第三届江苏省科协青年会员创新创业大赛暨第二届江苏省大学生食品科技创新创业大赛 | 一等奖 | 省部级 | 李亚丽 | 江苏省科协 |
| 173 | 第三届江苏省科协青年会员创新创业大赛暨第二届江苏省大学生食品科技创新创业大赛 | 二等奖 | 省部级 | 曹嘉悦 | 江苏省科协 |
| 174 | 第三届江苏省科协青年会员创新创业大赛暨第二届江苏省大学生食品科技创新创业大赛 | 三等奖 | 省部级 | 杨子懿 | 江苏省科协 |
| 175 | 第三届江苏省科协青年会员创新创业大赛现代服务领域（创业组） | 优秀奖 | 省部级 | 任瑞睿 | 江苏省科协 |
| 176 | 第三届江苏省科协青年会员创新创业大赛信息技术领域 | 一等奖 | 省部级 | 高云帆 | 江苏省科协 |
| 177 | 第三届江苏省科协青年会员创新创业大赛信息技术领域 | 优秀奖 | 省部级 | 赵健彬 | 江苏省科协 |
| 178 | 第12届 iCAN 国际创新创业大赛江苏分赛区选拔赛 | 二等奖 | 省部级 | 李家诚 | iCAN 国际创新创业大赛中国组委会 |
| 179 | 第12届 iCAN 国际创新创业大赛江苏分赛区选拔赛 | 三等奖 | 省部级 | 邓子昂 | iCAN 国际创新创业大赛中国组委会 |
| 180 | 第12届 iCAN 国际创新创业大赛江苏分赛区选拔赛 | 三等奖 | 省部级 | 王 强 | iCAN 国际创新创业大赛中国组委会 |
| 181 | 第12届 iCAN 国际创新创业大赛江苏分赛区选拔赛 | 三等奖 | 省部级 | 林 宇 | iCAN 国际创新创业大赛中国组委会 |

（续）

| 序号 | 竞赛名称 | 奖项 | 级别 | 获奖人员 | 颁奖单位 |
|---|---|---|---|---|---|
| 182 | 第12届iCAN国际创新创业大赛江苏分赛区选拔赛 | 三等奖 | 省部级 | 姚义豪 | iCAN国际创新创业大赛中国组委会 |
| 183 | 第12届iCAN国际创新创业大赛江苏分赛区选拔赛 | 三等奖 | 省部级 | 朱家豪 | iCAN国际创新创业大赛中国组委会 |
| 184 | 第12届iCAN国际创新创业大赛江苏分赛区选拔赛 | 三等奖 | 省部级 | 李　也 | iCAN国际创新创业大赛中国组委会 |
| 185 | 第12届iCAN国际创新创业大赛江苏分赛区选拔赛 | 三等奖 | 省部级 | 韩嘉骐 | iCAN国际创新创业大赛中国组委会 |
| 186 | 第13届全国大学生"恩智浦"杯智能汽车竞赛 | 三等奖 | 省部级 | 席　镝 | 第13届全国大学生"恩智浦"杯智能汽车竞赛组织委员会、教育部高等学校自动化专业教学指导委员会、恩智浦（中国）管理有限公司 |
| 187 | 第13届全国大学生"恩智浦"杯智能汽车竞赛 | 三等奖 | 省部级 | 郭意霖 | 第13届全国大学生"恩智浦"杯智能汽车竞赛组织委员会、教育部高等学校自动化专业教学指导委员会、恩智浦（中国）管理有限公司 |
| 188 | 第13届全国大学生"恩智浦"杯智能汽车竞赛 | 优秀奖 | 省部级 | 姚义豪 | 第13届全国大学生"恩智浦"杯智能汽车竞赛组织委员会、教育部高等学校自动化专业教学指导委员会、恩智浦（中国）管理有限公司 |
| 189 | 河北省深化高校创新创业论文征集 | 一等奖 | 省部级 | 那馨文 | 河北省教育厅 |
| 190 | 江苏省"南仲紫金杯"第三届模拟仲裁庭大赛 | 三等奖 | 省部级 | 姚佳婷 | 江苏省政府法制办公室、江苏省司法厅、南京仲裁委员会、南京信息工程大学 |
| 191 | 江苏省"南仲紫金杯"第三届模拟仲裁庭大赛 | 三等奖 | 省部级 | 杨　岚 | 江苏省政府法制办公室、江苏省司法厅、南京仲裁委员会、南京信息工程大学 |
| 192 | 江苏省"南仲紫金杯"第三届模拟仲裁庭大赛 | 优秀奖 | 省部级 | 陈薛妍 | 江苏省政府法制办公室、江苏省司法厅、南京仲裁委员会、南京信息工程大学 |
| 193 | 江苏省大学生工程管理创新、创业与实践竞赛 | 三等奖 | 省部级 | 黄冠英 | 江苏省土木建筑学会 |
| 194 | 蓝桥杯C/C++程序设计大赛 | 三等奖 | 省部级 | 张舜泽 | 中国软件行业协会、中国电子商会、中国电子学会 |
| 195 | 全国3D打印大赛 | 一等奖 | 省部级 | 马文科 | 全国三维数字化创新设计大赛组委会 |

（续）

| 序号 | 竞赛名称 | 奖项 | 级别 | 获奖人员 | 颁奖单位 |
|---|---|---|---|---|---|
| 196 | 全国高等院校农村区域发展专业学术年会暨"美丽乡村规划"设计大赛 | 二等奖 | 省部级 | 顾家明 | 全国高等院校农村区域发展教学协作委员会、青岛农业大学经济学院 |
| 197 | 全国管理决策模拟大赛江苏省决赛 | 三等奖 | 省部级 | 黄冠英 | 教育部高等学校工商管理类专业教学指导委员会 |
| 198 | 全国三维创新数字化设计大赛精英联赛 | 一等奖 | 省部级 | 仲新宇 | 全国三维数字化创新设计大赛组委会、国家制造业信息化培训中心、中国图学学会、光华设计发展基金会、全国3D技术推广服务与教育培训联盟等 |
| 199 | 全国三维创新数字化设计大赛精英联赛 | 一等奖 | 省部级 | 明　丽 | 全国三维数字化创新设计大赛组委会、国家制造业信息化培训中心、中国图学学会、光华设计发展基金会、全国3D技术推广服务与教育培训联盟等 |
| 200 | 全国三维创新数字化设计大赛精英联赛 | 二等奖 | 省部级 | 杨亚坤 | 全国三维数字化创新设计大赛组委会、国家制造业信息化培训中心、中国图学学会、光华设计发展基金会、全国3D技术推广服务与教育培训联盟等 |
| 201 | 全国三维创新数字化设计大赛精英联赛 | 三等奖 | 省部级 | 仲新宇 | 全国三维数字化创新设计大赛组委会、国家制造业信息化培训中心、中国图学学会、光华设计发展基金会、全国3D技术推广服务与教育培训联盟等 |
| 202 | 全国三维创新数字化设计大赛精英联赛 | 三等奖 | 省部级 | 朱玉婷 | 全国三维数字化创新设计大赛组委会、国家制造业信息化培训中心、中国图学学会、光华设计发展基金会、全国3D技术推广服务与教育培训联盟等 |
| 203 | 全国三维创新数字化设计大赛精英联赛 | 一等奖 | 省部级 | 钟　威 | 全国三维数字化创新设计大赛组委会、国家制造业信息化培训中心、中国图学学会、光华设计发展基金会、全国3D技术推广服务与教育培训联盟等 |
| 204 | 全国三维数字化创新设计大赛 | 一等奖 | 省部级 | 曾雨晴 | 全国三维数字化创新设计大赛组委会、国家制造业信息化培训中心、中国图学学会、光华设计发展基金会、全国3D技术推广服务与教育培训联盟等 |
| 205 | 全国三维数字化创新设计大赛 | 二等奖 | 省部级 | 钟　威 | 全国三维数字化创新设计大赛组委会、国家制造业信息化培训中心、中国图学学会、光华设计发展基金会、全国3D技术推广服务与教育培训联盟等 |

（续）

| 序号 | 竞赛名称 | 奖项 | 级别 | 获奖人员 | 颁奖单位 |
|---|---|---|---|---|---|
| 206 | 全国三维数字化创新设计大赛 | 二等奖 | 省部级 | 贾金兰 | 全国三维数字化创新设计大赛组委会、国家制造业信息化培训中心、中国图学学会、光华设计发展基金会、全国3D技术推广服务与教育培训联盟等 |
| 207 | 全国三维数字化创新设计大赛 | 二等奖 | 省部级 | 余 琴 | 全国三维数字化创新设计大赛组委会、国家制造业信息化培训中心、中国图学学会、光华设计发展基金会、全国3D技术推广服务与教育培训联盟等 |
| 208 | POCIB全国外贸从业能力大赛 | 二等奖 | 省部级 | 胡旭辉 | 中国国际贸易学会、全国外经贸职业教育教学指导委员会 |
| 209 | 创行中国社会创新大赛区域赛 | 三等奖 | 省部级 | 陈丽珊 | Enactus Worldwild 创行全球 |
| 210 | 第四届江苏省"互联网＋"大学生创新创业大赛"青年红色筑梦之旅" | 二等奖 | 省部级 | 陆超平<br>叶海键 | 江苏省教育厅、盐城市人民政府主办，江苏省委网信办、江苏省发展改革委、江苏省科技厅、江苏省经信委、江苏省人社厅、江苏省商务厅、江苏省环保厅、江苏省农委、江苏省扶贫办、共青团江苏省委 |
| 211 | 第四届江苏省"互联网＋"大学生创新创业大赛"青年红色筑梦之旅" | 三等奖 | 省部级 | 王 宇<br>杨晓阳 | 江苏省教育厅、盐城市人民政府主办，江苏省委网信办、江苏省发展改革委、江苏省科技厅、江苏省经信委、江苏省人社厅、江苏省商务厅、江苏省环保厅、江苏省农委、江苏省扶贫办、共青团江苏省委 |
| 212 | 第四届江苏省"互联网＋"大学生创新创业大赛 | 一等奖 | 省部级 | 徐嘉易<br>王来荣<br>蒋 毅<br>聂连颖<br>袁兰馨<br>高瑞英<br>丁泽群<br>田颖楠<br>靳宇航 | 江苏省教育厅、江苏省委网信办、江苏省发展改革委、江苏省科技厅、江苏省经信委、江苏省人社厅、江苏省商务厅、江苏省环保厅、江苏省农委、江苏省扶贫办、共青团江苏省委 |
| 213 | 第四届江苏省"互联网＋"大学生创新创业大赛 | 三等奖 | 省部级 | 白徐林佩<br>颜霜静<br>赵健彬<br>管海飞<br>于佳琪<br>蒋 林<br>曾 洁<br>吴志远<br>陈 璐 | 江苏省教育厅、江苏省委网信办、江苏省发展改革委、江苏省科技厅、江苏省经信委、江苏省人社厅、江苏省商务厅、江苏省环保厅、江苏省农委、江苏省扶贫办、共青团江苏省委 |

（续）

| 序号 | 竞赛名称 | 奖项 | 级别 | 获奖人员 | 颁奖单位 |
|---|---|---|---|---|---|
| 214 | 2018 年 "创青春" 江苏省大学生创业大赛 | 金奖 | 省部级 | 陈　京<br>徐紫枫<br>李念宸<br>叶海键<br>杜晨媛<br>周天昊<br>许永钦<br>陆超平 | 共青团江苏省委、江苏省科协、江苏省教育厅、江苏省学联 |
| 215 | 2018 年 "创青春" 江苏省大学生创业大赛 | 银奖 | 省部级 | 林　泓<br>郭　珊<br>熊雨萱<br>盛　航<br>徐　伟<br>杨鑫悦<br>邓子昂<br>刁明明<br>张天一<br>郭　俊 | 共青团江苏省委、江苏省科协、江苏省教育厅、江苏省学联 |
| 216 | 2018 年 "创青春" 江苏省大学生创业大赛 | 银奖 | 省部级 | 王　宇<br>张　鑫<br>杨晓阳<br>张　敏<br>王　妍<br>张　泓<br>王心璨 | 共青团江苏省委、江苏省科协、江苏省教育厅、江苏省学联 |
| 217 | 2018 年 "创青春" 江苏省大学生创业大赛 | 银奖 | 省部级 | 邓　皓<br>沈芳竹<br>董　雯<br>邓益婷<br>刘　宽<br>刘奕含<br>冯语嫣<br>庄　园 | 共青团江苏省委、江苏省科协、江苏省教育厅、江苏省学联 |
| 218 | 2018 年 "创青春" 江苏省大学生创业大赛 | 银奖 | 省部级 | 白徐林佩<br>马梦杰<br>颜霜静<br>吴志远<br>谢昊举<br>夏梦蕾<br>李正文<br>张　旗 | 共青团江苏省委、江苏省科协、江苏省教育厅、江苏省学联 |

（续）

| 序号 | 竞赛名称 | 奖项 | 级别 | 获奖人员 | 颁奖单位 |
|---|---|---|---|---|---|
| 219 | 2018年"创青春"江苏省大学生创业大赛 | 银奖 | 省部级 | 田佳华<br>高　雅<br>田峰奇<br>王　璐<br>吴　贺<br>陈佳品<br>康　敏<br>李钰欣<br>吴　燕 | 共青团江苏省委、江苏省科协、江苏省教育厅、江苏省学联 |
| 220 | 2018年"创青春"江苏省大学生创业大赛 | 铜奖 | 省部级 | 王来荣<br>徐嘉易<br>蒋　毅<br>丁泽群<br>聂连颖<br>高瑞英<br>田颖楠<br>袁兰馨<br>靳宇航 | 共青团江苏省委、江苏省科协、江苏省教育厅、江苏省学联 |
| 221 | 2018年"创青春"江苏省大学生创业大赛 | 铜奖 | 省部级 | 李晓璇<br>车序超<br>卫思夷<br>杨　熠<br>钟国安<br>付泳易<br>刘丽颖<br>孙　勇<br>陈怡君 | 共青团江苏省委、江苏省科协、江苏省教育厅、江苏省学联 |

（撰稿：赵玲玲　周　颖　翟元海　审稿：张　炜　吴彦宁　谭智赟　审核：王俊琴）

# 公 共 艺 术 教 育

【概况】公共艺术教育中心是负责学校公共艺术课程教学，组织协调学校相关单位参加教育行政管理部门举办艺术类展演和竞赛，安排和落实学校各种重要的艺术活动，争取教育教学和艺术活动的社会资源，开展公共艺术理论研究的教学科研单位。中心现开设艺术导论、音乐鉴赏、美术鉴赏、影视鉴赏、戏剧鉴赏、舞蹈鉴赏、书法鉴赏、戏曲鉴赏等20余门公共艺术选修课；江苏省精品在线课程美在民间入围国家精品在线开放课程；建立学校公共艺术教育师生考核制度，实现了系统化、专业化、科学化教育，开展相关艺术学科理论研究，策划组织高质量、高水平的艺术文化活动，提升学生的艺术素养、审美能力，增强学生的社会竞争力。9月24日，"南农公共艺术教育中心"微信公众号推出"以声传情·为爱发声"师生领读专栏，专栏定期推送教师朗诵作品，充分发挥语言文字艺术"润物无声、育人无形"在思想政治教育中的独特作用，构建积极向上的网络文化环境与校园文化氛围，推动社会主义核心价值观的网络传播与弘扬。

**【参加"全国第五届大学生艺术展演"】**3月15日，教育部公布"全国第五届大学生艺术展演活动高校艺术教育科研论文报告会"的获奖结果，公共艺术教育中心此前获江苏省特等奖的论文，在此次比赛中获得"全国第五届大学生艺术展演科研论文报告会"一等奖。4月16～21日，中心教师作为江苏省获奖代表，参加在上海举办的"全国第五届大学生艺术展演活动"。

**【参加"2018中华经典诵读"港澳展演活动】**4月13～19日，公共艺术教育中心教师带领学生赴港澳参加由教育部语言文字应用管理司与教育部港澳台事务办公室及教育暨青年局主办的"2018中华经典诵读"展演活动。中心创作节目江南音画《诗经·采薇》集国画、朗诵、歌曲、舞蹈等多种表演形式于一体，将中国诗歌经典《诗经》以学生喜闻乐见的形式展现，得到了教育部领导和港澳观众的高度评价。

**【承办2018年江苏省高校公共艺术教育师资培训班】**10月15～19日，公共艺术教育中心承办"2018年江苏省高校公共艺术教育师资培训班"，培训包括开班仪式、专家讲座、研讨沙龙、师生互动交流、现场观看"江苏省第二届高校教师公共艺术课程微课大赛决赛"等环节。培训使学员提升公共艺术理论研究与教育教学水平，推进全省公共艺术教育工作迈上新台阶。

**【承办"江苏省第二届高校教师公共艺术课程微课大赛"】**10月17日，公共艺术教育中心承办"江苏省第二届高校教师公共艺术课程微课大赛"。通过选拔，36名选手晋级决赛，分成本科组和专科组进行现场角逐。大赛授课内容包括音乐鉴赏、戏曲鉴赏、戏剧鉴赏、美术鉴赏、舞蹈鉴赏、影视鉴赏、书法鉴赏、艺术导论八大类。大赛通过比赛的形式加快美育课程改革，提升了高校公共艺术教师授课能力。

（撰稿：朱志平　审稿：姚兆余　审核：王俊琴）

# 九、科学研究与社会服务

## 科 学 研 究

**【概况】**学校到位科研总经费 9.25 亿元，其中，纵向经费 7.69 亿元，横向经费 1.56 亿元。签订各类技术合同 504 项，合同金额 2.12 亿元。新增国家自然科学基金立项 193 项，立项经费 10 050.4 万元。获重点项目（国际合作重点）资助 4 项；获国家优秀青年科学基金资助 3 项；新疆联合基金重点项目 1 项，培育项目 3 项。国家重点研发计划牵头项目 2 项，立项经费 5 797.3 万元，获课题 21 项，立项经费 10 799.3 万元；获转基因生物新品种培育重大专项课题 3 项，立项经费 888.2 万元；入选科学技术部中青年科技创新领军人才 4 人；新增科学技术部"中法杰出青年科研人员交流计划"、农业农村部农业国际交流合作项目各 1 项；新增江苏省自然科学基金项目 54 项，立项经费 1 260.0 万元，其中杰出青年科学基金 3 项，优秀青年科学基金 2 项；新增江苏省"一带一路"技术合作项目 1 项，立项经费 100 万元；获资助省重点研发经费 1 210 多万元，省农业科技自主创新资金立项经费 2 240 多万元；新增省农业、水产体系岗位专家 6 人。

新增人文社科类纵向科研项目 246 项，其中国家社会科学项目 15 项，教育部人文社科一般项目 15 项，农业农村部软科学项目 5 项，省社会科学基金项目 18 项。纵向项目立项经费 3 412.9 万元，到账经费 4 332.2 万元。

以第一完成单位获省部级奖励 10 项，其中中华农业英才奖 1 项，高等学校科学研究优秀成果奖一等奖 2 项，江苏省科学技术奖一等奖 1 项，中国专利优秀奖 2 项。

新获人文社科科研成果奖励 30 项，其中，"江苏省第 15 届哲学社会科学优秀成果奖"获奖 11 项，其中二等奖 5 项，三等奖 6 项；"2018 年度江苏省教育教学与研究成果奖（哲学社会科学研究类）"获奖 8 项，其中一等奖 1 项，二等奖 1 项，三等奖 6 项；"2018 年度江苏省社科应用研究精品工程奖"获奖 10 项，其中一等奖 2 项，二等奖 8 项；"江苏省优秀理论成果奖"获奖 1 项。7 篇咨询报告获省部级以上领导批示或采纳。

胡高、宣伟、熊波获国家优秀青年科学基金资助；黄新元入选国家特聘专家、江苏省"双创计划"双创人才；Luis R Herrera-Estralla 入选国家特聘外国专家；周光宏当选美国食品工程院院士、国际食品科学院院士；丁艳锋、洪晓月、邹建文入选享受国务院政府特殊津贴人员名单；沈其荣获中华农业英才奖；李春保、吴俊、赵志刚、陶小荣入选国家"万人计划"科技创新领军人才；粟硕、张峰入选国家"万人计划"青年拔尖人才；王益华、汪鹏、黄新元获江苏省杰出青年科学基金资助；贾海峰、汤芳获江苏省优秀青年科学基金资助；万群、薛金林、季中扬入选江苏省"青蓝工程"中青年学术带头人；侯毅平、冉婷婷、杨海水入选江苏省"青蓝工程"优秀青年骨干教师；冯淑怡入选江苏省有突出贡献中青年专家；陈发棣、窦道龙、高彦征、胡高、金鹏、李春梅、李荣、路璐、苗晋锋、田旭、王东波、吴磊、张威、赵明文入选江苏省"333工程"培养对象；吴俊、平继辉入选江苏省特聘教授；毛胜勇、程涛、倪军、梁明祥、葛艳艳、高彦征入选江苏省"六大人才高峰"高层次人才培养对象。

以南京农业大学为通讯作者单位被SCI收录论文1843篇，同比增长10.36％。被SSCI收录学术论文50篇，被EI收录论文1篇，被CSSCI收录论文285篇；出版专著17本。以第一作者单位（共同）或通讯作者单位（共同）在影响因子大于9的期刊上发表论文30篇。9位专家入选爱思唯尔"高被引学者"榜单；1位教授入选科睿唯安"高被引科学家"榜单。授权专利296件，其中国际专利7件。获植物新品种权12件，审定国家标准2条，审定品种3个。登记软件著作权65件。

加大学术道德宣讲和学风建设工作，配合校学术委员会完成3件"关于学术不端行为举报事件"的调查和处理工作。获江苏省示范高校科协一等奖，获科协及各类学会协会奖20项（人），其中，1人获"2012—2017年度中国种业十大杰出人物"荣誉称号，2人获国家和省科协"青年人才托举工程"，获省双创大赛一等奖2项，获"江苏省优秀科普基地"称号1项。

启动第二个国家重点实验室（作物与生物互作）培育建设。现代作物生产省部共建协同创新中心顺利通过江苏省遴选答辩和教育部评审。农作物系统分析与决策农业农村部重点实验室建设项目获批，总投资1480万元。3个教育部工程研究中心通过建设验收和评估，其中资源节约型肥料教育部工程研究中心评估优秀。2个农业农村部重点实验室顺利通过绩效考核。3个农业农村部重点实验室建设项目通过竣工验收。2个江苏省重点实验室通过考核评估，其中江苏省低碳农业与气体减排重点实验室评估优秀。顺利完成白马农业转基因生物安全试验基地建设项目申报和前期调研、论证规划工作。

教授周光宏团队与广东温氏食品集团股份有限公司及广西桂柳牧业集团达成共建协议；教授沈其荣团队、姜平团队等研究成果转让给多个企业，转让金额创新高。新建萧山、盐都、栖霞3个技术转移分中心。获批南京农业大学江苏省技术合同登记机构。全年走访调研技术转移分中心20余次，对接企业60余家，组织参加国内各类成果展会10余场，推介学校各类科技成果100余项，推荐教育部"蓝火计划"博士团5人，并全部入选。荣获第20届中国国际工业博览会高校展区优秀展品奖一等奖、第二届中国高校科技成果交易会优秀项目展示奖、第九届中国技术市场金桥突出贡献先进集体奖。

制订《南京农业大学科技成果转化评估管理工作细则》《南京农业大学对外投标管理暂行办法》。

**【荣获5项国家科技奖励】**荣获国家科技奖励5项，其中以第一完成单位获国家科技奖励3项，分别是国家技术发明奖1项、国家科学技术进步奖2项。这是学校首次以第一完成单位在同一年度荣获3项国家科技奖励。

**【作物表型组学研究设施获得部、省、市建设经费超亿元】**作物表型组学研究重大科技基础设施受到部、省级主管部门重视，获批教育部和江苏省人民政府共建项目，学校为牵头建设单位。教育部批复建设作物表型组学研发中心大楼；作物表型组学研究设施预研筹建项目——作物表型组学研究科学中心入选江苏省创新能力建设计划。获江苏省立项资助经费

3 000 万元，同时南京市按照省市 1∶1 配套支持，并列入南京市 2018 年重大项目计划。引进团队 2 个，招收研究生 16 人。顺利举办第二届亚太植物表型国际会议，获得第六届国际植物表型大会举办权；成立中英、中法、中德植物表型组学联合研究中心；与英国东安格利亚大学签署合作框架协议；顺利通过教育部"十四五"培育项目中期考核；正在推进田间、室内表型设施与根系表型等预研项目建设。

**【社科重大项目】**冯淑怡教授的"完善农村承包地'三权'分置研究"，包平研究馆员的"方志物产知识库构建及深度利用研究"获批 2018 年度国家社会科学基金重大项目。

**【咨政成果获上级主管部门领导批示】**曹历娟老师、朱晶教授提交的《美将对华增加农产品出口背景下我国"三农"领域面临的潜在风险、压力分析及对策建议》，展进涛教授提交的《保障粮食安全的突破性农业技术分析》咨询报告经教育部报国家有关部门及领导参阅；周曙东教授提交的《中美贸易摩擦对中国农业的影响与应对》研究报告获农业农村部领导批示。

（撰稿：郭彩丽　毛　竹　审稿：俞建飞　陶书田　周国栋　陈　俐

黄水清　卢　勇　审核：黄　洋）

# ［附录］

## 附录 1　2018 年学校纵向到位科研经费汇总表

| 序号 | 项目类别 | 经费（万元） |
|---|---|---|
| 1 | 国家自然科学基金 | 9 895 |
| 2 | 国家重点研发计划 | 20 847 |
| 3 | 转基因生物新品种培育国家科技重大专项 | 3 226 |
| 4 | 科学技术部其他计划 | 368 |
| 5 | 公益性行业（农业）科研专项 | 146 |
| 6 | 现代农业产业技术体系 | 2 270 |
| 7 | 农业农村部其他计划 | 5 216 |
| 8 | 教育部项目 | 74 |
| 9 | 江苏省重点研发计划 | 918 |
| 10 | 江苏省自然科学基金 | 1 190 |
| 11 | 江苏省科技厅其他项目 | 2 115 |
| 12 | 江苏省农业农村厅项目 | 1 020 |
| 13 | 江苏省其他项目 | 5 644 |
| 14 | 国家社会科学基金 | 708 |
| 15 | 国家重点实验室 | 4 775 |
| 16 | 中央高校基本科研业务费 | 3 834 |

（续）

| 序号 | 项目类别 | 经费（万元） |
|---|---|---|
| 17 | 南京市科技项目 | 2 122 |
| 18 | 国际合作项目 | 31 |
| 19 | 其他项目 | 17 438 |
| 合计 | | 81 837 |

注：此表除包含科研院管理的纵向科研经费外，还包含国际合作与交流处管理的国际合作项目经费、人事处管理的引进人才经费。

## 附录2　各学院纵向到位科研经费统计表

| 序号 | 学院 | 到位经费（万元） |
|---|---|---|
| 1 | 农学院 | 15 423 |
| 2 | 工学院 | 1 543 |
| 3 | 植物保护学院 | 7 965 |
| 4 | 资源与环境科学学院 | 7 161 |
| 5 | 园艺学院 | 8 991 |
| 6 | 动物科技学院 | 3 451 |
| 7 | 动物医学院 | 2 953 |
| 8 | 食品科技学院 | 4 437 |
| 9 | 理学院 | 704 |
| 10 | 生命科学学院 | 1 846 |
| 11 | 信息科技学院 | 424 |
| 12 | 草业学院 | 663 |
| 13 | 公共管理学院 | 935 |
| 14 | 经济管理学院 | 933 |
| 15 | 金融学院 | 262 |
| 16 | 人文与社会发展学院 | 535 |
| 17 | 外国语学院 | 37 |
| 18 | 马克思主义学院 | 31 |
| 19 | 体育部 | 9 |
| 20 | 其他* | 5 258 |
| 合　计 | | 63 561 |

＊　指行政职能部门纵向到位科研经费，不含国家重点实验室、教育部"111"引智基地及渔业学院等到位经费。

## 附录 3　结题项目汇总表

| 序号 | 项目类别 | 应结题项目数 | 结题项目数 |
|---|---|---|---|
| 1 | 国家自然科学基金 | 158 | 158 |
| 2 | 国家社会科学基金 | 6 | 6 |
| 3 | 科学技术部"863"计划 | 2 | 2 |
| 4 | 国家科技支撑计划 | 2 | 2 |
| 5 | 公益性行业（农业）科研专项 | 0 | 6（结题项目，2018年验收） |
| 6 | 转基因生物新品种培育重大专项 | 0 | 9（结题项目，2018年验收） |
| 7 | 教育部人文社科项目 | 13 | 13 |
| 8 | 江苏省自然科学基金项目 | 61 | 53 |
| 9 | 江苏省社会科学基金项目 | 15 | 15 |
| 10 | 江苏省重点研发计划 | 11 | 11 |
| 11 | 江苏省自主创新项目 | 5 | 5 |
| 12 | 江苏省农业三项项目 | 12 | 12 |
| 13 | 江苏省软科学计划 | 3 | 2 |
| 14 | 江苏省教育厅高校哲学社会科学项目 | 22 | 22 |
| 15 | 人文社会科学项目 | 25 | 25 |
| 16 | 校青年基金项目 | 78 | 77 |
| 17 | 校自主创新重点项目 | 74 | 74 |
| 18 | 校重大专项 | 4 | 4 |
| 19 | 校人文社会科学基金 | 247 | 229 |
| | 合　计 | 738 | 725 |

## 附录 4　各学院发表学术论文统计表

| 序号 | 学院 | 论文（篇） | | |
|---|---|---|---|---|
| | | SCI | SSCI | CSSCI |
| 1 | 农学院 | 196 | | |
| 2 | 工学院 | 107 | 3 | 1 |
| 3 | 植物保护学院 | 195 | | |
| 4 | 资源与环境科学学院 | 216 | | |
| 5 | 园艺学院 | 187 | | 1 |
| 6 | 动物科技学院 | 197 | | |
| 7 | 动物医学院 | 219 | | |
| 8 | 食品科技学院 | 187 | | |
| 9 | 理学院 | 68 | | |
| 10 | 生命科学学院 | 137 | | |

（续）

| 序号 | 学院 | 论文（篇） | | |
|---|---|---|---|---|
| | | SCI | SSCI | CSSCI |
| 11 | 信息科技学院 | 4 | 1 | 20 |
| 12 | 草业学院 | 44 | | |
| 13 | 渔业学院 | 46 | | |
| 14 | 公共管理学院 | 14 | 17 | 90 |
| 15 | 经济管理学院 | 20 | 22 | 56 |
| 16 | 金融学院 | 1 | | 24 |
| 17 | 人文与社会发展学院 | 5 | 3 | 59 |
| 18 | 外国语学院 | | 2 | 9 |
| 19 | 马克思主义学院 | | | 16 |
| 20 | 体育部 | | | |
| 21 | 其他 | | 2 | 9 |
| | 合计 | 1 843 | 50 | 285 |

## 附录5　各学院专利授权和申请情况一览表

| 学院 | 授权专利 | | | | 申请专利 | | | |
|---|---|---|---|---|---|---|---|---|
| | 2017 年 | | 2018 年 | | 2017 年 | | 2018 年 | |
| | 件 | 其中：发明/实用新型/外观设计 | 件 | 其中：发明/实用新型/外观设计 | 件 | 其中：发明/实用新型/外观设计 | 件 | 其中：发明/实用新型/外观设计 |
| 农学院 | 28 | 23/5/0 | 23 | 20/3/0（1 件美国发明） | 33 | 33/0/0（1 件 PCT） | 46 | 46/0/0 |
| 工学院 | 91 | 21/68/2 | 136 | 21/114/1（1 件美国发明） | 198 | 51/146/1 | 173 | 56/117/0 |
| 植物保护学院 | 18 | 16/2/0 | 28 | 23/5/0（美国、英国、澳大利亚发明各 1 件） | 25 | 21/4/0（1 件 PCT） | 32 | 29/3/0 |
| 资源与环境科学学院 | 27 | 21/5/1（1 件美国专利） | 18 | 17/1/0 | 32 | 32/0/0 | 51 | 49/2/0 |
| 园艺学院 | 21 | 16/5/0 | 13 | 8/5/0 | 59 | 53/6/0 | 66 | 59/7/0 |
| 动物科技学院 | 11 | 7/4/0 | 16 | 10/6/0 | 21 | 15/6/0 | 27 | 27/0/0 |
| 动物医学院 | 12 | 12/0/0 | 11 | 10/1/0 | 14 | 11/3/0 | 18 | 16/2/0 |
| 食品科技学院 | 27 | 25/2/0 | 30 | 26/1/3 | 35 | 34/1/0 | 71 | 67/4/0（4 件 PCT） |
| 理学院 | 1 | 1/0/0 | 2 | 2/0/0 | 7 | 7/0/0 | 10 | 10/0/0 |
| 生命科学学院 | 7 | 4/3/0（1 件美国专利） | 12 | 11/1/0（美国、欧洲发明各 1 件） | 29 | 29/0/0 | 25 | 23/2/0（1 件 PCT） |

（续）

| 学院 | 授权专利 | | | | 申请专利 | | | |
|---|---|---|---|---|---|---|---|---|
| | 2017 年 | | 2018 年 | | 2017 年 | | 2018 年 | |
| | 件 | 其中：发明/实用<br>新型/外观设计 | 件 | 其中：发明/实用<br>新型/外观设计 | 件 | 其中：发明/实用<br>新型/外观设计 | 件 | 其中：发明/实用<br>新型/外观设计 |
| 信息科技学院 | 3 | 2/1/0 | 4 | 4/0/0 | 14 | 12/2/0 | 9 | 9/0/0 |
| 草业学院 | | | | | 6 | 5/1/0 | 4 | 4/0/0 |
| 渔业学院 | 2 | 1/1/0 | | | | | | |
| 经济管理学院 | | | 1 | 0/1/0 | | | | |
| 人文与社会<br>发展学院 | 1 | 1/0/0 | 1 | 0/1/0 | 1 | 1/0/0 | 1 | 0/1/0 |
| 合　计 | 249 | 150/96/3 | 295 | 152/139/4 | 474 | 304/169/1 | 533 | 395/138/0 |

## 附录 6　新增部省级科研平台一览表

| 级别 | 机构名称 | 批准部门 | 批准时间 | 负责人 |
|---|---|---|---|---|
| 国家级 | 现代作物生产省部共建协同创新中心 | 教育部 | 2018 | 刘裕强 |

## 附录 7　主办期刊

**《南京农业大学学报**（自然科学版）》：收到稿件 570 篇，退稿 392 篇，退稿率为 69%，刊出论文 149 篇，其中前沿快讯 4 篇，特约综述 16 篇，研究论文 127 篇，研究简报 2 篇。平均发表周期 10 个月。每期邮局发行 120 册，国内自办发行及交换 486 册，国外发行 2 册。根据 2018 年《中国学术期刊影响因子年报》的统计结果，学报影响因子为 1.354（7/99），他引总引比 0.92，基金论文比 0.99，总被引频次为 4 662，WEB 下载量为 8.14 万次。学报被美国《化学文摘》（CA）、《史蒂芬斯全文数据库》（EBSCO host）、英国《国际农业与生物科学中心》全文数据库（CABI）、《动物学记录》（ZR）等国外数据库收录；在 2017—2018 年被中国科学引文数据库（CSCD）核心库收录。学报被评为"中国高校百佳科技期刊"，获"中国科技论文在线优秀期刊一等奖"。

数字化建设工作包括：①录用的论文在定稿后即时在学报网站上网；②论文在线优先出版；③论文的 HTML 网页制作；④论文 DOI 号的注册和解析链接；⑤电子邮件推送最新出版论文的目次；⑥通过微信公众平台发布学报动态和优质内容；⑦与超星合作，进行论文的域出版。

**《南京农业大学学报**（社会科学版）》：共收到来稿 1 739 篇，其中，校外来稿 1 672 篇，校内来稿 64 篇，约稿 23 篇。全年共刊用稿件 95 篇，用稿率为 5.5%，其中，刊用校内稿件 21 篇，校外稿件 74 篇，校内用稿占比 22%。省部级基金资助论文 79 篇，基金论文占比 83%。用稿周期为 296 天。

在中国学术期刊影响因子年报（人文社会科学）（2018）中，学报复合影响因子达 3.208，在农业高校学报中排名第一，在江苏省综合社会科学期刊中排名第一位；11 月，学报首次入选"中国人文社会科学期刊 AMI 综合评价（A 刊）核心期刊"。学报全年刊发论文被转摘 31 篇次，转摘率 32.63%。其中，中国人民大学复印报刊资料 18 篇，《高等学校文科学术文摘》9 篇，《中国社会科学文摘》3 篇，《社会科学文摘》1 篇。学报获得"江苏省委宣传部优秀期刊奖"，并获得资助。刊发于学报的《社会经济地位、群际接触与社会距离——市民与农民群际关系研究》获"2018 年江苏省教育教学与研究成果奖三等奖"。

《园艺研究》：共收到来自 33 个国家的 411 篇稿件，接收率约 16%，正式刊载 75 篇，国外稿源约 67%。现编委会由副主编 34 人和顾问委员 18 人组成，他们分别来自 13 个国家的 37 个科研单位，均为活跃于科研一线的优秀科学家。《园艺研究》于 2017 年 2 月被科睿唯安（原汤森路透）旗下的 SCIE 数据库收录，正式成为 SCI 期刊，*Horticulture Research* 科瑞唯安影响因子：2018 年 JCR 影响因子 3.368，位于园艺一区（第 2/37 名）；植物科学一区（第 31/222 名）。中国科学院期刊分区影响因子：2018 年中国科学院期刊分区影响因子 3.368，3 年平均影响因子 3.961。位于园艺领域一区（第 2/35 名）；植物科学二区（第 21/222 名），被评为农林科学大类 TOP 期刊。《园艺研究》于 2018 年成功在中国北京召开第五届国际园艺研究大会（The Fifth International Horticulture Research Conference），共有来自美国、英国、法国、意大利、中国、加拿大和芬兰等 21 个国家的 800 多名专家学者与会，其中大会组织了特邀报告 9 个、大会报告 43 个。

《中国农业教育》：共收到来稿 396 篇，其中，校外稿件 340 篇，校内稿件 56 篇，全年刊用稿件 96 篇，用稿率约为 25%，校内外用稿比为 1∶2.7。全年有 3 篇次论文被《农民日报（理论版）》《高等学校文科学术文摘》摘编。在中国社会科学院社会评价研究院发布的《中国人文社会科学期刊评价报告（2018）》中，《中国农业教育》入选 A 刊扩展版，实现了期刊发展的突破。

全年共组织了 6 期"特稿"专栏，先后约请了农林高校校长、党委书记稿件 18 篇，不定期组织了"高教纵横""学科与专业建设""新型职业农民培育""创新创业教育""人才培养"等专题、专栏，栏目运作日见起色，期刊方向得到凝练，办刊水平和质量稳步提高。

《植物表型组学》：7 月，南京农业大学与 Science 签订合同，召开新闻发布会，正式合作创办 *Plant Phenomics*（《植物表型组学》）。聘请日本东京大学 Seishi Ninomiya 教授、法国国家农业科学研究院 Frédéric Baret 教授和南京农业大学/田纳西大学程宗明教授为主编。9 月，期刊网站正式在 sciencemag.org 上线，并开通投审稿系统。组建了国际化的编委团队，副主编为来自 8 个国家、19 个科研单位的 20 位优秀科学家。完成首批高质量文章的约请与催投，2018 年共收到来自日本、澳大利亚等国的 7 篇稿件。

## 附录 8　南京农业大学教师担任国际期刊编委一览表

| 序号 | 学院 | 姓名 | 编辑委员会 | | | 刊名全称 | ISSN 号 | 出版国别 |
| --- | --- | --- | --- | --- | --- | --- | --- | --- |
| | | | 主编 | 副主编 | 编委 | | | |
| 1 | 农学院 | 万建民 | √ | | | *The Crop Journal* | 2095 - 5421 | 中国 |
| 2 | 农学院 | 万建民 | √ | | | *Journal of Integrative Agriculture* | 2095 - 3119 | 中国 |
| 3 | 农学院 | 黄骥 | | √ | | *Acta Physiologiae Plantarum* | 0137 - 5881 | 德国 |
| 4 | 农学院 | 陈增建 | | | √ | *Genome Biology* | 1474 - 760X | 美国 |

（续）

| 序号 | 学院 | 姓名 | 编辑委员会 主编 | 副主编 | 编委 | 刊名全称 | ISSN 号 | 出版国别 |
|------|------|------|------|------|------|----------|---------|----------|
| 5 | 农学院 | 陈增建 | √ | | | *BMC Plant Biology* | 1471 - 2229 | 英国 |
| 6 | 农学院 | 王秀娥 | | | √ | *Plant Growth Regulation* | 0167 - 6903 | 荷兰 |
| 7 | 农学院 | 陈增建 | | | √ | *Frontiers in Plant Genetics and Genomics* | 1664 - 462X | 瑞士 |
| 8 | 农学院 | 陈增建 | | | √ | *Genes* | 2073 - 4425 | 西班牙 |
| 9 | 农学院 | 罗卫红 | | | √ | *Agricultural and Forest Meteorology* | 0168 - 1923 | 荷兰 |
| 10 | 农学院 | 罗卫红 | | | √ | *Agricultural Systems* | 0308 - 521X | 荷兰 |
| 11 | 农学院 | 罗卫红 | | √ | | *Frontiers in Plant Science - Crop and Product Physiology* | 1664 - 462X | 瑞士 |
| 12 | 农学院 | 罗卫红 | | √ | | *The Crop Journal* | 2095 - 5421 | 中国 |
| 13 | 农学院 | 汤 亮 | | √ | | *Field Crops Research* | 0378 - 4290 | 荷兰 |
| 14 | 农学院 | 姚 霞 | | | √ | *Remote sensing* | 2072 - 4292 | 瑞士 |
| 15 | 工学院 | 方 真 | √ | | | *Springer Book Series - Biofuels and Biorefineries* | 2214 - 1537 | 德国 |
| 16 | 工学院 | 方 真 | | √ | | *The Journal of Supercritical Fluids* | 0896 - 8446 | 荷兰 |
| 17 | 工学院 | 方 真 | | √ | | *Biotechnology for Biofuels* | 1754 - 6834 | 德国 |
| 18 | 工学院 | 方 真 | | | √ | *Energy Sustain Soc* | 2192 - 0567 | 德国 |
| 19 | 工学院 | 方 真 | | | √ | *Combinatorial Chemistry & High Throughput Screening* | 1875 - 5402 | 阿联酋 |
| 20 | 工学院 | 张保华 | √ | | | *Artificial Intelligence in Agriculture* | 2589 - 7217 | 荷兰 & 中国 |
| 21 | 工学院 | 周 俊 | | √ | | *Artificial Intelligence in Agriculture* | 2589 - 7217 | 荷兰 & 中国 |
| 22 | 工学院 | 舒 磊 | | | √ | *IEEE Network Magazine* | 0890 - 8044 | 美国 |
| 23 | 工学院 | 舒 磊 | | | √ | *IEEE Journal of Automatica Sinica* | 1424 - 8220 | 瑞士 |
| 24 | 工学院 | 舒 磊 | | | √ | *IEEE Transactions on Industrial Informatics* | 2192 - 1962 | 荷兰 |
| 25 | 工学院 | 舒 磊 | | | √ | *IEEE Communication Magazine* | 0163 - 6804 | 美国 |
| 26 | 工学院 | 舒 磊 | | | √ | *Sensors* | 1424 - 8220 | 瑞士 |
| 27 | 工学院 | 舒 磊 | | | √ | *Springer Human - centric Computing and Information Science* | 2192 - 1962 | 荷兰 |
| 28 | 工学院 | 舒 磊 | | | √ | *Springer Telecommunication Systems* | 1018 - 4864 | 荷兰 |

（续）

| 序号 | 学院 | 姓名 | 编辑委员会 | | | 刊名全称 | ISSN 号 | 出版国别 |
|---|---|---|---|---|---|---|---|---|
| | | | 主编 | 副主编 | 编委 | | | |
| 29 | 工学院 | 舒 磊 | | | √ | *IEEE System Journal* | 1932 – 8184 | 美国 |
| 30 | 工学院 | 舒 磊 | | | √ | *IEEE Access* | 2169 – 3536 | 美国 |
| 31 | 工学院 | 舒 磊 | | | √ | *Springer Intelligent Industrial Systems* | 2363 – 6912 | 荷兰 |
| 32 | 工学院 | 舒 磊 | | | √ | *Heliyon* | 2405 – 8440 | 英国 |
| 33 | 植物保护学院 | 吴益东 | | √ | | *Pest Management Science* | 1526 – 498X | 美国 |
| 34 | 植物保护学院 | 吴益东 | | | √ | *Insect Science* | 1672 – 9609 | 中国 |
| 35 | 植物保护学院 | 张正光 | | | √ | *Current Genetics* | 0172 – 8083 | 美国 |
| 36 | 植物保护学院 | 张正光 | | | √ | *Physiological and Molecular Plant Pathology* | 0885 – 5765 | 英国 |
| 37 | 植物保护学院 | 张正光 | | | √ | *PLoS One* | 1932 – 6203 | 美国 |
| 38 | 植物保护学院 | 董莎萌 | | | √ | *Molecular Plant – Microbe Interaction* | 0894 – 0282 | 美国 |
| 39 | 植物保护学院 | 董莎萌 | | | √ | *Journal of Integrative Plant Biology* | 1672 – 9072 | 中国 |
| 40 | 植物保护学院 | 董莎萌 | | | √ | *Journal of Cotton Research* | 2096 – 5044 | 中国 |
| 41 | 植物保护学院 | 洪晓月 | | √ | | *Systematic & Applied Acarology* | 1362 – 1971 | 英国 |
| 42 | 植物保护学院 | 洪晓月 | | | √ | *Bulletin of Entomological Research* | 0007 – 4853 | 英国 |
| 43 | 植物保护学院 | 洪晓月 | | | √ | *Applied Entomology and Zoology* | 0003 – 6862 | 日本 |
| 44 | 植物保护学院 | 洪晓月 | | | √ | *International Journal of Acarology* | 0164 – 7954 | 美国 |
| 45 | 植物保护学院 | 洪晓月 | | | √ | *Acarologia* | 0044 – 586X | 法国 |
| 46 | 植物保护学院 | 洪晓月 | | | √ | *Scientific Reports* | 2045 – 2322 | 英国 |
| 47 | 植物保护学院 | 洪晓月 | | | √ | *PLoS One* | 1932 – 6203 | 美国 |
| 48 | 植物保护学院 | 洪晓月 | | | √ | *Frontiers in Physiology* | 1664 – 042X | 瑞士 |
| 49 | 植物保护学院 | 洪晓月 | | | √ | *Japanese Journal of Applied Entomology and Zoology* | 0021 – 4914 | 日本 |
| 50 | 植物保护学院 | 王源超 | | | √ | *Molecular Plant Pathology* | 1364 – 3703 | 英国 |
| 51 | 植物保护学院 | 王源超 | | | √ | *Molecular Plant – microbe Interaction* | 1943 – 7706 | 美国 |
| 52 | 植物保护学院 | 王源超 | | | √ | *Phytopathology Research* | 2524 – 4167 | 中国 |
| 53 | 植物保护学院 | 王源超 | | | √ | *PLoS Pathogens* | 1553 – 7366 | 美国 |
| 54 | 资源与环境科学学院 | Irina Druzhinina | | | √ | *Applied Environmental Microbiology* | 0099 – 2240 | 美国 |
| 55 | 资源与环境科学学院 | 潘根兴 | | | √ | *Global Change Biology Bioenergy* | 1757 – 1693 | 英国 |

（续）

| 序号 | 学院 | 姓名 | 编辑委员会 | | | 刊名全称 | ISSN 号 | 出版国别 |
|---|---|---|---|---|---|---|---|---|
| | | | 主编 | 副主编 | 编委 | | | |
| 56 | 资源与环境科学学院 | 赵方杰 | | √ | | *European Journal of Soil Science* | 1351 - 0754 | 美国 |
| 57 | 资源与环境科学学院 | 赵方杰 | | √ | | *Plant and Soil* | 0032 - 079X | 德国 |
| 58 | 资源与环境科学学院 | 赵方杰 | | | √ | *Environmental Pollution* | 0269 - 7491 | 荷兰 |
| 59 | 资源与环境科学学院 | 赵方杰 | | | √ | *Functional Plant Biology* | 1445 - 4408 | 澳大利亚 |
| 60 | 资源与环境科学学院 | 胡水金 | | | √ | *PloS One* | 1932 - 6203 | 美国 |
| 61 | 资源与环境科学学院 | 胡水金 | | | √ | *Journal of Plant Ecology* | 1752 - 9921 | 英国 |
| 62 | 资源与环境科学学院 | 郭世伟 | | | √ | *Journal of Agricultural Science* | 0021 - 8596 | 美国 |
| 63 | 资源与环境科学学院 | 汪 鹏 | | | √ | *Plant and Soil* | 0032 - 079X | 德国 |
| 64 | 资源与环境科学学院 | 刘满强 | | | √ | *Applied Soil Ecology* | 0929 - 1393 | 荷兰 |
| 65 | 资源与环境科学学院 | 刘满强 | | | √ | *Rhizosphere* | 2452 - 2198 | 荷兰 |
| 66 | 资源与环境科学学院 | 高彦征 | | | √ | *Scientific Reports* | 2045 - 2322 | 英国 |
| 67 | 资源与环境科学学院 | 高彦征 | | | √ | *Environment International* | 0160 - 4120 | 英国 |
| 68 | 资源与环境科学学院 | 高彦征 | | | √ | *Chemosphere* | 0045 - 6535 | 英国 |
| 69 | 资源与环境科学学院 | 高彦征 | | | √ | *Journal of Soils and Sediments* | 1439 - 0108 | 德国 |
| 70 | 资源与环境科学学院 | 郑冠宇 | | | √ | *Environmental Technology* | 0959 - 3330 | 英国 |
| 71 | 资源与环境科学学院 | 李 真 | | | √ | *Scientific Reports* | 2045 - 2322 | 英国 |
| 72 | 资源与环境科学学院 | 张亚丽 | | | √ | *Scientific Reports* | 2045 - 2322 | 英国 |
| 73 | 资源与环境科学学院 | 邹建文 | | | √ | *Heliyon* | 2405 - 8440 | 英国 |

（续）

| 序号 | 学院 | 姓名 | 主编 | 副主编 | 编委 | 刊名全称 | ISSN 号 | 出版国别 |
|---|---|---|---|---|---|---|---|---|
| 74 | 资源与环境科学学院 | 邹建文 | | | √ | *Scientific Reports* | 2045 - 2322 | 英国 |
| 75 | 资源与环境科学学院 | 邹建文 | | | √ | *Environmental Development* | 2211 - 4645 | 美国 |
| 76 | 资源与环境科学学院 | 徐国华 | | | √ | *Chemical and Biological Technologies in Agriculture* | 2196 - 5641 | 英国 |
| 77 | 资源与环境科学学院 | 徐国华 | | | √ | *Scientific Reports* | 2045 - 2322 | 英国 |
| 78 | 资源与环境科学学院 | 徐国华 | | | √ | *Frontiers in Plant Science* | 1664 - 462X | 瑞士 |
| 79 | 资源与环境科学学院 | 沈其荣 | | | √ | *Biology and Fertility of Soils* | 0178 - 2762 | 德国 |
| 80 | 资源与环境科学学院 | 沈其荣 | | √ | | *Pedosphere* | 1002 - 0160 | 中国 |
| 81 | 资源与环境科学学院 | 张瑞福 | | | √ | *International Biodeterioration & Biodegradation* | 0964 - 8305 | 美国 |
| 82 | 资源与环境科学学院 | 张瑞福 | | | √ | *Journal of Integrative Agriculture* | 2095 - 3119 | 中国 |
| 83 | 园艺学院 | 李义 | | √ | | *Horticulture Research* | 2052 - 7276 | 中国 |
| 84 | 园艺学院 | 李义 | | √ | | *Plant，Cell，Tissue and Organ Culture* | 0167 - 6857 | 荷兰 |
| 85 | 园艺学院 | 李义 | | | √ | *Frontiers in Plant Science* | 1664 - 462X | 瑞士 |
| 86 | 园艺学院 | 陈劲枫 | | √ | | *Horticulture Research* | 2052 - 7276 | 中国 |
| 87 | 园艺学院 | 陈发棣 | | | √ | *Horticulture Research* | 2052 - 7276 | 中国 |
| 88 | 园艺学院 | 陈发棣 | | | √ | *Horticultural Plant Journal* | 2468 - 0141 | 中国 |
| 89 | 园艺学院 | 柳李旺 | | | √ | *Frontier in Plant Science* | 1664 - 462X | 瑞士 |
| 90 | 园艺学院 | 程宗明 | √ | | | *Plant Phenomics* | 2643 - 6515 | 中国 |
| 91 | 园艺学院 | 程宗明 | √ | | | *Horticulture Research* | 2052 - 7276 | 中国 |
| 92 | 园艺学院 | 张绍铃 | | | √ | *Frontiers in Plant Science* | 1664 - 462X | 瑞士 |
| 93 | 园艺学院 | 吴俊 | | | √ | *Journal of Integrative Agriculture* | 2095 - 3119 | 中国 |
| 94 | 园艺学院 | 吴俊 | √ | | | *Horticultural Plant Journal* | 2468 - 0141 | 中国 |
| 95 | 园艺学院 | 吴巨友 | | | √ | *Molecular Breeding* | 1380 - 3743 | |
| 96 | 园艺学院 | 汪良驹 | | | √ | *Horticultural Plant Journal* | 2468 - 0141 | 中国 |
| 97 | 动物科技学院 | 王恬 | | | √ | *Journal of Animal Science and Biotechnology* | 1674 - 9782 | 中国 |

（续）

| 序号 | 学院 | 姓名 | 编辑委员会 | | | 刊名全称 | ISSN 号 | 出版国别 |
|---|---|---|---|---|---|---|---|---|
| | | | 主编 | 副主编 | 编委 | | | |
| 98 | 动物科技学院 | 孙少琛 | | | √ | *Scientific Reports* | 2045 - 2322 | 英国 |
| 99 | 动物科技学院 | 孙少琛 | | | √ | *PLoS One* | 1932 - 6203 | 美国 |
| 100 | 动物科技学院 | 孙少琛 | | | √ | *PeerJ* | 2167 - 8359 | 美国 |
| 101 | 动物科技学院 | 孙少琛 | | | √ | *Journal of Animal Science and Biotechnology* | 1674 - 9782 | 中国 |
| 102 | 动物科技学院 | 朱伟云 | | | √ | *The Journal of Nutritional Biochemistry* | 0955 - 2863 | 美国 |
| 103 | 动物科技学院 | 朱伟云 | | | √ | *Asian - Australasian Journal of Animal Sciences* | 1011 - 2367 | 韩国 |
| 104 | 动物科技学院 | 朱伟云 | | | √ | *Journal of Animal Science and Biotechnology* | 1674 - 9782 | 中国 |
| 105 | 动物科技学院 | 石放雄 | | | √ | *Asian Pacific Journal of Reproduction* | 2305 - 0500 | 中国 |
| 106 | 动物科技学院 | 石放雄 | | | √ | *The Open Reproductive Science Journal* | 1874 - 2556 | 加拿大 |
| 107 | 动物科技学院 | 石放雄 | | | √ | *Journal of Animal Science Advances* | 2251 - 7219 | 美国 |
| 108 | 动物医学院 | 鲍恩东 | | | √ | *Agriculture* | 1580 - 8432 | 斯洛文尼亚 |
| 109 | 动物医学院 | 李祥瑞 | | | √ | 亚洲兽医病例研究 | 2169 - 8880 | 美国 |
| 110 | 动物医学院 | 严若峰 | | | √ | *Journal of Equine Veterinary Science* | 0737 - 0806 | 美国 |
| 111 | 动物医学院 | 范红结 | | | √ | *Journal of Integrative Agriculture* | 2095 - 3119 | 中国 |
| 112 | 动物医学院 | 吴文达 | | | √ | *Food and Chemical Toxicology* | 0278 - 6915 | 英国 |
| 113 | 动物医学院 | 赵茹茜 | | | √ | *General and Comparative Endocrinology* | 0016 - 6480 | 美国 |
| 114 | 动物医学院 | 赵茹茜 | | | √ | *Journal of Animal Science and Biotechnology* | 2049 - 1891 | 中国 |
| 115 | 食品科技学院 | 李春保 | | √ | | *Asian - Australasian Journal of Animal Sciences* | 1011 - 2367 | 韩国 |
| 116 | 食品科技学院 | 陆兆新 | | | √ | *Food Science & Nutrition* | 2048 - 7177 | 美国 |
| 117 | 食品科技学院 | 曾晓雄 | | √ | | *International Journal of Biological Macromolecules* | 0141 - 8130 | 荷兰 |
| 118 | 食品科技学院 | 曾晓雄 | | | √ | *Journal of Functional Foods* | 1756 - 4646 | 荷兰 |
| 119 | 食品科技学院 | Josef Voglmeir | | √ | | *Carbohydrate Research* | 0008 - 6215 | 荷兰 |

（续）

| 序号 | 学院 | 姓名 | 主编 | 副主编 | 编委 | 刊名全称 | ISSN 号 | 出版国别 |
|---|---|---|---|---|---|---|---|---|
| 120 | 食品科技学院 | Josef Voglmeir | | | √ | *Carbohydrate Research* | 0008 - 6215 | 荷兰 |
| 121 | 食品科技学院 | 张万刚 | | √ | | *Meat Science* | 0309 - 1740 | 美国 |
| 122 | 经济管理学院 | 史杨焱 | | √ | | *International Journal of Applied Logistics* | 1947 - 9573 | 美国 |
| 123 | 生命科学学院 | 蒋建东 | | √ | | *International Biodeterioration & Biodegradation* | 0964 - 8305 | 荷兰 |
| 124 | 生命科学学院 | 蒋建东 | | | √ | *Applied and Environmental Microbiology* | Print ISSN：0099 - 2240 Online ISSN：1098 - 5336 | 美国 |
| 125 | 生命科学学院 | 蒋建东 | | | √ | *Frontiers in MicroBioTechnology, Ecotoxicology & Bioremediation* | 1664 - 302X | 瑞士 |
| 126 | 生命科学学院 | 章文华 | | | √ | *Frontier Plant Science* | 1664 - 462X | 美国 |
| 127 | 生命科学学院 | 杨志敏 | | | √ | *Gene* | 0378 - 1119 | 美国 |
| 128 | 生命科学学院 | 杨志敏 | | | √ | *Plant Gene* | 2352 - 4073 | 美国 |
| 129 | 生命科学学院 | 杨志敏 | | | √ | *PloS One* | 1932 - 6203 | 美国 |
| 130 | 生命科学学院 | 杨志敏 | | | √ | *Journal of Biochemistry and Molecular Biology Research* | 2313 - 7177 | 美国 |
| 131 | 生命科学学院 | 强 胜 | | | √ | *Pesticide Biochemistry and Physiology* | 0048 - 3575 | 英国 |
| 132 | 生命科学学院 | 强 胜 | | | √ | *Journal of Integrative Agriculture* | 2095 - 3119 | 中国 |
| 133 | 生命科学学院 | 蒋明义 | | | √ | *Frontiers in Plant Science* | 1664 - 462X | 瑞士 |
| 134 | 生命科学学院 | 蒋明义 | | | √ | *Frontiers in Physiology* | 1664 - 042X | 瑞士 |
| 135 | 生命科学学院 | 腊红桂 | | | √ | *Frontier in plant science* | 1664 - 462X | 瑞士 |
| 136 | 生命科学学院 | 鲍依群 | | | √ | *Plant Science* | 01689452 | 荷兰 |
| 137 | 生命科学学院 | 朱 军 | | | √ | *Journal of Bacteriology* | 0021 - 9193 | 美国 |
| 138 | 生命科学学院 | 朱 军 | | | √ | *Molecular Microbiology* | 0950 - 382X | 英国 |
| 139 | 草业学院 | 郭振飞 | | √ | | *Frontiers in Plant Science* | 1664 - 462X | 瑞士 |
| 140 | 草业学院 | 郭振飞 | | √ | | *The Plant Genome* | 1940 - 3372 | 美国 |
| 141 | 草业学院 | 张英俊 | | √ | | *Grass and Forage Science* | 0142 - 5242 | 英国 |
| 142 | 草业学院 | 黄炳茹 | | √ | | *Horticulture Research* | 2052 - 7276 | 英国 |
| 143 | 草业学院 | 黄炳茹 | | | √ | *Environmental and Experimental Botany* | 0098 - 8472 | 英国 |
| 144 | 草业学院 | 徐 彬 | | √ | | *Grass and Forage Science* | 0142 - 5242 | 欧盟 |
| 合计 | | | 8 | 26 | 110 | | | |

# 社 会 服 务

**【概况】**学校各类科技服务合同稳定增长。截至 12 月 31 日，学校共签订各类横向合作项目 504 项，合同额 2.12 亿元，到位 1.56 亿元。资产经营公司注册资本增加到 12 158.95 万元，完成主营业务收入 7 014.09 万元，净利润 448.74 万元。

学校获批为省级技术合同登记机构，荣获第九届中国技术市场金桥突出贡献先进集体奖。参加第二届中国高校科技成果交易会、第 20 届中国国际工业博览会、2018 年全国"互联网＋"现代农业新技术和新农民创业创新博览会、首届中国国际进口博览会等国内各类成果展会 10 余场，推介学校各类科技成果 100 余项；参加路演发布会 5 场，对接企业 60 余家。"青梅煮酒"获第 20 届中国国际工业博览会高校展区优秀展品奖一等奖；"猪圆环病毒病防控技术研究与应用"获第二届中国高校科技成果交易会优秀项目展示奖。出台《南京农业大学科技成果转化评估管理工作细则》《南京农业大学对外投标管理暂行办法》（校科发〔2018〕367 号）。

新建基地 9 个，其中推广示范基地 6 个，包括 1 个综合示范基地、2 个特色产业基地和 3 个分布式服务站；技术转移转化基地 3 个，包括萧山、盐都和栖霞技术转移分中心。截至 12 月 31 日，学校准入新农村服务基地 26 个、技术转移分中心 14 个。常熟新农村发展研究院、宿迁设施园艺研究院分别获所在市绩效评价考核"优秀"及后补助资金奖励；常熟新农村发展研究院、淮安研究院分别获江苏省农业技术推广奖一等奖和三等奖；昆山蔬菜产业研究院获农业农村部全国新型职业农民培育示范基地；淮安研究院、常熟新农村发展研究院、宿迁设施园艺研究院和溧水肉制品加工产业创新研究院获校优秀教学实践基地。出台《南京农业大学新农村服务基地考核实施细则（试行）》（新农办发〔2018〕1 号）。

各类农技推广项目有序开展。成功组织申报农业农村部"农业重大技术协同推广计划试点项目"2 项，总经费 800 万元。依托挂县强农富民工程项目，对接服务科技服务村 25 个，建设示范推广基地 10 个，举办张家港优质果品评比、"走进优质果品基地"、灌南"赛葡萄、品龙虾"等特色活动，精准开展农业科技帮扶与对接工作，编印《南京农业大学"短平快"技术成果册》。实施 2017 年中央财政农技推广服务试点项目，在大丰、如皋等 10 个县（市、区）建立新型农业经营主体联盟。农业部、财政部科研院校开展农技推广服务试点工作（2015 年立项）、2016 年中央财政农技推广项目等各类推广项目顺利通过验收。

实践以"双线共推"为特色的"两地一站一体"农技推广服务模式。持续建设科研试验基地、区域示范推广基地和基层农技推广服务站点，"线下"建立新型农业经营主体联盟，结合"线上"通过"南农易农"手机 APP，服务广大农户。推广"南农易农"APP 注册用户 5 000 多名，专家 108 名，推送科技信息 10 000 余条，获得"南农易农"商标权、2 项软件著作权；新增新型农业经营主体联盟 11 家，累计联盟成员 2 200 余人，开展技术培训活动 110 场、培训 4 000 余人次，一对一指导 1 060 人次，获得《中国教育报》《农民日报》《新华日报》等媒体的报道；出台《南京农业大学教师农技推广服务工作量管理办法》，成立科技服务助理团、成立南京喃小侬农业科技有限公司，着力培养学生创新创业能力和社会服务能力,该创业团队荣获 2018 年全国"创青春"大学生创业计划竞赛金奖、2018 年江苏农技协创新创业大赛一等奖和优秀组织奖。

资产经营公司根据《国务院办公厅关于高等学校所属企业体制改革的指导意见》(国办发〔2018〕42 号)和《关于填报所办企业集中统一监管工作表的通知》(教财司函〔2018〕632 号)的要求,制订"南京农业大学推进所办企业集中统一监管工作表"并报送教育部,梳理现有 33 家企业,共分为 3 类集中统一监管方式,部分保留 15 家企业、维持现行管理体制 2 家企业和市场化处置 16 家企业。

**【成功组织申报农业农村部"农业重大技术协同推广计划试点项目"】**学校成功组织申报农业农村部"农业重大技术协同推广计划试点项目"2 项,总经费 800 万元,成为全国牵头实施该项目的两所高校之一。

**【成立社会合作处】**11 月 19 日,学校发布《关于成立社会合作处的通知》(党发〔2018〕83 号)成立社会合作处,正处级建制,与新农村发展研究院办公室一个机构、两块牌子。撤销科学研究院产学研合作处(技术转移中心),将科学研究院产学研合作处(技术转移中心)职能划归社会合作处。

**【恢复资产经营公司处级建制】**11 月 16 日,学校发布《关于恢复中共南京农业大学资产经营公司直属党支部委员会处级建制的通知》(党发〔2018〕81 号);11 月 19 日,学校发布《关于恢复资产经营公司处级建制的通知》(党发〔2018〕84 号)文件。

**【资产经营】**南方粳稻研究开发有限公司完成万建民院士团队的无形资产专利技术评估备案,完成相关专利技术所有权变更。与学生工作处配合,联合南京紫金科技创业投资有限公司共同设立南京农业大学大学生科技创业平行基金。完成全资和控股公司年度财务审计和年度所得税汇算清缴审计工作,完成教育部 2018 年财务决算工作和中央企业国有资本收益的申报工作。南京农业大学规划设计研究院有限公司承接规划设计类项目 81 项,主营业务收入1 345.70 万元。11 月 1 日,获得江苏省土地规划乙级机构资质和土地整治项目规划设计二级机构资质。南京农业大学科贸发展有限公司修订完善了《南京农业大学科贸发展有限公司管理制度汇编》和《员工手册》。

# [附录]

## 附录 1 学校横向合作到位经费情况一览表

| 序号 | 学院或单位 | 到位经费(万元) |
| --- | --- | --- |
| 1 | 农学院 | 488.62 |
| 2 | 植物保护学院 | 1 018.23 |
| 3 | 园艺学院 | 1 015.63 |
| 4 | 动物医学院 | 1 731.97 |
| 5 | 动物科技学院 | 714.76 |
| 6 | 草业学院 | 97.90 |
| 7 | 资源与环境科学学院 | 1 335.05 |
| 8 | 生命科学学院 | 171.15 |

（续）

| 序号 | 学院或单位 | 到位经费（万元） |
|---|---|---|
| 9 | 理学院 | 35.50 |
| 10 | 食品科技学院 | 821.70 |
| 11 | 工学院 | 390.04 |
| 12 | 信息科技学院 | 52.84 |
| 13 | 经济管理学院 | 630.35 |
| 14 | 公共管理学院 | 437.74 |
| 15 | 人文与社会发展学院 | 513.83 |
| 16 | 外国语学院 | 22.86 |
| 17 | 金融学院 | 85.80 |
| 18 | 资产经营公司 | 1 489.43 |
| 19 | 其他 | 396.61 |
| 合计 | | 11 450.01 |

## 附录2　学校社会服务获奖情况一览表

| 时间 | 获奖名称 | 获奖个人/单位 | 颁奖单位 |
|---|---|---|---|
| 1月 | 第八届江苏省农业技术推广奖一等奖——设施蔬菜连作障碍绿色防控技术集成与推广 | 南京农业大学 | 江苏省人民政府 |
| 1月 | 第八届江苏省农业技术推广奖一等奖——稻麦精确管理技术的集成与推广 | 南京农业大学 | 江苏省人民政府 |
| 1月 | 第八届江苏省农业技术推广奖三等奖——农作物秸秆肥料化利用技术集成与推广 | 南京农业大学 | 江苏省人民政府 |
| 1月 | 第八届江苏省农业技术推广奖一等奖——设施蔬菜连作障碍绿色防控技术集成与推广 | 钱春桃〔南京农业大学（常熟）新农村发展研究院有限公司〕 | 江苏省人民政府 |
| 1月 | 第八届江苏省农业技术推广奖三等奖——生猪高效养殖关键技术集成创新与推广 | 南京农业大学淮安研究院 | 江苏省人民政府 |
| 1月 | 第八届江苏省农业技术推广奖一等奖——设施蔬菜连作障碍绿色防控技术集成与推广 | 郭世荣 | 江苏省人民政府 |
| 1月 | 第八届江苏省农业技术推广奖一等奖——稻麦精确管理技术的集成与推广 | 朱艳、田永超等 | 江苏省人民政府 |
| 1月 | 淮安市科学技术进步奖 | 黄瑞华 | 淮安市人民政府 |
| 2月 | 江苏省农技推广奖 | 钱春桃 | 江苏省人民政府 |
| 3月 | "送科技、添动能、促增收"活动表现突出个人 | 渠慎春、陶建敏、钱春桃、王克其、徐敏轮 | 江苏省农业委员会办公室 |

（续）

| 时间 | 获奖名称 | 获奖个人/单位 | 颁奖单位 |
|---|---|---|---|
| 3 月 | 2017 年度淮阴区"科技创新"先进个人 | 黄瑞华 | 淮阴区科技局 |
| 3 月 | 江苏省乡土人才"三带"新秀 | 黄瑞华 | 省委组织部、省发展改革委、省经信委、省教育厅、省人社厅、省住建厅、省农委、省文化厅 |
| 4 月 | 宿迁市优秀产业技术研究院 | 南京农业大学宿迁设施园艺研究院 | 宿迁市政府 |
| 4 月 | 农业农村部第二批创新创业优秀带头人 | 黄明 | 中华人民共和国农业农村部 |
| 4 月 | 南京市劳动模范 | 黄明 | 中共南京市委、南京市人民政府 |
| 5 月 | 致富青年助力脱贫攻坚奖 | 小索顿 | 共青团日喀则市委员会 |
| 6 月 | 第二届中国高校科技成果交易会优秀项目展示奖 | 南京农业大学 | 中国高校科技成果交易会组委会 |
| 6 月 | 第二届中国高校科技成果交易会先进个人奖 | 江海宁 | 中国高校科技成果交易会组委会 |
| 9 月 | 第 20 届上海工业博览会高校展区一等奖 | 南京农业大学 | 第 20 届中国国际工业博览会组委会 |
| 9 月 | 江苏省后勤协会商贸管理委员会先进个人 | 王兴宁、王艳红 | 江苏省高等学校后勤协会商贸管理委员会 |
| 9 月 | 江苏省后勤协会商贸管理委员会最美商贸人 | 张希艳 | 江苏省高等学校后勤协会商贸管理委员会 |
| 9 月 | 第 20 届上海工业博览会高校展区先进个人奖 | 邵存林 | 第 20 届中国国际工业博览会组委会 |
| 9 月 | 全国十佳农民 | 小索顿 | 中华人民共和国农业农村部 |
| 11 月 | 2018 年"创青春"全国大学生创业大赛金奖（指导教师） | 陈巍、张亮亮 | "创青春"全国大学生创业大赛组委会 |
| 11 月 | 2018 年"克胜蜻蜓杯"苏台农业农村创新创业大赛优秀组织奖 | 南京农业大学 | 江苏省农村专业技术协会 |
| 11 月 | 2018 年"克胜蜻蜓杯"苏台农业农村创新创业大赛一等奖 | 张鑫等 | 江苏省农村专业技术协会 |
| 11 月 | 中国技术市场金桥突出贡献先进集体奖 | 南京农业大学 | 中国技术市场协会 |
| 12 月 | 产学研促进合作创新奖个人奖 | 周立祥、隆小华 | 中国产学研促进会 |
| 12 月 | 江苏省技术转移突出贡献奖 | 蒋大华 | 江苏省技术转移联盟 |
| 12 月 | 江苏省大中专学生志愿者暑期文化科技卫生"三下乡"社会实践活动优秀团队 | 南京农业大学 | 团省委高校工作部、省学联秘书处 |
| 12 月 | 常熟"一镇一院（校）"考评 | 南京农业大学常熟新农村发展研究院 | 常熟市农委 |

# 附录 3　学校新农村服务基地一览表

| 序号 | 名称 | 类型 | 合作单位 | 所在地 | 服务领域 |
|---|---|---|---|---|---|
| 1 | 南京农业大学现代农业研究院 | 综合示范基地 | 自建 | 江苏南京 | 植物、动物、生物与环境、食品与工程等 |
| 2 | 淮安研究院 | 综合示范基地 | 淮安市人民政府 | 江苏淮安 | 畜牧业、渔业、种植业、城乡规划、食品、园艺等 |
| 3 | 常熟新农村发展研究院 | 综合示范基地 | 常熟市人民政府 | 江苏苏州 | 果蔬、粮食、肥料、食品、农村发展等 |
| 4 | 连云港新农村发展研究院 | 综合示范基地 | 连云港市科技局 | 江苏连云港 | 蔬菜、畜禽等 |
| 5 | 泰州研究院 | 综合示范基地 | 泰州市人民政府 | 江苏泰州 | 废弃物处理、稻麦、食品加工、中药材、兽药、人文科学 |
| 6 | 宿迁设施园艺研究院 | 特色产业基地 | 宿迁市人民政府 | 江苏宿迁 | 果蔬、花卉、中草药、农业信息化、农业工程等 |
| 7 | 昆山蔬菜产业研究院 | 特色产业基地 | 昆山市城区农副产品实业有限公司 | 江苏苏州 | 蔬菜、食品、农经等 |
| 8 | 溧水肉制品加工产业创新研究院 | 特色产业基地 | 南京农业大学肉类食品有限公司 | 江苏南京 | 食品、食安、生工等 |
| 9 | 句容草坪研究院 | 特色产业基地 | 句容市后白镇人民政府 | 江苏句容 | 草业等 |
| 10 | 建平炭基生态农业产业研究院 | 特色产业基地 | 辽宁省朝阳市建平县人民政府 | 辽宁朝阳 | 农业资源与环境等 |
| 11 | 云南水稻专家工作站 | 分布式服务站 | 云南省农业科学院粮食作物研究所 | 云南永胜 | 农学、育种等 |
| 12 | 如皋信息农业专家工作站 | 分布式服务站 | 如皋市农业技术推广中心 | 江苏南通 | 农学、农业工程、信息等 |
| 13 | 海安雅周农业园区专家工作站 | 分布式服务站 | 江苏丰海农业发展有限公司 | 江苏南通 | 果树、蔬菜、农学等 |
| 14 | 丹阳食用菌专家工作站 | 分布式服务站 | 江苏江南生物科技有限公司 | 江苏镇江 | 食用菌、食品、饲料、肥料等 |
| 15 | 大丰大桥果树专家工作站 | 分布式服务站 | 江苏盐丰现代农业发展有限公司 | 江苏盐城 | 果树、生态农业等 |
| 16 | 南京湖熟菊花专家工作站 | 分布式服务站 | 自建 | 江苏南京 | 花卉、园艺、休闲农业等 |
| 17 | 河北衡水冠农植保专家工作站 | 分布式服务站 | 河北冠农农化有限公司 | 河北衡水 | 植保、农学、园艺、生态等 |

（续）

| 序号 | 名称 | 类型 | 合作单位 | 所在地 | 服务领域 |
|---|---|---|---|---|---|
| 18 | 山东临沂园艺专家工作站 | 分布式服务站 | 山东朱芦镇人民政府 | 山东临沂 | 果树、设施等 |
| 19 | 常州礼嘉葡萄产业专家工作站 | 分布式服务站 | 常州市礼嘉镇人民政府 | 江苏常州 | 葡萄、农学等 |
| 20 | 盐城大丰盐土农业专家工作站 | 分布式服务站 | 江苏盐城国家农业科技园区 | 江苏盐城 | 盐土农业等 |
| 21 | 苏州东山茶厂专家工作站 | 分布式服务站 | 苏州东山茶厂 | 江苏苏州 | 电子商务、茶叶等 |
| 22 | 张家港水产微生物技术专家工作站 | 分布式服务站 | 张家港市鸿屹水产养殖有限公司 | 江苏苏州 | 水产微生物技术、水产养殖等 |
| 23 | 丁庄葡萄研究所 | 分布式服务站 | 句容市茅山镇人民政府 | 江苏镇江 | 葡萄等 |
| 24 | 龙潭荷花专家工作站 | 分布式服务站 | 南京龙潭街道 | 江苏南京 | 荷花等 |
| 25 | 东海专家工作站 | 分布式服务站 | 东海县人民政府 | 江苏连云港 | 果树、蔬菜、花卉等 |
| 26 | 盱眙专家工作站 | 分布式服务站 | 盱眙县穆店镇人民政府 | 江苏淮安 | 果树、蔬菜等 |

# 附录4　学校科技成果转移转化基地一览表

| 序号 | 基地名称 | 合作单位 | 服务地区 | 备注 |
|---|---|---|---|---|
| 1 | 南京农业大学-康奈尔大学国际技术转移中心 | 康奈尔大学 | 国内外 | 国际转移中心 |
| 2 | 南京农业大学技术转移中心吴江分中心 | 江苏省吴江现代农业产业园区管委会 | 苏州市吴江区 | 实体化运行 |
| 3 | 南京农业大学技术转移中心高邮分中心 | 高邮市人民政府/扬州高邮国家农业科技园区管委会 | 扬州市高邮市 | 实体化运行 |
| 4 | 南京农业大学技术转移中心苏南分中心 | 常州市科技局 | 常州市 | |
| 5 | 南京农业大学技术转移中心苏北分中心 | 宿迁市科技局 | 宿迁市 | |
| 6 | 南京农业大学技术转移中心萧山分中心 | 杭州市萧山区农业和农村工作办公室 | 杭州市萧山区 | |
| 7 | 南京农业大学技术转移中心如皋分中心 | 南通市如皋市科技局 | 南通市如皋市 | |
| 8 | 南京农业大学技术转移中心丰县分中心 | 徐州市丰县人民政府 | 徐州市丰县 | |
| 9 | 南京农业大学技术转移中心武进分中心 | 武进区科技成果转移中心 | 常州市武进区 | |
| 10 | 南京农业大学技术转移中心大丰分中心 | 盐城市大丰科技局 | 盐城市大丰区 | |
| 11 | 南京农业大学技术转移中心盐都分中心 | 盐城市盐都区科技局 | 盐城市盐都区 | |
| 12 | 南京农业大学技术转移中心栖霞分中心 | 南京市栖霞区科技局 | 南京市栖霞区 | |
| 13 | 南京农业大学技术转移中心八卦洲分中心 | 江苏省栖霞现代农业产业园 | 南京市八卦洲街道 | |
| 14 | 南京农业大学技术转移中心高淳分中心 | 南京市高淳县人民政府 | 南京市高淳县 | |
| 15 | 南京农业大学技术转移中心溧水分中心 | 南京白马国家农业科技园科技人才局 | 南京市溧水区 | |

## 附录5 学校农技推广项目一览表

| 执行年度 | 项目类型 | 主管部门 | 产业方向与实施区域 | | 经费（万元） |
|---|---|---|---|---|---|
| 2018 年 | 科研院所农技推广服务试点项目 | 省财政厅 | 吴江、如皋、大丰 | 蔬菜 | 250 |
| | | | 新沂、东海、金湖 | 花卉 | 200 |
| | | | 金坛、海安、宿豫 | 肉鸡 | 270 |
| | | | 赣榆、大丰、东台 | 盐土农业 | 280 |
| 2018 年 | 江苏挂县强农富民工程项目 | 省农委 | 张家港 | 果树 | 40 |
| | | | | 蔬菜 | |
| | | | 涟水 | 生猪 | 40 |
| | | | | 蛋鸡 | |
| | | | 灌南 | 葡萄 | 40 |
| | | | | 稻米立体种养 | |
| | | | 泗洪 | 稻米 | 40 |
| | | | | 蔬菜 | |
| | | | 新沂 | 菊花 | 40 |
| | | | | 葡萄 | |
| 2018 年 | 协同推广计划 | 省农委 | 溧水、宿城、泰兴 | 蔬菜 | 800 |
| | | | 淮安、射阳、涟水、泰兴 | 生猪 | |
| 总计 | | | | | 2 000 |

## 附录6 学校新型农业经营主体产业联盟建设一览表

| 序号 | 联盟名称 | 户数（个） | 理事长 | 成立时间 |
|---|---|---|---|---|
| 1 | 如皋市蔬菜产业新型农业经营主体联盟 | 33 | 施海兵 | 4 月 25 日 |
| 2 | 盐城市大丰区盐土农业产业新型农业经营主体联盟 | 14 | 吴俊生 | 4 月 28 日 |
| 3 | 大丰区蔬菜新型农业经营主体联盟 | 56 | 朱 林 | 6 月 26 日 |
| 4 | 金坛区肉鸡产业新型农业经营主体联盟 | 18 | 戴为民 | 7 月 12 日 |
| 5 | 连云港市赣榆区盐土农业产业新型农业经营主体联盟 | 14 | 柏 林 | 7 月 16 日 |
| 6 | 海安市肉鸡产业新型农业经营主体联盟 | 19 | 朱 俊 | 7 月 19 日 |
| 7 | 宿豫区肉鸡产业新型农业经营主体联盟 | 18 | 王 亮 | 8 月 6 日 |
| 8 | 灌南葡萄产业新型农业经营主体联盟 | 63 | 孙海潮 | 8 月 23 日 |
| 9 | 吴江区特色蔬菜产业新型农业经营主体联盟 | 24 | 李海根 | 8 月 31 日 |
| 10 | 江苏省切花菊产业新型农业经营主体联盟 | 49 | 马广进 | 10 月 10 日 |
| 11 | 金湖县莲产业新型农业经营主体联盟 | 42 | 秦永军 | 11 月 5 日 |

（撰稿：陈荣荣 王惠萍 邵存林 江海宁 蒋大华 王克其 雷 颖 徐敏轮 邹 静
审稿：陈 巍 许 泉 马海田 严 瑾 吴 强 康 勇 审核：黄 洋）

# 扶 贫 开 发

【概况】认真贯彻落实党中央关于脱贫攻坚的战略部署和各级党委、政府及相关部门的目标要求,做好中央单位定点扶贫贵州省麻江县、江苏省"五方挂钩"帮扶徐州市睢宁县的工作任务,进一步发挥学校科技、人才等资源优势,全力推进与深化扶贫开发工作,摸准特色产业需求开展精准帮扶,取得显著成效。

中央单位定点扶贫。严格落实定点扶贫工作责任书,向麻江县投入帮扶资金 243 万元,引进帮扶资金 1 000 万元,培训基层干部 381 人次,培训技术人员 294 人次,购买麻江农特产品 218 万元,帮助销售麻江农特产品 221 万元,圆满完成责任书目标任务。深入推进产业扶贫,设立菊花、锌硒米、红蒜 3 个产业扶贫项目,建成科技示范基地 1 726 亩,引进展示新品种 500 多个,推广应用新技术 20 余项,促进先进科技转移转化,推动麻江县特色产业迭代升级,成效显著。举办第三届"贵州麻江品菊季",累计吸引游客超过 60 万人次。试验示范"宁粳 8 号"锌硒米高效优质生产技术,实收测产达到 666.1 千克/亩。开展"麻江红蒜"高效栽培技术研发、集成和示范,带动全县红蒜栽培面积恢复超过 5 000 亩。积极开展教育扶贫。选派 4 名优秀研究生,支教龙山中学并覆盖龙山小学、河坝小学、谷硐中心学校等乡村学校。创新开展"禾苗"一对一助学成长计划、优秀学子特色游学活动等,为麻江教育带来了新理念、新方式。截至 2018 年,已连续 5 年、共计选派 22 名优秀研究生赴麻江开展支教服务。学校教育发展基金捐赠 20 万元在麻江设立奖助学金,学校团委、青年志愿者协会积极开展公益募捐,募集公益资金与物资近 2 万元。划拨党费 100 万元,用于麻江县 8 个贫困村的基层党组织建设和集体经济发展,进一步提升基层党员干部工作素质。10 月,公共管理学院党委与麻江县谷硐镇兰山村党支部签署共建意向书,拓宽抓党建、促脱贫之路。委派李刚华、吴震、管志勇 3 位教授担任贵州省"三区"科技人才(副职、特派员),对接麻江 9 个村农业科技指导工作。组织大学生艺术团和武术队 18 位学生以《心有翎兮》《中华魂》两个节目参演第三届"贵州麻江品菊季"开幕式,获得广泛赞誉。

江苏省"五方挂钩"结对帮扶。2016 年 2 月至 2018 年 2 月,帮扶灌南县百禄镇高湖村,先后协调实施了 9 个帮扶项目,直接拨付帮扶资金 50 万元;共派 110 多人次的领导、专家教授、大学生志愿者到灌南县、高湖村考察帮扶工作,落实帮扶责任,提供产业规划,对接帮扶项目,进行技术指导,开展培训授课,举办帮扶活动等;2017 年实现村集体收入超过 35 万元,如期实现高湖村脱贫"摘帽"目标任务,使经济薄弱村变成了脱贫致富的样板村。2018 年 2 月以来,帮扶睢宁县王集镇南许村,学校直接拨付帮扶资金 20 万元,协调实施了 7 个帮扶项目;组织专家、学生 50 余人次赴睢宁开展科技帮扶、社会实践、义务支教、扶贫双创、访贫问苦等工作活动,2018 年当年实现村集体收入 25.5 万元,超过省定 18 万元脱贫指标,顺利脱贫。

【再次入选教育部第三届直属高校精准扶贫精准脱贫十大典型项目】以产业科技扶贫为引领,继续深入实施菊花、锌硒米和红蒜产业扶贫项目,助力麻江县 36 个贫困村全部出列,贫困发生率降低到 1.57%,"'用金牌、助招牌、创品牌',铸就精准脱贫持久内生动力"项目再次入选教育部第三届直属高校精准扶贫精准脱贫十大典型项目，是对学校依托自身科技、人才优势，积极投身国家脱贫攻坚战的重要肯定。这是学校连续第二届入选。

**【获评江苏省"五方挂钩"帮扶工作先进单位】**作为江苏省委帮扶工作队后方单位，充分发挥农业科技人才资源优势，积极争取和整合多方资源、资金，通过文化、交通、医疗、基础设施、产业扶贫项目建设，帮扶村经济、环境、文化建设发生了翻天覆地的变化，如期实现脱贫任务。被评为江苏省"五方挂钩"帮扶工作先进单位，选派的帮扶队员、驻村第一书记张亮亮同志被评为江苏省优秀帮扶工作队员。

**【在教育扶贫论坛作主题发言】**10月17日，由2018扶贫日论坛组委会主办、教育部承办的2018教育扶贫论坛在北京举办。本次论坛以"深化扶贫改革，打好教育脱贫攻坚战"为主题，教育部副部长孙尧出席并讲话。论坛由教育部发展规划司司长刘昌亚主持。学校党委副书记、纪委书记盛邦跃代表学校作《"用金牌、创招牌、建品牌"，铸就精准脱贫持久内生动力》的主题发言。

# ［附录］

## 附录1　扶贫开发工作大事记

2月12日，中共黔东南州委员会、黔东南州人民政府向南京农业大学发来感谢信，感谢南京农业大学按照党中央、国务院的决策部署，以高度的政治责任感和强烈的使命担当，真情实意、真抓实干地帮助黔东南，为黔东南州决战脱贫攻坚、决胜同步小康作出了积极贡献。

2月26日，南京农业大学组织召开2018年定点扶贫工作研讨会议，就红蒜、锌硒米、观赏菊花3个产业扶贫项目巩固提升作出工作部署。

6月13日，贵州省黔东南州麻江县委书记王镇义一行来南京农业大学就定点扶贫工作进行交流。南京农业大学党委书记陈利根，副书记刘营军，党委常委、副校长闫祥林等出席座谈会，就定点扶贫工作进行了深入交流。

6月23日，南京农业大学与睢宁县人民政府举行校地精准扶贫与科技服务工作研讨交流会，就稻麦、中草药、果树、畜牧等科技需求、产业对接、精准扶贫等方面达成初步合作意向。

8月15～18日，南京农业大学党委书记陈利根赴麻江调研考察，并组织召开南京农业大学-麻江县定点扶贫工作联席会议，听取定点扶贫工作汇报并作讲话要求。党委常委、副校长丁艳锋陪同考察。

10月12日，南京农业大学报送的"'用金牌、助招牌、创品牌'，铸就精准脱贫持久内生动力"项目，从教育部43所直属高校申报的45个项目中脱颖而出，入选第三届教育部直属高校精准扶贫精准脱贫十大典型项目。这是南京农业大学连续第二届入选，是对南京农业大学依托自身科技优势、积极参与国家扶贫攻坚战的又一次重要肯定。

10月17日，南京农业大学党委副书记、纪委书记盛邦跃代表学校在全国扶贫日教育扶贫论坛作典型发言，全面介绍南京农业大学精准发力，促进先进科技与特色产业相结合，解决贫困地区农业发展突出问题的经验、做法和成效，得到一致好评。

10月23日，校党委书记陈利根主持召开精准扶贫工作专题会议，在校领导党委副书记盛邦跃、刘营军，党委常委、副校长胡锋、丁艳锋、闫祥林，副校长陈发棣等出席会议。会上，新农村发展研究院办公室（扶贫开发工作领导小组办公室）主任陈巍以 PPT 形式作定点扶贫近期工作汇报，党委组织部部长吴群就选派干部与第一书记等工作作补充。

12 月 7～9 日，南京农业大学党委常委、副校长闫祥林带队赴贵州省麻江县推进消费扶贫工作，达成由南京农业大学后勤集团、校工会、工学院后勤和工会以及翰苑宾馆等部门共同采购农特产品 258 万元的合作意向。

12 月 16 日，南京农业大学校长周光宏赴麻江调研指导定点扶贫工作。

## 附录 2　学校扶贫开发获奖情况一览表

| 时间 | 获奖名称 | 获奖个人/单位 | 颁奖单位 |
|------|----------|---------------|----------|
| 1 月 | 江苏省帮扶工作年度考核优秀 | 张亮亮 | 江苏省扶贫办 |
| 1 月 | 江苏省帮扶工作期满考核优秀 | 张亮亮 | 江苏省委组织部、江苏省扶贫办 |
| 1 月 | 灌南县荣誉市民 | 张亮亮 | 灌南县人民政府 |
| 1 月 | 灌南县人民政府授予集体三等功 | 张亮亮 | 灌南县人民政府 |
| 1 月 | 《灌南日报》扶贫好新闻竞赛一等奖 | 张亮亮 | 江苏省委驻灌南县帮扶工作队、灌南县委宣传部 |
| 1 月 | 江苏省"扶贫手记"征文三等奖 | 张亮亮 | 江苏省扶贫办 |
| 2 月 | 2017 年度全县脱贫攻坚先进个人 | 汪 浩 | 麻江县扶贫开发领导小组 |
| 2 月 | 项目推进优秀奖 | 张亮亮 | 江苏省委驻灌南县帮扶工作队 |
| 3 月 | 江苏省帮扶工作先进单位（省级） | 南京农业大学 | 江苏省扶贫工作领导小组 |
| 3 月 | 江苏省优秀帮扶工作队员（省级） | 张亮亮 | 江苏省扶贫工作领导小组 |
| 6 月 | 全省脱贫攻坚优秀村第一书记 | 汪 浩 | 中共贵州省委员会 |
| 7 月 | 全州脱贫攻坚优秀党务工作者 | 汪 浩 | 中共黔东南州委员会 |
| 7 月 | 全县脱贫攻坚优秀党务工作者 | 汪 浩 | 中共麻江县委员会 |
| 10 月 | 第三届教育部直属高校精准扶贫精准脱贫十大典型项目 | 南京农业大学 | 教育部发展规划司 |
| 10 月 | 黔东南州 2018 年脱贫攻坚优秀援黔东南干部 | 桑运川 | 中共黔东南州委、黔东南州人民政府 |
| 10 月 | 黔东南州 2018 年脱贫攻坚优秀驻村第一书记 | 汪 浩 | 中共黔东南州委、黔东南州人民政府 |

## 附录 3　学校扶贫开发项目一览表

| 执行年度 | 委托单位 | 帮扶县市 | 项目名称 | 经费（万元） | 出资单位 |
|----------|----------|----------|----------|--------------|----------|
| 2017—2018 年 | 教育部 | 贵州省麻江县 | 庭院与盆栽小菊新品种的繁育与推广应用 | 20 | 南京农业大学 |
| | | | 麻江红蒜品种提纯复壮和良种繁育技术研究 | 30 | |
| | | | 富锌硒米产量和品质提升种植技术 | 20 | |
| | | | 第三届直属高校精准扶贫精准脱贫十大典型项目 | 20 | 教育部 |
| | | | 全国科技助力精准扶贫科技服务项目 | 30 | 中国科协 |

（续）

| 执行年度 | 委托单位 | 帮扶县市 | 项目名称 | 经费（万元） | 出资单位 |
|---|---|---|---|---|---|
| 2018 年 | 江苏省 | 徐州市睢宁县 | 农业服务中心粮食中转仓建设项目 | 90 | 南京农业大学省委驻睢宁县帮扶队 |
| | | | 江苏重点经济薄弱村帮扶<br>——大型农机购置及晒场建设项目 | 200 | 江苏省扶贫办 |
| | | | 徐州"六型经济"促增收帮扶<br>——农业服务中心机械库建设项目 | 90 | 徐州市扶贫办、睢宁县扶贫办、王集镇人民政府 |
| | | | 惠民生补短板<br>——南许村文化设施建设项目 | 30 | 江苏省发展改革委 |
| | | | 第四届江苏"互联网＋"大学生创新创业大赛"青年红色筑梦之旅"走进睢宁项目 | 10 | 江苏省教育厅 |
| | | | 助力睢宁农特产业发展实践调研项目 | 2 | 南京农业大学 |

# 附录4  学校定点扶贫责任书情况统计表

| | 指标 | 单位 | 计划数 | 完成数 |
|---|---|---|---|---|
| 1 | 对定点扶贫县投入帮扶资金 | 万元 | 240 | 243 |
| 2 | 为定点扶贫县引进帮扶资金 | 万元 | 50 | 1 000 |
| 3 | 培训基层干部人数 | 名 | 100 | 381 |
| 4 | 培训技术人员人数 | 名 | 280 | 294 |
| 5 | 购买贫困地区农产品 | 万元 | 40 | 218 |
| 6 | 帮助销售贫困地区农产品 | 万元 | 20 | 221 |
| 7 | 其他可量化指标 | | | |
| | 捐赠饮水机 | 台 | | 12（价值 1 400 元） |
| | 捐赠文具（套装） | 件 | | 1 000（价值 6 000 元） |

指标解释：1. 投入帮扶资金，指中央单位系统内筹措用于支持定点扶贫县脱贫攻坚的无偿帮扶资金。2. 引进帮扶资金，指中央单位通过各种渠道引进用于支持定点扶贫县脱贫攻坚的无偿帮扶资金。3. 培训基层干部，指培训县乡村三级干部人数。4. 培训技术人员，指培训教育、卫生、农业科技等方面的人数。5. 购买贫困地区农产品，指中央单位购买832 个国家级贫困县农产品的金额。6. 帮助销售贫困地区农产品，指中央单位帮助销售832 个国家级贫困县农产品的金额。

# 附录5  学校定点扶贫工作情况统计表

| 指　标 | 单位 | 完成情况 |
|---|---|---|
| 1　组织领导 | | |
| 1.1　赴定点扶贫县考察调研人次 | 人次 | 50 |
| 1.2　　其中：主要负责同志 | 人次 | 2 |
| 1.3　班子其他成员 | 人次 | 2 |
| 1.4　是否制订本单位定点扶贫工作年度计划 | 是/否 | 是 |
| 1.5　是否形成本单位定点扶贫工作年终总结 | 是/否 | 是 |
| 1.6　是否成立定点扶贫工作机构 | 是/否 | 是 |
| 1.7　召开定点扶贫专题工作会次数 | 次 | 3 |
| 1.8　召开定点扶贫专题工作会时间 | 月日 | 9月25日<br>9月25日<br>10月23日 |
| 2　选派干部 | | |
| 　挂职干部 | | |
| 2.1　挂职干部人数 | 人 | 3 |
| 2.2　　其中：司局级 | 人 | 0 |
| 2.3　　　处级 | 人 | 2 |
| 2.4　　　科级 | 人 | 1 |
| 2.5　挂职年限 | 年 | 2 |
| 2.6　挂任县委或县政府副职人数 | 人 | 2 |
| 2.7　分管或协助分管扶贫工作人数 | 人 | 2 |
| 　第一书记 | | |
| 2.8　第一书记人数 | 人 | 1 |
| 2.9　第一书记挂职年限 | 年 | 2 |
| 3　督促指导 | | |
| 3.1　督促指导次数 | 次 | 3 |
| 3.2　形成督促指导报告个数 | 份 | 1 |
| 3.3　发现的主要问题 | 个 | 3 |
| 4　工作创新 | | |
| 　产业扶贫 | | |
| 4.1　帮助引进企业数 | 家 | 1 |
| 4.2　企业实际投资额 | 万元 | 1 000 |
| 4.3　扶持定点扶贫县龙头企业和农村合作社 | 家 | 4 |
| 4.4　带动建档立卡贫困人口脱贫人数 | 人 | 58 |
| 　就业扶贫 | | |
| 4.5　帮助贫困人口实现转移就业人数 | 人 | 32 |
| 4.6　本单位招用贫困家庭人口数 | 人 | |

（续）

| | 指　标 | 单位 | 完成情况 |
|---|---|---|---|
| 4.7 | 贫困人口就业技能培训人数 | 人 | 65 |
| | 抓党建促扶贫 | | |
| 4.8 | 参与结对共建党支部数 | 个 | 1 |
| 4.9 | 参与结对共建贫困村数 | 个 | 8 |
| | 党员干部捐款捐物 | 万元 | 0.21 |
| 4.10 | 贫困村"两委"班子成员培训 | 人次 | 50 |
| 4.11 | 贫困村创业致富带头人培训人数 | 人 | 111 |
| 5 | 工作机构 | | |
| 5.1 | 是否成立定点扶贫工作机构 | 是/否 | 是 |
| 5.2 | 定点扶贫工作机构名称 | | 南京农业大学扶贫开发工作领导小组（办公室挂靠新农村发展研究院办公室） |
| 5.3 | 定点扶贫领导小组组长 | | 陈利根/党委书记 |
| 5.4 | 定点扶贫办公室主任 | | 陈巍 |
| 5.5 | 定点扶贫工作联络员 | | 徐敏轮 |

（撰稿：徐敏轮　李云峰　汪　浩　王明峰　张亮亮　陈荣荣　邹　静
审稿：陈　巍　吴群　严瑾　审核：黄　洋）

# 十、对外合作与交流

## 国际合作与交流

【概况】接待境外高校和政府代表团组 34 批 133 人次，其中校长代表团 5 批，政府代表团 4 批；全年接待外宾总数 1 000 多人次。新签和续签 30 项校际合作协议，包括 21 个校/院际合作协议和 9 个学生培养项目协议。

获得国家各类聘请外国文教专家项目经费 1 044 万元，完成"111 计划"培育项目、"高端外国专家项目"、"海外名师项目"、"国际学术大师校园行项目"等 116 个项目的聘请外国专家工作。聘请境外专家 920 余人次，作学术报告 600 多场，听众约 15 000 人次。新增教育部和国家外国专家局"特色园艺作物育种与品质调控研究学科创新引智基地"1 项。顺利完成学校第一个"111 基地"——农业生物灾害科学学科创新引智基地的建设评估工作。新增 2018 年度"王宽诚教育基金会"资助项目 1 项，欧盟"亚洲国家兽医教学提升项目""联合国粮农组织和国际保护公约发起支持'一带一路'倡议项目——哈萨克斯坦试点国家"等国际合作项目 3 项。美国科学院外籍院士、墨西哥籍专家路易斯（Luis Rafael Herrera-Estrella）教授入选第八批国家"千人计划"外专项目（短期）；奥地利籍专家伊瑞拉（Irina Druzhinina）教授入选第五批江苏"外专百人计划"A 类（长期项目）；英国籍专家杰森（Jason Chapman）副教授入选第五批江苏"外专百人计划"B 类（短期项目）。聘任美国科学院院士、美国密歇根州立大学何胜阳（Sheng Yang He）教授，英国约翰英纳斯中心研究员西蒙（Simon Griffiths）博士等 11 名境外专家为学校客座教授。

选派教师出国（境）访问交流、参加学术会议和合作研究等共计 390 批 550 人次。3 个月以上长期出国交流人员 49 人次（含国家公派教师出国交流人员 30 人次）。派遣学生出国参加国际会议、短期交流学习、合作研究和攻读博士学位等 838 人次，其中选派本科生出国短期交流学习和交换学生 470 人次，选派研究生出国参加高水平国际会议、长短期访学 368 人次。

【学校与美国密歇根州立大学共建联合学院通过教育部专家组评议】4 月，学校正式向教育部提交与美国密歇根州立大学共建非独立法人中外合作办学机构的申请。10 月下旬，两校共同参加并顺利通过教育部组织的专家集中评议。这标志着联合学院建设即将迈入实施阶段。

【举办第六届世界农业奖颁奖典礼暨"一带一路"农业科教合作论坛】10 月 28 日，2018 年 GCHERA 世界农业奖颁奖典礼暨"一带一路"农业科教合作论坛在南京农业大学举行。来自中国、美国、加拿大、南非等 15 个国家的 100 多位涉农高校领导、专家汇聚一堂，共同探讨全球农业与生命科学领域的科研与教育创新问题。美国俄亥俄州立大学拉坦·莱尔

（Rattan Lal）教授、加纳大学埃里克·意仁基·丹夸（Eric Yirenkyi Danquah）教授分别凭借其在土壤可持续管理、作物育种领域的突出成就摘得 2018 年的世界农业奖。为了充分体现奖项的公平性和代表性，从 2018 年起，GCHERA 世界农业奖新增 1 位发展中国家获得者，奖励名额增至 2 人。

【"特色园艺作物育种与品质调控研究学科创新引智基地"获批立项】园艺学院教授陈发棣主持申报并获教育部和国家外国专家局批准立项。这是自 2006 年教育部、国家外国专家局启动"高等学校学科创新引智计划"（简称"111 计划"）以来学校获批的第七个学科创新引智基地。该项目针对国家对高产优质高效园艺作物生产发展的重大战略需求，以"特色园艺作物育种与品质调控"为研究主题，开展园艺作物种质资源评价与基因挖掘、园艺作物新种质创制与新品种选育、园艺作物生长发育与品质调控 3 个方向的研究。

【实施国际合作能力提增计划，助推学校"双一流"建设】下设"国际合作培育项目"和"国别研究专项"。"国际合作培育项目"下设 3 个专项，分别为亚洲农业研究中心联合研究项目（第二期）、中欧合作交流专项和中非合作交流专项，共有 5 项亚洲农业研究中心联合研究项目（第二期）、13 项中欧合作交流专项、5 项中非合作交流专项和 5 项国别研究专项子项目获得立项资助，资助金额 310 万元。该项目旨在引导和吸引教师积极参与国际合作交流，切实加强学校国际合作能力建设，为学校优化全球合作伙伴布局提供理论依据。

【积极响应"一带一路"倡议，助力农业对外合作】举办"农业对外合作企业需求与院校人才培养研讨会"和"一带一路农业科教合作论坛"，围绕创新农业"走出去"人才培养模式、深化农业对外科技合作协同机制、助力"一带一路"建设进行了交流和研讨。完成校级委托课题《农业对外合作复合型人才需求分析及培养模式研究》的结题工作，完成《农业对外合作复合型人才需求分析及培养模式研究》调研报告 1 份、相关论文 5 篇。

（撰稿：魏　薇　董红梅　丰　蓉　高　明　陈月红　郭丽娟　苏　怡　刘坤丽　黄　蓉
审稿：陈　杰　审核：黄　洋）

# ［附录］

## 附录1　2018 年签署的国际合作与交流协议一览表

| 序号 | 国家 | 院校名称（中英文） | 合作协议名称 | 签署日期 |
|---|---|---|---|---|
| 1 | 美国 | 福特汉姆大学加贝利商学院 | 合作备忘录 | 1 月 9 日 |
| 2 | | | 合作补充协议 | 1 月 9 日 |
| 3 | | 加利福尼亚大学戴维斯分校 | 国际交流学习项目协议 | 5 月 28 日 |
| 4 | | 康涅狄格大学 | "3＋2"学生联合培养协议 | 8 月 27 日 |
| 5 | | 佛罗里达大学 | 合作协议书 | 12 月 1 日 |
| 6 | | | "2＋1＋1"海外学习项目协议 | 12 月 1 日 |
| 7 | 加拿大 | 萨斯喀彻温大学 | 谅解备忘录 | 4 月 20 日 |
| 8 | | | 共建中加南京疫苗研究所谅解备忘录 | 12 月 8 日 |

（续）

| 序号 | 国家 | 院校名称（中英文） | 合作协议名称 | 签署日期 |
|---|---|---|---|---|
| 9 | 法国 | 巴黎高科集团 | 谅解备忘录 | 4月25日 |
| 10 | | 法国国家农业科学研究院 | 共建中法植物表型组学联合研究中心协议 | 10月29日 |
| 11 | 德国 | 柏林工业大学 | 谅解备忘录 | 1月23日 |
| 12 | | 莱布尼兹农畜生物研究所 | 学术和研究合作协议 | 4月18日 |
| 13 | | 于希利研究所 | 共建中德植物表型组学联合研究中心协议 | 10月19日 |
| 14 | 西班牙 | 马德里理工大学 | 谅解备忘录 | 6月18日 |
| 15 | 英国 | 亚伯大学<br>厄勒姆研究所<br>洛桑试验站<br>东安格利亚大学<br>诺丁汉大学 | 共建中英植物表型组学联合研究中心 | 3月24日 |
| 16 | | 东安格利亚大学 | 谅解备忘录 | 3月24日 |
| 17 | | 林肯大学 | 谅解备忘录 | 4月11日 |
| 18 | | 克兰菲尔德大学 | 谅解备忘录 | 9月25日 |
| 19 | 比利时 | 根特大学 | 博士生联合培养协议 | 11月1日 |
| 20 | 瑞典 | 哥德堡大学理学院 | 合作协议书 | 7月10日 |
| 21 | 新西兰 | 梅西大学 | 谅解备忘录 | 12月1日 |
| 22 | | | 海外学习项目协议 | 12月1日 |
| 23 | 日本 | 千叶大学 | 双硕士学位项目协议 | 6月30日 |
| 24 | 韩国 | 首尔国立大学农业与生命科学学院 | 谅解备忘录 | 7月9日 |
| 25 | 印度 | 卡纳塔克大学 | 合作项目协议书 | 11月1日 |
| 26 | 巴基斯坦 | 费萨拉巴德农业大学 | 合作协议书 | 6月30日 |

# 附录2　2018年举办国际学术会议一览表

| 序号 | 时间 | 会议名称（中英文） | 负责学院/系 |
|---|---|---|---|
| 1 | 3月23~25日 | 第二届亚太植物表型国际会议 | 科学研究院 |
| 2 | 5月11~13日 | "一带一路"畜牧业科技创新与教育培训国际研讨会 | 动物科技学院 |
| 3 | 5月12~13日 | 2018英语写作教学与研究国际研讨会 | 外国语学院 |
| 4 | 6月26~30日 | 第九届国际蔷薇科基因组大会 | 园艺学院 |
| 5 | 8月19~25日 | 第四届亚洲底栖学国际会议 | 植物保护学院 |
| 6 | 9月11~14日 | 国际标准化组织"肉禽鱼蛋及其制品"委员会（ISO/TC34/SC6）第23届年会 | 食品科技学院 |

（续）

| 序号 | 时间 | 会议名称（中英文） | 负责学院/系 |
|---|---|---|---|
| 7 | 10月15～16日 | 植物与根际微生物互作研讨会 | 资源与环境科学学院 |
| 8 | 10月16～18日 | 第二届世界绵羊大会 | 动物科技学院 |
| 9 | 10月23～26日 | 2018年消化道分子微生态国际研讨会 | 动物科技学院 |
| 10 | 10月31至11月3日 | 南京农业大学2018年研究生国际学术会议 | 研究生院 |
| 11 | 11月2～5日 | 农业环境质量国际学术研讨会 | 资源与环境科学学院 |
| 12 | 11月4～6日 | 杂草治理与生物安全国际学术研讨会 | 生命科学学院 |
| 13 | 11月11～14日 | 中国农业市场化改革回顾与展望国际研讨会 | 经济管理学院 |
| 14 | 11月19～21日 | 耕地地力提升与养分高效利用理论与技术国际研讨会 | 资源与环境科学学院 |
| 15 | 11月30至12月2日 | 中美猪业论坛 | 动物科技学院 |

## 附录3    2018年接待重要访问团组和外国专家一览表

| 序号 | 代表团名称 | 来访目的 | 来访时间 |
|---|---|---|---|
| 1 | 美国科罗拉多州立大学代表团 | "中美大学农业推广联盟"合作事宜 | 1月 |
| 2 | 韩国科学技术部翰林院院士、忠北国立大学金南衡（Kim Nam Hyung）教授 | 合作研究 | 1月 |
| 3 | "111项目"海外学术大师、英国东吉利大学Michael Muller 教授 | 合作研究 | 1月 |
| 4 | 英国约翰英纳斯中心 Anthony John Miller 研究员 | 合作研究 | 3月 |
| 5 | 英国东安格利亚大学代表团 | 校际交流 | 3月 |
| 6 | 美国田纳西大学代表团 | 进一步开展实质性合作、落实中美农作物生物学研究与教育中心 | 3月 |
| 7 | 加拿大萨斯喀彻温大学代表团 | 校际交流 | 4月 |
| 8 | 西班牙马德里理工大学代表团 | 校际交流 | 4月 |
| 9 | 美国科学院院士、美国密歇根州立大学何胜阳（Sheng Yang He）教授 | 合作研究 | 5月 |
| 10 | "111项目"海外学术大师、俄勒冈州立大学Brett Tyler 教授 | 合作研究 | 5月 |
| 11 | 诺贝尔和平奖获得者、得克萨斯州农工大学布鲁斯（Bruce Alan Mc Carl）教授 | 合作研究 | 5月 |
| 12 | 英国克兰菲尔德大学代表团 | 校际交流 | 6月 |
| 13 | 美国农药残留交流团 | 访问交流 | 6月 |
| 14 | 美国科学院院士、达特茅斯学院玛丽（Mary Lou Guerinot）教授 | 合作研究 | 7月 |

（续）

| 序号 | 代表团名称 | 来访目的 | 来访时间 |
|---|---|---|---|
| 15 | 美国科学院院士、"千人计划"外专项目专家、墨西哥生物多样性基因组学国家实验室路易斯（Luis R. Herrera-Estrella）教授 | 合作研究 | 7月 |
| 16 | 澳大利亚科学院院士、悉尼大学罗伯特（Robert Alexander Mcintosh）教授 | 合作研究 | 8月 |
| 17 | 比利时皇家科学院院士、布鲁塞尔自由大学阿尔伯特（Albert Goldbeter）教授 | 合作研究 | 9月 |
| 18 | 巴西圣保罗大学代表团 | 校际交流 | 9月 |
| 19 | 英国克兰菲尔德大学代表团 | 访问交流 | 9月 |
| 20 | 新西兰梅西大学代表团 | 签署校际合作备忘录、商谈硕士联合培养项目 | 9月 |
| 21 | 瑞典农业大学代表团 | 校际交流 | 9月 |
| 22 | 英国爱丁堡大学代表团 | 校际交流 | 9月 |
| 23 | 美国科学院院士、德国科学院院士、加利福尼亚大学圣地哥分校朱利恩（Julian Ivan Schroeder）教授 | 合作研究 | 10月 |
| 24 | 欧洲科学院院士、法国图卢兹大学蒙德荷（Mondher Bouzayen）教授 | 合作研究 | 10月 |
| 25 | 加拿大阿尔伯塔大学代表团 | 校际交流 | 10月 |
| 26 | 澳大利亚悉尼大学代表团 | 校际交流 | 10月 |
| 27 | 美国密歇根州立大学代表团 | 参加教育部中外合作办学机构专家集中评议 | 10月 |
| 28 | 千叶大学代表团 | 参加世界农业奖颁奖典礼 | 10月 |
| 29 | 美国原农业部副部长任筑山（Joseph Jen） | 参加世界农业奖颁奖典礼 | 10月 |
| 30 | 世界农业奖第一届获奖人、美国康奈尔大学罗尼·考夫曼教授（Ronnie Coffman） | 参加世界农业奖颁奖典礼 | 10月 |
| 31 | 墨尔本大学代表团 | 参加世界农业奖颁奖典礼 | 10月 |
| 32 | 美国加利福尼亚大学波莫纳分校代表团 | 校际交流 | 10月 |
| 33 | 澳大利亚科学院、工程院院士、西澳大学史提芬（Stephen B. Powles）教授 | 合作研究、国际会议 | 11月 |
| 34 | 美国科学院院士、"111项目"海外学术大师、美国密歇根州立大学詹姆士（James Michael Tiedje）教授 | 合作研究 | 11月 |
| 35 | 韩国忠南大学代表团 | 商谈建立校际合作关系、开展"3+1"本科双学位项目合作可能 | 11月 |
| 36 | 法国农业科学研究院代表团 | 探讨中法植物表型组学中心相关事宜 | 11月 |
| 37 | 肯尼亚埃格顿大学代表团 | 校际交流 | 11月 |

（续）

| 序号 | 代表团名称 | 来访目的 | 来访时间 |
|---|---|---|---|
| 38 | 泰国农业与合作社部政府代表团 | 交流农作物生产情况调查和监测经验，寻求合作 | 11 月 |
| 39 | 加拿大皇家科学院院士、阿尔伯塔大学朗尼（Lorne A Babiuk）教授 | 合作研究 | 12 月 |
| 40 | 加拿大健康科学院院士、阿尔伯塔大学安德鲁（Andrew A Potter）教授 | 合作研究 | 12 月 |

## 附录 4　2018 年学校重要出国（境）校际访问团组一览表

| 序号 | 团组名称 | 访问单位 | 访问时间 | 访问目的 |
|---|---|---|---|---|
| 1 | 周光宏 1 人赴美国团 | 食品科学技术学会 | 2018.7.14～20 | 国际会议 |
| 2 | 周光宏 2 人赴印度团 | 第 19 届世界食品科学技术大会 | 2018.10.22～28 | 国际会议 |
| 3 | 丁艳锋 2 人赴法国团 | 法国国家农业科学院 | 2018.6.25～31 | 学术交流 |
| 4 | 胡锋 3 人赴挪威、英国、爱尔兰团 | 挪威国际教育合作中心、英国文化协会、爱尔兰贸易与科技局 | 2018.3.12～23 | 参加留学教育展 |
| 5 | 周光宏 4 人赴美国团 | 美国密歇根州立大学、国际食品政策研究所 | 2018.10.16～20 | 校际交流 |
| 6 | 戴建君 4 人赴荷兰团 | 荷兰瓦格宁根大学 | 2018.4.6～10 | 学术交流 |
| 7 | 胡锋 4 人赴莫桑比克团 | 莫桑比克 RBL 管委会 | 2018.5.9～15 | 学术交流 |
| 8 | 陈发棣 3 人赴加拿大团 | 2018 植物生物学家会议 | 2018.7.13～19 | 国际会议 |

## 附录 5　2018 年学校新增国家重点聘请外国文教专家项目一览表

| 序号 | 项目名称 | 项目负责人 |
|---|---|---|
| 1 | "111 计划"——特色园艺作物育种与品质调控研究学科创新引智基地（B18 029） | 陈发棣 |
| 2 | 高端外国专家项目［韩国高丽大学杜宝翰（Doo Bong Han）教授］ | 易福金 |
| 3 | 高端外国专家项目［美国圣路易·华盛顿大学（Kenneth Matthew Olsen）教授］ | 强　胜 |
| 4 | "111 计划"培育项目——畜禽动物消化道营养创新引智基地 | 朱伟云 |
| 5 | "111 计划"培育项目——动物疫病控制理论与技术创新引智基地 | 范红结 |
| 6 | 国际学术大师校园行项目［诺贝尔和平奖获得者、得克萨斯州农工大学布鲁斯（Bruce Alan Mc Carl）教授］ | 易福金 |
| 7 | "海外名师"项目［加拿大圣玛丽大学孙根楼（Genlou Sun）教授］ | 熊爱生 |
| 8 | "千人计划"外专项目［美国科学院外籍院士、墨西哥生物多样性基因组学国家实验室罗伊斯（Luis R. Herrera-Estrella）教授］ | 徐国华 |
| 9 | 江苏外专百人计划［奥地利籍南京农业大学资环学院伊瑞拉（Irina Druzhinina）教授］ | 沈其荣 |
| 10 | 江苏外专百人计划［英国埃克塞特大学杰森（Jason Chapman）副教授］ | 胡　高 |
| 11 | 促进与美大地区科研合作与高层次人才培养项目（我国马铃薯黑胫病致病菌的种类调查及快速检测方法的建立） | 胡白石 |

## 附录6　2018年学校新增荣誉教授一览表

| 序号 | 姓名 | 所在单位、职务职称 | 聘任身份 |
| --- | --- | --- | --- |
| 1 | Sheng-Yang He | 美国密歇根州立大学和霍华德·休斯医学研究所　院士、教授 | 客座教授 |
| 2 | Thorsten Nürnberger | 德国图宾根大学　教授 | 客座教授 |
| 3 | Deli Chen | 澳大利亚墨尔本大学　教授 | 客座教授 |
| 4 | Matthew K. Waldor | 美国哈佛大学　教授 | 客座教授 |
| 5 | Ximing Wu | 美国得克萨斯州农工大学　教授 | 客座教授 |
| 6 | Francois Tardieu | 法国国家农业科学研究院　研究员 | 客座教授 |
| 7 | Simon Griffiths | 英国约翰英纳斯中心　研究员 | 客座教授 |
| 8 | Irina Druzhinina | 奥地利维也纳理工大学　副教授 | 客座教授 |
| 9 | Qingrong Huang | 美国罗格斯大学　教授 | 客座教授 |
| 10 | Harinder Paul Singh Makkar | 联合国粮农组织（FAO）　动物生产顾问、教授 | 客座教授 |
| 11 | Michael Muller | 英国东吉利大学　教授 | 客座教授 |

# 教育援外与培训

【概况】共举办农业技术、农业管理、中国语言文化等各类短期研修项目20期（含无锡渔业学院），57个国家的713名学员参加研修。项目通过专题讲座、学术研讨、专业考察和文化体验交流等不同形式多方面展示学校科研教学的实力，展现中国经济发展成就和中国传统文化的魅力。

以教育部"教育援外基地"以及"中国-东盟教育培训中心"为平台，不断加强与"一带一路"沿线国家的教育合作交流，访问越南、哈萨克斯坦、乌克兰、俄罗斯、塞尔维亚等"一带一路"沿线国家以及英国、挪威、爱尔兰、德国、丹麦等传统高等教育强国，致力于推动与当地农业院校、科研单位在人才培养、人文交流等方面的合作。

# 孔　子　学　院

【概况】埃格顿大学孔子学院设有埃格顿大学那库鲁校区、克里木中学、狮子小学等8个教学点，全年开设汉语兴趣班、汉语证书班和中国文化专题培训班110个班次，学员2 440人。举办和参加文化活动34场次，包括春节联欢会、学生夏令营、文艺巡演、埃格顿大学文化周、埃格顿大学性别意识日、埃格顿大学毕业典礼文艺演出等，参与人数达18 500人次。

**【借助"非洲孔子学院农业职业技术培训联盟"平台，与非洲地区孔子学院开展实质合作】**借助"非洲孔子学院农业职业技术培训联盟"这一平台，学校与埃格顿大学孔子学院合作在肯尼亚举办 4 期农业技术培训班，与蒙德拉内大学孔子学院在莫桑比克举办 1 期粮食作物生产技术培训班。

**【肯尼亚总统肯雅塔在总统府为孔子学院选派的赴华留学生举行送行仪式】**3 月 12 日，肯尼亚埃格顿大学孔子学院赴华留学生送行仪式在肯尼亚总统府举行。我国驻肯尼亚大使刘显法出席仪式并致辞，肯尼亚总统肯雅塔、教育部部长阿明娜、农业和灌溉部部长基温朱里等政府官员，埃格顿大学校长、孔子学院中外方院长及学生代表等 80 人一同参加。

（撰稿：姚　红　审稿：李　远　审核：黄　洋）

<h2 align="center">港 澳 台 工 作</h2>

**【概况】**2018 年，接待港澳台专家 9 批 68 人次，短期交流生 20 人。派遣师生前往港澳台地区交流学习 19 批 76 人次，录取台湾籍本科生 8 名。组织台生参加江苏省台湾同胞联谊会（以下简称江苏省台联）组织的"2018 年'江苏，你好'台生活动日"和"2018 年'共建美好家园'两岸青年公益植树活动"；协助学生工作处开展港澳台学生的录取及奖学金评定工作；与国际教育学院共同举办"两岸大学生新农村建设研习营"；协助生命科学学院举办"海峡两岸植物生理学与分子生物学研讨会"。

（撰稿：郭丽娟　丰　蓉　审稿：陈　杰　审核：黄　洋）

## ［附录］

<h3 align="center">2018 年我国港澳台地区主要来访团组一览表</h3>

| 序号 | 代表团名称 | 来访目的 | 来访时间 |
| --- | --- | --- | --- |
| 1 | 台湾东华大学代表团 | 校际交流 | 3 月 |
| 2 | 台湾嘉义大学应用经济研究代表团 | 学术访问 | 10 月 |
| 3 | 苏台现代农业与生物科技交流团 | 访问交流 | 11 月 |
| 4 | 台湾中华海峡两岸人力资源与科技产业交流协会代表团 | 访问交流 | 11 月 |

# 十一、发展委员会

## 校　友　会

【概况】学校新建 7 个地方及行业校友分会，完成 6 个地方校友分会的换届工作。组织策划"首届校友返校日"系列活动，召开 2018 年校友代表大会暨校友产业项目发展论坛，推动企业校友组建"南农仁朴股权投资有限公司"，完成 2018 届校友联络大使的聘任，举办"分享青春与成长——77、78 级本科生入学 40 周年主题展"活动，举行"校友馆共建志愿服务基地"签约仪式等。

地方校友会（分会）和学院校友分会精心组织各类活动。例如，北京校友会举办"京华忆语念南农"——2018 南京农业大学北京校友会迎新晚会暨年会活动；厦门校友会举办"秋深山有骨，不忘初心是南农"校友年会活动；海南校友会与电子科技大学海南校友会举行联谊活动；农学院、动物科技学院、经济管理学院等学院举行毕业 30 周年、20 周年、10周年校友聚会活动；工学院召开 2018 年校友工作会议；草业学院领导走访贵州校友等。

维护"校友服务系统"网络数据平台，收集完善校友信息；运营"南京农业大学校友之家"与"南京农业大学校友会"微信公众平台，自两个微信公众平台开通运营以来，微信公众号累计发文 652 篇，关注粉丝达 10 277 人，阅读量累计突破 80 000 次。

编印《南农校友》杂志 4 期（春、夏、秋、冬卷），向校友邮寄《南农校友》及校报16 000 份。邀请 8 位校友回母校做客"校友讲坛"，分享个人成长故事、创业历程和就业经验。全年向校报"校友英华"栏目提供校友先进事迹稿件 10 篇，回访 19 位杰出校友，营造校友文化氛围，强化校友育人功能。策划制作《南京农业大学首届校友返校日活动集锦》画册及活动视频，为广大校友留下返校聚会珍贵的图文资料。

共接待 10 年返校聚会的校友 18 批次、20 年返校聚会的校友 2 批次、30 年返校聚会的校友 7 批次、毕业 30 周年及以上的返校校友 2 批次。日常帮助查询校友、传递母校最新资讯、接受校友委托协助调档，接受校友各类来电来访。

校友馆全年接待参观团体及个人 4 500 人次，包括中国工程院院士汪懋华、教育部副部长杜占元、中国人民大学党委书记靳诺、华为公司高级副总裁林睿琦、美国农药残留调查团、江苏省瑞华慈善基金会理事长张建斌等。

校友总会北京秘书处先后安排学校 14 名教师入住南京农业大学北京立恒名苑 1－1005室公寓。他们分别被借调到教育部、科学技术部、中国教育发展基金会等国家部委工作。其中，刘志斌、宋野两位老师参与了 2018 年全国教育大会的服务工作。

【地方及行业校友分会成立、换届】2 月 4 日，山东济宁校友分会在山东济宁成立，副校长胡锋、闫祥林等参加。4月21日，武术协会校友分会暨"武术运动促进基金"在金陵研究院三楼报告厅成立，江苏省武术协会常务副秘书长殷建伟，学校武术协会创始人王红谊、庄娱乐，副校长胡锋等参加。5月19日，旅游管理校友分会在金陵研究院三楼会议室成立，党委副书记、纪委书记盛邦跃等参加。7月15日，台湾校友会在台北市成立，1944级金陵大学农学院95岁校友孙永庆、2007级农业经济管理博士何申及校友总会秘书长、发展委员会办公室主任张红生等参加。8月25日，山东临沂日照校友分会在山东临沂成立，副校长胡锋、资源与环境科学学院党委书记李辉信、动物医学院党委书记范红结等参加。12月8日，河南洛阳校友分会在河南洛阳成立，校友总会副会长王耀南、校友总会副秘书长杨明等参加。12月28日，南京企业界校友分会暨南农仁朴股权投资有限公司揭牌仪式在金陵研究院三楼会议室举行，副校长胡锋、校友总会副会长王耀南等参加。

【2018年校友代表大会暨校友产业项目发展论坛召开】5月12日，南京农业大学2018年校友代表大会暨校友产业项目发展论坛在福州梅峰宾馆会议厅举行，党委书记陈利根、原校长郑小波、校友总会副会长王耀南、孙健、丁为民、吴培均、段哲以及部分校友会理事、地方校友会代表、学院校友分会代表等160人出席会议。会议由校友总会秘书长、发展委员会办公室主任张红生主持。原福建省政协副主席、福建校友会名誉会长、1985级作物遗传育种专业博士陈绍军致欢迎辞。陈利根代表学校致欢迎辞。郑小波致辞。校友总会副秘书长杨明作校友会工作报告。华南农业大学校友会秘书长龙新望作交流发言。新农村发展研究院办公室主任陈巍作《过去、现在、未来》特邀报告。发展规划与学科建设处副处长周应堂作题为《南农文化传承与校友企业文化建设》报告。各地方校友会及校友代表作交流发言。

【2018年校友联络大使聘任】6月11日，2018年校友联络大使聘任仪式在南京农业大学金陵研究院三楼会议室举行，副校长胡锋、校友总会副会长王耀南、孙健、动物科技学院党委书记高峰和各学院校友分会领导及150位校友联络大使代表出席了仪式。会议由校友总会秘书长、发展委员会办公室主任张红生主持。共有208名应届毕业生（含本科生、研究生和留学生）受聘成为学校第五届校友联络大使。

【首届"校友返校日"系列活动举办】10月20日，学校举办"首届校友返校日"系列活动。来自北美、日本及全国各地毕业于不同年代的校友代表430人参加活动。内容包括：首届校友返校日启动仪式、再穿一次学位服、参观校友馆和"77、78级本科生入学40周年图片展"、农经1978级校友举办"农经1978级相识40年返校系列活动"、农学、植保、土化1978级校友返校聚会活动、学生食堂品尝"校友温情餐"、参观南京农业大学湖熟菊花基地菊花展、上海校友足球队与南京农业大学教工足球队和南京校友足球队的足球友谊赛等。校友总会秘书长、发展委员会办公室主任张红生主持"首届校友返校日"启动仪式，副校长胡锋为启动仪式致辞。校友总会副会长孙健和校友史遗秀、孙林、龚国良共同按动仪式启动球。教师代表鲍世问、顾焕章、路季梅和熊德祥为毕业于不同年代的12位校友代表佩戴不同寓意的校徽。顾焕章代表教师发言，张凤祥和吴莹分别代表校友发言。校友宗国平、吴天马分别向母校捐赠书籍《那一片水土山河》和《让汗水流淌》以及《哈佛女生蒙学记》。图书馆馆长倪峰代表图书馆接受捐赠。王耀南为捐赠者颁发捐赠证书。

【举办校友讲坛】3~11月，学校先后邀请来自不同学院的8位校友（1999级植物保护专业翁芳芳、孟凡宏，1998级金融专业王延胜，2002级动物医学专业张云峰，2006级农学专业李向楠，2003级食品科学硕士张楠，2007级法律专业陈晓晓，1991级遗传育种专业徐文伟）回母校参与校友讲坛作报告，与在校生分享个人成长、就业和创业经验。

【杰出校友动态】校友邹学校 2017 年 11 月当选为中国工程院农业学部院士，2018 年 12 月起任湖南农业大学党委副书记、校长；校友胡金波 2018 年 10 月起任南京大学党委书记；校友曲福田 2018 年 4 月起任江苏省人大常委会副主任、党组成员；校友叶贞琴 2018 年 12 月起任广东省委委员、常委；校友宋宝安 2015 年 12 月当选为中国工程院农业学部院士，2018 年 5 月起任贵州大学校长。

# 教育发展基金会

【概况】新签订捐赠协议 31 项，协议金额 1 730.46 万元，捐赠到账金额 818.82 万元。实现了教育发展基金会推动学校教育事业发展、多渠道筹措办学资金的宗旨和目标。

教育发展基金会通过举办瑞华助学基金、超大奖教金、京博奖（助）学金、刘宜芳奖助学金、中化农业 MAP 奖学金等捐赠仪式，积极发挥捐赠单位及个人"榜样示范""舆论引导"的作用，凝心聚力营造良好的捐赠氛围。

按照捐赠协议要求，教育发展基金会配套资助工学院、金融学院、理学院和食品科技学院共 126 学生分别赴美国、德国、英国等世界一流高校和科研机构学习、进修、开展科学研究，培养具有国际竞争力的拔尖创新人才，拓宽了学生的国际视野。向南京农业大学定点扶贫地区贵州省麻江县龙山中学捐赠人民币 20 万元，开展"江南行-追风少年"城市公益游学项目、设立奖助学金。

教育发展基金会与学校社会合作处、学生工作处以及相关学院配合，积极走访中国教育发展基金会、邮政储蓄银行等企事业单位 12 次，为募集资金奠定良好基础。同时，利用学校自有优势资源为唐仲英基金会、瑞华控股集团等项目合作单位做好服务工作，推介学校科研成果，拓展合作空间。

教育发展基金会重视各类捐赠项目的跟踪管理，对于专项基金，逐一制订管理、评选办法，成立了由捐赠人、学校和第三方组成的基金管理委员会和评审委员会，对资金的使用和项目执行进行监督、管理和评审，保障各类资金规范、有序使用。

2018 年，教育发展基金会召开第三届理事会第七次会议，通过了年度财务预算、大额资金使用以及相关规章制度等议题；通过网站、微信平台等多层面宣传公益事业，加强对年度工作报告、审计报告等信息的披露工作；开通了港币捐赠账户；完成基金会年检、财务年度审核等。

【学校与超大集团签署战略合作协议】5 月 12 日，党委书记陈利根与超大集团董事局主席郭浩在福州超大集团签署战略合作协议，旨在强化双方协同创新和产业开发，共同推进乡村振兴战略的实践、绿色农业技术开发与应用、基地和研发平台等优势资源开放共享、搭建学生社会实践平台等合作项目。陈利根和郭浩共同签订了《南京农业大学超大奖教金捐赠协议》。根据协议，超大现代农业集团向学校分 5 年，每年捐赠人民币 20 万元，共 100 万元设立"超大奖教金"，奖励学校从事教学、科研并在产学研一体化方面作出贡献的教师。校友总会副会长王耀南、丁为民，园艺学院教授李式军，党委办公室主任胡正平，新农村发展研究院办公室主任陈巍，发展委员会办公室主任张红生，超大集团董事局主席郭浩、董事张悦、超大现代农业集团总裁陈俊华、常务副总裁杨金发、副总裁况巧，超大农资集团总裁龚文兵、郭浩主席高级助理刘冬冬，超大现代农业集团副总裁陈锦伟、徐福乐参加签约活动。

**【教育发展基金会第三届理事会第七次会议召开】** 6月20日，教育发展基金会第三届理事会第七次会议在食品科技学院会议室220召开。校党委副书记盛邦跃、刘营军，副校长胡锋、戴建君等基金会理事、监事和相关职能部门负责人参加了会议。胡锋主持会议。与会人员听取了教育发展基金会2017年工作报告和财务工作报告；审议了2018年基金会支出预算、慈善活动方案及校友股权投资基金方案等、2018年的支出预算（包括各类奖助学金、大北农公益基金、支持学校建设与发展、行政管理费以及世界农业奖费用等）。各位理事投票通过了各项议题。胡锋作总结讲话。

**【基金会捐赠慈善公益20万元助力贵州学生开启研学之旅】** 8月7日，教育发展基金会资助26名来自贵州麻江龙山中学不同年级、品学兼优的学生赴南京、苏州和上海，开启研学之旅，感受江南特色文化。龙山中学是学校研究生支教团长期支教点，同时麻江县也是学校定点扶贫县。资助部分学生走出大山，到经济发达地区研学，有利于拓宽眼界、提升素质，助力学生成长成才，对学生未来的学习和发展意义重大。

**【刘宜芳奖助学金捐赠仪式举行】** 9月10日，刘宜芳奖助学金捐赠仪式在南京农业大学举行。党委副书记、纪委书记盛邦跃，1977级畜牧专业校友许若军，发展委员会办公室主任张红生、副主任杨明，动物科技学院王恬教授、副院长张艳丽，草业学院副书记、副院长高务龙等相关人员参加了签约仪式。盛邦跃代表学校热烈欢迎许若军回到母校，感谢他和同为1977级畜牧专业校友的夫人张舒华为纪念曾经从事和热爱教育事业的张舒华的母亲刘宜芳，以刘宜芳的名义在学校设立奖助学金。许若军回忆了自己在母校求学的奋斗之路，感谢母校的培养教育之恩。张红生代表教育发展基金会与许若军共同签署了捐赠协议书，盛邦跃向许若军颁发了捐赠证书。许若军的同班同学王恬简要介绍了奖助学金的设立背景；张艳丽、高务龙分别代表动物科技学院和草业学院对奖助学金的使用作了表态发言；杨明介绍了学校校友会基本情况。

**【瑞华慈善基金会向学校捐赠1 000万元助学基金】** 11月8日，南京农业大学与江苏省瑞华慈善基金会"瑞华助学基金"捐赠仪式在学校举行。江苏省瑞华慈善基金会理事长、江苏瑞华投资控股集团有限公司董事长张建斌，监事姜建中、副总裁刘晓山、董事长助理郑志慧、瑞华慈善基金会秘书长张颂杰，校党委书记陈利根、校长周光宏、党委副书记刘营军、副校长戴建君等出席捐赠仪式。副校长胡锋主持捐赠仪式。张建斌致辞。陈利根讲话。周光宏为张建斌颁发捐赠证书和赠送纪念盘。张颂杰、刘营军、张红生共同签署"南京农业大学瑞华助学基金"捐赠协议。刘晓山向戴建君递交捐赠支票。

## ［附录］

### 附录1 2018年教育发展基金会重要捐赠项目到账明细

| 捐赠单位（个人） | 捐款金额（元） | 捐款到账时间 |
| --- | --- | --- |
| 孟山都生物技术研究（北京）有限公司 | 100 000.00 | 2018-1-10 |
| 厦门宏旭达园林工程有限公司 | 100 000.00 | 2018-1-17 |

（续）

| 捐赠单位（个人） | 捐款金额（元） | 捐款到账时间 |
|---|---|---|
| 南京金万辰生物科技有限公司 | 34 000.00 | 2018-3-6 |
| 邓清秀 | 7 200.00 | 2018-3-21 |
| 黄金升 | 5 144.00 | 2018-3-29 |
| 南京市慈善总会 | 100 000.00 | 2018-3-30 |
| 江苏陶欣伯助学基金会 | 2 050.90 | 2018-4-18 |
| 中国宋庆龄基金会 | 80 000.00 | 2018-4-24 |
| 江苏陶欣伯助学基金会 | 11 067.13 | 2018-5-8 |
| 刘世华 | 10 000.00 | 2018-5-8 |
| 杭州瑞银旅业有限公司 | 50 000.00 | 2018-5-14 |
| 胡伟 | 17 000.00 | 2018-6-5 |
| 福建超大现代农业集团有限公司 | 200 000.00 | 2018-6-7 |
| 成都旸谷信息技术有限公司 | 1 000 000.00 | 2018-6-21 |
| 陈义君 | 20 000.00 | 2018-6-26 |
| 南京聚诚会展服务有限公司 | 100 000.00 | 2018-6-28 |
| 招商银行股份有限公司南京分行 | 50 000.00 | 2018-6-29 |
| Britton Taubenfeld | 16 241.00 | 2018-7-4 |
| 金埔园林股份有限公司 | 200 000.00 | 2018-7-12 |
| 姜波 | 100 000.00 | 2018-8-24 |
| 许若军 | 1 044 240.00 | 2018-9-12 |
| 南京世言外语培训有限公司 | 100 000.00 | 2018-9-14 |
| 广西桂林市桂柳家禽有限责任公司 | 500 000.00 | 2018-9-26 |
| 杨志民 | 20 000.00 | 2018-10-17 |
| 柯尼卡美能达医疗印刷器材（上海）有限公司 | 15 000.00 | 2018-10-18 |
| 中和农信项目管理有限公司 | 14 000.00 | 2018-10-19 |
| 浙江诗华诺倍威生物技术有限公司 | 60 000.00 | 2018-10-22 |
| 江苏山水环境建设集团股份有限公司 | 128 000.00 | 2018-10-26 |
| 镇江市智农食品有限公司 | 100 000.00 | 2018-10-31 |
| 罗容 | 20 000.00 | 2018-10-31 |
| 吴秀娥 | 5 000.00 | 2018-11-8 |
| 王琼 | 5 000.00 | 2018-11-9 |
| 丁静 | 30 000.00 | 2018-11-21 |
| 上海新农饲料股份有限公司 | 35 000.00 | 2018-11-22 |
| 南京诺唯赞生物科技有限公司 | 100 000.00 | 2018-11-26 |
| 南京黄教授食品科技有限公司 | 100 000.00 | 2018-11-29 |
| 江苏舜泰控股集团有限公司 | 5 000.00 | 2018-11-30 |

（续）

| 捐赠单位（个人） | 捐款金额（元） | 捐款到账时间 |
|---|---|---|
| 江苏陶欣伯助学基金会 | 1 010 000.00 | 2018 - 12 - 3 |
| 王志强 | 5 000.00 | 2018 - 12 - 5 |
| 南京金润城资产管理有限公司 | 100 000.00 | 2018 - 12 - 5 |
| 北京大北农科技集团股份有限公司 | 150 000.00 | 2018 - 12 - 5 |
| 南京欧恒信息技术有限公司 | 5 000.00 | 2018 - 12 - 6 |
| 香港思源基金会 | 136 187.13 | 2018 - 12 - 7 |
| 江苏省瑞华慈善基金会 | 100 000.00 | 2018 - 12 - 11 |
| 江苏省瑞华慈善基金会 | 450 000.00 | 2018 - 12 - 11 |
| 江苏省瑞华慈善基金会 | 100 000.00 | 2018 - 12 - 11 |
| 先正达（中国）投资有限公司 | 50 000.00 | 2018 - 12 - 13 |
| 江苏省瑞华慈善基金会 | 1 350 000.00 | 2018 - 12 - 17 |
| 山东京博控股集团有限公司 | 200 000.00 | 2018 - 12 - 18 |
| 孟山都生物技术研究（北京）有限公司 | 100 000.00 | 2018 - 12 - 19 |
| 唐仲英基金会（美国）江苏办事处 | 488 000.00 | 2018 - 12 - 26 |
| 唐仲英基金会（美国）江苏办事处 | 8 415.00 | 2018 - 12 - 26 |
| 新洪堡（南京）教育科技有限公司 | 100 000.00 | 2018 - 12 - 27 |

## 附录 2　2018 年"仁孝京博奖教金"获奖名单（每人 1 万元）

陶建敏　余德贵　赵明文

## 附录 3　2018 年"超大奖教金"获奖名单（每人 2 万元）

李刚华　刘世家　胡白石　姜小三　郭世荣　张绍铃　黄　明　朱利群　卢　勇
鲁植雄

（撰稿：郭军洋　审稿：张红生　审核：黄　洋）

# 十二、办学条件与公共服务

## 基 本 建 设

【概况】学校完成基建总投资 9 409.83 万元，其中国拨经费 7 149.71 万元全部执行完毕；改造新办学用房 5.2 万平方米；新增床位 198 个；白马基地新增高标准实验田 21 公顷，护坡绿化 6 万平方米，修建道路 1.2 万平方米、沟渠 8 970 米、灌溉管道 3 590 米、支路及人行道 625 米、600 米围栏、晒场 100 平方米，有力改善了白马园区的基础设施和教学科研条件。

白马教学科研基地成功申报国拨资金支持"双一流"建设基建项目 1 个、国拨基建资金支持项目 1 个，共获国拨资金支持近 1.3 亿元。启动作物表型组学研发中心大楼（22 120 平方米）、植物生产综合实验中心大楼（13 820 平方米）教育部立项报批工作，总预算约 2.11亿元，计划 2019 年开建，两个项目于 10 月获教育部正式立项批文，致力于解决白马园区尚无科研用房、实验用房等瓶颈问题。

年度在建工程 8 项，其中卫岗校区 3 项，白马基地 5 项，各项工程有序推进。牌楼大学生实践和创业指导中心一层食堂于 3 月完成并交付使用。5 月完成大楼的整体竣工验收质监备案工作。第三实验楼一期工程于 7 月交付使用，二期土方工程结束，推进地下室施工。卫岗智能温室全部施工完毕，即将交付使用。克服 2018 年雨水天气影响、政府"蓝天计划"环保管控停工等诸多困难，白马基地高标准实验田生态护坡工程、高标准实验田三期（植保、资环地块）工程、表型设施田间高通量平台的作物栽培专用水泥池建设项目以及温室附属配套等多项工程，较好地完成预期任务，田间道路、田间排灌沟渠、土地平整、配套灌溉及电力等基础设施进一步完善，为相关学院入驻基地开展教学科研实验实习奠定了基础。

完成维修改造任务 31 项，投资 4 227 余万元。截至 12 月 31 日，已竣工 28 项，其中涉及的国拨修购资金全部执行完毕。白马基地安排 30 万元以下修缮工程 22 项，涉及资金 280.23 万元，现已完成竣工验收 21 项，这些建设工程设施正在陆续投入使用。一系列维修改造工程顺利交付，有力地改善了师生生活、学习和教学科研条件。

**【教育部科技委农林学部专家组考察学校白马园区】** 5 月 10 日，教育部科技委农林学部专家组到白马园区考察指导，校长周光宏、副校长闫祥林接待专家组。专家组听取了白马园区的建设进展和后续建设计划汇报，对园区建设取得的成绩表示赞赏，指出一流农业大学一定要有一流的农业教学科研园区来支撑，在这方面南京农业大学走在了前列，希望学校充分利用好园区这个大平台，切实提升学生培养质量，加快推动高新科研成果转化、产业化，引领我国农业发展。

【江苏省副省长马秋林考察学校白马园区】7月10日，江苏省副省长马秋林到学校白马园区考察指导工作。校党委书记陈利根、副校长丁艳锋，溧水区委书记谢元接待了马秋林一行。马秋林重点考察了白马园区作物表型组学研究重大科技基础设施建设情况，充分肯定了学校在设施建设方面作出的努力，并对前期建设进展表示高度认可。马秋林强调，设施建设在服务国家科技发展战略，振兴江苏教育、科技与经济发展，振兴江苏农业产业等方面意义重大。南京农业大学牵头建设该设施的自身优势和区位优势显著，应不遗余力地将设施建设好。江苏省将对设施建设给予持续关注和全力支持，推进设施更快更好地早日建成。

【南京市委副书记沈文祖调研学校白马园区】7月10日，南京市委副书记沈文祖到学校白马园区考察调研工作。校党委常委、副校长丁艳锋接待了沈文祖一行。沈文祖听取了学校白马园区的建设进展及工作展望汇报，重点考察了白马园区作物表型组学研究重大科技基础设施建设情况，指出园区当前发展成绩喜人，各项工作进展显著，通过此次调研考察学校教学科研园区建设，感受到学校创建世界一流农业大学的信心和决心，希望学校对作物表型组学研究重大科技基础设施项目认真研究、理顺思路、加快建设，为我国农业发展作出更大的贡献。

# ［附录］

## 附录1　南京农业大学2018年度主要在建工程项目基本情况

| 序号 | 项目名称 | 建设内容 | 进展 |
|---|---|---|---|
| 1 | 牌楼大学生创业与就业指导中心 | 15 986平方米 | 1～2层食堂于2018年3月交付 |
| 2 | 新建第三实验楼（一期） | 19 562.6平方米 | 正推进各专项验收 |
| | 新建第三实验楼（二期） | 16 000平方米 | 地下室施工中 |
| 3 | 卫岗智能温室 | 地源热泵、玻璃温室，4 403平方米 | 已竣工 |
| 4 | 白马绿化护坡工程 | 绿化面积60 000平方米 | 已竣工 |
| 5 | 白马高标准试验田修建三期——资源与环境科学学院 | 新增高标准试验田90 658平方米，灌排渠5 400米，灌溉管道2 100米，泵站1座，道路5 360平方米及其他控制涵闸等 | 已竣工 |
| 6 | 白马高标准试验田修建三期——植物保护学院 | 新增高标准试验田119 988平方米，灌排渠、沟3 358米，灌溉管道700米，泵站1座，道路4 500平方米及其他控制涵闸等 | 已竣工 |
| 7 | 白马表型设施田间高通量平台的作物栽培专用水泥池建设项目 | 修建混凝土水渠总长度约220米，修建爬坡道约40平方米 | 已竣工 |
| 8 | 南京农业大学白马基地温室附属配套工程 | 新建4米宽园区支路（沥青路）1条，长172米。铺装人行道453米。温室周边装饰性栅栏600米，过路管道90米。新建水泥晒场100平方米 | 已竣工 |

# 附录 2   南京农业大学 2018 年度维修改造项目

| 序号 | 项目名称 | 建设内容 | 进展 |
|---|---|---|---|
| 1 | 逸夫楼西侧动物房房屋加固出新工程 | 内外墙出新、屋面更换、铝合金门窗更换、走道封闭 | 已竣工 |
| 2 | 2018 年暑期南苑四舍维修工程 | 公共区域楼梯间墙面、天棚出新，宿舍内墙面、天棚出新，家具检修 | 已竣工 |
| 3 | 2018 年暑期逸夫楼五楼实验室改造工程标段一（动物医学院部分） | 公共区域墙面出新、地面新做 PVC 地胶、室内改造满足实验室使用需求，室内空调 | 已竣工 |
| 4 | 2018 年暑期逸夫楼五楼实验室改造工程（公共管理学院） | 公共区域墙面出新、地面新做 PVC 地胶、室内改造满足实验室使用需求 | 已竣工 |
| 5 | 2018 年暑期南苑五舍维修工程 | 公共区域楼梯间墙面、天棚出新，宿舍内墙面、天棚出新，家具检修，屋面防水重做 | 已竣工 |
| 6 | 2018 年暑期南苑一、二舍之间盥洗室及十三舍、二十舍毕业生宿舍维修工程 | 一、二舍之间盥洗室重做，十三舍西侧卫生间重做，二十舍部分房间墙面出新家具检修 | 已竣工 |
| 7 | 2018 年暑期南苑十舍维修工程 | 公共区域楼梯间墙面、天棚出新，宿舍内墙面、天棚出新，家具检修，屋面防水重做 | 已竣工 |
| 8 | 土桥农田项目工程 | 沟渠、机耕道、灌溉管道、场地平整 | 已竣工 |
| 9 | 土桥基地房屋及玻璃温室改造 | 老房屋维修出新，走道天棚墙面重做，部分防水重做，新建玻璃温室 | 已竣工 |
| 10 | 土桥实验基地绿化工程 | 管理用房周边绿化、建设汀步 | 已竣工 |
| 11 | 综合楼维修工程 | 部分公共区域吊顶重做、两侧卫生间重做 | 已竣工 |
| 12 | 北苑一舍维修工程 | 公共区域楼梯间墙面、天棚出新，宿舍内墙面、天棚出新，家具检修，室内卫生间重做 | 已竣工 |
| 13 | 南苑六舍维修工程 | 公共区域楼梯间墙面、天棚出新，宿舍内墙面、天棚出新，家具检修，屋面防水重做 | 已竣工 |
| 14 | 190 间研究生毕业生宿舍维修工程 | 宿舍内墙面、天棚出新，家具检修 | 已竣工 |
| 15 | 南苑七舍维修工程 | 公共区域楼梯间墙面、天棚出新，宿舍内墙面、天棚出新，家具检修，屋面防水重做 | 已竣工 |
| 16 | 北苑七舍维修工程 | 公共区域楼梯间墙面、天棚出新，宿舍内墙面、天棚出新，家具检修，室内卫生间重做 | 已竣工 |
| 17 | 附校楼改造研究生宿舍工程 | 公共区域楼梯间墙面、天棚出新，宿舍内墙面、天棚出新，室内布线，老式窗更换，走道封闭 | 已竣工 |
| 18 | 理科南楼二楼实验室改造工程 | 公共区域吊顶重做，室内装修改造满足实验室要求 | 已竣工 |
| 19 | 学生宿舍晒衣架更换工程 | 原铸铁晒衣架更换为不锈钢晒衣架 | 已竣工 |
| 20 | 食品楼维修工程 | 屋面拆除、防水 1 300 平方米，幕墙 230 平方米，墙面、天棚乳胶漆 4 000 平方米及其他零星维修工程 | 已竣工 |

（续）

| 序号 | 项目名称 | 建设内容 | 进展 |
|---|---|---|---|
| 21 | 幼儿园维修改造工程 | VRV空调、新风系统安装，热水器安装，门窗更换，外墙饰面粉刷砂浆，内墙、天棚乳胶漆喷涂等 | 已竣工 |
| 22 | 南北围墙维修改造工程 | 老围墙拆除、新围墙砌筑54立方米，新围栏安装800平方米，照明灯具安装64盏及其他零星工程 | 已竣工 |
| 23 | 地下车库改造工程 | 隔墙拆除、耐磨地坪550平方米墙面，天棚乳胶漆喷涂1000平方米及其他零星工程 | 已竣工 |
| 24 | 家属区西苑27号道路维修改造工程 | 道路混凝土浇筑600平方米，围栏安装50平方米及其他零星工程 | 已竣工 |
| 25 | 翰院宾馆辅楼改造出新工程 | 公共区域楼梯间墙面、天棚出新，宿舍内墙面、天棚出新，重新布线 | 已竣工 |
| 26 | 动物医学院动物医院楼宇消防改造工程 | 楼内消防改造，更换屋面，增加消火栓 | 已竣工 |
| 27 | 生科楼B座卫生间维修工程 | 卫生间防水重做、墙地砖更滑、蹲坑隔断更换、吊顶重做 | 已竣工 |
| 28 | 逸夫楼电梯加装 | 逸夫楼东西两侧各加装电梯1部 | 预计2019年3月底竣工 |
| 29 | 资源与环境科学学院土壤地址标本室和院史展览室建设工程 | 面积233平方米的玻璃温室 | 已竣工 |
| 30 | 卫岗校区实验楼宇环保工程建设项目 | 7个实验楼的废水、废气处理设备 | 正在施工 |
| 31 | 南京农业大学资源与环境科学学院牌楼西网室改造 | 学院网室新建1200平方米，水泥池600平方米 | 正在招标 |

（撰稿：张洪源 祁子煜 审稿：桑玉昆 陈礼柱 审核：代秀娟）

# 新 校 区 建 设

【概况】新校区建设指挥部、江浦实验农场本着"加快建设进度、着力打造精品、积极防控风险、维护学校利益"的原则，坚持多线并进，协调新校区建设取得一系列重大进展。

新校区合作建设和职工安置。4月，学校与南京市江北新区管委会就新校区建设、江浦实验农场土地收储、农场职工安置等工作达成一致意见，并签订了合作框架协议。6月，学校与南京市江北新区管委会、南京市城市建设投资控股（集团）有限责任公司（以下简称南京城建集团）签订了代建框架协议。同时，积极配合江北新区和浦口区相关部门，组织农场157户职工与地方政府签订了安置补偿协议，就农场地上附着物和青苗补偿与江北新区征收管理中心达成共识。

新校区征地拆迁和用地审批。新校区总用地面积 168.26 公顷，一期建设项目用地 59.74 公顷。经区、市、省国土部门逐级报批，于 4 月通过自然资源部土地预审批复。随后，新校区建设指挥部启动一期建设用地征地报批工作，先后完成新校区土地征收社会风险评估、地质灾害危险性评估、环境影响评估和林地审核 4 项评估工作，取得江苏省国土资源厅未压覆矿批文、江苏省林业局使用林地审核批文等。同时，协调地方政府加快推进新校区选址地块拆迁工作。

新校区规划设计和单体报批。8 月，新校区总体规划通过南京市城乡规划委员会审批，新校区一期建设项目获教育部备案立项。在总体规划和单体立项的基础上，新校区建设指挥部于 7~12 月组织开展了新校区单体功能需求调研和单体方案设计、基础设施规划、智慧校园规划、综合能源规划等招标工作。

**【新校区一期项目建设用地通过预审】** 4 月 28 日，自然资源部印发《关于南京农业大学江北新校区一期建设项目建设用地预审意见的复函》（自然资预审字〔2018〕18 号），明确新校区一期建设项目用地符合土地利用规划和供地政策，原则同意通过用地预审，拟用地总面积 59.74 公顷。

**【新校区一期单体建设项目获批立项】** 8 月 1 日，教育部发展规划司印发《关于南京农业大学江北新校区一期工程项目备案意见的函》（教发司〔2018〕144 号），同意新校区一期项目总投资 549 399 万元，总建筑面积 729 761 平方米，建设内容包括公共教学楼、图书馆、体育馆、大学生活动中心、学生公寓、学生食堂等 30 个建筑组团和基础设施工程。

**【新校区总体规划获批】** 8 月 7 日，南京市政府印发《关于南京农业大学江北新校区总体规划的批复》（宁政复〔2018〕67 号），同意《南京农业大学江北新校区总体规划》，选址范围东至滨江大道、南至慧音街、西至横江大道、北至博达路，总面积约 168.26 公顷，各类办学用房建设体量约 125 万平方米。11 月 19 日，南京市江北新区管委会规划与国土局核发新校区建设项目选址意见书，载明建设用地 155 公顷。

**【签订合作协议】** 4 月 14 日，南京农业大学、南京江北新区全面战略合作暨共建南京农业大学新校区签约仪式在金陵研究院三楼报告厅举行。南京市委常委、江北新区党工委专职副书记罗群，南京市政府副秘书长唐建荣，江北新区管委会副主任陈潺嵋，江北新区党工委委员、产业发展平台主任何金雪，浦口区区委常委、常务副区长赵洪斌，学校领导陈利根、周光宏、盛邦跃、刘营军、戴建君、闫祥林等出席活动，江北新区、浦口区相关部门和学校相关部门负责人参加活动。戴建君与何金雪代表双方签署《南京江北新区管委会与南京农业大学全面战略合作暨共建南农大新校区框架协议》。6 月 13 日，南京农业大学、南京江北新区、南京城建集团在江北新区管委会共同签署了南京农业大学新校区代建框架协议。江北新区管委会常务副主任周金良，江北新区党工委委员、产业发展平台主任何金雪，南京城建集团党委副书记邹锐，副总经理陈永战、常红晨，校领导陈利根、周光宏、戴建君、闫祥林出席签约仪式。戴建君、何金雪、邹锐代表三方签署《南京农业大学江北新校区代建框架协议》。

**【新校区隆重奠基】** 9 月 8 日，南京农业大学新校区在南京江北新区正式奠基。校友代表曹卫星、曲福田、胡金波、翟虎渠、李闽、宋玉波等，南京市委常委、江北新区党工委专职副书记罗群，江北新区管委会常务副主任周金良，江苏省教育厅副厅长王成斌，江北新区党工委委员何金雪，南京市浦口区委副书记任家龙，南京城建集团董事长邹建平，学校领导陈利根、周光宏、盛邦跃、刘营军、胡锋、戴建君、丁艳锋、董维春、陈发棣等出席。江北新区、浦口区相关部门负责人和学校全体中层干部、教师代表、学生代表参加活动。

（撰稿：张亮亮　审稿：夏镇波　倪　浩　乔玉山　审核：代秀娟）

# 财　　务

【概况】计财处以新政府会计制度启动年各项准备工作落实为抓手，积极推进相关业务系统全面精准对接，以此为契机，加快推进财务管理规范化、制度化和信息化建设，全面强化预决算管理、绩效改革、业财融合、创新方法等，努力提升财务管理水平和服务效能。全校各项收入总计21.55亿元，各项支出总计23.28亿元。

资金来源多渠道，为教学科研提供财力基础。学校获得改善办学条件专项资金11 100万元，中央高校基本科研业务费3 834万元，中央高校教育教学改革专项1 470万元，中央高校管理改革等绩效专项1 480万元，"双一流"引导专项8 500万元，教育部国家重点实验室专项经费4 805万元，捐赠配比资金593万元，各类奖助学金10 345.32万元。

编制规划合理，加强预决算管理。完成2017年财务决算工作，形成决算分析报告，完成决算编制；科学编制2018年校内收支年度预算和2019年部门预算，做好学校重点工程和日常开支相应预算。根据新预算法要求，积极构建以科学合理的滚动规划为牵引、以资源合理配置与高效利用为目的、以有效的激励约束机制为保障、重点突出、管理规范、运转高效的支出预算管理新模式；注重预算执行情况的监控，不定期向有关领导通报信息、反馈情况。

响应政策要求，规范会计核算管理。根据新政府会计制度实施要求，及时调整核算规定及相关要求，完成学校常规教学、科研经费财务报销工作，全年编制复核原始票据95.93万张，比上年同期增长3.52%，编制会计凭证12.84万份，比上年同期增长21.60%，录入凭证笔数35.20万笔，比上年同期增长7.84%。

做好财政专项预算执行管理，提高资金使用效益。完成2019—2021年度项目申报和评审以及2017年度项目执行情况的检查工作。完成中央高校改善基本办学条件专项、省优势学科专项、基本科研业务费专项、社会公益研究专项、重点实验室专项等项目经费的预算执行管理工作。

规范税费收缴管理。根据物价、财政及主管部门的相关要求，按时申报纳税，税务发票管理和使用规范、合法，完成学校营改增相关工作。完成收费许可证备案、年检及非税收入上缴财政专户工作。完成全校本科生和研究生助研费、勤工助学金等劳务费的发放工作。制定新生收费标准，完成全校本科生学费、住宿费、卧具费、医保费、教材费等费用的收缴工作。发放本科生各类奖勤助贷金50余项，共计2 965.98万元、6.9万人次；发放研究生助学金6 486.82万元，学业奖学金、国家及其他奖学金8 635.46万元，助学贷款等800.05万元。上缴非税收入23 026万元。完成学校2017年度所得税汇算清缴、税务风险评估工作；完成关于年度所得12万元纳税申报及2017年度机关事业单位代扣代缴个人所得税自查工作的协调工作。完成国产设备退税工作，累计退税金额 235.17 万元。

做好校园卡一卡通常规管理。完成 2018 级全日制研究生、专业学位、本科生、留学生及继续教育学院干部培训人员的信息核对、卡片制作、照片打印、校园卡现场发放工作，全年共计发放校园卡 15 746 张，销户退卡 14 238 张。校园卡圈存 73 万人次，比上年同期增加5 万多人次，合计 85 544 万元。全年接待现金充值比上年减少 3 000 余人次，自助现金充值比上年增加 20 000 余人次。全年经过一卡通系统的资金量 9 000 多万元，通过一卡通结算的商户资金 8 756 万元。完善校园一卡通信息化建设，加大校园卡与支付系统的对接程度，新完成与体育场馆的智能管理系统对接，实现场馆预订功能；利用一卡通系统完成以下业务：宿舍电费缴纳，教学楼宇开水炉的自助刷卡打水，各类等级报名（英语四六级、计算机等级、普通话），校医院挂号、收费等。完善校园卡微信公众号功能，注册用户达 8 589 户。

【改革预算编制方法】自 2018 年始，校内预算分配结构实行"基本运行＋专项经费"两条线模式。将学校经费预算分为两部分：基本运行经费部分根据"定员""定额"测算确定；专项支出预算包括事业发展重点工作和改革创新支出。逐步推行 3 年项目滚动预算，依据项目轻重缓急，建立学校项目库，强化预算执行，定期公布各单位预算执行进度，提高资金使用效益。

【推进政府会计制度改革实施工作】根据财政部、教育部有关政府会计制度实施的要求，高校财务制度需要实现由预算会计向财务会计的转变，为确保 2019 年 1 月 1 日新会计制度全面实施，积极做好相关制度落实的准备工作，牵头成立政府会计制度实施工作领导小组，协调制度实施工作。完成财务人员专业知识、系统软件需要的软、硬件升级。组织全处各层级人员参加教育部、财政部等多部委组织的相关专题培训，达到财务管理人员全覆盖。

【启用网报系统助力实时到付】2018 年，学校网上自助报账系统正式启用，简化报账流程。网上报账、支付系统的使用，整合了工资、项目、酬金发放和银行网银系统，自助报账实时到付，大幅提升工作效率，提高财务信息化水平。

【做好个人所得税新税法改革政策宣传及衔接工作】根据国家规定，2019 年 1 月 1 日，新个人所得税专项附加扣除办法全面实施，学校及时做好纳税申报筹划工作；精心组织政策宣传、系统升级等前期准备工作，邀请税务专家为全校教职员工普及税法知识，确保让广大教职工充分享受改革红利，增强教职工的获得感。

【全面实施公务卡结算管理】根据《关于中央财政科研项目使用公务卡结算有关事项的通知》（财库〔2015〕245 号）、《关于转发〈财政部 科技部关于中央财政科研项目使用公务卡结算的通知〉的通知》（教财司便函〔2016〕21 号）文件精神，经过对公务卡使用的全面调研，做好公务卡使用的宣传与政策解读工作，全面使用公务卡结算。与 2017 年相比，现金收支笔数减少 51%，提升了资金支付的安全性。

# ［附录］

## 教育事业经费收支情况

南京农业大学 2018 年总收入为 21.55 亿元，比 2017 年增长 15 952.57 万元，增加7.99%。其中：教育补助收入增长 7.53%，科研补助收入增加 591.37%，其他补助收入减少 8.46%，教育事业收入增长 10.04%，科研事业收入增长 7.83%，经营收入减少

41.97％，其他收入减少 7.72％。

表 1　2017—2018 年收入变动情况表

| 经费项目 | 2017 年（万元） | 2018 年（万元） | 增减额（万元） | 增减率（％） |
|---|---|---|---|---|
| 一、财政补助收入 | 98 193.13 | 108 921.04 | 10 727.91 | 10.93 |
| （一）教育补助收入 | 92 984.30 | 99 984.21 | 6 999.91 | 7.53 |
| 　1. 基本支出 | 66 337.72 | 68 445.37 | 2 107.65 | 3.18 |
| 　2. 项目支出 | 26 646.58 | 31 538.84 | 4 892.27 | 18.36 |
| （二）科研补助收入 | 695.00 | 4 805.00 | 4 110.00 | 591.37 |
| 　1. 基本支出 | 30.00 | 30.00 | 0.00 | 0.00 |
| 　2. 项目支出 | 665.00 | 4 775.00 | 4 110.00 | 618.05 |
| （三）其他补助收入 | 4 513.83 | 4 131.83 | −382.00 | −8.46 |
| 　1. 基本支出 | 4 438.83 | 4 056.83 | −382.00 | −8.61 |
| 　2. 项目支出 | 75.00 | 75.00 | 0.00 | 0.00 |
| 二、事业收入 | 84 954.96 | 92 104.75 | 7 149.79 | 8.42 |
| （一）教育事业收入 | 22 504.18 | 24 764.25 | 2 260.07 | 10.04 |
| （二）科研事业收入 | 62 450.78 | 67 340.50 | 4 889.72 | 7.83 |
| 三、经营收入 | 1 927.66 | 1 118.64 | −809.02 | −41.97 |
| 四、其他收入 | 14 459.41 | 13 343.29 | −1 116.12 | −7.72 |
| （一）非同级财政拨款 | 8 596.85 | 13 649.85 | 5 053.00 | 58.78 |
| （二）捐赠收入 | 1 169.51 | 425.41 | −744.10 | −63.62 |
| （三）利息收入 | 1 020.11 | 862.61 | −157.50 | −15.44 |
| （四）后勤保障单位净收入 | 3 047.36 | −2 856.08 | −5 903.44 | −193.72 |
| （五）其他 | 625.58 | 1 261.51 | 635.93 | 101.65 |
| 总计 | 199 535.16 | 21 5487.73 | 15 952.57 | 7.99 |

数据来源：2017 年、2018 年报财政部的部门决算报表口径。

2018 年，南京农业大学总支出为 23.28 亿元，比 2017 年增加 11 256.02 万元，同比增长 5.08％。其中：教育事业支出增长 20.87％，科研事业支出减少 1.32％，行政管理支出减少 27.33％，后勤保障支出减少 67.29％，离退休人员保障支出增长 7.95％。

表 2　2017—2018 年支出变动情况表

| 经费项目 | 2017 年（万元） | 2018 年（万元） | 增减额（万元） | 增减率（％） |
|---|---|---|---|---|
| 一、财政补助支出—事业支出 | 101 265.20 | 108 937.36 | 7 672.16 | 7.58 |
| （一）教育事业支出 | 79 205.03 | 84 864.89 | 5 659.86 | 7.15 |
| （二）科研事业支出 | 10 573.06 | 10 893.74 | 320.68 | 3.03 |
| （三）行政管理支出 | 7 911.34 | 8 714.99 | 803.65 | 10.16 |
| （四）后勤保障支出 | 2 599.47 | 1 388.12 | −1 211.35 | −46.60 |
| （五）离退休支出 | 976.31 | 3 075.62 | 2 099.31 | 215.03 |

（续）

| 经费项目 | 2017 年（万元） | 2018 年（万元） | 增减额（万元） | 增减率（%） |
|---|---|---|---|---|
| 二、非财政补助支出 | 120 232.61 | 123 816.47 | 3 583.86 | 2.98 |
| （一）事业支出 | 118 779.34 | 122 444.99 | 3 665.65 | 3.09 |
| 1. 教育事业支出 | 27 392.91 | 43 979.44 | 16 586.53 | 60.55 |
| 2. 科研事业支出 | 58 205.30 | 56 976.69 | −1 228.61 | −2.11 |
| 3. 行政管理支出 | 10 430.00 | 4 613.68 | −5 816.32 | −55.77 |
| 4. 后勤保障支出 | 6 811.21 | 1 690.35 | −5 120.86 | −75.18 |
| 5. 离退休支出 | 15 939.92 | 15 184.83 | −755.09 | −4.74 |
| （二）经营支出 | 1 453.28 | 1 371.48 | −81.80 | −5.63 |
| （三）其他支出 | 0.00 | 0.00 | 0.00 | — |
| 总支出 | 221 497.81 | 232 753.83 | 11 256.02 | 5.08 |

数据来源：2017 年、2018 年报财政部的部门决算报表口径。

2018 年学校总资产为 48.37 亿元，比 2017 年减少 3.84%。其中：固定资产增长 7.13%，流动资产减少 21.14%。净资产为 46.08 亿元，比 2017 年增长 1.93%。

**表3　2017—2018 年资产、负债和净资产变动情况表**

| 项目 | 2017 年（万元） | 2018 年（万元） | 增减额（万元） | 增减率（%） |
|---|---|---|---|---|
| 一、资产总额 | 503 068.71 | 483 741.90 | −19 326.81 | −3.84 |
| 其中： | | | | |
| （一）固定资产 | 256 558.39 | 274 849.66 | 18 291.27 | 7.13 |
| （二）流动资产 | 171 437.02 | 135 195.43 | −36 241.59 | −21.14 |
| 二、负债总额 | 50 989.76 | 22 925.05 | −28 064.71 | −55.04 |
| 三、净资产总额 | 452 078.95 | 460 816.85 | 8 737.90 | 1.93 |
| 其中： | | | | |
| 事业基金 | 10 689.58 | 0.00 | −10 689.58 | −100.00 |

数据来源：2017 年、2018 年报财政部的部门决算报表口径。

（撰稿：李　佳　审稿：杨恒雷　审核：代秀娟）

# 招　投　标

【概况】招投标办公室加快推进招标采购管理制度化、信息化、规范化和标准化建设，着力提升招标采购管理水平和服务效能，廉洁、规范、高效地完成各项工作任务。

严格招标程序，保质保量完成全年招标采购项目任务。严格执行国家及学校招标采购管理相关制度，全年完成货物服务类采购项目 360 余项，成交金额 1.67 亿元；完成工程类项目60余项，中标金额1亿元。形成了有效的价格竞争，较好地维护了学校利益。

规范行为管理，推进招标采购科学化管理水平不断提升。一是补充完善预选入围库。通过公开招标方式，新补充建立"后勤集团公司低值易耗品仓库服务供应商预选入围库""工学院办公用品仓库服务供应商预选入围库""图书馆文献资源数据库代理服务单位预选入围库""白马基地20万元以下农业作业服务单位预选入围库"，新一轮公开招标入围"工程审计""财务审计""招标代理""造价咨询""外贸代理"预选库，进一步规范采购方式和简化采购程序，提高服务效能和资金使用效益。二是完善"评标专家库"和"供应商库"，完善专家库人员专业结构，加强专家信息维护与管理，公开招标"科研试剂耗材采购平台供应商"和"网上采购平台供应商"入库遴选与考核工作，建立供应商诚信档案，加强供应商考核管理，营造供应商良性竞争氛围。三是完善"工程招标合同管理系统"审批程序，规范合同审核与登记盖章流程，有效防范合同法律风险。完成招标采购项目合同审核盖章600余项，非招标合同审核登记和盖章3000余项、12000余份。四是规范招标采购项目档案立卷归档，对2011—2017年招标采购项目档案进行梳理，统一归档电子、纸质档案，明确专人管理，档案立卷归档300余份。

强化队伍建设，着力提升工作人员业务素质和服务水平。一是加强招标采购政策学习和宣传，组织开展全校招标采购管理专题培训，各学院、机关部处、直属单位及招标代理机构等相关人员200余人参加培训，印发《招标采购工作手册》1000余份，增强教职员工廉洁自律和依法依规采购意识，提高采购教师专业知识和业务水平，为严格执行和落实招标采购制度要求，遵照规范程序和工程流程按章办事奠定了基础；二是加强纪律意识和廉政意识，加强自身学习，经常开展廉洁教育，联合校纪委监察处、基本建设处、新校区建设指挥部、计财处组织开展新入围招标代理集体谈话会，不断规范招标代理廉洁从业行为，加强招标代理机构管理，逐步提升招标采购服务水平，切实有效维护学校权益；三是较好地处理采购人和投标人的问讯、异议及要求，协助纪委监督部门处理质疑投诉事项，一年来未发生重大招标采购事项的质疑和投诉。

**【完善制度建设，保障招标采购工作有规可依、有章可循】**制订并印发《南京农业大学供应商管理考核暂行办法》《南京农业大学招标代理机构管理考核暂行办法》《南京农业大学网上竞价采购实施细则》等规章制度，调研起草《南京农业大学快速采购实施细则》，编制印发《招标采购工作手册》和《标准化开评标工作流程》，不断细化管理服务内容，实现业务公开透明、流程简明细致，学校招标采购管理制度体系日趋健全完善。

**【创新管理模式，利用信息化促进招标采购活动廉洁高效】**以"互联网＋政府采购"为目标，初步建成"一号一网四平台"（微信公众号、采招网、采招业务平台、快速采购平台、网上竞价平台和电商直采平台）招标采购信息化管理平台，逐步优化和完善采招平台项目申请、审批程序，上线微信服务平台，提高招标采购的政策法规、工作流程、信息公开宣传力度，实现微信公众号在线办公，既简化办事流程，方便教职员工，又契合国家"放管服"改革要求，极大提高了工作效率、服务效能和服务满意度。学校招标采购信息化平台荣获国家版权局颁布2项计算机软件著作权。深圳大学、中国农业大学等10余所高校前来调研，获得了兄弟高校和上级主管部门的高度认可与一致好评。

（撰稿：于 春 审稿：胡 健 审核：代秀娟）

# 审　计

【概况】审计处为学校提供审计监督、管理和咨询服务，共完成各类审计 346 项，审计金额 11.09 亿元。其中，工程审计 234 项，审计金额约 1.68 亿元；财务审计 112 项，审计金额 9.41 亿元。

加强审计队伍建设，提升内审工作水平。组织参加教育部、中国教育审计学会举办的各类学习培训班 16 人次；组织审计人员赴部属兄弟高校开展工程管理审计、科研管理审计和审计信息化等调研，完善审计人员知识结构、业务水平与审计方法。本年度审计人员公开发表论文 2 篇。

成功举办教育部直属高校审计第四协作组工作研讨会；参加教育部巡视工作；参与国务院教育督导委员会办公室对省级人民政府履行教育职责实地核查工作；参加校内巡察和校外实验基地研究院的检查工作等。

【完善学校审计工作管理体制】1 月 8 日，学校成立审计工作领导小组并召开第一次审计工作会议，审议通过 2017 年审计工作总结，研究制订 2018 年审计工作计划，通报审计有关事项，并对审计工作中发现的问题进行研究。

【拓展审计范围，全面推进审计全覆盖】完成"中央级普通高校改善办学条件专项"等 9 个项目的预算执行情况审计，审计金额 1.27 亿元，保证了专项资金项目的顺利验收。完成组织部委托干部经济责任审计 7 项，审计总金额达 1.92 亿元。完成对学校资产经营有限公司（合并）、校友会等财务收支审计 10 项，审计总金额达 5.09 亿元。对三公经费中的公务接待费开展专项审计，重点审核有关单位执行中央八项规定精神和学校各项规章制度情况。完成科研审计 47 项，审计金额 0.98 亿元；完成科研审签 34 项，审签总金额达 906.16 万元，涵盖了财政部、教育部、农业农村部等专项科研资金。完成住房和城乡建设部项目——建筑节能监管平台建设等专项经费验收审计 2 项，审计金额 583 万元。完成基建、维修跟踪审计与结算审计项目共 234 项，送审金额达 16 767.14 万元，审减金额 1 669.77 万元，核减率 9.96%，通过审计，为学校节省了建设经费，提高了基本建设专项资金的使用效益。

【提出审计建议，提升学校管理能力】对审计中发现的问题及问题产生的原因进行总结、分析、反馈，对学校加强管理方面提出提前安排专项经费立项、减轻项目执行压力、对工程队进行建档管理等几条审计建议。

【完成"社会中介机构"参与学校审计的招标建库工作】完成 2019—2021 年社会中介机构参与学校审计工作的备选库入围公开招标工作。通过公开招标，财务审计、工程审计各遴选出 5 家会计师事务所和工程咨询机构作为学校 2019—2021 年财务审计、工程审计服务单位。

（撰稿：杨雅斯　审稿：顾兴平　顾义军　审核：代秀娟）

# 国 有 资 产 管 理

【概况】学校国有资产总额约为 48.37 亿元，其中固定资产约为 27.48 亿元，无形资产约为 0.68 亿元。土地面积约为 896.67 公顷，校舍面积约为 64.49 万平方米。相比 2018 年初，学校资产总额减少 3.82%，固定资产总额增长 7.13%。学校固定资产（原值）本年增加约 1.97 亿元，本年减少约 0.14 亿元。

学校资产管理实行"统一领导、归口管理、分级负责、责任到人"的管理体制，成立南京农业大学国有资产管理委员会（以下简称校国资委），实行"校长办公会（党委常委会）—校国资委—校国资委办公室—归口管理部门—二级单位（学院、机关部处）—资产管理员—使用人"的国有资产运行机制。

为进一步加强学校国有资产管理，合理配置和有效利用国有资产，按照教育部的要求，修订国有资产管理文件，发布《关于印发〈南京农业大学国有资产管理办法〉（2018 年修订）和〈南京农业大学国有资产处置管理细则〉（2018 年修订）的通知》（校资发〔2018〕372 号）。

【资产信息化建设】学校资产管理信息系统实现人财物的信息共享，"一站式"办理资产业务。为进一步做好资产数据治理和报表编制等工作，按照教育部《关于按财政部要求做好行政事业单位资产管理信息系统（三期）实施工作的通知》的要求，部署行政事业单位资产管理信息系统（三期）工作。资产管理信息系统运行稳定，资产数据规范、准确，资产服务大厅全年访问 48 125 次。

【资产数据治理】根据政府会计制度的要求，学校利用行政事业单位资产管理信息系统（三期）对全校 243 030 条资产台账进行数据治理，原有问题数据 116 826 条，经治理后，核实无误 2 161 条数据，修改或补充相应字段 114 665 条，教育部资产管理系统对学校资产数据的评分（满分 100 分）从 52.18 分跃升至 99.55 分。

【资产使用和处置管理】按照国有资产管理规定和工作流程开展资产使用和处置管理工作。通过公开招标，建立由 12 个公司组成的报废资产回收竞价公司库。全年调拨设备 584 批次、家具 509 批次，调剂 19 批次。严格执行《关于规范岗位变动人员（校内调动、退休、离职）固定资产移交手续工作程序的通知》，资产领用和调拨应经各学院（单位）主管领导批准，所有资产责任到人，离岗必须移交资产，并对资产丢失、毁损等情况实行责任追究制度。全年完成离职人员资产移交审核 118 人次。

召开国资委会议 1 次、固定资产处置招标会 21 次，组织报废技术专家鉴定 14 台件，累计处置设备审核 1 011 批次，金额 1 894.92 万元；处置家具审核 346 批次，金额 160.73 万元。固定资产处置严格履行报批报备手续。上报教育部固定资产处置事项 1 批次，共计 1 065 台（套）设备、538 张（套）家具，处置金额合计 1 358.81 万元（校资发〔2018〕190 号）。其中，单台（批）原值超过 10 万元的贵重仪器设备 20 台、家具 3 批，处置金额共计 767.86 万元。

# [附录]

## 附录 1　南京农业大学国有资产总额构成情况

| 序号 | 项目 | 金额（元） | 备注 |
|---|---|---|---|
| 1 | 流动资产 | 1 351 954 263.96 | |
| | 其中：银行存款及库存现金 | 1 025 717 031.52 | |
| | 应收、预付账款及其他应收款 | 295 677 692.68 | |
| | 财政应返还额度 | 28 606 867.47 | |
| | 存货 | 1 952 672.29 | |
| 2 | 固定资产 | 2 748 496 648.17 | |
| | 其中：土地 | | |
| | 房屋 | 962 138 358.61 | |
| | 构筑物 | 19 051 863.00 | |
| | 车辆 | 15 205 228.20 | |
| | 其他通用设备 | 1 265 810 966.73 | |
| | 专用设备 | 220 736 495.21 | |
| | 文物、陈列品 | 4 434 558.41 | |
| | 图书档案 | 128 136 985.52 | |
| | 家具用具装具 | 132 982 192.49 | |
| 3 | 对外投资 | 124 670 538.00 | |
| 4 | 在建工程 | 544 289 584.95 | |
| 5 | 无形资产 | 67 943 088.49 | |
| | 其中：土地使用权 | 4 247 626.00 | |
| | 商标 | 161 300.00 | |
| | 著作软件 | 63 534 162.49 | |
| 6 | 待处置资产损益 | 64 903.15 | |
| | 资产总额 | 4 837 419 026.72 | |

数据来源：2018 年中央行政事业单位国有资产决算报表。

## 附录 2　南京农业大学土地资源情况

| 校区（基地） | 卫岗校区 | 浦口校区（工学院） | 珠江校区（江浦实验农场） | 白马教学科研实验基地 | 牌楼实验基地 | 江宁实验基地 | 合计 |
|---|---|---|---|---|---|---|---|
| 占地面积（公顷） | 52.32 | 47.52 | 451.20 | 336.67 | 8.71 | 0.25 | 896.67 |

数据来源：2018 年高等教育事业基层统计报表。

## 附录 3   南京农业大学校舍情况

| 序号 | 项目 | 建筑面积（平方米） |
|---|---|---|
| 1 | 教学科研及辅助用房 | 329 583.49 |
|  | 其中：教室 | 59 369.70 |
|  | 图书馆 | 32 451.03 |
|  | 实验室、实习场所 | 131 620.17 |
|  | 专用科研用房 | 103 711.59 |
|  | 体育馆 | 2 431.00 |
|  | 会堂 |  |
| 2 | 行政办公用房 | 35 524.20 |
| 3 | 生活用房 | 279 799.58 |
|  | 其中：学生宿舍（公寓） | 195 344.93 |
|  | 学生食堂 | 20 543.50 |
|  | 教工宿舍（公寓） | 26 607.24 |
|  | 教工食堂 | 3 624.00 |
|  | 生活福利及附属用房 | 33 679.91 |
| 4 | 教工住宅 | 0.00 |
| 5 | 其他用房 | 0.00 |
|  | 总计 | 644 907.27 |

数据来源：2018 年高等教育事业基层统计报表。

## 附录 4   南京农业大学国有资产增减变动情况

| 项目 | 年初价值数（元） | 本年价值增加（元） | 本年价值减少（元） | 年末价值数（元） | 增长率（%） |
|---|---|---|---|---|---|
| 资产总额 | 5 029 663 239.40 | — | — | 4 837 419 026.72 | −3.82 |
| 1. 流动资产 | 1 713 346 400.02 |  |  | 1 351 954 263.96 | −21.09 |
| 2. 固定资产 | 2 565 583 907.46 | 196 500 808.00 | 13 588 067.29 | 2 748 496 648.17 | 7.13 |
| （1）土地 | — | — | — | — | — |
| （2）房屋 | 952 735 032.23 | 9 403 326.38 | — | 962 138 358.61 | 0.99 |
| （3）构筑物 | 19 051 863.00 |  |  | 19 051 863.00 | 0.00 |
| （4）专用设备 | 193 593 850.78 | 28 440 675.77 | 1 238 604.34 | 220 736 495.21 | 14.06 |
| （5）车辆 | 15 205 228.20 | — |  | 15 205 228.20 | 0.00 |

（续）

| 项目 | 年初价值数（元） | 本年价值增加（元） | 本年价值减少（元） | 年末价值数（元） | 增长率（％） |
|---|---|---|---|---|---|
| （6）其他通用设备 | 1 134 407 895.47 | 141 593 779.33 | 10 250 135.07 | 1 265 810 966.73 | 11.58 |
| （7）家具用具装具 | 126 882 598.34 | 8 198 922.03 | 2 099 327.88 | 132 982 192.49 | 4.81 |
| （8）文物陈列品 | 4 434 558.41 | —— | —— | 4 434 558.41 | 0.00 |
| （9）图书档案 | 119 272 881.03 | 8 864 104.49 | —— | 128 136 985.52 | 7.43 |
| 3. 对外投资 | 121 035 538.00 | 3 635 000.00 | —— | 124 670 538.00 | 3.00 |
| 4. 无形资产 | 54 463 038.24 | 13 480 050.25 | —— | 67 943 088.49 | 24.75 |
| 5. 在建工程 | 575 169 452.53 | —— | 30 879 867.58 | 544 289 584.95 | −5.37 |
| 6. 待处置资产损益 | 64 903.15 | —— | —— | 64 903.15 | 0.00 |

数据来源：2018 年中央行政事业单位国有资产决算报表。

（撰稿：史秋峰　陈　畅　审稿：孙　健　审核：代秀娟）

# 实验室安全与设备管理

【概况】实验室与设备管理处作为一个年轻的职能部门，通过全处上下共同努力，工作格局初步形成，实验室安全责任体系逐步完善，仪器设备、危险化学品及环保等各项管理工作渐趋规范。

完善规章制度。根据现有法律法规和政策规定，结合学校管理工作实际，认真梳理实验室安全与环保管理、设备物资采购及大型仪器设备共享开放等相关规章制度，本着加强规范管理、优化工作流程、提升服务水平、提高工作效率的原则，确定需要修订的规章制度 11 个，需要新制定的规章制度 10 个，已有 4 个规章制度完成制定或修订，并颁发施行。

健全责任体系。根据要求，调整实验室安全管理工作领导小组、实验动物领导小组、生物安全领导小组、辐射安全工作小组，统筹学校实验室安全管理工作。成立各学院安全工作领导小组，明确实验室安全工作分管领导和管理员，具体负责学院实验室安全工作。明确实验室负责人、安全责任人、危险化学品、废弃物责任人，确立实验室安全主体责任。逐级签订安全责任书、承诺书，明确校、院、实验室及进入实验室开展研究和学习的师生在安全方面的责任。

加强教育培训。举办转基因安全、生物安全、管制类危险化学品安全、辐射安全、实验室安全检查项目解读等专题讲座 8 场，近 600 名师生参加培训。举办实验室安全管理培训班 4 期，240 余名管理人员、实验技术人员、教师参加培训，98％以上通过国家安全生产监督管理总局考试。建立实验室安全准入制度，共 7 000 余名学生参加了实验室安全知识考试。

组织各类安全管理人员 40 余人次参加教育部、江苏省组织的安全培训。

狠抓检查整改。在学校、学院及实验室日常检查的基础上,聘请部分退休教师和实验技术人员、安全管理员,成立实验室安全督导组,每月开展一次全面检查。目前,发布检查通报 9 期,发放整改通知 58 份,共查出安全隐患近 800 个,经指导已基本整改到位。配合省教育厅、公安局、环保局、农业农村部及省市农委等部门各类检查近 30 次,其中农业转基因生物安全检查 4 次。组织开展安全管理规范实验室创建活动,13 个科研实验室、9 个教学实验室被授予"安全管理规范实验室"称号。

【强化重点监管】完成危险品仓库改造,通过安全评估,符合剧毒品储存条件,各学院剧毒品已全部入库保管。配备危险化学品存储柜 370 余个,安装洗眼器 174 个,配备急救药箱 215 个、灭火毯 1 000 条。同位素实验室配备辐射监测仪,门禁、监控等安防设施改造立项。购置实验动物中心设施设备,改造动物医学院动物房,为实验动物集中管养创造条件。加强特种设备巡检,完成全校 198 台灭菌器、265 台冰箱检测维修。实验楼宇、通风净化装置、动物科技学院动物房改造项目立项,配合基本建设处完成实验楼宇环评,推进实验污水处理设施建设。

【落实安全环保】规范采购、领用、保管、登记流程管理,加强账物核查,逐步规范危险化学品管控。加强全校实验室使用的气体钢瓶管理,通过招标,确定 3 家气瓶供应商,确保供应的气体质量、气瓶符合规范要求。加强试剂耗材供应商日常监督管理,通过滚动考核确定合格供应商近 120 家。制作与宣传实验室安全视频,完成"实验室废弃物收集与处置""危险化学品安全管理"视频,发布实验室安全知识学习材料 15 篇。统一收集标准,统一发放收集容器,共计发放危废垃圾桶 1 180 个、危废垃圾袋 35 万个、废液桶 2 500 个、废弃物编织袋 5 000 个、废弃物标签 2 万张。实行实验室废弃物处置专业化外包服务,全年共处置废弃物 276.76 吨。其中,固废 157.93 吨、液废 118.83 吨。通过持续强化监管和服务,师生安全环保意识明显提升,废弃物规范收集处置渐成习惯。

【规范设备采购】修订教学科研仪器设备采购、发票与合同签字等 8 个办事流程,起草、修订国产设备购货合同等 6 个工作模板,逐步理顺和规范教学科研仪器设备分类采购、合同签订、发票审核、经费支付、交货验收等环节的管理和服务工作。审核采招平台采购 190 批次,采购预算 1.52 亿元,签订进口外贸代理合同 234 份,合同金额约 8 000 万元,处理设备采购相关发票、合同、图片等资料 1.75 万份。抽检海关监管的 84 台 40 万元以上的进口设备存放地、使用记录及操作规程,启用 10 万元以上减免税进口仪器设备管理使用承诺书。

【推进大型仪器设备建设】对已纳入学校资产管理的大型仪器设备进行清点核查,摸清数量 700 余台,40 万元以上设备 250 台,其中 136 台已入网,对尚未入网的大型仪器设备,制订接入计划和方案。开发完善校、院两级网络平台的设备展示、网上预约、信息交互等功能,优化开放窗口,方便师生。调研共享服务和兄弟高校收费情况,对 10 个学院 676 台仪器设备提出服务收费标准建议。组织教师和管理人员 200 人次参加仪器设备展,了解最新仪器信息及前沿技术。邀请 5 家知名企业来校讲解气体发生器的工作原理及使用等信息。设立校内自主研究课题 49 项,立项经费 120 万元。

(撰稿:杨海莉　审稿:钱德洲　审核:代秀娟)

# 图 书 情 报

【概况】全馆文献资源建设总经费达 1 828.88 万元，创历史新高。全年新增文献数据库 18 个，新增入藏中文纸本图书 51 088 册、外文纸本图书 1 160 册，审核师生自购科研纸本图书 18 889 册，合计 858 528.25 元，新增研究生论文馆藏 1 868 册、制作发布研究生电子论文 4 088 册。

执行所有文献资源及数据库招标采购制度，完成 1 828.88 万元文献资源建设经费的采购工作。其中，采购纸本图书 250.3 万元，纸本期刊 286.58 万元，数据库 1 292 万元，新增数据库 18 个。参与全省数据库引进、新东方数据库等的谈判工作。参与五馆电子图书采购及多个数据库的联采谈判工作。

全年图书借还量 387 106 册，其中借阅量 193 518 册，还书上架量 193 588 册。全年共开设 16 门读者培训课程，发布 102 门数据库网络教学课程。

全面调整总书库馆藏布局，深挖典藏潜力。针对图书馆纸质图书藏书空间严重不足的问题，经周密论证，通过立项对总书库馆藏进行重新调整，同时对馆藏布局标识标牌进行更新。本次调整深度挖掘现有书架资源的典藏潜力，预计卫岗图书馆可满足未来 3 年内的新书入藏。

创新按院建群的服务模式，咨询服务再升级。图书馆试行辅导馆员制度，建立 15 个"侬小图在学院"的 QQ 群，将服务延伸到了线上。共计回复各类问题近 300 次，主动推送服务 354 次。目前群成员 2 000 余人，服务效果明显。

首次启动图书修复工作。针对图书破损情况，完成硬件配置，制定基本规范并积极开展图书修复工作。下半年完成装订图书回验 478 本，其中打孔 344 个，做封皮 300 多个，打印书标种数 1 960 册，打印条码 200 多条，保证了高借阅率图书的及时流通。

开辟青少年图书阅览专架服务。针对 6～18 周岁教职工子女，设立青少年图书专架，增订图书近千册，办理图书借阅证；同时，积极改善馆舍安全条件，为学校教职工子女提供良好的阅读环境。

为学院、学科提供个性化的文献传递与学科服务。2018 年完成科技查新 112 项，其中国内 93 项，国内外 19 项；查收查引 275 项，比 2017 年增长了 50%。为校内师生传递论文 4 171 篇，通过江苏工程文献中心文献传递平台向校外传递文献 49 614 篇。

加强科研评价计量工具研究，从数据分析角度为学科发展、人才引进或评估提供决策参考。完成植物表型组研究前沿分析等 14 份分析报告，有效满足学校、学院、学科、高端学者的个性化需求。

为学校重大活动提供网络直播服务与保障。全面支撑学校大型活动多机位直播。记录学校各类大型活动影像，完成 2018 年本科生和研究生毕业典礼暨学位授予仪式、世界农业奖、第 34 届教师节庆典等重大活动现场网络高清视频直播。全面记录江北新区与学校签约仪式等各类活动 70 余场次，录制视频资源近 300 小时。

个性化定制开展现代教育技术服务与培训。圆满完成教师现代教育技术培训机房更新改造，完成 2018 年新教师现代教育技术培训工作，得到参训教师一致好评。拍摄制作精品资源共享课程、微课、MOOC、全英文课程等各类课程共 30 余节，完成国家科技进步奖、国家"长江学者"、国家项目申报和院士申报等多媒体 7 部。

组织全体党员、入党积极分子和部分科级干部等，赴上海中共一大会址纪念馆、嘉兴南湖红船纪念地，开展以"不忘初心、牢记使命、砥砺前行"为主题的党日活动。各党支部组织党员参观江苏省庆祝改革开放 40 周年图片展活动。在消防宣传日来临之际，11 月 9 日图书馆在北楼组织一年一度的消防安全疏散演练活动，增强师生的消防逃生实战化意识。

针对党委第二巡察组指出的图书馆在基层党建、党风廉政建设等方面存在的问题和不足，图书馆党总支经认真研究，在充分调研的基础上，制订了整改方案并实施。确定部门岗位职责编制，明确工作目标与职责。调研图书馆人才队伍现状，形成《图书馆（图书与信息中心）人员情况调研及对策建议》的报告。着力提高馆员学术素养。本年度开展馆员大学堂 2 期和馆员大讲堂 1 期。

启动知识产权信息服务工作。依据 6 月"科技查新与知识产权信息服务研讨会"会议精神与相关工作部署，结合教育部、国家知识产权局即将启动的高校国家知识产权信息服务中心的遴选和确认工作，图书馆积极组织"南京农业大学知识产权信息服务中心建设"专家论证会，并推动该项目申报。

暑假期间，组织新校区图书馆楼的设计和功能需求调研，形成调研方案。同时，参与新校区建设指挥部牵头负责的新校区智慧校园需求设计调研，形成方案并进行招标。

积极组织群团活动。本年度工会再次承办学校端午赛龙舟活动，并荣获季军。9 月，举办第 11 届图书馆运动会。10 月，组织馆员参加校第 46 届运动会，获得团体总分第三名的好成绩。积极组队参加校工会组织的钓鱼比赛和羽毛球比赛，荣获团体第四名。启动"第五届植物种植及环境美化大赛"。

尽心做好老龄工作。上半年组织老同志到浦口新校区的选址地块和位于永宁街道的"水墨大埝"踏青，重阳节组织观赏扬州园博园。

**【为学科及团队提供个性化定题服务】** 为园艺学院、食品科技学院、资源与环境科学学院、人事处等学院及单位的团队和个人提供学科分析与评价报告多份，主要包括：植物表型组学研究前沿分析报告、观赏园艺全球技术动态扫描、"土壤微生物"领域研究现状分析报告、全球"梨"领域近 10 年研究作者及研究机构分析、"猪屠宰过程"的专利分析报告等；人才评估分析报告 32 份，服务学校院士申报及学科决策以及人事处等机关的工作需求。

**【"腹有诗书气自华"读书月活动】** 第十届"腹有诗书气自华"读书月活动，以"传承南农精神 服务乡村振兴"为主题。邀请中国农业大学原校长柯炳生、江苏省农业科学院院长易中懿分别作主题报告，助力学校培养更多拥有"世界眼光、中国情怀、南农品质"的优秀农林科技人才，共组织 6 大系列活动，吸引了全校万人次关注，直接参与人数近 5 000 人次。

首届楠小秾读书嘉年华邀请 17 个学院参与 20 个主题读书活动，以展示学院风采，提升学生读书意识。同时，组委会还发起了全校换书活动。本次嘉年华活动共发出阅读护照 800 多本，400 多名师生参与换书，换入图书 883 册，换出 564 册。活动直接参与者近千人。

# [附录]

## 附录 1    图书馆利用情况

| 入馆人次 | 2 285 133 | 图书借还总量 | 387 106 册 |
|---|---|---|---|
| 通借通还总量 | 1 318 册 | 电子资源点击率 | 248 万次 |

## 附录 2    资源购置情况

| 纸本图书总量 | 256.61 万册 | 纸本图书增量 | 71 137 册 |
|---|---|---|---|
| 纸本期刊总量 | 244 303 册 | 纸本期刊增量 | 3 174 册 |
| 纸本学位论文总量 | 30 586 册 | 纸本学位论文增量 | 1 868 册 |
| 电子数据库总量 | 144 个 | 中文数据库总量 | 39 个 |
| 外文数据库总量 | 105 个 | 中文电子期刊总量 | 633 261 册 |
| 外文电子期刊总量 | 537 571 册 | 中文电子图书总量 | 13 818 722 册 |
| 外文电子图书总量 | 2 257 046 册 | | |
| 新增数据库或平台 | 20 个 | | |

（撰稿：郑　萍　审稿：倪　峰　审核：代秀娟）

# 信 息 化 建 设

【概况】在学校信息化建设领导小组和网络信息安全领导小组的指导下，图书与信息中心加强自身建设，强化规范管理，提升技术手段，提高服务质量，不断完善网络基础设施、信息基础平台、信息化应用系统和网络信息安全综合治理，圆满完成各项信息化建设、服务、管理与保障工作。

加强用户沟通、倾听师生意见、及时处理问题。修订《网络信息应用指南》，利用今日校园、图书馆微信号等新媒体平台推送网络服务相关内容，网上回复问题咨询 210 条。全年处理用户报障 4 254 次，其中上门服务 2 689 次，QQ 远程协助处理 200 余次。做好数据中心 2 个机房日常运行维护管理，新增托管设备 19 台（套），总计 255 台（套）。理科南楼数据中心全年耗电 146 万度，增长 16 万度，PUE 维持 1.55。监督运维公司做好巡检及保洁工作，处理空调故障 14 起。

科学配置网络带宽资源，提升上网体验。完成校园网主干及出口监控与优化管理，结合计费网关策略，进一步对校园网接入用户认证进行部署和管理，做好用户数据分析和访问日志的存档，按照等级保护要求保存各种日志 6 个月以上；同时，根据校园网出口带宽情况，进一步优化计费系统计费策略，合理调配带宽资源，优先保障教学科研用网；对校内师生经常访问的重要学术网站和数据库资源进行专线保障，提高资源的访问速度，实现重要应用的出口保障。

优化网络基础服务资源管理。对校内各类业务系统及网站服务的 IP 地址进行梳理，规范校园网各类应用服务的 IP 地址和端口管理；同时，整理核实校园网公共邮箱和域名登记信息，对已经停止服务的域名进行核查，对正在使用的公共邮箱和域名进行登记管理。

加强计算和存储支撑平台的建设与管理。完成对现有虚拟化平台的使用运行监控分析、分组管理和冗余备份，保障各类运用系统正常运行，并对虚拟化安全软件进行调研测试。新增虚拟机申请分配 28 台，其中大内存需求 8 台。新增部门集群主机 11 台、虚拟机 47 台。开展虚拟化云服务架构的调研工作，并结合学校虚拟资源实际情况，提出云平台升级改造方案。

进一步完善用户认证管理与服务。完成计费网关系统数据库平台从 Windows 系统迁移至 Linux 系统，提高稳定性和安全性；升级计费网关详情流量查询分析功能，计费网关计费方式更改，提升用户对流量消耗的感知度；提升邮件系统安全性能，独立部署一套单机版邮箱系统，每晚 12 点通过备份一体机实现数据同步，实现了邮箱系统的双机冷备。完成学校云存储与信息化应用系统的文件管理的整合工作；完成第三实验楼、继续教育学院卫岗办公楼等相关楼宇的网络对接工作。

积极推进 IPv6 网络建设。按照教育部教技厅〔2018〕3 号文件要求，推进 IPv6 网络业务运营支撑系统升级改造，新增一套 IPv6 出口安全防火墙，强化学校 IPv6 出口网络安全管控，完成学校主要网站和部分业务系统的 IPv6 网络的配置升级；新建一套 IPv6 认证系统，包含硬件认证设备和日志服务器系统，推进校园网用户 IPv6 外网访问身份认证和行为日志采集存档工作，确保 IPv6 资源访问安全、可控、可管、可追溯。

开展全球学术无线网络漫游和优化网络出口引流。开通 eduroam 全球学术网络 Wi-Fi 漫游服务，实现学校师生在世界各联盟高校或机构，通过校内统一身份认证账号和密码使用所在地的无线网络。结合区域化用户管理策略，对新增教育网国际出口带宽、中国移动出口带宽进行合理调配和优化，重点保障重点单位和重点活动的需求；配置网络出口引流策略，通过不断优化校园网出口设备的路由策略，不断提升校园网网络出口性能。

完善信息化基础平台建设。经过一年多试运行后，网上办事大厅正式取代旧校园信息门户，成为新一代校园信息门户。网上办事大厅 2018 年度的累计访问量达 118 万人次，浏览量达 410 多万次。今日校园移动应用平台的激活用户数达到 21 256 人。办事大厅平台已接入信息化应用 316 个，其中上线使用的有 161 个、PC 端应用 143 个、移动端 27 个。不断升级和完善校园综合管理与服务平台，搜集梳理并处理各类问题共 100 余项、配置用户组 211 个。

加强校园信息化数据资源建设。主数据库总表数 540 张，较上一年增加 40 张，数据总量 1 亿多条，较上一年同期增长 2 000 多万条。通过 ESOP 平台新增并封装共享数据 API 接口 18 个，授权数据 API 使用的信息化应用 19 个。确定校园共享数据 API 使用申请评审规范和数据共享使用审核制度，完成新人事、外事服务、校友管理、招标采购、学生成绩查询打印等系统的数据使用申请评审流程。

加快校园信息化应用服务建设。按照人事处绩效考核文件要求，完成人事绩效考核一期项目 7 个系列应用并进行测试和修改，完成人事绩效考核二期项目教学工作量考核系列应用的需求调研。完成教学工作量绩效考核应用开发测试、绩效考核项目三期科研工作量考核系统的原型设计与开发。上线推广个人信息管理应用，完成宿舍管理系统的入住管理、宿舍调换、退宿管理、宿舍日常管理、我的宿舍等相关服务模块的开发工作。开通阿里云短信服务，避免了跨运营商间短信发送障碍，完成与车辆超速检查、中标通知等多个应用系统的短信发送接口对接。

加强网站群平台建设与管理。充分利用网站群统一建站平台，为学校部门、学院、研究机构开展网站建设与管理服务，全年开展了包括园艺学院、继续教育学院、食品科技学院等23个网站的新建或改版工作，完成19个网站的验收上线工作。积极采取网站群安全管理措施，确保站群中120余个网站的安全稳定运行和对外信息服务。

规范全校信息化项目招投标管理。集中组织学校2万元以上10万元以下信息化采购谈判17场，完成38个采购项目，参与投标的供应商100多家，总预算金额达220多万元，最终总成交金额193万元，为学校节省预算近30万元。完成学校各单位10万元以下信息化采购审核工作100多个。

强化安全责任、落实安全举措、保障网络安全。完成日常新上线网站、系统网络安全检测15个。完成教育部科学技术司网络安全等级保护制度落实情况调查材料的组织与上报。完成学生综合管理系统、网站群管理系统2个等级保护三级定级备案与测评工作，并通过公安机关审查获得备案证书。圆满完成重要时期网络信息安全保障任务，严格落实网络安全技术管控和24小时网络安全技术值班制度，确保两会、五一、高招录取、七一、"九三"抗战纪念日、中秋、国庆等期间的网络信息安全，实现各重要时期校园网络信息安全"零"事件目标。定期对校园网站、系统、服务器开展漏洞扫描检测工作，全年排查处置高、中危安全漏洞2758个，处置假冒学校门户网站事件1起，排查"双非"网站系统10个、"僵尸"网站50个、弱口令问题32个，完成网络信息安全威胁事件的检测核实与响应处置校外通报15起、校内47起。

**【制定与完善管理制度】** 编制出台《AMP学校对外接口说明文档》《服务总线–API交付内容清单》《南京农业大学校园统一身份认证接入申请表》《平台应用接入流程》等平台接入规范。编制试行《南京农业大学信息化项目建设管理规定》《校园信息化建设软件项目验收流程和验收文件目录》《南京农业大学信息化建设软件项目验收办法（试行）》《信息化建设流程规定》等文件，不断规范信息化项目采购、建设和验收流程。起草《江北新区新校区网络基础设施建设》《白马教学科研园区网络基础设施建设》《支持一流学科发展的文献资源保障体系建设》等2019—2021年改善基本办学条件项目申报书10个。结合《网络安全法》，修订《南京农业大学信息安全管理暂行办法》，发布《南京农业大学网络信息安全管理办法》（党发〔2018〕44号），完善制订《南京农业大学网络域名管理办法》《南京农业大学网站备案管理办法》《南京农业大学校园网上网完成账号管理办法》。参考相关行业安全配置基线管理的模式制定了操作系统、WEB中间件、数据库等安全配置基线标准与操作指南、校园网络信息资产管理工作规范（征求意见稿）。

**【继续推进网络信息安全宣传工作】** 9月，结合第五届国家网络安全宣传周，组织开展主题为"共建网络安全，共享网络文明"的2018校园网络安全宣传周活动。在图书馆策划推广部协助和信息中心各部门参与下，采用多种宣传途径开展网络安全宣传。推广使用校园网正版软件和杀毒软件，校园网防病毒软件用户数从3月460个增加到11月1472个。

**【召开 2016 年度校园信息化建设项目验收会】**12 月，完成 2016 年度校园信息化建设项目 18 个项目的验收，规范校园信息化项目的验收流程，明确信息中心与各项目建设部门的职责。

（撰稿：韩丽琴　审稿：倪　峰　审核：代秀娟）

# 档　案

**【概况】**档案馆负责学校党群、行政、人事、教学、科研、基本建设、外事、财会等档案的收集、整理、保管、利用、服务，以及《南京农业大学年鉴》编撰出版工作。档案利用服务方面，本年度共接待综合档案类查档约 300 人次，查阅案卷 1 200 卷；教工人事档案查询 174 人次共 488 卷；学生档案查询 7 902 卷和政审 234 卷，处理学历学位认证 371 人次。档案信息化建设正常推进，本年度检查核对基建图纸 3 103 卷、345 512 幅。组织开展 2017 年度学校档案工作先进集体、先进个人的评选表彰，农学院等 6 个单位被评为档案工作先进集体，周菊红等 10 位同志被评为档案工作先进个人。

综合档案。完成全校 51 个归档单位的 2017 年度文件材料立卷归档工作接收整理档案 5 152 件、3 972 卷，照片 79 张。其中，行政类 1 670 件、77 卷，教学类 1 080 件，党群类 674 件，基建类 125 件，科研类 428 件，外事类 216 件，出版类 265 件，学院类 694 件，财会类 3 895 卷。截至 12 月 31 日，馆藏 97 608 卷、6 833 件。此外，征集到农学院教授陈佩度捐赠的关于小麦品种研究室照片档案 34 张和周傲南教授捐赠的照片档案 73 张。

人事档案。2018 年接收并整理新进教工档案 73 卷、农场工人档案 334 卷、人事处归档零散材料 9 200 余份（其中，全校教职工 2014—2016 年度考核表 6 200 余份，养老保险登记表 2 700 份，教师资格申请表 300 份）。转递教工档案 15 卷，整理去世教工档案 19 卷、退休教工档案 51 卷。截至 12 月 31 日，在库人事档案 4 026 卷。

全年接收并整理入库 2018 级本科新生人事档案 2 930 卷、研究生新生人事档案 3 256 卷，接收并整理本科生、研究生毕业材料 5 230 份，转递学生档案 4 016 卷。截至 12 月 31 日，库藏学生人事档案 25 943 卷。

年鉴编写出版。5 月，组织启动《南京农业大学年鉴 2017》编撰工作，召开年鉴编撰和培训会议。经过校对、统稿、封面设计等一系列流程后，12 月由中国农业出版社正式出版发行了《南京农业大学年鉴 2017》。

档案宣传。2018 年 6 月 9 日是第 11 个国际档案日，宣传主题是"档案见证改革开放 40 年"。以人物档案和学生档案为重点，制作《毕业生档案问与答》宣传折页，悬挂横幅标语和张贴海报，6 月 9 日，分别在卫岗、浦口工学院举行现场咨询活动。此外，档案馆设计制作英文网页，以更好地服务于海内外校友。

**【承办江苏高校档案工作会议】**5 月 25 日，档案馆承办在宁高校档案工作协作组会议，副校长董维春、江苏省档案局社会事业处处长谢微出席，33 所在宁高校档案馆（室）负责人及工作人员参加会议。会议围绕高校档案工作信息化管理趋势与要求进行了研讨，取得了预期成效。

# [附录]

## 附录 1　2018 年档案馆基本情况

（截至 2018 年 12 月 31 日）

| 面积（平方米） | | 主要设备（台） | | | | | | | | 人员（编制 13 人，缺编 2 人） | | | | |
|---|---|---|---|---|---|---|---|---|---|---|---|---|---|---|
| 总面积 | 其中库房面积 | 计算机 | 扫描仪 | 复印机 | 打印机 | 空调 | 去湿机 | 防磁柜 | 消毒机 | 馆长 | 副馆长 | 综合档案部 | 人事档案部 | 档案信息部 |
| 1 000 | 750 | 17 | 4 | 2 | 13 | 18 | 1 | 1 | 1 | 1 | 1 | 4 | 2 | 3 |

## 附录 2　2018 年档案进馆情况

（截至 2018 年 12 月 31 日）

| 类　目 | 行政类 | 教学类 | 党群类 | 基建类 | 科研类 | 外事类 | 出版类 | 学院类 | 财会类 | 总计 |
|---|---|---|---|---|---|---|---|---|---|---|
| 数量（件，卷） | 1 670（77 卷） | 1 080 | 674 | 125 | 428 | 216 | 265 | 694 | 3 895 卷 | 5 152（3 972 卷） |

（撰稿：高　俊　审稿：朱世桂　审核：代秀娟）

# 后勤服务与管理

【概况】加强后勤作风建设，进一步完善社会化监管体系，推进后勤信息化建设，提升基础设施条件，不断提升后勤服务水平和质量，为师生提供优质的后勤保障服务。做好本科生、研究生、家属社区管理工作，改善社区生活环境，营造温馨的社区生活。

做好食品安全培训和检查，把牢食品安全关键环节。严格规范伙食原料招标采购，完善调价机制，加强成本核算，有效管控菜肴投料比率，做到质优价廉。组建创新菜研发小组，定期推出创新菜，满足师生员工多样化需求。完善牌楼食堂供餐方式与服务。积极与服务对象沟通互动。举办第 14 届校园美食节、"欢送毕业生"、"中秋节月饼制作"和"运动返券"等活动，受到广大师生称赞。完成中国大学生计算机设计大赛微课、校友返校日、暑期夏令营等 50 余项活动共计 1.2 万人次的团体供餐服务。

接管学校第三实验楼、研究生十二舍、继续教育学院等楼宇物业管理服务工作。开展电梯救援演练，完成电梯标准化改造、三方对讲安装、增加纠错功能等工作，电梯保障维修100 余起。开展垃圾分类工作，制订《生活垃圾分类管理办法》，购置新垃圾桶 262 只，选定垃圾分类归集点 4 个，制作垃圾分类台账和收运统计表。做好校园道路、楼宇保洁，尤其恶劣天气下卫生清理保洁工作,全年清运垃圾 6 000 余吨。完成学生宿舍零星维修 1 247 次、门禁授权 8 430 人次。会议中心年承接会议 502 场,服务保障学校重大活动 20 多场。做好开水炉、配电房、纯水设备等日常管理和维护。承办江苏省物业管理员职业技能大赛。

加强师德教育,提升教学科研水平,确保幼儿保教保育质量。幼儿园顺利通过语言文字验收工作。开展新父母课堂、植物博览会、亲子大合唱、幼儿讲故事比赛等多项特色活动,优化家园共育效果,做好"十三五"市级立项课题的开题与初期研究工作。加强安全教育和管理,开展幼儿紧急疏散演习。做好幼儿传染病预防、晨检、体检、膳食管理等工作。幼儿园论文获南京市三等奖 2 篇,"玄武杯"征文一等奖 2 篇、二等奖 2 篇等。1 名幼儿教师被评为玄武区优秀教育工作者,幼儿教师团队在玄武区教育教学基本功比赛获得三等奖、玄武区幼儿教师技能大赛获得三等奖。

履行"24 小时维修热线"服务承诺,编制零星维修价格表,规范收费,全年完成零星维修任务 2 100 项。加强施工管理,严抓工程质量、安全、进度、验收、送审和结算等工作,承接监管 30 万元以下立项维修项目 190 项,预算总价约 617 万元。

加强安全宣传教育,严格执行安全隐患排查月报制度,层层签订《安全工作责任书》,落实安全生产责任。举办消防安全培训,组织密集场所消防安全专项检查,梳理消防安全通道。做好锅炉、压力容器、电梯等特种设备的日常巡查与年检维修。加强员工宿舍安全管理和检查。

投入 700 余万元,完成食堂"明厨亮灶"工程、隔油池改造、二食堂下水管道改造、南苑微机房线路维修等,升级食堂设备设施,启用牌楼创业中心食堂,购置设备餐具。对幼儿园进行整体出新,安装中央空调,增加新风系统、热水系统,办学条件明显提升。建设改造南苑、北苑、牌楼洗衣房。对技术服务公司印刷厂进行维修出新。

招聘 3 名大学生充实幼教队伍。推进租赁职工薪酬改革,为一线劳务派遣员工发放高温津贴,提升员工获得感。组织 13 名事业编制职工专业技术岗位晋级申报。开展新员工入职培训,举办厨师烹饪、窗口服务技能、食品安全比武、物业职业技能等比赛。推选 70 余人次赴校外参加各类培训。全年办理劳务派遣员工入职与离职手续共 160 起,处理 8 起劳务纠纷事件。

做好毕业生离校和新生入学服务保障。完成留学生、研究生住宿与保障服务。完成信件收发、洗涤、文印、锅炉安全供气、浴室服务监管、物资供应、车辆运输、资产管理等工作。组织校务信箱回复。编印 4 期《后勤集团公司通讯》。

签订《党风廉政建设责任书》,落实"一岗双责"。完成基层党支部委员会的改选调整工作,配齐配强基层党务工作队伍。规范党费收缴,培养 2 名积极分子。1 人被评为校优秀党务工作者,3 人被评为校优秀共产党员。

成功召开后勤集团第三届职代会第三次全体会议,审议通过总经理工作报告。先后举行"三八"妇女节绿道健身行、第九届职工运动会、职工羽毛球比赛、"唱红歌"比赛暨 2018 年度表彰大会等活动,荣获江苏省第十届高校后勤乒乓球大赛亚军、学校第 46 届运动会团体第五名、校教职工乒乓球比赛团体第一名、校教职工羽毛球比赛团体第三名、校教职工钓鱼比赛团体第二名等。做好困难职工帮扶、大病医疗互助及老龄工作。

本科学生社区。共有 15 幢宿舍楼,其中男生宿舍楼 6 幢,女生宿舍楼 9 幢,可用床位数 12 120 个，住宿学生 11 968 人，其中男生 4 106 人，女生 7 862 人，配备宿舍管理员 13 人，缺编 2 人。制订科学合理的住宿调整方案，建立数字化住宿系统，形成学校-学院-宿舍三级信息反馈机制，加强检查和信息畅通，防止安全事故发生。

学生社区实行家庭亲情互动管理模式，开展生活习惯教育，严格执行"叠好被子、清扫地面、书柜整齐、书桌洁净、杂物有序"的卫生标准，将宿舍卫生与学生综合测评挂钩。评选出 570 个卫生免检宿舍和 286 个文明宿舍，每周公布最佳宿舍和不达标宿舍，每月通报学院卫生情况和月最佳宿舍，形成良好的学生社区秩序和宿舍卫生环境。

举办春、秋两季"社区文化节"，开展预防春季传染病宣传、棋牌大赛、校园吉尼斯、寝室音乐情景剧大赛、寝室歌曲 DIY、寻宝南农、宿舍形象设计大赛、"寝室风采"原创摄影作品大赛和向社区"不文明行为"宣战等主题活动，吸引近万人次参与，引领健康生活情趣，营造文化育人环境，提供展示宿舍风采和个人才华的平台。

加强毕业秩序管理，发出"我爱我家，朝夕相伴舍友情；毕业成长，一尘不染寝室貌"的文明倡议，招募毕业生志愿者体验社区管理与服务工作，并以"衣衣不舍，暖意绵绵"为主题开展毕业生旧衣捐赠活动。

邀请河海大学、南京林业大学等南京高校学生社区自我管理社团，开展学生社区自我管理交流峰会，探寻学生社区自我管理工作路径。

研究生社区。共有 16 幢宿舍楼，可用床位数 7 129 个，现有宿舍管理员 14 人，缺编 2 人。

研究生社区建设工作从"思想教育、行为指导、生活服务、文化建设"等方面着手，积极发挥研究生社区服务育人、管理育人功能，营造和谐社区环境，促进研究生全面发展。

搭建沟通交流平台，加强研究生思想政治教育时效性。为进一步推进思想政治教育工作进社区，研究生社区要求各学院辅导员坚持每周下宿舍，熟悉研究生的基本情况，掌握研究生的思想动态，做好研究生的思想政治教育工作，给予研究生学习和生活上的指导。同时，社区管理员坚持每天巡查宿舍，除例行对宿舍进行安全卫生检查外，还帮助研究生抵制各种不健康思想文化的侵蚀。

关爱特殊研究生群体，加强研究生社区行为指导。定期采集研究生社区家庭经济困难、学业困难、人际关系困难和心理健康问题等特殊群体研究生信息，帮助他们解决实际困难。坚持育心与育德相结合，加强人文关怀和心理疏导，建立研究生工作部、研究生辅导员、导师、社区管理员"四级"预警防控体系，完善心理危机干预工作预案。通过对 2018 级研究生新生心理普查工作，有针对性地矫正研究生新生各种危险和不良行为。

社区生活服务工作直接关系到研究生生活的方方面面。将北苑 10 舍由女生宿舍改为男生宿舍，北苑 7 舍由男生宿舍改为女生宿舍，整合转博生宿舍，克服了宿舍资源紧张困难；完成 1 927 名毕业研究生退宿和 2 625 名新生入住工作，使研究生居有定所；研究生社区管理办公室对 2 726 张 2018 级研究生火车票优惠卡进行信息录入和写卡，同时完成 5 000 余张老生优惠卡的充磁工作；社区内通过张贴传染病防控、安全用电海报以及微信平台推送等方式等对研究生进行安全教育，增强研究生安全防范意识。暑期配合相关部门做好宿舍空调及家具安装调试工作，完成 12 舍独立浴室、热水器、洗衣机的安装调试工作；继续做好牌楼校区研究生入住工作，统筹协调牌楼校区班车运行，为住在牌楼的研究生购买在校期间商业保险。

开展研究生社区精品文化活动，提升研究生社区的"生活品位"。以活动为载体，举办形式丰富多彩、内容积极向上、迎合研究生兴趣爱好的特色社区文化活动，使研究生最大限度地参与其中，用高雅健康的文化占领研究生社区。举办第 12 届、第 13 届社区文化节，每学期一次的文明宿舍评比，开展"研究生宿舍风采秀""早餐文化节""最美女博士评选"等各种文体活动，实现研究生自我教育、自我提高和自我完善，研究生社区文化活动逐渐成为研究生最喜爱的校园文化活动之一。

家属区居委会。以惠民利民为宗旨，做优各项社区事务。丰富居民文化娱乐生活，加强治安志愿者队伍建设，有序开展计划生育、劳动保障及民政工作。居委会配合政府积极宣传和推动既有住宅加装电梯工作。截至年底，已申请加装 46 部，完成初步设计 41 部，开工 21 部，竣工投入正常使用 17 部。历时 3 年，共为 35 栋居民楼的 113 个单元免费安装楼道灯 693 盏，解决楼道照明问题。

家属区以社区为单位、以居民为主体，整合和培育社区文化艺术团队，举办社区文化艺术活动。开展以道德、文化、科学、体育、法律为主要内容的"五进家庭"活动，举办积极健康的小区文化活动，开展社区读书、书画展、广场文化等活动，组织居民参与街道各项文体活动，更好地服务居民，展示社区风采。

积极探索家属区社区网格化管理模式，全面加强治安志愿者队伍建设，组织群众维护社区安全稳定，科学设置分区域、分层面的防控力量，继续开展好"拼户联防、邻里守望"治安防范工作，不断探索创新社区治安防范新途径，促进平安社区建设上台阶。

**【后勤工作受上级部门表彰】** 后勤集团公司荣获"2015—2018 年度江苏省高校后勤服务先进集体"、江苏省高校第二届驾驶员职业竞赛"最佳组织奖"、2018 年度高校运输保障安全管理示范单位等。2 人被评为"2015—2018 年度江苏省高等学校后勤行业先进个人"，4 人被评为"全国高等农业院校后勤管理研究会 2018 年度先进工作者"，1 人被评为"江苏省高校后勤协会运输保障联盟 2018 年优秀管理人员"。

**【开展后勤"作风建设年"活动】** 以"提质增效、优化配置、确保安全"为目标，深入开展后勤"作风建设年"活动，制订工作方案，全面动员部署，深入排查问题，全面剖析原因，提出整改方案，落实整改措施。狠抓服务窗口作风效能提升，不断强化思想作风、服务意识、工作作风和组织纪律。对作风建设工作进行总结，巩固成果，建立长效机制。

**【完善社会化监管体系】** 完成 7 家社会餐饮企业、2 家社会物业企业的年度考核与合同续签；公开招标本年度伙食原料供应商及低值易耗品仓库供应商预选库；完成牌楼及白马基地班车租赁服务招标，完成社会企业参与南苑、北苑及牌楼自助洗衣房服务招标。建立"五位一体"的食品安全监管体系。修订完善社会物业、电梯、纯水设备、维修施工、班车租赁、低值易耗品仓库、洗衣房、南苑美食餐厅等监督管理办法，加强监督检查和考核，提升社会企业服务质量。

**【推进后勤信息化建设】** 启动实施"明厨亮灶"项目，实现各食堂、办公区域门禁监控全面覆盖，构造一套系统、高效的食品安全视频监控系统，充分保障广大师生饮食安全。创建"南农后勤饮食中心"微信公众号，内容涵盖宣传报道、活动公告、菜谱推送、满意度调查、意见反馈等功能。幼儿园家园互动充分运用信息化技术，提升家园共育效果。采用网上问卷调查方式，开展师生满意度调查。

**【建立辅导员社区工作站】** 通过充分调研、座谈讨论，建立"辅导员社区工作站"。专职辅导员、学院党委副书记及管理部门工作人员参与工作，采用循环值班、每月微调、每日运行的工作机制。工作内容主要包括党团建设、事务咨询、发展咨询、矛盾调解、座谈会议等。"辅导员社区工作站"已成为思想政治工作进宿舍的重要阵地，辅导员下宿舍开展学生工作成为常态。工作模式也由教师约谈学生逐步转变为学生主动预约，对大学生的学习、生活和思想起到了良好的帮助。

**【家属区物业社会化】** 为进一步推进家属区物业社会化工作，先后召开两次全体业主大会。5月19日，选举产生小区业主委员会。业主委员会成立之后，开展周边小区调研，讨论制定物业费和停车费收费标准，对物业企业进行监管和考核。12月2日，通过小区物业费、停车费标准，授权业主委员会开展新物业企业选聘工作。年底完成物业企业选聘，新物业企业南京苹湖物业管理有限公司进驻小区开展服务。

（撰稿：钟玲玲　闫相伟　袁兴亚　陈　畅
审稿：姜　岩　李献斌　姚志友　孙　健　审核：代秀娟）

# 医 疗 保 健

**【概况】** 认真贯彻执行卫生主管部门的工作部署，抓住机遇，谋求发展，打造"环境温馨、技术优良、管理先进"的基层医院，努力推动医院跨越式发展。门急诊量再创历史新高，达91 110人次，为学校师生健康保障发挥了重要作用。

高质量开展中医诊疗。以改革之举，引进高水平的中医人才，采用医院与企业合作的模式，医院诊断开方，企业审核调配处方，免费煎送药等，较好地发挥中医解决疑难杂症的作用，赢得广大师生的高度赞誉。

多样化增加检验项目。与南京市第一医院核检验中心签订合作协议，将师生门诊需求量大的甲状腺功能、内分泌等36种检验项目外送。医生根据检验结果，实施针对性的治疗，极大地方便师生就医。

全方位打造智慧医院。一款集挂号、缴费、体检查询、体检预约、健康教育、报销查询等多功能的智慧医院微信公众号正式上线。

体检预约，更加方便师生。全年完成1.5万人次的体检，新发现恶性肿瘤10余人，均得到妥善治疗。优质的体检套餐、及时的体检反馈，为师生提供有力的健康保障。

提升健康教育的影响力。3月24日，江苏省教育厅、江苏省卫生健康委员会主办，南京农业大学医院承办的"师生健康、中国健康"主题健康教育活动启动仪式在学校顺利开展。全年开展全校性健康大讲堂8余次，其中江苏省疾病预防控制中心性病与艾滋病防治所所长还锡萍《大学生与艾滋病预防》、校医院主任杨桂芹《天人合一，运气养生》、江苏省中西医结合医院主任顾超《消化道常见疾病的诊断及用药方案讲解》等讲座赢得良好反响。发放健康教育宣传册12 500份，医院网站、橱窗宣传文章22篇，大学生参与健康教育选修、选读课共 500 余人次。

加强队伍建设。鼓励医务人员积极参与医疗专项课题研究，研究范围涉及临床、护理、药房、医保、公共卫生等各个方面，全年发表论文数十篇。坚持外出进修，暑期派 2 名医护人员到东南大学附属中大医院进修急诊护理和妇产科。聘请南京市知名医学专家讲座 6 场。在国际护士节来临之际，组织护理人员开展应急救援操作比赛，最终决出一等奖 1 名、二等奖 2 名、三等奖 3 名。

改善硬件条件，打造优质服务。医院对检验科抽血室、口腔科消毒间以及隔离输液室进行规范化改造，添置新型进口多普勒彩超、理疗科仪器设备、全自动电子血压仪、骨密度仪、听力筛查仪、电动手术床、黄疸仪、手术无影灯等多种仪器设备，更换全院诊室窗帘和办公椅，共计经费 210 余万元。克服人员紧张的困难，增加雾化等治疗项目。

传染病防控抓早抓实。肺结核督导随访 13 人次，密接筛查 261 人次。院内隔离水痘、流行性腮腺炎 10 多例，没有发生传染病流行和暴发。完成各类疫苗接种 2 500 人次。

计划生育工作有成效。全年登记出生人口 87 人，计划生育符合率达 100％；避孕节育措施落实率 100％；开展"青春同伴教育"活动 20 余场，举办青春期生殖健康培训，覆盖人数达 2 800 余人次。办理各类医疗卡 736 人次，发放"私托费"和"六一礼品"共 1 845 人次。

大学生医保保障有力。参保人数共计 18 996 余人，新参保 6 024 人，办理转专业学生参保手续 457 人，参保率达 99％，住院零星报销 106 人，住院金额累计达 75 万余元；大学生医保门诊获得返还款 171 万元，较 2017 年增加 33.6％，减免低保学生医保费共计 10 730 元。

# ［附录］

## 2017—2018 年门诊人数、医药费增长统计表

| 年份 | 就医和报销人次 | | | 报销费支出 | 门诊费支出 | | | 总医疗费支出 |
|---|---|---|---|---|---|---|---|---|
| | 总人次 | 接诊人次 | 报销人次 | 报销金额（万元） | 药品支出（万元） | 卫材支出（万元） | 平均处方（元） | 合计（万元） |
| 2018 | 96 642 | 91 110 | 5 532 | 1 292.6 | 763.2 | 6.9 | 99 | 2 062.7 |
| 2017 | 86 989 | 82 716 | 6 200 | 1 315.2 | 613.2 | 5.8 | 91 | 1 934.2 |
| 增长幅度（％） | 11.0↑ | 10.1↑ | 10.8↓ | 1.7↓ | 24.5↑ | 18.9↑ | 8.8↑ | 6.6↑ |

（撰稿：贺亚玲  审稿：石晓蓉  审核：代秀娟）

# 十三、学术委员会

**【概况】** 学术委员会认真执行《南京农业大学学术委员会章程》《南京农业大学学术委员会议事规则》，从学校全局和整体利益出发，依法行使学术事务的决策、审议、评定和咨询职权，确保学校学术管理体系更加民主、规范和高效。制订并发布《关于印发〈南京农业大学学术委员会专门委员会议事规则〉的通知》（学术〔2018〕6 号），撰写《求真务实、开拓创新、全力做好学术委员会各项工作——南京农业大学学术委员会（2014—2017）工作总结》《发挥学术委员会作用、全面提升学术治理水平》。根据学术委员会工作实际，完成《南京农业大学第七届学术委员会 2017 年度工作报告》，并在 4 月 24 日第五届教代会第十三次会议上进行汇报。本年度 5 个学部和 4 个专门委员会在校学术委员会的指导下有序开展各类学术活动，营造良好的学术氛围，培育较好的学科发展环境。

**【完成换届工作并召开全体委员会议】** 学术委员会于 5 月 30 日进行了换届工作，成立了第八届学术委员会并召开第一次全体委员会议，审议并通过《南京农业大学学术规范（试行）》《南京农业大学学术不端行为处理办法（试行）》《南京农业大学人文社科核心期刊目录(2018)》，研讨《南京农业大学第四轮学科评估结果深度分析报告》。第八届学术委员会主任委员 1 人、副主任委员 2 人，委员共 25 人。委员的组成保持了学科、专业方向的均衡。不担任党政领导职务及院系主要负责人的专任教授超过委员总人数的 1/2，担任与学术工作相关的学校及职能部门党政领导仅占委员总人数的 1/5。为确保其他各级学术组织换届工作的有序开展，发布《关于开展南京农业大学专门委员会、学部、学术委员会学院分委员会换届工作的通知》（学术〔2018〕3 号），明确了换届原则、换届条件等，以确保顺利完成换届工作。第八届学术委员会于 6 月 28 日召开第二次全体委员会议，审议涉嫌学术不端行为事件，按规定给出相应的处理意见，严肃学术规范纪律，维护学校学术声誉。

**【学位评定委员会工作】** 分别于 6 月 19 日、9 月 3 日、9 月 26 日、11 月 21 日和 12 月 28 日召开 5 次全体委员会议，审议学位授予、学位授权点建设与发展、导师管理等研究生教育管理重要事项。

**【教育教学指导委员会工作】** 分别于 1 月 12 日、7 月 15 日、12 月 20 日召开 3 次全体委员会议，审议本科人才培养模式改革、本科教学运行情况、本科专业人才培养方案修订等重要事项。

**【教师学术评价委员会工作】** 分别于 6 月 22 日和 11 月 10 日召开评审会，完成学校高级职称和专业技术职务岗位分级评审。审议高层次人才引进、项目推荐、教师招聘面试等重要事项，全年评审通过各类引进人才 142 人，完成项目评审 30 余项。

**【学术规范委员会工作】** 共处理涉嫌学术不端行为举报事件 3 件，根据相关规定，组织开展调查，召开学术规范委员会会议，形成相应的调查报告和处理建议。建立健全教育宣传和学术不端行为查处等完整的工作体系，实现科研诚信建设机构、学术规范制度和不端行为查处机制三落实、三公开。

（撰稿：常　姝　审稿：李占华　审核：代秀娟）

# 十四、学院

## 植物科学学部

### 农学院

【概况】学院设有农学系、作物遗传育种系、种业科学系。建有作物遗传与种质创新国家重点实验室、国家大豆改良中心和国家信息农业工程技术中心 3 个国家级科研平台、10 个省部级重点实验室、5 个工程中心和 1 个省部共建协同创新中心。拥有 1 个入选国家"双一流"建设的国家重点一级学科（作物学）、2 个国家级重点二级学科（作物遗传育种、作物栽培学与耕作学）、2 个江苏省重点交叉学科（农业信息学、生物信息学）和 2 个江苏省优势学科（作物学、农业信息学），作物学在第四轮全国一级学科评估中获评 A+。设有 1 个博士后流动站、6 个博士专业、5 个硕士专业、2 个本科专业和 1 个金善宝实验班。

现有教职工 214 人，其中专任教师 126 人，包括教授 65 人、副教授 39 人、讲师 17 人。新引进教授 8 人、副教授 1 人、选留博士 5 人、师资博士后 4 人。拥有中国工程院院士 2 人、"千人计划"特聘教授 3 人、教育部"长江学者"特聘教授 2 人、国家杰出青年科学基金获得者 4 人、"万人计划"科技创新领军人才 7 人。拥有中组部"青年千人计划"教授 2 人、"万人计划"青年拔尖人才 1 人、教育部"长江学者"青年学者 2 人、国家优秀青年科学基金获得者 1 人、中国青年女科学家 2 人、中华农业英才奖 1 人、江苏省特聘教授 3 人、江苏省杰出青年科学基金资助 3 人等。

新增"千人计划"专家赵云德教授；院士盖钧镒获 2018 年度"粮安之星"；教授郭旺珍入选"万人计划"科技创新领军人才；教授赵志刚入选"科学技术部中青年科技创新领军人才"；教授朱艳荣获教育部优秀教师典型；教授刘裕强入选"万人计划"青年拔尖人才；教授王益华获得江苏省杰出青年科学基金资助；教授倪军、程涛入选江苏省"六大人才高峰"；教授洪德林入选南京农业大学"钟山教学名师"。水稻遗传育种创新团队入选江苏省首届"十佳研究生导师团队"。

全日制在校本科生 824 人（留学生 6 人）、硕士生 558 人（留学生 8 人）、博士生 262 人（留学生 37 人）。招收本科生 205 人（留学生 2 人）、硕士生 230 人、博士生 101 人（留学生 6 人）。毕业本科生 203 人（留学生 1 人）、硕士生 199 人、博士生 77 人。本科生年终就业率 96.10%、升学率 57.10%，研究生就业率 87.97%。

农业人工智能本科新专业通过学校教育指导委员会审核，并提交至教育部。根据校友会、武书连 2018 中国大学专业排名，农学专业位列全国第一位；"'本研衔接、寓教于研'

培养作物科学拔尖创新型学术人才的研究与实践"获国家教学成果奖二等奖；入选国家精品在线开放课程 2 门、新申请省级精品在线开放课程 1 门、新出版国家规划教材 1 部、新增江苏省重点教材 1 部、入选校级优秀实践教学基地 1 个。牵头申报江苏省高等学校现代农业大学生万人计划学术冬令营并获立项；承办了全国作物学学科青年教师教学技能竞赛（华东片区）复赛，1 位教师获一等奖。举办了农学院首届大学生"启航"杯创新论坛，成功申报国家和江苏省大学生科研创新计划 13 项。

举办"首届江苏省研究生智慧农业科研创新实践大赛"，共有 10 所高校的 15 支参赛队伍参加决赛，举办"农学论坛""研究生教授讲堂"等精品论坛 8 场。组织"国家重点实验室创新文化沙龙""豆苑讲坛"等学术沙龙 12 期，促进学术交流，其中 2 项精品学术沙龙受学校立项资助。本年度获江苏省优秀硕士学位论文 1 篇、优秀博士学位论文 2 篇，立项江苏省研究生创新计划 22 项，以研究生为第一作者发表 SCI 收录论文 126 篇。

科研总立项 88 项，其中国家基金 27 项（面上 14 项、青年 11 项、其他 2 项）；年到账经费约 1.48 亿元（纵向 1.37 亿元，横向 1 134 万元），近 3 年平均 1.6 亿元以上。发表 SCI 收录论文 191 篇，均篇影响因子 3.51，影响因子大于 5 的文章 32 篇，一区比率 61.26%。授权发明专利 24 项，其中美国发明专利 1 项，获得植物新品种权 9 项，审定作物品种 3 个。教授智海剑课题组关于"大豆花叶病毒病鉴定体系创建和抗病品种选育及应用"的研究成果获中国作物学会"作物科技奖"。

江苏省"现代作物生产协同创新中心"获批省部共建协同创新中心；援助西藏农牧学院建设"省部共建青稞和牦牛种质资源与遗传改良国家重点实验室"；筹建国家重点实验室新疆农业大学分室；与四川农业大学国家重点实验室（筹）签署伙伴实验室协议。淮安盱眙现代农业试验示范基地项目成功签约，并初步完成 30 亩建设用地的设计规划、2 000 亩试验田的功能区划；白马基地土壤改良成效显著。举办第五届"全国农作物种业科技培训班"，培训种业相关人员 100 余人，该活动连续 5 年由农业农村部种子管理局（现为种业管理司）授权学院承办；举行作物新品种、新技术、新模式现场考察及观摩活动 10 余次，其中云南个旧市的水稻超高产百亩方连续 4 年创下高产纪录；水稻育种技术及功能性稻米生产获得 1 000 万元的技术服务费。

全年共开展学术报告 50 场，其中国外专家报告 32 场。主办农业模型及其在现代可持续农业中的应用国际学术研讨会（AMSA 2018）。2 项"111"引智基地项目顺利实施，参与推进与美国密歇根州立大学的联合办学获国家立项（农业信息学硕士联合办学），康奈尔大学"2+2"培养项目已完成前 4 个学期全部课程对接。选派 15 名学生首次参加美国康奈尔大学暑期交流专项，选派 20 名本科生参加加利福尼亚大学戴维斯分校寒假游学项目。12 名本科生出国深造、35 名研究生出国深造或交流、20 名博士生获国家留学基金管理委员会联合培养资助（占全校 27.4%），资助 6 名青年教师国外进修一年以上。

组织党政班子学习研讨会 4 次，专题培训 3 场。召开学院二级教代会，审议通过 5 项重要文件：农学院教师职业道德规范、农学院"青年拔尖人才培养出国研修计划"选派办法、农学院关于优秀师资博士后的奖励办法、农学院博士学位论文创新工程资助办法、农学院关于提高研究生生源质量的激励办法。

学院先后获校学生工作创新奖、五四红旗团委、第四届大学生职业生涯规划季最佳组织奖、社会实践先进单位、连续 6 年获校运动会团体第一名。荣获全国五四红旗团支部 1 个、全国暑期社会实践优秀团队 1 个，荣获"创青春"全国大学生创业大赛金奖等。学生获国家级表彰 53 项，获省市级表彰 40 项。

**【高水平论文再次获得突破】** 有研究表明，水稻籼粳亚种间杂交稻比目前的杂交稻能进一步提高单产 15%～30%，但籼粳杂种存在半不育的问题，严重制约籼粳杂交稻产量的提高。院士万建民团队在解决这一难题上取得突破性进展，发现自私基因系统控制水稻杂种不育，并影响稻种基因组的分化。该研究成果于 6 月 8 日在 *Science* 上在线出版。该研究阐明自私基因在维持植物基因组的稳定性和促进新物种的形成中的分子机制，探讨毒性-解毒分子机制在水稻杂种不育上的普遍性，为揭示水稻籼粳亚种间杂种雌配子选择性致死的本质提供理论借鉴。

**【南京农业大学智慧农业研究院揭牌】** 12 月 1 日，校长周光宏教授和国家农业信息化工程技术研究中心院士赵春江共同为智慧农业研究院揭牌。智慧农业研究院以农学院作物学国家"双一流"建设学科和"农业信息学"江苏省优势学科为依托，系统开展农业大数据、农作系统模拟、农情遥感监测、农业智能装备等内容的研究开发工作。

**【承办第二届亚太植物表型国际会议】** 3 月 23～26 日，第二届亚太植物表型国际会议在南京国际会议大酒店举行，本次会议以"后基因组时代的表型组学"为主题。教育部、科学技术部、国家自然科学基金委员会、江苏省发展改革委、江苏省科技厅、南京市政府等部门领导和来自中国、美国、英国、法国、德国、加拿大、日本、西班牙、荷兰、捷克、澳大利亚等 15 个国家 100 余家研发机构的院士、专家、企业代表共 400 余人出席会议。

**【承办中国遗传学会第十次全国会员代表大会暨学术讨论会】** 11 月 26～29 日，南京农业大学农学院作为主要承办单位之一在江苏南京召开中国遗传学会第十次全国会员代表大会暨学术讨论会。围绕本次大会的主题"遗传学：继承、创新、发展"，回顾历史，交流成果，展望未来。盖钧镒、曾溢滔等 10 余位院士和来自全国 34 个省（自治区、直辖市、特别行政区）的 900 余名遗传学工作者参加会议。

（撰稿：解学芬　审稿：戴廷波　审核：孙海燕）

## 植物保护学院

**【概况】** 学院设有植物病理学系、昆虫学系、农药科学系和农业气象教研室 4 个教学单位。建有 3 个国家和省部级科研平台、2 个部属培训中心和 1 个省部级共建重点实验室。拥有植物保护国家一级重点学科以及植物病理学、农业昆虫与害虫防治、农药学 3 个国家二级重点学科。设有植物保护一级学科博士后流动站、3 个博士学位专业授予点、3 个硕士学位专业授予点和 1 个本科专业。

现有教职工 117 人（新增 9 人），其中专职教师 86 人，教授 45 人（新增 1 人），副教授 34 人（新增 7 人），讲师 6 人。有博士生导师 51 人（校内 44 人，校外 7 人），硕士生导师 49 人（校内 31 人，校外 18 人），在站博士后工作人员 19 人（新增 6 人）。学院拥有"长江学者"特聘教授 3 人、"千人计划"专家 1 人、"万人计划"领军人才 3 人、国家杰出青年科学基金获得者 4 人、国家优秀青年科学基金获得者 4 人（新增 1 人）、全国模范教师 1 人、"新世纪百千万人才工程"国家级人选 2 人、"973"首席科学家 1 人、国务院学科评议组专家 1 人、科学技术部"中青年科技创新领军人才" 2 人（新增 1 人）、中组部"千年计划"青年人才 1 人、中组部青年拔尖人才 2 人、教育部青年教师奖获得者 1 人、教育部"跨世纪人才"2 人、教育部"新世纪优秀人才"9 人、江苏省特聘教授 5 人、江苏省杰出青年科学基金获得者 3 人，农业农村部杰出人才与创新团队 2 个、国家自然科学基金委员会创新研究群体 1 个、江苏省教育厅高校科技创新团队 1 个。

招收博士生 69 人（含外国留学生 6 人），硕士生 238 人（含外国留学生 3 人），本科生 119 人。毕业博士生 66 人，硕士生 186 人（含外国留学生 2 人），本科生 112 人。共有在校生 1 163 人，其中博士生 182 人，硕士生 534 人，本科生 447 人。毕业研究生和本科生年终就业率分别为 96.8% 和 99.1%。

获批立项国家、省部级科研项目 168 项，其中国家重点研发计划 1 项，国家自然科学基金 22 项，立项课题经费 1.04 亿元。发表 SCI 收录论文 186 篇，其中影响因子 5 以上的论文 17 篇、10 以上的 5 篇。申请、授权国家发明专利 24 项，登记计算机软件著作权 2 项。

承办"植物病原物致病机制暨 Asia Hub 南京农业大学-密歇根州立大学联合研究项目研讨会"；邀请国外专家学术报告约 50 次，接待来访专家约 100 人次，包括教授 Mark Gomelsky、Shan-Ho Chou、Yonggui Gao 等一批国际著名专家。设立"植往海外"国际交流基金，研究生联合培养 10 人、短期出国 7 人，本科交换生（CSC、校际合作）2 人、短期游学（麦吉尔、戴维斯）24 人、"本科生海外毕业论文"计划 2 人。

获国家级教学成果奖二等奖 1 项，出版规划教材 2 部、数字课程 2 门，建设在线开放课程 5 门。虚拟仿真项目 3 项、全英文课程 4 门，通过 14 项"卓越教学"课堂改革进一步优化课程教学内容。完成植物保护一级学科博士学位授权点、农业硕士植物保护领域专业学位授权点自我评估。承办首届全国大学生植物保护专业技能大赛，举办江苏省植物保护研究生学术创新论坛，开设植物保护前沿讲坛。

立项国家、省级等大学生创新项目 6 项、省级创业项目 1 项、实验教学中心开放性项目 4 项。保护中华虎凤蝶项目首批入选全国青年志愿服务优秀项目，"大学生植物医院"项目参展江苏省第三届江苏志愿服务展示交流会并获评优秀项目，"首届全国大学生植物保护专业技能大赛"获团体特等奖。学术菁英班开办学术讲座 17 次，组织 22 名优秀学生赴加拿大访学 2 周，学生 100% 参与 SRT，本科生参与发表学术论文 25 篇，学院获校级以上各类集体荣誉 90 项，学生获省市级以上表彰 140 人次。

教授周明国团队针对抗药性小麦赤霉病研发了"NAU"系列新型杀菌剂及相关病害综合防控技术，在江苏多地实现产业化应用。教授胡白石联合国家瓜类工程技术研究中心建立新疆瓜菜种子健康检验检测中心。教授郭坚华团队主办有机种植农场培训及研讨会，本年度总计培训超过 400 人次。与南京海关合作，举办"江苏省有害生物检疫鉴定技能竞赛"。

【入选"全国党建工作标杆院系"】学院党委入选教育部新时代高校党建示范创建和质量创优工作"全国党建工作标杆院系"，全国 100 个，全校 1 个。植物病理学系研究生第一党支部入选全国高校"百个研究生样板支部"，全国 599 个。分党校获评校"先进分党校"，本科生党支部获评校"先进党支部"。植物保护学院团委获评校"五四红旗团委"，研究生分会被评为校优秀研分会。

【再捧国家科技进步奖二等奖】周明国课题组的"创制杀菌剂氰烯菌酯选择性新靶标的发现及产业化应用"再次捧得国家科技进步奖二等奖。该研究成果以肌球蛋白抑制剂氰烯菌酯为核心技术的多种增效复配制剂及配套应用技术，有效发挥了扩大抗菌谱、治理抗药性、控制镰刀菌毒素、促进作物健康生长等不同作用，解决了镰刀菌病害难以防治的世界难题。

**【举办全国农作物病虫测报技术培训 40 周年成果评价会】** 3 月 19～20 日，第 40 期全国农作物病虫测报技术培训班暨农作物病虫测报培训 40 周年成果评价会在学校学术交流中心召开。本次会议由全国农业技术推广服务中心支持、南京农业大学植物保护学院主办，会议邀请到相关领导专家 30 人次，各省市植保（植疫、农技）站（局、中心）领导、测报班培训学员及学校植物保护学院教师 200 人次参加了会议。全国农作物病虫测报技术培训班始于 1979 年，至今已成功举办 40 期，累计为全国农业技术推广服务中心和省、市、县植保系统培训专业人才 2 200 多人。全国省级与县市级植保站的站长约 75％都曾就读于本培训班，可谓全国病虫测报培训的"黄埔军校"。

（撰稿：张　岩　审稿：邵　刚　审核：孙海燕）

## 园艺学院

**【概况】** 园艺学院是中国最早设立的高级园艺人才培养机构，其历史可追溯到国立中央大学园艺系（1921）和金陵大学园艺系（1927）。学院现有园艺、园林、风景园林、中药学、设施农业科学与工程、茶学 6 个本科专业，其中园艺专业为国家特色专业建设点和江苏省重点专业。学院现有 1 个园艺学博士后流动站、6 个博士学位授权点（果树学、蔬菜学、茶学、观赏园艺学、药用植物学、设施园艺）、7 个硕士学位授权点（果树、蔬菜、园林植物与观赏园艺、风景园林学、茶学、中药学、设施园艺学）和 3 个专业学位硕士授权点（农业推广硕士、风景园林硕士、中药学硕士）。园艺学一级学科为江苏省国家重点学科培育建设点，"园艺科学与应用"在"211 工程"三期进行重点建设；园艺学在全国第四轮学科评估中位列 A 类，入选江苏省优势学科 A 类建设；蔬菜学为国家重点学科，果树学为江苏省重点学科。建有农业农村部"华东地区园艺作物生物学与种质创制重点实验室"和教育部"园艺作物种质创新与利用工程研究中心"等省部级科研平台 7 个。

学院现有教职工 160 人，专任教师 127 人，其中教授 39 人、副教授 53 人，高级职称教师占 72.4％，具博士学位教师占 88.7％，具有海外一年以上学术经历的教师占 45.2％；1 人入选江苏省"333 工程"第一层次培养对象，2 人入选国家"万人计划"科技创新领军人才，1 人入选江苏省特聘教授，1 人入选科学技术部中青年领军人才，1 人获得南京农业大学"最美教师"称号，1 人获得南京农业大学"教书育人楷模"称号；5 人晋升教授职称，5 人晋升副教授职称，5 人获得教授同职晋级，新进教师 5 人。

学院全日制在校学生 2 077 人，其中本科生 1 272 人，硕士生 673 人，博士生 132 人；毕业全日制学生 564 人，其中本科生 325 人，研究生 239 人；本科生就业率为 96.7％，本科学位授予率 96.5％，研究生就业率为 91.9％（不含延时毕业）；招收全日制学生 686 人，其中本科生 355 人，研究生 331 人。

观赏与茶学专业教师党支部，获批教育部首批高校"双带头人"教师党支部书记工作室，学院党委获校级"先进基层党组织"称号。

1 门课程入选国家精品在线开放课程；4 本教材正式出版；9 本教材获得农业农村部"十三五"规划教材立项，2 本教材获得江苏省高等学校重点教材立项；新增 SRT 立项资助 71 项，其中国家级 6 项、省级 11 项；3 项"卓越教学"课堂改革实践项目顺利结题；获江苏省优秀博士学位论文和优秀硕士学位论文各 1 篇；获中国学位与研究生教育学会研究生教育成果奖一等奖 1 项；28 名学生被美国加利福尼亚大学伯克利分校等著名大学录取，25 名本科生赴日本千叶大学进行暑期交流访学；1 人获江苏省首届"十佳研究生导师"提名奖，1 人获"全国风景园林专业学位先进教育工作者"称号，3 人在江苏省高校微课教学比赛中获奖；学院被评为年度本科教学管理工作先进单位和研究生教育管理先进单位；组织第十届教学观摩与研讨会，学院教学指导委员会、督导、教学示范教师及青年教师等共计 30 余人参加该项活动。完成学科评估工作，并上传至相关网站，本次共涉及园艺学一级博士硕士学位点、专业学位授权点，中药学硕士点、风景园林硕士点、专业学位授权点共 5 个学位点的数据统计及上报工作。

学院获得国家技术发明奖二等奖 1 项和国家科技进步奖二等奖 1 项；获批国家自然科学基金 33 项，其中重点项目 1 项、国际交流合作项目 1 项，面上项目 22 项，青年基金 7 项，地区合作基金 2 项，年度科研到账经费首次突破 1 亿元，达 10 308 万元；发表 SCI 论文 181 篇，其中影响因子大于 9 的 3 篇；授权国家发明专利 12 件，获得新品种权 21 个；2 名博士后获中国博士后科学基金特别资助；以园艺作物菊花、红蒜等为重要贡献的贵州麻江扶贫项目，入选教育部 2018 年度十大精准扶贫典型；获得第 20 届中国国际工业博览会高校展区优秀展品奖一等奖 1 项；在全国 24 个地区规模化展示菊花新品种和新技术，被中央电视台、新华社、《中国日报》等主流媒体报道 40 余次。

学院被评为学校招生工作优秀单位；举办第二届大学生夏令营；1 人获得中国大学生"自强之星"提名奖；举办"双创"成果展，获得学校"创青春"创业大赛金奖和优秀组织奖；获得学校"互联网＋"创业大赛金奖；与南京农业大学附属小学共建课外兴趣班；获得学校体育工作先进单位、学校社会实践先进单位、学校志愿服务工作先进单位、学校关工委先进集体等表彰 26 项；被评为年度学生工作先进单位。

学院主办的 *Hortic Res* 持续被评为园艺领域一区杂志；主办/承办国际国内大型学术会议 3 次，其中第九届国际蔷薇科基因组大会共有来自澳大利亚、荷兰、英国、美国等 19 个国家 106 个研究机构近 300 名专家学者参会。大会组织特邀报告 7 个、大会报告 77 个、墙报报告 44 个。

**【校党委书记陈利根出席《南京农业大学园艺学院院史》出版发行仪式】**10 月 13 日上午，《南京农业大学园艺学院院史》出版发行仪式在青旅宾馆举行，出席仪式的领导和嘉宾有：南京农业大学党委书记陈利根、副校长丁艳锋，沈阳农业大学院士李天来，中国园艺学会理事长杜永臣，江苏省农业科学院党委书记常有宏，安徽省农业科学院院长徐义流，中国农业出版社编辑冀刚，肯尼亚埃格顿大学刘高琼，南京农业大学研究生院常务副院长侯喜林、金融学院党委书记刘兆磊。学院退休教师盛炳成、李式军以及现任领导班子全体成员参加仪式。发行仪式由陈劲枫主持。陈利根首先对《南京农业大学园艺学院院史》出版发行表示祝贺。丁艳锋作为联系校领导发表讲话。吴巨友汇报学院近几年在师资队伍、人才培养、学科建设、科学研究、社会服务、国际交流合作以及党建工作等方面取得的亮点成绩。

《南京农业大学园艺学院院史》全书分为发展篇、人物篇、成果篇及轶事篇四大篇章，共 42 万余字，编撰历时三载，是学院党委近几年一项重要工作。该书的出版发行填补了学院百年发展空白，是学院党委文化建设取得又一重要成果，它记录了园艺学院的百年发展历程，以及发展过程的曲折艰辛和感人故事。

**【千叶大学副校长小林达明一行来学院交流】**10 月 28 日下午，日本千叶大学副校长小林达明和教授丸尾达来学院交流。院长吴巨友、副院长房经贵、原园艺系主任李式军以及朱月林、张清海、郭敏等部分教师参加座谈。吴巨友表示千叶大学和南京农业大学一直保持长久的校际合作与交流，尤其是李式军担任系负责人期间，促成学校与千叶大学建立友好合作关系。房经贵全面介绍学院的基本情况。两位嘉宾和与会教师就两校之间的合作渊源、国际化交流、人才培养等多方面进行广泛深入的交流。

【"111"引智基地建设通过论证】6月24日，学院承担的"特色园艺作物育种与品质调控学科创新引智基地"（B18029，以下简称"111"引智基地）建设论证会在学校学术交流中心召开。由来自浙江大学、中国农业大学、华中农业大学、西北农林科技大学、山东农业大学、南京林业大学及浙江农林大学的学者组成论证会专家组。副校长陈发棣教授、国际合作与交流处处长陈杰、科学研究院实验室与平台处处长周国栋、园艺学院院长吴巨友教授以及"111"引智基地项目组成员等参加论证会。会议由陈杰主持。陈发棣致欢迎词。吴巨友从引智基地建设的必要性、预期目标、建设内容、已有合作基础和条件、基地建设具体实施计划和措施等方面汇报实施方案。专家组充分肯定本引智基地建设的重要意义和引智工作前期基础，对基地建设的内容、如何推进实质性合作及形成显著的国际合作成果等方面提出了宝贵的意见和建议。

【农业部"十三五"规划教材《园艺植物遗传学》编写会议顺利召开】1月7日上午，农业部"十三五"规划教材《园艺植物遗传学》编写会议在生科楼B4003会议室召开。来自上海交通大学、浙江大学、中国农业大学、华中农业大学、沈阳农业大学、山东农业大学、湖南农业大学等高校以及学院的果树、蔬菜、花卉方向的多位专家教授参加会议。院长吴巨友致欢迎词，介绍园艺学院基本情况并着重介绍了学院学科与专业建设的情况。副院长房经贵介绍《园艺植物遗传学》的课程开设情况、授课内容以及教材的基本框架等内容。中国农业出版社编辑田彬彬介绍中国园艺学科教材的建设与出版情况，并对教材出版要求与注意事项进行细致讲解。会上重点讨论《园艺植物遗传学》教材编写的相关事宜，并达成共识。

【举办中肯园艺作物资源与分子生物技术培训班】12月14日至2019年1月1日，教授陈劲枫主持的国际合作项目在教育部高校特色项目资助下，举办中肯园艺作物资源与分子生物技术培训班，埃格顿大学副校长、教授Isaac Kibwage看望培训班成员以及在学校就读的肯尼亚留学生。培训人员包括来自肯尼亚埃格顿大学教授Ogweno J Otieno、教授刘高琼、博士Stephen Indieka Abwao、博士Robert Gesimba以及Kabianga大学博士Kere George Mbira。培训班学员参加技术培训和交流，培训内容包括技能培训、实验室讨论和论文修改、专业参观、现场教学和合作项目的讨论等。

（撰稿：张金平 审稿：张清海 审核：孙海燕）

# 动 物 科 学 学 部

## 动物医学院

【概况】学院有基础兽医学、预防兽医学、临床兽医学3个系，建有江苏省动物医学实践教育中心，与动物科技学院共建国家级动物科学类实验教学中心、农业农村部生理生化重点实验室、农业农村部细菌学重点实验室、OIE 猪链球菌参考实验室、教育部"动物健康与食品安全"国际联合实验室、江苏省动物免疫工程实验室等省级教学科研平台，拥有教学动物医院、实验动物中心、《畜牧与兽医》编辑部、畜牧兽医分馆、动物药厂等机构及 50 余个校外教学实习基地。7月，姜平任学院院长；12月，周振雷任学院党委副书记（主持工作）。

现有教职工 126 人，专任教师 78 人。其中，教授 44 人、副教授等高级职称 28 人，高级职称占专任教师比例为 92.3%，具有博士学位教师占 90% 以上，博士生导师 34 人，硕士生导师 30 人。学院拥有南京农业大学"钟山首席教授"2 人，农业科研杰出人才 3 人，江苏省特聘教授 2 人，"四青"优秀人才 3 人，4 人享受国务院政府特殊津贴，省部级突出贡献专家 1 人，教育部"新世纪优秀人才"支持计划 6 人，江苏省"333 工程"培养对象 9 人，江苏省"青蓝工程"优秀学科带头人 3 人及优秀青年骨干教师 4 人，江苏省"博士聚集计划"1 人，南京农业大学"钟山学术新秀"6 人。教授平继辉获评江苏省特聘教授。教授范红结获选江苏省"青蓝工程"优秀教学团队培养对象，苗晋锋教授获选 2018 年江苏高校"青蓝工程"第三层次培养对象。学院教师余祖功、吴宗福晋升教授，孙钦伟、顾金燕晋升副教授；新选聘师资 4 人。

在校学生 1 549 人，其中，本科生 903 人（含留学生 17 人）、全日制硕士生 486 人（含留学生 3 人）、博士生 160 人（含留学生 27 人），专业学位博士和硕士生 175 人（其中，专业学位博士 38 人），博士后研究人员 10 人。授予学位 424 人，其中，研究生 247 人（博士生 56 人、硕士生 191 人，含兽医博士 6 人），本科生 177 人。招生 445 人，其中研究生 266 人（博士研究生 77 人、硕士研究生 189 人），本科生 179 人。动物医学专业志愿率为 100%，动物药学专业志愿率为 76.19%。本科生就业率为 98.81%，研究生就业率为 97.24%。

学院开设兽医微生物学、兽医寄生虫学、动物组织胚胎学和动物生物化学 4 门校级精品在线课程；全面推进教育部复合应用型动物医学专业卓越人才培养改革试点项目、动物医学专业校级品牌专业项建设。实施校级教育教学改革研究项目 6 项，发表教改论文 5 篇。开设国际联合开放课程 1 门、全英文留学生课程 8 门、教授开放课程 5 门，"卵巢子宫摘除术"虚拟仿真实验项目获批校级项目，出版教材 2 本（《动物组织学与胚胎学》《动物组织学与胚胎学实验教程》）。出版数字课程 3 门（兽医微生物学、动物生物化学、动物生理学）。2 本教材［《兽医传染病学》（第六版）、《小动物疾病学》（第二版）］获批省重点。实施奖励激励机制促进学风建设，全年发放学生各级奖助学金 871 万元，学院名人企业奖学金数达 18 项，年度金额达 96 万元。

学院共获得国家、省部级等各类科研项目资助 47 项（其中，国家自然科学基金 21 项，创历史新高）。签订各类技术合作、成果转化等项目合同 33 项。总立项经费 4 646.933 万元，到位 4 180.097 万元（其中，纵向到位科研经费 2 681.548 万元，横向到位经费 1 498.549 万元），技术转让经费 1 150 万元。共发表 SCI 论文 232 篇，篇均影响因子 3.00。单篇影响因子 10.0 以上的 1 篇，影响因子 5.0 以上的论文 25 篇，影响因子 3.0 以上的论文 108 篇。授权发明专利 12 件，新兽药证书 1 项，制定国家标准 2 项。教授李祥瑞入选 2018 年度中国高被引学者榜单。教授杨倩课题组关于猪流行性腹泻致病机制的研究论文在国际知名学术期刊 *Nature communication*（影响因子 12.353）发表。

累计投资 600 万元建设"国家级动物科学类实验教学示范中心",并购置 VR 虚拟设备成立 VR 手术实训系统。投资 240 万元对原生理生化动物房进行改造,并购置了实验动物饲养设备和实验手术设备。附属动物医院以租赁形式添置大型仪器 MRI 1 台,完成房屋装修、MRI 安装、调试。

与肯尼亚埃格顿大学、英国爱丁堡大学、澳大利亚默多克大学、以色列希伯来大学等国外知名高校兽医学院院长及教授开展访问交流,商谈合作事宜。为进一步推进学校与加利福尼亚大学戴维斯分校的合作与交流,促进本科人才培养国际化,8 月 12~31 日,学院联合动物科技学院、草业学院组织 38 名优秀本科生前往加利福尼亚大学戴维斯分校进行为期 20 天的访学交流活动。教育部"动物健康与食品安全"国际联合实验室选派 7 名优秀博士生赴美国和欧洲国家开展合作培养与课题研究。

全年召开党政联席会议和党委(扩大)会议 17 次,出台修订相关文件通知 13 个;举办 9 期学院青年学术论坛、4 期国际联合实验室系列报告、1 期罗清生大讲坛以及其他学术报告 20 余场次。开展"两学一做""社会主义核心价值观""十九大精神学习宣传"等主题教育活动,印发 5 期学院思想政治学习读本,发放学习资料 1 200 余册;学院获评校学生工作先进单位、招生工作先进单位、就业工作先进单位、五四红旗团委、五四红旗学生会、体育工作先进单位、暑期社会实践先进单位等表彰。熊富强获校优秀党务工作者,4 人获校级优秀共产党员,赵茹茜获校级教书育人楷模奖,杨倩获校级最美教师奖等。全年发展学生党员 49 人(其中,研究生 15 人、本科生 34 人)、转正 42 人(其中,研究生 19 人、本科生 23 人)。

学生获得省市级及以上奖项 80 余人次。学生学科专业竞赛团队在第五届全国"生泰尔杯"动物医学专业技能大赛获得团体特等奖;创赛项目获江苏省"互联网＋"大学生创新创业大赛一等奖 1 项、三等奖 1 项;"创青春"江苏省大学生创业大赛银奖 1 项、铜奖 1 项,"创青春"全国大学生创业大赛银奖 1 项。博士生李昱辰获第二届全国农林院校研究生学术科技作品竞赛特等奖(全国仅 4 人);动强 131 班童泽鑫获评 2017 年度"中国大学生自强之星提名奖";本科生方成竹参与 IGEM 国际基因工程大赛获得国际金奖等。

**【举办第四届"雄鹰杯"小动物医师技能大赛】** 10 月 23~24 日,第四届"雄鹰杯"小动物医师技能大赛总决赛在学校隆重举行,本次大赛由教育部高等学校动物医学类教学指导委员会主办,动物医学院、瑞鹏宠物医疗集团有限公司承办。中国农业大学、西北农林科技大学、浙江大学、吉林大学等 63 所高等院校代表队 500 多名师生参加,团队和参赛人数均创历史新高。大学生组决赛分为笔试、知识竞答和手术实操竞赛三部分,经过激烈角逐,南京农业大学等 8 个高校荣获"大学生组团队特等奖"。学校还荣获"最佳组织院校奖",教师邓益锋荣获"优秀辅导老师奖"特等奖,学生隋艺荣获"中国兽医新星奖"。本次赛事启用了小动物手术虚拟仿真实训系统。期间,还举办了"高雅艺术进校园——江苏省民乐团专场"演奏会。

**【举办首届中美联合培养 DVM 项目——兽医教育院长论坛】** 10 月 21 日,中美联合培养DVM 项目——兽医教育院长论坛在南京农业大学学术交流中心报告厅召开。论坛由南京农业大学动物医学院和堪萨斯州立大学兽医学院主办,教育部"动物健康与食品安全"国际联合实验室和青岛易邦生物工程有限公司共同承办,中国兽医协会重点支持。论坛汇集中美 18 所知名大学动物医学院或兽医学院、美中动物卫生中心、青岛易邦生物工程有限公司等领导、专家、DVM 毕业生等 100 多人。论坛期间举办了青岛易邦-堪萨斯州立大学 DVM 项目合作备忘录签字仪式。本次论坛为提高中国兽医教育水平，促进兽医教育国际化，推动中美联合培养 DVM 项目发展，落实 DVM 毕业生回国任教提供重要平台。

（撰稿：熊富强　杨　亮　审稿：周振雷　审核：孙海燕）

## 动物科技学院

【概况】学院设有动物遗传育种与繁殖系、动物营养与饲料科学系、特种经济动物与水产系。建有动物科学类国家级实验教学示范中心、国家动物消化道营养国际联合研究中心、农业农村部牛冷冻精液质量监督检验测试中心（南京）、农业农村部动物生理生化重点实验室（共建）、江苏省消化道营养与动物健康重点实验室、江苏省动物源食品生产与安全保障重点实验室、江苏省水产动物营养重点实验室、江苏省家畜胚胎工程实验室、江苏省奶牛生产性能测定中心。

新发展学生党员 36 人。学院分党校获"南京农业大学先进分党校"称号、本科生第一党支部获"南京农业大学先进党支部"称号、1 名教师获"南京农业大学优秀党务工作者"称号、7 名师生获"南京农业大学优秀共产党员"称号。教授王恬和朱伟云分别获得南京农业大学"教书育人楷模"和"最美教师"称号。

新进教师 5 人（含引进人才 1 人）。现有教职工 121 人，其中专任教师 79 人、师资博士后 12 人；教授 34 人、副教授 27 人；博士生导师 32 人、硕士生导师 59 人；享受国务院政府特殊津贴 2 人；国家自然科学基金杰出青年科学基金 1 人、优秀青年科学基金 2 人；"973"首席科学家 1 人；国家"万人计划"教学名师 1 人；现代农业产业技术体系岗位科学家 2 人；教育部新世纪人才 1 人、青年骨干教师 3 人；江苏现代农业产业技术体系首席专家 2 人、岗位专家 5 人；江苏省"六大高峰人才"2 人、"333 高层次人才工程"培养对象 5 人、"青蓝工程"中青年学术带头人 2 人、骨干教师培养计划 2 人、教学名师 1 人、"双创"博士 1 人；南京农业大学"钟山学术新秀"9 人；新中国 60 年畜牧兽医科技贡献奖（杰出人物）1 人。

拥有畜牧学学科博士点和 1 个博士后流动站，4 个二级博士点、4 个二级硕士点，畜牧学为江苏省"十三五"重点学科和优势学科。本科设有动物科学、水产养殖、动物健康与生产强化班（共建）、卓越农林复合应用人才班，动物科学为教育部和江苏省特色专业，开设国家级精品课程 2 门、视频公开课 1 门、资源共享课 2 门。主编并出版"十三五"规划教材《饲料学》（第三版）和《饲料卫生学》、数字课程猪生产学和饲料学。

招收本科生 163 人、毕业本科生 143 人、授予学士学位 143 人；招收硕士生 128 人、博士生 31 人，毕业硕士生 103 人、博士生 18 人，授予硕士学位 106 人、博士学位 18 人，入选江苏省优秀专业学位硕士学位论文和江苏省优秀毕业论文各 1 篇。学生获校级及以上奖助学金 873 人次，获得第二届全国农林院校研究生学术科技作品竞赛一等奖、第三届全国农林高校"牛精英挑战赛"一等奖；学院设奖学（教）金 17 项，其中畜牧兽医 1977 级学生张舒华捐赠刘宜芳奖助学金。企业提供奖学金 120 个、奖教金 19 个，企业捐资助学、赞助学生活动经费投入总额达 60 万元。2018 届本科生就业率 98.75%，研究生就业率 94.07%，获校招生工作优秀单位和就业市场建设先进单位称号。

新增纵向到账经费 3 557.78 万元，创学院新高。新增科研项目 90 项（纵向项目 43 项、横向项目 47 项）。其中，主持国家自然科学基金 16 项（含优秀青年科学基金 1 项、面上项目 11 项），为 2018 年全国畜牧领域面上项目资助数最多高校；主持国家重点研发计划项目 1 项、江苏省渔业科技类重点项目 1 项、江苏省农业自主创新项目 2 项；新增 SCI 论文 197 篇，比 2017 年同期增长 8.24%，其中，影响因子大于 10 的 1 篇、大于 5 的 14 篇。新增发明专利 9 项、实用新型专利 5 项。教授刘文斌入选江苏省河蟹产业技术体系岗位专家。

学院邀请国内外专家报告 18 场，教师 101 人次参加国内外学术会议。10 月 15～18 日，由国际动物学会和中国科学院动物研究所主办，南京农业大学和新疆农垦科学院承办的第二届世界绵羊大会（WCS 2018）在南京召开。大会主题为"绵羊功能组学与健康养殖"，分设英文学术报告和肉羊高峰论坛，围绕绵山羊育种、功能基因组学及分子辅助育种、繁殖生理与技术、营养与饲料、疾病控制、肉质调控等领域最新研究进展和成果进行了报告和交流。此外，学院还举办动物营养与饲料科学青年学者论坛、牛精英联盟第四届年会暨第八届暑期实习汇报会等。

【获高等教育国家级教学成果奖二等奖】教授王恬主持的"基于差异化发展的农科类本科人才分类培养模式的构建与实践"获 2018 年高等教育国家级教学成果奖二等奖。该成果建立本科人才分类培养模式的理论模型、构建分类培养的课程体系和培养环节、搭建保障分类培养的立体支持服务体系，其作为江苏省教改研究成果在全省推广。该成果形成的人才分类培养理念，在全国农林院校得到广泛认同与应用；成果设计的分类培养方案与国家卓越农林人才培养计划完全吻合对接。

【获高等学校科学研究优秀成果奖（科学技术）自然科学奖二等奖】教授刘红林主持的"卵泡闭锁与卵母细胞成熟的分子调控机制"获高等学校科学研究优秀成果奖（科学技术）自然科学奖二等奖。该成果系统揭示猪卵泡闭锁的特征及调控，发现 FoxO1 是卵泡闭锁的关键调控因子，阐明 FSH 挽救卵泡闭锁与颗粒细胞凋亡的分子机制，发现并建立卵母细胞成熟过程中微丝的调控信号通路。相关成果发表 SCI 论文 25 篇，10 篇代表性论文发表在 *JBC*、*CDDIS*、*BOR*、*BBA*、*Cell Cycle* 等学科内主流杂志，代表作 SCI 他引 156 次。相关成果获得南京市自然科学优秀学术论文奖、江苏省优秀硕博士论文等科研奖励。

【人才项目获得新进展】学院全年新增省部级及以上人才项目 5 项。其中，教授王恬入选国家第三批"万人计划"教学名师；教授熊波主持的"动物繁殖学"受到国家自然科学基金优秀青年科学基金项目资助；教授毛胜勇主持的"SARA 下消化道源性 LPS 诱发炎性反应导致奶牛乳脂品质降低的机制研究"获批江苏省"六大人才高峰"项目；教授李春梅和张威入选江苏省第五期"333 高层次人才培养工程"。

【主办畜牧业科技创新与教育培训"一带一路"国际合作论坛】5 月 10～13 日，国家动物消化道营养国际联合研究中心举办的畜牧业科技创新与教育培训"一带一路"国际合作论坛在南京召开。来自中外政府部门、联合国粮农组织的官员，哈萨克斯坦、蒙古、伊朗、缅甸、巴基斯坦、马来西亚、泰国、肯尼亚、埃塞俄比亚、希腊、荷兰等"一带一路"沿线国家的高校和科研院所相关行业专家，国内部分涉农高校代表、畜牧业相关企业负责人以及南京农业大学师生 110 人出席。会议采用专题演讲、多边合作讨论等多种方式，紧紧围绕饲料资源高效利用与畜牧业可持续发展这一主题展开讨论。动物消化道营养国际联合研究中心与马来西亚、泰国、蒙古、肯尼亚、巴基斯坦、希腊、埃塞俄比亚、伊朗、缅甸、荷兰 10 国高校代表签署建立"一带一路"畜牧科技创新联盟备忘录，分别与蒙古生命科学大学动物科学与生物技术学院、巴基斯坦费萨拉巴德农业大学动物和奶制品科学学院、埃塞俄比亚阿瓦萨大学动物科学与草原科学学院、泰国孔敬大学动物科学系 4 所高校签署双边合作协议。

**【主办"消化道分子微生态"国际研讨会】** 10 月 23～26 日，由南京农业大学国家动物消化道营养国际联合研究中心主办，浙江大学动物科学学院、中国畜牧兽医学会动物营养学分会动物消化道微生物专题组及南京农业大学消化道微生物实验室协办的 2018 年"消化道分子微生态"国际研讨会暨动物消化道微生物专题组第四次会议在南京农业大学召开。来自中国、美国、英国、法国、澳大利亚、加拿大、荷兰等国家的 15 位专家以及来自国内 54 所高校及科研院所的 300 位代表参会。本次会议主题为"Functional & Comparative Microbiota in the Gut"，会议共收到壁报 51 篇、摘要 69 篇，设有 14 个特邀专家学术报告及 15 个研究生研究进展报告。

（撰稿：苗　婧　审稿：高　峰　审核：孙海燕）

## 草业学院

**【概况】** 学院现有牧草学、饲草调制加工与高效利用、草类生理与分子生物学、草地生态与草地管理、草业生物技术育种 5 个研究团队。学院重点建设有 5 个科研实验室：牧草学实验室（牧草资源和栽培）、饲草调制加工与贮藏实验室、草类逆境生理与分子生物学实验室、草地微生态与植被修复和草业生物技术与育种实验室。草种质资源创新与利用实验室为江苏省高校重点实验室建设项目。学院下设南方草业研究所、饲草调制加工与贮藏研究所、草坪研究与开发工程技术中心、西藏高原草业工程技术研究中心南京研发基地、蒙古-南京农业大学草业科研技术创新基地、中国草学会王栋奖学金管理委员会秘书处。草学学科为"十三五"期间江苏省重点学科，在 2018 年的江苏省重点学科中期检查中被评为优秀。现有草学博士后流动站，草学一级学科博士、农业硕士（草业）2 个学位授权点，草业科学本科专业，同时设有独立的草业科学国际班。

本年招收本科生 30 人（含草业国际班 8 人）、硕士生 39 人、博士生 7 人。毕业本科生 34 人、硕士生 24 人、博士生 6 人。授予学士学位 30 人、硕士学位 21 人、博士学位 6 人。毕业本科生学位授予率 88.2%、毕业率 94.1%、年终就业率 91.18%、升学率 38.24%。有 5 名本科生赴美国罗格斯大学交换学习。

现有在职教职工 39 人（新增 6 人），其中专任教师 32 人，专任管理人员 7 人（新增 1 人），教授 6 人（其中 1 人兼职）、副教授 11 人（新增 2 人）、讲师 9 人（新增 2 人）、师资博士后 6 人（新增 2 人）、博士后 1 人（出站 1 人、新进 1 人）。有博士生导师 6 人（含 2 名兼职导师）、硕士生导师 19 人（含 4 名校外兼职导师），其中新增博士生导师 1 人、学术型硕士生导师 5 人。有国家"千人计划"讲座教授 1 人，"长江学者"1 人，"新世纪百千万人才工程"国家级人选 1 人，农业农村部现代农业产业技术体系岗位科学家 2 人，江苏省"六大人才高峰"1 人，江苏省"双创"团队 1 个和"双创"人才 1 人，江苏省高校"青蓝工程"优秀青年骨干教师培养对象 1 人，中国草学会第九届理事会副理事长 1 人，中国草学会第九届理事会秘书长 1 人，中国草学会草坪专业委员会副秘书长 1 人、常务理事 1 人，南京农业大学首批"钟山学者"首席教授 1 人、"钟山学术新秀"1 人，南京农业大学"133 人才工程"优秀学术带头人 1 人。新增当选国际镁营养研究所（International Magnesium Institute）核心成员 1 人，国家林业和草原局第一届草品种审定委员会副主任 1 人，中国草学会运动场场地专业委员会副主任 1 人、副秘书长 1 人、常务理事 1 人、理事 5 人，中国草学会会员 1 人。

学院新立项科研课题 22 项，其中国家自然科学基金项目 4 项，江苏省自然科学基金项目 3 项。新立项合同经费 1 117 万元，其中纵向 354 万元，横向 763 万元。本年度到位经费1 038.934 万元（纵向 708.834 万元），人均到位经费 37.104 万元。成立了南京农业大学句容草坪研究院，获得了 500 万元经费支持；获得唐仲英基金会 500 万元经费支持。

教师发表论文 69 篇，其中 SCI 论文 63 篇，核心期刊 6 篇。影响因子超过 5 的 6 篇，平均影响因子 2.743 5。发表教育教学研究论文 3 篇，主持校级教育教学改革研究项目新立项2 个、在研 3 个、结题 1 个。学院立项教材编写 1 本、本科生教育教学改革项目 10 个、精品视频公开课 2 个。

全年共有教师 53 人次参加国内外各类学术交流大会，其中作大会报告 18 人次，参加国际性学术会议 13 人次；共有研究生 7 人次参加国内外各类学术交流大会，其中大会作报告3 人次。邀请专家到学院作学术报告 26 场，举办博士论坛、学术沙龙 2 次，教学观摩研讨活动 1 次，授课竞赛 1 次，营造良好的学术氛围。学院召开 2017 年度学术年会，总结 2017年学院各项工作，展示学术科研成果。

教师在国内学术组织或刊物兼职 47 人次，其中，2018 年度新增 9 人次；在国际组织或刊物任职 5 人次。教师和团体获各级各类奖项 25 个，其中国际奖项 1 个，中国畜牧与兽医学会奖 1 个，校级奖 23 个。校级 2018 年度科研实验室危险化学品管理先进单位 1 个。副教授徐彬被评为弗吉尼亚理工大学杰出近期毕业生优秀校友奖。教授邵涛荣获南京农业大学优秀研究生导师。

学生获各级、各类奖项 309 人次，其中本科生和研究生共有 144 人次获得各类奖学金，1 人次获得国家级表彰，8 人次获得省级表彰；本科生获校级"2018 届优秀毕业生"11 人、"2018 届本科优秀毕业论文（设计）"1 人；硕士生获"2018 届优秀硕士毕业生"5 人、"中期考核优秀"2 人；博士生获"2018 届优秀博士毕业生"2 人；299 人次获得校级和院级奖励。本科生主持"大学生创新创业训练计划"项目 24 个，其中立项 11 个，分别是国家级 1个、省级 1 个、校级 3 个、院级 6 个；结题 13 个，分别是国家级 1 个、省级 1 个、校级 3个、院级 8 个。11 月，南京农业大学"走进生态治理，筑梦美丽中国"赴内蒙古暑期实践项目，在团中央学校部、中国青年报社、人民网共同主办的 2018 年全国大中专学生志愿者暑期"三下乡"社会实践"千校千项"成果遴选活动中，入选"最具影响好项目"奖。

学院拥有 2 个校内实践教学基地：白马教学科研基地 100 亩＋草坪团队、牌楼网室和控温温室。建有 8 个校外实践教学基地：南京农业大学句容草坪研究院、蒙草集团草业科研技术创新基地、呼伦贝尔共建草地农业生态系统试验站、日喀则饲草生产与加工基地，与湖南南山牧草共建科研基地，开展南方草地畜牧业与生态研究，与江苏省农业科学院、上海鼎瀛农业有限公司、江苏琵琶景观有限公司等单位都签有实践教学基地协议。

完善和制定《草业学院关于教师党支部书记"双带头人"培育工程的实施意见》等管理制度。发展党员 10 人，其中，本科生党员 6 人、研究生党员 4 人。全院共有教师党员 23人，学生党员 47 人。

**【与地方共建南京农业大学句容草坪研究院】**7月17日，学校与句容市后白镇政府共建南京农业大学句容草坪研究院签约仪式在句容市后白镇政府举行。学校副校长戴建君、镇江市副市长曹丽虹出席活动。镇江市农委主任马国进，句容市市长潘群，句容市委组织部常务副部长、市人才办主任孙太元，市农委主任褚小明，后白镇党委书记贡月明、镇长张明飞，学校新农村发展研究院办公室副主任李玉清，草业学院党总支书记李俊龙、副院长高务龙、教授杨志民以及句容新型农业经营主体代表们参加本次活动。戴建君代表学校、镇江市副市长曹丽虹代表地方发表了讲话，李俊龙、贡月明代表双方在南京农业大学-句容市后白镇政府共建句容草坪研究院协议上签字。杨志民、张明飞代表双方在"千人计划"专家工作站协议上签字。李玉清、褚小明代表双方为句容市草坪新型农业经营主体联盟授牌。签约仪式结束后，草业学院领导与教师们还实地考察了后白镇草坪产业发展情况。

**【召开学位授权点自我评估专家评审会】**10月11日，南京农业大学草学一级学科博士学位授权点、农业硕士草业领域专业学位授权点自我评估专家评审会在金陵研究院二楼会议中心召开。中国工程院院士、兰州大学草地农业科技学院教授南志标，东北师范大学环境学院院长王德利教授，内蒙古农业大学草原与资源环境学院院长韩国栋教授，西北农林科技大学草业与草原学院院长呼天明教授，东北农业大学动物科技学院、草地研究所所长崔国文教授，北京林业大学草坪研究所所长韩烈保教授，兰州大学草地农业科技学院副院长李春杰教授，秋实草业有限公司技术总监徐智明应邀担任评审专家组成员。南京农业大学副校长董维春教授、研究生院常务副院长侯喜林教授、研究生院学位办副主任李占华以及草业学院全体院领导出席会议，学院全体教师及学生代表参加会议。会议由学院党总支书记李俊龙主持。董维春首先致辞并向校外评审专家颁发聘书。侯喜林介绍学位授权点自我评估的背景以及评估要求。草学一级学科博士学位授权点负责人郭振飞教授、农业硕士草业领域专业学位授权点负责人邵涛教授分别从学位点教育基本情况、自我评估工作开展情况及持续改进计划3个方面进行汇报。经过认真考察评估，专家组组长南志标代表专家组一致同意两个学位授权点通过合格评估。

**【教授邵涛荣获第六届中国畜牧业贡献奖】**10月23～24日，以"乡村振兴与畜牧业高质量发展"为主题的第八届中国畜牧科技论坛在重庆荣昌开幕。九三学社中央委员会，科学技术部、中国科协和重庆市人民政府等相关部门领导，11位两院院士，国内外160余所大学、畜牧科研院所的专家学者和畜牧界知名企业家共计1 100余人参会。论坛颁发了第六届中国畜牧业贡献奖。学院教授邵涛荣获第六届中国畜牧业贡献奖（杰出人物），成为荣获该奖项的全国10名获奖者之一。教授邵涛不仅教书育人，更在促进农牧民增收致富方面作出了卓越贡献。邵涛教授团队与上海市农业科学院等单位联合申报的"农业秸秆资源化综合利用关键技术集成与应用"获上海市科技进步奖三等奖。南京农业大学为第二完成单位，邵涛为第二完成人。

（撰稿：班　宏　周　佩　周佳慧　武昕宇
审稿：李俊龙　郭振飞　高务龙　徐　彬　审核：孙海燕）

## 无锡渔业学院

**【概况】**学院有水产学一级学科博士学位授权点和水生生物学二级学科博士学位授权点各1

个，全日制水产养殖、水生生物学硕士学位授权点各1个，专业学位渔业领域硕士学位授权点1个，水产养殖博士后科研流动站1个。设有全日制水产养殖学本科专业1个，另设有包括水产养殖学专升本在内的各类成人高等教育专业。在教育部组织的水产学一级学科评估中，依托渔业学院的南京农业大学水产学一级学科全国排名第六（B⁻）。

学院依托中国水产科学研究院淡水渔业研究中心（以下简称淡水中心）建有农业农村部淡水渔业与种质资源利用重点实验室、中国水产科学研究院长江中下游渔业生态环境评价与资源养护重点实验室，以及农业农村部水产品质量安全环境因子风险评估实验室（无锡）、农业农村部长江下游渔业资源环境科学观测实验站、农业农村部水产动物营养与饲料科学观测试验站等10多个省部级公益性科研机构；是农业农村部淡水渔业与种质资源利用学科群，以及国家大宗淡水鱼产业技术体系和国家特色淡水鱼产业技术体系建设技术依托单位。

根据学科发展和岗位需求，制订人才招聘计划，经过笔试及面试，共录用4人，其中博士1人，硕士1人，学士2人（基地）。通过劳务派遣等形式，项目聘用18人。共有5人获各类职称资格，42人晋升分级聘用各类岗位；除了原有下拨高级职称职数外，组织评审聘用了8位副高级人员。13人次和1个团队参评各类型、各层次的奖项和荣誉。其中，研究员董在杰入选享受国务院政府特殊津贴专家，副研究员徐钢春入选"无锡市有突出贡献中青年专家"；研究员刘波、副研究员孙盛明2人入选江苏省"333高层次人才培养工程"第三层次中青年领军人才；强俊博士入选江苏省"六大人才高峰人才"。

落实院"5511"人才工程，不断加强院级人才和团队建设，新增院"优秀科技创新团队"1个、"中青年拔尖人才"1人、"百名科技英才"3人。"创新人才推进计划——中青年科技创新领军人才"取得突破，1人参加科学技术部组织的答辩；1人获得攻读博士学位资格。研究生导师队伍不断壮大，与中国农业科学院联合招生取得突破进展，共有33人申请成为中国水产科学研究院与中国农业科学院联培导师；推荐1名工勤技师参加江苏省高级技师考评。

人才培养质量有较大提升。共录取全日制硕士生66人，博士生8人。毕业研究生73人，其中博士生4人、硕士生69人。1人荣获南京农业大学2018年度博士研究生校长奖学金。10人荣获2018届南京农业大学优秀毕业研究生。4人荣获南京农业大学2018年研究生国家奖学金。5人荣获南京农业大学2018年度大北农奖学金，1人荣获金善宝奖学金，2人荣获南京农业大学校级优秀研究生干部。

经过努力和认真筹备，在南京农业大学国际教育学院的大力支持下，本着"语言能力过关、教育背景全面、理论功底扎实、资助来源清晰、身心素质健全"的原则，共招收18名国际留学生来学院攻读专业型硕士学位。学院共有在读学术型留学生2人，其中1人攻读博士学位，1人攻读硕士学位；专业型留学生38人，均攻读硕士学位。共有20名专业型留学生顺利毕业。

加强重大项目和重点任务组织实施和过程管理，加强重大成果培育。制订2019年国家和省部级成果奖励申报计划，组织完成科技成果评价2项，积极谋划科技成果奖励。申报科技奖励10项，获得省部级科技成果奖励5项、市级科技奖励1项。其中，"长江口重要渔业资源养护技术创新与应用"成果荣获国家科技进步奖二等奖（第二完成单位）；"长江中华绒螯蟹资源恢复关键技术"成果荣获上海市科学技术奖一等奖（第二完成单位）；"克氏原螯虾养殖产业化技术创新与示范推广"成果荣获江苏省农业科技进步奖二等奖（第二完成单位）；"科教协同：高校与科研院所联合培养研究生的研究与实践"成果荣获中国学位与研究生教育学会"研究生教育成果奖"（第三完成单位）；"团头鲂循环水健康高效养殖关键技术研究与集成示范"成果荣获大北农科技奖水产科学奖（第一完成单位）；"团头鲂绿色高效配合饲料研发与示范推广"成果荣获无锡市科技进步奖二等奖（第一完成单位）。

学术论文、国家专利的数量与质量进一步提升，共发表学术论文 182 篇，其中 SCI 和 EI 收录论文 82 篇，核心期刊 74 篇，出版专著 2 部。申报国家专利 86 项，其中发明专利 58 项；获得国家专利授权 40 项，其中发明专利 14 项；获得软件著作权登记 2 项。实现国家专利转化 3 项。

先后接待包括美国、乌干达、肯尼亚、津巴布韦、日本等国家和组织的 8 批 58 人次国际专家学者、研究人员及官员来访交流。选派 23 批 46 人次专家赴柬埔寨、缅甸、老挝、孟加拉国、泰国、乌兹别克斯坦、越南、日本、新加坡、马尔代夫、菲律宾、美国、澳大利亚、斯洛伐克、挪威、西班牙、土耳其、俄罗斯、埃塞俄比亚、乌干达、南非、肯尼亚、埃及 23 个国家进行访学、参加国际学术会议、开展合作研究和境外技术指导，出境总天数 197 天，创历史新高。其中，2 人赴美国参加了淡水石首鱼人工繁育关键技术考察交流；4 人赴西班牙参加了第 18 届国际鱼类营养与饲料学术研讨会；2 人赴日本开展日本刀鲚的调查和学术交流；2 人赴马尔代夫参加亚太水产养殖中心网（NACA）管理理事会第 29 届年会。

加强党员发展计划管理，严格标准，新发展党员 16 人，其中学生党员 14 人、职工党员 2 人。及时处置失联党员，做好党员组织关系转接，将每名党员都纳入党组织管理。推进"六有"党员活动室建设，建成 7 个党员活动室。召开"七一"党员大会，庆祝建党 97 周年，表彰 10 名优秀党员，积极选树先进典型。

**【持续推进哈尼梯田"稻渔共作"产业扶贫】** 先后选派各相关学科领域专家 10 批 40 多人次，邀请国家大宗淡水鱼、特色淡水鱼体系首席科学家、岗位专家等 20 多人次赴红河、元阳开展工作调研、技术指导、科研实验和技术培训。红河博士后科研工作站大楼建成投入使用，选派专家、博士蹲点工作站，持续开展示范基地项目的监测、实验工作；邀请唐启升院士两次赴红河调研、指导，并设立院士工作站，哈尼梯田"稻渔共作"纳入中国工程院重点咨询项目。在河口建设的罗非鱼良种场已通过省级审定，中心培育的吉富罗非鱼"中威 1 号""福瑞鲤 2 号"等新品种已在河口规模化繁育，为哈尼梯田"稻渔共作"产业扶贫提供良种支撑。完成本年度泥鳅、福瑞鲤等水产品种的苗种繁育和放养工作，举办技术培训班 11 个，培训来自 8 个乡镇的 2 300 多人，推广稻鳅 5 800 亩、稻鱼 6 418 亩。

**【水产新品种培育取得重要突破】** 青虾"太湖 2 号""福瑞鲤 2 号"，以及滇池金线鲃"鲃优 1 号"3 个新品种获得国家水产新品种证书。

**【新添省市中青年领军人才 4 人】** 研究员徐钢春入选"无锡市有突出贡献中青年专家"；研究员刘波、副研究员孙盛明入选江苏省"333 高层次人才培养工程"第三层次中青年领军人才；副研究员强俊入选江苏省"六大人才高峰人才"。

（撰稿：姜海洲 审稿：胡海彦 审核：孙海燕）

# 生物与环境学部

## 资源与环境科学学院

【概况】学院现有教职工 176 人，其中，教授、研究员和正高级实验师 56 人，副教授、副研究员、高级实验师 46 人。拥有首届全国创新争先奖和中华农业英才奖获得者、国家特聘专家、国家"千人计划"专家、国家杰出青年科学基金获得者、国家"万人计划"领军人才、国家教学名师、国务院学位委员会学科（农业资源与环境）评议组召集人等。多人入选"千人计划"青年人才等国家"四青"人才。拥有国家级教学团队 2 个，教育部科技创新发展团队 1 个，农业农村部和江苏省科研创新团队 4 个，江苏省高校优秀学科梯队 1 个。

党建与行政工作方面。认真贯彻学习党的十九大和全国教育大会精神，强化党员意识教育，增加网络宣传学习平台，组织教职工党员赴井冈山开展党性教育培训。接受校党委对学院的巡察，认真落实巡察整改意见。完成院级领导班子和中层干部任期考核工作，学院领导班子任期考核优秀。校党委对学院领导班子进行调整。全思懋任院党委书记，邹建文任院长。完成学院年度考核工作，学院年度考核优秀，21 人年度考核个人优秀。

师资队伍建设方面。新增教师和工作人员 26 人，其中高层次人才 1 人、海外高层次人才 5 人、师资博士后考核入编 2 人、公开招聘进编 4 人、辅导员 2 人、师资博士后 6 人、统招统分博士 1 人、租赁人员 5 人。1 人荣获中华农业英才奖，3 人入选中国科协"青年人才托举工程"。新晋正高 1 人、副高 4 人；1 人晋升二级教授、3 人晋升三级教授；新增博士生导师 16 人、硕士生导师 14 人（其中，5 人为专业硕士研究生校外导师）。

科学研究与社会服务方面。新增重大科研项目 33 项，其中主持国家自然科学基金 20 项（其中，国家优秀青年科学基金项目 1 项）。年度到位纵向科研经费 7 450.7 万元，横向经费 750.1 万元。农业资源与环境学科获得"双一流"建设专项经费合计 1 233 万元（其中，160 万元为中央高校基本科研业务经费），获"江苏省优势学科"建设经费 500 万元。以学院为通讯作者单位或第一作者单位被 SCI 收录论文 200 篇，SCI 论文平均单篇影响因子 4.35，位列全校各学院之首。其中，影响因子大于 10 的论文 6 篇，大于 5 的论文 55 篇，分别占全校的 26％和 28％。签订各类技术合同 45 项，合同金额共计 3 683.8 万元，到位经费 750.1 万元。其中，"有机（类）肥料制造技术及工艺设计"转让于鹏瑶环保股份有限公司，合同经费 1 150 万元。教授周立祥、沈其荣团队分别获中国专利优秀奖各 1 项，8 项专利获得转让，转让合同金额达 1 186.4 万元。教授沈其荣还荣获第六届中华农业英才奖，其团队完成的"利用秸秆和废弃动物蛋白制造木霉固体菌种及木霉全元生物有机肥"获 2018 年度教育部技术发明奖一等奖。教授周立祥负责的"面向农业环境污染控制的农科院校环境工程实践教育体系与实践平台构建"入选教育部首批"新工科研究与实践项目"。教授赵方杰入选科睿唯安 2018 全球跨学科"高被引科学家"。教授沈其荣、赵方杰、徐国华入选中国高被引学者榜单。

国际交流与合作方面。全年共有 56 名国外专家教授来学院短期访问；举办 3 次国际学术会议，28 名本科生、36 名研究生出国学习交流，52 名教师到国外进行访问交流。

本科生教育方面。继续实施大类招生，2017 级第一届大类招生的学生顺利分流进入 4 个专业学习。全日制在校生总人数 1 590 人，其中本科生 768 人，硕士生 556 人，博士生 266 人，本科生所占比例为 48.3％。农业资源与环境专业学生王权领衔的 GUBIA 团队获"2018 京都大学生国际创业大赛"银奖。

结合专业特色，做好实践创新工作，打造专业品牌实践活动，绿源环保协会坚持 20 年开展"秦淮环保行"项目；开展"千乡万村环保科普行"等暑期实践活动；开展志愿对点帮扶工作，累计志愿服务活动 122 次，总参与度 912 人次。学院本科生获校级以上奖项共 74 项，其中包含 2 项国际奖项。

研究生教育方面。完成研究生学位授权点调整和自我评估，撤销海洋科学一级学科硕士学位授权点，搭建学科一主（农业资源与环境）两翼（生态学、环境科学与工程）学科方向交叉融合发展的构架。完成对 2008—2017 年学院学位与研究生教育工作总结，获得"南京农业大学学位与研究生教育管理先进单位"称号。建设并启用博士生资格考试试题库，积极引导研究生申请 CSC 和江苏省研究生科研创新项目。招收全日制博士生 65 人（包括 2 名留学生），全日制硕士生 228 人，其中学术型硕士 153 人，全日制专业学位硕士生 75 人。授予博士学位 44 人（包括 2 名留学生）、授予硕士学位 171 人，其中学术型硕士 117 人、全日制专业学位 48 人、在职专业学位 6 人。在读研究生 822 人，其中在读博士生 191 人、在读硕士生 556 人、在读留学生 15 人、延期毕业生 60 人（2018 年 12 月 30 日统计）。

【国际知名专家加盟农业资源与环境"世界一流"学科建设】美国科学院院士 Luis Herrera-Estrella 教授入选第八批国家外专"千人计划"项目，成为学校首位入选该项目的外国专家，其团队兼职加入学院；奥地利工业生物技术中心首席科学家 Irina Druzhinina 教授全职加入学院，并入选江苏省"外专百人计划"。

【2 名青年教师入选国家级"四青"人才项目】教授黄新元入选国家"青年千人计划"，教授宣伟获得"长江青年学者"称号并入选国家自然科学基金委员会优青项目支持。

【2 个部省级重点实验室（工程中心）获评优秀】"资源节约型肥料教育部工程研究中心"参加教育部评估，获评优秀；"江苏省低碳农业与温室气体减排重点实验室"参加江苏省教育厅评估，获评优秀。

【高水平论文发表再上新台阶】全年发表影响因子大于 10 的论文 6 篇。其中，教授邹建文、胡水金、沈其荣团队先后在生态学国际顶级刊物 Ecology Letters 上发表论文（2018 年全国共发表 6 篇）。

（撰稿：巢　玲　审稿：全思懋　审核：孙海燕）

## 生命科学学院

【概况】学院下设生物化学与分子生物学系、微生物学系、植物学系、植物生物学系、动物生物学系、生命科学实验中心。植物学和微生物学为农业农村部重点学科，生物学一级学科是江苏省优势学科和"双一流"建设学科的组成学科。学院现拥有国家级农业生物学虚拟仿真实验教学中心、农业农村部农业环境微生物重点实验室、江苏省农业环境微生物修复与利用工程技术研究中心和江苏省杂草防治工程技术研究中心等教学和科研平台。现有生物学一级学科博士、硕士学位授予点，包含植物学、微生物学、生物化学与分子生物学、动物学、细胞生物学、发育生物学和生物工程7个二级学科点。拥有国家理科基础科学研究与教学人才培养基地（生物学专业点）和国家生命科学与技术人才培养基地、生物科学（国家特色专业）和生物技术（江苏省品牌专业）4个本科专业。

现有教职工124人，专任教师90人，教授44人，副教授41人。新引进高层次人才3人（教授2人，副教授1人），新进优秀青年教师2人，师资博士后2人；4名教师晋升教授、4名教师晋升副高级职称；14名教师获得博士生导师、硕士生导师资格，完成学院5级及以下岗位聘任工作，21名教师获得岗位晋级。冉婷婷入选"青蓝工程"优秀青年骨干教师，教授赵明文获得仁孝京博奖孝金。在校第13届青年教师授课比赛中，学院教师张裕和刘峰分获二等奖和优秀奖。

学院招收博士生37人，硕士生155人，其中留学生4人；招收本科生170人。毕业本科生166人、研究生162人。本科毕业生年终就业率为95％，研究生年终就业率为96％。

全年到账科研经费1 821.77万元，新增立项经费789万元，其中国家自然科学基金11项，江苏省自然科学基金8项。在国际权威期刊发表论文130余篇，其中影响因子大于5的论文19篇，包括 *The Plant Cell*、*The ISME Journal*、*PLoS Pathogens* 等高水平标志性论文5篇。学院获得授权专利10项，其中2项国际专利，与9家企业签订合作合同。

学院与中国科学院上海植物逆境生物学研究中心共同主办了"第一届植物逆境生物学钟山论坛"，并承办了"2018海峡两岸植物生理学与分子生物学研究论坛""杂草治理与生物安全国际学术研讨会"，组织高水平学术报告50余场，共计3 000人次参与。

加强"菁英班"和"未来生物学家计划"的内涵建设，邀请施一公院士、朱健康院士、邓子新院士等一批科学家来南京农业大学作学术报告和交流。本届菁英班毕业生到国内外一流大学、科研院所深造比例分别达到65％、16％和16％。继续组队参加国际基因工程机械设计大赛（IGEM）并连续3年蝉联金奖。

注重大学生科研训练和科研能力培养，开展开放式自主设计课题29项、本科生SRT项目46项、国家级项目9项、省级项目8项、校级项目20项和中心开放项目4项。与南京诺唯赞生物科技有限公司共建大学生校外实践教学基地，每学年4批次，120名学生参与校外实践教学活动。

选派21名优秀本科生出国出境交流。研究生出国进行国际学术交流5人，招收海外留学生4人，选派青年教师、学术带头人等20多人次赴国外高水平大学、机构访学交流。

顺利完成生物学博士学位一级学科、工程硕士（生物工程领域）硕士学位授权点评估工作；11个项目入选江苏省研究生创新工程项目立项，获江苏省优秀硕士学位论文1篇。教授张阿英作为第二完成人参与的"'世界眼光、中国情怀、南农品质'三位一体的农科博士拔尖创新人才培养实践"获第三届中国学位与研究生教育学会研究生教育成果奖一等奖。

试验中心通过生命科学虚拟仿真实验教学共享平台的构建，由学院牵头，联合浙江大学等共同建设"不同生态区生物学野外实习"虚拟仿真项目获批国家级仿真示范实验项目。

强胜团队的在线开放课程植物学已被认定为国家精品在线开放课程；张炜、王庆亚主编的《生命科学导论》获得江苏省高等学校重点教材立项建设（新编教材）。

在"中央高校改善基本办学条件专项资金"资助下，建成仿真数字资源工作室，并完善仿真中心的信息化运行环境。中心新增仪器设备固定资产总值870万元、新增仪器设备169

台套，并建设"大型仪器在线预约系统"，与学校的仪器平台做到无缝对接。

强化学院领导班子成员自觉性，按照"一岗双责"要求落实反腐倡廉建设的主体责任，同时严格执行中央八项规定精神，注重师德师风建设。坚持学院办公每周例会制度、"三重一大"决策、党务公开等管理制度。修订《本科学生综合测评办法》《生命科学学院保研加分细则》等规章制度。

依托分党校，开展党团员队伍建设，培训学员 600 人；循着学科发展的脉络，编写《生科院学科建设脉络梳理》；组织开展"纪念改革开放 40 周年暨南京农业大学复校 40 周年主题知识竞赛"，并斩获银奖；在七一表彰中，获"先进分党校""优秀党日活动""先进党支部"等荣誉。

组建 15 支社会实践及志愿服务团队，荣获国家级荣誉 2 项、省级荣誉 2 项，获得中青网、人民网、共产党员网等省级以上媒体报道 10 余次。

组织开展班级特色活动立项 28 项；组织"信仰公开课""四进四信"主题班会，编写《新生》专刊、学生工作简报；班级团支部获省级奖励 2 项、校级奖励 1 项。学院获"江苏省五四红旗团委"。

组织全院教职工积极参加各项文体活动，在校第 46 届运动会上，获团体第四名。

（撰稿：赵　静　审稿：李阿特　审核：孙海燕）

## 理学院

【概况】学院现设数学系、物理系、化学系和物理教学实验中心、化学教学实验中心，两中心均为江苏省基础课实验教学示范中心。学院现有信息与计算科学、应用化学、统计学 3 个本科专业；数学、化学 2 个硕士一级授权点，生物物理、化学工程 2 个二级硕士授权点；天然产物化学和生物物理学 2 个博士授权点。学院下设 6 个基础研究与技术平台，分别为农药学实验室、理化分析中心、农产品安全检测中心、农药创制中心、应用化学研究所和同位素科学研究平台。农药学实验室（与植物保护学院共建）为江苏省高校重点实验室，化学学科为江苏省重点（培育）学科。

现有教职工 120 人，专任教师 87 人，其中教授 15 人，兼职教授 7 人（聘自国内外著名大学），副教授 42 人。具有博士学位的教师 55 人，在读博士生 5 人，学历层次、职称结构及年龄结构较为合理。目前在校生共 645 人，其中本科生 539 人，在读硕士生首次突破 100人，在籍博士生首次超过 10 人。学院现有各类实验室 3 000 多平方米，万元以上仪器设备百余套，总价值数千万元。另设有专业资料室、计算机房等。

学院招收本科生 132 人，硕士生 52 人；学院共有本科毕业生 125 人，年终就业率为94.4%，其中应用化学专业为 97.10%，信息与计算科学专业为 91.07%。共有研究生毕业生 28 人，年终就业率为 96.4%。其中本科毕业生 52 人升学，升学率为 41.60%。

学院科研经费到账约 562.6 万元，新增国家自然科学基金项目 3 项、江苏省自然科学基金 2 项；发表 SCI 收录论文 68 篇；学院举办国际学术论坛 1 次，举办学术报告 10 余次，邀请国内外专家来校进行学术交流 20 余人次，学院教师参加国际性学术交流 20 余人次，参加国内学术、教研会议 100 余人次。

学院共招聘教师 11 人，包括引进高层次人才 4 人。新增硕士生导师 11 人，聘任中国工程院院士宋宝安、美国科罗拉多州立大学终身教授史一安为天然产物化学博士点兼职博士生导师。

学院在人事制度改革、国际交流等多方面工作取得突破。人事制度改革方案正式实行；学院带队本科生、研究生赴美国加利福尼亚州进行访学活动，帮助学生拓宽国际视野，促进学院国际交流与合作工作的发展。学院按照组织程序，确立新一届党政领导班子，班子由4名成员增加到6名，班子配备齐全。

教师积极投入科研、教学、公共服务，取得可喜成绩。教学检查中所有教师均获得优及以上评价，吕波荣获校"教书育人楷模"称号，朱钟湖、国静在南京农业大学第13届青年教师授课比赛中分别获一等奖和三等奖，吴华主编的教材《基础化学》（第二版）获得中国石油和化学工业优秀出版物奖-教材奖二等奖、负责的配位化学实验室荣获"安全管理规范实验室"荣誉称号；吴磊获得"南京农业大学优秀研究生教师"荣誉称号；张帆获得江苏省优秀本科毕业论文指导教师、南京农业大学访学回国考核第一名；章维华、陶亚奇荣获教学质量优秀奖；陈敏、刘玉洁荣获校"实验教学建设与管理先进个人"荣誉称号；陈丹荣获校"2018年度教学管理先进个人"荣誉称号；张明智、杜超荣获南京农业大学招生工作"先进个人"荣誉称号；杜超荣获"优秀学生教育管理工作者"、校"优秀辅导员"、"大学生志愿者暑期三下乡社会实践活动优秀指导老师"荣誉称号；周玲玉荣获全国第五届大学生艺术展演活动艺术表演类二等奖（朗诵）、南京农业大学第三届志愿服务项目大赛（计划组）一等奖；黄芳获第七届江苏高校辅导员素质能力大赛决赛三等奖。

学院指导本科生参加各类竞赛，李沛锴和荣昊获得国际基因工程机械大赛（IGEM）金奖；高宇获第八届Mathor Cup大学生数学建模挑战赛三等奖；金如宾、关朕、杨淋淇获江苏省第六届"泰迪杯"数据挖掘挑战赛优胜奖；杨佳璇、卢伟华、王徽健分别获江苏省第五届化学化工竞赛一等奖、二等奖、三等奖；组队参加美国（国际）大学生数学建模竞赛，获得Meritorious Winner奖5人次、Honorable Mention奖3人次；组队参加第11届"认证杯"数学中国数学建模网络挑战赛，获第一阶段一等奖3人次；组队参加"高教社杯"全国大学生数学建模竞赛，获得省一等奖3人次、三等奖6人次；组队参加江苏省第15届高等数学竞赛，获得一等奖9人次、二等奖15人次、三等奖24人次；组队参加江苏省大学生化学化工实验竞赛（两年一届），获一等奖、二等奖和优秀奖各3人次。

根据学院学生实际需求，依托党建班、就业培训、新生入学教育、毕业生文明离校等活动载体，学院共举办素质教育类讲座40余场，涵盖理想信念、生涯规划、心理调适、出国交流、就业提升、安全知识、新闻写作、图片拍摄、海报设计等方面。

学院获得校"学生工作创新奖"、"志愿服务优秀组织奖"、"南京义工联优秀团队"、"生命之美，你我共绘"校园心理情景剧比赛二等奖、第46届运动会"体育文化特色奖"、"体育道德风尚奖"、校3v3篮球赛（男子组）亚军、篮球院系杯第四名、校足球新生杯第四名、第46届教职工运动会男子团体第六名、校3v3篮球赛优秀组织奖、校关工委征文大赛优秀组织奖、"招生工作先进单位"，南农"小雨滴"入选南京市优秀志愿服务，"小雨滴红色课堂"入选南京市优秀志愿服务项目，学院分党校获评校七一表彰"先进分党校"，研究生分会获得校"优秀研分会"，应化本科生党支部获得"以微聚力，以心领航"学习十九大系列主题活动校"最佳党日活动二等奖"，信科172团支部和统计学171团支部获评"优秀团支部"。18人获评"优秀共青团员"，12人获评"优秀共青团干部"，3人获得研究生"校长奖学金",1 团队获全国第五届"助学·助梦·铸人"主题宣传活动视频优秀奖,1 人获全国大学生"自强之星"提名奖、江苏省暑期社会实践"先进个人"、"校'两学一做'我身边的优秀党员",1 人获评"钟山学子之星",1 人获大学生创业竞赛金奖,1 人获评校第五届模拟面试大赛公职专场一等奖,1 人获评校职业生涯人物访谈大赛二等奖。

**【联合先正达集团举办先正达国际学术研讨会】**学院在前期签订科研合作协议的基础上,联合先正达英国研发中心于 10 月 13~14 日在学校举行先正达国际学术研讨会。大会分 3 个主题:农业科学、天然产物和环境科学。会议邀请先正达公司(Syngenta)、南京农业大学、中国农业大学、浙江大学、复旦大学、上海交通大学、中国农业科学院、中国科学院上海有机化学研究所、中国科学院昆明植物研究所等 20 多家单位的 110 名专家和学者,其中包括近 20 位"长江学者"、国家杰出青年科学基金获得者、"青年千人"和国家优秀青年科学基金获得者等高水平专家。

**【万群课题组在 *ACS Catalysis* 发表最新研究成果】**教授万群团队在 *ACS Catalysis* 发表研究论文 *Understanding the pH-Dependent Reaction Mechanism of a Glycoside Hydrolase Using High-Resolution X-ray and Neutron Crystallography*(影响因子 11.384)。该论文在原子水平揭示糖苷水解酶的活性受到不同酸碱度调节的机理。万群课题组通过高分辨率的 X-光和中子衍射晶体学方法,结合全原子分子动力学模拟,发现谷氨酸的催化活性受到不同酸碱度的调节:在酸性条件下,其侧链处于向下位置,并从水分子中获得质子;在碱性条件下,其氨基酸侧链旋转 56°,处于向上位置,并提供质子完成催化;在最适酸碱度环境,该氨基酸侧链的旋转活性达到最大,从而达到最高的催化活性。万群课题组在国内首次利用中子衍射技术直接观测到糖苷酶催化过程中质子的动态穿梭,该成果对于深入研究糖苷酶的催化反应机理提供实验基础和理论基础。

(撰稿:杨丽姣  审稿:程正芳  审核:孙海燕)

# 食品与工程学部

## 食品科技学院

**【概况】**学院设食品科学与工程、生物工程、食品质量与安全 3 个系,拥有 1 个博士后流动站,食品科学与工程一级学科博士学位授予权,4 个二级学科博士学位授权点,4 个硕士学位授权点,2 个专业学位授权点。1 个国家重点(培育)学科,1 个江苏省一级学科重点学科,1 个江苏省优势学科,建有 1 个国家工程技术研究中心,1 个中美联合研究中心,1 个教育部重点实验室,1 个农业农村部重点实验室,1 个农业农村部农产品风险评估实验室,1 个农业农村部检测中心,1 个江苏省工程技术中心,1 个江苏省协同创新中心,8 个校级研究室。拥有 1 个省级实验教学示范中心,2 个校级教学实验中心(包括 8 个基础实验室和 3 个食品加工中试工厂)。设有食品科学与工程、生物工程、食品质量与安全 3 个本科专业,其中食品科学与工程为国家级特色专业,生物工程和食品质量与安全为江苏省特色专业。国家一级学会"中国畜产品加工研究会"挂靠学院。

学院现有教职工 111 人，专任教师 68 人，其中教授 29 人，副教授 30 人，博士生导师 30 人，硕士生导师 53 人。新增教职员工 11 人，其中高水平引进人才 1 人。新增教授 1 人，副教授 4 人，博士生导师 4 人。教授周光宏先后当选为美国食品工程院院士（IFT Fellow）、国际食品科学院院士（IAFoST Fellow）；教授李春保入选科学技术部中青年科技创新领军人才；教授黄明、副教授曹林入选国家"万人计划"科技创业领军人才、农业农村部第二批创新创业优秀带头人；教授徐幸莲当选教育部高等学校食品科学与工程类专业教学指导委员会委员；教授郑永华入选爱思唯尔（Elsevier）"2018 年中国高被引学者"榜单；教授金鹏获批江苏省"333 高层次人才培养工程"第三层次培养对象；教授陈志刚获聘江苏省紫菜产业技术体系岗位专家；副教授吴俊俊入选省科协青年科技人才托举工程资助培养对象。

食品科学与工程博士学位授权点、食品加工与安全专业硕士学位授权点、食品工程专业硕士学位授权点通过了自我评估。按照"1.5＋2.5"的培养模式，实行"遵循志愿、兼顾排名"的原则完成首次大类招生分流工作。"面向新经济需求的食品科学与工程专业人才培养体系重构与实践"入选教育部首批"新工科"专业改革类项目。虚拟仿真项目"乳化肠规模化生产的虚拟仿真实验"通过学校与江苏省筛选评审，进入教育部终审会评阶段。完成食品安全控制和免疫学 2 门省级在线开放课程申报工作。新增江苏省普通高校研究生科研创新计划 7 项，专业学位研究生科研实践计划 3 项，省级研究生教改项目 1 项，校级研究生教育改革与实践项目 2 项。

本年度招收博士生 31 人、全日制硕士生 161 人、留学生 7 人；招收食品科学与工程类专业本科生 188 人。授予博士学位 32 人、工学硕士学位 82 人、专业硕士学位 65 人、学士学位 179 人。获江苏省优秀硕士学位论文 1 篇，2 名研究生获中国畜产加工科技大会会议优秀论文奖，10 人获校长奖学金，占全校总数的 1/5。成功举办"奥维森杯"全国大学生畜产品创新创业大赛，主办第二届江苏省大学生食品科技创新创业大赛。"南京膜豆奇缘科技有限公司"项目获 2018 年"创青春"全国大学生创业大赛金奖，并注册成立公司，在校本科生获省级以上各类奖励 20 余项。成功召开首届全国食品学科大学生创新创业教育研讨会，中国农业大学、江南大学、华南理工大学等全国 21 所高校参会，并共同发起食品科学与工程学科大学生创新创业教育资源共享倡议。

学院新增纵向科研项目 50 项，到位科研经费 4 331 万元，其中国家自然科学基金项目 13 项，资助总额 707 万元。新增横向技术合作（服务）项目 34 项，到位经费 822 万元。在国内外学术期刊上发表论文 389 篇，SCI 收录 185 篇（其中影响因子大于等于 5.0 的 16 篇；影响因子大于等于 10.0 的 1 篇）。申请专利 59 项，授权专利 29 项。获教育部高等学校科学研究科技进步奖一等奖 1 项，教授周光宏等起草的《关于加强肉类摄入与人体健康研究的政策建议》得到时任国务院副总理刘延东的批示，教授周光宏担任专题主编的中国工程院 *Frontier of Agricultural Engineering* "农产品质量安全"专刊正式出版。在白马基地建成了农业农村部生猪和家禽屠宰加工技术集成科研基地，国内第一家大学筹建屠宰厂，厂房面积 2 000 平方米。召开"食品科学技术学科方向预测及技术路线图"第五次专家组会议；举办第 16 届中国肉类科技大会，来自国内外百余所高校、科研院所、企业代表 480 余人参会；举办中国畜产品加工研究会团体标准审定会，完成 4 项团体标准制定及发布工作。先后召开国际标准化组织肉禽鱼蛋及其制品委员会（ISO/TC 34/SC 6）第 23 届年会、新西兰-中国食品安全控制研讨会和膳食营养与健康研讨会。组团参加了 2018 美国 IFT 食品科技展览会、第 19 届世界食品科技大会、第 64 届国际肉类科技大会。先后邀请外国知名专家 30 余人来访交流，举行学术报告 50 余场次，参加国际学术会议等出访交流活动 60 余人次。4 位教师赴国外参加国际学术会议和学术访问，2 位教师赴国外进修。

累计培训党员、积极分子 400 余人，发展学生党员 47 人。获江苏省高校"最佳党日活动"优胜奖 1 项，学院党委获校"先进二级党组织"，1 个支部获校"先进党支部"，1 个支部获批"双带头人"教师党支部书记工作室创建单位，1 人获校优秀党务工作者，7 人获校优秀共产党员。

**【学科建设】** 江苏高校优势学科建设工程二期项目"食品科学与工程"学科顺利通过省教育厅组织的考核验收，并顺利入围江苏高校优势学科建设工程三期项目立项 A 类学科名单。

**【专业认证】** 11 月 4～7 日，教育部高等教育教学评估中心、中国工程教育专业认证专家组对学校食品科学与工程专业进行了工程教育认证现场考查。经过审阅自查报告、考查实验实践教学基地、调阅相关资料、听课看课以及管理人员、任课教师、在校生、毕业生、用人单位座谈会等全面考查。11 月 7 日，专家组对工程教育现场考查意见进行了反馈，对学校食品科学与工程专业建设所取得的成绩给予了充分肯定，并围绕学生、培养目标、毕业要求、持续改进、师资队伍、课程体系和支撑条件 7 个通用标准提出了具体意见和指导性建议，圆满完成了工程教育认证现场考查环节，进入终审阶段。

**【产学研合作】** 2 月，学院与广东温氏食品集团股份有限公司签署战略合作协议，共建"温氏集团-南京农业大学肉制品联合研发中心"。8 月，学院与广西桂柳牧业集团签署合作协议，成立南京农业大学桂柳现代食品产业研究院。合作总经费 1 600 万元。

**【学术成就】** 3 月 19 日，国际著名学术期刊 *ACS Nano*（2017 年影响因子 13.942）在线发表了学校食品科技学院有关食品加工基础学的研究论文《多酚结合蛋白质淀粉样纤维自组装形成具有抗菌活性的可逆水凝胶》（*Polyphenol-Binding Amyloid Fibrils Self-Assemble Into Reversible Hydrogels With Antibacterial Activity*）。该论文第一署名单位为南京农业大学，第一作者、第一通讯作者为副教授胡冰。

（撰稿：钱 金 刘 丹 审稿：朱筱玉 审核：高 俊）

## 工学院

**【概况】** 工学院位于国家级南京江北新区，占地面积 47.52 公顷，校舍总面积 16.42 万平方米。仪器设备共 18 413 台件，15 079.25 万元。图书馆建筑面积 1.13 万平方米，馆藏图书 41.74 万册。设有学院办公室、人事处、纪委办公室（监察室）、工会、计划财务处（招标办）、教务处、科技与研究生处、学生工作处（团委）、图书馆（图书与信息中心）、总务处、农业机械化系、交通与车辆工程系、机械工程系、电气工程系、管理工程系、基础课部和培训部。

学院具有博士后、博士、硕士、本科等多层次多规格人才培养体系。设有农业工程博士后流动站，农业工程一级学科博士学位授权点，农业工程、机械工程、管理科学与工程 3 个一级学科硕士学位授予权和机械制造及其自动化等 8 个硕士学位授权点以及工程硕士（电子信息类、机械类和工程管理类）和农业硕士（农业工程与信息技术）专业学位授予权；设有农业机械化及其自动化、交通运输、车辆工程、机械设计制造及其自动化、材料成型及控制工程、工业设计、自动化、电子信息科学与技术、农业电气化、工程管理、工业工程、物流工程 12 个本科专业。

在编教职工 368 人，其中专任教师 233 人（其中教授 23 人、副教授 83 人、具有博士学位 121 人），具有一年及以上海外经历的教师 51 人，占全院专任教师 21.89%。非编人事代理 15 人，租赁 45 人。新晋升教授 1 人、副教授 9 人，97 人获得了岗位晋级，1 名工人获聘技师岗位。新增博士生导师 3 人、硕士生导师 17 人。新增"青蓝工程"中青年学术带头人 1 人、江苏省"双创博士"2 人。拥有原中国科学院"百人计划"1 人、比利时鲁汶大学教授 1 人（兼职）、国务院农业工程学科评议组成员 1 人、省"333 人才工程"第三层培养对象 2 人、"青蓝工程"培养对象 11 人、"六大人才高峰"资助者 1 人、学校"钟山学者"首席教授 1 人、"江苏省青年科技人才托举工程"1 人、江苏省"双创博士"2 人、1 个校级高层次人才团队——教授舒磊及其物联网应用研究团队。教授舒磊获 IEEE Access 期刊"杰出编委奖"，教授方真获爱思唯尔能源领域"2017 年中国高被引学者"。江苏省农机维修能人库入选 2 人，省农机教育培训师资库入选 18 人。农业工程博士后流动站新进 7 人，共有在站博士后 18 人，在站博士后发表 SCI 论文 13 篇（总影响因子 51.319，单篇最高影响因子达到 11.689），获得国家级基金 4 项，省级基金或资助 4 项，发明专利 3 项。离退休人员 314 人，其中离休 4 人、退休 306 人、内退 1 人、家属工 3 人。

全日制在校本科学生 5 152 人，全日制硕士生 307 人（其中外国留学生 11 人），专业学位研究生 63 人，博士生 94 人（其中外国留学生 11 人）。入学新生 1 570 人（其中本科生 1 429 人、硕士生 122 人、博士生 19 人）。毕业学生 1 415 人（其中本科生 1 304 人、硕士生 100 人、博士生 11 人），本科生就业率 98.54%（保研 103 人、考研录取 233 人、就业 882 人、出国 67 人）。培训部在籍学生 934 人，录取新生 267 人，毕业学生 173 人。

获得科研经费 2 045 万元（不含校外和启动基金），其中纵向项目总经费 1 876 万元，其中国家自然科学基金项目 144.1 万元，国家重点研发项目 775.7 万元，江苏省自然科学基金项目 70 万元，江苏省农业科技自主创新资金项目 280 万元，江苏省"双创计划"科技副总类项目 45 万元，江苏省农机新装备新技术研发与推广项目 44 万元；横向项目总经费 169 万元。

专利授权 118 项，其中发明专利 18 项，实用新型专利 90 项，软件著作权 10 项；出版科普教材 10 部；发表学术论文 244 篇，其中南京农业大学自然类中文核心期刊、南京农业大学人文类中文核心期刊及以上 196 篇，SCI、EI、ISTP、SSCI 等收录 160 篇。

入选中国农业装备创新设计产业联盟常务理事单位。获批教育部首批"三全育人"综合改革试点单位。召开江苏省智能化农业装备重点实验室现代设施农业技术与装备工程实验室建设工作会议。车辆工程、机械设计制造及其自动化、材料成型及控制工程 3 个专业成功获得 2019 年工程教育专业认证申请受理。与南京创力传动机械有限公司共建的研究生工作站获评"2018 年江苏省优秀研究生工作站"。

按照项目任务书的计划，学院加强江苏省高校重点实验室"智能化农业装备重点实验室"、南京农业大学（灌云）农机研究院和现代设施农业技术与装备工程实验室等建设工作。

投入科技竞赛费用 100 万元，立项国家及部省级课外科技竞赛 31 项，省级及以上获奖 701 人次，其中全国特等奖 15 人次、全国一等奖 109 人次。"多感知机器人柔性手爪"首次参加 iCAN 国际创新创业大赛总决赛并获三等奖。"果园高塔式低阻导风雾化装置"项目获

"东方红杯"全国大学生智能农业装备创新大赛 A 类本科生组特等奖。宁远车队获第九届中国大学生方程式汽车大赛全国一等奖，这也是该车队第二次获得该项荣誉。"汇贤大讲堂"获校级校园文化建设项目立项，共举办高水平讲座 8 场。学院原创校园心理剧《镜面人生》获江苏省仙林大学城第 12 届校园心理剧大赛一等奖。三创管理团队竞选成为浦口高校就业创业社团联盟理事单位，与大桥社区共建创新示范基地，举办三创空间成果展，获得省级以上奖项 118 项，完成创新成果转化 14 项。博士生金聪（Memon Muhammadsohail）获中国政府优秀来华留学生奖学金，成为学校唯一获奖者。

制订学院工科大类虚拟仿真平台建设方案，初步完成实验室平台建设任务。立项建设铧式犁等 10 项有特色、高水平的虚拟仿真实验资源项目。完成对 15 门 SPOC 建设课程、9 门混合式教学模式改革课程、4 门 CDIO 模式改革课程的中期检查。完成 11 项学校"卓越教学"课堂教学改革实践项目的结题验收，完成 9 项校级和 1 项省级教育教学改革研究项目的中期考核。1 门 MOOC 课程和 5 门 SPOC 课程建成并正式运行。新编教材 7 本，其中国家级规划教材 1 本，农业部"十二五"规划教材 1 本，数字教材 2 本，获江苏省高等学校重点教材立项建设 2 项。

有党员 865 人，其中新发展本科生党员 220 人，研究生党员 11 人，教职工党员 3 人。转出党员 235 人。培训入党启蒙教育 1 624 人，培训积极分子 507 人。在校党委七一表彰中，获先进党支部 1 个、优秀共产党员 23 人、优秀党务工作者 1 人、最佳党日活动 1 项。加强校园文化建设，讲好"工学好故事"，制作回顾学院发展史的宣传片、编印《学习参考资料》2 册、《学院简讯》10 期，编发新闻 700 多条，向学校推送 300 多条新闻。4 月 13～14 日，学院举办第 29 届田径运动会。

学院与伊利诺伊大学香槟分校新签校际合作办学协议 1 项。推进与德国柏林工业大学的"3＋1＋2"本硕双学位项目以及与伊利诺伊大学香槟分校本硕学位项目的实施。有中法班学员 5 人赴法国继续学习，获批 7 项外国专家项目。聘请外国专家 12 人来学院访问交流，共接待境外高级专家来访 11 批次 40 余人。全年共有 18 批次、59 人参加了国际合作交流项目。2018 届毕业生中，有 35 人在校期间参加国际交流项目的经历。加强校友分会建设，完善校友联系网络，赢得校友广泛支持，校友及校友企业设立 8 项奖学（教）金，奖励教师 11 人、学生 119 人。

共有 81 批次约 142 万元的设备通过竞价系统采购。登记入库设备、家具 979 台件，合计金额 756 万元，登记报废设备及家具 275 万元。严把伙食原料安全关，公开招投标引进原材料供应商。全年共完成水电维修 5 000 次（处），敷设、改造线路 15 000 米，完成勤学楼屋面及外墙维修、图书馆采光顶、大学生活动中心屋面维修、7 号楼修缮改造等 10 万元以上项目 6 个，总计 368 万元。完成 2018 年度立项的大中型维修项目，其中 3 万元以上项目 14 个（造价 173 万元），万元以上项目 25 个（造价 99 万元），送审计项目 31 项，万元以下自行审计项目 49 项。全年日常门诊接待就诊 11 756 次，做好校园应急救护能力的培训工作和大学生城镇居民医疗保险工作，参保学生 5 638 人。完善车队相关管理机制，强化安全意识。加强校园安全检查，全面检查重点消防设施，提高校园安保和管理水平。配合街道做好社区常规工作。学院被授予南京市"2018 年度市级园林式单位"。

**【鲁植雄团队科研成果获 2018 年梁希林业科学技术奖二等奖】** 教授鲁植雄团队"木竹质板材超声波缺陷检测关键技术及装备"获 2018 年梁希林业科学技术奖二等奖。

【科技成果推广应用】受卢博智能科技（上海）有限公司委托，由教授周俊指导、博士生王凯等参与研制的"机场环境及设施监测移动机器人系统"于上半年经项目委托单位验收成功，在香港国际机场经过长时间应用，效果良好，中国新闻网等媒体对其进行了相关报道。

【完成 6 个学科授权点自评估工作】农业工程一级学科博士点、机械工程一级学科硕士点、农业工程专业学位授权点、机械工程专业学位授权点、物流工程专业学位授权点以及农业硕士（农业机械化领域）专业学位授权点 6 个学科点完成自评估工作。农业工程学科列入江苏优势学科三期建设项目。

【承办 2018 新工科视域下农业工程学科与专业建设研讨会】11 月 28 日，由中国农业工程学会教育工作委员会和中国农业机械学会教育工作委员会主办，由学院和吉林大学生物与农业工程学院共同承办的"2018 新工科视域下农业工程学科与专业建设研讨会"在南京举行。中国农业工程学会副秘书长秦京光，中国农业机械学会秘书长张咸胜，中国农业工程学会农业工程教育工作委员会主任委员、吉林大学教授杨印生等来自全国 30 多所高校的 100 余位农业工程学科的专家学者参加研讨会。

（撰稿：陈海林　审稿：李　骅　审核：高　俊）

## 信息科技学院

【概况】学院设有 2 个系、2 个研究机构、1 个省级教学实验中心。拥有图书情报与档案管理一级学科博士点、2 个一级学科硕士学位授权点（计算机科学与技术、图书情报与档案管理）、3 个本科专业（计算机科学与技术、网络工程、信息管理与信息系统）。在学校"双一流"建设中，图书情报与档案管理学科纳入学校特色学科建设规划，二级学科情报学硕士点为校级重点建设学科，信息管理与信息系统本科专业为省级特色专业，计算机科学与技术本科专业为校级特色专业，同时为江苏省卓越工程师培养计划专业。完成 3 个学位点全面合格评估工作和 1 个专业学位点专项评估。

学院现有在职教职工 56 人，专任教师 40 人，其中教授 8 人、副教授 23 人、讲师 10 人、师资博士后 1 人，博士生导师 8 人、硕士生导师 28 人。江苏省"333 工程"培养对象 2 人，江苏省"青蓝工程"培养对象 4 人，南京农业大学"钟山学术新秀"4 人，教育部图书馆学本科专业教学指导委员会委员 1 人。外聘教授 5 人（其中 1 名外籍）、院外兼职硕士生导师 7 人。王东波、韩正彪分别赴比利时鲁汶大学、芬兰坦佩雷大学进修访学。杨波赴加拿大温哥华参加 2018 年信息科学与技术学术年会，徐焕良、袁培森赴西班牙马德里参加 2018 年 IEEE BIBM 国际生物信息与生物医学大会（CCF B 类会议），并受邀访问了西班牙马德里理工大学电信和电子工程学院。

学院共招生 254 人，其中，博士研究生 6 人、硕士研究生 66 人、本科生 182 人。全日制在校学生 888 人，其中，博士研究生 11 人、硕士研究生 124 人、本科生 753 人。毕业学生 217 人，其中，硕士研究生 41 人、本科生 176 人。本科生总就业率 90.91%，研究生总就业率 95.12%。

2018 年度成功申报课题 18 项，其中，国家自然科学基金项目 2 项，国家社会科学基金项目 2 项，江苏省社会科学项目 1 项，江苏省软科学 1 项，江苏省教育厅高校哲学社会科学项目 1 项，中央高校基本科研业务费专项基金 8 项，横向项目 3 项。到账经费超 330 万元。

发表核心期刊论文 54 篇，其中 SSCI 1 篇、SCI 6 篇、EI 3 篇、一类核心刊物论文 14 篇。发明专利 3 项，软件著作权 25 项。教授茆意宏出版的著作《移动互联网用户阅读行为研究》获江苏省第 15 届哲学社会科学优秀成果奖二等奖。

信息管理与信息系统本科专业完成英国图书信息专业协会国际认证工作。新增教育部教育教学项目 1 项，在研校级教改课题 5 项。在原有 4 门在线开放课程基础上，2018 年新增 1 门 C 语言程序设计在线开放课程，2 项"卓越教学"课堂教学改革实践项目已提交结题验收。出版 Visual Basic 程序设计数字课程 1 部，农业农村部"十三五"规划教材在编 4 本。继续推进校企联合双导师制的"卓越工程师"计划，采取"1＋2＋1"的培养模式，全程双导师制，培养新时代高素质计算机工程人才。截至 8 月底，已有 5 届学生共计 213 人参与到卓越工程师班级中学习。新开设双语课程 2 门，赵力讲授的"程序设计基础——图解排序算法"获省级微课比赛三等奖，杨波获江苏省教育信息技术论文比赛一等奖。

本科生获得省级以上表彰 93 人次，其中，13 人获国际表彰、28 人获国家表彰、52 人获省级表彰。教学与学工联动，推动创新创业实践。学院针对每个专业设置与教学实践相融合的竞赛项目，系统构建校级-省级-国家（际）级三级选拔的立体式科技竞赛体系，先后荣获 ACM 国际大学生程序设计大赛亚洲区域赛铜奖、ASC 世界大学生超级计算机竞赛二等奖、中国大学生计算机设计大赛一等奖、蓝桥杯全国软件设计大赛三等奖等荣誉。引导优秀学生、积极动员学院教授团队参加三创大赛，先后有姜海燕指导作品入选挑战杯校内培育项目，并加入"新农菁英"导师团队；杨波、胡滨指导的 2 项作品获挑战杯赛事二等奖及三等奖，5 名学生的 5 件作品在"互联网＋"校内赛事获得银奖和铜奖。学院科协主席南昕同学参与的创业项目成立超客三维工作室，入驻学校创客空间。学院暑期社会实践获 1 个校一类重点团队、1 个校二类重点团队以及 1 个大型赛会志愿服务专项团队。铁匠营小区金陵图书馆分馆读书推广项目获校志愿服务项目大赛三等奖。信息 152 班获江苏省先进班集体，钱峥远获江苏省三好学生，胡昊天获瑞华杯科学研究类最具影响力人物、钟山学子之星提名奖，韩燕获研究生校长奖学金。

学院获排球院系杯冠军、羽毛球院系杯冠军、校太极拳比赛二等奖及最佳表演奖、男（女）篮院系杯八强、男篮新生杯八强；学院认真组织党员开展"不忘初心、牢记使命"主题教育活动。

**【举办第 11 届中国大学生计算机设计大赛微课与教学辅助类现场决赛】** 7 月 27～31 日，承办由教育部高等学校计算机类专业教学指导委员会、教育部高等学校软件工程专业教学指导委员会、教育部高等学校大学计算机课程教学指导委员会、教育部高等学校文科计算机基础教学指导分委员会、中国青少年媒体协会联合主办的 2018 年（第 11 届）中国大学生计算机设计大赛微课与教学辅助类现场决赛。此次大赛共有 207 所高校、269 名辅导教师、982 名学生参加，参赛作品 418 个。

**【信息管理与信息系统本科专业完成 CILIP 国际认证工作】** 7 月 11 日，信息管理与信息系统本科专业成功通过英国图书信息专业协会（The Chartered Institute of Library and Information Professionals，简称 CILIP）国际认证。认证有效期 5 年，成为学校首个通过国际认证的本科专业。

（撰稿：单晓红　审稿：徐焕良　审核：高　俊）

# 人文社会科学学部

## 经济管理学院

【概况】学院设有农业经济学系、经济贸易系、管理学系，1个博士后流动站、2个一级学科博士学位授权点、3个一级学科硕士学位授权点、4个专业学位硕士点、5个本科专业。其中，农业经济管理是国家重点学科，农林经济管理是江苏省一级重点学科、江苏省优势学科、全国第四轮学科评估A＋学科，农村发展是江苏省重点学科，学科在全国同行中享有盛誉。

现有教职员工81人，其中教授29人，副教授23人，讲师14人，博士生导师26人，硕士生导师21人。教授朱晶入选国家文化名家暨"四个一批"人才、国家"万人计划"哲学社会科学领军人才、获江苏省巾帼标兵荣誉称号；教授徐志刚入选教育部"长江学者奖励计划"青年学者；教授易福金入选国家"万人计划"青年拔尖人才、江苏高校"青蓝工程"优秀学术带头人；教授顾焕章获中国农业技术经济学会终身成就奖。成功从美国弗吉尼亚理工大学、美国奥本大学引进人才2人，6人入选"盛泉学者"高层次人才计划，6人晋升高级职称，2人获国家留学基金管理委员会或其他项目资助赴国外著名大学进修、访问与交流。

学院在校本科生1072人，博士生95人，学术型硕士生199人，各类专业学位研究生387人，留学生20余人。本科生年终就业率96.24％，研究生年终就业率96％左右。

新增各类科研项目69项（纵向38项、横向31项），其中国家基金项目4项（自然科学基金2项、社会科学基金2项）、部省级项目4项；在研现代农业产业技术体系岗位科学项目7项，其中国家级3项、省级4项；到账科研总经费1488.2万元，其中纵向经费942.2万元，横向经费546万元。

以南京农业大学为第一作者单位或通讯作者单位发表核心期刊研究论文100篇，其中SSCI、SCI收录的高水平论文27篇（SSCI论文21篇），5篇发表在农业经济管理学科国际一流期刊 *Australian Journal of Agricultural and Resource Economics*、*China Economic Review*、*Applied Economics*、*Canadian Journal of Agricultural Economics*，人文社科核心权威期刊2篇、一类24篇、二类26篇。2项研究成果分别获江苏省教育科学研究优秀成果奖一等奖和江苏省社科应用研究精品工程优秀成果奖二等奖；先后向上级政府部门提交咨询报告10余份，4份报告获部省级领导批示或有关机构采纳，相关建议被应用和服务于"三农"建设与发展。

学院获国家教学成果奖二等奖1项，获江苏省优秀博士学位论文1篇，江苏省优秀本科论文2篇，校级优秀本科毕业论文特等奖2篇、一等奖1篇、二等奖4篇。获全国性学术年会优秀论文奖2项。新增江苏省普通高校研究生科研创新计划6项，大学生创新训练项目50项，其中，国家级9项、省级4项、校级30项、院级7项。全年共招收11名留学生来校攻读学位，其中博士生6人，派出40余名学生赴国外访学或交流学习。学院获校学位与研究生教育管理先进单位、校本科教学管理先进单位。

学院党委组织教工、学生党支部班子成员或党员集体学习与培训，各党支部先后开展思想政治理论学习和实践教育活动 20 余次。教授朱晶当选为十三届全国人大代表，应瑞瑶获评学校教书育人楷模、何军获最美教师提名。

坚持"三会一课"制度，深入实施教师党支部"双带头人"培育工程建设，深入推进基层党组织"书记项目"。加强学院教师党支部书记工作室建设，院分党校初、中、高级党建班体系完备。共发展党员 52 人，其中教工党员 1 人，本科生党员 44 人，研究生党员 7 人。

按照学校统一部署，学院由逸夫楼整体搬迁至第三实验楼，配合学校优化办学空间的总体安排，在短时间内完成搬迁任务，同步利用学校修购项目完成部分功能空间的改造与升级。

根据上海软科发布的 2018 "中国最好学科排名"，农林经济管理学科排名全国第一位，并以优异成绩通过江苏省优势学科二期项目考核验收，顺利入选三期项目；完成农林经济管理一流学科引导项目建设方案编写并启动实施；完成农林经济管理博士一级、应用经济学硕士一级、工商管理硕士一级、农业管理专业硕士等学位授权点的自我评估。

积极探索本-硕跨学科复合型、拔尖创新型人才培养模式，强化学生实践创新能力培养，与大连商品交易所、华泰期货有限公司共同举办"高校期货人才培育工程项目"，与普渡大学开展"农商管理"国际交流项目，与澳大利亚詹姆斯库克大学开展 MBA 游学项目；6 项校级"卓越教学"课堂改革实践项目顺利结题验收。

【教学成果】"以三大能力为核心的农业经济管理拔尖创新人才培养体系的探索与实践"（完成人：朱晶、林光华、应瑞瑶、何军、徐志刚、卢忠菊）获国家级教学成果奖二等奖。

【学术交流】11 月 12～13 日，在学校举办"钟山农业经济论坛 2018 中国农业市场化改革回顾与展望国际研讨会"，来自美国、德国、加拿大、丹麦、日本、立陶宛、越南、中国等 10多个国家和地区的 40 余所高校与研究机构的 200 多名专家学者及师生代表参会。与会专家学者聚焦中国农业经济 40 年的市场化改革，开展学术讨论和交流，提供对策建议，扩大了学校农经学科的学术影响力。

承办长三角研究生"三农"论坛，进一步提升研究生学术交流能力。来自浙江大学、台湾大学等 20 所院校的 100 余名师生代表参加了会议。与会代表围绕农业规模经营、农业生态环境、农业可持续发展、居民健康、社会保障、精准扶贫、新型城镇化、农民工行为等12 个专场议题展开交流研讨。

先后邀请来自美国弗吉尼亚理工大学、宾夕法尼亚大学、耶鲁大学、俄亥俄州立大学及丹麦哥本哈根大学等高校或研究机构的知名专家学者来学院作报告共计 35 场次。与美国、加拿大、澳大利亚、荷兰、巴西、韩国、日本等国家著名大学和科研机构开展合作交流，与美国密歇根州立大学初步确定农经硕士合作办学人才培养方案。先后选派 2 名青年教师赴国外大学进修或合作研究，选派近 80 名师生赴境外学术交流、访学，参加第 30 届国际农业经济学家大会、中国农业技术经济学会年会、中国农林经济管理学术年会、全球食物与农业资源经济国际学术研讨会等国内外高水平学术会议。

【实践育人】组建暑期社会实践团队 30 余支，其中校级一类团队 2 支，二类团队 1 支。策划组织"国家乡村振兴"战略大型社会调研，组织学生奔赴全国 28 个省份的 300 多个村庄开展调研，撰写调研报告 291 篇，活动受到"南农青年"等媒体的关注和报道。组织指导学生参加各类学科竞赛，其中"渔管家"项目荣获"创青春"全国大学生创新创业大赛金奖、"创青春"中国青年创新创业大赛铜奖（入围全国八强）、"创青春"江苏省大学生创新创业大赛金奖、"创青春"江苏青年创新创业大赛二等奖、"互联网＋"江苏省大学生创新创业大赛红色赛道二等奖、"创星杯"创业大赛二等奖、"创青春"创新创业大赛南京农业大学校赛金奖、"互联网＋"大学生创新创业大赛金奖、南京农业大学校赛金奖等奖项。学院荣获校学生工作创新奖、"创青春"大学生创业大赛优秀组织奖。学院4项学术活动获校研究生精品学术活动立项。在学校2018年研究生学术科技作品竞赛中，学院3项作品分获博士组一二三等奖，3项作品分获硕士组二三等奖，并获优秀组织奖。

（撰稿：刘　莉　审稿：林光华　审核：高　俊）

## 公共管理学院

【概况】学院设有土地管理、资源环境与城乡规划、行政管理、人力资源与社会保障4个系，土地资源管理、行政管理、人文地理与城乡规划管理、人力资源管理、劳动与社会保障5个本科专业。设有公共管理一级学科博士学位授权点，土地资源管理、行政管理、教育经济与管理、社会保障4个二级学科博士、硕士学位授权点，公共管理专业硕士学位点（MPA）。土地资源管理为国家重点学科和国家特色专业。

学院设有农村土地资源利用与整治国家地方联合工程研究中心、中国土地问题研究中心·智库、中荷土地规划与地籍发展中心、公共政策研究所、统筹城乡发展与土地管理创新研究基地等研究机构，并与经济管理学院共建江苏省农村发展与土地政策重点研究基地。

学院现有教职工89人，专任教师76人，其中教授30人、副教授26人、讲师20人，博士生导师28人、硕士生导师51人。拥有一支来自国内外知名大学和研究机构及国内行业部门的26人兼职（荣誉）教授队伍。教授冯淑怡获2018年江苏省有突出贡献中青年专家、学校教书育人楷模；教授罗英姿获第二届中国学位与研究生教育学会学术贡献奖（全国共4人）；教授刘志民再次当选为江苏高教学会教育经济研究委员会新一届理事长。作为学校人事制度改革试点单位，学院继续深入推进教师年度绩效考核工作。

学院共引进高层次人才1人，海内外师资博士后2人，1名师资博士后转入教职。4名教师评上教授、2名教师评上副教授。1名教师晋级正高二级，1名教师晋级正高三级，4名教师晋级副高二级。继续推进"公共管理学院学者访问计划"，2名外籍教授受聘来院开展教学和科研活动。有10位教师、13位研究生和15位本科生出国学习交流、进修或赴境外参加国际学术会议。

学院连续4年举办全国优秀大学生夏令营吸引优秀生源，推免录取9人，创历史新高。积极承担完成学校本科生招生宣传工作，浙江省招生宣传小组荣获校招生宣传工作优秀小组。招收博士生29人，硕士生77人，本科生200人。举办公务员模拟面试、职场风采、简历制作大赛等，增强学生就业竞争力，开展专场招聘会、企业宣讲会等。开拓毕业生就业市场，研究生就业率达98.13%，列全校第二位。本科生就业率达97.89%，较2017年提高1个百分点，名列前茅，2018年4月获得2017年度就业工作先进单位。

加强实验教学中心与实践基地建设，先后投入资金10万元，更换多台投影仪等教学设备，新购公共管理学互动教学平台互动教学课程、公共政策分析互动教学平台课程以及自建单门互动教学课程等教学软件。学院科研项目立项数量、质量、年到账科研经费、年均发表论文均呈现稳步增长的态势。新增国家自然科学基金 5 项、国家社会科学基金 5 项，其中，教授冯淑怡团队"完善农村承包地三权分置研究"获研究阐释党的十九大精神国家社会科学基金专项课题立项；新增国家重点研发计划课题 1 项。核心期刊论文发表 158 篇，其中 SSCI、SCI 论文 16 篇。新出著作 8 部（共 280.3 万字），为国务院、江苏省农委等政府机关提供 5 篇咨询报告。截至 12 月 20 日，学院纵向到账经费 956.62 万元，横向到账经费 223.94 万元，共计 1 180.56 万元。公共管理学科获江苏省高校优势学科建设工程三期项目立项。获江苏省第 15 届哲学社会科学优秀成果奖 4 项（吴群获二等奖，于水、刘志民、邹伟获三等奖），江苏省教育教学与研究成果奖（研究类）3 项，江苏省社科应用研究精品工程奖 4 项。教授吴群团队获国土资源科学技术奖二等奖，教授董维春获第三届中国学位与研究生教育学会研究生教育成果奖二等奖（全国 30 项）。城市与土地利用规划原理入选江苏高校省级外国留学生英文授课精品课程。

以江苏省品牌专业建设项目为契机，通过政策保障、项目支持，加强专业快速发展。土地经济学、不动产估价作为国家级精品资源共享课程在爱课程网站成功上线。土地经济学获国家精品在线开放课程资助建设；土地经济学、资源与环境经济学获省级在线开放课程资助建设，并已上线运行；土地法学、劳动经济学课程已申报省级在线开放课程，并获得校级在线开放课程资助建设。土地经济学数字课程正式出版，土地法学、土地利用规划学、土地利用管理、资源与环境经济学、土地经济学 5 个数字教育资源建设项目顺利通过结题验收。《土地利用规划学》获 2018 年江苏省"十三五"重点教材立项。冯淑怡、沈苏燕的作品分别获江苏省微课比赛一、二等奖，胡畔参加第 13 届学校青年教师授课比赛获优秀奖。在江苏省普通高等学校 2017 届本科优秀毕业论文评选中，学院获二等奖 1 项。

注重大学生创新科研能力的培养，积极引导学生参与 SRT 创新计划、课外学术作品大赛、创业计划大赛等。学生在"创青春"浙大"双创杯"全国大学生创业大赛和创业实践挑战赛、江苏省大学生创业大赛、学校"互联网＋"大学生创新创业大赛中均获金奖。成功举办首届全国土地资源管理专业大学生土地利用规划技能大赛。

国际化氛围日益浓厚。在土地资源管理品牌专业支撑下，组织暑期剑桥学术交流，提升专业国际化水平，激励学生进一步提高学术能力。经费支持 13 名本科生赴香港教育大学进行暑期研学交流活动。学生短期出国（境）研学人数达到 44 人，本科生出国（境）率达 11.36％。

不断深化"公共管理拔尖人才创新平台"建设，本科生钟鼎学术沙龙、研究生行知学术论坛、MPA 公共管理讲坛三位一体，全年共举办各类讲座 70 余场，成功举办江苏省研究生行知学术创新论坛。获第二届中国研究生公共管理案例大赛二等奖 1 项，研究生作为第一作者发表高水平期刊论文 48 篇，其中 SSCI 论文 3 篇、SCI 论文 1 篇、CSSCI 论文 44 篇，获江苏省培养创新工程项目 7 项，获清华大学农村研究博士论文奖学金 2 人。

【MPA 教育】录取 MPA 研究生 204 人，全年授予专业硕士学位 74 人。继续推进与国土资源部联合在国土系统定向培养 MPA 工作。组织 MPA 师资教学团队申报校级研究生教育教学改革研究与实践项目，获校级立项资助 6 项，其中重点项目 2 项。审议修订并通过了《南京农业大学 MPA 专业学位研究生校外兼职指导教师聘任及管理办法》，新增 MPA 校外兼职导师 6 名。启动公共管理学院 MPA 案例库建设工作，立项 15 项案例，其中重点项目 8 项、一般项目 7 项。MPA 勤仁小组案例获第二届中国研究生公共管理案例大赛二等奖。启动第二届 MPA 海外课程选修计划，10 位 MPA 学生于 9 月 30 日赴美国纽约雪城大学访学。开展 MPA 学位点自我评估工作，委托专家组对公共管理硕士（MPA）学位点自我评估进行同行专家评议，对 MPA 办学各项指标进行量化评价，对 MPA 整体发展态势进行了全面的考察，梳理 MPA 办学未来发展方向，为 2019 年的全国学位授权点抽检评估做好准备。

（撰稿：聂小艳　审稿：刘晓光　审核：高　俊）

## 人文与社会发展学院

【概况】人文与社会发展学院设有社会学、旅游管理、公共事业管理、农村区域发展、法学、表演 6 个本科专业，拥有 1 个一级学科博士学位授权点（科学技术史）、2 个一级学科硕士学位授权点（科学技术史、社会学）以及 2 个二级学科硕士学位授权点（经济法、专门史），招收农村发展、社会工作、法律等全日制专业学位研究生。

学院现有教职工 100 人，专职教师 71 人，其中教授 14 人，副教授 25 人，师资博士后 6 人。博士生导师 10 人，硕士生导师 49 人。本年新增博士生导师 3 人、硕士生导师 7 人。

学院现有本科生 887 人、学术型硕士生 83 人、专业学位研究生 148 人、博士生 23 人。本年度本科毕业生 232 人，毕业率为 98.73%，学位授予率为 98.73%；46 名学生保研或考取研究生，占毕业生总数的 19.49%；学院毕业生就业率为 98.31%，有 13 名毕业生前往国外著名高校学习深造，出国率为 5.5%；有 3 位学生参加国外交流学习项目。

学院继续推进教学管理制度建设，制订《人文与社会发展学院大类招生专业分流实施办法》《人文与社会发展学院 2018 年自主招生考核工作方案》，完善了《人文与社会发展学院本科生面试推荐研究生实施办法》《人文与社会发展学院实验室管理制度》等。新开 6 门课程，美在民间课程成功申报为国家精品在线开放课程，农村社会学、公共管理学、表演 I 、农业经营与管理课程成功申报学校在线开放课程，中国文化旅游成功申报为面向外国留学生的全英文课程。黄颖牵头的旅游策划学参加第四届西浦全国大学教学创新大赛南京地区海选，最终进入 2019 年 5 月举行的决赛（共 20 支队伍）。李明获学校 2017 年度"教学质量优秀奖"。朱志平获江苏省第二届本科高校青年教师教学竞赛二等奖；朱志平、陈丽竹在江苏省高等学校微课教学比赛中分别获得二等奖和三等奖；胡燕、朱志平、陈丽竹在学校第三届微课比赛中分别获得一等奖、二等奖和三等奖；陈丽竹在学校第 13 届青年教师授课比赛中获得二等奖。

完成学校教改项目 2 项、学校实践教改项目 3 项、学校"卓越教学"课堂教改项目 9 项，还有 9 项校级教改项目在研。发表教学研究论文 9 篇。教授朱利群主编的"十三五"规划教材《农业政策与法规》由中国农业出版社正式出版。

结题"大学生创新创业训练计划"项目 28 项，其中国家级 5 项、省级 3 项、校级 20 项；申报 29 项，其中国家级 4 项、省级 3 项、校级 22 项。学生发表论文 40 篇。5 篇毕业论文被评为校级本科生优秀毕业论文，其中一等奖 2 篇、二等奖 3 篇。

完成《科学技术史学位授权点自我评估总结报告》，明确目标定位和授予标准，关注教学质量和持续改进机制，完善教学管理与教学评估。科技史学科是中国科学技术史学会农学史专业委员会、中国农业历史学会畜牧兽医史专业委员会和江苏省农史研究会、江苏省农学会农业遗产分会的挂靠单位。《中国农史》网络投稿系统上线。

新增获批纵向项目85项，其中国家社会科学基金4项，其余为中央各部委、江苏省社会科学基金、省教育厅或省委各部门，另有新增各类委托、横向项目立项30项。获批项目资金共计957.73万元。教师发表学术论文122篇，其中SCI 3篇、SSCI 4篇、核心一类26篇、核心二类20篇、核心三类18篇。出版专著39部，参与《中华茶通典》编写工作，承担《茶通史典》主编工作；参与《中国大百科全书》作物学卷和科技史卷以及第七版《辞海》相关词条的修订工作。申请专利3件，获专利授权2件、软件权授权1件。教师各类科研成果获奖18项。

5月19日，学校成立南京农业大学校友会旅游管理系校友分会，这是第一个以专业名义成立的校友分会，有利于充分发挥校友资源促进专业建设和人才培养等方面的作用。

党员218人，其中新发展党员48人，转正党员34人。旅游管理系教工党支部被评为校先进党支部，艺术系教师党支部为学校首批"双带头人"教师党支部书记工作室建设名单之一。

举办"中国传统文化课堂"系列讲座，"紫金文化艺术节""民族民俗风采演义大赛""非遗传承人进校园""十佳歌手""书法沙龙""文声电台""南京绒花"等多种形式文化活动。积极开展学科竞赛，鼓励学生交叉学科参赛（如大学生旅游路线规划大赛、"今日说法"大赛、"美丽乡村"建设规划大赛），活动受到中国新闻网、龙虎网、新浪网、腾讯网、校园网等多家媒体的关注。

学生获省市级以上奖励共88项，其中国家级25项、省级56项、市级7项。表演专业学生参加中央电视台主办的中国首届农民丰收节、中央电视台主办的《红红火火过大年》等节目，锻炼和提高了学生的专业能力，提升了学校的社会影响。

学院积极争取校友和企业资源，新设立"新洪堡留学奖教学金"10万元、"金润城奖教学金"10万元。

11月25日至12月15日，开办拉萨市贫困农牧民技能提升休闲观光农业专题培训班；12月17~31日，开办拉萨市扶贫合作社规范管理运营培训班。

崔峰当选为江苏省农学会休闲农业分会副理事长、江苏省旅游学会青年分会副会长、江苏省旅游学会旅游经济研究分会副会长，崔峰、尹燕分别被聘为江苏省农委休闲农业专家委员会委员、江苏省旅游协会专家委员会委员，郭文、苏静当选为江苏省旅游学会青年分会理事。尹燕应邀参加"新华智库专家进高邮"专家咨询，并为高邮高新区发展建言献策。付坚强当选为江苏省法学教育研究会常务理事，周樨平、孙永军当选为理事，路璐、李明增补为国家社会科学基金同行评议专家。

**【主办"食品安全法律治理的理论与实践"研讨会】** 11月24日，来自南京大学、南京农业大学、广州大学等高校学者及农业农村部、江苏省市场监督管理局等部门的专家共计30多人参加在学校举行的研讨会。会议围绕我国食品安全标签制度的完善、美国职业原告制度、农产品质量安全法修订思路与进展情况、食品安全风险的规制体制设计、食品生产监督检查体系构建、转基因食品标识、食用农产品召回、我国产品责任的完善、职业打假人牟利性打假行为的司法认定、网络食品交易中电子商务平台的责任等议题展开深入研讨。

**【中国地标文化研究中心】** 科技史教师参与北京电视台《解码中华地标》栏目摄制，共有52期已经播出。栏目组行走全国15个省（自治区、直辖市）的30个地（市、州），其中，"三区三州"及国家级扶贫县 15 个。深度挖掘传播少数民族地区独特的地标产品、民族特色和非遗文化。节目被《中国教育报》微信公众号向中小学生及其家长推荐为全家收看栏目,与《国家宝藏》《中国诗词大会》《朗读者》等名牌栏目并列。

3 月 27 日,中国优质农产品开发服务协会地标品牌发展分会成立仪式在北京会议中心举行,由中国优质农产品开发服务协会主办,来自农业农村部、文化和旅游部、中国科学院、南京农业大学等单位和全国 50 多家地标企业、专业机构代表参加会议。会议选举产生地标品牌发展分会首届领导班子,教授王思明当选为副会长。

【成立"美洲研究中心"】2017 年 6 月,"教育部国别和区域研究中心(基地)南京农业大学美洲研究中心"成功获得教育部备案,中心主任为教授王思明,副主任为张敏、何红中,共有专兼职研究人员近 20 人。2018 年,中心已按照教育部《国别和区域研究中心建设指引》的要求,在人才培养、科研及学术交流等方面进行了相关建设,完成教育部委托课题 2 项(阿根廷贸易政策研究、拉美高等教育体制研究)、提交研究专报 4 份。

（撰稿：尤兰芳　审稿：姚科艳　审核：高　俊）

## 外国语学院

【概况】学院设英语语言文学系、日语语言文学系和公共外语教学部等,设英语和日语 2 个本科专业,有英语语言文化研究所、日本语言文化研究所、中外语言比较中心、典籍翻译与海外汉学研究中心 4 个校级研究机构。拥有外国语言文学一级学科硕士点,下设英语语言文学和日语语言文学 2 个二级学科硕士点,有英语笔译和日语笔译 2 个方向的翻译硕士学位点(MTI)。

全院有教职工 86 人,其中教授 6 人、副教授 26 人,聘用英语外教 3 人、日语外教 2人。新增教职工 3 人(其中教师 1 人,辅导员 2 人)。全日制在校生 760 人,其中硕士生 114人、本科生 646 人。毕业生 220 人,其中硕士生 47 人、本科生 173 人。入学新生 218 人,其中本科生 164 人、硕士生 54 人(含学术型硕士生 11 人)。本科生和研究生年终就业率分别为 95.95％和 87.23％,本科生升学率为 30.63％,其中出国攻读硕士学位占 13.29％。

本科生获大学生 SRT 项目立项 27 项,其中国家级 3 项、省级 3 项,发表学术论文 5篇。研究生获江苏省创新实践训练项目立项 3 项,教改课题立项 6 项。组织研究生参加江苏省第 13 届高校外语专业研究生学术论坛,获论文三等奖 1 项、优胜奖 2 项。专业学位论文获校级优秀 2 篇。组织研究生参加南京翻译家协会 2018 年年会暨学术研讨会。学位授权点自我评估报告经校内外专家多轮评审,于 9 月底顺利开展了自评评审会。邀请上海交通大学教授管新潮为翻译硕士开设计算机辅助翻译课程。1 人获得校研究生教育管理工作先进个人。

教师参与各类授课比赛,获得奖励 12 人次,其中 1 人获第九届"外教社杯"全国高校外语教学大赛江苏省赛区特等奖。出版教材 6 部,其中《农业科技英语阅读教程》入选全国高等农林院校"十三五"规划教材。加强外语教学综合训练中心(省级试验中心)建设,投入经费 170 万元,建设了 Trados 辅助翻译、伊点教学 APP 等实验辅助教学平台。

全年新增科研项目 24 项,其中江苏省社会科学基金项目 1 项,江苏省教育厅高校哲学社会科学研究重大项目与重点项目 1 项,江苏省教育科学"十三五"规划 2018 年度课题 1

项，江苏省教育厅高校哲学社会科学项目2项。发表学术论文32篇，其中核心期刊9篇，SSCI 1篇。

加强学术交流与合作。邀请国内知名专家来院讲学8次，派出教师参加各类学术会议48人次；出国进修半年及以上2人次。邀请英国、美国等国家和地区的专家来院讲学7人次。继续引进英国雷丁大学亨利商学院商业沟通与谈判（Business Communication & Negotiation）课程，与美国佐治亚州立大学共同建设技术传播（Technical Communication）类课程。

加强基层党建工作，精心组织精品党课，邀请南京大学、中国人民解放军陆军工程大学等专家举办6场报告会。认真开展特色鲜明的主题党日活动，与校关工委、中国人民解放军陆军工程大学开展"学习正当时，经典咏流传"主题党日活动，深度学习、解读习近平总书记用典内涵。"扬青春旋律，忆红色经典"主题党日活动获学校最佳党日活动三等奖。获校关工委"强国之路""伟大的复兴之路"主题征文活动优秀组织奖。

连续4年获江苏省社会实践优秀团队。突出志愿服务专业特色，开辟南京农业大学实验小学英语课堂，组建"外小语"校友馆双语讲解队，与侵华日军南京大屠杀遇难同胞纪念馆共建省级研究生工作站，连续3年参与国家公祭日期间外宾接待工作。根据学校英文网站建设需求，成立了新闻翻译实践团队。志愿服务工作获评校志愿服务优秀组织奖。

充分挖掘内涵，拓展学院文化品牌的广度深度，学生1 800多人次参与"紫金"外语文化节活动。戏剧节选拔推荐的精品剧目《长生殿》受邀参加校研究生国际学术会议闭幕晚会。外文配音比赛吸引了全校各学院230多组学生参与，创历年之最。承办党委教师工作部"有声邮局"教师节献礼活动，被《人民日报》等媒体刊登报道。

【2018英语写作教学与研究国际研讨会】5月12～13日，2018英语写作教学与研究国际研讨会在学术会议交流中心举行，来自美国密歇根州立大学、美国佐治亚州立大学、英国考文垂大学、澳大利亚新南威尔士大学、香港中文大学、上海外国语大学、广东外语外贸大学、南京大学、东南大学、浙江大学、中国政法大学、四川外国语大学等国内外近50所高校的专家学者及学校外国语学院师生100多人出席此次会议。会议邀请SSCI期刊联合主编Tesol Quarterly、美国密歇根州立大学教授Charlene Polio、佐治亚州立大学副教授顾宝桐、SSCI期刊联合主编System、澳大利亚新南威尔士大学副教授高雪松等8位专家学者作主旨发言。会议期间还召开了南京农业大学英语写作中心成立筹备会议。

【"舜禹杯"日语翻译竞赛暨学术研讨会】5月27日，由中国日语教学研究会、中国日语教学研究会江苏分会、江苏省高等学校外语教学研究会及江苏省舜禹信息技术有限公司主办，学院承办的第三届"舜禹杯"日语翻译（笔译）竞赛在学校学术交流中心举行，共收到江苏省内26所高校和省外25所高校寄送的692篇参赛译文。其中，有效参赛稿件日译汉译文578篇，汉译日译文114篇。通过专家评审，共评选出优秀译文日译汉作品20篇、汉译日作品10篇，入围学校17所。会议邀请了北京日本学研究中心主任、教授郭连友，上海杉达学院外国语学院副院长、村上春树研究中心主任、教授施小炜等5位日语研究专家作了5场精彩的学术报告，并举行了隆重的颁奖仪式。

【中学西传与欧洲汉学研究高层论坛】11月2～4日，中学西传与欧洲汉学暨第三届中国南京典籍翻译与海外汉学研究高层论坛在学术交流中心举办。本次会议由南京农业大学、《国际汉学》杂志社、中国文化对外翻译与传播研究中心主办，外国语学院和典籍翻译与海外汉学研究中心承办，全国高校海外汉学研究学会、北京外国语大学比较文明与人文交流高等研究院提供学术指导，来自全国各地 100 多名专家进行了 18 场大会发言和 3 场分论坛交流。

（撰稿：钱正霖　甄亚乐　审稿：石　松　韩立新　审核：高　俊）

# 金融学院

【概况】学院设有金融学、会计学和投资学 3 个本科专业，其中，江苏省品牌专业金融学和江苏省特色专业会计学均是江苏省重点建设专业。学院拥有金融学博士、金融学硕士、会计学硕士、金融硕士（MF）、会计硕士（MPAcc）构成的研究生培养体系，拥有 1 个省级金融学科综合训练中心和江苏省哲学社会科学重点研究基地、江苏农村金融发展研究中心、区域经济与金融研究中心、财政金融研究中心、南京农业大学农业保险研究所 5 个研究中心。

学院现有教职员工 43 人，其中新增 3 人。专任教师 31 人，其中教授 11 人，副教授 12 人，讲师 8 人；博士生导师 8 人，其中新增 1 人，硕士生导师 17 人，其中新增 2 人。专业硕士的培养管理实行"双导师"制，共有 58 位来自金融和会计行业的企业家、专家担任校外导师，其中，新聘任第三批 8 人。教授林乐芬获学校"教书育人楷模"，刘晓玲被评为学校"优秀教育管理工作者"。

在校学生 1 335 人，其中，本科生 883 人，硕士生 430 人，博士生 22 人。毕业学生共计 347 人，其中，本科毕业生 236 人，年终就业率 96%，70% 进入银行、券商、税务局等金融单位或政府机构；硕士毕业生 108 人，年终就业率 98.15%；博士毕业生 3 人，年终就业率 100%，58.93% 的研究生去往银行、保险、券商、会计师事务所等金融机构，呈现出就业率高、专业对口率高、就业质量高的"三高"态势。

获立项科研经费 303.9 万元。新增纵向科研项目 30 项，其中，国家自然科学基金项目 5 项，教育部人文社会科学研究项目、农业农村部软科学研究项目等国务院各部门项目 7 项，其他省级科研项目 7 项。教师共发表论文 59 篇，其中，JCR 二区 SSCI 论文 1 篇，SCI 论文 1 篇，学校人文社科核心期刊论文 32 篇；2 项成果分别获江苏省第 15 届哲学社会科学优秀成果奖二等奖和三等奖，获江苏省教育教学与研究成果奖三等奖 2 项，1 项成果获江苏省社科应用研究精品工程一等奖。

投资学被正式批准增列为学士学位授权专业，顺利获批 2019 年非全日制会计硕士招生资格。学院共有在研教学改革与教学研究课题 3 项，2 项"卓越教学"课堂教学改革实践项目顺利结题，1 项结题验收获评优秀。教师共发表教学研究论文 3 篇。1 项案例被评选为第四届全国金融硕士教学案例大赛优秀案例。教授董晓林主编的《农村金融学》（第二版）正式出版并投入使用。在建的校级在线开放课程基础会计学和财务管理投入运营；保险学申报校级精品在线开放课程获批立项。省级实验中心——金融学科综合训练中心累计完成 208 万元的仪器设备采购，年底提交江苏省高等学校实验教学与实践教育中心验收合格。

共有学生党员 186 人，教工党员 35 人，新发展党员 52 人。学院领导班子配合校党委做好巡察和中层干部考评推荐工作，对 24 条查摆问题制定了 39 条整改举措；开展中心组理论学习 4 次，讲授主题党课 2 次，与师生集体座谈 2 次；深入基层参加支部主题党日活动 2 次、组织生活会和民主评议党员工作 2 次。基层党支部联合分党校，开展"三会"91 次、党课 41 次、组织生活会暨民主评议党员工作 20 次、专题日 19 次。会计系教师党支部被评为校级"先进党支部",5 位师生党员获校"优秀共产党员"。

【加快人才引进】学院师生比 47∶1,且专任教师以青年教师为主。加快对高层次人才和优秀青年博士的引进工作,完成 1 位国外教授(英国卡斯商学院金融学博士毕业)的引进,并继续以学校特色聘专项目为依托,邀请美国代顿大学和南伊利诺伊大学教授,为青年教师和博士生开设与高水平论文写作和发表相关的课程及讲座;邀请梅西大学副教授,完成投资理论与实践前沿全英文课程,并以开展学术报告等方式继续深化合作。前往湖南大学、中南财经政法大学、西南财经大学等多所知名高校宣传和招聘优秀应届博士生,新进 1 位教师。注重对青年教师教学科研能力的培养,开展教学观摩与研讨,青年教师、新课授课教师与课程群团队首席教授同台交流教学方法和经验;组织国家自然科学基金项目申报经验交流分享会,发扬"传帮带"的传统,提高学院项目申报数量和质量;鼓励访学培训,提升青年教师专业素质。本年度派出 2 名青年骨干教师前往英国华威大学和美国阿肯色大学访问交流,安排 6 人次参加由厦门国家会计学院、西南财经大学等国内知名高校承办的专业课程师资培训。

【开展学术交流活动】承办第 12 届中国农村金融发展论坛,来自全国高校、科研院所、政府部门、金融机构等 80 多家单位的农村金融领域专家学者参加。组织召开农村经济与金融发展国际研讨会,来自国内外 10 多所高校的金融专家和师生围绕"农村经济改革与高质量增长:农村金融与区域发展"这一主题展开全英文学术研讨。依托"农村金融"精品学术创新论坛和"新常态下的商业模式探索与创新"沙龙,邀请国内外专家学者作各类学术报告 39 场,吸引 2 300 人次参与。

【深化第二课堂】学院将培养创新、创意、创业能力作为人才培养目标,以社会实践和志愿服务为着力点,实现与安品街社区实践基地共建。"青柠金融"被评为校级优秀实践团队,1 名学生获评省级"社会实践先进个人",相关活动被 10 余家媒体广泛报道。以科技文化节和金融学科综合训练中心为平台,开展学科竞赛 8 场,学生参与高达 1 630 余人次。学生在第八届全国 IMA 校园管理会计案例大赛中获二等奖,参与全国第 11 届"挑战杯"大学生创业计划竞赛并获金奖 2 项、银奖 1 项。新增国家大学生创新性实验计划项目 7 项、江苏省大学生实践创新训练计划项目 3 项、校院级 SRT 项目合计 29 项。同时,对 2017 年立项的 35 项 SRT 项目进行了结题验收,参与项目的学生公开发表学术论文 12 篇。

【推进国际合作】深化与美国福特汉姆大学和新西兰梅西大学的合作,并拓展与伦敦政治经济学院、德国法兰克福财经管理大学等国外高校的接洽,尝试构建全新的合作方式。邀请国外专家开设 2 门英文专业课程、举办 6 场学术报告;选派并资助 21 名学生赴美国福特汉姆大学加贝利(Gabelli)商学院展开短期访学,听取 11 场专业报告,参观美联储银行(The Federal Reserve Bank)、摩根士丹利(Morgan Stanley)等 4 家全球顶尖金融机构。共有 30 名学生赴境外交流学习,35 名学生成功获批国家留学基金管理委员会、省教育厅和学校国际交流项目,毕业生出国深造率达 19.07%。

(撰稿:李路轩　审稿:李日葵　审核:高　俊)

## 马克思主义学院(政治学院)

【概况】设有道德与法、马克思主义原理、近现代史、中国特色社会主义理论、研究生政治理论课 5 个教研室，筹备成立形势与政策课教研室，承担全校本科生、研究生的思想政治理论课教学与研究工作。现有哲学、马克思主义理论 2 个一级学科硕士学位授权点，设有马克思主义理论研究中心、科技与社会发展研究所 2 个校级研究机构和农村政治文明院级研究中心。

现有在职教职员工 30 人，专任教师 28 人，其中教授 4 人，副教授 11 人，讲师 13 人。新进教师 4 人，退休教师 3 人。

教师发表论文 73 篇，其中校人文社科核心期刊论文 20 篇，出版专著 3 部。课题立项 24 项，到账总经费 56.5 万元，其中，中国博士后科学基金 1 项，校研究生教改项目 1 项，校"双一流"学科建设基金 9 项。获奖 6 项，其中江苏省社科应用研究精品工程奖二等奖 1 项，江苏省首届高校研究生思想政治理论课教学比赛三等奖 1 项，全国高等农林院校思想政治理论课教学研究会论文一等奖 1 项、二等奖 3 项。

组织教学观摩，推选教学效果优秀的教师开设公开课 2 次，以发挥优质教学资源的示范作用。定期专题研讨教学工作，本年度共召开教学专题研讨会 10 次；推进制度落实，各教研室共召开集体备课会 16 余次，教师进课堂听课计 60 余节次。

在校硕士生 37 人，发展研究生党员 5 人，培养入党积极分子 10 人。举办"思正沙龙" 7 场、"思正论坛" 6 场，参加研究生近 350 人次，组织研究生以参加课题的形式，利用假期参加社会调研 30 余人次。学生获得"双一流"学科建设项目资助 8 项，全年发表论文 23 篇，第一次在北京大学核心期刊上发表论文 2 篇。

近现代史纲要和毛泽东思想和中国特色社会主义理论体系概论 2 门课分别举办"纪念改革开放 40 周年"历史知识演讲比赛与"中国梦·乡村兴"暨纪念改革开放 40 周年主题演讲比赛。多位教师受邀参加校内外党课授课；副教授朱娅在西藏农牧学院对口支教。学院荣获第八届江苏省自然辩证法研究会"先进理事单位"称号。

**【成功申报硕士学位授权点】**组织申报马克思主义理论学科硕士学位一级授权点，并取得成功，为学科的进一步发展壮大奠定了基础。

**【完成学位点评估工作】**哲学硕士学位一级授权点、马克思主义基本原理、思想政治教育硕士学位二级授权点完成学位点评估工作，并得到校内和同行专家的一致好评。

**【举办第 11 届全国高等农林院校思想政治理论课教学研究会年会】**10 月 19～20 日，举办"新时代·新思政"高端论坛暨第 11 届全国高等农林院校思想政治理论课教学研究会年会，由全国高等农林院校思想政治理论课教学研究会和南京农业大学共同主办、学院承办，通过展开校际融合、凝聚集体智慧、探索创新思路，瞄准习近平新时代中国特色社会主义思想"三进"（进教材、进课堂、进头脑）这一关键问题精准发力。

（撰稿：李　琴　审稿：杨　博　审核：高　俊）

# 体　育　部

**【概况】**设有教学与科研、群众体育、运动竞赛、军事理论 4 个教研室和体育与健康研究所。

现有教职工41人，其中专任教师34人（副教授15人、讲师16人、助教3人），行政管理及教辅7人。

坚持立足教会学生运动技能，形成终身锻炼的健康理念，承担全校12 800人次的体育教学、师生群众体育活动、3支高水平运动队训练和竞赛以及全校本科生体质健康测试等工作。全年开设20门体育选修课，满足学生选课要求。建立"一体化、三结合"教育模式，打造"奋进、健康、合作、快乐"的校园体育文化氛围。承担3 200多名学生军事理论课教学，开展军事理论精品在线开放课程建设，点击量超420万人次，协同制作的军事与传媒课程在军队职业教育在线平台开设，供广大官兵学习。军事理论教研室主任徐东波参与2019版军事课程教学大纲修订和《中华人民共和国国防教育法》修订工作，并按期完成与外单位合作承担的国家海洋局年度项目，举办相关"防务与安全"讲座5场。

组织5名中青年教师外出业务进修，其中副教授雷瑛被国家留学基金管理委员会资助前往美国犹他大学进行为期6个月的学习；鼓励教师创新教学方法，3名教师参加"江苏省首届青年体育教师微课大赛"，耿文光、宋崇丽获一等奖，赵朦获二等奖；徐东波获教育部军事课教师教学展示第一名和第三届江苏省高校教师微课教学竞赛三等奖，并指导学生获首届中国武器创新设计大赛优胜奖等，副教授周全富获学校"教书育人楷模"；宋崇丽获校"优秀党务工作者"、陆春红获校"优秀共产党员"；教师一支部获校"先进党支部"。

科研新增10个项目，其中教育部人文社科基金项目1项，江苏省"十三五"规划课题1项。教师发表论文9篇，出版学术专著1部，其中4篇论文在江苏省高校体育科学报告会上获奖，1篇获第二届中国国防教育学年会论文一等奖。

群体工作。组织2017级和2018级6 400名学生进行早晨锻炼，采用阳光长跑APP或各学院组织运动队、体育社团集中训练等方式锻炼。举办第46届运动会，共有6 000多人次参加了排球、篮球（男女生组）、太极拳、田径比赛、足球（男女生组）、3V3篮球、羽毛球和第13届体育文化节等项目。

运动竞赛工作。拥有排球（女子）、武术、网球3支高水平运动队，获教育部足球高水平招生资格；拥有田径、游泳、足球（男子）、篮球（男子/女子）、跆拳道、乒乓球、羽毛球、定向越野、健美操、舞龙11支普通生运动队。在江苏省第19届运动会（高校部）高水平组和普通生组的比赛中，排名江苏高校总分榜第14名，获得由江苏省教育厅、江苏省体育局颁发的"校长杯"称号。

体育中心承担新生开学、毕业典礼、世界农业奖、重大节庆文艺演出、讲座等数十场校内外重大活动，并协办第一届亚洲传统武术锦标赛。

**【运动减脂课反响热烈】**自2016年开课以来，已有270名学生报名参加。参加该课程需要上报身体质量指数、体脂率、腰围、身高体重等数据作为参考，除了课堂上有氧和无氧的训练外，学生还需要记录每日"进食记录"，最终用减重（千克）除以原体重（千克）进行考核，数值须达到7%以上，体育课成绩才合格。据统计，平均每人每学期成功减重5千克左右，被国内外媒体广泛报道。

# ［附录］

## 附录 1　2018 年高水平运动队成绩

| 序号 | 时间 | 项目 | 比赛名称 | 地点 | 比赛项目 | 成绩 | 教练员 |
|---|---|---|---|---|---|---|---|
| 1 | 2018.8 | 武术 | 2018 全国武术锦标赛 | 湖南衡阳 | 女子南刀 | 第一名 | 白茂强 |
| | | | | | 女子刀术 | 第一名 | |
| | | | | | 女子棍术 | 第一名 | |
| | | | | | 男子南棍 | 第一名 | |
| | | | | | 男子剑术 | 第一名 | |
| | | | | | 武式太极拳 | 第一名 | |
| | | | | | 孙氏太极拳 | 第一名 | |
| 2 | 2018.5.5 | 网球 | 第 23 届中国大学生网球锦标赛华东赛区分区赛 | 浙江杭州 | 女子乙组单打 | 第五名 | 王　帅 杨宪民 |
| | | | | | 女子乙组双打 | 第五名 | |
| | | | | | 男子乙组单打 | 第五名 | |
| | | | | | 男子乙组双打 | 第五名 | |
| | 2018 | | 江苏省第 19 届运动会高校部网球比赛 | 江苏南京 | 女子团体 | 冠军 | |
| | | | | | 男子团体 | | |
| | | | | | 男子双打 | 亚军 | |
| | | | | | 男子单打 | 冠军 | |
| | | | | | 女子单打 | 冠军、第五名 | |
| | | | | | 女子双打 | 冠军 | |
| | | | | | 混合双打 | 亚军 | |
| | 2018.7.26 | | 第 23 届中国大学生网球锦标赛 | 吉林 | 男子团体 | 第六名 | |
| | | | | | 男子单打 | 第二名 | |
| 3 | 2018.11 | 排球 | 全国大学生排球联赛（南方赛区） | 广东珠海 | 女子组 | 第四名 | 徐　野 |
| | 2018.5 | | 江苏省第 19 届运动会高校排球比赛 | 江苏南京 | 女子甲 A | 第三名 | |
| | 2018.12 | | 全国大学生排球联赛（总决赛） | 重庆 | 女子组 | 第七名 | |
| 4 | 2018.6 | 沙滩排球 | 江苏省第 19 届运动会高校沙滩排球比赛 | 江苏南京 | 女子甲 A | 第三名 | 陆春红 |
| | | | | | 男子甲 A | 第七名 | 陈　欣 |

# 附录 2　2018 年普通生运动队成绩

| 序号 | 项目 | 比赛名称 | 地点 | 比赛项目 | 成绩 | 教练员 |
|------|------|----------|------|----------|------|--------|
| 1 | 啦啦操 | 江苏省大学生健美操啦啦操比赛 | 江苏南京 | 花球规定 | 亚军 | 于阳露 |
| | | | | 街舞自选 | 冠军 | |
| | | 江苏省第 19 届运动会高校甲组啦啦操健美操比赛 | | 男子单人 | 第八名 | |
| | | | | 女子单人 | | |
| | | | | 五人团体 | | |
| | | | | 健美操三人 | | |
| 2 | 足球 | 江苏省足球比赛 | 江苏南京 | 校园组 | 第五名 | 卢茂春 |
| | | 江苏省五人制大学生足球比赛 | 江苏南京 | | 第三名 | |
| | | 江苏省第 19 届运动会高校甲组足球比赛 | 江苏南京 | 女子组 | 道德风尚奖 | |
| | | | | 男子组 | 第五名 | |
| 3 | 田径 | 2018 年江苏省第 19 届运动会高校甲组田径比赛 | 江苏南京 | 男子甲组 10 000 米 | 第二名 | 管月泉 孙雅薇 |
| | | | | 女子甲组 5 000 米 | 第三名 | |
| | | | | 女子甲组 10 000 米 | 第三名 | |
| | | 2018 年中国高等农业院校第九届大学生运动会 | 福建泉州 | 女子乙组 100 米 | 第三名 | |
| 4 | 舞龙舞狮 | 江苏省第 19 届运动会高校甲组舞龙舞狮比赛 | 江苏扬州 | 舞龙自选 | 第四名 | 孙　建 |
| | | | | 舞龙规定 | 第五名 | |
| | | | | 舞龙全能 | 第四名 | |
| 5 | 羽毛球 | 江苏省第 19 届运动会高校羽毛球甲组比赛 | 江苏苏州 | 女子团体 | 第五名 | 赵　朦 |
| | | | | 女子双打 | 冠军 | |
| | | | | 女子单打 | 第四名 | |
| 6 | 乒乓球 | 江苏省第 19 届运动会高校乒乓球甲组比赛 | 江苏扬州 | 女子团体 | 冠军 | 宋崇丽 |
| | | | | 女子双打 | | |
| | | | | 女子单打 | | |
| | | | | 混合双打 | 亚军 | |
| 7 | 游泳 | 江苏省第 19 届运动会高校游泳甲组比赛 | 江苏南京 | 200 米仰泳 | 第四名 | 孙福成 |
| | | | | 200 米仰泳 | 第五名 | |
| | | | | 200 米个人混合泳 | 第五名 | |
| | | | | 50 米自由泳 | 第四名 | |
| 8 | 定向越野 | 江苏省第 19 届运动会高校定向越野甲组比赛 | 江苏盐城 | 女子接力赛 | 亚军 | 耿文光 |
| | | | | 男子团队赛 | 第五名 | |
| | | | | 女子团队赛 | 第六名 | |
| | | | | 女子中距离赛 | 第七名 | |

（续）

| 序号 | 项目 | 比赛名称 | 地点 | 比赛项目 | 成绩 | 教练员 |
|---|---|---|---|---|---|---|
| 9 | 篮球 | 江苏省第 19 届运动会高校甲组篮球比赛 | 江苏南京 | 女子组 | 第三名 | 杨春莉 |
| | | | | 男子组 | 第七名 | 段海庆 |
| | | 2018 年江苏省大学生篮球赛 | 江苏南京 | 女子组 | 第二名 | 杨春莉 |
| | | | | 男子组 | 第三名 | 段海庆 |

（撰稿：陈　雷　耿文光　陆春红　审稿：许再银　审核：高　俊）

**图书在版编目（CIP）数据**

南京农业大学年鉴 . 2018 / 南京农业大学档案馆编
. —北京：中国农业出版社，2020.3
ISBN 978 - 7 - 109 - 26322 - 2

Ⅰ . ①南… Ⅱ . ①南… Ⅲ . ①南京农业大学 - 2018 -
年鉴 Ⅳ . ①S - 40

中国版本图书馆 CIP 数据核字（2019）第 276724 号

中国农业出版社出版

地址：北京市朝阳区麦子店街 18 号楼
邮编：100125
责任编辑：刘 伟 冀 刚
版式设计：杜 然 责任校对：巴洪菊
印刷：北京通州皇家印刷厂
版次：2020 年 3 月第 1 版
印次：2020 年 3 月北京第 1 次印刷
发行：新华书店北京发行所
开本：787mm×1092mm 1/16
印张：30.75 插页：6
字数：800 千字
定价：160.00 元